Teoria delle Equazioni
e Teoria di Galois

Stefania Gabelli

Teoria delle Equazioni
e Teoria di Galois

 Springer

STEFANIA GABELLI
Dipartimento di Matematica
Università degli Studi Roma Tre, Roma

ISBN 978-88-470-0618-8   Springer Milan Berlin Heidelberg New York
ISBN 978-88-470-0619-5 (eBook) Springer Milan Berlin Heidelberg New York

Springer-Verlag fa parte di Springer Science+Business Media

springer.com

© Springer-Verlag Italia, Milano 2008

9   8   7   6   5   4   3   2   1

Impianti: PTP-Berlin, Protago TeX-Production GmbH, Germany (www.ptp-berlin.eu)
Progetto grafico della copertina: Simona Colombo, Milano
Stampa: Signum Srl, Bollate (MI)

Springer-Verlag Italia srl – Via Decembrio 28 –20137 Milano

Prefazione

L'algebra è nata come lo studio della risolubilità delle equazioni polinomiali e tale è essenzialmente rimasta fino a quando Evariste Galois – matematico geniale dalla vita breve e avventurosa – ha definitivamente risolto questo problema, ponendo allo stesso tempo le basi per la nascita dell'algebra moderna intesa come lo studio delle strutture algebriche.

La Teoria di Galois classica viene oggi insegnata a vari livelli nell'ambito dei Corsi di Laurea in Matematica. Questo libro di testo è stato di conseguenza scritto per essere usato in modo flessibile.

La prima parte è dedicata allo studio degli anelli di polinomi ed è una rielaborazione di appunti scritti alcuni anni fa in collaborazione con Florida Girolami. La seconda parte contiene le nozioni di base della Teoria dei Campi e potrà essere utile agli studenti di tutti i corsi più avanzati di Algebra, Geometria e Teoria dei Numeri. I gruppi di Galois e la corrispondenza di Galois vengono studiati nella parte centrale del testo, con molti esempi dettagliati. Nella quarta parte, dedicata alle applicazioni, grande spazio è riservato al problema della risolubilità per radicali – con particolare attenzione alle equazioni di grado basso ed alle equazioni cicliche – come pure al problema della costruibilità delle figure piane con riga e compasso. Questi argomenti possono essere svolti anche nell'ambito di corsi di Matematiche Complementari per l'indirizzo didattico. Infine, nelle appendici, vengono richiamate le nozioni di Teoria dei Gruppi e di Teoria degli Insiemi che sono state utilizzate nel testo.

Il libro contiene anche alcune note storiche. Gli esercizi proposti alla fine di ogni paragarafo (alcuni dei quali risolti) costituiscono un necessario strumento di verifica.

Ringrazio sentitamente Carmelo Antonio Finocchiaro per utili suggerimenti e per l'esecuzione dei disegni.

Roma, giugno 2008

Stefania Gabelli

Introduzione

Un'*equazione polinomiale* di grado n su un campo K è un'equazione che si ottiene uguagliando a zero un polinomio di grado n a coefficienti in K, ovvero

$$f(X) := a_n X^n + a_{n-1} X^{n-1} + \ldots + a_0 = 0.$$

Se i coefficienti di $f(X)$ sono indeterminate algebricamente indipendenti su un sottocampo F di K, l'equazione $f(X) = 0$ si chiama l'*equazione polinomiale generale di grado n su F*; in caso contrario, si dice che essa è un'*equazione speciale*, o *particolare*. Ogni equazione di grado n a coefficienti numerici fissati è un'equazione speciale e può essere ottenuta dall'equazione generale di grado n sul campo dei numeri razionali, dando particolari valori numerici ai coefficienti.

Risolvere l'equazione polinomiale $f(X) = 0$ significa trovare, in un opportuno campo contenente K, le *radici* di $f(X)$, cioè degli elementi α tali che

$$f(\alpha) := a_n \alpha^n + a_{n-1} \alpha^{n-1} + \ldots + a_0 = 0.$$

Questi elementi si chiamano le *soluzioni* dell'equazione.

Se è possibile risolvere l'equazione generale di grado n sui razionali, allora è possibile risolvere tutte le particolari equazioni di grado n a coefficienti numerici. Ad esempio, le ben note formule per le soluzioni α e β dell'equazione generale di secondo grado

$$aX^2 + bX + c = 0,$$

che sono

$$\alpha = \frac{-b + \sqrt{b^2 - 4ac}}{2a} \ ; \quad \beta = \frac{-b - \sqrt{b^2 - 4ac}}{2a},$$

forniscono, specificando le variabili a, b e c, le soluzioni di tutte le possibili equazioni di secondo grado a coefficienti numerici.

Il Teorema Fondamentale dell'Algebra, dimostrato per la prima volta in modo completo da Carl Friedrich Gauss nel 1797, asserisce che ogni equazione polinomiale a coefficienti numerici ha soluzioni nel campo dei numeri complessi.

I primi risultati utili al fine di determinare le soluzioni di equazioni po-linomiali con metodi puramente algebrici furono ottenuti dagli arabi, tra il IX e il XIV secolo. Vale la pena di notare, per inciso, che la parola Algebra deriva dal termine arabo *al-jabr* che indica l'operazione di spostare i termini di un'equazione da una parte all'altra del segno di uguaglianza.

Già nell'antichità era noto come risolvere alcune equazioni particolari di se-condo grado a coefficienti razionali, ma le formule risolutive per l'equazione ge-nerale di secondo grado furono scoperte dal matematico arabo Al-Khawarizmi, che visse tra i secoli VIII e IX e dal cui nome sembra sia derivato il termine *algoritmo*. Esse furono poi divulgate da Leonardo Pisano, detto il Fibonacci, nel libro XV del suo *Liber Abaci* (1202).

Usando il linguaggio algebrico moderno, il procedimento di Al-Khawarizmi per risolvere ad esempio un'equazione del tipo

$$X^2 + 2pX = c,$$

con p e c numeri razionali positivi, è dato dalla seguente successione di passi:

$$X^2 + 2pX = c$$
$$X^2 + 2pX + p^2 = c + p^2$$
$$(X + p)^2 = c + p^2$$
$$X + p = \sqrt{c + p^2}$$
$$X = \sqrt{c + p^2} - p.$$

Notiamo che, per l'ipotesi restrittiva su p e c, questa equazione è in realtà un'equazione di tipo particolare; ma, per la mancanza del concetto di numero negativo, era allora necessario distinguere tra diversi casi.

Successivamente, il maggior progresso si ebbe in Italia durante il Rinasci-mento, ad opera della scuola matematica bolognese; in quel periodo furono infatti scoperte le formule algebriche per risolvere le equazioni polinomiali di terzo e quarto grado. Poiché in queste formule compaiono, oltre alle usuali o-perazioni di addizione e moltiplicazione, soltanto estrazioni di radici di indice opportuno, si usa dire che le equazioni di grado al più uguale a quattro sono *risolubili per radicali*.

Metodi generali per la risoluzione delle equazioni polinomiali di terzo grado del tipo

$$X^3 + pX = q,$$

con p e q numeri razionali positivi, furono trovati per la prima volta attorno al 1515 da Scipione del Ferro, che tuttavia non li rese pubblici. Successivamente, le formule risolutive furono riscoperte da Niccolò Fontana, detto Tartaglia, che le comunicò a Gerolamo Cardano a condizione che questi le mantenesse segre-te. Tuttavia Cardano, convinto della loro importanza, e venuto a conoscenza del fatto che esse erano già state dimostrate da Scipione del Ferro, le rese note pubblicandole nel suo libro *Ars Magna* del 1545. Inoltre Cardano estese il metodo di Tartaglia per risolvere anche le equazioni del tipo $X^3 = pX + q$ e $X^3 + q = pX$. Successivamente, Raffaele Bombelli ripubblicò queste formule con l'aggiunta di alcuni commenti esemplificativi nel secondo capitolo del suo libro *Algebra*, nel 1572.

Se i coefficienti dell'equazione $X^3 + pX + q = 0$ sono numeri reali, allora le radici sono tutte reali oppure una radice è reale e due radici sono non reali, complesse coniugate. Questo dipende dal segno del *discriminante* dell'equazione, cioè del numero

$$D(f) := -(4p^3 + 27q^2).$$

Tale numero è nullo se e soltanto se $f(X)$ ha radici reali multiple. Nel caso in cui $D(f) < 0$, $f(X)$ ha una radice reale e due radici non reali (complesse coniugate). Se $D(f) > 0$, allora $f(X)$ ha tre radici reali distinte; tuttavia, se questo accade, l'espressione fornita dalle formule di Tartaglia-Cardano contiene necessariamente numeri complessi non reali. Per questo motivo il caso in cui $D(f) > 0$ venne denominato *casus irriducibilis*.

Poiché nel *casus irriducibilis* la quantità $\sqrt{-1}$ permetteva di determinare correttamente, tramite le formule risolutive, le soluzioni razionali di un'equazione di terzo grado ma tale quantità non compariva più nel risultato finale, non sembrò subito necessario attribuirle un significato proprio. I numeri complessi furono pienamente accettati dalla comunità matematica soltanto più di un secolo dopo: l'espressione *numero immaginario* fu usata per la prima volta da René Descartes nel suo *Discours de la Methode* (1637), mentre il termine *numero complesso* sembra sia dovuto a Gauss, che per primo definì rigorosamente i numeri complessi e ne studiò le proprietà (*Disquisitiones Arithmeticae*, 1801).

Fu Ludovico Ferrari, un discepolo di Cardano, a dimostrare per primo che l'equazione generale di quarto grado può essere risolta per mezzo di radicali quadratici e cubici: le sue formule risolutive furono pubblicate per la prima volta da Cardano nell'*Ars Magna*.

In seguito molti matematici si adoperarono per determinare formule risolutive per le equazioni polinomiali di grado superiore: tra questi Leonhard Euler, Joseph-Louis Lagrange e Friedrich Gauss. I loro successi riguardarono però soltanto equazioni di tipo particolare. Ad esempio Gauss, nel suo trattato *Disquisitiones Arithmeticae* mostrò che tutte le equazioni del tipo $X^n - 1 = 0$ sono risolubili per radicali.

Di particolare importanza si rivelò a posteriori il lavoro di Lagrange. Nella sua memoria *Refléxions sur la résolution algébrique des equations* (1770), egli diede un metodo unitario per risolvere le equazioni di secondo, terzo e quarto grado fondato sulle proprietà di simmetria delle radici, ponendo così le basi dello studio dei gruppi di permutazioni. Benché questi stessi metodi permettessero di risolvere anche alcune equazioni particolari di grado superiore al quarto, lo stesso Lagrange si rese ben presto conto che essi non potevano essere estesi per studiare le equazioni generali di ogni grado. Infatti il suo procedimento portava a risolvere alcune equazioni ausiliarie che, nel caso delle equazioni di terzo e quarto grado erano di grado inferiore a quello dell'equazione data, mentre nel caso delle equazioni di quinto grado risultavano generalmente di grado superiore.

Il primo ad osservare che non sarebbe stato possibile trovare formule radicali per le soluzioni dell'equazione generale di quinto grado fu Paolo Ruffini. A partire dal 1799, egli pubblicò varie dimostrazioni, tutte incomplete, di questo fondamentale risultato. Successivamente, a partire dal 1824, Niels Henrik Abel, che forse non era a conoscenza dei lavori di Ruffini, diede indipendentemente altre dimostrazioni di questo stesso teorema; tali dimostrazioni furono considerate corrette dai contemporanei, ma ad un successivo riesame si rivelarono anche esse incomplete. Maggiori dettagli si possono trovare in [31, 39].

Il Teorema di Ruffini-Abel non escludeva però la possibilità che, dando specifici valori numerici ai coefficienti del polinomio generale di quinto grado, si ottenesse ogni volta un'equazione risolubile per radicali. Il contributo fondamentale di Evariste Galois alla teoria delle equazioni algebriche è stato quello di formulare dei criteri per stabilire in modo inequivocabile se una particolare equazione a coefficienti numerici fosse o meno risolubile. I suoi risultati resero definitivamente chiaro che non tutte le equazioni polinomiali a coefficienti numerici di grado maggiore di quattro sono risolubili per radicali.

La teoria sviluppata da Galois è essenzialmente contenuta nel suo lavoro *Memoire sur les conditions de résolubilité des équations par radicaux*, che risale al 1830 ma che fu pubblicato postumo da Joseph Liouville soltanto nel 1846. Galois fu infatti ucciso in duello nel 1832, all'età di soli venti anni, dopo una vita breve e avventurosa [40]. Una traduzione italiana delle sue opere è stata pubblicata nel 2000 a cura di Laura Toti Rigatelli [9].

Galois riprese e sviluppò i metodi di Lagrange, associando ad ogni equazione polinomiale un particolare gruppo di permutazioni sulle radici (quello che oggi viene chiamato il *gruppo di Galois* dell'equazione) e caratterizzando le equazioni risolubili per radicali attraverso determinate proprietà di questo gruppo. In questo processo apparve per la prima volta evidente l'importanza di quei particolari sottogruppi di un gruppo che vengono oggi chiamati *sottogruppi normali*.

L'annuncio, dato da Liouville nel 1843, della imminente pubblicazione della memoria di Galois diede grande impulso allo studio dei gruppi di permutazioni. In particolare Augustin-Louis Cauchy pubblicò intorno al 1845 una serie di lavori che contenevano risultati di grande importanza per il successivo sviluppo della teoria dei gruppi astratti.

In seguito alla loro divulgazione, i risultati di Galois furono ampiamente commentati e semplificati e alla fine del XIX secolo vennero pubblicati vari trattati universitari su questi argomenti. Tra tutti ricordiamo il monumentale lavoro di Camille Jordan *Traité des substitutions et des équations algébriques*, del 1870. In Italia la formazione algebrica di molti matematici del XX secolo fu grandemente influenzata dal trattato di Luigi Bianchi *Lezioni sulla teoria dei gruppi di sostituzioni e delle equazioni algebriche secondo Galois*, apparso nel 1899. Un'esposizione in linguaggio moderno della memoria di Galois sulla risolubilità delle equazioni polinomiali è contenuta in [7].

L'opera di Galois favorì anche la nascita della teoria dei campi, che si sviluppò principalmente in Germania ad opera di Heinrich Weber, Richard Dedekind e Leopold Kronecker durante il secolo XIX. Le basi della moderna teoria dei campi astratti furono successivamente poste da Ernst Steinitz nella sua fondamentale memoria *Algebraische Theorie der Körper* del 1910, in cui venivano ampiamente illustrate anche le connessioni di questa nuova teoria con i risultati di Galois.

La presentazione della Teoria di Galois che viene oggi più frequentemente proposta, e che seguiremo in questo testo, è dovuta ad Emil Artin e risale alla fine degli anni trenta. Essa fu pubblicata in due quaderni di lezioni: *Foundations of Galois Theory* (1938) e *Galois Theory* (1942). Attraverso il lavoro di Artin, la Teoria di Galois perse definitivamente il suo carattere computazionale e si trasformò in una teoria riguardante le relazioni esistenti tra gli ampliamenti di campi e i loro gruppi di automorfismi, divenendo così una disciplina del tutto generale, di cui la risolubilità per radicali delle equazioni polinomiali è soltanto una delle possibili applicazioni.

Per approfondimenti storici sugli sviluppi della Teoria di Galois, si può consultare [37].

Indice

Parte II TEORIA DEI CAMPI

Parte III LA CORRISPONDENZA DI GALOIS

Parte IV APPLICAZIONI

Parte V APPENDICI

Parte I

ANELLI DI POLINOMI

1

Anelli e campi: nozioni di base

In questo primo capitolo richiameremo brevemente la terminologia ed alcune nozioni elementari di teoria degli anelli che ci saranno utili nel seguito. Per eventuali approfondimenti, il lettore può consultare [43] o [50].

1.1 Anelli e ideali

Diciamo che un insieme A su cui siano definite due operazioni, usualmente denominate *addizione* e *moltiplicazione*,

$$+ : A \times A \longrightarrow A; \quad (x, y) \mapsto x + y,$$
$$\cdot : A \times A \longrightarrow A; \quad (x, y) \mapsto xy,$$

è un *anello* se
(a) A è un *gruppo commutativo* rispetto all'addizione, cioè

1. L'addizione è associativa e commutativa;
2. Esiste un (unico) elemento $0 \in A$ tale che $x + 0 = x$, per ogni $x \in A$ (0 si chiama lo *zero*, o l'*elemento nullo* di A);
3. Per ogni $x \in A$, esiste un (unico) elemento x' tale che $x + x' = 0$ (x' si chiama l'*opposto* di x e si denota con $-x$);

(b) A è un *semigruppo* rispetto alla moltiplicazione, cioè

4. La moltiplicazione è associativa

(c) Valgono le proprietà distributive

5. $(x + y)z = xz + yz$, $z(x + y) = zx + zy$, per ogni $x, y, z \in A$.

Diciamo poi che un anello A è *commutativo* se:

6. La moltiplicazione è commutativa;

e che A è *unitario* se:

7. Esiste un (unico) elemento $1_A \in A$ tale che $1_A x = x = x 1_A$, per ogni $x \in A$ (1_A si chiama l'*unità moltiplicativa* di A).

Se A è un anello, per ogni $x \in A$, si ha $x0 = 0 = 0x$. Quindi su un insieme $\{x\}$ con un solo elemento si può definire banalmente una struttura di anello ponendo $x = 0$. L'anello $\{0\}$ si chiama l'*anello nullo*. Se non specificato altrimenti, considereremo sempre anelli non nulli e indicheremo con $A^* := A \setminus \{0\}$ l'insieme (non vuoto) degli elementi non nulli di un anello A.

Un elemento $x \in A$ si chiama uno *zero-divisore sinistro* (rispettivamente *destro*) se esiste un elemento non nullo $y \in A$ tale che $xy = 0$ (rispettivamente $yx = 0$). Lo zero di A è banalmente uno zero-divisore, sinistro e destro.

Se poi A è unitario, con unità moltiplicativa $1 := 1_A$, un elemento $u \in A$ si dice un *elemento invertibile*, o una *unità*, di A se esiste $v \in A$ tale che $uv = 1 = vu$. L'insieme degli elementi invertibili di A sarà denotato con $\mathcal{U}(A)$. È evidente che $1 \in \mathcal{U}(A)$.

Proposizione 1.1.1 *Se A è un anello unitario, l'insieme $\mathcal{U}(A)$ degli elementi invertibili di A è un gruppo moltiplicativo. Inoltre l'insieme degli zero-divisori e quello degli elementi invertibili di A sono disgiunti.*

Dimostrazione. Per mostrare che $\mathcal{U}(A)$ è un gruppo, basta osservare che, se $u, v \in \mathcal{U}(A)$ allora $uv^{-1} \in \mathcal{U}(A)$. Infatti uv^{-1} è invertibile, con inverso vu^{-1}.

Siano poi $x, y \in A$ tali che $xy = 0$. Se $x \in \mathcal{U}(A)$, allora $ux = 1$ per qualche $u \in A$ e $uxy = y = 0$. Quindi x non può essere uno zero divisore sinistro. Analogamente si vede che x non può essere uno zero divisore destro.

Proposizione 1.1.2 (Legge di cancellazione) *Se A è un anello e $x \in A$ non è uno zero-divisore, in particolare è un elemento invertibile, allora*

$$xy = xz \Rightarrow y = z ; \quad yx = zx \Rightarrow y = z,$$

per ogni $y, z \in A$,

Dimostrazione. Se $xy = xz$, allora $x(y - z) = 0$. Da cui, poiché x non è uno zero-divisore, $y - z = 0$. Similmente si ottiene l'altra implicazione.

Un anello privo di zero-divisori si chiama un *anello integro*. In un anello integro, per la proposizione precedente, ogni elemento diverso da zero è cancellabile. Un anello commutativo unitario ed integro si chiama un *dominio di integrità* (o un *dominio integro*, o semplicemente un *dominio*).

Un anello unitario in cui ogni elemento non nullo è invertibile si chiama anche un *corpo*. Un *campo* è un corpo commutativo, cioè un anello commutativo unitario in cui ogni elemento non nullo è invertibile. Dunque un anello commutativo unitario A è un campo se e soltanto se $\mathcal{U}(A) = A^*$. In particolare, ogni campo è un dominio integro.

Un sottoinsieme B di un anello A si dice un *sottoanello* di A se B è un anello rispetto alle stesse operazioni di A. Si vede facilmente che questo accade se e soltanto se B è un sottogruppo additivo di A ed è un semigruppo moltiplicativo, cioè per ogni x, $y \in B$, risulta $x - y \in B$ e $xy \in B$.

Un sottanello I di A è un *ideale* se, per ogni $a \in A$ e $x \in I$, risulta $ax \in I$ e $xa \in I$. Tra gli ideali di A ci sono sempre lo stesso A e l'*ideale nullo*, formato dal solo elemento zero. Questi si chiamano gli *ideali banali* di A. Un ideale non banale si dice anche un *ideale proprio*.

L'insieme degli ideali di un anello forma un reticolo rispetto all'inclusione, con

$$\inf(I, J) = I \cap J; \quad \sup(I, J) = I + J := \{x + y; \; x \in I, y \in J\}.$$

Se A è un anello commutativo e unitario, dato un sottoinsieme $S \subseteq A$, l'insieme

$$\langle S \rangle := \left\{ \sum_{i=1}^{n} a_i x_i \; ; \; a_i \in A, x_i \in S \right\}$$

è il minimo ideale contenente S e si chiama l'ideale *generato* da S. Si dice che un ideale I è *finitamente generato* se esiste un insieme finito $S := \{x_1, \ldots, x_n\}$ tale che

$$I = \langle S \rangle := \langle x_1, \ldots, x_n \rangle := \{a_1 x + \cdots + a_n x_n; \; a_i \in A\}.$$

Se $S := \{x\}$ ha un solo elemento, l'ideale

$$\langle S \rangle := \langle x \rangle := \{ax; \; a \in A\}$$

si chiama l'*ideale principale generato da* x. Notiamo che $\langle 1 \rangle = A$ e che $\langle 0 \rangle$ è l'ideale nullo.

Se I, J sono ideali di A, l'*ideale prodotto* IJ è l'ideale generato da tutti i prodotti tra gli elementi di I e quelli di J. Cioè

$$IJ := \langle ab \, ; a \in I \, , b \in J \rangle.$$

È evidente che $IJ \subseteq I \cap J$.

Se $I = \langle S \rangle$ e $J = \langle T \rangle$, si vede subito che

$$I + J = \langle I \cup J \rangle = \langle S \cup T \rangle; \quad IJ = \langle st \, ; s \in S, t \in T \rangle.$$

In particolare, se I e J sono finitamente generati anche $I + J$ e IJ lo sono. Inoltre il prodotto di due ideali principali $\langle x \rangle$ e $\langle y \rangle$ è principale, infatti $\langle x \rangle \langle y \rangle = \langle xy \rangle$.

Proposizione 1.1.3 *Sia A un anello commutativo unitario e sia I un ideale di A. Allora*

(a) $I = A$ *se e soltanto se I contiene un elemento invertibile;*
(b) A *è un campo se e soltanto se i suoi unici ideali sono $\langle 0 \rangle$ e $A = \langle 1 \rangle$.*

Dimostrazione. (a) Se $I = A$, allora $1 \in I$ e 1 è invertibile. Viceversa, sia $u \in I$ un elemento invertibile. Allora $u^{-1} \in A$ e perciò $1 = uu^{-1} \in I$. Ne segue che $A = \langle 1 \rangle \subseteq I$ e dunque $I = A$.

(b) Sia A un campo e sia $I \neq \langle 0 \rangle$. Se $x \in I$ e $x \neq 0$, allora x è invertibile e quindi $I = A$ per il punto (1). Viceversa, sia A un anello commutativo unitario i cui ideali siano soltanto $\langle 0 \rangle$ e $\langle 1 \rangle$. Se $x \in A$ e $x \neq 0$, allora $\langle x \rangle = \langle 1 \rangle$. Ne segue che $ax = 1$ per qualche $a \in A$. Dunque x è invertibile in A.

Esempi 1.1.4 (1) Ogni anello di numeri è un dominio integro. $\mathbb{Z}$ denota l'anello degli interi relativi.

Per l'algoritmo euclideo della divisione, ogni ideale di $\mathbb{Z}$ è principale, generato da un intero $n \geq 0$. Infatti, sia $I \subseteq \mathbb{Z}$ un ideale non nullo e sia n il minimo intero positivo in I. Per ogni $x \in I$, si ha $x = nq + r$ con $0 \leq r < n$. Poiché $r = x - nq \in I$, per la minimalità di n deve allora essere $r = 0$ e $x = nq$. Dunque n genera I.

Si usa indicare l'ideale principale di $\mathbb{Z}$ generato da n con $n\mathbb{Z}$.

(2) Un campo di numeri si chiama un *campo numerico*. Ogni campo numerico è un sottocampo del campo $\mathbb{C}$ dei numeri complessi. Quindi un insieme di numeri è un campo se e soltanto se esso è chiuso rispetto alle operazioni di addizione, moltiplicazione, sottrazione e quoziente. Questa è la definizione originaria di campo di numeri data da R. Dedekind nel 1871.

$\mathbb{Q}$ denota il campo dei numeri razionali e $\mathbb{R}$ il campo dei numeri reali. Un sottocampo di $\mathbb{R}$ si chiama un *campo reale*.

(3) L'insieme numerico

$$\mathbb{Z}[\mathrm{i}] := \{a + b\mathrm{i} \, ; \, a, b \in \mathbb{Z}\}$$

è un anello, che si chiama l'*anello degli interi di Gauss*, ma non è un campo. Infatti si vede facilmente che $\mathcal{U}(\mathbb{Z}[\mathrm{i}]) := \{1, -1, \mathrm{i}, -\mathrm{i}\}$.

Invece l'insieme numerico

$$\mathbb{Q}(\mathrm{i}) := \{x + y\mathrm{i} \, ; \, x, y \in \mathbb{Q}\}$$

è un campo. Notiamo infatti che, se $(x, y) \neq (0, 0)$,

$$(x + y\mathrm{i})^{-1} = \frac{x - y\mathrm{i}}{x^2 + y^2}.$$

(4) Se A è un anello commutativo e unitario, l'insieme $\mathcal{M}_n(A)$ delle matrici quadrate di dimensione n a valori in A è un anello unitario rispetto alle usuali operazioni di addizione e moltiplicazione righe per colonne, definite rispettivamente da

$$(a_{ij}) + (b_{ij}) := (a_{ij} + b_{ij}) \, ; \quad (a_{ij})(b_{ij}) := (c_{ij}) \text{ dove } c_{ij} := \sum_{k=0}^{n} a_{ik} b_{kj}.$$

Lo zero di $\mathcal{M}_n(A)$ è la matrice nulla, i cui elementi sono tutti zero, mentre l'unità è la matrice unitaria $I_n := (\delta_{ij})$, dove $\delta_{ii} = 1$ e $\delta_{ij} = 0$ per $i \neq j$. Tuttavia l'anello $\mathcal{M}_n(A)$ non è né commutativo, né integro. Ad esempio, per $n := 2$ e $a \neq 0$, si ha

$$0 = \begin{pmatrix} a & a \\ 0 & 0 \end{pmatrix} \begin{pmatrix} -1 & 1 \\ 1 & -1 \end{pmatrix} \neq \begin{pmatrix} -1 & 1 \\ 1 & -1 \end{pmatrix} \begin{pmatrix} a & a \\ 0 & 0 \end{pmatrix} = \begin{pmatrix} -a & -a \\ a & a \end{pmatrix}.$$

Una matrice $M \in \mathcal{M}_n(A)$ è invertibile se e soltanto se il suo determinante $\det M$ è un elemento invertibile di A. In questo caso, indicando con C_{ij} la sottomatrice di M di ordine $n - 1$ ottenuta cancellando la i-esima riga e la j-esima colonna e ponendo $c_{ij} := (-1)^{i+j} \det C_{ij}$, la matrice inversa di M è data dalla matrice $(1/\det M)(c_{ji})$.

(**5**) Se A e B sono due anelli (commutativi), il loro prodotto diretto $A \times B$ è ancora un anello (commutativo) con le operazioni *definite sulle componenti*:

$$(a_1, a_2) + (b_1, b_2) = (a_1 + b_1, a_2 + b_2); \quad (a_1, a_2)(b_1, b_2) = (a_1 b_1, a_2 b_2).$$

Lo zero di $A \times B$ è la coppia $(0_A, 0_B)$ e, se A e B sono unitari, $A \times B$ è unitario, con unità $(1_A, 1_B)$. Il prodotto diretto di due anelli non è mai integro. Infatti se $a \in A$ e $b \in B$ sono elementi diversi da zero, allora $(a, 0_B)(0_A, b) = (0_A, 0_B)$ con $(a, 0_B)$ e $(0_A, b)$ elementi non nulli.

Nello stesso modo, per induzione su $n \geq 2$, si vede che il prodotto diretto di n anelli (commutativi, unitari) è ancora un anello (commutativo, unitario) non integro.

(**6**) Se A è un anello (commutativo, unitario) e S è un qualsiasi insieme, l'insieme $\mathcal{F}(S, A) := A^S$ di tutte le funzioni di dominio S e codominio A è a sua volta un anello (commutativo, unitario) non integro rispetto alle operazioni di *addizione e moltiplicazione puntuali* definite rispettivamente da

$$(\varphi + \psi)(s) = \varphi(s) + \psi(s); \quad (\varphi\psi)(s) = \varphi(s)\psi(s),$$

per ogni $s \in S$. Lo zero di $\mathcal{F}(S, A)$ è la funzione nulla, che assume valore costante 0 su tutto S e, se 1 è l'unità di A, l'unità moltiplicativa di $\mathcal{F}(S, A)$ è la funzione costante che assume valore 1 su tutto S.

(**7**) Se A è unitario ma non è commutativo, la condizione $\mathcal{U}(A) = A^*$ non basta ad assicurare che A sia un campo. Un anello unitario e non commutativo in cui ogni elemento non nullo è invertibile è ad esempio il *corpo dei quaternioni reali*, costruito da W. R. Hamilton nel 1843 (Esercizio 1.9). Tuttavia, un importante teorema dimostrato da J. Wedderburn (1905) ci assicura che se A ha un numero finito di elementi e $\mathcal{U}(A) = A^*$, allora A è commutativo e quindi è un campo. Daremo una dimostrazione di questo teorema nel successivo Paragrafo 4.4.5. Uno studio approfondito dell'anello dei quaternioni si trova in [49, Chapter 7].

1.2 Anelli quoziente e omomorfismi di anelli

Se A è un anello e $I \subseteq A$ è un ideale, la *relazione di congruenza* modulo I, definita da

$$x \equiv y \mod I \quad \Leftrightarrow \quad x - y \in I$$

è una relazione di equivalenza su A che rispetta le operazioni, cioè

$$x_1 \equiv y_1, \ x_2 \equiv y_2 \quad \Rightarrow \quad x_1 + y_1 \equiv x_2 + y_2, \ x_1 y_1 \equiv x_2 y_2.$$

La classe di equivalenza di un elemento $x \in A$ si indica con $x + I$. L'insieme quoziente di A rispetto alla relazione di congruenza modulo I si indica con A/I ed è un anello con le operazioni definite da:

$$(x + I) + (y + I) = (x + y) + I \ ; \quad (x + I)(y + I) = (xy) + I.$$

Lo zero di A/I è la classe dello zero di A, cioè $0 + I = I$. Inoltre, se A è commutativo unitario, anche A/I è commutativo unitario e la sua unità moltiplicativa è la classe $1 + I$ dell'unità di A.

Esempi 1.2.1 Dati due interi a e $n \geq 2$, n divide a se e soltanto se $a \in n\mathbb{Z}$. Quindi due interi $a, b \in \mathbb{Z}$ sono congrui modulo l'ideale $n\mathbb{Z}$ se e soltanto se $a - b \in n\mathbb{Z}$, se e soltanto se n divide la differenza $a - b$. In questo caso, a e b si dicono *congrui modulo* n e si scrive $a \equiv b \mod n$.

L'anello quoziente $\mathbb{Z}/n\mathbb{Z}$ si indica con $\mathbb{Z}_n$ e si chiama *l'anello delle classi resto modulo* n. Questo nome è dovuto al fatto che ogni elemento $a \in \mathbb{Z}$ è congruo modulo n al suo resto nella divisione per n. Poiché i possibili resti della divisione per n sono $0, 1, \ldots, n - 1$, indicando con $\bar{a}$ la classe di a, si ha $\mathbb{Z}_n := \{\bar{0}, \bar{1}, \ldots, \bar{n}\}$.

Notiamo che $\bar{a} \in \mathbb{Z}_n$ è invertibile se e soltanto se $\mathrm{MCD}(a, n) = 1$. Infatti, se $\mathrm{MCD}(a, n) = 1$ e $ax + ny = 1$ è una identità di Bezout, allora $\overline{ax} = \bar{1}$ e quindi $\bar{a}$ è invertibile. Viceversa, se $\mathrm{MCD}(a, n) = d \neq 1$, si ha $a = dx$, $n = dy$ con $0 < |y| < n$. Allora $ay = nx$ e $\overline{ay} = \bar{0}$ con $\bar{y} \neq \bar{0}$. Ne segue che $\bar{a}$ è uno zero-divisore e in particolare non è invertibile (Proposizione 1.1.1).

L'ordine del gruppo moltiplicativo $\mathcal{U}(\mathbb{Z}_n)$, cioè il numero degli interi positivi minori di n tali che $\mathrm{MCD}(a, n) = 1$, si indica con $\varphi(n)$ e la funzione aritmetica

$$\varphi : \mathbb{N} \longrightarrow \mathbb{N}; \quad n \mapsto \varphi(n)$$

si chiama la *funzione*, o *indicatore, di Eulero*.

Se B è un sottoanello (rispettivamente, un ideale) di A contenente l'ideale I, si verifica subito che l'anello quoziente B/I è un sottoanello (rispettivamente, un ideale) di A/I.

Proposizione 1.2.2 *Siano A un anello e $I \subseteq A$ un ideale. La corrispondenza*

$$J \mapsto \frac{J + I}{I}$$

è una corrispondenza suriettiva che conserva le inclusioni tra gli ideali di
A e gli ideali di A/I. Inoltre tale corrispondenza, ristretta agli ideali di A
contenenti I, è biiettiva.

Dimostrazione. È evidente che la corrispondenza $J \mapsto (J+I)/I$ conserva le
inclusioni. Sia H un ideale di A/I e sia $J := \{x \in A \,; x+I \in H\}$. Allora J
è un ideale di A contenente I (perché $I = 0 + I \in H$) e $H = J/I$. Quindi la
corrispondenza è suriettiva.

Inoltre, supponiamo che J_1 e J_2 siano due ideali di A contenenti I e che
$J_1/I = J_2/I$. Allora, per ogni $x \in J_1$, risulta $x + I \in J_2/I$ e dunque $J_1 \subseteq$
$\{y \in A \,; y + I \in J_2/I\} = J_2$. Simmetricamente, $J_2 \subseteq J_1$; quindi $J_1 = J_2$.

Un'applicazione $\varphi : A \longrightarrow A'$ tra due anelli si dice un *omomorfismo* se,
comunque scelti $x, y \in A$, risulta:

$$\varphi(x + y) = \varphi(x) + \varphi(y), \quad \varphi(xy) = \varphi(x)\varphi(y).$$

Un omomorfismo biiettivo si chiama un *isomorfismo*.

Se A e A' sono unitari, con unità moltiplicativa 1_A e $1_{A'}$ rispettivamente,
un omomorfismo di anelli $\varphi : A \longrightarrow A'$ si dice *unitario* se $\varphi(1_A) = 1_{A'}$.

Proposizione 1.2.3 *Se A' è un dominio di integrità, in particolare un
campo, ogni omomorfismo non nullo di anelli $\varphi : A \longrightarrow A'$ è unitario.*

Dimostrazione. Poiché φ è non nullo, allora $\varphi(1_A) \neq 0$, altrimenti si avrebbe
$\varphi(x) = \varphi(x1_A) = \varphi(x)\varphi(1_A) = 0$, per ogni $x \in A$. Inoltre $\varphi(1_A)^2 = \varphi(1_A^2) =$
$\varphi(1_A)$. Allora

$$\varphi(1_A) - \varphi(1_A)^2 = \varphi(1_A)(1_{A'} - \varphi(1_A)) = 0$$

e, poiché A' è integro, $\varphi(1_A) = 1_{A'}$.

Se $\varphi : A \longrightarrow A'$ è un omomorfismo di anelli, l'insieme

$$\operatorname{Ker} \varphi := \{x \in A; \ \varphi(x) = 0\}$$

si chiama il *nucleo* di A. L'immagine di φ sarà denotata con $\operatorname{Im} \varphi$. Si verifica
subito che $\operatorname{Ker} \varphi$ è un ideale di A, che $\operatorname{Im} \varphi$ è un sottoanello di A'.

Se φ è iniettivo, $\operatorname{Im} \varphi$ è un sottoanello di A' isomorfo ad A; in questo caso,
diremo che A è *contenuto isomorficamente* in A'.

Per ogni ideale $I \subseteq A$, l'applicazione

$$\pi : A \longrightarrow \frac{A}{I}, \quad x \mapsto x + I$$

è un omomorfismo di anelli suriettivo e $\operatorname{Ker} \pi = I$. Questo omomorfismo si
chiama la *proiezione canonica* di A sul quoziente A/I.

Proposizione 1.2.4 *Un sottoinsieme I di un anello A è un ideale se e
soltanto se è il nucleo di qualche omomorfismo di anelli $A \longrightarrow A'$.*

Dimostrazione. Se $\varphi : A \longrightarrow A'$ è un omomorfismo di anelli, $\mathrm{Ker}\,\varphi$ è un ideale di A. Viceversa, ogni ideale I di A è il nucleo della proiezione canonica $\pi : A \longrightarrow A/I$.

Teorema 1.2.5 (Teorema Fondamentale di Omomorfismo) *Per ogni omomorfismo di anelli* $\varphi : A \longrightarrow A'$, *l'applicazione*

$$\overline{\varphi} : \frac{A}{\mathrm{Ker}\,\varphi} \longrightarrow \mathrm{Im}\,\varphi, \quad x + \mathrm{Ker}\,\varphi \mapsto \varphi(x)$$

è ben definita ed è un isomorfismo di anelli.

Dimostrazione. L'applicazione $\overline{\varphi}$ è ben definita ed iniettiva perché

$$\varphi(x) = \varphi(y) \Leftrightarrow \varphi(x) - \varphi(y) = \varphi(x - y) = 0$$
$$\Leftrightarrow x - y \in \mathrm{Ker}\,\varphi \Leftrightarrow x + \mathrm{Ker}\,\varphi = y + \mathrm{Ker}\,\varphi.$$

Inoltre $\overline{\varphi}$ è un omomorfismo perché lo è φ. Infine, per ogni $y \in \mathrm{Im}\,\varphi$, si ha $y = \varphi(x) = \overline{\varphi}(x + \mathrm{Ker}\,\varphi)$ per qualche $x \in A$. Perciò $\overline{\varphi}$ è un omomorfismo suriettivo.

Corollario 1.2.6 *Un omomorfismo di anelli* $\varphi : A \longrightarrow A'$ *è iniettivo se e soltanto se il suo nucleo è l'ideale nullo.*

Dimostrazione. Basta osservare che, per il Teorema 1.2.5, risulta $\varphi(x) = \varphi(y)$ se e soltanto se $y \in x + \mathrm{Ker}\,\varphi$.

Corollario 1.2.7 *Se F è un campo, ogni omomorfismo di anelli non nullo* $\varphi : F \longrightarrow A$ *è iniettivo.*

Dimostrazione. Poiché gli ideali di un campo sono soltanto quelli banali (Proposizione 1.1.3 (b)), se $\mathrm{Ker}\,\varphi \neq F$, necessariamente $\mathrm{Ker}\,\varphi = (0)$. Quindi possiamo applicare il Corollario 1.2.6.

Se A è un anello, un isomorfismo $A \longrightarrow A$ si dice un *automorfismo* di A. L'insieme degli automorfismi di A si indica con $\mathrm{Aut}(A)$.

Proposizione 1.2.8 *Se A è un anello, l'insieme* $\mathrm{Aut}(A)$ *degli automorfismi di A è un gruppo rispetto alla composizione di funzioni.*

Dimostrazione. La composizione di due automorfismi è evidentemente un automorfismo. L'identità su A è un automorfismo ed è l'elemento neutro di $\mathrm{Aut}(A)$. Infine, se $\varphi \in \mathrm{Aut}(A)$, l'applicazione inversa φ^{-1} è un automorfismo di A. Infatti, per ogni $x, y \in A$, risulta

$$\varphi(\varphi^{-1}(x)\varphi^{-1}(y)) = \varphi(\varphi^{-1}(x))\varphi(\varphi^{-1}(y)) = xy = \varphi(\varphi^{-1}(xy))$$

e allora, per l'iniettività di φ, $\varphi^{-1}(xy) = \varphi^{-1}(x)\varphi^{-1}(y)$.

Esempi 1.2.9 (1) Se $\mathcal{M}_2(\mathbb{R})$ è l'anello delle matrici reali quadrate di dimensione 2, l'applicazione

$$\mathbb{C} \longrightarrow \mathcal{M}_2(\mathbb{R}); \quad a + bi \mapsto \begin{pmatrix} a & b \\ -b & a \end{pmatrix}$$

è un omomorfismo non nullo di anelli. Quindi esso è iniettivo e la sua immagine

$$\mathcal{M}_{a,b}(F) := \left\{ M_{a,b} := \begin{pmatrix} a & b \\ -b & a \end{pmatrix}; \ a, b \in F \right\}$$

è un sottocampo di $\mathcal{M}_2(\mathbb{R})$ isomorfo a $\mathbb{C}$.

(2) L'applicazione di *coniugio complesso*, definita da

$$\mathbb{C} \longrightarrow \mathbb{C}; \quad a + bi \mapsto \overline{a + bi} := a - bi$$

è un' automorfismo di $\mathbb{C}$. Infatti, un calcolo diretto mostra che

$$\overline{z_1 + z_2} = \overline{z_1} + \overline{z_2}; \quad \overline{z_1 \cdot z_2} = \overline{z_1} \cdot \overline{z_2},$$

per ogni z_1, $z_2 \in \mathbb{C}$.

(3) Siano A un anello, S un insieme e $\mathcal{F}(S, A)$ l'anello di tutte le funzioni di dominio S e codominio A (Esempio 1.1.4 (6)). Fissato un elemento $s \in S$, si consideri l'applicazione

$$\varphi : \mathcal{F}(S, A) \longrightarrow A; \quad f \mapsto f(s).$$

Allora φ è un omomorfismo suriettivo di anelli (perché in $F(S, A)$ ci sono le funzioni costanti) e il nucleo di φ è costituito dalle funzioni che si annullano in s, cioè $\operatorname{Ker} \varphi = \mathcal{I}_s := \{ f \in \mathcal{F}(S, A) ; f(s) = 0 \}$. Per il Primo Teorema di Omomorfismo, l'applicazione

$$\frac{\mathcal{F}(S, A)}{\mathcal{I}_s} \longrightarrow A; \quad f + \mathcal{I}_s \mapsto f(s)$$

è un isomorfismo di anelli.

1.3 Ideali primi e massimali

Sia A un anello commutativo e unitario. Un ideale M di A si chiama un *ideale massimale* se $M \neq A$ e non esiste alcun ideale I di A tale che $M \subsetneq I \subsetneq A$.

Si dice poi che P è un *ideale primo* se $P \neq A$ e, comunque scelti $x, y \in A$, quando $xy \in P$, allora $x \in P$ oppure $y \in P$. Questo equivale a dire che l'insieme differenza $A \setminus P$ è chiuso rispetto alla moltiplicazione. È evidente dalle definizioni che l'ideale nullo è un ideale primo se e soltanto se A è un dominio.

L'esistenza, in un anello commutativo unitario, di ideali primi e massimali è garantita dal cosiddetto *Lemma di Zorn*, di cui ricordiamo qui l'enunciato (Teorema 13.0.2).

Lemma 1.3.1 (Lemma di Zorn) *Sia S un insieme non vuoto parzialmente ordinato. Se ogni sottoinsieme totalmente ordinato di S ha un maggiorante in S, allora S ha almeno un elemento massimale.*

Teorema 1.3.2 *Se A è un anello commutativo unitario e $I \neq A$ è un ideale di A, esiste almeno un ideale massimale di A contenente I.*

Dimostrazione. Sia S l'insieme degli ideali di A contenenti I e diversi da A. S è non vuoto, perché $I \in S$, ed è parzialmente ordinato rispetto all'inclusione. Se $\{J_\alpha\}$ è un sottoinsieme totalmente ordinato di S, si vede subito che $J := \bigcup_\alpha J_\alpha$ è un ideale appartenente a S ed è un maggiorante per l'insieme $\{J_\alpha\}$. Per il Lemma di Zorn, allora S ha almeno un elemento massimale M ed è evidente che M è un ideale massimale di A contenente I.

Proposizione 1.3.3 *Se A è un anello commutativo unitario, ogni ideale massimale di A è un ideale primo.*

Dimostrazione. Sia $M \subseteq A$ un ideale massimale. Supponiamo che $xy \in M$ e $x \in A \setminus M$. Allora l'ideale $M + \langle x \rangle$, contenendo propriamente M, è uguale ad A. Ne segue che $1 = m + ax$, per opportuni $m \in M$ e $a \in A$. Perciò $y = 1y = my + axy \in M$ e quindi M è un ideale primo.

Una utile caratterizzazione degli ideali primi è la seguente.

Proposizione 1.3.4 *Sia A un anello commutativo e unitario. Un ideale P di A è primo se e soltanto se $P \neq A$ e ogni volta che P contiene un prodotto di ideali $I_1 \ldots I_n$, P contiene almeno un ideale I_k, $1 \leq k \leq n$.*

Dimostrazione. Per induzione su n, basta considerare il caso $n = 2$. Siano I, J ideali di A e supponiamo che ogni volta che $IJ \subseteq P$, allora $I \subseteq P$ oppure $J \subseteq P$. Allora scegliendo $I = \langle x \rangle$ e $J = \langle y \rangle$ principali, si ottiene che se $xy \subseteq P$ allora $x \in P$ oppure $y \in P$. Quindi P è un ideale primo. Viceversa, supponiamo che P sia primo. Se $I \nsubseteq P$ e $J \nsubseteq P$, esistono elementi $x \in I$ e $y \in J$ tali che $x, y \notin P$. Allora $xy \in IJ \setminus P$ e quindi $IJ \nsubseteq P$.

Gli ideali primi e massimali possono essere caratterizzati anche attraverso gli anelli quoziente.

Proposizione 1.3.5 *Sia A un anello commutativo unitario e sia $P \neq A$ un ideale di A. Allora:*

(a) *l'anello quoziente A/P è un dominio integro se e soltanto se P è un ideale primo;*

(b) *l'anello quoziente A/P è un campo se e soltanto se P è un ideale massimale.*

Dimostrazione. (a) segue subito dalle definizioni e dall'osservazione che

$$(x + P)(y + P) = xy + P = P \Leftrightarrow xy \in P.$$

(b) A/P è un campo se e soltanto se esso non ha ideali non banali (Proposizione 1.1.3 (2)). Basta allora applicare la Proposizione 1.2.2.

Esempi 1.3.6 (1) Ogni ideale di $\mathbb{Z}$ è della forma $d\mathbb{Z}$ con $d \geq 0$ (Esempio 1.1.4 (1)) e, dati d, $n \geq 0$, si ha che d divide n se e soltanto se $n\mathbb{Z} \subseteq d\mathbb{Z}$. Allora l'ideale $n\mathbb{Z}$ è massimale se e soltanto se $n \geq 2$ e n non ha divisori positivi diversi da 1, cioè se e soltanto se $n = p$ è un numero primo. Inoltre, se n non è un numero primo l'ideale $n\mathbb{Z}$ non è un ideale primo. Infatti, se $n = ab$, con $1 < a \leq b < n$, allora $ab = n \in n\mathbb{Z}$, ma evidentemente $a \notin n\mathbb{Z}$ e $b \notin n\mathbb{Z}$.

Ne segue che gli ideali primi di $\mathbb{Z}$ sono tutti e soli gli ideali $p\mathbb{Z}$, con p primo ed essi sono tutti massimali. Inoltre l'anello $\mathbb{Z}_n := \mathbb{Z}/n\mathbb{Z}$ delle classi resto modulo n è un campo se e soltanto se $\mathbb{Z}_n$ è un dominio, se e soltanto se $n = p$ è un numero primo.

Se p è un numero primo, il campo $\mathbb{Z}/p\mathbb{Z}$ si indica con $\mathbb{F}_p$, mentre la notazione $\mathbb{Z}_p$ viene riservata al caso in cui si consideri $\mathbb{Z}/p\mathbb{Z}$ come gruppo additivo. Inoltre, gli elementi di $\mathbb{F}_p$ verranno spesso denotati senza la barra.

(2) Nella Proposizione 1.3.5, l'ipotesi che l'anello A sia commutativo e unitario è necessaria. Ad esempio l'ideale $4\mathbb{Z}$ dell'anello non unitario $2\mathbb{Z}$ è un ideale massimale, ma l'anello quoziente $2\mathbb{Z}/4\mathbb{Z}$ non è integro.

Due ideali I e J di un anello commutativo unitario A si dicono *coprimi* se non esiste alcun ideale massimale che li contiene entrambi, cioè se $I + J = A$.

Lemma 1.3.7 *Sia A un anello commutativo unitario e siano $I_1, \ldots, I_n$ ideali di A tali che $I_j + I_k = A$ per $1 \leq j < k \leq n$. Allora:*

(a) *Gli ideali I_k e $J_k := I_1 \ldots I_{k-1} I_{k+1} \ldots I_n$ sono coprimi, per ogni $k = 1, \ldots, n$;*
(b) *$I_1 \ldots I_n = I_1 \cap \cdots \cap I_n$.*

Dimostrazione. (a) Se M è un qualsiasi ideale massimale di A contenente J_k, allora M, essendo primo, contiene qualche ideale I_j, per $j \neq k$. Poiché $I_j + I_k = A$, ne segue che $I_k \nsubseteq M$. Quindi $J_k + I_k = A$.

(b) È evidente che $I_1 \ldots I_n \subseteq I_1 \cap \cdots \cap I_n$. Viceversa, procediamo per induzione su $n \geq 2$. Dati due ideali I e J, se $I + J = A$, si ha

$$I \cap J = (I + J)(I \cap J) = I(I \cap J) + J(I \cap J) \subseteq IJ.$$

Quindi l'asserto è vero per $n = 2$. Supponiamo ora, per ipotesi induttiva, che $J := I_1 \ldots I_{n-1} = I_1 \cap \cdots \cap I_{n-1}$. Per il punto (a), risulta $J + I_n = A$ e quindi, come volevamo,

$$I_1 \ldots I_n = J I_n = J \cap I_n = I_1 \cap \cdots \cap I_n.$$

Teorema 1.3.8 (Teorema cinese dei resti) *Sia A un anello commutativo unitario e siano $I_1, \ldots, I_n$ ideali di A tali che $I_j + I_k = A$ per $1 \leq j < k \leq n$. Allora, posto $I := I_1 \ldots I_n$, l'applicazione*

$$\frac{A}{I} \longrightarrow \frac{A}{I_1} \times \cdots \times \frac{A}{I_n}; \quad x + I \mapsto (x + I_1, \ldots, x + I_n)$$

è un isomorfismo di anelli.

Dimostrazione. Consideriamo l'applicazione

$$\pi : A \longrightarrow B := \frac{A}{I_1} \times \cdots \times \frac{A}{I_n}; \quad x \mapsto (x + I_1, \ldots, x + I_n).$$

Si verifica subito che π è un omomorfismo di anelli.

Mostriamo che π è suriettivo. Sia $(a_1 + I_1, \ldots, a_n + I_n) \in B$, $a_k \in A$ per $k = 1, \ldots, n$. Fissato k, poiché gli ideali $J_k := I_1 \ldots I_{k-1} I_{k+1} \ldots I_n$ e I_k sono coprimi (Lemma 1.3.7 (a)), esistono $u_k \in J_k$ e $v_k \in I_k$ tali che $u_k + v_k = 1$. Allora $u_k + I_k = 1 + I_k$ e $u_k + I_j = I_j$ per $j \neq k$. Ne segue che, posto $x = a_1 u_1 + \cdots + a_n u_n$, risulta $\pi(x) = (a_1 + I_1, \ldots, a_n + I_n)$.

Poiché il nucleo di π è evidentemente l'ideale $I_1 \cap \cdots \cap I_n$ e coincide con l'ideale $I := I_1 \ldots I_n$ per il Lemma 1.3.7 (b), la conclusione segue dal Teorema Fondamentale di Omomorfismo (Teorema 1.2.5).

Esempi 1.3.9 (1) Usando la nozione di congruenza modulo un ideale, il Teorema Cinese dei Resti si può enunciare dicendo che, se gli ideali $I_1, \ldots, I_n$ sono coprimi a coppie, dati $a_1, \ldots, a_n \in A$, esiste un elemento $x \in A$ tale che $x \equiv a_k \mod I_k$, per ogni $k = 1, \ldots, n$. Inoltre tale elemento è unico mod $I_1 \ldots I_n$.

(2) Dati due interi $m, n \geq 2$, gli ideali $n\mathbb{Z}$ e $m\mathbb{Z}$ di $\mathbb{Z}$ sono coprimi se e soltanto se non esiste alcun ideale massimale $p\mathbb{Z}$, con p primo, tale che $n\mathbb{Z}$, $m\mathbb{Z} \subseteq p\mathbb{Z}$. Questo equivale a dire che n e m non hanno divisori primi in comune, cioè che $\mathrm{MCD}(n, m) = 1$. Allora il Teorema Cinese dei Resti per $\mathbb{Z}$ può essere enunciato dicendo che, se $n_1, \ldots, n_s$ sono numeri interi positivi tali che $\mathrm{MCD}(n_i, n_j) = 1$ per $1 \leq i < j \leq s$ e $n := n_1 \ldots n_s$, si ha un isomorfismo naturale

$$\mathbb{Z}_n \longrightarrow \mathbb{Z}_{n_1} \times \cdots \times \mathbb{Z}_{n_s}.$$

Ciò significa che il sistema di congruenze

$$x \equiv a_i \mod n_i \quad i = 1, \ldots, s$$

è sempre risolubile ed ha una unica soluzione mod $n_1 \ldots n_s$.

Dal momento che in un isomorfismo unitario di anelli elementi invertibili si corrispondono, l'isomorfismo $\mathbb{Z}_n \longrightarrow \mathbb{Z}_{n_1} \times \cdots \times \mathbb{Z}_{n_s}$ induce un isomorfismo di gruppi moltiplicativi

$$\mathcal{U}(\mathbb{Z}_n) \longrightarrow \mathcal{U}(\mathbb{Z}_{n_1}) \times \cdots \times \mathcal{U}(\mathbb{Z}_{n_s}).$$

Poiché l'ordine del gruppo $\mathcal{U}(\mathbb{Z}_n)$ è dato dal valore $\varphi(n)$ della funzione di Eulero (Esempio 1.2.1), una prima conseguenza è che la funzione di Eulero è *moltiplicativa*, nel senso che, se $\mathrm{MCD}(r, s) = 1$, allora $\varphi(rs) = \varphi(r)\varphi(s)$.

Un semplice calcolo mostra poi che, se p è un numero primo, si ha

$$\varphi\left(p^k\right) = p^k - p^{k-1} = p^{k-1}(p-1) = p^k\left(1 - \frac{1}{p}\right),$$

per ogni $k \geq 1$. Quindi, se $n = p_1^{k_1} p_2^{k_2} \cdots p_s^{k_s}$ è la fattorizzazione di n in numeri primi distinti, risulta

$$\varphi(n) = \varphi\left(p^{k_1}\right) \cdots \varphi\left(p^{k_s}\right) = \left(p_1^{k_1} - p_1^{k_1-1}\right) \cdots \left(p_s^{k_s} - p_s^{k_s-1}\right).$$

1.4 Divisibilità in un dominio

Per definire in un anello commutativo unitario A una buona teoria della divisibilità, è conveniente assumere che A non abbia zero-divisori, cioè che A sia un dominio.

Dati due elementi x, y di un dominio A, si dice che y *divide* x in A se esiste un elemento $z \in A$ tale che $x = yz$. In tal caso si dice anche che y è un *divisore* o un *fattore* di x in A e che x è un *multiplo* di y. Lo zero di A divide soltanto se stesso ma è diviso da ogni elemento di A, infatti $0x = 0$ per ogni $x \in A$.

Gli elementi invertibili di A sono i divisori dell'unità moltiplicativa 1 di A. Denoteremo al solito con $\mathcal{U}(A)$ il gruppo moltiplicativo degli elementi invertibili di A.

Si dice che y è *associato* a x in A se esiste un elemento $u \in \mathcal{U}(A)$ tale che $y = ux$. Si verifica subito che questa è una relazione di equivalenza su A e che x e y sono associati se e soltanto se si dividono reciprocamente (Esercizi 1.24 e 1.25).

Ogni elemento $x \in A$ è diviso dagli elementi invertibili di A e dai suoi associati. Infatti $x = 1x = u(u^{-1}x)$, per ogni $u \in \mathcal{U}(A)$. Un divisore di x non invertibile e non associato a x si chiama un *divisore proprio* di x.

Notiamo che y divide x se e soltanto se $\langle x \rangle \subseteq \langle y \rangle$. Quindi x e y sono associati se e soltanto se $\langle x \rangle = \langle y \rangle$ e y è un divisore proprio di x se e soltanto se $\langle x \rangle \subsetneq \langle y \rangle \neq A$.

Se K è un campo, ogni elemento non nullo è invertibile e quindi non ha divisori propri; per questo motivo in un campo la teoria della divisibilità diventa banale.

Un elemento x di un dominio A si chiama un *elemento irriducibile* se x è non nullo e non invertibile e non ha divisori propri. Un elemento non nullo che ha divisori propri si dice *riducibile*. Un *elemento primo* di A è un elemento x non nullo e non invertibile tale che, scelti comunque $y, z \in A$, quando x divide yz allora x divide y oppure x divide z. Quindi, per induzione su $n \geq 2$, un elemento primo x che divide un prodotto $y_1 y_2 \ldots y_n$ divide almeno uno dei fattori y_i.

Corollario 1.4.1 *Sia A un dominio e sia $x \in A$ un elemento non nullo e non invertibile. Allora x è un elemento primo se e soltanto se l'ideale principale $\langle x \rangle$ è un ideale primo.*

Dimostrazione. Segue direttamente dalle definizioni.

Proposizione 1.4.2 *In un dominio A, ogni elemento primo è irriducibile.*

Dimostrazione. Sia $p \in A$ un elemento primo. Se $p = xy$, allora p divide x oppure y. Nel primo caso, p e x sono associati e y è invertibile. Nel secondo caso, p e y sono associati e x è invertibile. Quindi p non ha divisori propri.

Esempi 1.4.3 Gli elementi irriducibili di $\mathbb{Z}$ sono esattamente i numeri primi e i loro opposti e coincidono con gli elementi primi.

1.4.1 Massimo comune divisore

Se A è un dominio e $x, y \in A$ sono non entrambi nulli, un *massimo comune divisore* di x e y è un divisore comune di x e y diviso da ogni altro divisore comune. Precisamente, un elemento $d \in A$ è un massimo comune divisore di x e y se:

1. d divide x e y;
2. Se d' divide x e y, allora d' divide d.

Un massimo comune divisore di x e y, se esiste, non è univocamente determinato. Infatti dalla proprietà (2) segue subito che se $d \in A$ è un massimo comune divisore, lo sono anche tutti gli elementi di A associati a d.

Nell'impossibilità di privilegiare un particolare massimo comune divisore di due elementi, se d è un *qualsiasi* massimo comune divisore di x e y, si usa scrivere $(x, y) = d$. Se gli unici divisori comuni di x e y sono gli elementi invertibili di A, si scrive $(x, y) = 1$ e si dice che x e y sono elementi *coprimi*. Notiamo che $(x, y) = 1$ se e soltanto se l'unico ideale principale contenente x e y è A, ma se questo accade non è detto che gli ideali principali $\langle x \rangle$ e $\langle y \rangle$ siano coprimi, perché può essere $\langle x \rangle + \langle y \rangle \subsetneq A$, come vedremo successivamente nell'Esempio 2.5.9.

Lemma 1.4.4 *Sia A un dominio. Un elemento $q \in A$, non nullo e non invertibile, è irriducibile se e soltanto se, per ogni $x \in A$, q divide x oppure $(x, q) = 1$.*

Dimostrazione. Poiché gli unici divisori di q sono gli elementi invertibili di A e gli elementi associati a q, se q non divide x, gli unici divisori comuni di x e q sono gli elementi invertibili. Quindi $(x, q) = 1$.

Diremo che A è un *dominio con il massimo comune divisore* se due qualsiasi elementi non nulli di A hanno un massimo comune divisore. Un campo soddisfa banalmente questa proprietà.

Proposizione 1.4.5 (Lemma di Euclide) *Sia A un dominio con il massimo comune divisore e siano $x, y, z \in A^*$. Se x divide yz e $(x, y) = 1$, allora x divide z.*

Dimostrazione. Si verifica facilmente che $(xz, yz) = z(x, y)$ (Esercizio 1.27). Allora, se $(x, y) = 1$ e x divide yz, si ha che x divide $(xz, yz) = z(x, y) = z$.

Corollario 1.4.6 *Sia A un dominio con il massimo comune divisore e sia $p \in$*
A. Allora p è un elemento primo se e soltanto se p è un elemento irriducibile.

Dimostrazione. Sia p un elemento irriducibile di A e supponiamo che p divida
xy. Se p non divide x, allora $(p,x) = 1$ (Lemma 1.4.4) e quindi p divide y
per il Lemma di Euclide (Proposizione 1.4.5). Viceversa, in ogni dominio un
elemento primo è irriducibile (Proposizione 1.4.2).

1.4.2 Domini a fattorizzazione unica

Un dominio A si dice un *dominio a fattorizzazione unica* se soddisfa le due
seguenti condizioni:

1. Ogni elemento non nullo e non invertibile $x \in A$ può essere fattorizzato nel
   prodotto di un numero finito di elementi irriducibili (non necessariamente
   distinti):

$$x = p_1 p_2 \ldots p_n, \quad \text{con } p_i \text{ irriducibile per } i = 1, \ldots, n.$$

2. Se $x = p_1 \ldots p_n = q_1 \ldots q_m$ sono due fattorizzazioni dello stesso elemento
   di A in elementi irriducibili (non necessariamente distinti), allora $n = m$
   e gli elementi q_i possono essere rinumerati in modo tale che p_i e q_i siano
   associati per $i = 1, \ldots, n$.

Un campo è banalmente un dominio a fattorizzazione unica. Si usa esprimere la proprietà (2) dicendo che la fattorizzazione in elementi irriducibili è
unica, a meno dell'ordine e di elementi invertibili.

Se A è un dominio a fattorizzazione unica e $x, y \in A^*$ sono due elementi
non invertibili, considerando tutti i fattori irriducibili sia di x che di y, possiamo scrivere $x = p_1^{a_1} \ldots p_n^{a_n}$ e $y = p_1^{b_1} \ldots p_n^{b_n}$, dove $p_1, \ldots, p_n$ sono elementi
irriducibili distinti e $a_i, b_i \geq 0$, per $i = 1, \ldots, n$.

Proposizione 1.4.7 *Sia A un dominio a fattorizzazione unica. Allora A è*
un dominio con il massimo comune divisore. Inoltre, se

$$x = p_1^{a_1} \ldots p_n^{a_n} , \quad y = p_1^{b_1} \ldots p_n^{b_n},$$

dove $p_1, \ldots, p_n$ sono elementi irriducibili distinti di A e $a_i, b_i \geq 0$, per $i =$
$1, \ldots, n$, si ha $(x, y) = p_1^{m_1} \ldots p_n^{m_n}$, dove $m_i := \min\{a_i, b_i\}$, per $i = 1, \ldots, n$.

Dimostrazione. È una semplice verifica, osservando che, se uno tra gli elementi
x e y è invertibile, si ha $(x, y) = 1$.

Teorema 1.4.8 *Sia A un dominio in cui ogni elemento non nullo e non*
invertibile può essere fattorizzato nel prodotto di un numero finito di elementi
irriducibili. Le seguenti condizioni sono equivalenti:

(i) *A è un dominio a fattorizzazione unica, cioè la fattorizzazione in elementi*
irriducibili è unica, a meno dell'ordine e di elementi invertibili;

(ii) *Ogni elemento irriducibile di A è un elemento primo;*
(iii) *A è un dominio con il massimo comune divisore.*

Dimostrazione. (i) $\Rightarrow$ (iii) segue dal Proposizione 1.4.7.

(iii) $\Rightarrow$ (ii) è il Corollario 1.4.6.

(ii) $\Rightarrow$ (i) Supponiamo che $p_1 \ldots p_r = q_1 \ldots q_s$, dove i p_i e q_j sono elementi irriducibili per $i = 1, \ldots, r$ e $j = 1, \ldots, s$. Poiché p_1 è un elemento primo di A, allora p_1 divide uno degli elementi q_j. A meno di riordinare i fattori q_j, possiamo supporre che p_1 divida q_1. Allora, essendo p_1 e q_1 entrambi irriducibili, essi devono essere associati, cioè deve essere $q_1 = up_1$, con $u \in \mathcal{U}(A)$. Quindi, cancellando p_1, risulta $p_2 \ldots p_r = uq_2 \ldots q_s$. Così proseguendo, si ottiene che $r = s$ e, a meno dell'ordine, gli elementi p_i e q_i sono associati per $i = 1, \ldots, r$.

Esempi 1.4.9 (1) Il *Teorema Fondamentale dell'Aritmetica* asserisce che l'anello degli interi $\mathbb{Z}$ è un dominio a fattorizzazione unica. L'esistenza di una fattorizzazione in numeri primi si può dimostrare per induzione sul modulo.

(2) Se A è un dominio a fattorizzazione unica, ogni elemento non nullo di A ha un numero finito di divisori non associati tra loro. Quindi se $\mathcal{U}(A)$ è un insieme finito, ogni elemento non nullo ha un numero finito di divisori.

Infatti, sia $x \in A^*$. Se $x \in \mathcal{U}(A)$, i suoi divisori sono tutti associati tra di loro, e associati a 1. Se $x \notin \mathcal{U}(A)$ e $x = p_1 \ldots p_n$ è una fattorizzazione di x in elementi irriducibili, ogni divisore proprio di x deve essere associato a un elemento del tipo $p_{i_1} \ldots p_{i_m}$ con $m \leq n$.

In ogni dominio, l'esistenza di una fattorizzazione in elementi irriducibili è garantita dalla condizione della catena ascendente sugli ideali principali. Si dice che un dominio A soddisfa la *condizione della catena ascendente sugli ideali principali* se ogni catena di ideali principali propri di A

$$\langle x_1 \rangle \subseteq \langle x_2 \rangle \subseteq \ldots \subseteq \langle x_i \rangle \subseteq \ldots$$

è stazionaria, cioè se esiste un (minimo) intero $n \geq 1$ tale che $\langle x_n \rangle = \langle x_m \rangle$ per $m \geq n$.

Proposizione 1.4.10 *Se A è un dominio che soddisfa la condizione della catena ascendente sugli ideali principali, ogni elemento di A, non nullo e non invertibile, può essere fattorizzato nel prodotto di un numero finito di elementi irriducibili.*

Dimostrazione. Supponiamo che la tesi non sia vera e sia S l'insieme degli ideali principali propri $\langle a \rangle$ di A tali che a non possa essere fattorizzato in elementi irriducibili. Allora S ha un elemento massimale $\langle x \rangle$, perché altrimenti sarebbe possibile costruire una catena infinita di ideali principali generati da elementi di S

$$\langle x_1 \rangle \subsetneq \langle x_2 \rangle \subsetneq \cdots \subsetneq \langle x_i \rangle \subsetneq \ldots.$$

Poiché x non può essere primo, altrimenti sarebbe banalmente fattorizzabile, possiamo scrivere $x = yz$, con y, z fattori propri di x. Allora $\langle x \rangle \subsetneq \langle y \rangle$ e $\langle x \rangle \subsetneq \langle z \rangle$. Per la massimalità di $\langle x \rangle$, ne segue che y e z possono essere fattorizzati nel prodotto di un numero finito di elementi irriducibili. Ma allora anche x può essere fattorizzato. Questa è una contraddizione.

Teorema 1.4.11 *Un domino A è a fattorizzazione unica se e soltanto se sono verificate le seguenti condizioni:*

1. *A soddisfa la condizione della catena ascendente sugli ideali principali;*
2. *Ogni elemento irriducibile di A è un elemento primo.*

Dimostrazione. Se A è un dominio a fattorizzazione unica, la seconda condizione è verificata per il Teorema 1.4.8. Per mostrare che A soddisfa la condizione della catena ascendente sugli ideali principali, ricordiamo che $\langle x \rangle \subseteq \langle y \rangle$ se e soltanto se y divide x. D'altra parte ogni elemento non nullo x ha un numero finito di divisori non associati tra loro (Esempio 1.4.9 (2)), quindi ogni catena ascendente di ideali principali propri è necessariamente stazionaria.

Il viceversa, segue dalla Proposizione 1.4.10 e dal Teorema 1.4.8.

Notiamo che, se vale la condizione (1) del Teorema 1.4.11, la condizione (2) equivale all'esistenza del massimo comune divisore (Teorema 1.4.8).

1.4.3 Domini a ideali principali

Un dominio si dice *a ideali principali* se ogni suo ideale è principale. Un campo è banalmente un dominio a ideali principali (Proposizione 1.1.3 (2)).

Come conseguenza dell'algoritmo della divisione, $\mathbb{Z}$ è un dominio a ideali principali (Esempio 1.1.4 (1)). Mostriamo ora che alcune proprietà di divisibilità dei numeri interi, come ad esempio l'esistenza di un massimo comune divisore e della fattorizzazione in elementi primi, si possono estendere ai domini a ideali principali.

Teorema 1.4.12 *Se A è un dominio a ideali principali, allora A è un dominio con il massimo comune divisore. Inoltre, dati $x, y \in A^*$, d è un massimo comune divisore di x e y se e soltanto se $\langle x, y \rangle = \langle d \rangle$. In particolare $(x, y) = 1$ se e soltanto se $\langle x, y \rangle = A$.*

Infine, se d è un massimo comune divisore di x e y, esistono due elementi $a, b \in A$ tali che

$$d = ax + by \qquad \text{(Identità di Bezout)}$$

Dimostrazione. Basta ricordare che x divide y se e soltanto se $\langle y \rangle \subseteq \langle x \rangle$ e che gli ideali di A formano un reticolo rispetto all'inclusione.

Il seguente risultato mostra in particolare che, come in $\mathbb{Z}$, in un dominio a ideali principali ogni ideale primo non nullo è massimale.

Proposizione 1.4.13 *Sia A un dominio a ideali principali e sia $p \in A$ un elemento non nullo e non invertibile. Le seguenti condizioni sono equivalenti:*

(i) *$\langle p \rangle$ è un ideale massimale;*
(ii) *$\langle p \rangle$ è un ideale primo;*
(iii) *p è un elemento primo di A;*
(iv) *p è un elemento irriducibile di A;*
(v) *L'anello quoziente $A/\langle p \rangle$ è un campo;*
(vi) *L'anello quoziente $A/\langle p \rangle$ è un dominio integro.*

Dimostrazione. (i) $\Rightarrow$ (ii) perché ogni ideale massimale è primo (Proposizione 1.3.3). (ii) $\Leftrightarrow$ (iii) è il Corollario 1.4.1. (iii) $\Leftrightarrow$ (iv) perché A è un dominio con il massimo comune divisore (Teorema 1.4.12) e quindi elementi primi e irriducibili coincidono (Corollario 1.4.6).

(iv) $\Rightarrow$ (i) Sia p un elemento irriducibile di A e supponiamo che $\langle p \rangle \subseteq \langle x \rangle$. Allora x divide p. Se x è invertibile, allora $\langle x \rangle = A$. Se invece x è associato a p, allora $\langle x \rangle = \langle p \rangle$. Ne segue che $\langle p \rangle$ è un ideale massimale.

(i) $\Leftrightarrow$ (v) e (ii) $\Leftrightarrow$ (vi) seguono dalla Proposizione 1.3.5.

Se A è un anello commutativo unitario e $I = \langle a \rangle$ è un ideale principale di A, risulta $x \equiv y \mod I$ se e soltanto se a divide $x - y$. In questo caso si dice anche che $x \equiv y \mod a$. Il Teorema Cinese dei Resti per i domini a ideali principali si può allora riformulare, come per $\mathbb{Z}$, in termini di divisibilità (Teorema 1.3.8 ed Esempio 1.3.9) .

Proposizione 1.4.14 *Sia A un dominio a ideali principali. Se $d_1, \ldots, d_n \in A$ sono tali che $(d_i, d_j) = 1$ per $1 \leq i < j \leq n$, comunque scelti $a_1, \ldots, a_n \in A$, esiste un elemento $x \in A$ tale che $x \equiv a_i \mod d_i$, per ogni $i = 1, \ldots, n$. Inoltre, se y è un altro elemento con questa proprietà, allora $x \equiv y \mod d_1 \ldots d_n$.*

Mostriamo infine che i domini a ideali principali sono a fattorizzazione unica.

Teorema 1.4.15 *Ogni dominio a ideali principali è un dominio a fattorizzazione unica.*

Dimostrazione. Sia A un dominio a ideali principali. Poiché ogni elemento irriducibile di A è primo (Proposizione 1.4.13), per il Teorema 1.4.11 basta far vedere che A soddisfa la condizione della catena ascendente sugli ideali principali. Sia

$$\langle x_1 \rangle \subseteq \langle x_2 \rangle \subseteq \ldots \subseteq \langle x_i \rangle \subseteq \ldots$$

una catena di ideali principali e sia $I := \bigcup_{i \geq 1} \langle x_i \rangle$. Si vede facilmente che I è un ideale di A e quindi I è principale per ipotesi. Se $I = \langle x \rangle$, per definizione $x \in \langle x_n \rangle$ per qualche $n \geq 1$. Ne segue che $I = \langle x_n \rangle = \langle x_m \rangle$ per $m \geq n$.

Lo studio degli anelli di polinomi ci permetterà di dare nel Capitolo 2 molti esempi di anelli principali e di anelli a fattorizzazione unica che non sono principali.

1.5 Il campo delle frazioni di un dominio

Il procedimento che permette di costruire, a partire da $\mathbb{Z}$, il campo dei numeri razionali può essere generalizzato per costruire, a partire da un qualsiasi dominio A, un "campo minimale" contenente A in cui siano risolubili tutte le equazioni lineari a coefficienti in A.

Dato un dominio A, consideriamo la relazione su $A \times A^*$ definita da:

$$(x, y) \ \rho \ (x', y') \ \Leftrightarrow \ xy' = x'y.$$

Si vede subito che ρ è una relazione di equivalenza. L'insieme quoziente di $A \times A^*$ rispetto a ρ si indica con $\mathrm{Qz}(A)$.

Per semplicità di notazione, si usa indicare la classe della coppia (x, y) rispetto a ρ con $\dfrac{x}{y}$, in modo da poter scrivere

$$\mathrm{Qz}(A) := \left\{ \frac{x}{y} \ ; \ x, y \in A, \ y \neq 0 \right\}.$$

Le operazioni

$$\frac{x}{y} + \frac{z}{w} = \frac{xw + zy}{yw} \quad \text{e} \quad \frac{x}{y}\frac{z}{w} = \frac{xz}{yw}.$$

sono ben definite (cioè non dipendono dai rappresentanti delle classi scelti) e rispetto a queste operazioni $\mathrm{Qz}(A)$ è un campo. Se 1 è l'unità moltiplicativa di A, lo zero di $\mathrm{Qz}(A)$ è l'elemento $\dfrac{0}{1}$ e l'unità moltiplicativa di $\mathrm{Qz}(A)$ è $\dfrac{1}{1}$. Inoltre, se $x \neq 0$, l'inverso di $\dfrac{x}{y}$ è $\dfrac{y}{x}$.

Il campo $\mathrm{Qz}(A)$ si chiama il *campo delle frazioni di A*. Le seguenti proprietà si verificano facilmente e ci dicono in particolare che, a meno di isomorfismi, $\mathrm{Qz}(A)$ è il più piccolo campo contenente A (Esercizio 1.30).

Teorema 1.5.1 *Sia A un dominio con unità moltiplicativa 1.*

(a) *L'applicazione*

$$\iota : A \longrightarrow \mathrm{Qz}(A) ; \quad x \mapsto \frac{x}{1}$$

è un omomorfismo iniettivo di anelli.

(b) *A è un campo se e soltanto se A è isomorfo a $\mathrm{Qz}(A)$;*

(c) *Se K è un campo e $\varphi : A \longrightarrow K$ è un omomorfismo iniettivo, l'applicazione*

$$\psi : \mathrm{Qz}(A) \longrightarrow K ; \quad \frac{x}{y} \mapsto \varphi(x)\varphi(y)^{-1}$$

è ben definita ed è un omomorfismo (iniettivo) di campi. Inoltre ψ è l'unico omomorfismo di campi tale che $\varphi = \psi \circ \iota$;

(d) *Se A' è un dominio e $\eta : A \longrightarrow A'$ è un omomorfismo iniettivo di anelli,
l'applicazione*

$$Qz(A) \longrightarrow Qz(A') \; ; \quad \frac{x}{y} \mapsto \frac{\eta(x)}{\eta(y)}$$

*è ben definita ed è un omomorfismo (iniettivo) di campi. In particolare,
domini isomorfi hanno campi delle frazioni isomorfi.*

Se A è contenuto in un campo K, per il Teorema 1.5.1 (c), l'applicazione

$$\psi : Qz(A) \longrightarrow K \; ; \quad \frac{x}{y} \mapsto xy^{-1}$$

è un omomorfismo non nullo di campi e la sua immagine

$$F := \left\{ xy^{-1} \; ; \; x, y \in A \, , \, y \neq 0 \right\} \subseteq K$$

è il più piccolo sottocampo di K contenente A. Diremo che il campo F è il
campo delle frazioni di A in K.

Esempi 1.5.2 (1) Il campo delle frazioni di $\mathbb{Z}$ in $\mathbb{C}$ è il campo $\mathbb{Q}$ dei numeri
razionali. Poiché ogni campo numerico contiene $\mathbb{Z}$ (perché contiene 1 ed è un
gruppo additivo), allora esso contiene $\mathbb{Q}$. Ne segue che $\mathbb{Q}$ è il più piccolo campo
numerico.

(2) Il campo delle frazioni in $\mathbb{C}$ dell'anello degli interi di Gauss $\mathbb{Z}[i]$ è

$$Qz(\mathbb{Z}[i]) = \left\{ (a + bi)(c + di)^{-1} \; ; \; a, b, c, d \in \mathbb{Z} \, , \, c + di \neq 0 \right\}$$
$$= \{ x + yi \; ; \; x, y \in \mathbb{Q} \} =: \mathbb{Q}(i).$$

(Esempio 1.1.4 (3))

(3) Se A è un dominio e $x, y \in A$, $y \neq 0$, per definizione risulta $\dfrac{x}{y} = \dfrac{ax}{ay}$ per

ogni $a \in A^*$. Quindi un numero finito di elementi $\dfrac{x_1}{y_1}, \ldots, \dfrac{x_n}{y_n} \in Qz(A)$ possono

sempre essere *ridotti a comune denominatore*. Infatti, se $d := y_1 y_2 \cdots y_n$ e

$d_i := dy_i^{-1}$, si ha $\dfrac{x_i}{y_i} = \dfrac{d_i x_i}{d_i y_i} = \dfrac{x_i'}{d}$, con $x_i' \in A$, per $i = 1, \ldots, n$.

(4) Se A è un dominio con il massimo comune divisore, in particolare
un dominio a fattorizzazione unica, ogni frazione non nulla $\dfrac{x}{y} \in Qz(A)$ può

essere *ridotta ai minimi termini*, cioè si può supporre che $(x, y) = 1$. Infatti,

se $(x, y) = d$, scrivendo $x = dx'$ e $y = dy'$, si ha $\dfrac{x}{y} = \dfrac{dx'}{dy'} = \dfrac{x'}{y'}$ con $(x', y') = 1$.

È evidente che ogni frazione non nulla ha una unica rappresentazione $\dfrac{x}{y}$ con

$(x, y) = 1$.

Se $A \subseteq B$, $A' \subseteq B'$ sono anelli e $\varphi : A \longrightarrow A'$ è un omomorfismo, si dice che un omomorfismo $\psi : B \longrightarrow B'$ *estende* φ (o che φ *si può estendere a* ψ) se $\psi(x) = \varphi(x)$ per ogni $x \in A$, ovvero se la restrizione di ψ ad A coincide con φ.

Il punto (d) del Teorema 1.5.1 asserisce che se A e A' sono domini, ogni omomorfismo iniettivo $\varphi : A \longrightarrow A'$ si può estendere ad un omomorfismo (necessariamente iniettivo) tra i rispettivi campi delle frazioni.

1.6 La caratteristica di un anello

Sia A un anello. Se $a \in A$ e $m \geq 1$, definiamo per ricorsione

$$0a := 0 \, ; \quad ma := (m-1)a + a \, ; \quad (-m)a := -(ma).$$

Se esiste un intero positivo m tale che $ma = 0$, per ogni $a \in A$, il minimo intero positivo n con questa proprietà si chiama la *caratteristica* di A e si dice che A ha *caratteristica finita*, o *positiva* (uguale a n). Altrimenti si dice che A ha *caratteristica zero*. È evidente che l'unico anello che ha caratteristica 1 è l'anello nullo.

Notiamo che, se A ha caratteristica finita uguale a n, l'ordine additivo di ogni elemento non nullo di A è finito e divide n.

Proposizione 1.6.1 *Sia A un anello unitario, con unità moltiplicativa 1_A. Allora A ha caratteristica finita uguale a $n \geq 2$ se e soltanto se 1_A ha ordine additivo finito uguale a n.*

Dimostrazione. Sia n l'ordine additivo di 1_A. Poiché $ma = m(1_A a) = (m 1_A)a$, per ogni $m \geq 0$ e $a \in A$, allora $na = 0$, per ogni $a \in A$. D'altra parte n divide la caratteristica di A, quindi è uguale ad essa. Il viceversa è ovvio.

Se A è un anello unitario con unità moltiplicativa 1_A, l'intersezione di tutti i sottoanelli di A contenenti 1_A è un anello, che si chiama il *sottoanello fondamentale* di A. Esso è chiaramente il più piccolo sottoanello di A contenente 1_A. Analogamente, l'intersezione di tutti i sottocampi di un campo K è un campo, che si chiama il *sottocampo fondamentale* o il *sottocampo minimo* di K.

Proposizione 1.6.2 *Se A è un anello unitario con unità moltiplicativa 1_A, il suo sottoanello fondamentale è l'anello $\{z 1_A \, ; z \in \mathbb{Z}\}$. Esso è isomorfo a $\mathbb{Z}$ se (e soltanto se) A ha caratteristica zero ed è isomorfo all'anello $\mathbb{Z}_n$ delle classi resto modulo n se (e soltanto se) A ha caratteristica finita uguale a $n \geq 2$.*

Dimostrazione. Consideriamo l'applicazione

$$f : \mathbb{Z} \longrightarrow A \, ; \quad z \mapsto z 1_A.$$

Si verifica subito che f è un omomorfismo di anelli non nullo; perciò la sua immagine $\text{Im}\, f = \{z1_A \; ; \; z \in \mathbb{Z}\}$ è un sottoanello di A. Inoltre, ogni sottoanello di A che contiene 1_A contiene anche $\text{Im}\, f$, perché è un gruppo additivo. Quindi $\text{Im}\, f = \{z1_A \; ; \; z \in \mathbb{Z}\}$ è il sottoanello fondamentale di A.

Il nucleo di f è l'ideale $\text{Ker}\, f = \{z \in \mathbb{Z} ; z1_A = 0\} \subseteq \mathbb{Z}$. Allora, per definizione, A ha caratteristica zero se e soltanto se $\text{Ker}\, f = (0)$. Altrimenti $\text{Ker}\, f = n\mathbb{Z}$, dove $n \neq 2$ è il minimo intero positivo in $\text{Ker}\, f$. Quindi $\text{Ker}\, f = n\mathbb{Z}$ se e soltanto se A ha caratteristica finita uguale a n.

Per il Teorema Fondamentale di Omomorfismo, se A ha caratteristica zero, allora $\text{Im}\, f$ è isomorfo a $\mathbb{Z}$. Altrimenti, $\text{Im}\, f$ è isomorfo a $\mathbb{Z}_n := \mathbb{Z}/n\mathbb{Z}$, dove $n \geq 2$ è la caratteristica di A.

Corollario 1.6.3 *Se A è unitario e non ha zero-divisori, il suo sottoanello fondamentale è isomorfo a $\mathbb{Z}$ oppure al campo $\mathbb{F}_p$, per qualche primo $p \geq 2$.*

Dimostrazione. Per la Proposizione 1.6.2, il sottoanello fondamentale di A è isomorfo a $\mathbb{Z}$ oppure a $\mathbb{Z}_n$. Nel secondo caso, poiché A non ha zero-divisori, $\mathbb{Z}_n$ deve essere integro; perciò $n = p$ deve essere un numero primo (Esempio 1.3.6).

Corollario 1.6.4 (E. Steinitz, 1910) *Se K è un campo, il suo sottocampo fondamentale è isomorfo a $\mathbb{Q}$ oppure a $\mathbb{F}_p$, per qualche primo $p \geq 2$.*

Dimostrazione. Per il Corollario 1.6.3, il sottoanello fondamentale di K è isomorfo a $\mathbb{Z}$ oppure a $\mathbb{F}_p$. Nel primo caso, per la Proposizione 1.5.1 (c), il sottocampo fondamentale di K è isomorfo al campo delle frazioni di $\mathbb{Z}$ in $\mathbb{C}$, cioè a $\mathbb{Q}$.

Il risultato precedente ci assicura che un campo di caratteristica finita ha *caratteristica prima*.

Corollario 1.6.5 *Ogni sottocampo di un campo K ha la stessa caratteristica di K.*

Esempi 1.6.6 Ogni campo numerico ha caratteristica zero. Un campo di caratteristica zero, contenendo isomorficamente $\mathbb{Q}$ è infinito; quindi ogni campo finito ha caratteristica finita. Un esempio di campo infinito che ha caratteristica finita sarà dato successivamente (Esempio 2.1.6 (2)).

1.7 Esercizi

1.1. Mostrare che un anello unitario A ha una unica unità moltiplicativa e che un elemento invertibile di A ha un unico elemento inverso.

1.2. Un elemento a di un anello A si dice *idempotente* se $a^2 = a$ e si dice *nilpotente* se $a^n = 0$ per qualche $n \geq 1$.

Mostrare che se $a \neq 0, 1_A$ e a è idempotente o nilpotente allora a è uno zero-divisore di A.

1.3. Determinare esplicitamente gli elementi idempotenti e nilpotenti di $\mathbb{Z}_8$, $\mathbb{Z}_{12}$, $\mathbb{Z}_2 \times \mathbb{Z}_4$.

1.4. Sia $n \geq 2$ un numero intero e sia $n = p_1^{e_1} \ldots p_n^{e_n}$, $e_i \geq 1$, la sua fattorizzazione in numeri primi distinti. Mostrare che $\bar{a} \in \mathbb{Z}_n$ è nilpotente se e soltanto se il prodotto $p_1 \ldots p_n$ divide a.

1.5. Un anello si dice *booleano* se ogni suo elemento è idempotente. Mostrare che
(1) Un anello (non nullo) booleano è un anello commutativo di caratteristica 2.
(2) L'anello $\mathcal{F}(S, \mathbb{Z}_2)$ delle funzioni su un insieme S a valori in $\mathbb{Z}_2$ è booleano, rispetto alle operazioni puntuali (Esempio 1.1.4 (6)).

1.6. Mostrare che, per ogni numero primo $p \geq 2$, l'insieme
$$\mathbb{Z}[\sqrt{p}]) := \left\{ a + b\sqrt{p}\,;\, a, b \in \mathbb{Z} \right\}$$
è un anello, il cui campo dei quozienti in $\mathbb{C}$ è
$$\mathbb{Q}(\sqrt{p}) := \left\{ a + b\sqrt{p}\,;\, a, b \in \mathbb{Q} \right\}.$$

1.7. Sia $K := \{0, 1, \alpha, \beta\}$ un insieme su cui siano definite una addizione e una moltiplicazione (con elementi neutri 0 e 1 rispettivamente) e in cui valgano le relazioni $2x = 0$, per ogni $x \in K$, $1 + \alpha = \beta$ e $\alpha^2 + \beta = 0$. Mostrare che K è un campo e determinare la tabella additiva e la tabella moltiplicativa di K.

1.8. Mostrare che un dominio con un numero finito di elementi è un campo.

1.9 (Il corpo dei quaternioni di Hamilton, 1843). Si considerino le seguenti matrici a coefficienti complessi

$$\mathbf{1} = \begin{pmatrix} 1 & 0 \\ 0 & 1 \end{pmatrix}; \quad \mathbf{i} = \begin{pmatrix} i & 0 \\ 0 & -i \end{pmatrix}; \quad \mathbf{j} = \begin{pmatrix} 0 & -1 \\ 1 & 0 \end{pmatrix}; \quad \mathbf{k} = \begin{pmatrix} 0 & -i \\ -i & 0 \end{pmatrix}.$$

Verificare che:
(1) Valgono le relazioni

$$\mathbf{i}^2 = \mathbf{j}^2 = \mathbf{k}^2 = -1 \quad ;$$
$$\mathbf{ij} = \mathbf{k} = -\mathbf{ji}; \quad \mathbf{jk} = \mathbf{i} = -\mathbf{kj}; \quad \mathbf{ki} = \mathbf{j} = -\mathbf{ik}.$$

(2) L'insieme di matrici

$$\mathbf{H} := \{ a\mathbf{1} + b\mathbf{i} + c\mathbf{j} + d\mathbf{k}\,;\, a, b, c, d \in \mathbb{R} \}$$

è un'anello unitario e non commutativo in cui ogni elemento $x \neq 0$ è invertibile. Questo anello si chiama l'*anello dei quaternioni reali*. Inoltre l'insieme $\mathbb{H} := \{\mathbf{1}, \mathbf{i}, \mathbf{j}, \mathbf{k}, -\mathbf{1}, -\mathbf{i}, -\mathbf{j}, -\mathbf{k}\}$ è un gruppo moltiplicativo che si chiama il *gruppo delle unità dei quaternioni*.

Suggerimento: Se $x := a\mathbf{1} + b\mathbf{i} + c\mathbf{j} + d\mathbf{k} \in \mathbf{H}$, poniamo $\bar{x} := a\mathbf{1} - b\mathbf{i} - c\mathbf{j} - d\mathbf{k}$. Allora $x\bar{x} = a^2 + b^2 + c^2 + d^2$ e, se $x \neq 0$, $x^{-1} = \bar{x}/(a^2 + b^2 + c^2 + d^2)$.

1.10. Mostrare che un'intersezione di sottoanelli (rispettivamente ideali, sottocampi) di un anello A è un sottoanello (rispettivamente un ideale, un sottocampo) di A.

1.11. Mostrare che se

$$A_1 \subseteq A_2 \subseteq A_3 \subseteq \ldots \subseteq A_n \subseteq \ldots$$

è una catena di sottoanelli (rispettivamente ideali, ideali primi, sottocampi) di un anello A, allora $B := \bigcup_{i \geq 1} A_i$ è un sottoanello (rispettivamente un ideale, un ideale primo, un sottocampo) di A.

1.12. Mostrare che la composizione di due omomorfismi di anelli è un omomorfismo.

1.13. Siano A, B anelli unitari e sia $f : A \longrightarrow B$ un omomorfismo. Mostrare che
(1) Se f è suriettivo, allora f è unitario;
(2) Se $a \in A$ è invertibile e f è unitario, allora $f(a)$ è invertibile e $f(a)^{-1} = f(a^{-1})$.

1.14 (Immersione di un anello in un anello unitario). Sia A un anello (possibilmente non unitario). Verificare che l'insieme $\mathbb{Z} \times A$ dotato delle operazioni

$$(z_1, a_1) + (z_2, a_2) = (z_1 + z_2, a_1 + a_2) \,;$$
$$(z_1, a_1)(z_2, a_2) = (z_1 z_2, a_1 a_2 + z_1 a_2 + z_2 a_1)$$

è un anello unitario, con unità $(1,0)$, contenente isomorficamente A.

1.15. Senza usare la nozione di ideale, dimostrare che se $\varphi : F \longrightarrow K$ è un omomorfismo di campi ed esiste un elemento non nullo $x \in F$ tale che $\varphi(x) = 0$, allora φ è l'omomorfismo nullo.

1.16. Stabilire se l'applicazione

$$\mathbb{Q}(\sqrt{2}) \longrightarrow \mathbb{Q}(\sqrt{3}) \,; \quad a + b\sqrt{2} \mapsto a + b\sqrt{3},$$

per ogni $a, b \in \mathbb{Q}$ è un omomorfismo di campi.

1.17. Dimostrare che, se B è un sottoanello (rispettivamente un ideale) di A contenente I, allora l'anello quoziente B/I è un sottoanello (rispettivamente un ideale) di A/I.

1.18. Sia $f : A \longrightarrow B$ un omomorfismo di anelli. Mostrare che la corrispondenza $J \mapsto f^{-1}(J)$ è una corrispondenza biunivoca tra gli ideali (primi) di B e gli ideali (primi) di A contenenti $\operatorname{Ker} f$.

Suggerimento: Usare il Teorema Fondamentale di Isomorfismo e la Proposizione 1.2.2.

1.19 (Teorema del doppio quoziente). Sia A un anello e siano I, J ideali di A tali che $I \subseteq J$. Mostrare che l'applicazione

$$\frac{A/I}{J/I} \longrightarrow \frac{A}{J}\;;\quad (x+I)+J/I \mapsto x+J$$

è ben definita ed è un isomorfismo di anelli.

1.20. Siano P, Q due ideali primi di un anello A. Mostrare che $P \cap Q$ è un ideale primo se e soltanto se $P \subseteq Q$ oppure $Q \subseteq P$.

1.21. Sia P un ideale primo e siano $I_1, \ldots, I_n$ ideali di un anello A. Mostrare che, se $P \supseteq I_1 \cap \cdots \cap I_n$, allora $P \supseteq I_j$, per qualche $j = 1, \ldots, n$.

1.22. Sia

$$P_1 \supseteq P_2 \supseteq P_3 \supseteq \ldots \supseteq P_n \supseteq \ldots$$

una catena di ideali primi di un anello A. Mostrare che l'ideale $\bigcap_{i \geq 1} P_i$ è un ideale primo.

1.23 (Il radicale di un ideale). Sia A un anello commutativo unitario e sia $I \neq A$ un ideale di A. Mostrare che

(1) $\mathrm{rad}(I) := \{a \in A\,;\, a^n \in I\,,\ \text{per qualche } n \geq 1\}$ è un ideale di I. Questo ideale si chiama il *radicale* di I e gli ideali tali che $I = \mathrm{rad}(I)$ si chiamano *ideali radicali.*

(2) Gli elementi nilpotenti di A formano un ideale di A. Questo ideale è il radicale dell'ideale nullo e si chiama il *nilradicale* di A.

(3) $\mathrm{rad}(I) = \bigcap\{P\,;\, P \text{ è un ideale primo e } I \subseteq P\}$.

Suggerimento: (1) è una semplice verifica e segue comunque da (3) perché un'intersezione di ideali è un ideale. (2) segue da (1) per $I = (0)$.

(3) Se $a^n \in I$, allora $a^n \in P$ per ogni ideale primo P contenente I. Quindi $a \in P$ e $\mathrm{rad}(I) \subseteq P$. Viceversa, sia $a \in P$ per ogni ideale primo P contenente I, e supponiamo che $a \notin \mathrm{rad}(I)$. Consideriamo l'insieme $S = \{a^n\,;\ n \geq 1\}$. Allora S è chiuso rispetto alla moltiplicazione e $I \cap S = \emptyset$. Allora l'insieme $\mathcal{U}$ degli ideali J tali che $I \subseteq J$ e $J \cap S = \emptyset$ è non vuoto e parzialmente ordinato per inclusione. Se inoltre $\{J_\lambda\}$ è una catena in $\mathcal{U}$, allora $\bigcup_\lambda J_\lambda \in \mathcal{U}$ e per il Lemma di Zorn esiste un ideale $P \in \mathcal{U}$ massimale rispetto alla proprietà di contenere I e non intersecare S. Dal fatto che S è chiuso rispetto alla moltiplicazione segue che P è primo. Ma allora $a \in P$ e $S \cap P \neq \emptyset$, il che è una contraddizione.

1.24. Dimostrare che, se A è un anello commutativo unitario, la relazione ρ su $A \setminus \{0\}$ definita da:

$$a\,\rho\,b \quad \Leftrightarrow \quad a = ub,\ u \in \mathcal{U}(A) \quad (\Leftrightarrow \quad a \text{ e } b \text{ sono associati})$$

è una relazione di equivalenza.

1.25. Dimostrare che, se A è un dominio, due elementi non nulli a, $b \in A$ sono associati se soltanto se a e b si dividono reciprocamente in A.

1.26. Verificare che $\mathcal{U}(\mathbb{Z}[i]) = \{1, -1, i, -i\}$.

1.27. Sia A un dominio con il massimo comune divisore e siano a, b, $c \in A^*$. Mostrare che

(1) $(ac, bc) = (a, b)c$;

(2) Se $(a, b) = 1 = (a, c)$, allora $(a, bc) = 1$;

(3) Se $(a, b) = 1$ e a, b dividono c, allora ab divide c.

1.28. Sia A un dominio e siano a, $b \in A$ due elementi non nulli. Si dice che m è un *minimo comune multiplo* di a e b se m è un multiplo comune di a e b ed inoltre m divide ogni altro multiplo comune. Dimostrare che

(1) Se m è un minimo comune multiplo di a e b, anche tutti i suoi associati lo sono.

(2) a e b hanno un minimo comune multiplo m se e soltanto se $\langle a \rangle \cap \langle b \rangle = \langle m \rangle$.

1.29. Sia A un dominio con il massimo comune divisore. Mostrare che

(1) Due qualsiasi elementi non nulli a, $b \in A$ hanno un minimo comune multiplo;

(2) Se d ed m sono rispettivamente un massimo comune divisore ed un minimo comune multiplo di a e b, allora ab e dm sono associati in A.

1.30. Verificare le proprietà elencate nel Teorema 1.5.1.

1.31. Siano K un campo di caratteristica prima uguale a p, $\alpha \in K$ e $n \geq 0$. Mostrare che $n\alpha = 0$ se e soltanto se p divide n oppure $\alpha = 0$.

1.32. Mostrare che, se K è un campo di caratteristica prima uguale a p e $\alpha_1, \ldots, \alpha_n \in K$, $n \geq 2$, allora

$$(\alpha_1 + \cdots + \alpha_n)^{p^s} = \alpha_1^{p^s} + \cdots + \alpha_n^{p^s},$$

per ogni $s \geq 1$.

Suggerimento: Osservare che, se p è un numero primo, allora p divide tutti i coefficienti binomiali $\binom{p}{k}$, per $0 < k < p$. Procedere poi per doppia induzione, su n ed s.

1.33. Mostrare che, se $f(X) \in \mathbb{F}_p[X]$, allora $f(X)^p = f(X^p)$

Suggerimento: Ricordare che, per ogni intero a ed ogni numero primo p, $a^p \equiv a \mod p$ (*Piccolo Teorema di Fermat*, 1640) ed usare l'esercizio precedente.

1.34. Mostrare che la caratteristica dell'anello prodotto diretto $\mathbb{Z}_m \times \mathbb{Z}_n$ è uguale a $\mathrm{mcm}(m, n)$.

1.35. Sia $p \in \mathbb{Z}$ un numero primo. Mostrare che l'anello quoziente $A := \mathbb{Z}[i]/\langle p \rangle$ ha caratteristica p. Dare inoltre un esempio in cui A non è integro.

Suggerimento: Ricordare che un numero primo p può essere riducibile in $\mathbb{Z}[i]$: ad esempio $2 = (1 + i)(1 - i)$.

2

Anelli di polinomi

Questo capitolo è dedicato allo studio degli anelli di polinomi a coefficienti in un anello commutativo unitario. Saremo maggiormente interessati al caso in cui l'anello dei coefficienti sia un dominio ed in particolare un campo.

2.1 Polinomi a coefficienti in un anello

Ricordiamo che una *successione* di elementi di un insieme S è una funzione $f : \mathbb{N} \longrightarrow S$. Ponendo $f(i) := c_i$ ed identificando f con la sua immagine in S, la successione f si indica usualmente con la notazione

$$(c_i)_{i \geq 0} := (c_0, c_1, \ldots, c_i, \ldots),$$

o più semplicemente con (c_i).

Se A è un anello commutativo unitario, l'insieme $A^{\mathbb{N}}$ di tutte le successioni di elementi di A è un anello commutativo unitario rispetto alle operazioni di addizione e moltiplicazione definite rispettivamente nel seguente modo:

$$(a_i) + (b_i) = (a_i + b_i),$$
$$(a_i)(b_i) = (c_k), \quad \text{dove } c_k = \sum_{i+j=k} a_i b_j.$$

Lo zero di $A^{\mathbb{N}}$ è la successione nulla $(0, 0, \ldots, 0, \ldots)$, i cui elementi sono tutti uguale a zero, e la sua unità moltiplicativa è la successione $(1, 0, \ldots, 0, \ldots)$, in cui $c_0 = 1$ e $c_i = 0$ per $i \geq 1$.

La successione (c_i) si dice *quasi ovunque nulla* se esiste un intero $k \geq 0$ tale che $c_i = 0$ per ogni $i \geq k$. Questo equivale a dire che $c_i \neq 0$ al più per un numero finito di indici i, infatti per $0 \leq i < k$. Lo zero e l'unità di $A^{\mathbb{N}}$ sono successioni quasi ovunque nulle.

Denotiamo per il momento con $(c_0, c_1, \ldots, c_{k-1}, 0 \longrightarrow)$ la successione quasi ovunque nulla in cui $c_i = 0$ per $i \geq k$ e con P_A l'insieme delle successioni quasi ovunque nulle di elementi di A. Poiché evidentemente differenze e prodotti di successioni quasi ovunque nulle sono ancora successioni quasi ovunque nulle, P_A è un sottoanello unitario di $A^{\mathbb{N}}$.

Inoltre, posto $\underline{c} := (c, 0 \longrightarrow)$, l'applicazione:

$$A \longrightarrow P_A ; \quad c \mapsto \underline{c} := (c, 0 \longrightarrow)$$

è un omomorfismo iniettivo di anelli; dunque l'insieme delle successioni $\underline{c} := (c, 0 \longrightarrow)$, al variare di $c \in A$, costituisce un sottoanello di P_A isomorfo a A.

L'elemento $X := (0, 1, 0 \longrightarrow) \in P_A$ è di particolare importanza. Infatti, per come sono definite le operazioni, risulta:

$$(c_0, c_1, \ldots, c_n, 0 \longrightarrow) = \underline{c_0} + \underline{c_1} X + \cdots + \underline{c_n} X^n.$$

Quindi, identificando A con la sua immagine in P_A, ovvero identificando c con $\underline{c}$, per ogni $c \in A$, gli elementi dell'anello P_A si possono scrivere come *espressioni formali* del tipo:

$$f(X) := c_0 + c_1 X + \cdots + c_n X^n, \quad n \geq 0, \ c_k \in A \text{ per } k = 0, \ldots, n,$$

oppure, ponendo $X^0 := 1$,

$$f(X) := \sum_{i=0}^{n} c_i X^i.$$

Privilegiando queste scritture, si usa indicare l'anello P_A delle successioni quasi ovunque nulle di elementi di A con il simbolo $A[X]$.

Per definizione, si ha che $(a_i) = (b_i)$ se e soltanto se $a_i = b_i$, per ogni $i \geq 0$. In particolare,

$$(c_0, c_1, \ldots, c_n, 0 \longrightarrow) = c_0 + c_1 X + \cdots + c_n X^n = 0$$

se e soltanto se $c_0 = c_1 = \cdots = c_n = 0$. Questa proprietà si esprime dicendo che X è una *indeterminata* su A.

L'espressione
$$f(X) := c_0 + c_1 X + \cdots + c_n X^n$$

si chiama un *polinomio* nell'indeterminata X con *coefficienti* $c_0, \ldots, c_n$ e l'anello $A[X]$ si chiama l'*anello dei polinomi* a coefficienti in A (o su A) nell'indeterminata X.

Il polinomio che ha tutti i coefficienti nulli è lo zero di $A[X]$ e si chiama il *polinomio nullo*. Gli elementi di A si chiamano i *polinomi costanti* o semplicemente le *costanti* di $A[X]$.

Naturalmente l'indeterminata X può essere denotata con un qualsiasi simbolo: abitualmente si usano le ultime lettere maiuscole dell'alfabeto.

La seguente affermazione deriva subito dalla definizione.

Proposizione 2.1.1 (Principio di Uguaglianza dei Polinomi) *Sia A un anello commutativo unitario e sia X una indeterminata su A. Allora due polinomi non nulli di A[X] sono uguali se e soltanto se hanno tutti i coefficienti ordinatamente uguali.*

Notiamo che, per come sono definite le operazioni tra successioni, se $f(X) := a_0 + a_1 X + \cdots + a_n X^n$ e $g(X) := b_0 + b_1 X + \cdots + b_m X^m$ con $m \geq n$, risulta:

$$f(X) + g(X) = (a_0 + b_0) + (a_1 + b_1)X + \ldots$$
$$+ (a_n + b_n)X^n + b_{n+1}X^{n+1} + \cdots + b_m X^m,$$
$$f(X)g(X) = (a_0 b_0) + (a_0 b_1 + a_1 b_0)X + \ldots$$
$$+ \left(\sum_{i+j=k} a_i b_j \right) X^k + \cdots + (a_n b_m)X^{n+m}.$$

Nel seguito, porremo

$$(f + g)(X) := f(X) + g(X) ; \quad (fg)(X) := f(X)g(X).$$

2.1.1 Polinomi in più indeterminate

Il fatto che, se A è un anello commutativo unitario, anche $A[X]$ è un anello commutativo unitario, ci permette di iterare la costruzione illustrata nel paragrafo precedente e definire, per ricorsione su $n \geq 1$, l'*anello dei polinomi in n indeterminate* $X_1, \ldots, X_n$ su A ponendo

$$A_0 := A; \quad A_i = A_{i-1}[X_i]$$

per $1 \leq i \leq n$. L'anello A_n così ottenuto è commutativo e unitario e viene denotato con $A[X_1, \ldots, X_n]$. Per le proprietà delle operazioni, i suoi elementi possono essere scritti come espressioni formali

$$f(X_1, \ldots, X_n) := \sum c_{k_1 \ldots k_n} X_1^{k_1} \ldots X_n^{k_n},$$

dove $c_{k_1 \ldots k_n} \in A$ e $0 \leq k_1 + \cdots + k_n \leq m$ per un opportuno intero m (con la convenzione che $X_i^0 := 1$ per $i = 1, \ldots, n$). Ad esempio, per $n = 2$,

$$f(X_1, X_2) := f_0 + f_1 X_2 + \cdots + f_m X_2^m$$

con $f_j := f_j(X_1) := c_{0j} + c_{1j}X_1 + \cdots + c_{n_j j}X_1^{n_j} \in A[X_1]$ e quindi

$$f(X_1, X_2) = \sum c_{ij} X_1^i X_2^j.$$

Un polinomio del tipo $cX_1^{k_1} \ldots X_n^{k_n}$, $c \in A$, si chiama un *monomio*. Ogni polinomio è dunque somma di monomi.

Poiché X_i è una indeterminata su A_{i-1}, per $i = 1, \ldots, n$, per induzione su n si ha che $f(X_1, \ldots, X_n) = 0$ se e soltanto se tutti i suoi coefficienti sono nulli. Se $n \geq 2$, questa proprietà si esprime anche dicendo che gli elementi $X_1, \ldots, X_n$ sono *indeterminate (algebricamente) indipendenti* su A.

Sempre per le proprietà delle operazioni, mettendo in evidenza le potenze di X_i, possiamo scrivere

$$f(X_1, \ldots, X_n) = f_0 + f_1 X_i + \cdots + f_{m_i} X_i^{m_i},$$

dove f_k è un polinomio in cui non compare l'indeterminata X_i, per $k = 0, \ldots, m_i$. Poiché le indeterminate sono indipendenti, X_i è una indeterminata anche sull'anello

$$B_i := A[X_1, \ldots, X_{i-1}, X_{i+1}, \ldots, X_n]$$

e possiamo considerare il polinomio $f(X_1, \ldots, X_n)$ come un polinomio nell'indeterminata X_i a coefficienti nell'anello B_i.

Per semplicità di notazione, si usa anche porre

$$\mathbf{X} := \{X_1, \ldots, X_n\} \; ; \quad A[\mathbf{X}] := A[X_1, \ldots, X_n]$$

Allo stesso modo, se $k := (k_1, \ldots, k_n)$, $k_i \in \mathbb{N}$, si pone

$$\mathbf{X}^k := X_1^{k_1} \ldots X_n^{k_n} \; ; \quad c_k := c_{k_1 \ldots k_n}.$$

Con questa notazione si ha il vantaggio di poter scrivere

$$c_{k_1 \ldots k_n} X_1^{k_1} \ldots X_n^{k_n} =: c_k \mathbf{X}^k.$$

In questo contesto, la n-pla di numeri naturali $k := (k_1, \ldots, k_n)$ si chiama un *multiindice*.

Per scrivere un polinomio $f(\mathbf{X}) := f(X_1, \ldots, X_n)$ nella forma

$$f(\mathbf{X}) := \sum c_k \mathbf{X}^k,$$

è utile ordinare linearmente i monomi di $A[\mathbf{X}]$. Per fare questo, basta ordinare linearmente i multiindici.

Ad esempio, si può usare l'*ordine lessicografico*, indicato con $\leq_{\text{lex}}$ e definito da

$$(k_1, \ldots, k_n) = (h_1, \ldots, h_n) \quad \Leftrightarrow \quad k_i = h_i \text{ per } i = 1, \ldots, n;$$

$$(k_1, \ldots, k_n) <_{\text{lex}} (h_1, \ldots, h_n) \quad \Leftrightarrow$$

$$k_s < h_s \text{ per il più piccolo intero } s \text{ tale che } k_s \neq h_s.$$

Definendo al solito l'addizione di due multiindici sulle componenti,

$$(h_1, \ldots, h_n) + (k_1, \ldots, k_n) := (h_1 + k_1, \ldots, h_n + k_n),$$

risulta $\mathbf{X}^h \mathbf{X}^k = \mathbf{X}^{h+k}$. In questo modo, due polinomi $f(\mathbf{X}) := \sum a_h \mathbf{X}^h$, $g(\mathbf{X}) := \sum b_k \mathbf{X}^k \in A[\mathbf{X}]$ si possono addizionare e moltiplicare formalmente come polinomi in una indeterminata.

2.1.2 Il grado di un polinomio

Se $f(X) := \sum c_i X^i$ è un polinomio non nullo in una indeterminata X su A, esiste un intero $n \geq 0$ tale che $c_n \neq 0$ e $c_i = 0$ per $i > n$. Tale intero n si chiama il *grado* di $f(X)$. Se $f(X)$ ha grado n, si scrive

$$\deg f := \deg f(X) = n.$$

In tal caso risulta $f(X) := c_0 + c_1 X + \cdots + c_n X^n$ con $c_n \neq 0$. Il coefficiente c_n si chiama il *coefficiente direttore* di $f(X)$ e $c_n X^n$ si chiama il *termine direttore* di $f(X)$.

Un polinomio ha grado 0 se e soltanto se è una costante non nulla. Il grado del polinomio nullo non è definito.

Se $\mathbf{X} := \{X_1, \ldots, X_n\}$ è un insieme di indeterminate indipendenti su A e $f(\mathbf{X}) \in A[\mathbf{X}]$ è non nullo, il suo *grado rispetto all'indeterminata* X_i è il grado di $f(\mathbf{X})$ come polinomio in X_i a coefficienti nell'anello $B_i :=$ $A[X_1, \ldots, X_{i-1}, X_{i+1}, \ldots, X_n]$.

Se $cX_1^{k_1} \ldots X_n^{k_n}$ è un monomio non nullo, il suo grado rispetto all'indeterminata X_i è quindi k_i. Il *grado totale* (o semplicemente *grado*) *di un monomio* $cX_1^{k_1} \ldots X_n^{k_n}$ si definisce come $k_1 + \cdots + k_n$. Il *grado totale* (o semplicemente *grado*) *di un polinomio* non nullo $f(\mathbf{X})$ si definisce come il massimo grado dei monomi suoi addendi. Naturalmente un polinomio $f(\mathbf{X}) \in A[\mathbf{X}]$ può avere più monomi dello stesso grado; $f(\mathbf{X})$ si dice *omogeneo di grado* n se tutti i monomi suoi addendi hanno lo stesso grado n.

Una volta ordinati i monomi di $A[\mathbf{X}]$, se $f(\mathbf{X}) := \sum c_k \mathbf{X}^k \neq 0$, il più grande monomio non nullo $c_m \mathbf{X}^m$ di $f(\mathbf{X})$ si chiama il *monomio direttore*, o anche il *termine direttore*, di $f(\mathbf{X})$ (rispetto all'ordinamento scelto) e il suo coefficiente c_m si dice il *coefficiente direttore* di $f(\mathbf{X})$. Inoltre, il multiindice $m = (m_1, \ldots, m_n)$ si dice il *multigrado* di $f(\mathbf{X})$ (rispetto all'ordinamento scelto); esso verrà indicato con $\operatorname{mdeg} f := \operatorname{mdeg} f(\mathbf{X})$. In una indeterminata, il grado coincide con il multigrado rispetto all'ordinamento naturale di $\mathbb{N}$.

Fissato un ordinamento sui monomi, il Principio di Uguaglianza dei Polinomi si può estendere per induzione al caso di più indeterminate nel seguente modo.

Proposizione 2.1.2 (Principio di Uguaglianza dei Polinomi) *Sia A un anello commutativo unitario e sia $\mathbf{X} := \{X_1, \ldots, X_n\}$ un insieme di indeterminate indipendenti su A. Fissato un ordinamento sui monomi di $A[\mathbf{X}]$, due polinomi non nulli di $A[\mathbf{X}]$ sono uguali se e soltanto se hanno lo stesso multigrado e tutti i coefficienti ordinatamente uguali.*

Per come sono definite le operazioni, se $f(X)$ e $g(X) \in A[X]$ sono tali che $f(X) + g(X) \neq 0$ e $f(X)g(X) \neq 0$, si ha:

$$\deg(f + g)(X) \leq \max\{\deg f(X), \deg g(X)\};$$
$$\deg(fg)(X) \leq \deg f(X) + \deg g(X).$$

Analogamente, in più indeterminate, se $f(\mathbf{X})$ e $g(\mathbf{X}) \in A[\mathbf{X}]$ sono tali che $f(\mathbf{X}) + g(\mathbf{X}) \neq 0$ e $f(\mathbf{X})g(\mathbf{X}) \neq 0$, si ha:

$$\mathrm{mdeg}(f+g)(\mathbf{X}) \leq \max\{\mathrm{mdeg}\, f(\mathbf{X}), \mathrm{mdeg}\, g(\mathbf{X})\};$$
$$\mathrm{mdeg}(fg)(\mathbf{X}) \leq \mathrm{mdeg}\, f(\mathbf{X}) + \mathrm{mdeg}\, g(\mathbf{X}),$$

dove l'addizione tra n-ple è la usuale addizione componente per componente.

Proposizione 2.1.3 (Formula del grado) *Sia A un anello commutativo unitario e sia $\mathbf{X} := \{X_1, \ldots, X_n\}$ un insieme di indeterminate indipendenti su A. Allora l'anello $A[\mathbf{X}]$ è un dominio se e soltanto se A è un dominio. In questo caso, vale l'uguaglianza*

$$\mathrm{mdeg}(fg)(\mathbf{X}) = \mathrm{mdeg}\, f(\mathbf{X}) + \mathrm{mdeg}\, g(\mathbf{X}).$$

In particolare, in una indeterminata,

$$\deg f(X)g(X) = \deg f(X) + \deg g(X).$$

Dimostrazione. Siano $f(\mathbf{X})$, $g(\mathbf{X}) \in A[\mathbf{X}]$ due polinomi non nulli, di multigrado n e m rispettivamente e coefficienti direttori a_n e b_m. Se A è un dominio, risulta $a_n b_m \neq 0$ e dunque $f(\mathbf{X})g(\mathbf{X}) \neq 0$. Ne segue che $A[\mathbf{X}]$ è un dominio e inoltre $\mathrm{mdeg}\, f(\mathbf{X})g(\mathbf{X}) = n + m$. Viceversa, se A non è integro, l'anello $A[\mathbf{X}]$, contenendo A, non è integro.

Esempi 2.1.4 Se A non è integro, non vale la formula del grado. Ad esempio, in $\mathbb{Z}_6[X]$ il prodotto dei polinomi non nulli $\bar{2}X$ e $\bar{3}X$ è il polinomio nullo e il prodotto dei polinomi di primo grado $\bar{2}X + \bar{1}$ e $\bar{3}X + \bar{1}$ è il polinomio di primo grado $\bar{5}X + \bar{1}$.

Se K è un campo e $\mathbf{X} := \{X_1, \ldots, X_n\}$ è un insieme di indeterminate indipendenti su K, il campo delle frazioni del dominio $K[\mathbf{X}]$ è il campo

$$K(\mathbf{X}) := \left\{ \frac{f(\mathbf{X})}{g(\mathbf{X})} \; ; \; f(\mathbf{X}), g(\mathbf{X}) \in K[\mathbf{X}] \,, \, g(\mathbf{X}) \neq 0 \right\}$$

(Paragrafo 1.5). Questo campo si chiama il *campo delle funzioni razionali nelle indeterminate* $\mathbf{X}$ *su* K.

Proposizione 2.1.5 *Se A è un dominio con campo delle frazioni K e $\mathbf{X} := \{X_1, \ldots, X_n\}$ è un insieme di indeterminate indipendenti su A, il campo delle frazioni di $A[\mathbf{X}]$ è il campo $K(\mathbf{X})$.*

Dimostrazione. A meno di isomorfismi, $\mathrm{Qz}(A[\mathbf{X}]) \subseteq \mathrm{Qz}(K[\mathbf{X}]) = K(\mathbf{X})$. D'altra parte, $K := \mathrm{Qz}(A) \subseteq \mathrm{Qz}(A[\mathbf{X}])$ e quindi $K(\mathbf{X}) \subseteq \mathrm{Qz}(A[\mathbf{X}])$ (Proposizione 1.5.1).

Esempi 2.1.6 (1) Il campo delle frazioni sia di $\mathbb{Z}[\mathbf{X}]$ che di $\mathbb{Q}[\mathbf{X}]$ è il campo $\mathbb{Q}(\mathbf{X})$ delle funzioni razionali su $\mathbb{Q}$.

(2) Per ogni anello commutativo unitario A, A e $A[\mathbf{X}]$ hanno la stessa caratteristica. Quindi il campo delle funzioni razionali $\mathbb{F}_p(\mathbf{X})$ è un campo infinito di caratteristica finita uguale a p.

2.1.3 Polinomi invertibili e irriducibili

Se A è un dominio e $g(X)$ divide in $A[X]$ un polinomio non nullo $f(X)$, per la formula del grado (Proposizione 2.1.3), deve essere $\deg g(X) \leq \deg f(X)$. Questo fatto ci permette di dimostrare subito il seguente risultato.

Proposizione 2.1.7 *Sia A un dominio e sia $\mathbf{X} := \{X_1, \ldots, X_n\}$ un insieme di indeterminate indipendenti su A. Allora gli elementi invertibili di $A[\mathbf{X}]$ sono tutti e soli gli elementi invertibili di A. In particolare, se K è un campo, gli elementi invertibili di $K[\mathbf{X}]$ sono tutte e sole le costanti non nulle.*

Dimostrazione. Il prodotto di due polinomi $f(\mathbf{X})$ e $g(\mathbf{X})$ entrambi non nulli ha multigrado uguale alla somma dei due multigradi $\mathrm{mdeg}\, f(\mathbf{X})$ e $\mathrm{mdeg}\, g(\mathbf{X})$ (Proposizione 2.1.3) e coefficiente direttore uguale al prodotto dei due coefficienti direttori di $f(\mathbf{X})$ e di $g(\mathbf{X})$. Pertanto, per il Principio di Uguaglianza dei Polinomi (Proposizione 2.1.2), il prodotto $f(\mathbf{X})g(\mathbf{X})$ può essere uguale a 1 soltanto quando entrambi i fattori sono costanti, ciascuno invertibile in A. Quindi $\mathcal{U}(A[\mathbf{X}]) = \mathcal{U}(A)$.

Corollario 2.1.8 *Sia A un dominio e sia $\mathbf{X} := \{X_1, \ldots, X_n\}$ un insieme di indeterminate indipendenti su A. Allora due polinomi non nulli $f(\mathbf{X})$ e $g(\mathbf{X})$ sono associati in $A[\mathbf{X}]$ se e soltanto se $f(\mathbf{X}) = ug(\mathbf{X})$, dove u è un elemento invertibile di A. In particolare due polinomi associati hanno lo stesso grado rispetto ad ogni indeterminata e lo stesso multigrado.*

Un polinomio in n indeterminate $f(\mathbf{X}) \in A[\mathbf{X}]$ si dice *monico* se il suo coefficiente direttore è uguale a 1. Se il coefficiente direttore di $f(\mathbf{X})$ è un elemento invertibile u di A, allora $u^{-1}f(\mathbf{X})$ è l'unico polinomio monico associato a $f(\mathbf{X})$ in $A[\mathbf{X}]$.

Si vede subito che gli unici divisori costanti di un polinomio monico sono gli elementi invertibili di A.

Esempi 2.1.9 (1) Poiché $\mathcal{U}(\mathbb{Z}) = \{1, -1\}$, allora $\mathcal{U}(\mathbb{Z}[\mathbf{X}]) = \{1, -1\}$. Inoltre i polinomi $f(\mathbf{X})$ e $g(\mathbf{X})$ sono associati in $\mathbb{Z}[\mathbf{X}]$ se e soltanto se $g(\mathbf{X}) = \pm f(\mathbf{X})$.

(2) Se K è un campo, $\mathcal{U}(K[\mathbf{X}]) = \mathcal{U}(K) = K^*$ e i polinomi $f(\mathbf{X})$ e $g(\mathbf{X})$ sono associati in $K[\mathbf{X}]$ se e soltanto se $g(\mathbf{X}) = cf(\mathbf{X})$, dove $c \in K^*$ è una costante non nulla. In particolare, ogni polinomio di $K[\mathbf{X}]$ è associato a un (unico) polinomio monico di $K[\mathbf{X}]$.

(3) Se A non è un dominio, ci possono essere in $A[X]$ polinomi invertibili che hanno grado positivo. Ad esempio in $\mathbb{Z}_4[X]$ risulta $(\overline{2}X + \overline{1})(\overline{2}X + \overline{1}) = \overline{1}$.

Se A è un dominio e $\mathbf{X} := \{X_1, \ldots, X_n\}$ è un insieme di indeterminate indipendenti su A, un polinomio $p(\mathbf{X}) \in A[\mathbf{X}]$ si dice un *polinomio irriducibile su A* se $p(\mathbf{X})$ è un elemento irriducibile del dominio $A[\mathbf{X}]$ (Paragrafo 1.4), cioè se $p(\mathbf{X})$ è non nullo e non invertibile e i suoi unici divisori in $A[\mathbf{X}]$ sono quelli banali. Se invece un polinomio ha divisori non banali si dice che esso è *riducibile*.

Corollario 2.1.10 *Sia A un dominio e sia $\mathbf{X} := \{X_1, \ldots, X_n\}$ un insieme di indeterminate indipendenti su A. Un polinomio non nullo $p(\mathbf{X}) \in A[\mathbf{X}]$ è irriducibile su A se e soltanto se $p(\mathbf{X})$ è non invertibile e i suoi unici divisori sono gli elementi invertibili di A ed i polinomi del tipo $up(\mathbf{X})$ con u un elemento invertibile di A.*

Dimostrazione. Basta osservare che, se A è un dominio, i divisori banali di un polinomio $p(\mathbf{X})$ sono le unità $\mathcal{U}(A[\mathbf{X}]) = \mathcal{U}(A)$ (Proposizione 2.1.7) e i polinomi associati a $p(\mathbf{X})$.

Corollario 2.1.11 *Sia A un dominio e sia $\mathbf{X} := \{X_1, \ldots, X_n\}$ un insieme di indeterminate indipendenti su A. Un polinomio non nullo $f(\mathbf{X})$ è riducibile su A se e soltanto se $f(\mathbf{X}) = g(\mathbf{X})h(\mathbf{X})$, con $g(\mathbf{X})$, $h(\mathbf{X}) \notin \mathcal{U}(A)$.*

Dimostrazione. Se $g(\mathbf{X})$, $h(\mathbf{X}) \notin \mathcal{U}(A) = \mathcal{U}(A[\mathbf{X}])$, allora né $g(\mathbf{X})$ né $h(\mathbf{X})$ sono associati a $f(\mathbf{X})$. Quindi $g(\mathbf{X})$ e $h(\mathbf{X})$ sono divisori propri di $f(\mathbf{X})$. Il viceversa è chiaro.

Esempi 2.1.12 (1) Se A è un dominio, per ogni $\alpha \in A$, il polinomio $X - \alpha$ è irriducibile su A. Infatti, per la formula del grado, l'unico modo per fattorizzare $X - \alpha$ su A è $X - \alpha = c(aX + b)$ con $ac = 1$. Quindi $c \in \mathcal{U}(A) = \mathcal{U}(A[X])$.

Tuttavia un polinomio di primo grado che non è monico può essere riducibile. Ad esempio, il polinomio $2X \in \mathbb{Z}[X]$ è riducibile su $\mathbb{Z}$, perché né 2 né X sono polinomi invertibili di $\mathbb{Z}[X]$.

(2) Se $\mathbf{X} := \{X_1, \ldots, X_n\}$ è un insieme di indeterminate indipendenti su A, per $i = 1, \ldots, n$, possiamo scrivere ogni polinomio di $A[\mathbf{X}]$ come un polinomio in X_i a coefficienti nel dominio $B_i := A[X_1, \ldots, X_{i-1}, X_{i+1}, \ldots, X_n]$ (Paragrafo 2.1.1). Poiché quando A è un dominio $\mathcal{U}(A) = \mathcal{U}(B_i)$, vediamo che $f(\mathbf{X})$ è irriducibile su A se e soltanto se $f(\mathbf{X})$ è irriducibile su B_i, per ogni i.

2.2 Polinomi a coefficienti in un campo

La nozione di grado ci permette di dimostrare che le proprietà di divisibilità degli anelli di polinomi in una indeterminata a coefficienti in un campo K sono simili a quelle dell'anello degli interi $\mathbb{Z}$.

2.2.1 Divisione euclidea e massimo comune divisore

Il primo risultato mostra che, se K è un campo e X è una indeterminata su K, tra due polinomi non nulli di $K[X]$ si può sempre effettuare la divisione col resto, detta *divisione euclidea*.

Teorema 2.2.1 (Algoritmo della divisione euclidea) *Sia A un dominio e sia X una indeterminata su A. Se $f(X)$, $g(X) \in A[X]$ sono due polinomi non nulli e il coefficiente direttore di $g(X)$ è invertibile, esistono e sono univocamente determinati, due polinomi $q(X)$, $r(X) \in A[X]$ tali che*

$$f(X) = g(X)q(X) + r(X) \quad e \quad r(X) = 0 \quad oppure \quad \deg r(X) < \deg g(X).$$

In questo caso $q(X)$ si chiama il quoziente *della divisione e $r(X)$ si chiama il* resto *della divisione.*

Dimostrazione. Se $\deg f(X) < \deg g(X)$, basta prendere $q(X) := 0$ e $r(X) := f(X)$. Supponiamo pertanto che $n := \deg f(X) \geq \deg g(X) =: m$ e siano a_n e b_m i coefficienti direttori di $f(X)$ e $g(X)$ rispettivamente. Essendo b_m invertibile e $n \geq m$, possiamo considerare il polinomio $q_1(X) := a_n b_m^{-1} X^{n-m}$. Allora il polinomio $g(X)q_1(X)$ ha termine direttore $(b_m X^m)(a_n b_m^{-1} X^{n-m}) = a_n X^n$. Avendo $f(X)$ e $g(X)q_1(X)$ lo stesso termine direttore, il polinomio $f_1(X) := f(X) - g(X)q_1(X)$, se non è nullo, ha grado minore di n e risulta $f(X) = g(X)q_1(X) + f_1(X)$.

Ripetendo il procedimento con $f_1(X)$ al posto di $f(X)$, otterremo un polinomio $f_2(X) := f_1(X) - g(X)q_2(X)$ che è nullo oppure ha grado minore di quello di $f_1(X)$. Inoltre risulterà $f(X) = g(X)(q_1(X) + q_2(X)) + f_2(X)$. Dopo un numero finito k di passi otterremo un polinomio $q(X) := q_1(X) + q_2(X) + \cdots + q_k(X)$ di $A[X]$ tale che il polinomio $f(X) - g(X)q(X)$ o è nullo oppure ha grado minore di $m = \deg g(X)$. A questo punto, basta porre $r(X) := f(X) - g(X)q(X)$. Questo prova l'esistenza.

Per dimostrare l'unicità, supponiamo che

$$f(X) = g(X)q_1(X) + r_1(X) = g(X)q_2(X) + r_2(X),$$

dove $r_1(X) = 0$ oppure $\deg r_1(X) < \deg g(X)$ ed inoltre $r_2(X) = 0$ oppure $\deg r_2(X) < \deg g(X)$. Sottraendo si ottiene

$$g(X)(q_2(X) - q_1(X)) = r_1(X) - r_2(X).$$

Essendo $g(X)$ non nullo, risulta $r_1(X) - r_2(X) = 0$ se e soltanto se $q_2(X) - q_1(X) = 0$. Ma, se fosse $r_1(X) - r_2(X) \neq 0$, almeno un polinomio tra $r_1(X)$ e $r_2(X)$ sarebbe necessariamente non nullo ed inoltre, per la formula del grado, si avrebbe:

$$\deg(r_1(X) - r_2(X)) = \deg g(X) + \deg(q_2(X) - q_1(X)) \geq \deg g(X);$$

in contraddizione con l'ipotesi su $r_1(X)$ e $r_2(X)$ (ognuno di essi o è nullo oppure è di grado inferiore a quello di $g(X)$).

Corollario 2.2.2 *Se K è un campo e $f(X)$, $g(X) \in K[X]$ sono due polinomi non nulli, esistono e sono univocamente determinati due polinomi $q(X)$, $r(X) \in K[X]$ tali che*

$$f(X) = g(X)q(X) + r(X) \quad e \quad r(X) = 0 \quad oppure \quad \deg r(X) < \deg g(X).$$

Esempi 2.2.3 (1) Siano

$$f(X) := 3X^3 - 2X^2 + 2X + 2\,; \quad g(X) := X^2 - X + 1 \in \mathbb{Z}[X].$$

Allora

$$q_1(X) = 3X\,; \quad f_1(X) := f(X) - g(X)q_1(X) = X^2 - X + 2$$
$$q_2(X) = 1\,; \quad f_2(X) := f_1(X) - g(X)q_2(X) = 1.$$

Ne segue che

$$q(X) := q_1(X) + q_2(X) = 3X + 1\,; \quad r(X) := f(X) - g(X)q(X) = 1.$$

In conclusione $f(X) = (3X + 1)g(X) + 1$.

(2) Se A è un dominio con campo dei quozienti K e $f(X)$, $g(X) \in A[X]$, la divisione euclidea tra $f(X)$ e $g(X)$ si può sempre effettuare in $K[X]$. Cioè si può sempre scrivere $f(X) = g(X)q(X) + r(X)$ con $q(X)$, $r(X) \in K[X]$ e $r(X) = 0$ oppure $\deg r(X) < \deg g(X)$.

(3) Un tipo di divisione col resto si può effettuare anche tra polinomi in più indeterminate $\mathbf{X} := \{X_1, \dots, X_n\}$ a coefficienti in un campo K, procedendo formalmente come nel caso di una indeterminata.

Fissato un ordinamento tra i monomi di $K[\mathbf{X}]$, ad esempio l'ordinamento lessicografico, si considerino i polinomi non nulli $f(\mathbf{X}) := \sum a_h \mathbf{X}^h$, $g(\mathbf{X}) := \sum b_k \mathbf{X}^k \in K[\mathbf{X}]$ e sia $b_m \mathbf{X}^m$ il termine direttore di $g(\mathbf{X})$ (Paragrafo 2.1.1). Se $a_s \mathbf{X}^s$ è il primo termine di $f(\mathbf{X})$ divisibile per $\mathbf{X}^m$, definiamo

$$f_1(\mathbf{X}) := f(\mathbf{X}) - a_s b_m^{-1} \mathbf{X}^{s-m} g(\mathbf{X}).$$

Poiché il grado del primo termine di $f_1(\mathbf{X})$ divisibile per $\mathbf{X}^m$ è minore di s, ripetendo il procedimento, dopo un numero finito di passi otteniamo il polinomio nullo oppure un polinomio i cui termini non sono divisibili per $\mathbf{X}^m$.

La possibilità di effettuare la divisione col resto ci permette di dimostrare che $K[X]$ è un dominio a ideali principali.

Teorema 2.2.4 *Se K è un campo, $K[X]$ è un dominio a ideali principali. Precisamente, se $I \subseteq K[X]$ è un ideale non nullo, risulta $I = \langle p(X) \rangle$, dove $p(X)$ è un qualsiasi polinomio di grado minimo in I. Inoltre I ha un unico generatore monico.*

Dimostrazione. Se $I \neq \langle 0 \rangle$, I contiene qualche polinomio non nullo. Quindi l'insieme

$$S = \{d \in \mathbb{N}\,;\ d = \deg f(X)\,,\ f(X) \in I \setminus \{0\}\}$$

è un sottoinsieme non vuoto di $\mathbb{N}$ ed in quanto tale, per il Principio del Buon Ordinamento, ha un minimo.

Sia $p(X) \in I$ un polinomio di grado minimo n. Per ogni $f(X) \in I$, possiamo scrivere

$f(X) = p(X)q(X) + r(X)$ e $r(X) = 0$ oppure $\deg r(X) < \deg p(X) = n$

(Corollario 2.2.2). Ma poiché $r(X) = f(X) - p(X)q(X) \in I$, per la minimalità di $n \in S$ deve essere $r(X) = 0$. Quindi $I = \langle p(X) \rangle$.

Infine, poiché tutti i generatori di un ideale principale sono tra loro associati e ogni polinomio di $K[X]$ è associato ad un unico polinomio monico di $K[X]$ (Esempio 2.1.9 (2)), esiste un unico polinomio monico che genera l'ideale I.

Essendo $K[X]$ un dominio a ideali principali, dal Teorema 1.4.12 otteniamo subito il seguente risultato.

Corollario 2.2.5 *Se K è un campo, due polinomi non nulli $f(X)$, $g(X) \in K[X]$ hanno sempre un massimo comune divisore. Precisamente, $d(X)$ è un massimo comune divisore di $f(X)$ e $g(X)$ se e soltanto se $\langle f(X), g(X) \rangle = \langle d(X) \rangle$, ovvero $d(X)$ è un polinomio di grado minimo della forma*

$$d(X) = a(X)f(X) + b(X)g(X), \ a(X), b(X) \in K[X] \quad \text{(Identità di Bezout)}.$$

Poiché tutti i massimi comuni divisori di due elementi sono tra loro associati, due polinomi non nulli $f(X)$, $g(X) \in K[X]$ hanno un unico massimo comune divisore monico; esso verrà indicato con $\mathrm{MCD}(f, g)$.

Un massimo comune divisore di $f(X)$ e $g(X)$ ed una identità di Bezout per esso possono essere determinati con l'algoritmo euclideo delle divisioni successive.

Proposizione 2.2.6 (Algoritmo delle divisioni successive) *Siano $f(X)$, $g(X)$ due polinomi non nulli a coefficienti in un campo K. Poniamo $r_0(X) := g(X)$ e supponiamo che*

$$f(X) = g(X)q_1(X) + r_1(X),$$
$$r_1(X) = 0 \ \textit{oppure} \ \deg r_1(X) < \deg g(X);$$
$$g(X) = r_1(X)q_2(X) + r_2(X),$$
$$r_2(X) = 0 \ \textit{oppure} \ \deg r_2(X) < \deg r_1(X);$$
$$\ldots\ldots$$
$$r_{n-2}(X) = r_{n-1}(X)q_n(X) + r_n(X),$$
$$r_n(X) = 0 \ \textit{oppure} \ \deg r_n(X) < \deg r_{n-1}(X);$$
$$r_{n-1}(X) = r_n(X)q_{n+1}(X).$$

Allora $\mathrm{MCD}(f(X), g(X))$ è il polinomio monico associato a $r_n(X)$.

Inoltre, dalla successione di uguaglianze:

$$r_n(X) = r_{n-2}(X) - q_n(X)r_{n-1}(X);$$
$$r_{n-1}(X) = r_{n-3}(X) - q_{n-1}r_{n-2}(X);$$
$$\ldots\ldots$$

per sostituzioni successive, si ottiene esplicitamente una identità di Bezout.

Dimostrazione. Notiamo intanto che, se $f(X) = g(X)q(X) + r(X)$, allora $\langle f(X), g(X)\rangle = \langle g(X), r(X)\rangle$.

Poiché $\deg g(X) > \deg r_1(X) > \deg r_2(X) > \ldots$ è una successione strettamente decrescente di numeri interi non negativi, allora esiste un numero naturale n tale che $r_n(X) \neq 0$ e $r_{n+1}(X) = 0$.

Risalendo nella catena di uguaglianze, si ottiene che

$$\langle r_n(X)\rangle = \langle r_n(X), r_{n-1}(X)\rangle = \langle r_{n-1}(X), r_{n-2}(X)\rangle = \cdots = \langle f(X), g(X)\rangle$$

e $r_n(X)$ è un massimo comune divisore di $f(X)$ e $g(X)$ (Corollario 2.2.5).

Esempi 2.2.7 Siano $f(X) := X^4 - X^3 - 4X^2 + 4X + 1$ e $g(X) := X^2 - X - 1 \in \mathbb{Q}[X]$. Poiché

$$f(X) = g(X)(X^2 - 3) + (X - 2);$$
$$g(X) = (X - 2)(X + 1) + 1$$

risulta $\mathrm{MCD}(f(X), g(X)) = 1$. Inoltre una identità di Bezout si ottiene nel seguente modo:

$$(X - 2) = f(X) - (X^2 - 3)g(X);$$
$$1 = g(X) - (X + 1)(X - 2)$$
$$= g(X) - (X + 1)(f(X) - (X^2 - 3)g(X))$$
$$= -(X + 1)f(X) + (X^3 + X^2 - 3X - 2)g(X).$$

Il corollario seguente ci assicura che il massimo comune divisore monico di due polinomi a coefficienti numerici è univocamente determinato in $\mathbb{C}[X]$.

Corollario 2.2.8 *Siano $F \subseteq K$ due campi e siano $f(X)$ e $g(X)$ due polinomi non nulli a coefficienti in F. Allora:*

(a) *La divisione euclidea di $f(X)$ per $g(X)$ effettuata in $F[X]$ oppure in $K[X]$ dà lo stesso risultato;*

(b) *$g(X)$ divide $f(X)$ in $F[X]$ se e soltanto se lo divide in $K[X]$;*

(c) *$f(X)$ e $g(X)$ hanno lo stesso massimo comune divisore monico in $F[X]$ e $K[X]$.*

Dimostrazione. (a) segue dal fatto che i coefficienti del quoziente e del resto della divisione euclidea di $f(X)$ per $g(X)$ sono univocamente determinati come funzioni razionali dei coefficienti di $f(X)$ e $g(X)$.

(b) e (c) seguono direttamente da (a), perché il massimo comune divisore di due polinomi si può determinare con l'algoritmo euclideo delle divisioni successive (Proposizione 2.2.6).

Infine, mostriamo che anche gli anelli quoziente di $K[X]$ hanno proprietà simili a quelle degli anelli quoziente di $\mathbb{Z}$ (Esempio 1.3.6).

Proposizione 2.2.9 *Sia K un campo e sia $I := \langle m(X) \rangle \subseteq K[X]$ un ideale non nullo. Allora:*

(a) $K[X]/I = \{r(X) + I ; \deg r(X) < \deg m(X)\} \cup \{I\}$;

(b) *Per ogni polinomio $f(X) \in K[X] \setminus I$, la classe $f(X) + I$ è invertibile nell'anello quoziente $K[X]/I$ se e soltanto se $\mathrm{MCD}(f(X), m(X)) = 1$, altrimenti $f(X) + I$ è uno zero-divisore;*

(c) *L'anello quoziente $K[X]/I$ è un campo se e soltanto se $m(X)$ è irriducibile su K. Altrimenti, se $m(X)$ è riducibile, $K[X]/I$ ha zerodivisori.*

Dimostrazione. (a) Per l'algoritmo della divisione, si ha $f(X) = m(X)q(X) + r(X)$, con $r(X) = 0$ oppure $\deg r(X) < \deg m(X)$. Allora $f(X) - r(X) \in I$ e quindi $f(X) + I = r(X) + I$.

(b) Se $\mathrm{MCD}(f(X), m(X)) = 1$ e $1 = a(X)f(X) + b(X)m(X)$ è una identità di Bezout, allora $a(X)f(X) + I = (a(X)+I)(f(X)+I) = 1+I$. Quindi $f(X)+I$ è invertibile in $K[X]/I$, con inverso $a(X) + I$.

Supponiamo che invece $\mathrm{MCD}(f(X), m(X)) = d(X) \neq 1$. Allora $f(X) \in I$ se e soltanto se $d(X)$ e $m(X)$ sono associati. Altrimenti risulta $f(X) = d(X)g(X)$, $m(X) = d(X)h(X)$ con $g(X)$, $h(X) \notin I$. In quest'ultimo caso, le classi di $f(X)$ e $h(X)$ sono non nulle modulo I mentre $f(X)h(X) = m(X)g(X) \in I$. Ne segue che $f(X) + I$ è uno zero-divisore.

(c) Se $m(X)$ è irriducibile, per ogni $f(X) \in K[X]$, si ha che $m(X)$ divide $f(X)$ oppure $\mathrm{MCD}(f(X), m(X)) = 1$ (Lemma 1.4.4). Quindi per il punto (b), ogni classe non nulla di $K[X]/I$ è invertibile. Altrimenti, se $m(X) = g(X)h(X)$ con $1 \leq \deg g(X), \deg h(X) < \deg m(X)$, le classi di $g(X)$ e $h(X)$ sono non nulle modulo I ma il loro prodotto lo è. Quindi $K[X]/I$ ha zerodivisori.

Esempi 2.2.10 Se $f(X), m(X) \in K[X]$ sono tali che $\mathrm{MCD}(f(X), m(X)) = 1$, posto $I := \langle m(X) \rangle$, l'inverso della classe $\gamma := f(X) + I$ in $K[X]/I$ può essere determinato con l'algoritmo della divisione euclidea (Teorema 2.2.6). Infatti con tale algoritmo si possono trovare due polinomi $g(X)$ e $h(X)$ tali che $g(X)f(X) + h(X)m(X) = 1$ (Identità di Bezout), da cui $g(X)f(X) \equiv 1 \mod I$ e $\gamma^{-1} = g(X) + I$.

2.2.2 Fattorizzazione unica

Poiché l'anello dei polinomi $K[X]$ in una indeterminata X su un campo K è un dominio a ideali principali (Teorema 2.2.4), esso è anche un dominio a fattorizzazione unica (Teorema 1.4.15). In questo paragrafo daremo una dimostrazione diretta di questa importante proprietà, che meglio illustra l'analogia di comportamento tra $K[X]$ e $\mathbb{Z}$.

Ricordiamo che, se K è un campo, gli elementi invertibili di $K[X]$ sono tutte e sole le costanti non nulle (Proposizione 2.1.7). Dunque un polinomio non costante $f(X) \in K[X]$ è irriducibile se e soltanto se gli unici suoi divisori sono le costanti non nulle ed i polinomi del tipo $cf(X)$, con $c \in K^*$

(Corollario 2.1.10). Ricordiamo anche che, essendo $K[X]$ un dominio con il massimo comune divisore (Corollario 2.2.5), un polinomio irriducibile su K è un elemento primo di $K[X]$ (Proposizione 1.4.6). Quindi, un polinomio di grado positivo $p(X)$ è un polinomio irriducibile se e soltanto se, quando $p(X)$ divide un prodotto in $K[X]$, esso divide almeno uno dei fattori.

Proposizione 2.2.11 *Sia K un campo. Un polinomio non nullo $f(X) \in K[X]$ è riducibile su K se e soltanto se $f(X)$ ha un divisore $g(X) \in K[X]$ tale che $1 \leq \deg g(X) < \deg f(X)$. In particolare, se $\deg f(X) = 1$, allora $f(X)$ è irriducibile.*

Dimostrazione. Per la formula del grado, se $g(X)$ divide $f(X)$, deve essere $\deg g(X) \leq \deg f(X)$. Basta allora osservare che i polinomi di grado zero sono tutte le costanti non nulle, cioè gli elementi invertibili di $K[X]$, e che due polinomi associati hanno lo stesso grado.

Teorema 2.2.12 (Teorema di Fattorizzazione Unica) *Se K è un campo, ogni polinomio di grado positivo $f(X) \in K[X]$ ha una fattorizzazione del tipo*

$$f(X) = cp_1(X)p_2(X)\ldots p_s(X),$$

dove $c \in K^*$ e $p_1(X), p_2(X), \ldots, p_s(X) \in K[X]$ sono polinomi monici irriducibili. Inoltre la costante c ed i polinomi $p_1(X)$, $p_2(X)$, $\ldots$, $p_s(X)$ sono univocamente determinati (a meno dell'ordine).

Dimostrazione. Per dimostrare l'esistenza di una fattorizzazione, si procede per induzione sul grado di $f(X)$. Se $\deg f(X) = 1$, allora $f(X) = c(X - \alpha)$ è irriducibile (Proposizione 2.2.11). Supponiamo dunque che $\deg f(X) \geq 2$ e che il teorema sia vero per tutti i polinomi di grado inferiore. Se $f(X)$ non è irriducibile, possiamo scrivere $f(X) = g(X)h(X)$, con $1 \leq \deg g(X), \deg h(X) < \deg f(X)$ (Proposizione 2.2.11). Per l'ipotesi induttiva, $g(X)$ e $h(X)$ si possono fattorizzare nel modo richiesto, quindi anche $f(X)$ si può fattorizzare.

Per l'unicità, supponiamo che $f(X)$ abbia due fattorizzazioni del tipo richiesto,

$$f(X) = ap_1(X)p_2(X)\ldots p_s(X) = bq_1(X)q_2(X)\ldots q_t(X).$$

Poiché i polinomi $p_i(X)$ e $q_j(X)$ sono monici, $a = b$ è il coefficiente direttore di $f(X)$. Inoltre, $p_i(X)$ è un elemento primo di $K[X]$ per ogni $i = 1, \ldots, s$ (Proposizione 1.4.6). Quindi ad esempio $p_1(X)$, dividendo $f(X)$, divide uno dei polinomi $q_j(X)$. A meno di riordinare i fattori, possiamo supporre che $p_1(X)$ divida $q_1(X)$. Allora, essendo $p_1(X)$ e $q_1(X)$ entrambi irriducibili e monici, deve essere $p_1(X) = q_1(X)$. Quindi $p_1(X)$ si può cancellare e

$$p_2(X)\ldots p_s(X) = q_2(X)\ldots q_t(X).$$

Così proseguendo, si ottiene che $s = t$ e $p_i(X) = q_i(X)$ per $i = 1, \ldots, s$.

La proprietà di fattorizzazione unica implica che il massimo comune divisore monico di due polinomi non costanti di $K[X]$ è il prodotto di tutti i polinomi monici irriducibili, non necessariamente distinti, che dividono entrambi i polinomi (Proposizione 1.4.7).

2.3 Funzioni polinomiali e radici di polinomi

Ricordiamo che, se A è un anello commutativo unitario, l'insieme $\mathcal{F}(A^n, A)$ di tutte le funzioni di dominio A^n e codominio A è un anello commutativo unitario rispetto alle operazioni di *addizione e moltiplicazione puntuali* definite rispettivamente da

$$(\varphi + \psi)(\boldsymbol{\alpha}) = \varphi(\boldsymbol{\alpha}) + \psi(\boldsymbol{\alpha}); \quad (\varphi\psi)(\boldsymbol{\alpha}) = \varphi(\boldsymbol{\alpha})\psi(\boldsymbol{\alpha}),$$

per ogni $\boldsymbol{\alpha} \in A^n$ (Esempio 1.1.4 (6)). In questo paragrafo vedremo come è possibile associare ad ogni polinomio in n indeterminate su A un elemento di $\mathcal{F}(A^n, A)$ e quindi considerare i polinomi come funzioni. Per fare questo abbiamo bisogno di definire il *valore di un polinomio*.

2.3.1 Il valore di un polinomio

Siano $A \subseteq B$ anelli commutativi unitari e sia $\mathbf{X} := \{X_1, \ldots, X_n\}$ un insieme di indeterminate indipendenti su A. Se $f(\mathbf{X}) := \sum c_{k_1 \ldots k_n} X_1^{k_1} \ldots X_n^{k_n} \in A[\mathbf{X}]$, data una n-pla $\boldsymbol{\alpha} := (\alpha_1, \ldots, \alpha_n)$ di elementi di B, possiamo considerare l'elemento di B che si ottiene sostituendo *ordinatamente* gli elementi $\alpha_1, \ldots, \alpha_n$ alle indeterminate $X_1, \ldots, X_n$, ovvero l'elemento definito da

$$f(\boldsymbol{\alpha}) := f(\alpha_1, \ldots, \alpha_n) := \sum c_{k_1 \ldots k_n} \alpha_1^{k_1} \ldots \alpha_n^{k_n}.$$

Questo elemento si chiama il *valore del polinomio* $f(\mathbf{X})$ *calcolato negli elementi* $\alpha_1, \ldots, \alpha_n$.

È facile verificare che l'applicazione

$$v_{\boldsymbol{\alpha}} : A[\mathbf{X}] \longrightarrow B; \quad f(\mathbf{X}) \mapsto f(\boldsymbol{\alpha}),$$

che ad ogni polinomio di $A[\mathbf{X}]$ associa il suo valore in $\boldsymbol{\alpha}$ è un omomorfismo di anelli; infatti, per le proprietà delle operazioni tra polinomi, risulta

$$(f + g)(\boldsymbol{\alpha}) = f(\boldsymbol{\alpha}) + g(\boldsymbol{\alpha}); \quad (fg)(\boldsymbol{\alpha}) = f(\boldsymbol{\alpha})g(\boldsymbol{\alpha}).$$

Denoteremo con

$$A[\boldsymbol{\alpha}] := A[\alpha_1, \ldots, \alpha_n] := \{f(\alpha_1, \ldots, \alpha_n) \, ; f(\mathbf{X}) \in A[\mathbf{X}]\}$$

il sottoanello di B immagine dell'omomorfismo $v_{\boldsymbol{\alpha}}$. Per il Teorema Fondamentale di Omomorfismo, $A[\boldsymbol{\alpha}]$ è isomorfo all'anello quoziente $A[\mathbf{X}]/\operatorname{Ker} v_{\boldsymbol{\alpha}}$, dove $\operatorname{Ker} v_{\boldsymbol{\alpha}}$ è l'ideale dei polinomi di $A[\mathbf{X}]$ che si annullano in $\boldsymbol{\alpha}$.

Proposizione 2.3.1 *Siano $A \subseteq B$ anelli commutativi unitari e siano α_1, ..., $\alpha_n \in B$. Allora $A[\alpha_1, \ldots, \alpha_n]$ è il minimo sottoanello di B contenente sia A che l'insieme $\{\alpha_1, \ldots, \alpha_n\}$.*

Dimostrazione. Se $f(\mathbf{X}) := c \in A$ è un polinomio costante, esso assume valore c in $\boldsymbol{\alpha} := (\alpha_1, \ldots, \alpha_n)$, perciò $A \subseteq A[\boldsymbol{\alpha}]$. Inoltre, poiché α_i è il valore che assume il polinomio X_i calcolato in $\boldsymbol{\alpha}$, $i = 1, \ldots, n$, allora $\{\alpha_1, \ldots, \alpha_n\} \subseteq A[\boldsymbol{\alpha}]$. D'altra parte, per chiusura additiva e moltiplicativa, ogni sottoanello di B contenente sia A che $\{\alpha_1, \ldots, \alpha_n\}$ contiene $A[\boldsymbol{\alpha}]$.

Se $\varphi : A \longrightarrow B$ è un omomorfismo unitario di anelli commutativi unitari, la *moltiplicazione scalare*

$$A \times B \longrightarrow B ; \quad (x, b) \mapsto xb := \varphi(x)b$$

definisce su B una struttura di A-modulo. L'anello B dotato di questa moltiplicazione scalare si chiama una *A-algebra* e φ si chiama l'*omomorfismo di struttura*. Se A è un sottoanello unitario di B, la moltiplicazione scalare definita dall'inclusione coincide con la moltiplicazione in B; quindi B è automaticamente una A-algebra. Se poi $\varphi : A \longrightarrow B$ è iniettivo (ad esempio A è un campo), identificando A con la sua immagine $\varphi(A) \subseteq B$, si può supporre che l'omomorfismo di struttura sia l'inclusione.

Definizione 2.3.2 *Una A-algebra B con omomorfismo di struttura $\varphi : A \longrightarrow B$ si dice* finitamente generata *su A se esistono $\alpha_1, \ldots, \alpha_n \in B$ tali che $B = \varphi(A)[\alpha_1, \ldots, \alpha_n]$. In tal caso, si dice anche che $\alpha_1, \ldots, \alpha_n$ generano B su A.*

Proposizione 2.3.3 *Un anello commutativo unitario B è una A-algebra finitamente generata se e soltanto se esiste un omomorfismo suriettivo di anelli $A[X_1, \ldots, X_n] \longrightarrow B$, per un opportuno $n \geq 1$.*

Dimostrazione. Se $B = \varphi(A)[\alpha_1, \ldots, \alpha_n]$ è una A-algebra finitamente generata con omomorfismo di struttura $\varphi : A \longrightarrow B$, l'applicazione

$$\psi : A[X_1, \ldots, X_n] \longrightarrow B ; \quad \sum a_i X^i \mapsto \sum \varphi(a_i) \alpha^i$$

è un omomorfismo suriettivo di anelli.

Viceversa, se $\psi : A[X_1, \ldots, X_n] \longrightarrow B$ è un omomorfismo suriettivo di anelli e $\alpha_i := \psi(X_i)$, $i = 1, \ldots, n$, allora $B = \psi(A)[\alpha_1, \ldots, \alpha_n]$ è una A-algebra finitamente generata, il cui omomorfismo di struttura è la restrizione di ψ ad A.

Esempi 2.3.4 (1) Se A è un dominio con campo delle frazioni K, i polinomi di $K[X]$ che calcolati in elementi di A assumono valori in A si chiamano i *polinomi a valori interi su A*. L'insieme

$$\mathrm{Int}(A) := \{f(X) \in K[X]; f(A) \subseteq A\}$$

dei polinomi a valori interi su A è un anello tale che $A[X] \subseteq \mathrm{Int}(A) \subseteq K[X]$. Un polinomio con coefficienti non interi che assume valori interi su $\mathbb{Z}$ è, per $n \geq 1$,

$$\binom{X}{n} := \frac{1}{n!} X(X-1) \dots (X-n+1).$$

Lo studio sistematico di questo tipo di anelli risale al 1919 con due lavori di G. Pólya e A. Ostrowsky, entrambi dal titolo *Über ganzwertige Polynome in algebraischen Zahlkörpern*, ed ha avuto in tempi recenti sviluppi molto interessanti, per i quali si rimanda alla monografia [4].

(2) Se A è un anello commutativo unitario, l'applicazione

$$\varphi : \mathbb{Z} \longrightarrow A ; \quad z \mapsto z 1_A$$

è un omomorfismo di anelli (Proposizione 1.6.2). Quindi A è una $\mathbb{Z}$-algebra rispetto alla moltiplicazione scalare definita da $za := (z 1_A)a$.

(3) Se A è anello commutativo unitario e $I \subseteq A$ è un ideale, la proiezione canonica

$$\pi : A \longrightarrow A/I ; \quad x \mapsto x + I$$

definisce sull'anello quoziente A/I una struttura di A-algebra rispetto alla moltiplicazione scalare

$$A \times A/I \longrightarrow A/I ; \quad (x, a+I) \mapsto (x+I)(a+I) = xa + I.$$

(4) Se A è anello commutativo unitario e $I \subseteq A[X_1, \dots, X_n]$ è un ideale, l'anello quoziente $A[X_1, \dots, X_n]/I$ è una A algebra, finitamente generata su A dalle classi delle indeterminate $\alpha_i := X_i + I$. Infatti, se

$$\pi : A[X_1, \dots, X_n] \longrightarrow A[X_1, \dots, X_n]/I$$

è la proiezione canonica, allora

$$A[X_1, \dots, X_n]/I = \pi(A)[\alpha_1, \dots, \alpha_n].$$

D'altra parte, per la Proposizione 2.3.3, ogni A algebra finitamente generata è un quoziente dell'anello di polinomi $A[X_1, \dots, X_n]$, per qualche $n \geq 1$.

(5) Una A-algebra che è finitamente generata come A-modulo è finitamente generata anche come A-algebra. Il viceversa non è vero; ad esempio l'anello di polinomi $K[X_1, \dots, X_n]$ è una K-algebra finitamente generata da $X_1, \dots, X_n$, ma è uno spazio vettoriale su K di dimensione infinita, una cui base è costituita da tutti i monomi monici.

2.3.2 Funzioni polinomiali

La nozione di valore di un polinomio rende possibile associare ad ad ogni polinomio $f(\mathbf{X})$ in n indeterminate su A una funzione di $\mathcal{F}(A^n, A)$, precisamente la funzione

$$\varphi_f : A^n \longrightarrow A , \quad \boldsymbol{\alpha} \mapsto f(\boldsymbol{\alpha})$$

che ad ogni elemento $\alpha \in A^n$ associa il valore di $f(\mathbf{X})$ in α. Per questo motivo, le indeterminate $X_1, \ldots, X_n$ vengono talvolta chiamate *variabili* su A. Notiamo che la funzione φ_f è univocamente determinata da $f(\mathbf{X})$.

Le funzioni così definite si chiamano le *funzioni polinomiali* su A^n. Le funzioni costanti sono funzioni polinomiali; infatti ogni elemento c di A definisce in modo univoco la funzione $\varphi_c \in \mathcal{F}(A^n, A)$ che assume valore costante c su tutto A^n. In questo modo i polinomi costanti si identificano con le funzioni costanti e questo giustifica la terminologia.

Proposizione 2.3.5 *Sia A un dominio e sia $\mathbf{X} = \{X_1, \ldots, X_n\}$ un insieme di indeterminate indipendenti su A. L'applicazione $A[\mathbf{X}] \longrightarrow \mathcal{F}(A^n, A)$ che ad ogni polinomio $f(\mathbf{X}) \in A[\mathbf{X}]$ associa la funzione polinomiale $\varphi_f : A^n \longrightarrow A$ è un omomorfismo di anelli.*

Dimostrazione. È immediato constatare che, per come sono definite le operazioni, alla somma di polinomi $(f + g)(\mathbf{X}) := f(\mathbf{X}) + g(\mathbf{X})$ resta associata la somma $\varphi_f + \varphi_g$ delle funzioni polinomiali corrispondenti rispettivamente a $f(\mathbf{X})$ e $g(\mathbf{X})$ e, analogamente, al prodotto di polinomi $(fg)(\mathbf{X}) := f(\mathbf{X})g(\mathbf{X})$ corrisponde il prodotto di funzioni polinomiali $\varphi_f \varphi_g$.

Esempi 2.3.6 In generale, polinomi differenti possono definire la stessa funzione polinomiale. Ad esempio, se $A = \{a_1, \ldots, a_n\}$ ha un numero finito di elementi, il polinomio non nullo $f(X) := (X - a_1) \ldots (X - a_n)$ si annulla su tutto A e quindi la corrispondente funzione polinomiale $\varphi_f : A \longrightarrow A$ è la funzione nulla. Tuttavia vedremo tra poco che, se A è un dominio con infiniti elementi, due funzioni polinomiali su A sono uguali, cioè assumono lo stesso valore su ogni elemento di A, se e soltanto se i polinomi che le definiscono sono uguali, cioè hanno coefficienti uguali (Corollario 2.3.17).

2.3.3 Radici di polinomi

Dati due anelli commutativi unitari $A \subseteq B$, se $f(X) \in A[X]$ e $\alpha \in B$, indichiamo al solito con $f(\alpha)$ il valore di $f(X)$ calcolato in α.

Definizione 2.3.7 *Se X è una indeterminata su A e $f(X) \in A[X]$, un elemento $\alpha \in A$ si dice una* radice *(o uno* zero*) di $f(X)$ se $f(\alpha) = 0$.*

Ogni elemento di A è trivialmente radice del polinomio nullo, mentre i polinomi costanti non nulli non hanno radici. Inoltre, poiché in un anello unitario gli elementi invertibili sono cancellabili, è evidente che polinomi associati hanno le stesse radici.

Notiamo da subito che, se $A \subseteq B$, un polinomio $f(X) \in A[X]$ può avere radici in B anche se non ne ha in A. Ad esempio, se A è un dominio con campo delle frazioni K, ogni polinomio di primo grado $aX + b \in A[X]$ ha la radice $\alpha = -b/a$ in K; ma $\alpha \in A$ se e soltanto se a divide b in A. Mostreremo nel successivo Capitolo 4 che, se A è un dominio, dato un qualsiasi polinomio di grado positivo $f(X) \in A[X]$, esiste sempre un campo contenente A in cui $f(X)$ ha tutte le sue radici.

Se A è un dominio e $f(X) = g(X)h(X)$, una radice α di $f(X)$ è radice di $g(X)$ oppure di $h(X)$. Infatti, essendo il valore in α un omomorfismo di anelli, si ha $f(\alpha) = g(\alpha)h(\alpha) = 0$; da cui, poiché A è integro, segue che $g(\alpha) = 0$ oppure $h(\alpha) = 0$.

Teorema 2.3.8 (Teorema del Resto, P. Ruffini, 1809) *Sia A un dominio e sia $f(X) \in A[X]$ un polinomio non nullo. Se $\alpha \in A$, il resto della divisione di $f(X)$ per $(X - \alpha)$ è $f(\alpha)$. In particolare α è una radice di $f(X)$ se e soltanto se $(X - \alpha)$ divide $f(X)$ in $A[X]$.*

Dimostrazione. Per l'algoritmo della divisione tra polinomi (Teorema 2.2.1), $f(X) = (X - \alpha)q(X) + r(X)$ con $r(X) = 0$ oppure $\deg r(X) < 1$. Quindi $r(X) := c$ è un polinomio costante. Calcolando in α si ottiene $f(\alpha) = c$.

Esempi 2.3.9 (1) Se A è un dominio, $f(X) := a_n X^n + \cdots + a_0 \in A[X]$ e $f(X) = (X - \alpha)q(X) + f(\alpha)$, con $q(X) := b_{n-1}X^{n-1} + \cdots + b_0$, i coefficienti b_i di $q(X)$ e $f(\alpha)$ si possono calcolare per ricorsione, attraverso la cosiddetta *Regola di Ruffini*:

$$b_{n-1} = a_n; \quad b_k = a_{k+1} + \alpha b_{k+1}, \, 0 \leq k \leq n - 2; \quad f(\alpha) = a_0 + \alpha b_0.$$

(2) Sia A un dominio a fattorizzazione unica con campo delle frazioni K (ad esempio, $A := \mathbb{Z}, K := \mathbb{Q}$) e sia $f(X) := a_n X^n + \cdots + a_0 \in A[X]$. Se $\alpha := x/y \in K$ è una radice di $f(X)$, con $(x, y) = 1$, allora x divide a_0 e y divide a_n. In particolare, se $f(X)$ è monico e $\alpha \in K$ è una sua radice, allora $\alpha \in A$ e α divide a_0.

Infatti, calcolando in α, si ottiene

$$y^n f(\alpha) = y^n(a_n \alpha^n + a_{n-1}\alpha^{n-1} + \cdots + a_1 \alpha + a_0)$$
$$= a_n x^n + y(a_{n-1}x^{n-1} + \cdots + y^{n-2}a_1 x + y^{n-1}a_0)$$
$$= x(a_n x^{n-1} + \cdots + a_1 y^{n-1}) + y^n a_0 = 0$$

e quindi, poiché $(x, y) = (x^n, y) = (x, y^n) = 1$, dal Lemma di Euclide (Proposizione 1.4.5) segue che x divide a_0 e y divide a_n.

Poiché un numero intero ha un numero finito di divisori, per quanto abbiamo appena visto è possibile verificare se un polinomio a coefficienti interi ha radici intere o razionali con un numero finito di tentativi. In generale, poiché i divisori di un elemento $a \in A$ sono determinati a meno di elementi invertibili, lo stesso metodo può essere usato se A è un dominio a fattorizzazione unica e $\mathcal{U}(A)$ è un insieme finito (Esempio 1.4.9 (2)).

(3) Se A è un dominio e $\alpha \in A$, il valore in α

$$v_\alpha : A[X] \longrightarrow A ; \quad f(X) \mapsto f(\alpha)$$

è un omomorfismo suriettivo (perché $v_\alpha(c) = c$, per ogni $c \in A$) il cui nucleo è l'ideale di $A[X]$ formato da tutti i polinomi che si annullano in α. Allora, per il Teorema del Resto, $\operatorname{Ker} v_\alpha = \langle X - \alpha \rangle$ e, per il Teorema Fondamentale di Omomorfismo, l'applicazione

$$\frac{A[X]}{\langle X - \alpha \rangle} \longrightarrow A \; ; \quad f(X) + \langle X - \alpha \rangle \mapsto f(\alpha)$$

è un isomorfismo. Poiché A è un dominio, ne segue che $\langle X - \alpha \rangle$ è un ideale primo e $X - \alpha$ è un elemento primo di $A[X]$ (Corollario 1.3.5). Se poi $A := K$ è un campo, ugualmente otteniamo che l'ideale $\langle X - \alpha \rangle$ è massimale (Proposizione 2.2.9 (c)).

Se $\mathbf{X} := \{X_1, \ldots, X_n\}$ è un insieme di indeterminate indipendenti su A, scrivendo ogni polinomio di $A[\mathbf{X}]$ come un polinomio nell'indeterminata X_i a coefficienti in $B_i := [X_1, \ldots, X_{i-1}, X_{i+1}, \ldots, X_n]$, otteniamo che, per ogni $i = 1, \ldots, n$ e $\alpha_i \in B_i$, il polinomio $X_i \pm \alpha_i$ è un elemento primo di $A[\mathbf{X}]$. In particolare tutte le indeterminate X_i e tutti i polinomi del tipo $X_i \pm X_j$, $i \neq j$, sono elementi primi di $A[\mathbf{X}]$.

Per il Teorema di Ruffini (Teorema 2.3.8), un polinomio a coefficienti in un domino A che ha grado maggiore di uno ed ha una radice in A è riducibile su A. Nel caso in cui A sia un campo, ci sono relazioni più strette tra la riducibilità e l'esistenza di radici.

Proposizione 2.3.10 *Sia K un campo e sia $f(X) \in K[X]$ un polinomio non nullo. Allora $f(X)$ ha una radice in K se e soltanto se $f(X)$ ha un fattore di primo grado in $K[X]$.*

Dimostrazione. Se $f(X) = (aX + b)g(X)$, $a \neq 0$, allora $\alpha := -b/a \in K$ è una radice di $f(X)$. Il viceversa segue dal Teorema di Ruffini (Teorema 2.3.8).

Corollario 2.3.11 *Sia K un campo e sia $f(X) \in K[X]$.*

(a) *Se $\deg f(X) = 1$, allora $f(X)$ è irriducibile;*
(b) *Se $\deg f(X) = 2$ oppure $\deg f(X) = 3$, allora $f(X)$ è riducibile su K se e soltanto se $f(X)$ ha una radice in K.*

Dimostrazione. Un polinomio $f(X) \in K[X]$ è riducibile su K se e soltanto se ha un divisore $g(X) \in K[X]$ tale che $1 \leq \deg g(X) < \deg f(X)$ (Proposizione 2.2.11). Quindi un polinomio di primo grado è irriducibile e un polinomio di grado uguale a 2 oppure 3 è riducibile se e soltanto se ha un fattore di primo grado. Allora (b) segue dalla Proposizione 2.3.10.

Esempi 2.3.12 (1) Se A non è un campo, un polinomio di primo grado su A può essere riducibile; ad esempio il polinomio $2X \in \mathbb{Z}[X]$ è riducibile su $\mathbb{Z}$ (Esempio 2.1.12 (1)). Inoltre un polinomio di primo grado su A può non avere radici in A; quindi un polinomio di secondo grado su A può essere riducibile senza avere radici. Ad esempio, il polinomio $(2X + 1)(3X + 1) \in \mathbb{Z}[X]$ è ovviamente riducibile su $\mathbb{Z}$ ma non ha radici in $\mathbb{Z}$.

(2) Se K è un campo, un polinomio $f(X) \in K[X]$ di grado almeno uguale a quattro può essere riducibile senza avere radici in K. Ad esempio il polinomio $(X^2 + 1)(X^2 - 2)$ è certamente riducibile su $\mathbb{Q}$ senza avere radici razionali.

Vediamo ora che il numero delle radici di un polinomio $f(X)$ a coefficienti in un dominio è limitato dal grado.

Corollario 2.3.13 *Sia A un dominio e sia $f(X) \in A[X]$ un polinomio non nullo di grado $n \geq 1$. Allora $f(X)$ ha al più n radici in A.*

Dimostrazione. Procediamo per induzione sul grado n di $f(X)$. Se $f(X) := aX + b$ è di primo grado, esso ha al più una radice in A; infatti se $a\alpha + b = 0 = a\beta + b$, allora $\alpha = \beta$. Supponiamo quindi che $f(X)$ abbia grado $n \geq 1$ e sia $\alpha \in A$ una radice di $f(X)$; allora $f(X) = (X - \alpha)g(X)$ con $g(X) \in A[X]$ e $\deg g(X) = n - 1$. Per l'ipotesi induttiva, $g(X)$ ha al più $n - 1$ radici in A. Ma, poiché $A[X]$ è un dominio, una radice di $f(X)$ è una radice di $g(X)$ oppure è l'unica radice α di $X - \alpha$. Quindi $f(X)$ ha al più n radici in A.

Esempi 2.3.14 (1) Se A non è integro, il numero delle radici di un polinomio $f(X) \in A[X]$ può essere maggiore del grado di $f(X)$. Ad esempio il polinomio $X(X + \bar{1}) \in \mathbb{Z}_6[X]$ ha grado 2 ed ha 3 radici $\bar{0}, \bar{2}, \bar{5} \in \mathbb{Z}_6$.

(2) Un polinomio non nullo in $n \geq 2$ indeterminate su A può annullarsi in infiniti elementi di A^n. Ad esempio il polinomio $f(X, Y) := X - Y \in \mathbb{Z}[X, Y]$ si annulla nella coppia (a, a) per ogni $a \in \mathbb{Z}$. Notiamo però che l'unica radice di $f(X, Y)$, visto come un polinomio in Y a coefficienti in $\mathbb{Z}[X]$ è $\alpha := X$.

Corollario 2.3.15 *Sia A un dominio e siano $f(X)$, $g(X) \in A[X]$ polinomi non nulli di grado al più uguale a $n \geq 1$. Se $f(X)$ e $g(X)$ assumono stessi valori in $n + 1$ elementi distinti di A, allora $f(X) = g(X)$.*

Dimostrazione. Se $f(X)$ e $g(X)$ assumono stessi valori in $n + 1$ elementi di A e $f(X) \neq g(X)$, allora $f(X) - g(X)$ è un polinomio non nullo di grado al più uguale a n che ha $n + 1$ radici. Questa è una contraddizione per il Corollario 2.3.13.

Proposizione 2.3.16 *Sia A un dominio e sia $\mathbf{X} := \{X_1, \ldots, X_n\}$ un insieme di indeterminate indipendenti su A. Se S è un sottoinsieme infinito di A, l'unico polinomio di $A[\mathbf{X}]$ che si annulla su tutto S^n è il polinomio nullo.*

Dimostrazione. Procediamo per induzione sul numero n delle indeterminate. Se $n = 1$, un polinomio di grado positivo non può annullarsi in infiniti elementi di A (Corollario 2.3.13) e d'altra parte l'unico polinomio costante che ha radici è il polinomio nullo, che si annulla su tutto A.

Sia poi $f(\mathbf{X}) := \sum a_{i_1 \ldots i_n} X_1^{i_1} \ldots X_n^{i_n} \in A[X_1, \ldots, X_n]$. Se $f(\mathbf{X})$ si annulla su tutto S^n, fissato $c \in S \setminus \{0\}$, il polinomio $f(X_1, X_2, \ldots, X_{n-1}, c) =$

$\sum c^{i_n} a_{i_1 \dots i_n} X_1^{i_1} \dots X_{n-1}^{i_{n-1}} \in A[X_1, \dots, X_{n-1}]$ si annulla su tutto S^{n-1} e quindi, per l'ipotesi induttiva, è il polinomio nullo, cioè tutti i suoi coefficienti $c^{i_n} a_{i_1 \dots i_n}$ sono uguali a zero. Cancellando c^{i_n}, ne segue che tutti i coefficienti $a_{i_1 \dots i_n}$ di $f(\mathbf{X})$ sono uguali a zero e quindi $f(\mathbf{X})$ è il polinomio nullo.

Corollario 2.3.17 *Se A è un dominio con infiniti elementi, l'anello delle funzioni polinomiali su A^n è isomorfo all'anello dei polinomi in n indeterminate $A[X_1, \dots, X_n]$.*

Dimostrazione. Sia

$$\varphi_f : A^n \longrightarrow A, \quad \boldsymbol{\alpha} \mapsto f(\boldsymbol{\alpha})$$

la funzione polinomiale corrispondente a $f(\mathbf{X})$. Per la Proposizione 2.3.16, otteniamo che se φ_f è la funzione nulla, cioè se $f(\mathbf{X})$ si annulla su tutto A^n, allora $f(\mathbf{X})$ è il polinomio nullo. Quindi la corrispondenza $f(\mathbf{X}) \mapsto \varphi_f$ è un isomorfismo (Proposizione 2.3.5).

2.3.4 Radici multiple

Se $f(X)$ è un polinomio a coefficienti in un dominio A e $\alpha \in A$ è una radice di $f(X)$, per il Teorema di Ruffini (Teorema 2.3.8) e la formula del grado, esiste un intero m, compreso tra 1 e $\deg f(X)$, tale che $(X - \alpha)^m$ divide $f(X)$ mentre $(X - \alpha)^{m+1}$ non lo divide.

Definizione 2.3.18 *Siano A un dominio, $f(X) \in A[X]$ e $\alpha \in A$. Se $m \geq 1$ è un intero tale che $(X - \alpha)^m$ divide $f(X)$ mentre $(X - \alpha)^{m+1}$ non lo divide, si dice che α è una radice di $f(X)$ con* molteplicità m. *Una radice con molteplicità uno si chiama una* radice semplice, *mentre una radice con molteplicità $m \geq 2$ si chiama una* radice multipla.

Per stabilire se un polinomio ha radici multiple, è utile introdurre il concetto di *derivata formale*.

Definizione 2.3.19 *Se A è un dominio e $f(X) := \sum c_k X^k \in A[X]$, il polinomio $f'(X) := \sum k c_k X^{k-1}$ si chiama il* polinomio derivato *di $f(X)$.*

Se $f(X) \in A[X]$, anche $f'(X) \in A[X]$ e valgono le seguenti proprietà, di facile verifica:

$$(f + g)'(X) = f'(X) + g'(X); \quad (fg)'(X) = f'(X)g(X) + f(X)g'(X).$$

Proposizione 2.3.20 *Siano A un dominio, $f(X) \in A[X]$ e $\alpha \in A$ una radice di $f(X)$. Allora α è una radice multipla di $f(X)$ se e soltanto se $f'(\alpha) = 0$.*

Dimostrazione. Per definizione, α è una radice multipla di $f(X)$ se e soltanto se $(X - \alpha)^2$ divide $f(X)$ in $A[X]$. Se $f(X) = (X - \alpha)^2 g(X)$, passando alle derivate formali si ottiene

$$f'(X) = 2(X - \alpha)g(X) + (X - \alpha)^2 g'(X).$$

Quindi $f'(\alpha) = 0$.

Viceversa, se $f(\alpha) = f'(\alpha) = 0$, allora $(X - \alpha)$ divide sia $f(X)$ che $f'(X)$ (Teorema 2.3.8). Se $f(X) = (X - \alpha)h(X)$, con $\deg h(X) \geq 1$, si ottiene

$$f'(X) = h(X) + (X - \alpha)h'(X).$$

Poiché $(X - \alpha)$ divide $f'(X)$, ne segue che $(X - \alpha)$ divide $h(X)$ e allora $(X - \alpha)^2$ divide $f(X)$.

Esempi 2.3.21 (1) Se $A = \mathbb{R}$ è il campo reale e

$$\varphi_f : \mathbb{R} \longrightarrow \mathbb{R}, \quad \alpha \mapsto f(\alpha)$$

è la funzione polinomiale corrispondente a $f(X)$, la derivata analitica φ'_f di φ_f corrisponde al polinomio derivato $f'(X)$. Cioè

$$\varphi'_f = \varphi_{f'} : \mathbb{R} \longrightarrow \mathbb{R}, \quad \alpha \mapsto f'(\alpha).$$

(2) Se $f'(X) = 0$, ogni radice di $f(X)$ è multipla. Nel caso numerico, e più in generale in caratteristica zero, un calcolo diretto mostra che $f'(X) = 0$ se e soltanto se $f(X)$ è un polinomio costante. Tuttavia in caratteristica positiva può accadere che il polinomio derivato di un polinomio non costante sia il polinomio nullo. Ad esempio, se $f(X) := X^n - 1 \in \mathbb{F}_p[X]$ e p divide n, si ha $f'(X) = nX^{n-1} = 0$.

2.3.5 Formule di interpolazione

Due polinomi non nulli a coefficienti in un dominio A che hanno grado al più uguale ad n ed assumono stessi valori in $n + 1$ elementi distinti di A sono uguali (Corollario 2.3.15). Perciò, scelti $a_0, a_1, \ldots, a_n \in A$, tutti distinti, esiste al più un polinomio di $A[X]$ di grado $k \leq n$ che assume valori fissati $b_0, b_1, \ldots, b_n$ in $a_0, a_1, \ldots, a_n$ rispettivamente. D'altra parte, un'applicazione del Teorema Cinese dei Resti (Teorema 1.3.8) mostra che, se K è un campo, un tale polinomio esiste.

Proposizione 2.3.22 *Sia K un campo. Scelti $n+1$ elementi distinti $a_0, \ldots,$ a_n e $n+1$ elementi $b_0, \ldots, b_n$ di K, esiste ed è unico un polinomio $f(X) \in$ $K[X]$ di grado al più uguale ad n tale che $f(a_i) = b_i$, $i = 0, \ldots, n$.*

Dimostrazione. Per il Teorema di Ruffini, dati $a, b \in K$, un polinomio $f(X) \in$ $K[X]$ è tale che $f(a) = b$ se e soltanto se $X - a$ divide $f(X) - b$ (Teorema 2.3.8). Allora $f(a_i) = b_i$ se e soltanto se $f(X) \equiv b_i \mod (X - a_i)$, per ogni $i = 0, \ldots, n$. Poiché i polinomi $X - a_i$ sono irriducibili (Corollario 2.3.11), essi sono a maggior ragione coprimi a coppie. Allora, essendo $K[X]$ un dominio a ideali principali, l'esistenza di $f(X)$ è garantita dal Teorema Cinese dei Resti. Inoltre, $f(X)$ e $g(X)$ sono due polinomi tali che $f(a_i) = g(a_i)$, se e soltanto se $f(X) \equiv g(X) \mod h(X) := (X - a_0) \ldots (X - a_n)$ (Teorema 1.4.14). Poiché $\deg h = n+1$, Nella classe di $f(X) \mod h(X)$ c'è un unico polinomio di grado al più uguale a n (Proposizione 2.2.9 (a)).

Se K è un campo, l'unico polinomio di grado al più uguale a n che assume valore fissato b_i in a_i, $i = 0, \dots, n$, resta definito dalle seguenti formule, che vengono chiamate *Formule di Interpolazione* perché, dati i valori b_i, esse permettono di calcolare immediatamente i valori che il polinomio assume in ogni elemento del campo.

Proposizione 2.3.23 (Formula di Interpolazione di Lagrange) *Sia K un campo e siano $a_0, \dots, a_n \in K$, elementi distinti. Allora, dati $b_0, \dots, b_n \in K$, il polinomio*

$$f(X) := \sum_{i=0}^{n} \frac{b_i(X - a_0) \dots (X - a_{i-1})(X - a_{i+1}) \dots (X - a_n)}{(a_i - a_0) \dots (a_i - a_{i-1})(a_i - a_{i+1}) \dots (a_i - a_n)} \in K[X]$$

è tale che $f(a_i) = b_i$, per $i = 0 \dots, n$.

Il polinomio $f(X)$ tale che $f(a_i) = b_i$, per $i = 0 \dots, n$, si può anche costruire per ricorsione con un metodo dovuto a Newton, imponendo passo dopo passo le condizioni richieste.

Si inizia considerando l'unico polinomio costante $f_0(X) := \lambda_0 \in K[X]$ che assume il valore b_0 in a_0; ovviamente deve essere $\lambda_0 = b_0$.

Procedendo per ricorsione, sia $1 \le k \le n$ e sia

$$f_{k-1}(X) := \lambda_0 + \lambda_1(X - a_0) + \dots + \lambda_{k-1}(X - a_0)(X - a_1) \dots (X - a_{k-2})$$

il polinomio di $K[X]$ di grado al più uguale a $k - 1$ che assume i valori $b_0, \dots, b_{k-1}$ in $a_0, \dots, a_{k-1}$ rispettivamente. Allora il polinomio

$$f_k(X) := f_{k-1}(X) + \lambda_k(X - a_0)(X - a_1) \dots (X - a_{k-1})$$

assume ancora valore b_i in a_i per $i = 0, \dots, k - 1$ e assume ulteriormente il valore b_k in a_k per

$$\lambda_k = \frac{b_k - f_{k-1}(a_k)}{(a_k - a_0)(a_k - a_1) \dots (a_k - a_{k-1})}.$$

Il polinomio $f_k(X)$ prende il nome di k-*esima funzione interpolare* di $f(X)$. Per $k = n$ si ottiene il polinomio

$$\begin{aligned} f(X) = f_n(X) := \lambda_0 + \lambda_1(X - a_0) + \lambda_2(X - a_0)(X - a_1) + \dots \\ + \lambda_n(X - a_0)(X - a_1) \dots (X - a_{n-1}). \end{aligned}$$

I coefficienti λ_k si possono calcolare per *quozienti di differenze successive* nel seguente modo. Per cominciare deve essere $f(a_0) = \lambda_0 = b_0$. Poi, posto

$$\varphi_1(X) := \frac{f(X) - f(a_0)}{X - a_0} = \lambda_1 + \lambda_2(X - a_1) + \dots + \lambda_n(X - a_1) \dots (X - a_{n-1}),$$

si ha

$$\lambda_1 = \varphi_1(a_1) = \frac{f(a_1) - f(a_0)}{a_1 - a_0} = \frac{b_1 - b_0}{a_1 - a_0}.$$

Successivamente, posto

$$\varphi_2(X) := \frac{\varphi_1(X) - \varphi_1(a_1)}{X - a_1} = \lambda_2 + \lambda_3(X - a_2) + \cdots + \lambda_n(X - a_2)\ldots(X - a_{n-1}),$$

si ottiene

$$\lambda_2 = \varphi_2(a_2) = \frac{\varphi_1(a_2) - \varphi_1(a_1)}{a_2 - a_1} = \frac{\dfrac{b_2 - \lambda_0}{a_2 - a_0} - \lambda_1}{a_2 - a_1}.$$

Così proseguendo, ponendo $\varphi_0(X) := f(X)$ e definendo per ricorsione

$$\varphi_k(X) := \frac{\varphi_{k-1}(X) - \varphi_{k-1}(a_{k-1})}{X - a_{k-1}}$$

per $1 \le k \le n$ si ottiene

$$\lambda_k = \varphi_k(a_k) = \frac{\varphi_{k-1}(a_k) - \varphi_{k-1}(a_{k-1})}{X - a_{k-1}} = \frac{\dfrac{\dfrac{\dfrac{b_k - \lambda_0}{a_k - a_0} - \lambda_1}{a_k - a_2} \cdots}{a_k - a_{k-2}} - \lambda_{k-1}}{a_k - a_{k-1}}.$$

Notiamo che, nelle formule precedenti, λ_k è il coefficiente di X^k in $f_k(X)$. Questo prova che il calcolo di λ_k non dipende dall'ordine in cui si sono scelti $a_0, \ldots, a_k$. Se K è un campo numerico reale, possiamo ad esempio ordinare gli a_i in modo crescente, affinché nelle formule per determinare i coefficienti λ_i tutte le differenze a denominatore siano positive.

Possiamo riassumere questo calcolo nella seguente proposizione.

Proposizione 2.3.24 (Formula di Interpolazione di Newton) *Sia K un campo e siano $a_0, \ldots, a_n, b_0, \ldots, b_n \in K$, con $a_0, \ldots, a_n$ tutti distinti. Allora il polinomio $f(X) \in K[X]$ di grado al più uguale ad n tale che $f(a_i) = b_i$ per $i = 0, \ldots, n$ si può scrivere come*

$$f(X) = \lambda_0 + \lambda_1(X - a_0) + \lambda_2(X - a_0)(X - a_1) + \ldots$$
$$+ \lambda_n(X - a_0)(X - a_1)\ldots(X - a_{n-1}),$$

dove i coefficienti λ_k sono definiti per ricorsione nel seguente modo. Posto

$$\varphi_0(X) := f(X) \quad e \quad \varphi_k(X) := \frac{\varphi_{k-1}(X) - \varphi_{k-1}(a_{k-1})}{X - a_{k-1}}$$

per $1 \le k \le n$, allora $\lambda_k = \varphi_k(a_k)$.

Esempi 2.3.25 (1) Usando la formula di interpolazione di Lagrange, il polinomio $f(X) \in \mathbb{Q}[X]$ di grado al più uguale a 2 che assume valori $b_0 := 0, b_1 := 1, b_2 := 2$ rispettivamente in $a_0 := 1, a_1 := 2, a_2 := 3$ è il polinomio di primo grado:

$$f(X) = \frac{X-1)(X-3)}{(2-1)(2-3)} + \frac{2(X-1)(X-2)}{(3-1)(3-2)} = X - 1.$$

(2) Costruiamo il polinomio su $\mathbb{Q}$ di grado al più uguale a 3 che assume valori $b_0 := 1, b_1 := -1, b_2 := 1, b_3 := 0$ rispettivamente in $a_0 := 0, a_1 := 1, a_2 := -1, a_3 := 2$. Usando le formule di Newton otteniamo:

$$\lambda_0 = 1, \quad \lambda_1 = -2, \quad \lambda_2 = -1, \quad \lambda_3 = \frac{5}{6}.$$

Dunque il polinomio cercato è:

$$f(X) = 1 - 2X - X(X-1) + \frac{5}{6}X(X-1)(X+1) = \frac{5}{6}X^3 - X^2 - \frac{11}{6}X + 1.$$

Se ordiniamo gli a_i in modo crescente, ponendo $a_0 = -1$, $a_1 = 0$, $a_2 = 1$, $a_3 = 2$ e, consistentemente, $b_0 = 1$, $b_1 = 1$, $b_2 = -1$, $b_3 = 0$, otteniamo lo stesso polinomio. Infatti risulta

$$\lambda_0 = 1, \quad \lambda_1 = 0, \quad \lambda_2 = -1, \quad \lambda_3 = \frac{5}{6},$$

da cui

$$f(X) = 1 - (X+1)X + \frac{5}{6}(X+1)X(X-1) = \frac{5}{6}X^3 - X^2 - \frac{11}{6}X + 1.$$

2.3.6 Cambio di variabile

Se $A \subseteq B$ sono domini e X è una indeterminata su A, per ogni $\alpha \in B$, il valore in α

$$v_\alpha : A[X] \longrightarrow B; \quad f(X) \mapsto f(\alpha),$$

è un omomorfismo di anelli (Paragrafo 2.3.1). Sia ora T un'altra indeterminata su A. Poiché $A \subseteq A[T]$, fissato $g(T) \in A[T]$, possiamo calcolare il valore in $g(T)$ di un qualsiasi polinomio $f(X)$ a coefficienti in A. In questo modo, otteniamo un omomorfismo di anelli

$$A[X] \longrightarrow A[T]; \quad f(X) \mapsto f(g(T))$$

che trasforma un polinomio nell'indeterminata X in un polinomio nell'indeterminata T. Per questo motivo, la *trasformazione* $X = g(T)$ si chiama un *cambio di variabile*.

In modo analogo, se $\mathbf{X} := \{X_1, \ldots, X_n\}$ e $\mathbf{T} := \{T_1, \ldots, T_n\}$ sono insiemi di indeterminate indipendenti su A, dati n polinomi $g_1(\mathbf{T}), \ldots, g_n(\mathbf{T}) \in A[\mathbf{T}]$, le trasformazioni $X_i = g_i(\mathbf{T})$, $i = 1, \ldots, n$, definiscono un cambio di variabili $A[X_1, \ldots, X_n] \longrightarrow A[T_1, \ldots, T_n]$.

Cambiare variabile può essere utile per trasformare un polinomio in un altro polinomio di forma più semplice, al fine di studiarne l'irriducibilità o determinarne le radici.

Proposizione 2.3.26 *Sia K un campo e siano $a, b \in K$, $a \neq 0$. Allora il cambio di variabile $X = aT + b$, definisce un isomorfismo*

$$\psi : K[X] \longrightarrow K[T] \; ; \quad f(X) \mapsto \widetilde{f}(T) := f(aT + b)$$

che conserva il grado. Quindi $f(X)$ è irriducibile su K se e soltanto se lo è $\widetilde{f}(T)$. Inoltre $\alpha \in K$ è una radice di $\widetilde{f}(T)$ se e soltanto se $\beta := a\alpha + b$ è una radice di $f(X)$.

Dimostrazione. L'omomorfismo ψ è biiettivo, con inverso definito dal cambio di variabile $T = a^{-1}(X - b)$. Inoltre ψ mantiene il grado, perché $a \neq 0$ e K è integro. Allora si ha $f(X) = g(X)h(X)$, con $\deg f > \deg g \geq 1$ se e soltanto se $\widetilde{f}(T) = \widetilde{g}(T)\widetilde{h}(T)$, con $\deg \widetilde{f} > \deg \widetilde{g} \geq 1$. Per la Proposizione 2.2.11, otteniamo che $f(X)$ e $\widetilde{f}(T)$ sono irriducibili o riducibili allo stesso tempo. Infine, $\widetilde{f}(\alpha) = f(a\alpha + b)$, per ogni $\alpha \in K$. Quindi $\widetilde{f}(\alpha) = 0$ se e soltanto se $f(a\alpha + b) = 0$.

Esempi 2.3.27 (1) Se K è un campo di caratteristica zero, il cambio di variabile $X = T - \dfrac{a_{n-1}}{n}$ trasforma il polinomio

$$f(X) := X^n + a_{n-1}X^{n-1} + a_{n-2}X^{n-2} + \cdots + a_0 \in K[X],$$

in un polinomio $\widetilde{f}(T) = T^n + b_{n-2}T^{n-2} + \cdots + b_0$ in cui non compare il termine di grado $n - 1$.

Questo cambio di variabile si chiama la *trasformazione di F. Viète* ed il polinomio trasformato $\widetilde{f}(T)$ si chiama la *forma ridotta* di $f(X)$. La forma ridotta di un polinomio è particolarmente utile, come vedremo nel seguito, per calcolarne le radici.

Più generalmente, con una sostituzione $X = g(T)$, dove $g(T)$ è un polinomio convenientemente scelto di grado al più uguale a $n - 1$, si può trasformare il polinomio $f(X)$ in un polinomio $\widetilde{f}(T) := T^n + b_{n-1}T^{n-1} + \cdots + b_0$ dello stesso grado n in cui alcuni coefficienti b_i sono nulli. Questo metodo è dovuto a E. W. Tschirnhaus (1683) ed è descritto ad esempio in [27, Paragrafo 6] oppure [16, Paragrafo 3.3].

(2) La Proposizione 2.3.26 si estende senza difficoltà al caso di più variabili. Infatti, se $g_i(\mathbf{X}) \in K[\mathbf{X}]$, è un polinomio di primo grado per $i = 1, \ldots, n$, il cambio di variabili $X_i = g_i(\mathbf{T})$, definisce un isomorfismo

$$\psi : K[\mathbf{X}] \longrightarrow K[\mathbf{T}] \; ; \quad f(X_1, \ldots, X_n) \mapsto \widetilde{f}(T_1, \ldots, T_n) := f(g_1(\mathbf{T}), \ldots, g_n(\mathbf{T}))$$

che conserva il grado in ogni indeterminata X_i.

Se A è un dominio con campo delle frazioni K, possiamo anche calcolare un polinomio $f(X) \in A[X]$ o una funzione razionale $\varphi(X) \in K(X)$ in una qualsiasi funzione razionale di $K(T)$ e in questo modo ottenere una funzione razionale in T.

Esempi 2.3.28 (1) Se K è un campo, il cambio di variabile $X = 1/T$, trasforma il polinomio $f(X) := a_n X^n + a_{n-1} X^{n-1} + \cdots + a_1 X + a_0 \in K[X]$ nella funzione razionale

$$f\left(\frac{1}{T}\right) = \frac{1}{T^n}(a_n + a_{n-1}T + \cdots + a_1 T^{n-1} + a_0 T^n).$$

Se $a_0 \neq 0$, un elemento $\alpha \in K^*$ è una radice di $f(X)$ se e soltanto se α^{-1} è una radice del polinomio

$$f_r(T) := T^n f\left(\frac{1}{T}\right) = a_n + a_{n-1}T + \cdots + a_1 T^{n-1} + a_0 T^n.$$

Notiamo che l'insieme $\mathcal{S}$ dei polinomi $f(X) \in K[X]$ con termine noto non nullo è moltiplicativamente chiuso, perciò è un semigruppo moltiplicativo di $K[X]$. Inoltre, l'applicazione

$$\psi : \mathcal{S} \longrightarrow \mathcal{S}; \quad f(X) \mapsto f_r(T) := T^{\deg f} f\left(\frac{1}{T}\right)$$

indotta dal cambio di variabile $X = 1/T$ è un isomorfismo di semigruppi che è l'identità su K^* e conserva il grado. Quindi, $f(X)$ è irriducibile su K se e soltanto se lo è $f_r(T)$.

Un polinomio $f(X) \in \mathcal{S}$ si chiama un *polinomio reciproco* se ogni volta che $f(\alpha) = 0$ anche $f(\alpha^{-1}) = 0$. Quindi $f(X)$ è un polinomio reciproco se e soltanto se $f(X)$ e $f_r(X)$ sono polinomi associati (Esercizio 2.35).

(2) Se K è un campo e $M := \begin{pmatrix} a & b \\ c & d \end{pmatrix} \in \mathcal{M}_2(K)$ è tale che $\det M = ad - cb \neq 0$, il cambio di variabile $X = (aT + b)/(cT + d)$ si chiama una *trasformazione lineare fratta* e definisce un isomorfismo

$$K(X) \longrightarrow K(T); \quad \varphi(X) \mapsto \widetilde{\varphi}(T) := \varphi\left(\frac{aT + b}{cT + d}\right)$$

il cui inverso è l'isomorfismo definito dalla trasformazione $T = \dfrac{dX - b}{-cX + a}$, associata alla matrice $M^{-1} = \dfrac{1}{\det M}\begin{pmatrix} d & -b \\ -c & a \end{pmatrix}$.

2.4 Polinomi a coefficienti complessi

Il *Teorema Fondamentale dell'Algebra*, ottenuto da F. Gauss nel 1797, è un risultato di grande importanza nella Teoria delle Equazioni Algebriche ed asserisce che ogni polinomio non costante a coefficienti numerici ha sempre radici nel campo $\mathbb{C}$ dei numeri complessi. Una sua dimostrazione verrà data nel successivo Capitolo 10.

Teorema 2.4.1 (Teorema Fondamentale dell'Algebra) *Ogni polinomio* $f(X) \in \mathbb{C}[X]$ *di grado positivo ha una radice in* $\mathbb{C}$.

Teorema 2.4.2 *Sia* $f(X)$ *un polinomio a coefficienti numerici di grado positivo. Allora esistono* $s \leq \deg f(X)$ *numeri complessi distinti* $\alpha_1, \ldots, \alpha_s$ *ed interi positivi* m_i, $i = 1, \ldots, s$, *tali che*

$$f(X) = c(X - \alpha_1)^{m_1} \ldots (X - \alpha_s)^{m_s}.$$

In particolare, se $\deg f(X) \geq 2$, *allora* $f(X)$ *è riducibile su* $\mathbb{C}$.

Dimostrazione. Per il Teorema Fondamentale dell'Algebra, $f(X)$ ha una radice $\alpha \in \mathbb{C}$ e, per il Teorema di Ruffini (Teorema 2.3.8), $f(X) = (X - \alpha)g(X)$, con $\deg g(X) = n - 1$. Possiamo allora procedere per induzione sul grado di $f(X)$.

Talvolta si usa esprimere la proposizione precedente dicendo che un polinomio a coefficienti numerici di grado $n \geq 1$ ha esattamente n radici complesse *contate con la loro molteplicità*. Per stabilire se un tale polinomio ha radici multiple, si deve studiare la sua derivata formale (Paragrafo 2.3.4).

Proposizione 2.4.3 *Sia* $K \subseteq \mathbb{C}$ *un campo numerico e sia* $f(X) \in K[X]$ *di grado positivo. Allora, indicando con* $f'(X)$ *la derivata formale di* $f(X)$ *e posto* $d(X) := \mathrm{MCD}(f(X), f'(X))$:

(a) *Il polinomio* $f(X)$ *ha una radice complessa multipla se e soltanto se* $d(X) \neq 1$. *In questo caso, le radici complesse multiple di* $f(X)$ *sono esattamente le radici del polinomio* $d(X)$;
(b) *Il polinomio* $f(X)/d(X)$ *ha le stesse radici di* $f(X)$, *tutte semplici*;
(c) *Se* $f(X)$ *è irriducibile su* K, *allora* $f(X)$ *ha esattamente* n *radici complesse distinte.*

Dimostrazione. (a) Il polinomio $f(X)$ ha una radice multipla $\alpha \in \mathbb{C}$ se soltanto se α è radice anche del polinomio derivato $f'(X)$ (Proposizione 2.3.20). Dal Teorema di Ruffini (Teorema 2.3.8) segue che α è una radice multipla se e soltanto se $(X - \alpha)$ divide il polinomio $d(X) := \mathrm{MCD}(f(X), f'(X))$ in $\mathbb{C}[X]$, se e soltanto se $d(\alpha) = 0$.

(b) Per il Teorema 2.4.2 possiamo scrivere

$$f(X) = c(X - \alpha_1)^{m_1} \ldots (X - \alpha_s)^{m_s}$$

dove gli $\alpha_i \in \mathbb{C}$ sono tutti distinti e $m_i \geq 1$. Allora

$$f'(X) = c(X - \alpha_1)^{m_1 - 1} \ldots (X - \alpha_s)^{m_s - 1} g(X),$$

con $g(\alpha_i) \neq 0$. Ne segue che $d(X) = (X - \alpha_1)^{m_1 - 1} \ldots (X - \alpha_s)^{m_s - 1}$ e

$$f(X)/d(X) = c(X - \alpha_1) \ldots (X - \alpha_s).$$

(c) Se $f(X)$ è irriducibile su K, $d(X) \neq 1$ soltanto se $f(X)$ divide $f'(X)$ in $K[X]$. Ma, essendo $f'(X) \neq 0$ e $\deg f'(X) < \deg f(X)$, questo non è possibile. Quindi $f(X)$ non può avere radici multiple per il punto (a).

2.4.1 Polinomi a coefficienti reali

Il Teorema Fondamentale dell'Algebra ci assicura che i soli polinomi irriducibili su $\mathbb{C}$ sono quelli di primo grado (Teorema 2.4.2). Per studiare la riducibilità sul campo reale $\mathbb{R}$, ricordiamo che il *coniugio complesso*, definito da

$$\mathbb{C} \longrightarrow \mathbb{C} \; ; \quad a + bi \mapsto \overline{a + bi} := a - bi,$$

per ogni $a, b \in \mathbb{R}$, è un automorfismo di $\mathbb{C}$ (Esempio 1.2.9 (2)). Inoltre, se $z := a + bi$, risulta

1. $z = \overline{z}$ se e soltanto se $z = a \in \mathbb{R}$;
2. $z + \overline{z} = 2a \in \mathbb{R}$
3. $z\overline{z} = a^2 + b^2 \in \mathbb{R}$.

Quindi z è radice del polinomio a coefficienti reali

$$(X - z)(X - \overline{z}) = X^2 - (z + \overline{z})X + z\overline{z} = X^2 - 2aX + (a^2 + b^2).$$

Se $f(X) := \sum z_i X^i \in \mathbb{C}[X]$, indichiamo con $\overline{f}(X)$ il polinomio di $\mathbb{C}[X]$ ottenuto da $f(X)$ coniugando i coefficienti, ovvero $\overline{f}(X) := \sum \overline{z_i} X^i$. Chiaramente $f(X) = \overline{f}(X)$ se e soltanto se $f(X) \in \mathbb{R}[X]$.

Proposizione 2.4.4 *Se* $f(X) \in \mathbb{R}[X]$ *e* $\alpha \in \mathbb{C} \setminus \mathbb{R}$ *è una radice di* $f(X)$, *allora anche il numero complesso coniugato* $\overline{\alpha}$ *è una radice di* $f(X)$. *Inoltre le radici* α *e* $\overline{\alpha}$ *hanno la stessa molteplicità.*

Dimostrazione. Poiché il coniugio è un automorfismo di $\mathbb{C}$, se $f(X) \in \mathbb{R}[X]$, risulta

$$\overline{f(\alpha)} = \overline{f}(\overline{\alpha}) = f(\overline{\alpha}).$$

Quindi $f(\alpha) = 0$ se e soltanto se $f(\overline{\alpha}) = 0$. Allora, per il Teorema di Ruffini (Teorema 2.3.8), abbiamo che $f(\alpha) = 0$ se e soltanto se $f(X) = (X - \alpha)(X - \overline{\alpha})g(X)$. Cancellando $(X - \alpha)(X - \overline{\alpha})$, otteniamo per ricorsione che α e $\overline{\alpha}$ hanno la stessa molteplicità.

Il seguente corollario è immediato.

Corollario 2.4.5 *Sia* $f(X) \in \mathbb{R}[X]$. *Allora:*

(a) *Se* $\deg f(X)$ *è dispari, allora* $f(X)$ *ha almeno una radice reale ed il numero delle sue radici reali è dispari.*

(b) *Se* $\deg f(X)$ *è pari, il numero delle radici reali di* $f(X)$ *è pari (eventualmente nullo).*

La seguente regola può essere utile per limitare il numero delle possibili radici reali di un polinomio $f(X) \in \mathbb{R}[X]$. Essa fu enunciata da R. Decartes nel 1637 e dimostrata da F. Gauss nel 1828 [32].

Diciamo che $f(X)$ ha una *variazione (di segno)* se due suoi termini consecutivi non nulli hanno segno opposto; diciamo invece che $f(X)$ ha una *permanenza (di segno)* se due suoi termini consecutivi non nulli hanno segno uguale. Ad esempio, se $f(X) := X^5 - X^4 + X^3 + X - 1$, la successione dei segni dei termini non nulli di $f(X)$ è $+ - + + -$, dunque $f(X)$ ha tre variazioni e una permanenza di segno.

Proposizione 2.4.6 (Regola dei Segni, R. Descartes, 1637) *Sia* $f(X) \in \mathbb{R}[X]$. *Allora:*

(a) *Il numero delle radici reali positive di* $f(X)$ *è al più uguale al numero delle sue variazioni.*

(b) *Il numero delle radici reali negative di* $f(X)$ *è al più uguale al numero delle variazioni del polinomio* $f(-X)$.

La dimostrazione della proposizione precedente si basa sulle proprietà analitiche delle funzioni polinomiali reali e perciò la omettiamo. Notiamo comunque che la sua validità può essere verificata osservando che, moltiplicando $f(X)$ per un termine $X - a$, con a reale positivo, si ottiene un polinomio che ha almeno una variazione di segno in più rispetto a $f(X)$.

Esempi 2.4.7 Il polinomio $f(X) := X^8 + 10X^3 + X - 4$ ha una sola variazione di segno, perciò ha al più una radice reale positiva. D'altra parte, anche il polinomio $f(-X) = X^8 - 10X^3 - X - 4$ ha una sola variazione di segno, perciò $f(X)$ ha al più una radice reale negativa. Ne segue che $f(X)$ ha almeno sei radici complesse non reali, coniugate a coppie.

Osserviamo poi che $f(X)$ ha effettivamente due radici reali. Infatti $f(0) = -4 < 0$ e $f(1) = 8 > 0$. Dunque $f(X)$ ha una radice reale (positiva) e, per il Corollario 2.4.5, ha anche un'altra radice reale (necessariamente negativa).

Possiamo infine determinare i polinomi irriducibili di $\mathbb{R}[X]$.

Proposizione 2.4.8 *Ogni polinomio non costante* $f(X) \in \mathbb{R}[X]$ *è prodotto di polinomi di grado al più uguale a 2. In particolare,* $f(X)$ *è irriducibile su* $\mathbb{R}$ *se e soltanto se* $\deg f(X) = 1$, *oppure* $\deg f(X) = 2$ *e* $f(X)$ *non ha radici reali.*

Dimostrazione. Siano $\alpha_1, \ldots, \alpha_n$ le radici complesse di $f(X)$, così che $f(X) = c(X - \alpha_1) \ldots (X - \alpha_n)$, $c \in \mathbb{R}$ (Proposizione 2.4.2). Se $\alpha_i := \alpha \in \mathbb{R}$, allora $X - \alpha \in \mathbb{R}[X]$ è un fattore di primo grado di $f(X)$. Se $\alpha \notin \mathbb{R}$, allora anche $\overline{\alpha}$ è una radice di $f(X)$ e $(X - \alpha)(X - \overline{\alpha}) = X^2 - (\alpha + \overline{\alpha})X + \alpha\overline{\alpha} \in \mathbb{R}[X]$ è un fattore di secondo grado di $f(X)$. Quindi $f(X)$ si può scrivere come prodotto di polinomi di grado al più uguale a 2.

Infine ricordiamo che un polinomio di secondo grado è riducibile su $\mathbb{R}$ se e soltanto se ha radici in $\mathbb{R}$ (Corollario 2.3.11).

2.4.2 Radici complesse dell'unità

Le radici complesse del polinomio $f(X) := X^n - z \in \mathbb{C}[X]$, per $n \geq 1$, si chiamano le *radici complesse n-sime* di z. Poiché, per $n \geq 2$, il polinomio derivato $f'(X) = nX^{n-1}$ ha come unica radice lo zero, se $z \neq 0$, i polinomi $f(X)$ e $f'(X)$ non hanno radici in comune; quindi le radici n-sime di z sono tutte distinte (Proposizione 2.3.20). Per determinarle, si possono usare le *Formule di De Moivre* per la moltiplicazione dei numeri complessi in forma trigonometrica. Se

$$z_1 := \rho_1(\cos(\theta_1) + \mathrm{i}\sin(\theta_1)) \,; \quad z_2 := \rho_2(\cos(\theta_2) + \mathrm{i}\sin(\theta_2))$$

con ρ_1, ρ_2 numeri reali positivi, allora usando le proprietà delle funzioni trigonometriche risulta

$$z_1 z_2 = \rho_1 \rho_2 (\cos(\theta_1 + \theta_2) + \mathrm{i}\sin(\theta_1 + \theta_2)).$$

Sia dunque $z := \rho(\cos(\theta) + \mathrm{i}\sin(\theta))$, $\rho > 0$. Se $\zeta := \sigma(\cos(\varphi) + \mathrm{i}\sin(\varphi))$ è una radice n-sima di z, deve risultare:

$$\sigma^n(\cos(n\varphi) + \mathrm{i}\sin(n\varphi)) = \rho(\cos(\theta) + \mathrm{i}\sin(\theta)),$$

da cui $\sigma^n = \rho$ e $n\varphi = \theta + 2k\pi$, $k \in \mathbb{Z}$, ovvero

$$\sigma = \sqrt[n]{\rho} \,; \quad \varphi = \frac{\theta + 2k\pi}{n}.$$

Notiamo ora che, se $k \in \mathbb{Z}$ e $k = nq + r$ con $0 \leq r < n$, risulta

$$\frac{\theta + 2k\pi}{n} = \frac{\theta + 2r\pi}{n} + 2q\pi$$

e dunque le funzioni trigonometriche di $\dfrac{\theta + 2k\pi}{n}$ e $\dfrac{\theta + 2r\pi}{n}$ sono le stesse. Ne segue che le radici complesse n-sime di z si ottengono tutte per $k = 0, 1, \ldots, n-1$ e sono precisamente i numeri complessi

$$\zeta_k := \sqrt[n]{\rho}\left(\cos\left(\frac{\theta + 2k\pi}{n}\right) + \mathrm{i}\sin\left(\frac{\theta + 2k\pi}{n}\right)\right).$$

Esempi 2.4.9 Le radici quadrate di $3i = 3\left(\cos\left(\dfrac{\pi}{2}\right) + i\sin\left(\dfrac{\pi}{2}\right)\right)$ sono:

$$\zeta_0 := \sqrt{3}\left(\cos\left(\frac{\pi}{4}\right) + i\sin\left(\frac{\pi}{4}\right)\right) = \frac{\sqrt{6}}{2} + \frac{\sqrt{6}}{2}i;$$

$$\zeta_1 := \sqrt{3}\left(\cos\left(\frac{5\pi}{4}\right) + i\sin\left(\frac{5\pi}{4}\right)\right) = -\frac{\sqrt{6}}{2} - \frac{\sqrt{6}}{2}i.$$

Invece le radici terze di $1 + i = \sqrt{2}\left(\cos\left(\dfrac{\pi}{4}\right) + i\sin\left(\dfrac{\pi}{4}\right)\right)$ sono:

$$\zeta_0 := \sqrt[6]{2}\left(\cos\left(\frac{\pi}{12}\right) + i\sin\left(\frac{\pi}{12}\right)\right);$$

$$\zeta_1 := \sqrt[6]{2}\left(\cos\left(\frac{3\pi}{4}\right) + i\sin\left(\frac{3\pi}{4}\right)\right);$$

$$\zeta_2 := \sqrt[6]{2}\left(\cos\left(\frac{17\pi}{12}\right) + i\sin\left(\frac{17\pi}{12}\right)\right).$$

Per $z := 1 = \cos(2\pi) + i\sin(2\pi)$, le formule precedenti forniscono le *radici complesse n-sime dell'unità*, che sono i numeri:

$$\zeta_k := \cos\left(\frac{2k\pi}{n}\right) + i\sin\left(\frac{2k\pi}{n}\right),$$

per $k = 1, \ldots, n$. Poiché, per le formule di De Moivre, risulta $\zeta_1^k = \zeta_k$, posto

$$\xi := \zeta_1 := \cos\left(\frac{2\pi}{n}\right) + i\sin\left(\frac{2\pi}{n}\right),$$

possiamo scrivere le radici complesse n-sime dell'unità come

$$\zeta_1 =: \xi, \quad \zeta_2 = \xi^2, \quad \ldots, \quad \zeta_{n-1} = \xi^{n-1}, \quad \zeta_n = \xi^n = 1.$$

Quindi tali radici formano un gruppo moltiplicativo ciclico di ordine n. Notiamo che, se $\zeta \in \mathbb{C}$ ha modulo uguale a 1, indicando con $\overline{\zeta}$ il coniugato di ζ, si ha $\zeta\overline{\zeta} = 1$, da cui $\zeta^{-1} = \overline{\zeta}$. Quindi le radici ξ^k e ξ^{n-k} sono numeri complessi coniugati.

I generatori del gruppo ciclico delle radici complesse n-sime dell'unità sono le radici $\xi^k = \zeta_k$ con $\mathrm{MCD}(k, n) = 1$ [53, Teorema 1.35]. Questi numeri complessi si chiamano le *radici n-sime primitive* dell'unità e sono le radici n-sime che non sono anche radici m-sime per qualche $m < n$. Tale terminologia fu introdotta da Eulero mentre l'esistenza di radici primitive, ovvero il fatto che il gruppo delle radici n-sime è ciclico, fu dimostrata da Gauss nel suo trattato *Disquisitiones Arithmeticae*, del 1801.

Il numero delle radici primitive n-sime dell'unità è dato allora dal valore della *funzione di Eulero* $\varphi : \mathbb{N} \longrightarrow \mathbb{N}$ che ad ogni intero positivo n associa il numero $\varphi(n)$ degli interi positivi minori di n e primi con n (Esempi 1.2.1 e 1.3.9 (2)).

Notiamo che, per $n \geq 3$, le radici complesse n-sime dell'unità si rappresentano nel piano di Gauss come i vertici di un poligono regolare di n lati che ha un vertice in 1. Inoltre, se m divide n, le radici m-sime si rappresentano come i vertici di un poligono regolare di m lati che ha ancora un vertice in 1 ed è inscritto nel primo.

Osserviamo infine che, per le formule di De Moivre, tutte le radici n-sime di un numero complesso z si possono scrivere come il prodotto di una qualsiasi radice n-sima ζ di z per tutte le radici n-sime dell'unità, e quindi esse sono esattamente i numeri complessi

$$\zeta\xi, \quad \zeta\xi^2, \quad \ldots, \quad \zeta\xi^{n-1}, \quad \zeta\xi^n = \zeta,$$

dove ξ è una radice primitiva n-sima dell'unità. Per $n \geq 3$, questi numeri complessi si rappresentano nel piano di Gauss come i vertici di un poligono regolare di n lati con centro nell'origine e un vertice in ζ.

Esempi 2.4.10 (1) Se $p \geq 2$ è un numero primo, le radici complesse p-esime primitive dell'unità sono tutte le $p - 1$ radici diverse da uno. Esse sono le radici del polinomio

$$\Phi_p := \frac{X^p - 1}{X - 1} = X^{p-1} + X^{p-2} + \cdots + X + 1,$$

che viene chiamato il *p-esimo polinomio ciclotomico*. I polinomi ciclotomici verranno studiati più a fondo nel Paragrafo 4.4.

(2) Le radici complesse terze dell'unità sono i numeri complessi

$$\xi := \cos\left(\frac{2\pi}{3}\right) + i \sin\left(\frac{2\pi}{3}\right) = -\frac{1}{2} + i\frac{\sqrt{3}}{2};$$

$$\xi^2 = \cos\left(\frac{4\pi}{3}\right) + i \sin\left(\frac{4\pi}{3}\right) = -\frac{1}{2} - i\frac{\sqrt{3}}{2};$$

$$\xi^3 = \cos(2\pi) + i\sin(2\pi) = 1.$$

Invece le radici quarte sono

$$\xi := \cos\left(\frac{\pi}{2}\right) + i\sin\left(\frac{\pi}{2}\right) = i; \quad i^2 = -1; \quad i^3; \quad i^4 = 1.$$

(3) Le radici complesse n-sime di $-1 = \cos(\pi) + i\sin(\pi)$ sono i numeri:

$$\zeta_k := \cos\left(\frac{\pi + 2k\pi}{n}\right) + i\sin\left(\frac{\pi + 2k\pi}{n}\right)$$

$$= \cos\left(\frac{(2k+1)\pi}{n}\right) + i\sin\left(\frac{(2k+1)\pi}{n}\right),$$

per $k = 0, \ldots, n$.

Notiamo che, essendo $(X^{2n} - 1) = (X^n + 1)(X^n - 1)$, se ξ è una radice primitiva $2n$-sima dell'unità, ad esempio $\xi := \cos\left(\dfrac{\pi}{n}\right) + \mathrm{i}\sin\left(\dfrac{\pi}{n}\right)$, le radici n-sime di 1 sono le potenze pari di ξ, mentre le radici n-sime di -1 sono le potenze dispari di ξ.

(4) La forma trigonometrica di un numero reale r positivo è

$$r = r \cdot 1 = r(\cos(2\pi) + \mathrm{i}\sin(2\pi)),$$

mentre ogni numero reale r negativo si scrive in forma trigonometrica come

$$r = |r|(-1) = |r|(\cos(\pi) + \mathrm{i}\sin(\pi)).$$

Le radici complesse n-sime di r si ottengono allora moltiplicando per $\sqrt[n]{|r|}$ le radici complesse n-sime di 1 o di -1, a seconda che r sia positivo o negativo.

2.5 Polinomi su un dominio a fattorizzazione unica

Se A è un dominio con campo delle frazioni K, la differenza nel fattorizzare un polinomio $f(X) \in A[X]$ su A oppure su K consiste nel fatto che in $A[X]$ ci possono essere polinomi costanti irriducibili, contrariamente a quanto avviene in $K[X]$ dove tutte le costanti non nulle sono invertibili. Tuttavia, se A è un dominio a fattorizzazione unica, questa difficoltà può essere aggirata usando le proprietà del massimo comune divisore. Faremo infatti vedere che, se A è un dominio a fattorizzazione unica, un polinomio a coefficienti in A che si fattorizza su K può essere fattorizzato anche su A e illustreremo dei criteri di irriducibilità. I metodi usati saranno particolarmente utili per lo studio della fattorizzazione dei polinomi in più indeterminate a coefficienti interi o razionali.

2.5.1 Il lemma di Gauss

Il risultato principale di questo paragrafo mostra che, se A è un dominio a fattorizzazione unica, un anello di polinomi a coefficienti in A è ancora un dominio a fattorizzazione unica. Questa è una proprietà molto importante ed implica ad esempio che tutti gli anelli di polinomi a coefficienti interi oppure in un campo sono domini a fattorizzazione unica. Il metodo che useremo per dimostrarlo è dovuto a Gauss: in una indeterminata, esso consiste nel fattorizzare un polinomio a coefficienti in A sul campo delle frazioni K di A e da questa fattorizzazione ricavare poi una fattorizzazione in $A[X]$.

Ricordiamo che due elementi non nulli x, y di un dominio a fattorizzazione unica hanno sempre un massimo comune divisore d, determinato a meno di elementi invertibili (Teorema 1.4.8). Mantenendo al solito questa ambiguità di definizione, scriveremo $(x, y) = d$.

Definizione 2.5.1 *Se A è un dominio a fattorizzazione unica e $f(X) \in A[X]$, un qualsiasi massimo comune divisore dei coefficienti di $f(X)$ si chiama il* contenuto *di $f(X)$ e si denota con $\mathbf{c}(f)$. Se $\mathbf{c}(f) = 1$, si dice che $f(X)$ è un polinomio* primitivo.

Se A è un dominio con campo delle frazioni K e $f(X) \in K[X]$ è un polinomio non nullo, riducendo i coefficienti di $f(X)$ a un denominatore comune d, si può sempre scrivere

$$f(X) = \frac{1}{d} f_1(X) \, ; \quad \text{con } f_1(X) \in A[X].$$

Se poi A è un dominio a fattorizzazione unica, si ha anche

$$f(X) = \frac{\mathbf{c}(f_1)}{d} g(X) \, ; \quad \text{con } g(X) \in A[X] \text{ un polinomio primitivo.}$$

Quindi, se A è un dominio a fattorizzazione unica, ogni polinomio di $K[X]$ è associato su K ad un polinomio primitivo di $A[X]$. Questa semplice osservazione fa intuire che i polinomi primitivi di $A[X]$ si comportano come i polinomi a coefficienti in K.

Il seguente lemma, che segue immediatamente dalle proprietà delle operazioni in $A[X]$ e dal Principio di Identità dei Polinomi, ci sarà utile anche nel seguito.

Lemma 2.5.2 *Ogni omomorfismo di anelli commutativi unitari $\varphi : A \longrightarrow A'$ si può estendere ad un omorfismo $\varphi^* : A[X] \longrightarrow A'[X]$ ponendo*

$$\varphi^*(c_0 + c_1 X + \cdots + c_n X^n) = \varphi(c_0) + \varphi(c_1)X + \cdots + \varphi(c_n)X^n.$$

Inoltre φ è iniettivo (suriettivo) se e soltanto se φ^* è iniettivo (suriettivo).

Se I è un ideale di A, di particolare interesse è l'omomorfismo suriettivo di anelli

$$\pi^* : A[X] \longrightarrow \frac{A}{I}[X]$$

che estende la proiezione canonica

$$\pi : A \longrightarrow \frac{A}{I} \, ; \quad a \mapsto \overline{a} := a + I$$

ed è quindi definito da

$$c_0 + c_1 X + \cdots + c_n X^n \mapsto \overline{f}(X) := \overline{c_0} + \overline{c_1}X + \cdots + \overline{c_n}X^n.$$

Ricordiamo che, se A è un dominio e p è un elemento primo di A, l'anello quoziente $A/\langle p \rangle$ è un dominio (Proposizione 1.3.5). In questo caso anche gli anelli di polinomi a coefficienti in $A/\langle p \rangle$ sono domini e l'omomorfismo

$$\pi^* : A[X] \longrightarrow \frac{A}{\langle p \rangle}[X] \, ; \quad f(X) \mapsto \overline{f}(X)$$

si chiama la *riduzione modulo p*.

Proposizione 2.5.3 (Lemma di Gauss) *Sia A un dominio a fattorizzazione unica e sia $f(X) \in A[X]$ un polinomio non nullo. Se $f(X) = g(X)h(X)$, allora $\mathbf{c}(f)$ e $\mathbf{c}(g)\mathbf{c}(h)$ sono elementi associati di A. In particolare, il prodotto di due polinomi primitivi di $A[X]$ è un polinomio primitivo.*

Dimostrazione. Sia $p \in A$ un fattore irriducibile di $\mathbf{c}(f)$. Poiché p è un elemento primo di A (Teorema 1.4.8), l'anello di polinomi $(A/\langle p \rangle)[X]$ è un dominio. Riducendo $f(X) = g(X)h(X)$ modulo p, si ottiene $\overline{0} = \overline{f}(X) = \overline{g}(X)\overline{h}(X)$. Quindi deve risultare $\overline{g}(X) = \overline{0}$ oppure $\overline{h}(X) = \overline{0}$. Questo significa che p divide tutti i coefficienti di $g(X)$, cioè $\mathbf{c}(g)$, oppure tutti i coefficienti di $h(X)$, cioè $\mathbf{c}(h)$. Viceversa, per come è definita la moltiplicazione tra polinomi, ogni elemento primo di A che divide $\mathbf{c}(g)$ oppure $\mathbf{c}(h)$ divide anche $\mathbf{c}(f)$. Quindi, per l'unicità della fattorizzazione in A, $\mathbf{c}(f)$ e $\mathbf{c}(g)\mathbf{c}(h)$ sono elementi associati.

Corollario 2.5.4 *Sia A un dominio a fattorizzazione unica con campo delle frazioni K e sia $f(X) \in A[X]$ un polinomio di grado positivo. Se $f(X) = g(X)h(X)$, con $g(X)$, $h(X) \in K[X]$, allora esiste una costante $\lambda \in A$ tale che $\lambda g(X)$, $\lambda^{-1}h(X) \in A[X]$. In particolare, se $f(X)$ è riducibile su K, $f(X)$ è riducibile anche su A.*

Dimostrazione. Supponiamo che $f(X) = g(X)h(X)$, con $g(X)$, $h(X) \in K[X]$. Moltiplicando per un denominatore comune d dei coefficienti di $g(X)$ e $h(X)$, otteniamo $df(X) = g_1(X)h_1(X)$, con $g_1(X)$, $h_1(X) \in A[X]$. Per il Lemma di Gauss, si ha $d\mathbf{c}(f) = \mathbf{c}(g_1)\mathbf{c}(h_1)$; quindi, per la proprietà di fattorizzazione unica in A, risulta $d = ab$ con a che divide $\mathbf{c}(g_1)$ e b che divide $\mathbf{c}(h_1)$. Ne segue che i polinomi $g_2(X) := a^{-1}g_1(X)$ e $h_2(X) := b^{-1}h_1(X)$ hanno coefficienti in A e $f(X) = g_2(X)h_2(X)$. Infine, $g(X)$ e $g_2(X)$ sono associati su K e, posto $g_2(X) := \lambda g(X)$, $\lambda \in K$, si ottiene $h_2 = \lambda^{-1}h(X)$.

Se poi $f(X)$ è riducibile su K, si ha $f(X) = g(X)h(X)$, con $g(X) \in K[X]$ di grado positivo strettamente minore di quello di $f(X)$. Allora $f(X) = \lambda g(X)\lambda^{-1}h(X)$ con $\lambda g(X), \lambda^{-1}h(X) \in A[X]$ e $0 < \deg g(X) = \deg \lambda g(X) < \deg f(X)$. Quindi $\lambda g(X)$ è un divisore proprio di $f(X)$ in $A[X]$ e $f(X)$ è riducibile anche su A.

Corollario 2.5.5 *Sia A un dominio a fattorizzazione unica con campo delle frazioni K e sia $f(X) \in A[X]$ un polinomio di grado positivo. Allora $f(X)$ è irriducibile su A se e soltanto se $f(X)$ è primitivo e irriducibile su K.*

Dimostrazione. Se $f(X)$ è irriducibile in $A[X]$, i suoi unici divisori costanti sono gli elementi invertibili di A; quindi $f(X)$ è un polinomio primitivo. Inoltre $f(X)$ è irriducibile su K per il Corollario 2.5.4.

Viceversa, sia $f(X) \in A[X]$ primitivo e irriducibile su K. Allora $f(X)$ non ha in $K[X]$ divisori propri di grado positivo e quindi i suoi eventuali divisori propri in $A[X]$ sono tutti costanti. Ma, essendo $f(X)$ primitivo, i suoi divisori in A sono soltanto le costanti invertibili. Quindi $f(X)$ è irriducibile in $A[X]$.

Corollario 2.5.6 *Sia A un dominio a fattorizzazione unica con campo delle frazioni K. I polinomi irriducibili di $A[X]$ sono:*

(a) *Gli elementi irriducibili di A;*
(b) *I polinomi primitivi di grado positivo di $A[X]$ che sono irriducibili in $K[X]$.*

Dimostrazione. Per la formula del grado, un polinomio di $A[X]$ costante e non nullo non può avere fattori di grado positivo. Quindi un polinomio costante $p \in A$ è irriducibile in $A[X]$ se e soltanto se è un elemento irriducibile di A.

Inoltre, per il Corollario 2.5.5, un polinomio di grado positivo di $A[X]$ è irriducibile su A se e soltanto se è primitivo e irriducibile in $K[X]$.

Teorema 2.5.7 *Se A è un dominio a fattorizzazione unica anche $A[X]$ è un dominio a fattorizzazione unica. Precisamente, ogni polinomio non nullo e non invertibile $f(X) \in A[X]$ ha una fattorizzazione del tipo*

$$f(X) = p_1 p_2 \ldots p_s q_1(X) q_2(X) \ldots q_t(X),$$

dove, se $\mathbf{c}(f) \neq 1$, i p_i sono elementi irriducibili di A e, se $\deg f(X) \geq 1$, i $q_j(X)$ sono polinomi primitivi irriducibili di $A[X]$, univocamente determinati a meno dell'ordine e di elementi invertibili di A.

Dimostrazione. Possiamo scrivere $f(X) = \mathbf{c}(f) f_1(X)$, con $\mathbf{c}(f) \in A$ e $f_1(X) \in A[X]$ primitivo. Se $\mathbf{c}(f)$ non è invertibile, esso ha in A una fattorizzazione $\mathbf{c}(f) = p_1 p_2 \ldots p_s$ in elementi irriducibili univocamente determinati, a meno dell'ordine e di elementi invertibili di A.

Inoltre, se $f_1(X)$ ha grado positivo e K è il campo delle frazioni di A, possiamo fattorizzare $f_1(X)$ in polinomi irriducibili su K, univocamente determinati a meno dell'ordine e di costanti non nulle di K (Teorema 2.2.12). Per il Corollario 2.5.4, moltiplicando ogni fattore per una opportuna costante, otteniamo una fattorizzazione $f_1(X) = q_1(X) q_2(X) \ldots q_t(X)$ in polinomi di $A[X]$, irriducibili su K e necessariamente primitivi per il Lemma di Gauss. Poiché i fattori p_i e $q_j(X)$ sono elementi irriducibili di $A[X]$ (Corollario 2.5.6), concludiamo che $A[X]$ è un dominio a fattorizzazione unica.

Corollario 2.5.8 *Sia A un dominio e sia $\mathbf{X} := \{X_1, \ldots, X_n\}$ un insieme di indeterminate indipendenti su A. Se A è un dominio a fattorizzazione unica, anche $A[\mathbf{X}]$ è un dominio a fattorizzazione unica. In particolare, $\mathbb{Z}[\mathbf{X}]$ è un dominio a fattorizzazione unica e, se K è un campo, $K[\mathbf{X}]$ è un dominio a fattorizzazione unica.*

Dimostrazione. Segue dal Teorema 2.5.7 per induzione sul numero delle indeterminate. Inoltre, poiché $\mathbb{Z}$ e $K[X]$ sono a fattorizzazione unica (Teorema 2.2.12), anche $\mathbb{Z}[\mathbf{X}]$ e $K[\mathbf{X}]$ lo sono.

Esempi 2.5.9 (1) Se A è un dominio ma non è un campo, l'anello dei polinomi $A[X]$ non è mai ad ideali principali; ad esempio, l'anello dei polinomi $\mathbb{Z}[X]$ non è a ideali principali, anche se lo è $\mathbb{Z}$.

Infatti, se $a \in A$ è non nullo e non invertibile, l'ideale $\langle a, X \rangle = \{ac + Xf(X) ; c \in A, f(X) \in A[X]\}$ non è principale. Per vedere questo, supponiamo che $\langle a, X \rangle = \langle g(X) \rangle$. Allora il polinomio $g(X)$, dividendo la costante a, deve essere un polinomio costante per la formula del grado. Inoltre, poiché $g(X)$ divide X e X è monico, deve essere $g(X) := u$ invertibile in A. Ma allora $\langle a, X \rangle = \langle u \rangle = A$, mentre $1 \notin \langle a, X \rangle$.

In modo simile si vede che, se K è un campo e $n \geq 2$, l'anello $K[X_1, \ldots, X_n]$ non è a ideali principali. Ad esempio, poiché le indeterminate sono elementi irriducibili, l'ideale $\langle X_1, X_2 \rangle$ non è principale.

(2) Il Lemma di Gauss (Proposizione 2.5.3) vale più generalmente per gli anelli di polinomi a coefficienti in un dominio con il massimo comune divisore (Esercizio 2.44). Da questo fatto segue che se A è un dominio con il massimo comune divisore, anche gli anelli di polinomi $A[X_1, \ldots, X_n]$ in un numero finito di indeterminate indipendenti su A sono domini con il massimo comune divisore.

2.5.2 Criteri di irriducibilità

Abbiamo visto che, se A è un dominio a fattorizzazione unica con campo delle frazioni K e $f(X) \in K[X]$ è un polinomio di grado positivo, possiamo scrivere $f(X) = cf_1(X)$, con $c \in K^*$ e $f_1(X) \in A[X]$ primitivo. Poiché $f(X)$ è irriducibile su K se e soltanto se lo è $f_1(X)$, per stabilire se $f(X)$ è irriducibile su K, per il Lemma di Gauss, basta allora stabilire se $f_1(X)$ è irriducibile su A (Corollario 2.5.4). Nel seguito di questo paragrafo daremo alcuni criteri utili a questo scopo. Notiamo però che un polinomio può essere irriducibile anche senza soddisfare le ipotesi di alcun criterio di irriducibilità.

Teorema 2.5.10 (Criterio di Irriducibilità di F. G. Eisenstein, 1850) *Sia A un dominio a fattorizzazione unica con campo delle frazioni K e sia $f(X) := a_0 + a_1 X + \cdots + a_n X^n \in A[X]$ un polinomio primitivo di grado $n \geq 1$. Se esiste un elemento primo $p \in A$ tale che:*

1. p divide $a_0, \ldots, a_{n-1}$;
2. p non divide a_n;
3. p^2 non divide a_0;

allora $f(X)$ è irriducibile su A e su K.

Dimostrazione. Sia $p \in A$ come nelle ipotesi e supponiamo che $f(X) = g(X)h(X)$ con $g(X) := b_0 + b_1 X + \cdots + b_s X^s$ e $h(X) := c_0 + c_1 X + \cdots + c_t X^t$ polinomi a coefficienti in A. Poiché $a_n = b_s c_t$ e p non divide a_n, allora p non divide né b_s né c_t. Inoltre, poiché $a_0 = b_0 c_0$, p divide a_0 e p^2 non divide a_0, per la proprietà di fattorizzazione unica, p divide soltanto uno tra gli elementi b_0 e c_0. Supponiamo che p divida b_0 e non divida c_0. Sia s il più piccolo numero intero positivo tale che p non divida b_s, $1 \le s \le n$. Poiché $a_s = b_0 c_s + b_1 c_{s-1} + \cdots + b_s c_0$ e p divide $b_0, \ldots, b_{s-1}$ ma non divide né b_s né c_0, allora p non divide a_s. Dalle ipotesi, segue che $s = n$; ovvero $f(X)$ e $g(X)$ hanno lo stesso grado e $h(X) := c$ è una costante. Poiché abbiamo supposto che $f(X)$ sia primitivo, si ha che c è invertibile in A. Ne segue che $f(X)$ è irriducibile in $A[X]$ e quindi anche in $K[X]$ per il Corollario 2.5.5.

Esempi 2.5.11 (1) Se A è un dominio a fattorizzazione unica con campo delle frazioni K e $q \in A$ è un elemento primo, il polinomio $X^n + q$ è irriducibile su K per ogni $n \ge 1$. Ad esempio, il polinomio $X^n \pm p \in \mathbb{Z}[X]$ è irriducibile su $\mathbb{Q}$ per ogni numero primo p.

(2) Se F è un campo, il polinomio $X^n \pm Y \in F[X, Y] = (F[Y])[X]$ è irriducibile su $F(Y)$, e quindi anche su F. Infatti $F[Y]$ è un dominio a fattorizzazione unica e l'indeterminata Y è un elemento primo di $F[Y]$ (Esempio 2.3.9 (3)).

(3) Per fornire un'applicazione del suo criterio, Eisenstein ha dimostrato nel seguente modo l'irriducibilità su $\mathbb{Q}$ del p-esimo polinomio ciclotomico

$$\Phi_p(X) := \frac{X^p - 1}{X - 1} = X^p + X^{p-1} + \cdots + X + 1,$$

con $p \ge 2$ primo (Esempio 2.4.10 (1)).

Con il cambio di variabile $X = T + 1$, si ottiene il polinomio

$$\widetilde{\Phi}_p(T) := \frac{(T+1)^p - 1}{(T+1) - 1} = \frac{(T+1)^p - 1}{T}$$

$$= T^{p-1} + \binom{p}{1} T^{p-2} + \cdots + \binom{p}{p-2} T + \binom{p}{p-1}.$$

Poiché p divide tutti i coefficienti binomiali $\binom{p}{k} := \frac{p!}{k!(p-k)!}$, per $k = 1, \ldots, p-1$, ma p^2 non divide il termine noto $\binom{p}{p-1} = p$, il polinomio $\widetilde{\Phi}_p(T)$ è irriducibile e quindi anche $\Phi_p(X)$ è irriducibile (Proposizione 2.3.26).

(4) Con il cambio di variabile $X = 1/T$ (Esempio 2.3.28 (1)) otteniamo la seguente *versione reciproca* del Criterio di Irriducibilità di Eisenstein:

Sia A un dominio a fattorizzazione unica con campo delle frazioni K e sia $f(X) := a_0 + a_1 X + \cdots + a_n X^n \in A[X]$ un polinomio primitivo non costante. Se esiste un elemento primo $p \in A$ tale che:

1. p divide $a_1, \ldots, a_n$;
2. p non divide a_0;
3. p^2 non divide a_n;

allora $f(X)$ è irriducibile su A e su K.

Nel prossimo criterio di irriducibilità si usa la riduzione modulo un elemento primo p, ovvero l'omomorfismo

$$\pi^* : A[X] \longrightarrow \frac{A}{\langle p \rangle}[X] \,; \quad f(X) \mapsto \overline{f}(X)$$

che estende la proiezione canonica $\pi : A \longrightarrow A/\langle p \rangle$. Diremo che un polinomio $f(X) \in A[X]$ è *irriducibile modulo p* se $\overline{f}(X)$ è irriducibile su $A/\langle p \rangle$.

Teorema 2.5.12 (Criterio di Irriducibilità modulo p) *Sia A un dominio a fattorizzazione unica e sia $f(X) := a_0 + a_1 X + \cdots + a_n X^n \in A[X]$ un polinomio primitivo di grado $n \geq 1$. Se esiste un elemento primo $p \in A$ tale che:*

1. *p non divide a_n;*
2. *$f(X)$ è irriducibile modulo p;*

allora $f(X)$ è irriducibile su A e su K.

Dimostrazione. Poiché $f(X)$ è primitivo, se $f(X)$ è riducibile su A, esistono $g(X) = b_s X^s + \cdots + b_0$, $h(X) = c_t X^t + \cdots + c_0 \in A[X]$ di grado positivo s e t tali che $f(X) = g(X)h(X)$. Poiché p non divide $a_n = b_s c_t$, allora p non divide né b_s né c_t. Riducendo modulo p, otteniamo $\overline{f}(X) = \overline{g}(X)\overline{h}(X)$, con $\deg g(X) = \deg \overline{g}(X) = s \geq 1$ e $\deg h(X) = \deg \overline{h}(X) = t \geq 1$. Quindi $\overline{f}(X)$ è riducibile modulo p. Infine, se $f(X)$ è irriducibile in $A[X]$, lo è anche in $K[X]$ per il Corollario 2.5.5.

Il Criterio di Irriducibilità modulo p è particolarmente utile quando $A = \mathbb{Z}$. In questo caso infatti $\mathbb{Z}/p\mathbb{Z} =: \mathbb{F}_p$ è un un campo finito con p elementi.

Esempi 2.5.13 (1) Riducendo modulo 3 il polinomio

$$f(X) := 5X^3 - 562X + 1400 \in \mathbb{Z}[X]$$

si ottiene il polinomio

$$\overline{f}(X) = 2X^3 + X + 2 \in \mathbb{F}_3[X].$$

Poiché $\overline{f}(0) = \overline{f}(1) = \overline{f}(2) = 2$, allora $\overline{f}(X)$ non ha radici in $\mathbb{F}_3$. Ne segue che $\overline{f}(X)$, essendo di terzo grado, è irriducibile su $\mathbb{F}_3$ e quindi $f(X)$ è irriducibile su $\mathbb{Q}$.

(2) Il polinomio

$$f(X) := X^5 - 5X^4 - 6X - 1 \in \mathbb{Z}[X]$$

è riducibile modulo 2. Infatti su $\mathbb{F}_2$ risulta

$$\overline{f}(X) = X^5 + X^4 + 1 = (X^2 + X + 1)(X^3 + X + 1).$$

Però $f(X)$ è irriducibile su $\mathbb{Q}$, ad esempio perché lo è modulo 3. Per vedere questo, consideriamo la riduzione di $f(X)$ modulo 3:

$$\overline{f}(X) = X^5 + X^4 + 1 \in \mathbb{F}_3[X].$$

Se $\overline{f}(X)$ fosse riducibile su $\mathbb{F}_3$, esso sarebbe diviso da un polinomio irriducibile di primo o di secondo grado. Il primo caso si esclude osservando che $\overline{f}(X)$ non ha radici in $\mathbb{F}_3$. Per escludere il secondo caso, scriviamo

$$\overline{f}(X) = (X^3 + aX^2 + bX + c)(X^2 + dX + e)$$

e notiamo che il sistema

$$\begin{cases} a + d = 1 \\ e + ad + b = 0 \\ ae + bd + c = 0 \\ be + cd = 0 \\ ec = 1 \end{cases}$$

ottenuto uguagliando i coefficienti dello stesso grado non ha soluzioni in $\mathbb{F}_3$.

Si può anche osservare che ci sono $3^3 = 27$ polinomi di secondo grado su $\mathbb{F}_3$ e tra questi i soli polinomi irriducibili sono

$$X^2 + 1; \quad X^2 + X + 1; \quad X^2 + 2X + 2$$

(Paragrafo 4.3); ma nessuno di questi polinomi divide $\overline{f}(X)$.

2.5.3 Fattorizzazione su $\mathbb{Q}$

Come abbiamo già osservato, ogni polinomio $f(X)$ a coefficienti razionali è associato su $\mathbb{Q}$ ad un polinomio $f_1(X)$ a coefficienti interi e primitivo. Quindi, per il Lemma di Gauss, per fattorizzare $f(X)$ in polinomi irriducibili su $\mathbb{Q}$ basta fattorizzare $f_1(X)$ in polinomi irriducibili su $\mathbb{Z}$ (Corollario 2.5.4).

Supponiamo dunque che $f(X) := c_n X^n + \cdots + c_1 X + c_0$ sia un polinomio a coefficienti interi e primitivo. Un metodo diretto per fattorizzare $f(X)$ su $\mathbb{Z}$, che si può usare per polinomi di grado basso, è il seguente.

1. Verificare se $f(X)$ soddisfa qualche criterio di irriducibilità, eventualmente effettuando un cambio di variabile (Paragrafo 2.3.6).

   In caso negativo,

2. $f(X)$ ha un fattore di primo grado in $\mathbb{Z}[X]$ se e soltanto se $f(X)$ ha radici razionali (non necessariamente intere).
   Per verificare se tali radici esistono, conviene prima stabilire se $f(X)$ ha radici multiple, calcolando il massimo comune divisore tra $f(X)$ e il suo polinomio derivato $f'(X)$. Se $d(X) := \mathrm{MCD}(f(X), f'(X)) \neq 1$, allora il polinomio $f(X)/d(X)$ ha le stesse radici di $f(X)$, tutte con molteplicità uguale

a uno (Proposizione 2.4.3). Ricordiamo poi che se $a/b \in \mathbb{Q}$ è una radice di $f(X)$, allora a è un divisore di c_0 e b è un divisore di c_n (Esempio 2.3.9 (2)).

3. Per stabilire se $f(X)$ ha un fattore di grado s in $\mathbb{Z}[X]$, con $2 \le s < n$, si può scrivere formalmente

$$f(X) := (a_s X^s + \cdots + a_1 X + a_0)(b_t X^t + \cdots + b_1 X + b_0),$$

con $s + t = n$, e cercare le soluzioni in $\mathbb{Z}$ del sistema

$$c_k = \sum_{i+j=k} a_i b_j ; \quad 0 \le k \le n,,$$

ottenuto uguagliando i coefficienti dei termini dello stesso grado.

Esempi 2.5.14 (1) Consideriamo il polinomio

$$f(X) := \frac{3}{2} X^{102} + \frac{9}{2} X^{71} - 3X^3 + \frac{9}{10} \in \mathbb{Q}[X],$$

che possiamo scrivere come $f(X) = \frac{3}{10} f_1(X)$, con

$$f_1(X) := 5X^{102} + 15X^{71} - 10X^3 + 3 \in \mathbb{Z}[X],$$

primitivo. Poiché $f_1(X)$ è irriducibile su $\mathbb{Z}$ per il Criterio di Eisestein, con $p = 5$, allora $f(X)$ è irriducibile su $\mathbb{Q}$.

(2) Consideriamo il polinomio

$$f(X) := X^6 - \frac{1}{2} X^5 - \frac{3}{2} x^4 + \frac{1}{2} X^3 - \frac{3}{2} X^2 + X + 1 \in \mathbb{Q}[X].$$

Per fattorizzare $f(X)$ su $\mathbb{Q}$, basta fattorizzare su $\mathbb{Z}$ il polinomio primitivo

$$g(X) := 2f(X) = 2X^6 - X^5 - 3x^4 + X^3 - 3X^2 + 2X + 2 \in \mathbb{Z}[X].$$

Le possibili radici razionali di $g(X)$ sono ± 1, ± 2, $\pm \frac{1}{2}$ ed una verifica diretta mostra che 1 e $-\frac{1}{2}$ sono radici. Inoltre risulta

$$g(X) = 2(X - 1)(X + \frac{1}{2})(X^4 - X^2 - 2) = (X - 1)(2X + 1)(X^4 - X^2 - 2).$$

A questo punto, con la trasformazione di variabile $Y = X^2$, otteniamo

$$X^4 - X^2 - 2 = Y^2 - Y - 2 = (Y + 1)(Y - 2) = (X^2 + 1)(X^2 - 2).$$

Poiché i polinomi $X^2 + 1$ e $X^2 - 2$ non hanno radici razionali, essi sono irriducibili su $\mathbb{Q}$ e quindi una fattorizzazione di $f(X)$ in polinomi irriducibili è

$$f(X) = \frac{1}{2}g(X) = \frac{1}{2}(X-1)(2X+1)(X^2+1)(X^2-2).$$

(3) Consideriamo il polinomio

$$f(X) := X^4 + 2X^3 - 8X^2 - 6X - 1 \in \mathbb{Z}[X].$$

Poiché le possibili radici razionali di $f(X)$ sono soltanto 1 e -1, $f(X)$ non ha radici in $\mathbb{Q}$ e quindi non ha fattori di primo grado. Per vedere se $f(X)$ ha fattori di secondo grado (necessariamente irriducibili), poniamo

$$f(X) = (X^2 + aX - 1)(X^2 + bX + 1) = X^4 + (a+b)X^3 + abX^2 + (a-b)X - 1$$

e risolviamo il sistema in a e b ottenuto uguagliando i coefficienti dei termini dello stesso grado

$$\begin{cases} a + b = 2 \\ ab = -8 \\ a - b = 6 \end{cases}$$

Poiché questo sistema ha soluzioni $a = -2$ e $b = 4$, otteniamo che una fattorizzazione di $f(X)$ in polinomi irriducibili su $\mathbb{Q}$ è

$$f(X) = (X^2 - 2X - 1)(X^2 + 4X + 1).$$

Il metodo di Kronecker

Il seguente metodo per fattorizzare polinomi a coefficienti interi fa uso delle formule di interpolazione ed è dovuto a L. Kronecker, ma può essere molto laborioso (vedi anche [58, Section 25] o [45, Chapter 11]).

Siano $f(X)$, $g(X)$ due polinomi a coefficienti interi e supponiamo che $f(X) = g(X)h(X)$ in $\mathbb{Z}[X]$. Se $g(X)$ ha grado s, consideriamo $k \geq s + 1$ interi $a_0, \ldots, a_k$. Valutando in a_i otteniamo $f(a_i) = g(a_i)h(a_i)$; perciò $g(a_i)$ deve dividere $f(a_i)$ in $\mathbb{Z}$, per $i = 0, \ldots, k$. Ora, $f(a_i)$ ha un numero finito di divisori in $\mathbb{Z}$ e, per ogni k-pla di interi $(b_0, \ldots, b_k)$, con b_i che divide $f(a_i)$, le formule di interpolazione forniscono un unico polinomio $k(X) \in \mathbb{Q}[X]$ tale che $k(a_i) = b_i$ (Paragrafo 2.3.5); perciò $g(X)$ è tra i polinomi a coefficienti interi che è possibile ottenere in questo modo. Tali polinomi sono un numero finito e per stabilire quali tra essi dividono $f(X)$ si può usare l'algoritmo della divisione in $\mathbb{Q}[X]$; in particolare, i divisori di $f(X)$ vanno cercati tra i polinomi il cui coefficiente direttore divide il coefficiente direttore di $f(X)$.

In conclusione, tutti i divisori di $f(X)$ in $\mathbb{Z}[X]$ si possono ottenere effettuando un numero finito di verifiche. È anche utile ricordare che ci sono soltanto due polinomi associati a un divisore $g(X)$ di $f(X)$ in $\mathbb{Z}[X]$, precisamente $g(X)$ e $-g(X)$; perciò ci si può limitare a considerare i polinomi il cui coefficiente direttore è positivo.

Esempi 2.5.15 Sia $f(X) := X^4 + X^2 + 1$. Se $f(X)$ è riducibile, esso ha un fattore al più di secondo grado. Se poniamo $a_0 = -1$, $a_1 = 0$, $a_2 = 1$, risulta $f(a_0) = 3$, $f(a_1) = 1$, $f(a_2) = 3$. Quindi, se $g(X) \in \mathbb{Z}[X]$ è un polinomio di grado al più uguale a due che divide $f(X)$, può risultare soltanto

$$g(a_0) = \pm 1, \pm 3; \quad g(a_1) = \pm 1; \quad g(a_2) = \pm 1, \pm 3.$$

Inoltre

$$\begin{aligned}
g(X) &= \lambda_0 + \lambda_1(X - a_0) + \lambda_2(X - a_0)(X - a_1) \\
&= \lambda_0 + \lambda_1(X + 1) + \lambda_2(X + 1)X \\
&= (\lambda_0 + \lambda_1) + (\lambda_1 + \lambda_2)X + \lambda_2 X^2,
\end{aligned}$$

dove, per la Formula di Newton,

$$\lambda_0 = g(a_0); \quad \lambda_1 = g(a_1) - g(a_0); \quad \lambda_2 = \frac{g(a_0) + g(a_2)}{2} - g(a_1)$$

(Proposizione 2.3.24). Osserviamo ora che, poiché $f(X)$ è monico, il coefficiente direttore di $g(X)$ può essere soltanto uguale a ± 1. Ma, poiché quando $\lambda_2 = 0$ si ha che $\lambda_1 = g(a_1) - g(a_0)$ non può assumere valore ± 1, allora $g(X)$ deve essere di secondo grado con coefficiente direttore $\lambda_2 = \pm 1$. Dunque, i soli valori da prendere in considerazione per la terna $(g(a_0), g(a_1), g(a_2))$ sono:

$$\begin{aligned}
&\pm (1, 1, -1); \quad \pm(1, -1, -1); \quad \pm(3, 1, -3); \\
&\pm (3, -1, -3); \quad \pm(1, 1, 3); \quad \pm(3, 1, 1);
\end{aligned}$$

che forniscono, per la terna $(\lambda_0, \lambda_1, \lambda_2)$, rispettivamente i valori

$$\begin{aligned}
&\pm (1, 0, -1); \quad \pm(1, -2, 1); \quad \pm(3, -2, -1); \\
&\pm (3, -4, 1); \quad \pm(1, 0, 1); \quad \pm(3, -2, 1);
\end{aligned}$$

a cui corrispondono i polinomi di $\mathbb{Z}[X]$ con coefficiente direttore positivo:

$$\begin{aligned}
&- 1 + X + X^2; \quad -1 - X + X^2; \quad -1 + 3X + X^2; \\
&- 1 - 3X + X^2; \quad 1 + X + X^2; \quad 1 - X + X^2.
\end{aligned}$$

Si verifica subito che risulta:

$$f(X) = (1 + X + X^2)(1 - X + X^2).$$

Il metodo di fattorizzazione appena illustrato si può anche applicare ai polinomi a coefficienti in un dominio A a fattorizzazione unica e con un numero finito di elementi invertibili. Infatti in queste ipotesi ogni elemento di A ha un numero finito di divisori (Esempio 1.4.9 (2)) e quindi gli eventuali fattori propri di un polinomio $f(X) \in A[X]$ possono essere determinati come sopra con un numero finito di passi. Questa osservazione ci permette di fattorizzare per ricorsione su $n \geq 1$ anche polinomi in n indeterminate a coefficienti interi, nel seguente modo.

Siano $X_1, \ldots, X_n$ indeterminate indipendenti su $\mathbb{Z}$ e poniamo

$$A_0 := \mathbb{Z}; \quad A_i := A_{i-1}[X_i] := \mathbb{Z}[X_1, \ldots, X_i]$$

per $i = 1, \ldots, n$. Ogni dominio A_i è a fattorizzazione unica per il Lemma di Gauss (Corollario 2.5.8).

Dato $f(\mathbf{X}) \in A_n := \mathbb{Z}[X_1, \ldots, X_n] := \mathbb{Z}[\mathbf{X}]$, scriviamo

$$f(\mathbf{X}) = g_0 + g_1 X_n + \cdots + g_n X_n^m,$$

dove $g_i := g_i(X_1, \ldots, X_{n-1}) \in A_{n-1} := \mathbb{Z}[X_1, \ldots, X_{n-1}]$, per $0 \le i \le m$. Se $d := d(X_1, \ldots, X_{n-1}) \in A_{n-1}$ è un massimo comune divisore dei polinomi g_i, otteniamo $f(\mathbf{X}) = d f_1(\mathbf{X})$, dove $f_1(\mathbf{X}) \in A_{n-1}[X_n]$ è un polinomio primitivo su A_{n-1} e quindi non ha in $\mathbb{Z}[\mathbf{X}]$ fattori di grado zero in X_n. Inoltre, poiché gli elementi invertibili di A_{n-1} sono soltanto 1 e -1 (Proposizione 2.1.7), gli eventuali fattori irriducibili di $f_1(\mathbf{X})$ di grado positivo in X_n possono essere determinati con il metodo di Kronecker come polinomi su A_{n-1}. A questo punto, si ripete il procedimento per fattorizzare $d := d(X_1, \ldots, X_{n-1}) \in A_{n-1} := A_{n-2}[X_{n-1}]$ come un polinomio su A_{n-2}.

Dopo un numero finito di passi, $f(\mathbf{X})$ risulta completamente fattorizzato su $\mathbb{Z}$ (e su $\mathbb{Q}$).

L'algoritmo di Berlekamp

Uno dei metodi più usati per fattorizzare un polinomio a coefficienti interi in polinomi irriducibili consiste nel fattorizzare il polinomio modulo un opportuno primo p e poi da questa fattorizzazione risalire a una fattorizzazione su $\mathbb{Z}$.

Poiché il numero dei polinomi a coefficienti in $\mathbb{F}_p$ di grado fissato n è finito (uguale a p^{n+1}), la fattorizzazione di un polinomio $f(X) \in \mathbb{Z}[X]$ modulo p si può ottenere per tentativi con un numero finito di passi. Tuttavia questo modo di procedere è del tutto inefficiente. Un algoritmo di fattorizzazione molto più efficace ed implementabile al calcolatore si basa sull'algoritmo euclideo della divisione e sul Teorema Cinese di Resti ed è dovuto a R. Berlekamp (*Factoring polynomials over finite fields*, 1967). Una descrizione di questo algoritmo si può trovare ad esempio in [20, Section 2.5.1] o [45, Chapter 12].

Una volta fattorizzato il polinomio $f(X)$ in polinomi irriducibili su $\mathbb{F}_p$, usando il cosidetto *Lemma di Hensel*, è possibile ottenere da questa una fattorizzazione di $f(X)$ modulo p^N, $N \ge 2$, ed infine, per N abbastanza grande, ricavare la fattorizzazione di $f(X)$ in polinomi irriducibili su $\mathbb{Z}$. Per i dettagli si può consultare [20, Section 2.5.2] o [45, Chapter 13].

2.6 Il teorema della base di Hilbert

Se K è un campo, l'anello dei polinomi $K[X]$ è un dominio a ideali principali (Teorema 2.2.4). Questo non è vero in più indeterminate, ad esempio l'ideale $\langle X_1, X_2 \rangle \subseteq K[X_1, X_2]$ non è principale (Esempio 2.5.9 (1)); tuttavia il Teorema della Base di Hilbert asserisce che ogni ideale di un anello di polinomi $K[X_1, \ldots, X_n]$ è finitamente generato. Questo teorema è di grande importanza, specialmente per le applicazioni geometriche.

Gli anelli commutativi unitari in cui ogni ideale è finitamente generato prendono il nome da Emmy Noether, per i suoi fondamentali contributi alla Teoria degli Ideali (*Idealtheorie in Ringbereichen*, 1921).

Definizione 2.6.1 *Sia A un anello commutativo unitario. Un A-modulo M si dice un* modulo noetheriano *se ogni sotto A-modulo di M è finitamente generato. Inoltre A si dice un* anello noetheriano *se è noetheriano come A-modulo.*

Notando che i sotto A-moduli di un anello commutativo unitario A sono precisamente gli ideali di A, possiamo anche definire un *anello noetheriano* come un anello commutativo unitario i cui ideali sono finitamente generati.

Nel seguito useremo alcune nozioni elementari di algebra lineare, per le quali si può consultare [43] oppure [50].

Proposizione 2.6.2 *Sia A un anello commutativo unitario e M un A-modulo. Le seguenti condizioni sono equivalenti:*

(i) *M (rispettivamente A) è noetheriano;*

(ii) *(Principio del massimo) Ogni insieme non vuoto di sotto A-moduli di M (rispettivamente di ideali di A) ha un elemento massimale rispetto all'inclusione;*

(iii) *(Condizione della catena ascendente) Ogni catena ascendente di sotto A-moduli di M (rispettivamente di ideali di A)*

$$N_0 \subseteq N_1 \subseteq \ldots \subseteq N_k \subseteq \ldots$$

è stazionaria, cioè esiste un (minimo) intero $h \geq 0$ tale che $N_h = N_k$ per $k \geq h$.

Dimostrazione. (i) $\Rightarrow$ (iii) Sia $\{N_k\}_{k \geq 0}$ una catena di sotto A-moduli di M e sia $N = \bigcup_{k \geq 0} N_k$ la loro unione. Poiché $N = \alpha_1 A + \cdots + \alpha_t A$ è finitamente generato, esiste un (minimo) intero $h \geq 0$ tale che $\alpha_i \in N_h$ per $i = 1, \ldots, t$. Allora $N_h = N_k = N$ per ogni $k \geq h$.

(iii) $\Rightarrow$ (ii) Sia S un insieme non vuoto di sotto A-moduli di M e supponiamo che S non abbia elementi massimali rispetto all'inclusione. Allora dato $N_0 \in S$, esiste $N_1 \in S$ tale che $N_0 \subsetneq N_1$. Poiché N_1 non è massimale in S, esiste $N_2 \in S$ tale che $N_0 \subsetneq N_1 \subsetneq N_2$. Così procedendo, si ottiene una catena ascendente di sotto A-moduli di M

$$N_0 \subseteq N_1 \subseteq \ldots \subseteq N_k \subseteq \ldots$$

che non è stazionaria.

(ii) $\Rightarrow$ (i) Supponiamo che $N \subseteq M$ sia un sotto A-modulo che non è finitamente generato e sia S l'insieme dei sotto A-moduli di M contenuti in N che sono finitamente generati. Poiché il modulo nullo appartiene ad S, S è non vuoto e quindi per ipotesi ha un elemento massimale L. Se $L \subsetneq N$, dato $x \in N \setminus L$, il sotto A-modulo $L' := L + xA$ di M è ancora finitamente generato e contenuto in N. Ma $L \subsetneq L'$, contro la massimalità di L.

Teorema 2.6.3 (Teorema della Base, D. Hilbert, 1888) *Se A è un anello noetheriano e $X_1, \ldots, X_n$, $n \geq 1$, sono indeterminate indipendenti su A, l'anello di polinomi $A[X_1, \ldots, X_n]$ è un anello noetheriano. In particolare, se K è un campo, l'anello di polinomi $K[X_1, \ldots, X_n]$ è noetheriano.*

Dimostrazione. Per induzione sul numero delle indeterminate, basta dimostrare che se A è noetheriano, lo è anche $A[X]$. Useremo le condizioni equivalenti date nella Proposizione 2.6.2.

Per ogni ideale non nullo I di $A[X]$ e per ogni $n \geq 0$, consideriamo il sottoinsieme $C_n(I)$ di A formato dai coefficienti direttori di tutti i polinomi di grado n appartenenti ad I e dallo zero. Si verifica facilmente che $C_n(I)$ è un ideale di A e che, se $I_1 \subseteq I_2$, si ha $C_n(I_1) \subseteq C_n(I_2)$. Inoltre

$$C_0(I) \subseteq C_1(I) \subseteq \ldots \subseteq C_j(I) \subseteq \ldots$$

Infatti, se $f(X) \in I$, anche $Xf(X) \in I$. Allora, data una catena di ideali di $A[X]$

$$I_0 \subseteq I_1 \subseteq \ldots \subseteq I_k \subseteq \ldots$$

per ogni $k, j \geq 0$, si hanno le catene di ideali di A

$$C_0(I_k) \subseteq C_1(I_k) \subseteq \ldots \subseteq C_j(I_k) \subseteq C_{j+1}(I_k) \subseteq \ldots$$

$$C_j(I_0) \subseteq C_j(I_1) \subseteq \ldots \subseteq C_j(I_k) \subseteq C_j(I_{k+1}) \subseteq \ldots$$

Poiché A è noetheriano, l'insieme di ideali $S := \{C_j(I_k)\}_{j,k \geq 0}$ ha un elemento massimale $C_p(I_q)$. Quindi in particolare $C_p(I_k) = C_p(I_q)$ per ogni $k \geq q$. D'altra parte, le catene di ideali

$$\{C_0(I_k)\}_{k \geq 0}; \quad \{C_1(I_k)\}_{k \geq 0}; \quad \ldots; \quad \{C_{p-1}(I_k)\}_{k \geq 0}$$

stazionano. Quindi esiste un intero $q' \geq 0$ tale che $C_j(I_k) = C_j(I_{q'})$ per $j = 1, \ldots, p-1$ e $k \geq q'$. In definitiva, se $m := \max(q, q')$, si ha

$$C_j(I_k) = C_j(I_m) \quad \text{per ogni} \quad j \geq 0, k \geq m.$$

Per finire, mostriamo che questo implica che $I_k = I_m$ per $k \geq m$ e quindi che la catena di ideali $\{I_j\}_{j \geq 0}$ di $A[X]$ staziona. Supponiamo che $I_m \subsetneq I_k$ e sia $f(X) := a_n X^n + \cdots + a_0$, $a_n \neq 0$, un polinomio di grado minimo in $I_k \setminus I_m$. Poiché $a_n \in C_n(I_k) = C_n(I_m)$, esiste un polinomio $g(X) \in I_m$ di grado n e coefficiente direttore a_n. Ma allora il polinomio $f(X) - g(X)$ ha grado strettamente minore di n e $f(X) - g(X) \in I_k \setminus I_m$, contro la minimalità di n.

Una conseguenza importante del Teorema della Base è che ogni algebra finitamente generata su un anello noetheriano è ancora un anello noetheriano.

Proposizione 2.6.4 *Siano $M_1, \ldots, M_n$ A-moduli noetheriani. Allora la somma diretta $M_1 \oplus \cdots \oplus M_n$ è un A-modulo noetheriano. In particolare, se A è un anello noetheriano, A^n è un A-modulo noetheriano.*

Dimostrazione. Per induzione su n, basta dimostrare il caso $n = 2$. Consideriamo gli omomorfismi A-lineari

$$\iota : M_1 \longrightarrow M_1 \oplus M_2 ; \quad m_1 \mapsto (m_1, 0)$$

$$\pi : M_1 \oplus M_2 \longrightarrow M_2 ; \quad (m_1, m_2) \mapsto m_2.$$

Data una catena di sotto A-moduli $\{N_k\}$ di $M_1 \oplus M_2$, si ha che $\{\iota^{-1}(N_k)\}$ e $\{\pi(N_k)\}$ sono catene di sotto A-moduli di M_1 e M_2 rispettivamente. Quindi, per $s \geq 0$ abbastanza grande e ogni $t \geq s$, risulta $\iota^{-1}(N_s) = \iota^{-1}(N_t)$ e $\pi(N_s) = \pi(N_t)$. Ne segue che $N_s = N_t$. Sia infatti $x := (x_1, x_2) \in N_t$. Allora esiste $y := (y_1, y_2) \in N_s$ tale che $x_2 = \pi(x) = \pi(y) = y_2$. Perciò $x - y = (x_1 - y_1, 0) \in N_t \cap \mathrm{Im}(\iota)$ e $\iota^{-1}(x - y) \in \iota^{-1}(N_t) = \iota^{-1}(N_s)$. Ne segue che $x - y \in N_s$ e anche $x \in N_s$.

Proposizione 2.6.5 *Sia M un A-modulo noetheriano e sia N un sotto A-modulo di M. Allora il modulo quoziente M/N è noetheriano. Inoltre, se A è un anello noetheriano e $I \subseteq A$ è un ideale, l'anello quoziente A/I è noetheriano.*

Dimostrazione. Ogni sotto A-modulo di M/N è del tipo L/N, dove L è un sotto A-modulo di M contenente N. Allora si verifica facilmente che, se $L := \alpha_1 A + \cdots + \alpha_n A$, risulta $L/N = (\alpha_1 + N)A + \cdots + (\alpha_n + N)A$.

Se poi J/I è un ideale di A/I, dove $J := \langle \alpha_1, \ldots, \alpha_n \rangle$ è un ideale di A, risulta anche $J/I = \langle \alpha_1 + I, \ldots, \alpha_n + I \rangle$.

Corollario 2.6.6 *Se A è un anello noetheriano, ogni A-modulo finitamente generato è noetheriano ed ogni A-algebra finitamente generata è un anello noetheriano.*

Dimostrazione. Se $M := \alpha_1 A + \cdots + \alpha_n A$, l'applicazione

$$A^n \longrightarrow M ; \quad (c_1, \ldots, c_n) \mapsto \alpha_1 c_1 + \cdots + \alpha_n c_n$$

è un omomorfismo A-lineare suriettivo. Allora M è A-isomorfo ad un quoziente di A^n ed in quanto tale è un A-modulo noetheriano (Proposizioni 2.6.4 e 2.6.5).

Inoltre ogni A-algebra finitamente generata è isomorfa al quoziente di un anello di polinomi in un numero finito di indeterminate su A (Proposizione 2.3.3). Possiamo allora concludere per il Teorema della Base (Teorema 2.6.3) e la Proposizione 2.6.5.

Infine mostriamo che i domini noetheriani hanno la proprietà di fattorizzazione in elementi irriducibili.

Proposizione 2.6.7 *Se A è un dominio noetheriano, ogni elemento non nullo e non invertibile di A si può fattorizzare in elementi irriducibili.*

Dimostrazione. Segue dalla Proposizione 1.4.10, perché un anello noetheriano verifica in particolare la condizione della catena ascendente sugli ideali principali (Proposizione 2.6.2).

Esempi 2.6.8 Un dominio noetheriano non è necessariamente a fattorizzazione unica. Ad esempio, l'anello $A := \mathbb{Z}[i\sqrt{6}]$ è noetheriano, perché è una $\mathbb{Z}$-algebra finitamente generata, ma non è a fattorizzazione unica. Infatti risulta

$$10 = 2 \cdot 5 = (2 + i\sqrt{6})(2 - i\sqrt{6})$$

con $x \in \{2, 5, 2 \pm i\sqrt{6}\}$ irriducibile ma non primo. L'irriducibilità di x in A può essere verificata notando che se $x = yz$ è una fattorizzazione propria di x, la norma complessa di y e z deve essere uguale a 2 oppure a 5; ma in A non esistono numeri complessi di tale norma. Inoltre gli elementi invertibili di A sono soltanto 1 e -1, quindi ad esempio 2 non divide $2 \pm i\sqrt{6}$ e perciò non è un elemento primo.

2.7 Polinomi simmetrici

Se A è un anello commutativo unitario e $\mathbf{X} := \{X_1, \ldots, X_n\}$ è un insieme di indeterminate indipendenti su A, il gruppo $\mathbf{S}_n$ delle permutazioni su n elementi agisce in modo naturale su $A[\mathbf{X}]$ nel seguente modo. Dato un polinomio $f(\mathbf{X}) \in A[\mathbf{X}]$ e una permutazione $\sigma \in \mathbf{S}_n$ definiamo

$$f^\sigma(X_1, \ldots, X_n) := f(X_{\sigma(1)}, \ldots, X_{\sigma(n)}).$$

Il polinomio $f^\sigma(X)$ è quindi ottenuto da $f(\mathbf{X})$ permutando le indeterminate secondo σ (Paragrafo 12.1).

Proposizione 2.7.1 *Sia A un anello commutativo unitario e sia $\mathbf{X} := \{X_1, \ldots, X_n\}$ un insieme di indeterminate indipendenti su A. Allora, per ogni permutazione $\sigma \in \mathbf{S}_n$, l'applicazione*

$$\varphi_\sigma : A[\mathbf{X}] \longrightarrow A[\mathbf{X}]$$
$$f(X_1, \ldots, X_n) \mapsto f^\sigma(\mathbf{X}) := f(X_{\sigma(1)}, \ldots, X_{\sigma(n)})$$

è un automorfismo di $A[\mathbf{X}]$.

Dimostrazione. Per ogni permutazione $\sigma \in \mathbf{S}_n$, l'applicazione φ_σ è un omomorfismo per le proprietà delle operazioni tra polinomi. Inoltre φ_σ è biiettiva, con inversa l'applicazione $\varphi_{\sigma^{-1}}$ definita da

$$f(X_1 \ldots, X_n) \mapsto f^{\sigma^{-1}}(\mathbf{X}) := f(X_{\sigma^{-1}(1)}, \ldots, X_{\sigma^{-1}(n)}).$$

Definizione 2.7.2 *Sia A un anello commutativo unitario e sia $\mathbf{X} := \{X_1, \ldots, X_n\}$ un insieme di indeterminate indipendenti su A. Un polinomio $f(\mathbf{X}) \in A[\mathbf{X}]$ si chiama un* polinomio simmetrico *se $f(\mathbf{X}) = f^\sigma(\mathbf{X})$, per ogni $\sigma \in \mathbf{S}_n$, ovvero se $f(\mathbf{X})$ rimane invariato per una qualsiasi permutazione delle indeterminate.*

Esempi 2.7.3 I polinomi costanti sono banalmente polinomi simmetrici.

Ogni polinomio in una indeterminata X è simmetrico; infatti l'unica permutazione sull'insieme $\{X\}$ è l'identità.

Per $n = 2$, l'unica permutazione diversa dall'identità è la trasposizione $\sigma := (12)$. Allora il polinomio in due indeterminate $f(X_1, X_2) := X_1 + X_2 - X_1 X_2$ è simmetrico perché $f(X_1, X_2) = f^\sigma(X_1, X_2)$, mentre il polinomio $g(X_1, X_2) := X_1 + X_1 X_2$ non lo è, perché $g^\sigma(X_1, X_2) = X_2 + X_1 X_2 \neq g(X_1, X_2)$.

Proposizione 2.7.4 *Se A è un anello commutativo unitario e $\mathbf{X} := \{X_1, \ldots, X_n\}$ è un insieme di indeterminate indipendenti su A, i polinomi simmetrici di $A[\mathbf{X}]$ costituiscono un sottoanello di $A[\mathbf{X}]$.*

Dimostrazione. Basta osservare che, essendo l'applicazione φ_σ un automorfismo, per ogni $\sigma \in \mathbf{S}_n$, somme e prodotti di polinomi fissati da φ_σ sono ancora polinomi fissati da φ_σ.

Di particolare interesse sono i seguenti polinomi simmetrici in $X_1, \ldots, X_n$, detti *polinomi simmetrici elementari* (o *funzioni simmetriche elementari*) su A:

$$s_1 := s_{1,n}(\mathbf{X}) := \sum_{i=1,\ldots,n} X_i;$$

$$s_2 := s_{2,n}(\mathbf{X}) := \sum_{1 \le i_1 < i_2 \le n} X_{i_1} X_{i_2};$$

$$\cdots \cdots$$

$$s_r := s_{r,n}(\mathbf{X}) := \sum_{1 \le i_1 < \cdots < i_r \le n} X_{i_1} X_{i_2} \ldots X_{i_r};$$

$$\cdots \cdots$$

$$s_n := s_{n.n}(\mathbf{X}) := X_1 \ldots X_n.$$

I polinomi simmetrici elementari in $X_1, \ldots, X_{n-1}$, si ottengono da $s_1, \ldots, s_{n-1}$ ponendo $X_n = 0$. Infatti valgono le seguenti *formule ricorsive*:

$$s_{1,n} = s_{1,n-1} + X_n;$$
$$s_{2,n} = s_{2,n-1} + X_n s_{1,n-1};$$
$$\cdots\cdots\cdots$$
$$s_{r,n} = s_{r,n-1} + X_n s_{r-1,n-1};$$
$$\cdots\cdots\cdots$$
$$s_{n-1,n} = s_{n-1,n-1} + X_n s_{n-2,n-1}$$
$$s_{n,n} = X_n s_{n-1,n-1}.$$

Esempi 2.7.5 Se $n = 1$, l'unico polinomio simmetrico elementare è il polinomio $s_1 := X$.

Se $n = 2$, i polinomi simmetrici elementari in X_1, X_2 sono:

$$s_1 := X_1 + X_2 \quad \text{e} \quad s_2 := X_1 X_2.$$

Se $n = 3$, i polinomi simmetrici elementari in X_1, X_2, X_3 sono:

$$s_1 := X_1 + X_2 + X_3, \quad s_2 := X_1 X_2 + X_1 X_3 + X_2 X_3, \quad s_3 := X_1 X_2 X_3.$$

L'importanza dei polinomi simmetrici elementari risiede nel fatto che, quando A è un dominio, essi generano tutti i polinomi simmetrici ed inoltre l'anello dei polinomi simmetrici su A risulta isomorfo all'anello dei polinomi $A[\mathbf{X}]$. Notiamo però che, se $n \geq 2$, l'anello dei polinomi simmetrici è propriamente contenuto in $A[\mathbf{X}]$, perché in questo caso esistono polinomi non simmetrici.

Teorema 2.7.6 *Sia A un dominio e sia $\mathbf{X} := \{X_1, \ldots, X_n\}$ un insieme di indeterminate indipendenti su A. Allora l'applicazione*

$$\psi : A[\mathbf{X}] \longrightarrow A[\mathbf{X}] \, ; \quad f(X_1, \ldots, X_n) \mapsto f(s_1, \ldots, s_n)$$

è un omomorfismo iniettivo, per ogni $n \geq 1$.

Dimostrazione. L'applicazione ψ è un omomorfismo di anelli perché associa ad ogni polinomio di $A[\mathbf{X}]$ il suo valore calcolato in $(s_1, \ldots, s_n)$ (Paragrafo 2.3.3). Per far vedere che ψ è iniettivo, procediamo per induzione sul numero n delle indeterminate e usiamo le formule ricorsive. Se $n = 1$, l'unico polinomio simmetrico su A è il polinomio $s_1 := X_1$ e non c'è niente da dimostrare. Supponiamo che il teorema sia vero in $n-1$ indeterminate e che esista un polinomio non nullo in n indeterminate $f(\mathbf{X}) \in A[\mathbf{X}]$ tale che $f(s_1, \ldots, s_n) = 0$. Scegliamo $f(\mathbf{X})$ di grado minimo k e scriviamolo come un polinomio in X_n:

$$f(\mathbf{X}) = f_0(X_1, \ldots, X_{n-1}) + f_1(X_1, \ldots, X_{n-1})X_n + \cdots + f_m(X_1, \ldots, X_{n-1})X_n^m.$$

Allora il polinomio $f_0(X_1, \ldots, X_{n-1})$ è non nullo; altrimenti $f(\mathbf{X})$ sarebbe divisibile per X_n e $s_1, \ldots, s_n$ annullerebbero un polinomio di grado minore di k. Poiché, calcolando in $s_1, \ldots, s_n$,

$$f_0(s_1, \ldots, s_{n-1}) + f_1(s_1, \ldots, s_{n-1})s_n + \cdots + f_m(s_1, \ldots, s_{n-1})s_n^m = 0$$

e X_n divide s_n, per $X_n = 0$ si ottiene

$$f(s_1, \ldots, s_n) = f_0(s_1, \ldots, s_{n-1}) = 0.$$

Da cui, indicando con $s_1' := s_{1,n-1}, \ldots, s_{n-1}' := s_{n-1,n-1}$ i polinomi simmetrici elementari in $X_1, \ldots, X_{n-1}$ e usando le formule ricorsive $s_r = s_r' + X_n s_{r-1}'$, si ha

$$f_0(s_1, \ldots, s_{n-1}) = f_0(s_1', \ldots, s_{n-1}') + X_n h(s_1', \ldots, s_{n-1}') = 0.$$

Ancora per $X_n = 0$, si ottiene allora $f_0(s_1', \ldots, s_{n-1}')$, contro l'ipotesi induttiva.

Per il teorema precedente, se $f(\mathbf{X}) \in A[\mathbf{X}]$ è un polinomio non nullo, $f(s_1, \ldots, s_n) \neq 0$ e quindi le funzioni simmetriche elementari $s_1, \ldots, s_n$ si comportano come indeterminate indipendenti su A. Elementi con questa proprietà si dicono *algebricamente indipendenti* su A. Il concetto di indipendenza algebrica verrà approfondito nel successivo Paragrafo 6.1.

Teorema 2.7.7 (Teorema Fondamentale sui Polinomi Simmetrici) *Sia A un dominio e sia $\mathbf{X} := \{X_1, \ldots, X_n\}$ un insieme di indeterminate indipendenti su A. Allora ogni polinomio simmetrico $f(\mathbf{X}) \in A[\mathbf{X}]$ si può esprimere in modo unico come un polinomio a coefficienti in A calcolato nei polinomi simmetrici elementari $s_1, \ldots, s_n$.*

Dimostrazione. Si procede per doppia induzione sul numero n delle indeterminate e sul grado k del polinomio, facendo uso delle formule ricorsive.

Se $n = 1$, l'unico polinomio simmetrico su A è il polinomio $s_1 := X_1$ e non c'è niente da dimostrare. Supponiamo che il teorema sia vero per tutti i polinomi in $n - 1$ indeterminate. Per dimostrare che esso è vero in n indeterminate, procediamo per induzione sul grado k di $f(\mathbf{X})$. Se il grado di $f(\mathbf{X})$ è zero, il teorema è vero banalmente. Supponiamolo dunque vero per i polinomi di grado inferiore a $k \geq 1$.

Sia $f(\mathbf{X})$ un polinomio simmetrico di grado k, che possiamo scrivere come

$$f(\mathbf{X}) := f(X_1, \ldots, X_n) := f_0(X_1, \ldots, X_{n-1}) + f_1(X_1, \ldots, X_{n-1})X_n$$

Allora anche il polinomio $f_0(X_1, \ldots, X_{n-1}) = f(X_1, \ldots, X_{n-1}, 0)$ è simmetrico. Per l'ipotesi induttiva su n, se $s_r' := s_{r,n-1}$, $r = 1, \ldots, n-1$, sono i polinomi simmetrici elementari nelle $n-1$ indeterminate $X_1, \ldots, X_{n-1}$, si ha

$$f_0(X_1, \ldots, X_{n-1}) = \varphi_0(s_1', \ldots, s_{n-1}').$$

Da cui, sostituendo $s_r' = s_r - X_n s_{r-1}'$, otteniamo

$$f_0(X_1, \ldots, X_{n-1}) = \varphi_0(s_1', \ldots, s_{n-1}') = \varphi_0(s_1, \ldots, s_{n-1}) + \psi(X_1, \ldots, X_n)X_n$$

e dunque

$$f(X_1, \ldots, X_n) = \varphi_0(s_1, \ldots, s_{n-1}) + g(X_1, \ldots, X_n)X_n.$$

Poiché

$$f(X_1, \ldots, X_n) - \varphi_0(s_1, \ldots, s_{n-1}) = g(X_1, \ldots, X_n)X_n$$

è simmetrico ed è diviso da X_n, esso è diviso da tutte le indeterminate $X_1, \ldots, X_n$ e dunque è diviso da $s_n = X_1 \ldots X_n$. In conclusione otteniamo

$$f(X_1, \ldots, X_n) = \varphi_0(s_1, \ldots, s_{n-1}) + h(X_1, \ldots, X_n)s_n,$$

dove $h(X_1, \ldots, X_n)$ è simmetrico di grado $s < k$. Poiché, per l'ipotesi induttiva su k, il teorema è vero per $h(X_1, \ldots, X_n)$, allora esso è vero anche per $f(\mathbf{X})$.

L'unicità deriva dal fatto che, per il Teorema 2.7.6, se $\varphi(s_1, \ldots, s_n) = \psi(s_1, \ldots, s_n)$ il polinomio differenza $(\varphi - \psi)(\mathbf{X})$ è il polinomio nullo.

Corollario 2.7.8 *Sia A un dominio e sia $\mathbf{X} := \{X_1, \ldots, X_n\}$ un insieme di indeterminate indipendenti su A. Allora, l'anello dei polinomi simmetrici nelle indeterminate $\mathbf{X}$ su A è l'anello $A[s_1, \ldots, s_n]$ generato dai polinomi simmetrici elementari ed è isomorfo all'anello di polinomi $A[X_1 \ldots X_n]$.*

Dimostrazione. Ogni polinomio simmetrico di $A[X_1 \ldots X_n]$ è contenuto in $A[s_1, \ldots, s_n]$ per il Teorema 2.7.7. Viceversa, poiché i polinomi simmetrici formano un anello, ogni elemento di $A[s_1, \ldots, s_n]$ è un polinomio simmetrico. Infine $A[s_1 \ldots s_n]$ è isomorfo a $A[X_1, \ldots, X_n]$ per il Teorema 2.7.6.

Esempi 2.7.9 (1) Il procedimento illustrato nella dimostrazione del Teorema 2.7.7 permette di esprimere effettivamente un polinomio simmetrico in funzione dei polinomi simmetrici elementari.

Consideriamo ad esempio il polinomio a coefficienti razionali

$$f(X_1, X_2, X_3) := X_1^2 X_2 + X_1^2 X_3 + X_2^2 X_1 + X_2^2 X_3 + X_3^2 X_1 + X_3^2 X_2.$$

Ponendo $X_3 = 0$, otteniamo il polinomio

$$f_0(X_1, X_2) = f(X_1, X_2, 0) = X_1^2 X_2 + X_2^2 X_1 = X_1 X_2(X_1 + X_2) = s_1' s_2',$$

dove $s_1' = X_1 + X_2$ e $s_2' = X_1 X_2$. Passando di nuovo a tre indeterminate, consideriamo il polinomio $f(X_1, X_2, X_3) - s_1 s_2$, dove $s_1 = X_1 + X_2 + X_3$ e $s_2 = X_1 X_2 + X_1 X_3 + X_2 X_3$. Otteniamo:

$$f(X_1, X_2, X_3) - s_1 s_2 = -3X_1 X_2 X_3 = -3s_3.$$

Perciò

$$f(X_1, X_2, X_3) = s_1 s_2 - 3s_3.$$

Per fare ancora un esempio, consideriamo

$$g(X_1, X_2, X_3) := X_1^3 X_2^3 + X_1^3 X_3^3 + X_2^3 X_3^3.$$

Ponendo $X_3 = 0$, otteniamo il polinomio

$$g(X_1, X_2, 0) = X_1^3 X_2^3 = s_2'^3,$$

Da cui, passando di nuovo a tre indeterminate e sottraendo

$$g(X_1, X_2, X_3) - s_2^3 = X_1^3 X_2^3 + X_1^3 X_3^3 + X_2^3 X_3^3 - (X_1 X_2 + X_1 X_3 + X_2 X_3)^3$$
$$= -3s_3(X_1^2 X_2 + X_1^2 X_3 + X_2^2 X_1 + X_2^2 X_3 + X_3^2 X_1 + X_3^2 X_2) - 6s_3^2$$
$$= -3s_3 f(X_1, X_2, X_3) - 6s_3^2$$

dove $f(X_1, X_2, X_3) := X_1^2 X_2 + X_1^2 X_3 + X_2^2 X_1 + X_2^2 X_3 + X_3^2 X_1 + X_3^2 X_2$ è il polinomio considerato precedentemente. Poiché abbiamo visto che

$$f(X_1, X_2, X_3) = s_1 s_2 - 3s_3,$$

si ottiene:

$$g(X_1, X_2, X_3) - s_2^3 = -3s_3(s_1 s_2 - 3s_3) - 6s_3^2 = -3s_1 s_2 s_3 + 3s_3^2.$$

Infine

$$g(X_1, X_2, X_3) = -3s_1 s_2 s_3 + 3s_3^2 + s_2^3.$$

(2) Per ogni $k \geq 1$, i polinomi in n indeterminate su A

$$p_k(\mathbf{X}) := X_1^k + X_2^k + \cdots + X_n^k$$

sono simmetrici. Essi vengono chiamati *polinomi di Newton*.

Le relazioni tra i polinomi di Newton e i polinomi simmetrici elementari su F sono date dalle cosidette *formule di Newton*:

$$s_1 = p_1;$$
$$2s_2 = -p_2 + p_1 s_1;$$
$$3s_3 = p_3 - p_2 s_1 + p_1 s_2;$$
$$\ldots\ldots$$
$$ns_n = (-1)^{n-1}(p_n - p_{n-1} s_1 + p_{n-2} s_2 - \cdots \pm p_1 s_{n-1}).$$

e, per $k > n$,

$$p_k - p_{k-1} s_1 + p_{k-2} s_2 - \cdots + (-1)^n p_{k-n} s_n = 0.$$

Queste relazioni ci permettono di ricavare i polinomi di Newton in funzione dei polinomi simmetrici elementari e viceversa. Ad esempio, per $k = 2$, si ottiene

$$p_2(\mathbf{X}) := X_1^2 + X_2^2 + \cdots + X_n^2 = s_1^2 - 2s_2.$$

(3) Il polinomio in $n \geq 2$ indeterminate

$$D(\mathbf{X}) := \prod_{1 \leq i < j \leq n} (X_i - X_j)^2 \in A[\mathbf{X}]$$

è un polinomio simmetrico in $X_1, \dots, X_n$. Per convincersene, basta osservare che permutando le indeterminate, al più cambia il segno di qualche fattore $(X_i - X_j)$. Questo polinomio viene chiamato il *polinomio* o *funzione discriminante*.

Il *determinante di Vandermonde* in $n \geq 2$ indeterminate su A è il polinomio $V(\mathbf{X}) \in A[X_1, \dots, X_n]$ ottenuto calcolando il determinante della matrice:

$$M := (X_i^j)_{\substack{1 \leq i \leq n \\ 0 \leq j \leq n-1}} = \begin{pmatrix} 1 & 1 & \cdots & 1 \\ X_1 & X_2 & \cdots & X_n \\ X_1^2 & X_2^2 & \cdots & X_n^2 \\ \vdots & \vdots & \ddots & \vdots \\ X_1^{n-1} & X_2^{n-1} & \cdots & X_n^{n-1} \end{pmatrix}.$$

Non è difficile mostrare che risulta $V(\mathbf{X}) = \prod_{1 \leq i < j \leq n}(X_i - X_j)$ (Esercizio 2.61) e dunque

$$D(\mathbf{X}) := \prod_{1 \leq i < j \leq n} (X_i - X_j)^2 = V(\mathbf{X})^2.$$

Questa osservazione ci permette di calcolare il polinomio discriminante in funzione dei polinomi di Newton e quindi dei polinomi simmetrici elementari. Infatti si ha

$$D(\mathbf{X}) = V(\mathbf{X})^2 = |M|^2 = |M||M^t| = |MM^t| = \begin{vmatrix} n & p_1 & \cdots & p_{n-1} \\ p_1 & p_2 & \cdots & p_n \\ \vdots & \vdots & \ddots & \vdots \\ p_{n-1} & p_n & \cdots & p_{2n-2} \end{vmatrix}.$$

Ad esempio per $n = 2$ si ottiene:

$$D(X_1, X_2) = \begin{vmatrix} 2 & p_1 \\ p_1 & p_2 \end{vmatrix} = 2p_2 - p_1^2 = s_1^2 - 4s_2.$$

In generale però l'espressione del polinomio simmetrico $D(\mathbf{X})$ in funzione dei polinomi simmetrici elementari è piuttosto complicata. Già per $n = 3$, si ottiene

$$D(X_1, X_2, X_3) = s_1^2 s_2^2 - 4s_2^3 - 4s_1^3 s_3 - 27s_3^2 + 18s_1 s_2 s_3.$$

2.7.1 Funzioni simmetriche

Se A è un dominio con campo delle frazioni K e $\mathbf{X} := \{X_1, \dots, X_n\}$ è un insieme di indeterminate indipendenti su A, per ogni permutazione $\sigma \in \mathbf{S}_n$, l'automorfismo φ_σ di $A[\mathbf{X}]$ si estende ad un automorfismo del campo delle funzioni razionali $K(\mathbf{X})$ ponendo

$$\varphi_\sigma : K(\mathbf{X}) \longrightarrow K(\mathbf{X}) ;$$

$$\lambda(\mathbf{X}) := \frac{f(X_1, \ldots, X_n)}{g(X_1, \ldots, X_n)} \mapsto \lambda^\sigma(\mathbf{X}) := \frac{f(X_{\sigma(1)}, \ldots, X_{\sigma(n)})}{g(X_{\sigma(1)}, \ldots, X_{\sigma(n)})}$$

(Teorema 1.5.1 (d)). Il risultato seguente è immediato.

Proposizione 2.7.10 *Sia K un campo e sia $\mathbf{X} := \{X_1, \ldots, X_n\}$ un insieme di indeterminate indipendenti su K. Allora l'applicazione*

$$\mathbf{S}_n \longrightarrow \mathrm{Aut}(K(\mathbf{X})); \quad \sigma \mapsto \varphi_\sigma$$

è un omomorfismo iniettivo di gruppi. Quindi l'insieme $\Sigma := \{\varphi_\sigma ; \ \sigma \in \mathbf{S}_n\}$ è un sottogruppo di $\mathrm{Aut}(K(\mathbf{X}))$ isomorfo a $\mathbf{S}_n$.

Una funzione razionale $\lambda(\mathbf{X}) \in K(\mathbf{X})$ si dice una *funzione simmetrica* se $\lambda(\mathbf{X}) = \lambda^\sigma(\mathbf{X})$, per ogni $\sigma \in \mathbf{S}_n$. Si vede facilmente che le funzioni simmetriche costituiscono un sottocampo di $K(\mathbf{X})$. Mostreremo ora che questo è precisamente il campo delle frazioni dell'anello dei polinomi simmetrici.

Proposizione 2.7.11 *Sia A un dominio con campo dei quozienti K e sia $\mathbf{X} := \{X_1, \ldots, X_n\}$ un insieme di indeterminate indipendenti su A. Allora una funzione razionale $\varphi(\mathbf{X}) \in K(\mathbf{X})$ è una funzione simmetrica se e soltanto se esistono due polinomi simmetrici $f(\mathbf{X})$ e $g(\mathbf{X}) \in A[\mathbf{X}]$ tali che $\varphi(\mathbf{X}) = f(\mathbf{X})/g(\mathbf{X})$.*

Dimostrazione. È evidente dalla definizione che, se $f(\mathbf{X})$ e $g(\mathbf{X}) \in A[\mathbf{X}]$ sono polinomi simmetrici, anche la funzione razionale $f(\mathbf{X})/g(\mathbf{X})$ lo è. Viceversa, sia $\varphi(\mathbf{X}) := h(\mathbf{X})/k(\mathbf{X})$ una funzione razionale simmetrica, $h(\mathbf{X})$, $k(\mathbf{X}) \in A[\mathbf{X}]$. Il polinomio $g(\mathbf{X}) := \prod_{\sigma \in \mathbf{S}_n} k^\sigma(\mathbf{X})$ è simmetrico ed è diviso da $k(\mathbf{X})$. Allora anche il polinomio $f(\mathbf{X}) := \varphi(\mathbf{X})g(\mathbf{X}) = h(\mathbf{X})(g(\mathbf{X})/k(\mathbf{X}))$ è simmetrico e $\varphi(\mathbf{X}) = f(\mathbf{X})/g(\mathbf{X})$.

Corollario 2.7.12 *Sia K un campo e sia $\mathbf{X} := \{X_1, \ldots, X_n\}$ un insieme di indeterminate indipendenti su K. Allora il campo delle funzioni simmetriche su K è il campo dei quozienti dell'anello dei polinomi simmetrici $K[s_1, \ldots, s_n]$ ed è isomorfo al campo delle funzioni razionali.*

Dimostrazione. Segue dalla Proposizione 2.7.11, perché i polinomi simmetrici elementari su K generano tutti i polinomi simmetrici (Teorema 2.7.7) e l'anello dei polinomi simmetrici $K[s_1, \ldots, s_n]$ è isomorfo all'anello di polinomi $K[X_1, \ldots, X_n]$ (Corollario 2.7.8).

Esempi 2.7.13 Se $f(\mathbf{X})/g(\mathbf{X}) \in K(\mathbf{X})$ è una funzione simmetrica con $\mathrm{MCD}(f(\mathbf{X}), g(\mathbf{X})) = 1$, per il Corollario 2.7.12, $f(\mathbf{X})$ e $g(\mathbf{X})$ sono polinomi simmetrici. Se però $\mathrm{MCD}(f(\mathbf{X}), g(\mathbf{X})) \neq 1$, non è detto che $f(\mathbf{X})$ e $g(\mathbf{X})$ siano polinomi simmetrici. Ad esempio, in due indeterminate, i polinomi $f(\mathbf{X}) = X_1 s_1 = X_1^2 + X_1 X_2$ e $g(\mathbf{X}) := X_1 s_2 = X_1^2 X_2$ non sono simmetrici, ma la funzione $f(\mathbf{X})/g(\mathbf{X}) = s_1/s_2$ lo è.

2.7.2 Il polinomio generale

Sia A un dominio e siano $X_1, \ldots, X_n, T$ indeterminate indipendenti su A. Il polinomio

$$G(\mathbf{X}, T) := (T - X_1)(T - X_2) \ldots (T - X_n) \in A[\mathbf{X}, T]$$

si chiama il *polinomio generale di grado n su A*.

Sviluppando i prodotti e mettendo in evidenza le potenze di T, si ottiene

$$G(\mathbf{X}, T) := g(T) := T^n - s_1 T^{n-1} + s_2 T^{n-2} - \cdots + (-1)^n s_n,$$

dove $s_1, \ldots, s_n$ sono i polinomi simmetrici elementari in $X_1, \ldots, X_n$. Dunque il coefficiente di T^k in $g(T)$ è, per $k = 1, \ldots, n-1$,

$$(-1)^{n-k} s_{n-k}.$$

In particolare, $g(T)$ è un polinomio nell'indeterminata T a coefficienti in $A[s_1, \ldots, s_n]$ ed ha radici $X_1, \ldots, X_n \in A[\mathbf{X}]$.

Dal momento che i polinomi simmetrici elementari sono algebricamente indipendenti su A (Teorema 2.7.6), il polinomio generale su A può essere considerato come un polinomio monico in una indeterminata T i cui coefficienti sono a loro volta indeterminate su A. Così ogni particolare polinomio monico di grado n a coefficienti in A si ottiene assegnando valori specifici ai coefficienti del polinomio generale di grado n.

Sia ora

$$f(T) := T^n + a_{n-1} T^{n-1} + \cdots + a_1 T + a_0 \in A[T].$$

Come vedremo nel successivo Capitolo 4, esiste sempre un campo K contenente A in cui $f(X)$ abbia tutte le sue radici; nel caso numerico, per il Teorema Fondamentale dell'Algebra, basta prendere $K := \mathbb{C}$ (Paragrafo 2.4). Allora in $K[T]$ risulta

$$f(T) = (T - \alpha_1)(T - \alpha_2) \ldots (T - \alpha_n),$$

dove $\alpha_1, \ldots, \alpha_n$ non sono necessariamente distinti, e perciò il polinomio $f(T)$ si ottiene dal polinomio generale di grado n su A sostituendo $\alpha_1, \ldots, \alpha_n$ a $X_1, \ldots, X_n$. Ne segue che i coefficienti di $f(T)$ sono, con il segno opportuno, i valori dei polinomi simmetrici elementari in $X_1, \ldots, X_n$ calcolati nelle radici $\alpha_1, \ldots, \alpha_n$ (indipendentemente dall'ordine scelto per esse). Precisamente, valgono le relazioni

$$a_k = (-1)^{n-k} s_{n-k}(\alpha_1, \ldots, \alpha_n)$$

per $k = 1, \ldots, n-1$.

Se $f(T) := a_n T^n + \cdots + a_0$ non è monico, esso è associato sul campo delle frazioni F di A al polinomio monico $a_n^{-1} f(T)$. Poiché i polinomi $f(T)$ e $a_n^{-1} f(T)$ hanno le stesse radici, allora

$$a_n^{-1} a_k = (-1)^{n-k} s_{n-k}(\alpha_1, \ldots, \alpha_n).$$

Considerando eventualmente $f(T)$ come un polinomio a coefficienti in F e sostituendolo con $a_n^{-1}f(T)$, non sarà restrittivo nel seguito supporre che $f(T)$ sia un polinomio monico.

Il prossimo risultato mostra che, se $f(T) \in A[T]$ è monico, il valore di un polinomio simmetrico calcolato nelle radici di $f(T)$ è un elemento di A. Per quanto precede, se $f(T)$ non è monico, otteniamo che tale valore è comunque un elemento del campo delle frazioni F di A.

Proposizione 2.7.14 *Sia A un dominio e sia $f(T) := T^n + a_{n-1}T^{n-1} + \cdots + a_0 \in A[T]$ un polinomio di grado positivo con radici $\alpha_1, \ldots, \alpha_n$ (in un campo K contenente A). Se $\mathbf{X} = \{X_1, \ldots, X_n\}$ è un insieme di indeterminate indipendenti su A e $s(\mathbf{X}) \in A[\mathbf{X}]$ è un polinomio simmetrico, allora $s(\alpha_1, \ldots, \alpha_n) = h(a_{n-1}, \ldots, a_0)$ per qualche polinomio $h(\mathbf{X}) \in A[\mathbf{X}]$. In particolare $s(\alpha_1, \ldots, \alpha_n) \in A$.*

Dimostrazione. Scriviamo $s(\mathbf{X})$ come un polinomio nelle funzioni simmetriche elementari $s_1, \ldots, s_n$ su A (Corollario 2.7.8), ovvero

$$s(\mathbf{X}) = \varphi(s_1, \ldots, s_n) \in A[s_1, \ldots, s_n].$$

Poiché $s_k(\alpha_1, \ldots, \alpha_n) = (-1)^k a_{n-k}$, per $k = 1, \ldots, n$, calcolando $s(\mathbf{X})$ in $\alpha_1, \ldots, \alpha_n$ si ottiene una espressione polinomiale in $a_{n-1}, \ldots, a_0$ a coefficienti in A. Quindi $s(\alpha_1, \ldots, \alpha_n) = h(a_{n-1}, \ldots, a_0) \in A$.

2.7.3 Il discriminante di un polinomio

Il *polinomio discriminante* in $n \geq 2$ indeterminate

$$D(X_1, \ldots, X_n) := \prod_{1 \leq i < j \leq n} (X_i - X_j)^2 \in A[X_1, \ldots, X_n]$$

(Esempio 2.7.9 (3)) è molto utile per lo studio delle radici dei polinomi di grado n.

Definizione 2.7.15 *Sia A un dominio. Se $f(T) := T^n + a_{n-1}T^{n-1} + \cdots + a_0 \in A[T]$, $n \geq 2$, ha radici $\alpha_1, \ldots, \alpha_n$ (in un campo K contenente A), il discriminante di $f(T)$ è il valore del polinomio discriminante $D(X_1, \ldots, X_n)$ calcolato nelle radici di $f(T)$*

$$D(f) := D(\alpha_1, \ldots, \alpha_n) := \prod_{1 \leq i < j \leq n} (\alpha_i - \alpha_j)^2.$$

Evidentemente il discriminante di $f(T)$ è nullo se e soltanto se $f(T)$ ha radici multiple e quindi esso discrimina i polinomi con radici semplici da quelli con radici multiple; da qui la terminologia.

Nel caso numerico, un polinomio irriducibile non può avere radici multiple (Proposizione 2.4.3 (c)); quindi abbiamo subito il seguente risultato.

Proposizione 2.7.16 *Sia F un campo numerico e sia $f(T) \in F[T]$ un polinomio di grado $n \geq 2$. Se $f(T)$ è irriducibile su F, il discriminante di $f(T)$ è non nullo.*

Proposizione 2.7.17 *Sia A un dominio e sia $f(T) := T^n + a_{n-1}T^{n-1} + \cdots + a_0 \in A[T]$, $n \geq 2$. Allora $D(f) = h(a_{n-1}, \ldots, a_0)$ per qualche polinomio $h(X_1, \ldots, X_n) \in A[X_1, \ldots, X_n]$ ed in particolare $D(f) \in A$.*

Dimostrazione. Segue dalla Proposizione 2.7.14, perché il polinomio discriminante $D(X_1, \ldots, X_n)$ è un polinomio simmetrico.

Per semplificare il calcolo del discriminante, si può effettuare un opportuno cambio di variabile. In caratteristica zero, particolarmente utile è la forma ridotta di un polinomio, introdotta nell'Esempio 2.3.27. Ricordiamo che la *forma ridotta* del polinomio $f(T) \in F[T]$ è il polinomio $\widetilde{f}(X)$ che si ottiene da $f(T)$ con la *trasformazione di Viète* $T = X - a_{n-1}/n$. Poiché α è una radice di $f(T)$ se e soltanto se $\beta := \alpha + a_{n-1}/n$ è una radice di $\widetilde{f}(X)$, $f(T)$ e la sua forma ridotta $\widetilde{f}(X)$ hanno lo stesso discriminante. Inoltre, poiché in $\widetilde{f}(X)$ il coefficiente del termine di grado $n - 1$ è zero, l'espressione di $D(f) = D(\widetilde{f})$ come un polinomio nei coefficienti di $\widetilde{f}$ risulta notevolmente semplificata.

Esempi 2.7.18 (1) Sia $f(T) := T^2 + bT + c \in \mathbb{Q}[T]$. Se α_1, α_2 sono le radici di $f(T)$, allora risulta

$$b = -s_1(\alpha_1, \alpha_2) = -(\alpha_1 + \alpha_2), \quad c = s_2(\alpha_1, \alpha_2) = \alpha_1\alpha_2,$$

$$D(f) := D(\alpha_1, \alpha_2) = (\alpha_1 - \alpha_2)(\alpha_2 - \alpha_1) = s_1^2 - 4s_2 = b^2 - 4c.$$

(2) Sia $f(T) := T^3 + aT^2 + bT + c \in \mathbb{Q}[T]$. Se $\alpha_1, \alpha_2, \alpha_3$ sono le radici di $f(T)$, allora risulta:

$$a = -s_1(\alpha_1, \alpha_2, \alpha_3) = -(\alpha_1 + \alpha_2 + \alpha_3),$$
$$b = s_2(\alpha_1, \alpha_2, \alpha_3) = \alpha_1\alpha_2 + \alpha_1\alpha_3 + \alpha_2\alpha_3,$$
$$c = -s_3(\alpha_1, \alpha_2, \alpha_3) = -\alpha_1\alpha_2\alpha_3.$$

e, usando l'espressione vista nell'Esempio 2.7.9 (3),

$$D(X_1, X_2, X_3) = s_1^2 s_2^2 - 4s_2^3 - 4s_1^3 s_3 - 27s_3^2 + 18s_1 s_2 s_3$$
$$= a^2 b^2 - 4b^3 - 4a^3 c - 27c^2 + 18abc.$$

Ponendo $T = X - a/3$ si ottiene poi la forma ridotta di $f(T)$:

$$\widetilde{f}(X) := X^3 + pX + q,$$

dove

$$p = b - \frac{a^2}{3}, \quad q = c - \frac{ab}{3} + \frac{2a}{27}.$$

Le radici di $\widetilde{f}(X)$ sono $\beta_i = \alpha_i + a/3$, per $i = 1, 2, 3$ ed inoltre risulta:

$$s_1(\beta_1, \beta_2, \beta_3) = 0, \quad s_2(\beta_1, \beta_2, \beta_3) = p, \quad s_3(\beta_1, \beta_2, \beta_3) = -q,$$

da cui si ottiene

$$D(f) = D(\widetilde{f}) := D(\beta_1, \beta_2, \beta_3) = -4p^3 - 27q^2.$$

(3) Sia $f(T) := T^4 + aT^2 + c \in \mathbb{Q}[T]$ un polinomio biquadratico. Le radici di $f(T)$ sono:

$$\alpha := \sqrt{r + s\sqrt{t}}, \quad -\alpha, \quad \beta := \sqrt{r - s\sqrt{t}}, \quad -\beta$$

dove $r := -a/2$, $s := 1/2$, $t := a^2 - 4c$. Allora il discriminante di $f(T)$ è

$$\begin{aligned}
D(f) := D(\alpha, -\alpha, \beta, -\beta) &= (2\alpha)^2(\alpha - \beta)^2(\alpha + \beta)^2(-\alpha - \beta)^2(-\alpha + \beta)^2(2\beta)^2 \\
&= 16\alpha^2\beta^2(\alpha - \beta)^4(\alpha + \beta)^4 = 16c(\alpha^2 - \beta^2)^4 \\
&= 16c(2s\sqrt{t})^4 = 16ct^2 = 16(a^4c - 8a^2c^2 + 16c^3).
\end{aligned}$$

Mostriamo ora che il discriminante del polinomio $f(T)$ può essere calcolato tramite i valori che il polinomio derivato $f'(T)$ assume nelle radici $\alpha_1, \ldots, \alpha_n$ di $f(T)$.

Proposizione 2.7.19 *Sia A un dominio e sia $f(T) \in A[T]$ un polinomio monico di grado $n \geq 2$ con radici $\alpha_1, \ldots, \alpha_n$ (in un campo K contenente A). Allora risulta*

$$D(f) = (-1)^{\frac{n(n-1)}{2}} \prod_{1 \leq i \leq n} f'(\alpha_i).$$

Dimostrazione. Poiché $f(T) = (T - \alpha_1) \ldots (T - \alpha_n)$, allora si ha

$$f'(T) = \sum_{1 \leq i \leq n} (T - \alpha_1) \ldots (T - \alpha_{i-1})(T - \alpha_{i+1}) \ldots (T - \alpha_n);$$

da cui

$$f'(\alpha_i) = (\alpha_i - \alpha_1) \ldots (\alpha_i - \alpha_{i-1})(\alpha_i - \alpha_{i+1}) \ldots (\alpha_i - \alpha_n),$$

per ogni $i = 1, \ldots, n$. Infine

$$\begin{aligned}
D(f) := D(\alpha_1, \ldots, \alpha_n) &:= \prod_{1 \leq i < j \leq n} (\alpha_i - \alpha_j)^2 \\
&= (-1)^{\frac{n(n-1)}{2}} \prod_{i \neq j} (\alpha_i - \alpha_j) = (-1)^{\frac{n(n-1)}{2}} \prod_{1 \leq i \leq n} f'(\alpha_i).
\end{aligned}$$

Esempi 2.7.20 Sia $f(T) := T^p - 1 \in \mathbb{Q}[T]$, dove $p \neq 2$ è un numero primo e sia ξ una radice primitiva p-esima dell'unità. Poiché le radici di $f(T)$ sono $\xi, \xi^2, \ldots, \xi^p = 1$ (Paragrafo 2.4.2) e $f'(T) = pT^{p-1}$, usando la Proposizione 2.7.19, risulta

$$D(f) = (-1)^{\frac{p-1}{2}} \prod_{1 \leq i \leq p} p\xi^{i(p-1)} = (-1)^{\frac{p-1}{2}} p^p \xi^N,$$

dove $N \geq 1$. Osserviamo ora che, poiché $D(f) \in \mathbb{Q}$, anche $\xi^N \in \mathbb{Q}$. Allora deve essere $\xi^N = 1$ e

$$D(f) = (-1)^{\frac{p-1}{2}} p^p.$$

2.7.4 Il risultante di due polinomi

Siano $\mathbf{X} = \{X_0, \ldots, X_n\}$ e $\mathbf{Y} := \{Y_0, \ldots, Y_m\}$, con $n \geq 1$, insiemi di indeterminate indipendenti su un dominio A e consideriamo i polinomi

$$F(T) := F(\mathbf{X}, T) := X_0(T - X_1)(T - X_2) \ldots (T - X_n)$$
$$= a_n T^n + a_{n-1} T^{n-1} + \cdots + a_0$$
$$G(T) := G(\mathbf{Y}, T) := Y_0(T - Y_1)(T - Y_2) \ldots (T - Y_m)$$
$$= b_m T^m + b_{m-1} T^{n-1} + \cdots + b_0.$$

dove, posto $s_0 = t_0 := 1$ e indicando con $s_1, \ldots, s_n$ e $t_1, \ldots, t_m$ i polinomi simmetrici elementari nelle indeterminate $X_1, \ldots, X_n$ e $Y_1, \ldots, Y_m$ rispettivamente, risulta

$$a_i := (-1)^{n-i} X_0 s_{n-i}, \ i = 0, \ldots, n; \quad b_j := (-1)^{n-j} Y_0 t_{n-j}, \ j = 0, \ldots, m$$

(Paragrafo 2.7.2). Per l'indipendenza algebrica delle funzioni simmetriche elementari (Teorema 2.7.6), i coefficienti $a_n, \ldots, a_0$ e rispettivamente $b_m, \ldots, b_0$ possono considerarsi come indeterminate algebricamente indipendenti su A.

Se $m = 0$, poniamo

$$\mathcal{R}(\mathbf{X}, \mathbf{Y}) := \mathcal{R}(F, G) := \mathcal{R}(G, F) := Y_0^n,$$

altrimenti, per $n, m \geq 1$, poniamo

$$\mathcal{R}(\mathbf{X}, \mathbf{Y}) := \mathcal{R}(F, G) := X_0^m Y_0^n \prod_{\substack{1 \leq i \leq n \\ 1 \leq j \leq m}} (X_i - Y_j).$$

Definizione 2.7.21 *Il polinomio* $\mathcal{R}(\mathbf{X}, \mathbf{Y}) := \mathcal{R}(F, G)$ *si chiama il* polinomio risultante *di* $F(T)$ *e* $G(T)$.

Poiché, per $n, m \geq 1$,

$$(Y_j - X_i) = -(X_i - Y_j), \quad i = 1, \ldots, n, \ j = 1, \ldots, m,$$

si verifica subito che

$$\mathcal{R}(F, G) = (-1)^{nm}\mathcal{R}(G, F).$$

Notiamo poi che

$$\prod_{1\leq i\leq n} G(X_i) = Y_0^n \prod_{\substack{1\leq i\leq n \\ 1\leq j\leq m}} (X_i - Y_j)$$

è un polinomio omogeneo di grado n nei coefficienti $b_j := (-1)^{n-j}Y_0 t_{n-j}$ di $G(T)$ (Esercizio 2.5) ed analogamente

$$\prod_{1\leq j\leq m} F(Y_j) = X_0^m \prod_{\substack{1\leq i\leq n \\ 1\leq j\leq m}} (Y_j - X_i)$$

è un polinomio omogeneo di grado m nei coefficienti $a_i := (-1)^{n-i}X_0 s_{n-i}$ di $F(T)$. Ne segue che il polinomio risultante

$$\mathcal{R}(F, G) = X_0^m \prod_{1\leq i\leq n} G(X_i) = (-1)^{nm}Y_0^n \prod_{1\leq j\leq m} F(Y_j)$$

è omogeneo di grado n nei coefficienti b_j di $G(T)$ e omogeneo di grado m nei coefficienti a_i di $F(T)$.

Mostreremo ora che, quando A è un dominio a fattorizzazione unica, $\mathcal{R}(F, G)$ è dato dal determinante della così detta matrice di J. Sylvester di $F(T)$ e $G(T)$.

Definizione 2.7.22 *Se A è un dominio e*

$$f(T) := a_n T^n + a_{n-1}T^{n-1} + \cdots + a_0 ; \quad g(T) := b_m T^m + b_{m-1}T^{n-1} + \cdots + b_0$$

sono due polinomi non nulli a coefficienti in A, di grado $n > 0$ e m rispettivamente, la matrice di J. Sylvester *di $f(T)$ e $g(T)$ è la matrice quadrata di dimensione $m + n$:*

$$S(f,g) := \begin{pmatrix} a_n & a_{n-1} & \cdots & \cdots & a_0 & 0 & \cdots & \cdots & 0 & 0 \\ 0 & a_n & a_{n-1} & \cdots & \cdots & a_0 & 0 & \cdots & \cdots & 0 \\ \vdots & \vdots & \vdots & \vdots & \vdots & \vdots & \vdots & \vdots & \vdots & \vdots \\ 0 & \cdots & \cdots & 0 & a_n & a_{n-1} & \cdots & \cdots & a_0 & 0 \\ 0 & 0 & \cdots & \cdots & 0 & a_n & a_{n-1} & \cdots & \cdots & a_0 \\ b_m & b_{m-1} & \cdots & b_0 & 0 & \cdots & \cdots & \cdots & 0 & 0 \\ 0 & b_m & b_{m-1} & \cdots & b_0 & 0 & \cdots & \cdots & \cdots & 0 \\ \vdots & \vdots & \vdots & \vdots & \vdots & \vdots & \vdots & \vdots & \vdots & \vdots \\ 0 & 0 & \cdots & \cdots & 0 & b_m & b_{m-1} & \cdots & b_0 & 0 \\ 0 & 0 & 0 & \cdots & \cdots & 0 & b_m & b_{m-1} & \cdots & b_0 \end{pmatrix}$$

Se $g(T) = b$ è un polinomio costante, per ogni polinomio $f(T)$ di grado positivo n, la matrice di Sylvester di $f(T)$ e $g(T)$ è la matrice bI_n, dove I_n è la matrice identità di dimensione n.

Osserviamo che, come il risultante $\mathcal{R}(F, G)$, anche il determinante $|\mathcal{S}(F, G)|$ della matrice di Sylvester è un polinomio omogeneo di grado n nei coefficienti b_j di $G(T)$ e omogeneo di grado m nei coefficienti a_i di $F(T)$.

Proposizione 2.7.23 *Sia A un dominio a fattorizzazione unica, in particolare un campo, e siano $f(T)$, $g(T) \in A[T]$ due polinomi non nulli di grado positivo. Supponiamo che K sia un campo contenente A in cui $f(T)$ e $g(T)$ abbiano tutte le loro radici. Allora le seguenti condizioni sono equivalenti:*

(i) *$f(T)$ e $g(T)$ hanno qualche radice in comune in K;*
(ii) *$f(T)$ e $g(T)$ hanno un divisore comune non costante in $A[T]$;*
(iii) *In $K[X]$, $\mathrm{MCD}(f(T), g(T)) \neq 1$;*
(iv) *Esistono due polinomi non nulli $h(T)$, $k(T) \in A[T]$ tali che $\deg h(T) < \deg g(T)$, $\deg(k(T)) < \deg f(T)$ e $f(T)h(T) = g(T)k(T)$.*

Dimostrazione. Ricordiamo che $A[T]$ è un dominio a fattorizzazione unica (Corollario 2.5.8).

(i) $\Rightarrow$ (ii) Sia $d(T) \in A[T]$ un massimo comune divisore di $f(T)$ e $g(T)$ (Teorema 1.4.8). Se $f(T)$ e $g(T)$ hanno una radice comune $\alpha \in K$, $d(T)$ è diviso da $(T - \alpha)$ in $K[T]$ (Teorema 2.3.8); perciò $d(T)$ ha grado positivo.

(ii) $\Rightarrow$ (iii) è evidente.

(iii) $\Rightarrow$ (i) Poiché $\mathrm{MCD}(f(T), g(T))$ divide sia $f(T)$ che $g(T)$ in $K[T]$, esso ha tutte le sue radici in K e queste sono le radici comuni di $f(T)$ e $g(T)$.

(ii) $\Rightarrow$ (iv) Sia $d(T) \in A[T]$ un divisore comune non costante di $f(T)$ e $g(T)$. Allora in $A[T]$ risulta $f(T) = d(T)k(T)$ e $g(T) = d(T)h(T)$ con $\deg k(T) < \deg f(T)$ e $\deg h(T) < \deg g(T)$. Inoltre $f(T)h(T) = g(T)k(T)$.

(iv) $\Rightarrow$ (ii) Supponiamo che $f(T)h(T) = g(T)k(T)$ con $h(T)$, $k(T) \in A[T]$ e $\deg k(T) < \deg f(T)$. Allora non tutti i fattori irriducibili non costanti di $f(T)$ possono dividere $k(T)$ con la stessa molteplicità. Quindi almeno un fattore irriducibile non costante di $f(T)$ divide $g(T)$.

Siano ora $F(T) := a_n T^n + \cdots + a_0$ e $G(T) := b_m T^m + \cdots + b_0$ i polinomi a coefficienti indeterminati su A definiti all'inizio del paragrafo. Se A è un dominio a fattorizzazione unica, per l'indipendenza algebrica su A degli elementi a_i e b_j, anche gli anelli $B := A[\{a_i, b_j\}]$ e $A[\mathbf{X}, \mathbf{Y}]$ sono domini a fattorizzazione unica (Corollario 2.5.8). Ovviamente $F(T)$, $G(T) \in B[T]$ ed anche $|\mathcal{S}(F, G)| \subseteq B \subseteq A[\mathbf{X}, \mathbf{Y}]$. Inoltre, se K è il campo delle frazioni di A, entrambi i polinomi $F(T)$ e $G(T)$ hanno tutte le loro radici $X_1, \ldots, X_n$ e $Y_1, \ldots, Y_m$ nel campo delle funzioni razionali $K(\mathbf{X}, \mathbf{Y})$.

Proposizione 2.7.24 *Con le notazioni precedenti, sia A un dominio a fattorizzazione unica, in particolare un campo, e siano $F(T)$, $G(T) \in B[T]$, con $F(T)$ non costante. Allora*

$$\mathcal{R}(F, G) = |\mathcal{S}(F, G)|.$$

Dimostrazione. Sia $n > 0$ il grado di $F(T)$ e m il grado di $G(T)$. Se $G(T) := b$ è un polinomio costante, la matrice di Sylvester $\mathcal{S}(F, b)$ è la matrice diagonale bI_n di dimensione n. Perciò la tesi segue dalle definizioni.

Sia allora $m \geq 1$. Per la Proposizione 2.7.23, $\mathcal{R}(F, G) = 0$ se e soltanto se esistono due polinomi non nulli $h(T) := c_{m-1}T^{m-1} + \cdots + c_0$ e $k(T) := d_{n-1}T^{n-1} + \cdots + d_0 \in B[T]$, di grado al più uguale a $m - 1$ e $n - 1$ rispettivamente, tali che $f(T)h(T) = g(T)k(T)$. Uguagliando i coefficienti dei due polinomi $f(T)h(T)$ e $g(T)k(T)$, otteniamo il sistema lineare omogeneo nelle $n + m$ indeterminate c_i, d_j su B:

$$a_0 c_0 = b_0 d_0$$
$$a_1 c_0 + a_0 c_1 = b_1 d_0 + b_0 d_1$$
$$a_2 c_0 + a_1 c_1 + a_0 c_2 = b_2 d_0 + b_1 d_1 + b_0 d_2$$
$$\dots\dots\dots\dots$$
$$a_n c_{m-2} + a_{n-1} c_{m-1} = b_m d_{n-2} + b_{m-1} d_{n-1}$$
$$a_n c_{m-1} = b_m d_{n-1}.$$

Se questo sistema ha soluzioni non nulle in B, il determinante della matrice dei coefficienti è uguale a zero. Notiamo ora che, sostituendo $-d_j$ con d_j, la matrice dei coefficienti è la trasposta della matrice di Sylvester. Quindi se $\mathcal{R}(F, G) = 0$ anche $|\mathcal{S}(F, G)| = 0$.

Poiché ponendo $X_i = Y_j$, per $i = 1, \ldots, n$ e $j = 1, \ldots, m$, si ottiene $\mathcal{R}(F, G) = 0$, considerando $|\mathcal{S}(F, G)|$ come un polinomio di $A[\mathbf{X}, \mathbf{Y}]$, si ha che anche $|\mathcal{S}(F, G)| = 0$ ogni volta che $X_i = Y_j$. Quindi $(X_i - Y_j)$ divide $|\mathcal{S}(F, G)|$ per $i = 1, \ldots, n$ e $j = 1, \ldots, m$. Dal momento poi che i polinomi $(X_i - Y_j)$ sono elementi primi distinti di $A[\mathbf{X}, \mathbf{Y}]$ (Esempio 2.3.9 (3)) e $A[\mathbf{X}, \mathbf{Y}]$ è un dominio a fattorizzazione unica, $\mathcal{R}(F, G)$ divide $|\mathcal{S}(F, G)|$.

Ricordando che $\mathcal{R}(F, G)$ e $|\mathcal{S}(F, G)|$ sono entrambi polinomi omogenei di grado n in $b_0, \ldots, b_m$ e di grado m in $a_0, \ldots, a_n$, otteniamo che $|\mathcal{S}(F, G)|$ è il prodotto di $\mathcal{R}(F, G)$ per una costante. D'altra parte, il termine che contiene la più alta potenza di b_0 è in entrambi i polinomi $a_n^m b_0^n$. Quindi $\mathcal{R}(F, G) = |\mathcal{S}(F, G)|$.

Sia ora A un dominio e siano $f(T)$, $g(T) \in A[T]$, due polinomi non nulli con coefficienti direttori a_n e b_m, $n > 0$, e radici $\alpha_1, \ldots, \alpha_n$ e $\beta_1, \ldots, \beta_m$ rispettivamente (in un campo K contenente A). Poiché il risultante è un polinomio simmetrico sia nelle indeterminate $X_1, \ldots, X_n$ che nelle indeterminate $Y_1, \ldots, Y_m$, calcolando $\mathcal{R}(\mathbf{X}, \mathbf{Y})$ in $(a_n, \alpha_1, \ldots, \alpha_n, b_m, \beta_1, \ldots, \beta_m)$ si ottiene un elemento di A (Proposizione 2.7.14).

Definizione 2.7.25 *Con le notazioni precedenti, l'elemento di A*

$$\mathcal{R}(f, g) := \begin{cases} b_0^n & \text{se } m = 0 \\ a_n^m b_m^n \prod_{\substack{1 \leq i \leq n \\ 1 \leq j \leq m}} (\alpha_i - \beta_j) & \text{se } m \geq 1 \end{cases}$$

si chiama il risultante *di $f(T)$ e $g(T)$.*

Segue subito dalla definizione che $\mathcal{R}(f, g) = 0$ se e soltanto se $f(T)$ e $g(T)$ hanno qualche radice in comune (in K).

Proposizione 2.7.26 *Se A è un dominio a fattorizzazione unica, in particolare un campo, e $f(T)$, $g(T) \in A[T]$ sono due polinomi non nulli, con* $\deg f(T) > 0$, *risulta*

$$\mathcal{R}(f, g) = |\mathcal{S}(f, g)|.$$

Dimostrazione. Segue subito dalla Proposizione 2.7.24.

Dimostriamo per finire che il discriminante di un polinomio monico è, a meno del segno, il risultante del polinomio stesso e del suo polinomio derivato.

Proposizione 2.7.27 *Sia A un dominio a fattorizzazione unica, in particolare un campo, e sia $f(T) \in A[T]$ un polinomio monico di grado $n \geq 2$. Allora*

$$D(f) = (-1)^{\frac{n(n-1)}{2}} \mathcal{R}(f, f') = (-1)^{\frac{n(n-1)}{2}} |\mathcal{S}(f, f')|.$$

Dimostrazione. Per la definizione di risultante e la Proposizione 2.7.19 si ha

$$D(f) = (-1)^{\frac{n(n-1)}{2}} \prod_{1 \leq i \leq n} f'(\alpha_i) = (-1)^{\frac{n(n-1)}{2}} \mathcal{R}(f, f').$$

Inoltre, per la Proposizione 2.7.26, risulta $\mathcal{R}(f, f') = |\mathcal{S}(f, f')|$.

Questa proposizione ci fornisce dei metodi utili per calcolare il discriminante di un polinomio monico a coefficienti in un campo, come mostrano i successivi esempi.

Esempi 2.7.28 (1) Sia $f(T) := T^3 + pT + q \in \mathbb{Q}[T]$. Poiché $f'(T) = 3T^2 + p$, risulta

$$\mathcal{S}(f, f') := \begin{pmatrix} 1 & 0 & p & q & 0 \\ 0 & 1 & 0 & p & q \\ 3 & 0 & p & 0 & 0 \\ 0 & 3 & 0 & p & 0 \\ 0 & 0 & 3 & 0 & p \end{pmatrix}.$$

Dunque $D(f) = (-1)^3 \mathcal{R}(f, f') = -|\mathcal{S}(f, f')| = -(4p^3 + 27q^2)$ (Esempio 2.7.18 (2)).

(2) Se $A := F$ è un campo, non è difficile verificare che, se $f(T) = g(T)q(T) + r(T)$, con $r(T) \neq 0$ e $\deg r(T) = d$, si ha

$$\mathcal{R}(g, f) = b_m^{n-d} \mathcal{R}(g, r),$$

dove b_m è il coefficiente direttore di $g(T)$ (Esercizio 2.72).

Sia allora $f(T) \in \mathbb{Q}[T]$ un polinomio monico irriducibile. Poiché $f(T)$ non ha radici complesse multiple, risulta $\mathrm{MCD}(f(T), f'(T)) = 1$ (Proposizione 2.4.3) e nell'algoritmo delle divisioni successive

$$f(T) = q_1(T)f'(T) + r_1(T), \quad \deg r_1(T) < \deg f'(T)$$
$$f'(T) = q_2(T)r_1(T) + r_2(T), \quad \deg r_2(T) < \deg r_1(T)$$
$$\cdots\cdots\cdots$$

dopo un numero finito di passi, si ottiene un resto costante non nullo. Perciò

$$(-1)^{\frac{n(n-1)}{2}}D(f) = \mathcal{R}(f, f') = (-1)^{n(n-1)}\mathcal{R}(f', f)$$
$$= (-1)^{n(n-1)}n^{n-d}\mathcal{R}(f', r_1) = \ldots$$

Se ad esempio $f(T) := T^2 + bT + c$, si ha $f'(T) = 2T + b$ e

$$f(T) = f'(T)\left(\frac{T}{2} + \frac{b}{4}\right) + \left(c - \frac{b^2}{4}\right).$$

Posto $r := c - (b^2/4)$, come nell'Esempio 2.7.18 (1), si ottiene

$$D(f) = -\mathcal{R}(f, f') = -\mathcal{R}(f', f) = -2^2\mathcal{R}(f', r) = -4r = b^2 - 4c$$

(3) Consideriamo il polinomio $f(T) = T^5 + aT + b \in \mathbb{Q}[T]$. Allora $f'(T) = 5T^4 + a$ e l'algoritmo delle divisioni successive fornisce

$$f(T) = f'(T)q_1(T) + r_1(T); \quad r_1(T) = \frac{4a}{5}T + b$$
$$f'(T) = r_1(T)q_2(T) + r_2; \quad r_2 = \frac{5^5 b^4}{4^4 a^4} + a$$

Come illustrato precedentemente, otteniamo

$$D(f) = -\mathcal{R}(f, f') = \mathcal{R}(f', f) = 5^4\mathcal{R}(f', r_1) = 5^4\mathcal{R}(r_1, f')$$
$$= 5^4\left(\frac{4a}{5}\right)^4\mathcal{R}(r_1, r_2) = 5^4\left(\frac{4a}{5}\right)^4\left(\frac{5^5 b^4}{4^4 a^4} + a\right) = 4^4 a^5 + 5^5 b^4.$$

2.8 Polinomi in infinite indeterminate

Sia A un anello commutativo unitario e sia $\mathbf{X} := \{X_i\}_{i \in I}$ un qualsiasi insieme di indeterminate su A (possibilmente infinito). Se ogni sottoinsieme finito $\{X_{i_1}, \ldots, X_{i_n}\}$ di $\mathbf{X}$ è un insieme di indeterminate indipendenti su A, cioè se $\sum c_{k_1 \ldots k_n} X_{i_1}^{k_1} \ldots X_{i_n}^{k_n} \neq 0$ quando i coefficienti $c_{k_1 \ldots k_n}$ sono non tutti nulli (Paragrafo 2.1.1), diciamo che $\mathbf{X}$ è un insieme di indeterminate indipendenti su A e poniamo

$$A[\mathbf{X}] := \bigcup\{A[X_{i_1}, \ldots, X_{i_n}]; X_{i_j} \in \mathbf{X}, j = 1, \ldots, n\}$$
$$:= \{f(X_{i_1}, \ldots, X_{i_n}); X_{i_j} \in \mathbf{X}, j = 1, \ldots, n\}.$$

Si vede subito che $A[\mathbf{X}]$ è un anello commutativo unitario. Infatti, due qualsiasi polinomi $f(X_{i_1}, \ldots, X_{i_n})$, $g(X_{j_1}, \ldots, X_{j_m}) \in A[\mathbf{X}]$ appartengono all'anello di polinomi su A nelle indeterminate $\{X_{i_1}, \ldots, X_{i_n}\} \cup \{X_{j_1}, \ldots, X_{j_m}\} \subseteq \mathbf{X}$.

$A[\mathbf{X}]$ si chiama l'*anello dei polinomi nelle indeterminate* $\mathbf{X}$ *su* A.

Segue dalla definizione che, quando si considera un numero finito di polinomi in infinite indeterminate, ci si può comunque ridurre ad operare con un numero finito di indeterminate. Pertanto molti risultati che abbiamo dimostrato per l'anello di polinomi $A[X_1, \ldots, X_n]$ si estendono senza difficoltà ad $A[\mathbf{X}]$. Ad esempio:

1. $A[\mathbf{X}]$ è un anello commutativo unitario, con la stessa unità di A (Paragrafo 2.1.1).
2. Se A è un dominio con campo delle frazioni K, anche $A[\mathbf{X}]$ è un dominio e il campo delle frazioni di $A[\mathbf{X}]$ è l'unione dei campi delle frazioni dei domini $A[X_{i_1}, \ldots, X_{i_n}]$, $\{X_{i_1}, \ldots, X_{i_n}\} \subseteq \mathbf{X}$, cioè

$$K(\mathbf{X}) := \bigcup \left\{ K(X_{i_1}, \ldots, X_{i_n}); \ X_{i_j} \in \mathbf{X}, j = 1, \ldots, n \right\}$$
$$= \left\{ \frac{f(X_{i_1}, \ldots, X_{i_n})}{g(X_{i_1}, \ldots, X_{i_n})}; \ X_{i_j} \in \mathbf{X}, \ g(X_{i_1}, \ldots, X_{i_n}) \neq 0 \right\}$$

(Paragrafo 2.1.2).

3. Gli elementi invertibili di $A[\mathbf{X}]$ sono tutti e soli gli elementi invertibili di A. In particolare, se K è un campo, gli elementi invertibili di $K[\mathbf{X}]$ sono tutte e sole le costanti non nulle (Paragrafo 2.1.3).
4. Un polinomio $f(X_{i_1}, \ldots, X_{i_n})$ è irriducibile in $A[\mathbf{X}]$ se e soltanto se lo è in $A[X_{i_1}, \ldots, X_{i_n}]$. Infatti, se $f(X_{i_1}, \ldots, X_{i_n}) = g(\mathbf{X})h(\mathbf{X})$, per la formula del grado, $g(\mathbf{X})$ e $h(\mathbf{X})$ hanno grado zero in tutte le indeterminate differenti da $X_{i_1}, \ldots, X_{i_n}$ e quindi $g(\mathbf{X}), h(\mathbf{X}) \in A[X_{i_1}, \ldots, X_{i_n}]$ (Paragrafo 2.1.3).
5. Se A è un dominio a fattorizzazione unica, anche $A[\mathbf{X}]$ lo è, perché lo sono tutti gli anelli $A[X_{i_1}, \ldots, X_{i_n}]$ con $\{X_{i_1}, \ldots, X_{i_n}\} \subseteq \mathbf{X}$ (Paragrafo 2.5). Tuttavia, anche se A è noetheriano, $A[\mathbf{X}]$ non è un dominio noetheriano, perché l'ideale $\langle \mathbf{X} \rangle$ generato da tutte le indeterminate non è finitamente generato.

Anche la Proposizione 2.7.1 si può estendere al caso di infinite indeterminate nel seguente modo.

Proposizione 2.8.1 *Sia* A *un anello commutativo unitario e sia* $\mathbf{X} := \{X_i\}_{i \in I}$ *un insieme di indeterminate indipendenti su* A. *Allora, per ogni applicazione biunivoca* $\eta : I \longrightarrow I$, *l'applicazione*

$$\varphi_\eta : A[\mathbf{X}] \longrightarrow A[\mathbf{X}]$$
$$f(\mathbf{X}) := f(X_{i_1}, \ldots, X_{i_n}) \mapsto f^\eta(\mathbf{X}) := f(X_{\eta(i_1)}, \ldots, X_{\eta(i_n)})$$

è un automorfismo di $A[\mathbf{X}]$, *il cui inverso è l'automorfismo* $\varphi_{\eta^{-1}}$.

Inoltre, se A è un dominio con campo dei quozienti K, φ_η si estende ad un automorfismo del campo delle frazioni $K(\mathbf{X})$ di $A(\mathbf{X})$ ponendo

$$\varphi_\eta : K(\mathbf{X}) \longrightarrow K(\mathbf{X}) \; ;$$

$$\lambda(\mathbf{X}) := \frac{f(X_{i_1},\ldots,X_{i_n})}{g(X_{i_1},\ldots,X_{i_n})} \mapsto \lambda^\eta(\mathbf{X}) := \frac{f(X_{\eta(i_1)},\ldots,X_{\eta(i_n)})}{g(X_{\eta(i_1)},\ldots,X_{\eta(i_n)})}.$$

2.9 Esercizi

2.1 (Ordine lessicografico inverso). L'*ordine lessicografico inverso* su $\mathbb{N}^m$, indicato con $\leq_{\text{revlex}}$, è definito nel seguente modo:

$$(k_1,\ldots,k_m) = (h_1,\ldots,h_m) \quad \Leftrightarrow \quad k_i = h_i \text{ per } i = 1,\ldots,m;$$

$$(k_1,\ldots,k_m) <_{\text{revlex}} (h_1,\ldots,h_m) \quad \Leftrightarrow$$
$$k_s < h_s \text{ per il più grande intero } s \text{ tale che } k_s \neq h_s.$$

Mostrare che:

(1) L'ordine lessicografico $\leq_{\text{lex}}$ e l'ordine lessicografico inverso $\leq_{\text{revlex}}$ sono ordinamenti lineari;

(2) $(k_1,\ldots,k_m) \leq_{\text{revlex}} (h_1,\ldots,h_m) \Leftrightarrow (k_m,\ldots,k_1) \leq_{\text{lex}} (h_m,\ldots,h_1)$.

Dedurne che l'ordinamento lessicografico inverso non è l'ordinamento opposto dell'ordinamento lessicografico.

2.2. Ordinare secondo l'ordine lessicografico e l'ordine lessicografico inverso tutti i monomi di $\mathbb{Q}[X_1,\ldots,X_n]$ del tipo X_i^j.

2.3. Ordinare secondo l'ordine lessicografico e l'ordine lessicografico inverso i seguenti monomi di $\mathbb{Q}[X_1,\ldots,X_5]$:

$$\frac{1}{2}X_1^2 X_2 \; ; \quad 3X_2^{751} \; ; \quad X_1^5 X_2^4 X_3^3 X_4^2 X_5 \; ; \quad -\frac{7}{9}X_1 X_2^6 X_5 \; ; \quad X_2^2 X_3^3 X_5^5.$$

2.4. Determinare il grado totale e i multigradi rispetto agli ordinamenti lessicografico e lessicografico inverso dei seguenti polinomi di $\mathbb{Q}[X_1,\ldots,X_6]$:

(a) $f(X) = \dfrac{1}{3}X_1^2 X_2 X_4^7 X_5 + 5X_1 X_2 X_4 - \dfrac{4}{35}X_1^4 X_2 X_3^8 X_4^2 X_5$;

(b) $g(X) = X_2^3 X_3^5 X_4^2 X_6 + \dfrac{5}{71}X_1^4 X_2 X_5^2 + X_6^{15} - 8X_2^5 X_5$.

2.5 (Polinomi omogenei). Sia A un dominio. Mostrare che un polinomio $f(X_1,\ldots,X_n) \in A[\mathbf{X}]$ è omogeneo di grado d se e soltanto se

$$f(TX_1,\ldots,TX_n) = T^d f(X_1,\ldots,X_n)$$

dove T è una indeterminata su $A[\mathbf{X}]$.

Soluzione: Se ogni monomio di $f(\mathbf{X})$ ha grado d, la condizione è evidentemente soddisfatta. Viceversa, possiamo scrivere $f(\mathbf{X}) = f_1(\mathbf{X}) + \cdots +$

$f_m(\mathbf{X})$, dove ogni $f_k(\mathbf{X})$ è omogeneo di grado d_k. Allora, posto $T\mathbf{X} :=$
$\{TX_1, \ldots, TX_n\}$, per ipotesi risulta

$$f(T\mathbf{X}) = T^d f(\mathbf{X}) = T^d f_1(\mathbf{X}) + \cdots + T^d f_m(\mathbf{X})$$

e d'altra parte

$$f(T\mathbf{X}) = f_1(T\mathbf{X}) + \cdots + f_m(T\mathbf{X}) = T^{d_1} f_1(\mathbf{X}) + \cdots + T^{d_m} f_m(\mathbf{X}).$$

Ne segue che $T^d = T^{d_k}$ per ogni $k = 1, \ldots, m$ e quindi $m = 1$ e $d = d_1$.

2.6. Mostrare che il polinomio $\overline{2}X^3 + \overline{2}X + \overline{3}$ è invertibile in $Z_8[X]$, determinando esplicitamente il suo inverso.

2.7. Sia A un anello commutativo unitario e sia $f(X) := \sum a_i X^i \in A[X]$.
Mostrare che, se a_0 è invertibile in A e a_i è nilpotente per ogni $i \geq 1$, allora $f(X)$ è invertibile in $A[X]$.

Suggerimento: Sia $g(X) = \sum b_i X^i \in A[X]$. Allora $f(X)g(X) = 1$ se e soltanto se $a_0 b_0 = 1$ e $\sum_{i+j=k} a_i b_j = 0$ per $k \geq 1$.

2.8. Sia $f(X)$ uno dei seguenti polinomi:

$$15X; \quad 15X + 3; \quad 6X^2 - 5X + 1; \quad 6X^3 - 7X^2 - X + 2.$$

Determinare esplicitamente tutti i divisori di $f(X)$ in $\mathbb{Z}[X]$ e $\mathbb{Q}[X]$ e ripartirli in classi di polinomi associati in $\mathbb{Z}[X]$ e $\mathbb{Q}[X]$.

2.9. Stabilire se le seguenti affermazioni sono vere o false in $\mathbb{Z}[X]$ e $\mathbb{Q}[X]$:

(a) $5X$ divide $3X^2$;
(b) $X - 3$ divide $X^3 - 3X^2 + X - 3$;
(c) $3(X - 3)$ divide $X^3 - 3X^2 + X - 3$.

2.10. Determinare il quoziente e il resto della divisione di $f(X)$ per $g(X)$ nei seguenti casi:

(a) $f(X) = 5X^6 + 2X^4 - 3X^2 - 2$; $g(X) = -X^3 + 2X^2 + 5X - 7$ in $\mathbb{Z}[X]$;
(b) $f(X) = 3X^7 - 2X^5 - 3X^3 - 2X + 1$; $g(X) = \dfrac{2}{5}X^4 - 2X^2 + \dfrac{1}{7}$ in $\mathbb{Q}[X]$;
(c) $f(X) = 2X^4 + 3X^3 - 3X^2 - 2X + 1$; $g(X) = 4X^3 + X^2 - X + 1$ in $\mathbb{F}_5[X]$.

2.11. Determinare il massimo comune divisore e una identità di Bezout per le seguenti coppie di polinomi:

(a) $f(X) := 2X^5 - 5X^3 - 4X^2 - 3X - 2$; $g(X) := 2X^4 - 7X^2 - 4$ in $\mathbb{Q}[X]$;
(b) $f(X) := 3X^4 + X^3 + 3X^2 + 4X + 1$; $g(X) := 4X^3 + 2X^2 + 4X + 2$ in $\mathbb{F}_5[X]$.

2.12. Siano $f(X) := 1 - X^n$, $g(X) := 1 - X^m \in \mathbb{Q}[X]$, $d := \mathrm{MCD}(n, m)$.
Mostrare che $\mathrm{MCD}(f, g) = 1 - X^d$.

2.13 (Scrittura in base $p(X)$). Sia K un campo e siano $f(X), p(X) \in K[X]$, $p(X) \neq 0$. Mostrare che esistono un intero $n \geq 0$ e polinomi $f_0(X), \ldots, f_n(X)$ tali che $f_i(X) = 0$ oppure $\deg f_i(X) < \deg p(X)$, $i = 0, \ldots, n$ e

$$f(X) = f_n p(X)^n + \cdots + f_1(X) p(X) + f_0(X).$$

Soluzione: Sia $f(X) \neq 0$. Se $\deg f(X) < \deg p(X)$, allora $n = 0$ e $f_0(X) = f(X)$. Supponiamo allora che $\deg f(X) \geq \deg p(X)$. In questo caso esiste un massimo intero $n \geq 1$ tale che $\deg f(X) \geq \deg p(X)^n = n \deg p(X)$. Dividendo $f(X)$ per $p(X)^n$, otteniamo $f(X) = p(X)^n f_n(X) + r(X)$, con $r(X) = 0$ oppure $\deg r(X) < \deg p(X)^n$. Allora $\deg f(X) \leq \deg p(X)^n f_n(X)$, da cui per la massimalità di n otteniamo $\deg f_n(X) < \deg p(X)$. A questo punto possiamo ripetere il procedimento per $r(X)$. Dopo un numero finito di passi otteniamo un resto il cui grado è minore di $p(X)$ ed il procedimento ha termine.

2.14. Sia K un campo e sia $f(X) := a_n X^n + a_{n-1} X^{n-1} + \cdots + a_0 \in K[X]$, $a_n \neq 0$. Mostrare che, se $\alpha \in K$, allora $f(X) = a_n(X - \alpha)^n + c_{n-1}(X - \alpha)^{n-1} + \cdots + c_1(X - \alpha) + f(\alpha)$, per opportuni $c_i \in K$, $i = 1, \ldots, n - 1$.

2.15 (Somma di frazioni parziali). Sia K un campo e sia $f(X)/g(X) \in K(X)$ una funzione razionale tale che $\deg f(X) < \deg g(X)$ e $\mathrm{MCD}(f(X), g(X)) = 1$. Mostrare che:

(1) Se $g(X) := p_1(X)^{e_1} \ldots p_n(X)^{e_n}$ è la fattorizzazione di $g(X)$ in polinomi irriducibili distinti, esistono polinomi $f_1(X), \ldots, f_n(X)$ tali che $f_i(X) = 0$ oppure $\deg f_i(X) < \deg p_i(X)^{e_i}$, $0 \leq i \leq n$, e

$$\frac{f(X)}{g(X)} = \frac{f_1(X)}{p_1(X)^{e_1}} + \cdots + \frac{f_n(X)}{p_n(X)^{e_n}}.$$

(2) Se $g(X) = p(X)^e$, allora esistono polinomi $h_1(X), \ldots, h_n(X)$ tali che $h_i(X) = 0$ oppure $\deg h_i(X) < \deg p(X)$, $0 \leq i \leq e$, e

$$\frac{f(X)}{g(X)} = \frac{h_1(X)}{p(X)} + \frac{h_2(X)}{p(X)^2} + \cdots + \frac{h_n(X)}{p(X)^e}.$$

Soluzione: (1) Per induzione su $n \geq 1$, basta dimostrare il caso in cui $g(X) = p(X)q(X)$ con $\mathrm{MCD}(p(X), q(X)) = 1$. Sia $a(X)p(X) + b(X)q(X) = 1$ una identità di Bezout, così che $f(X) = f(X)a(X)p(X) + f(X)b(X)q(X)$. Dividendo $f(X)b(X)$ per $p(X)$, otteniamo $f(X)b(X) = h(X)p(X) + r(X)$ con $\deg r(X) < \deg p(X)$ o $r(X) = 0$, da cui, ponendo $k(X) := a(X)f(X) + h(X)q(X)$, ricaviamo $f(X) = k(X)p(X) + r(X)q(X)$. Allora risulta

$$\frac{f(X)}{g(X)} = \frac{r(X)}{p(X)} + \frac{k(X)}{q(X)}.$$

Dal momento che $p(X)$ non divide $f(X)$, vediamo che $r(X) \neq 0$ e quindi $\deg r(X) < \deg p(X)$. Per finire, basta verificare che $\deg k(X) < \deg q(X)$.

Poiché $\deg r(X)q(X) < \deg p(X)q(X)$ e $\deg f(X) < \deg p(X)q(X)$, dalla relazione $k(X)p(X) = f(X) - r(X)q(X)$ otteniamo $\deg k(X)p(X) < \deg p(X)q(X)$, da cui $\deg k(X) < \deg q(X)$.

(2) Poiché $\deg f(X) < \deg p(X)^e$, per l'Esercizio 2.13, possiamo scrivere $f(X) = h_1(X)p(X)^{e-1} + h_2(X)p(X)^{e-2} + \cdots + h_e(X)$, con $h_i(X) = 0$ oppure $\deg h_i(X) < \deg p(X)$, $0 \le i \le e$, da cui otteniamo l'espressione voluta.

2.16. Mostrare che, se K è un campo, esistono infiniti polinomi irriducibili a coefficienti in K.

2.17. Stabilire se i seguenti polinomi sono irriducibili su $\mathbb{Q}$, $\mathbb{R}$, $\mathbb{C}$:
$$6X^4 - 5X^3 - 38X^2 - 5X + 6; \quad X^4 - X^2 + 1; \quad X^4 + X + 1.$$

2.18. Fattorizzare i seguenti polinomi nel prodotto di polinomi irriducibili su $\mathbb{Q}$, $\mathbb{R}$, $\mathbb{C}$:
$$15X^2 - 30; \quad 3X^4 - 5X^3 + 72 - 15X - 6; \quad X^4 + 4; \quad X^6 + 2.$$

2.19. Determinare tutti i polinomi di secondo e terzo grado su $\mathbb{F}_2$ e stabilire quali tra essi sono irriducibili.

2.20. Determinare tutti i polinomi di secondo grado irriducibili su $\mathbb{F}_3$.

2.21. Stabilire se i seguenti polinomi sono irriducibili in $\mathbb{F}_5[X]$:
$$3X^2 + 2X + 2; \quad X^3 + 3X^2 + 3X + 2; \quad X^4 + 2X^3 + 2X^2 + 2X + 1.$$

2.22. Sia $p(X) := X^2 + tX + 1 \in \mathbb{F}_5[X]$. Stabilire per quali valori di $t \in \mathbb{F}_5$ l'anello quoziente $\mathbb{Q}[X]/\langle p(X) \rangle$ è un campo.

2.23. Sia $p(X) := X^3 + 3X + t \in \mathbb{Q}[X]$. Stabilire per quali valori di $t \in \mathbb{Q}$ l'elemento $\alpha := X + \langle p(X) \rangle$ è invertibile nell'anello quoziente $\mathbb{Q}[X]/\langle p(X) \rangle$.

2.24. Determinare le eventuali radici razionali dei seguenti polinomi:
$$3X^4 - 8X^3 + 6X^2 - 3X - 2; \quad 5X^4 + 3X^3 + 3X^2 + 3X - 2.$$

2.25. Sia $f(X) := 7X^7 + 6X^6 + X^5 + 4X^4 + 3X^3 + 2X^2 + X + 1$. Calcolare $f(2)$ usando la Regola di Ruffini.

2.26. Sia $f(X)$ un polinomio monico a coefficienti interi. Mostrare che ogni radice razionale di $f(X)$ è un intero.

2.27. Usando le formule di interpolazione, costruire il polinomio su $\mathbb{Q}$ di grado al più uguale a 2 che assume valori $b_0 := 0, b_1 := 1, b_2 := -2$ rispettivamente in $a_0 := 1, a_1 := 2, a_2 := 3$.

2.28. Sia $f(X) \in \mathbb{Z}[X]$ tale che $f(1) \ne 0$ e $f(-1) \ne 0$ e sia α una sua radice intera. Mostrare che $f(1)/(1 - \alpha), f(-1)/(1 + \alpha) \in \mathbb{Z}$.

2.29. Sia $f(X) \in \mathbb{Z}[X]$ tale che $f(1) \neq 0$, $f(-1) \neq 0$ e sia $\alpha := a/b$ una sua radice razionale con $\mathrm{MCD}(a, b) = 1$. Mostrare che $(a - b)$ divide $f(1)$ e $(a + b)$ divide $f(-1)$.

Suggerimento: Sviluppare $f(X)$ in potenze di $(X - 1)$ e $(X + 1)$, calcolare in a/b e moltiplicare per b^n.

2.30. Stabilire se i seguenti polinomi hanno radici multiple:
$$3X^4 - 3X^3 - X^2 + 2X - 1 \, X^4 - 3X^2 + 2 \in \mathbb{Q}[X]; \quad X^3 + X + 3 \in \mathbb{F}_5[X].$$

2.31. Costruire due polinomi differenti di $K[X]$ che assumano stessi valori su K nel caso in cui $K := \mathbb{F}_3$, $\mathbb{F}_5$.

2.32. Costruire un polinomio di $\mathbb{F}_2[X]$ tale che $f(0) = a$, $f(1) = b$, per ogni coppia (a, b) di elementi di $\mathbb{F}_2$. Dedurre che ogni funzione da $\mathbb{F}_2$ a $\mathbb{F}_2$ è polinomiale.

2.33. Costruire un polinomio di $\mathbb{F}_3[X]$ tale che $f(0) = 2$, $f(1) = 1$, $f(2) = 0$.

2.34. Sia p un numero primo. Mostrare che ogni funzione da $\mathbb{F}_p$ a $\mathbb{F}_p$ è polinomiale.

Suggerimento: Se $a_1, \dots, a_p$ sono gli elementi di $\mathbb{F}_p$, allora, per ogni $i = 1, \dots, p$ e $c \in \mathbb{F}_p$, il polinomio
$$f_i(X) := c(X - a_1) \dots (X - a_{i-1})(X - a_{i+1}) \dots (X - a_p)$$
è tale che $f_i(a_j) = 0$ per $i \neq j$: inoltre il valore $f_i(a_i)$ può essere controllato dalla scelta di c.

2.35 (Polinomi reciproci). Sia
$$f(X) := a_n X^n + a_{n-1} X^{n-1} + a_{n-2} X^{n-2} + \cdots + a_1 X + a_0$$
un polinomio a coefficienti in un campo, $a_n, a_0 \neq 0$. Mostrare che le seguenti affermazioni sono equivalenti:

(i) Per ogni radice α di $f(X)$, α^{-1} è una radice con la stessa molteplicità di α;

(ii) $a_{n-k} = a_k$, per ogni $k = 0, \dots, n$, oppure $a_{n-k} = -a_k$, per ogni $k = 0, \dots, n$.

Se queste condizioni sono verificate, si dice che il polinomio $f(X)$ è un *polinomio reciproco*, di *prima specie* se $a_{n-k} = a_k$ e di *seconda specie* se $a_{n-k} = -a_k$.

Suggerimento: Notare che, se vale (i), i polinomi $f(X)$ e $X^n f(1/X)$ hanno le stesse radici e sono quindi associati su $\mathbb{Q}$ (Esempio 2.3.28).

2.36. Mostrare che:

(1) Un polinomio reciproco di seconda specie si annulla in 1;

(2) Un polinomio reciproco di prima specie di grado dispari si annulla in -1.

2.37. Mostrare che, se F è un campo, un polinomio $f(X) \in F[X]$ è irriducibile su F se e soltanto se la sua forma ridotta è irriducibile su F

Suggerimento: Usare la Proposizione 2.3.26.

2.38. Mostrare che ogni polinomio di grado $n \geq 1$ a valori interi su $\mathbb{Z}$ (Esempio 2.3.6 (2)) si può scrivere in modo unico nella forma

$$a_0 + a_1 X + a_2 \binom{X}{2} + \cdots + a_n \binom{X}{n}, \text{ con } a_i \in \mathbb{Z}, \ i = 0, \ldots, n,$$

dove $\binom{X}{k} = \frac{1}{k!} X(X-1) \ldots (X-k+1)$ per $k \geq 1$.

Soluzione: Sia $f(X) := \sum c_i X^i \in \mathbb{Q}[X]$ tale che $f(z) \in \mathbb{Z}$ per ogni $z \in \mathbb{Z}$ e scriviamo formalmente $f(X) := a_0 + a_1 X + \cdots + a_n \binom{X}{n}$.

Posto $\binom{X}{0} := 1$, per determinare gli a_i si può procedere per induzione su $n \geq 0$. Per $n = 0$, si ha $a_0 = c_0 = f(0) \in \mathbb{Z}$. Supponiamo per ipotesi induttiva di aver determinato $a_0, \ldots, a_k \in \mathbb{Z}$ per $1 \leq k < n$. Allora il polinomio

$$g_k(X) := f(X) - (a_0 + a_1 X + \cdots + a_k \binom{X}{k}) = a_{k+1} \binom{X}{k+1} + \cdots + a_n \binom{X}{n}$$

ha coefficienti razionali ed è a valori interi. Ne segue che $a_{k+1} = g_k(k+1) \in \mathbb{Z}$.

Per l'unicità, notiamo che i polinomi $\binom{X}{k}$, $0 \leq k \leq n$ sono linearmente indipendenti su $\mathbb{Z}$.

2.39. Dimostrare le *Formule di De Moivre* per la moltiplicazione dei numeri complessi in forma trigonometrica. Se

$$z_1 := \rho_1(\cos(\theta_1) + \mathrm{i}\sin(\theta_1)); \quad z_2 = \rho_2(\cos(\theta_2) + \mathrm{i}\sin(\theta_2))$$

con ρ_1, ρ_2 numeri reali positivi, allora

$$z_1 z_2 = \rho_1 \rho_2(\cos(\theta_1 + \theta_2) + \mathrm{i}\sin(\theta_1 + \theta_2)).$$

Suggerimento: Usare le formule trigonometriche per l'addizione di angoli.

2.40. Determinare esplicitamente, nella forma $a+bi$, le radici complesse n-sime dell'unità per $n = 3, 4, 6, 8, 9$.

2.41. Determinare esplicitamente le radici complesse seconde, terze e quarte dei seguenti numeri complessi: 5; $\quad 5\mathrm{i}$; $\quad -7\mathrm{i}$; $\quad 1+\mathrm{i}$; $\quad 1-\mathrm{i}$.

2.42. Mostrare che, se un polinomio a coefficienti reali ha i primi k termini non nulli positivi e tutti i successivi negativi, allora esso ha esattamente una radice reale (positiva).

Suggerimento: Usare la Regola dei Segni di Descartes (Proposizione 2.4.6).

2.43. Determinare il numero delle radici reali dei seguenti polinomi:

$$X^7 + X^2 + X + 1; \quad X^5 - 3X^2 - X + 1; \quad X^4 + 15X^2 + 7X - 11.$$

2.44 (Lemma di Gauss esteso). Mostrare che, se A è un dominio con il massimo comune divisore, il prodotto di due polinomi primitivi di $A[X]$ è un polinomio primitivo.

Suggerimento: Siano $f(X)$, $g(X) \in A[X]$ due polinomi primitivi di grado positivo. Se $\deg f(X) = \deg g(X) = 1$, poniamo $f(X) := aX + b$, $g(X) := cX + d$, così che $c(fg) = (ac, ad + bc, bd)$. Se $t := (c(fg), b)$, allora t divide ad (perché divide b e $ad + bc$) e divide ac. Quindi t divide $(ac, ad) = a(c, d) = a$ e, poiché $(a, b) = 1$, $t = 1$. D'altra parte, $c(fg)$ divide bd e allora, per il Lemma di Euclide, divide d. Quindi $c(fg)$ divide bc (perché divide d e $ad + bc$) e, ancora per il Lemma di Euclide, $c(fg)$ divide anche c. Ne segue che $c(fg)$ divide $(c, d) = 1$ e necessariamente $c(fg) = 1$.

Poi si può procedere per induzione su $\deg f(X) + \deg g(X)$.

2.45. Mostrare che un polinomio $f(X) \in K[X]$ è irriducibile se e soltanto se lo è la sua forma ridotta.

2.46. Costruire due polinomi $f(X) \in \mathbb{Z}[X]$ di grado 2 e di grado 3 che sono riducibili su $\mathbb{Z}$ senza avere radici intere.

2.47. Provare che, se $a \in \mathbb{Z}$ è privo di fattori quadratici, il polinomio $X^n - a$ è irriducibile in $\mathbb{Z}[X]$ per ogni $n \geq 1$.

2.48. Usando il Criterio di Irriducibilità di Eisenstein, mostrare che i seguenti polinomi sono irriducibili in $\mathbb{Q}[X]$:
$$X^3 + 6X^2 - 9X + 3; \quad 10X^4 + 15X^3 - 20X^2 - 35X - 2.$$

2.49. Mostrare che i seguenti polinomi sono irriducibili in $\mathbb{Q}[X]$, benché non si possa applicare il Criterio di Irriducibilità di Eisenstein:
$$4X^2 + 4X - 1; \quad X^3 + X^2 + 1.$$

2.50. Sia
$$f(X) := X^4 + 6X^3 + 12X^2 + 12X + 7.$$
Determinare un numero intero α in modo tale che si possa applicare il Criterio di Eisenstein al polinomio $f(X - \alpha)$.

2.51. Mostrare, usando il Criterio di Irriducibilità modulo p, che i seguenti polinomi sono irriducibili in $\mathbb{Q}[X]$:
$$49X^2 + 35X + 11; \quad 124X^3 - 119X^2 + 35X + 64; \quad X^3 - 9.$$

2.52. Fattorizzare i seguenti polinomi in polinomi irriducibili su $\mathbb{Z}$:
$$21X; \quad 5X^2 + 10; \quad 15X^2 - 2X - 8;$$
$$2X^4 - X^3 - X^2 - 2X - 1; \quad X^4 - 20X^2 + 4.$$

2.53. Verificare che il polinomio
$$f(X, Y) := Y^4 - 8X^2Y^3 + 6XY^2 - 10X^2Y - 2X$$
è irriducibile in $\mathbb{Q}[X, Y]$.

2.54. Verificare che il polinomio $f(X, Y) := X^2 + Y^2 + 1$ è irriducibile in $\mathbb{C}[X, Y]$.

2.55. Fattorizzare il polinomio $g(X, Y) := X^3 - Y^3$ nel prodotto di polinomi irriducibili in $\mathbb{Q}[X, Y]$.

2.56. Mostrare che, se F è un campo, i polinomi del tipo
$$X^n + Y^{k_1} X^{n_1} + \cdots + Y^{k_s} X^{n_s} + Y \in F[X, Y]$$
con $n \geq n_1 \geq \cdots \geq n_s \geq 0$ e $k_i \geq 1$, sono irriducibili su $F(Y)$, e quindi anche su F.

2.57. Usando il metodo di Kronecker, mostrare che i polinomi
$$X^4 + X + 1; \quad X^4 + 3X + 1$$
sono irriducibili su $\mathbb{Q}$.

2.58. Usando il metodo di Kronecker, fattorizzare in polinomi irriducibili su $\mathbb{Q}$ i polinomi
$$X^5 + X^4 + X^2 + X + 2; \quad 3X^4 + 5X^2 - 1.$$

2.59. Usando il metodo di Kronecker, fattorizzare in polinomi irriducibili su $\mathbb{Q}$ il polinomio
$$X^3 + Y^3 + Z^3 - X^2(Y + Z) - Y^2(X + Z) - Z^2(X + Y) + 2XYZ.$$

2.60. Stabilire se i seguenti polinomi in X, Y, Z sono simmetrici e, in caso affermativo, esprimerli in funzione dei polinomi simmetrici elementari:
$$X^2Y + Y^2Z + Z^2X; \quad (X + Y)(X + Z)(Y + Z);$$
$$X^3Y + Y^3Z + Z^3X - XY^3 - YZ^3 - ZX^3; \quad X^3Y^3 + Y^3Z^3 + Z^3X^3.$$

2.61 (Determinante di Vandermonde). Calcolare il determinante di Vandermonde in $n \geq 2$ indeterminate (Esempio 2.7.9 (4)) e verificare che risulta
$$V(X_1, \ldots, X_n) = \prod_{1 \leq i < j \leq n}(X_i - X_j).$$

Suggerimento: Si può procedere per induzione sul numero $n \geq 2$ delle indeterminate. Per $n = 2$, risulta $V(X_1, X_2) = (X_2 - X_1)$. Inoltre, per $n \geq 3$, con operazioni elementari sulle righe e sulle colonne, si ottiene
$$V(X_1, \ldots, X_n) = (X_2 - X_1)(X_3 - X_1) \ldots (X_n - X_1) V(X_2, \ldots, X_n).$$

2.62. Calcolare i lati di un rettangolo la cui area è di $204 \, m^2$ e il cui perimetro è di $80 \, m$.

2.63. Sia $f(X) = X^3 - X + 1 \in \mathbb{Q}[X]$ e siano ρ, σ, τ le sue radici, con $\rho \in \mathbb{R}$. Mostrare che $\sigma + \tau = -\rho$ e $\sigma\tau = -1/\rho$.

2.64. Sia $f(X)$ un polinomio di grado $n \geq 2$ a coefficienti interi. Mostrare che $D(f) \equiv 0 \mod 4$ oppure $D(f) \equiv 1 \mod 4$.

Soluzione: Si considerino i polinomi in n indeterminate
$$\delta(\mathbf{X}) := \prod_{1 < j}(X_i - X_j); \quad \delta_1(\mathbf{X}) := \prod_{1 < j}(X_i + X_j).$$

Allora $\delta_1(\mathbf{X})$ e $D(\mathbf{X}) = \delta(\mathbf{X})^2$ sono polinomi simmetrici e

$$\delta_1(\mathbf{X})^2 - D(\mathbf{X}) = \delta_1(\mathbf{X})^2 - \delta(\mathbf{X})^2$$
$$= \prod_{i<j}[(X_i - X_j)^2 + 4X_iX_j] - \prod_{1<j}(X_i - X_j) = 4s(\mathbf{X}).$$

dove $s(\mathbf{X})$ è un polinomio simmetrico a coefficienti interi.

Calcolando nelle radici $\alpha_1, \ldots, \alpha_n$ di $f(X)$, si ottiene che $D(f)$, $\delta(f) := \delta_1(\alpha_1, \ldots, \alpha_n)$, $s(\alpha_1, \ldots, \alpha_n)$ sono numeri interi. Inoltre $\delta(f)^2$, essendo un quadrato in $\mathbb{Z}$, è congruo a 0 oppure ad 1 modulo 4. Ne segue che anche $D(f)$ è congruo a 0 oppure ad 1 modulo 4.

2.65. Dimostrare che un polinomio e la sua forma ridotta hanno lo stesso discriminante.

2.66. Sia $f(X) \in F[X]$ un polinomio di terzo grado. Mostrare che se $f(X) = (X - a)g(X)$, $a \in F$, allora $D(f) = cD(g)$, con $c \in F$.

2.67. Sia $f(X)$ uno dei seguenti polinomi su $\mathbb{Q}$:

$$X^2 + X + 1; \quad X^3 - X^2 + 1; \quad X^3 - 2X + 1; \quad X^4 + X + 1.$$

Calcolare il discriminante $D(f)$ usando la matrice di Sylvester di $f(X)$ e $f'(X)$.

2.68. Calcolare il discriminante dei seguenti polinomi di terzo grado su $\mathbb{Q}$:

$$X^3 - 2; \quad X^3 + 27X - 4; \quad X^3 - 21X + 17;$$
$$X^3 + X^2 - 2X - 1; \quad X^3 + X^2 - 2X + 1.$$

2.69. Calcolare il discriminante di $X^4 + bX + c \in \mathbb{Q}[X]$.

2.70. Sia F un campo e sia $f(X) := X^n + a \in F[X]$, $n \geq 2$. Mostrare che

$$D(f) = (-1)^{\frac{n(n-1)}{2}} n^n a^{n-1}$$

Suggerimento: Procedere come nell'Esempio 2.7.28, tenendo conto che il prodotto delle radici di $f(X)$ è uguale a $(-1)^n a$.

2.71. Sia $f(X) := X^{n-1} + \cdots + 1 \in \mathbb{Q}[X]$. Mostrare che

$$D(f) = (-1)^{\frac{n(n-1)}{2}} n^{n-2}.$$

Soluzione: Siano $\alpha_1, \ldots, \alpha_{n-1}$ le radici di $f(X)$. Allora

$$f(X) = \prod_{1 \leq i \leq (n-1)}(X - \alpha_i); \quad f(1) = \prod_{1 \leq i \leq (n-1)}(1 - \alpha_i) = n.$$

Ne segue che

$$D(X^n - 1) = \prod_{1 \leq i \leq (n-1)}(1 - \alpha_i)^2 D(f) = n^2 D(f).$$

Ma per l'Esercizio 2.70 $D(X^n - 1) = (-1)^{\frac{n(n-1)}{2}} n^n$.

2.72. Sia F un campo e siano $f(X)$, $g(X) \in F[X]$ due polinomi non costanti di grado uguale a n e m rispettivamente. Se $f(X) = g(X)q(X) + r(X)$, con $r(X) \neq 0$ e $\deg r(X) = d$, mostrare che

$$\mathcal{R}(g, f) = b_m^{n-d}\mathcal{R}(g, r),$$

dove b_m è il coefficiente direttore di $g(X)$.

Soluzione Siano $\alpha_1, \ldots, \alpha_n$ le radici di $f(X)$ e $\beta_1, \ldots, \beta_m$ quelle di $g(X)$. Basta osservare che, poiché $f(\beta_j) = g(\beta_j)q(\beta_j) + r(\beta_j) = r(\beta_j)$ per ogni j, si ha

$$\mathcal{R}(g, f) = b_m^n \prod f(\beta_j) = b_m^n \prod r(\beta_j); \quad \mathcal{R}(g, r) = b_m^d \prod r(\beta_j).$$

2.73. Sia $f(X) := X^3 + pX + q \in \mathbb{Q}[X]$. Calcolare il discriminante $D(f)$ con l'algoritmo euclideo della divisione, come descritto nell'Esempio 2.7.28 (3)

2.74. Siano $f(X) := X^n - a$, $g(X) := X^m - b \in \mathbb{Z}[X]$, $n \geq m$ e $d := \mathrm{MCD}(n, m)$. Mostrare che il resto della divisione di $f(X)$ per $g(X)$ è $r(X) = bX^{n-m} - a$. Usando l'algoritmo euclideo della divisione, come descritto nell'Esempio 2.7.28 (3), usare questo fatto per verificare, che

$$\mathcal{R}(f, g) = (-1)^m (a^{\frac{m}{d}} - b^{\frac{n}{d}})^d.$$

2.75. Sia F un campo e siano $f(X)$, $g(X)$ $h(X) \in F[X]$ polinomi monici non costanti. Verificare che

$$D(fg) = D(f)D(g)\mathcal{R}(f, g)^2; \quad \mathcal{R}(f, gh) = \mathcal{R}(f, g)\mathcal{R}(f, h).$$

Parte II

TEORIA DEI CAMPI

3

Ampliamenti di campi

In questo capitolo inizieremo lo studio degli ampliamenti di campi e dei loro isomorfismi. In particolare introdurremo i concetti di *ampliamento algebrico* e *grado di un ampliamento*.

3.1 Isomorfismi di campi

Un omomorfismo di campi non è altro che un omomorfismo di anelli tra due campi. Ogni omomorfismo di campi non nullo è unitario (Proposizione 1.2.3) ed inoltre, poiché un campo non ha ideali non banali, è anche iniettivo (Corollario 1.2.7). Questo fatto giustifica la seguente definizione.

Definizione 3.1.1 *Un omomorfismo di campi non nullo* $\varphi : F \longrightarrow K$ *si chiama un* isomorfismo di F in K *o anche una* immersione *di* F *in* K.

Ogni omomorfismo di campi suriettivo è un isomorfismo.

Proposizione 3.1.2 *Siano* F *e* K *due campi e sia* $\varphi : F \longrightarrow K$ *un isomorfismo di* F *in* K. *Se* $\mathbb{F}$ *è il sottocampo fondamentale di* F, *allora* $\varphi(\mathbb{F})$ *è il sottocampo fondamentale di* K. *In particolare* F *e* K *hanno stessa caratteristica.*

Dimostrazione. Se $\mathbb{K}$ è il sottocampo fondamentale di K, si ha $\mathbb{K} \subseteq \varphi(\mathbb{F}) \subseteq \varphi(F)$. Allora $\varphi^{-1}(\mathbb{K}) \subseteq \varphi^{-1}(\varphi(\mathbb{F})) = \mathbb{F}$. Per la minimalità di $\mathbb{F}$, si ha l'uguaglianza e dunque $\mathbb{K} = \varphi(\mathbb{F})$.

Proposizione 3.1.3 *Sia* K *un campo e sia* $\varphi : K \longrightarrow K$ *un automorfismo di* K. *Allora la restrizione di* φ *al sottocampo fondamentale* $\mathbb{F}$ *di* K *è l'identità, cioè risulta* $\varphi(x) = x$, *per ogni* $x \in \mathbb{F}$.

Dimostrazione. Se 1 è l'unità moltiplicativa di K, deve risultare $\varphi(1) = 1$ (Proposizione 1.2.3) e dunque $\varphi(a1) = a\varphi(1) = a1$, per ogni $a \in \mathbb{Z}$. Basta allora ricordare che il sottocampo fondamentale di K è il campo dei quozienti del sottoanello $\{a1 \, ; a \in \mathbb{Z}\}$ (Proposizione 1.6.2).

Esempi 3.1.4 (1) Se $F = \mathbb{Q}$, oppure $F = \mathbb{F}_p$, l'unico automorfismo di F è l'identità.

(2)L'unico automorfismo del campo reale $\mathbb{R}$ è l'identità. Per vedere questo, mostriamo intanto che ogni automorfismo φ di $\mathbb{R}$ mantiene necessariamente l'ordinamento naturale.

Siano $r, s \in \mathbb{R}$ tali che $r \geq s$, ovvero $r - s \geq 0$. Allora $r - s = x^2$ per qualche $x \in \mathbb{R}$ e

$$\varphi(r) - \varphi(s) = \varphi(r - s) = \varphi(x^2) = \varphi(x)^2 \geq 0,$$

da cui $\varphi(r) \geq \varphi(s)$.

Per la Proposizione 3.1.3, l'automorfismo φ è l'identità su $\mathbb{Q}$. Sia ora r un numero reale irrazionale e siano $(a_n)_{n \geq 1}$ e $(b_n)_{n \geq 1}$ due successioni di numeri razionali che approssimano r per difetto e per eccesso rispettivamente. Poiché $a_n < r < b_n$, si ottiene $\varphi(a_n) = a_n < \varphi(r) < b_n = \varphi(b_n)$, per ogni $n \geq 1$, e allora, per n tendente all'infinito, risulta $\varphi(r) = r$.

(3) L'applicazione di *coniugio*

$$\mathbb{C} \longrightarrow \mathbb{C}; \quad z := a + b\mathrm{i} \mapsto \overline{z} := a - b\mathrm{i},$$

per ogni $a, b \in \mathbb{R}$, è un automorfismo di $\mathbb{C}$ (Esempio 1.2.9 (2)). Dunque $\mathrm{Aut}(\mathbb{C}) \neq \{id\}$. Vedremo successivamente che $\mathbb{C}$ ha infiniti automorfismi (Paragrafo 6.5).

Se F e K sono due campi, tutte le applicazioni di dominio F e codominio K costituiscono uno spazio vettoriale su K con le operazioni puntuali definite da:

$$(\varphi_1 + \varphi_2)(x) = \varphi_1(x) + \varphi_2(x); \quad (k\varphi)(x) = k(\varphi(x))$$

per ogni $x \in F$, $k \in K$.

La seguente proposizione, dovuta a R. Dedekind (1894), è di fondamentale importanza ed asserisce che n immersioni distinte di F in K sono linearmente indipendenti su K, per ogni $n \geq 1$.

Proposizione 3.1.5 (Lemma di Dedekind, 1894) *Siano F, K campi e siano $\varphi_1, \ldots, \varphi_n$ isomorfismi distinti di F in K, $n \geq 1$. Allora, comunque scelti $c_1, \ldots, c_n \in K$ non tutti nulli, l'applicazione $c_1\varphi_1 + \cdots + c_n\varphi_n$ è non nulla, cioè esiste $a \in F$ tale che $c_1\varphi_1(\mathrm{a}) + \cdots + c_n\varphi_n(\mathrm{a}) \neq 0$.*

Dimostrazione. Supponiamo per assurdo che esistano $c_1, \ldots, c_n \in K$ non tutti nulli per i quali risulti $c_1\varphi_1 + \cdots + c_n\varphi_n = 0$ e sia $s \geq 1$ il minimo numero possibile di coefficienti non nulli che è possibile scegliere tra $c_1, \ldots, c_n$. Dunque, a meno dell'ordine, possiamo supporre che $c_1, \ldots, c_s$ siano tutti diversi da zero e che $\psi := c_1\varphi_1 + \cdots + c_s\varphi_s = 0$. Inoltre possiamo supporre che, se $1 \leq r < s$ e $c'_1, \ldots, c'_r$ sono tutti diversi da zero, esiste $y \in F$ tale che $c'_1\varphi_1(y) + \cdots + c'_r\varphi_r(y) \neq 0$. Mostriamo che questo porta a una contraddizione.

Se $s = 1$, essendo φ_1 non nullo, non c'è niente da dimostrare; sia perciò $s \geq 2$. Poiché $\varphi_1 \neq \varphi_s$, esiste $z \in F$ tale che $\varphi_1(z) \neq \varphi_s(z)$. Allora

$$\begin{aligned}
\varphi_1(z)0 - 0 &= \varphi_1(z)\psi(y) - \psi(zy) \\
&= \varphi_1(z)[c_1\varphi_1(y) + c_2\varphi_2(y) + \cdots + c_s\varphi_s(y)] - \\
&\quad [c_1\varphi_1(z)\varphi_1(y) + c_2\varphi_2(z)\varphi_2(y) + \cdots + c_s\varphi_s(z)\varphi_s(y)] \\
&= c_2(\varphi_1(z) - \varphi_2(z))\varphi_2(y) + \cdots + c_s(\varphi_1(z) - \varphi_s(z))\varphi_s(y) = 0.
\end{aligned}$$

Poiché $\varphi_1(z) - \varphi_s(z) \neq 0$, quest'ultima espressione è del tipo $c'_1\varphi_1(y) + \cdots + c'_r\varphi_r(y)$ con $r \leq s - 1$ e $c'_1, \ldots, c'_r$ tutti non nulli, in contraddizione con la minimalità di s.

Esempi 3.1.6 Se G è un gruppo moltiplicativo e K è un campo, un omomorfismo di gruppi $G \longrightarrow K^*$ si chiama un *carattere di G*. La stessa dimostrazione del Lemma di Dedekind mostra che $n \geq 1$ caratteri di G sono sempre linearmente indipendenti su K (*Teorema dell'Indipendenza dei Caratteri*).

3.2 Ampliamenti di campi

Gli ampliamenti di campi vengono definiti a meno di isomorfismi.

Definizione 3.2.1 *Un campo K si dice un* ampliamento *del campo F se esiste un'immersione di F in K. In questo caso, identificando F con la sua immagine isomorfa in K, scriveremo per semplicità di notazione $F \subseteq K$.*

Un campo L tale che $F \subseteq L \subseteq K$ di dice un campo intermedio *dell'ampliamento $F \subseteq K$.*

Esempi 3.2.2 **(1)** Ogni campo K è un ampliamento del suo sottocampo fondamentale. Precisamente K ha caratteristica zero se e soltanto se K è un ampliamento di $\mathbb{Q}$ e K ha caratteristica finita uguale a p se e soltanto se K è un ampliamento di $\mathbb{F}_p$ (Corollario 1.6.4). In particolare, ogni campo numerico è un ampliamento di $\mathbb{Q}$.

(2) Se $\mathbf{X} = \{X_i\}_{i \in I}$ è un insieme di indeterminate indipendenti su un campo F, il campo delle funzioni razionali $F(\mathbf{X})$ è un ampliamento di F.

Se K è un campo e S è un sottoinsieme non vuoto di K, l'intersezione di tutti i sottocampi di K contenenti S è un campo, che evidentemente è il più piccolo sottocampo di K contenente S.

Definizione 3.2.3 *Se $F \subseteq K$ è un ampliamento di campi e $S \subseteq K$ è un sottoinsieme, il più piccolo sottocampo di K contenente $F \cup S$ si chiama l'ampliamento di F in K generato da S e si indica con $F(S)$.*

Se $S = \{\alpha_1, \ldots, \alpha_n\}$ è un sottoinsieme finito di K, si pone $F(S) := F(\alpha_1, \ldots, \alpha_n)$. Diremo che K è un ampliamento finitamente generato *di F*

se esistono $\alpha_1, \ldots, \alpha_n \in K$, *tali che* $K = F(\alpha_1, \ldots, \alpha_n)$; *in questo caso* $\alpha_1, \ldots, \alpha_n$ *si chiamano i* generatori *di* K *su* F. *Se* $K = F(\alpha)$, *diremo che* K *è l'*ampliamento semplice *di* F generato da α.

Esempi 3.2.4 (1) Se K è un campo e $S = \{1\} \subseteq K$, il sottocampo generato da S è il sottocampo fondamentale $\mathbb{F}$ (Paragrafo 1.6). Inoltre, per ogni sottoinsieme S di K, il più piccolo sottocampo di K contenente S, contenendo 1, è il campo $\mathbb{F}(S)$.

(2) Dato un ampliamento di campi $F \subseteq K$ e due sottoinsiemi S e T di K, risulta $F(S) \subseteq F(T)$ se e soltanto se $S \subseteq F(T)$. In particolare $F(S) = F$ se e soltanto se $S \subseteq F$.

(3) Le funzioni simmetriche elementari in $n \geq 1$ indeterminate su un campo F generano il campo di tutte le funzioni simmetriche su F (Paragrafo 2.7.12).

Un ampliamento finitamente generato è facilmente descrivibile. Se $F \subseteq K$ è un ampliamento di campi e $\mathbf{X} = \{X_1, \ldots, X_n\}$, $n \geq 1$, è un insieme di indeterminate indipendenti su K, dati $\alpha_1, \ldots, \alpha_n \in K$ e posto $\boldsymbol{\alpha} := (\alpha_1, \ldots, \alpha_n)$, indichiamo al solito con $f(\boldsymbol{\alpha})$ il *valore* del polinomio $f(\mathbf{X}) \in F[\mathbf{X}]$ calcolato in $\boldsymbol{\alpha}$ (ovvero l'elemento di K che si ottiene sostituendo ordinatamente gli elementi $\alpha_1, \ldots, \alpha_n$ alle indeterminate $X_1, \ldots, X_n$) e ricordiamo che l'applicazione

$$v_{\boldsymbol{\alpha}} : F[\mathbf{X}] \longrightarrow K, \quad f(\mathbf{X}) \mapsto f(\boldsymbol{\alpha})$$

è un omomorfismo di anelli, la cui immagine è

$$F[\boldsymbol{\alpha}] := F[\alpha_1, \ldots, \alpha_n] := \{f(\boldsymbol{\alpha}); f(\mathbf{X}) \in F[\mathbf{X}]\}$$
$$= \left\{ \sum c_{k_1 \ldots k_n} \alpha_1^{k_1} \cdots \alpha_n^{k_n} ; c_{k_1 \ldots k_n} \in F; k_i \geq 0 \right\}$$

(Paragrafo 2.3.1).

Proposizione 3.2.5 *Sia* $F \subseteq K$ *un ampliamento di campi e siano* $\alpha_1, \ldots, \alpha_n \in K$. *Allora, posto* $\boldsymbol{\alpha} := (\alpha_1, \ldots, \alpha_n)$,

$$F(\alpha_1, \ldots, \alpha_n) = \left\{ f(\boldsymbol{\alpha}) g(\boldsymbol{\alpha})^{-1} ; f(\mathbf{X}), g(\mathbf{X}) \in F[\mathbf{X}], g(\boldsymbol{\alpha}) \neq 0 \right\}.$$

Inoltre, per ogni $S \subseteq K$,

$$F(S) = \bigcup \{ F(\alpha_{i_1}, \ldots, \alpha_{i_n}) ; \alpha_{i_j} \in S, j = 1, \ldots, n \}.$$

Dimostrazione. L'anello $F[\boldsymbol{\alpha}] := \{f(\boldsymbol{\alpha}); f(\mathbf{X}) \in F[\mathbf{X}]\}$ è il minimo sottoanello di K contenente sia F che $\{\alpha_1, \ldots, \alpha_n\}$ (Proposizione 2.3.1). Allora il minimo sottocampo di K contenente sia F che l'insieme $\{\alpha_1, \ldots, \alpha_n\}$ è il campo delle frazioni di $F[\boldsymbol{\alpha}]$ in K, cioè

$$F(\boldsymbol{\alpha}) := \left\{ f(\boldsymbol{\alpha}) g(\boldsymbol{\alpha})^{-1} ; f(\mathbf{X}), g(\mathbf{X}) \in F[\mathbf{X}], g(\boldsymbol{\alpha}) \neq 0 \right\}.$$

Sia poi $S \subseteq K$. Poiché $F(\alpha_{i_1}, \ldots, \alpha_{i_n}) \subseteq F(S)$, al variare di $\alpha_{i_j} \in S$, per la minimalità di $F(S)$ basta mostrare che l'unione L dei campi $F(\alpha_{i_1}, \ldots, \alpha_{i_n})$ è un campo. Questo segue dal fatto che, dati $x, y \in L$, $y \neq 0$, se $x \in F(\alpha_{i_1}, \ldots, \alpha_{i_n})$, $y \in F(\alpha_{j_1}, \ldots, \alpha_{j_m})$, allora $x - y$, $xy^{-1} \in F(\alpha_{i_1}, \ldots, \alpha_{i_n}, \alpha_{j_1}, \ldots, \alpha_{j_m}) \subseteq L$.

Ogni ampliamento finitamente generato si può costruire per ricorsione come una successione finita di ampliamenti semplici. Infatti, se $\alpha_1, \ldots, \alpha_n \in K$, posto

$$F_0 := F \quad \text{e} \quad F_i := F_{i-1}(\alpha_i) \quad \text{per} \quad i = 1, \ldots, n,$$

risulta

$$F \subseteq F_1 = F(\alpha_1) \subseteq \ldots \subseteq F_i = F(\alpha_1, \ldots, \alpha_i) \subseteq \ldots \subseteq F_n = F(\alpha_1, \ldots, \alpha_n).$$

Osserviamo che, per le proprietà delle operazioni di K, tale costruzione non dipende dalla scelta dell'ordine degli α_i.

Daremo in seguito condizioni su $\alpha_1, \ldots, \alpha_n$ sufficienti ad assicurare che l'ampliamento $F(\alpha_1, \ldots, \alpha_n)$ sia semplice, ovvero che esista un elemento $\alpha \in K$ (detto *elemento primitivo*) tale che $F(\alpha_1, \ldots, \alpha_n) = F(\alpha)$ (Teorema 5.3.13).

Esempi 3.2.6 **(1)** Sia F un campo numerico e sia $\alpha \in \mathbb{C} \setminus F$ è tale che $\alpha^2 \in F$. Allora l'ampliamento semplice di F in $\mathbb{C}$ generato da α è

$$F(\alpha) = \{a + b\alpha \,;\, a, b \in F\}.$$

Infatti, ogni campo numerico contenente F e α contiene necessariamente tutti i numeri del tipo $a + b\alpha$, $a, b \in F$. Basta allora osservare che l'insieme di tali numeri è un campo, perché è un gruppo additivo, è chiuso rispetto alla moltiplicazione ed inoltre, se $a, b \neq 0$, l'inverso di $a + b\alpha$ è $\dfrac{a - b\alpha}{a^2 - b^2\alpha^2}$.

(2) $\mathbb{C}$ è un ampliamento semplice di $\mathbb{R}$. Infatti risulta

$$\mathbb{C} := \{a + bi \,;\, a, b \in \mathbb{R}\} = \mathbb{R}(i).$$

(3) L'ampliamento $\mathbb{Q}(\sqrt{2}, \sqrt{3})$, si può costruire tramite la successione di ampliamenti semplici

$$\mathbb{Q} \subseteq F := \mathbb{Q}(\sqrt{2}) \subseteq F(\sqrt{3}) = \mathbb{Q}(\sqrt{2}, \sqrt{3}).$$

Per quanto visto nel precedente Esempio (1), risulta

$$F := \mathbb{Q}(\sqrt{2}) = \left\{a + b\sqrt{2} \,;\, a, b \in \mathbb{Q}\right\}.$$

Poiché $\sqrt{3} \notin \mathbb{Q}(\sqrt{2})$ (altrimenti si avrebbe $\sqrt{3} = a + b\sqrt{2}$ e, quadrando, $\sqrt{2}$ sarebbe razionale), allora $\mathbb{Q}(\sqrt{2}) \subsetneq \mathbb{Q}(\sqrt{2}, \sqrt{3})$ e risulta

$$\mathbb{Q}(\sqrt{2}, \sqrt{3}) = F(\sqrt{3}) = \left\{ a' + b'\sqrt{3} \, ; \, a', b' \in F \right\}$$
$$= \left\{ c_0 + c_1\sqrt{2} + c_2\sqrt{3} + c_3\sqrt{2}\sqrt{3} \, ; \, c_i \in \mathbb{Q} \right\}.$$

Allo stesso risultato si giunge costruendo prima

$$F' := \mathbb{Q}(\sqrt{3}) = \left\{ a + b\sqrt{3} \, ; \, a, b \in \mathbb{Q} \right\}$$

e successivamente

$$\mathbb{Q}(\sqrt{2}, \sqrt{3}) = F'(\sqrt{2}) = \left\{ a' + b'\sqrt{2} \, ; \, a', b' \in F' \right\}$$
$$= \left\{ c_0 + c_1\sqrt{3} + c_2\sqrt{2} + c_3\sqrt{3}\sqrt{2} \, ; \, c_i \in \mathbb{Q} \right\}.$$

$\mathbb{Q}(\sqrt{2}, \sqrt{3})$ è un ampliamento semplice di $\mathbb{Q}$. Infatti

$$\mathbb{Q}(\sqrt{2}, \sqrt{3}) = \mathbb{Q}(\alpha); \quad \alpha := \sqrt{2} + \sqrt{3}.$$

Per vedere ciò, osserviamo che chiaramente $\mathbb{Q}(\alpha) \subseteq \mathbb{Q}(\sqrt{2}, \sqrt{3})$. Viceversa, si ha:

$$2 = (\alpha - \sqrt{3})^2 = \alpha^2 - 2\sqrt{3}\alpha + 3,$$

da cui

$$\sqrt{3} = (\alpha^2 + 1)(2\alpha)^{-1} \in \mathbb{Q}(\alpha) \quad \text{e} \quad \sqrt{2} = \alpha - \sqrt{3} \in \mathbb{Q}(\alpha).$$

Segue che $\mathbb{Q}(\sqrt{2}, \sqrt{3}) \subseteq \mathbb{Q}(\alpha)$.

(4) Se F è un campo e $f(X) := c_0 + c_1 X + \cdots + c_n X^n \in F[X]$, il più piccolo sottocampo di F contenente i coefficienti di $f(X)$ è il campo $\mathbb{F}(c_0, c_1, \ldots, c_n)$, dove $\mathbb{F}$ è il sottocampo fondamentale di F. Questo campo si chiama il *campo di definizione* (o *di razionalità*) di $f(X)$.

Ad esempio, il campo di definizione del polinomio $X^5 - \sqrt{3}X^2 + (\sqrt{2} + 1)$ è $\mathbb{Q}(\sqrt{2}, \sqrt{3})$.

(5) Il campo $K := F(X, Y)$ delle funzioni razionali in due indeterminate indipendenti su F è finitamente generato, ma non è semplice. Altrimenti, se $K := F(\alpha)$, dalle relazioni $\alpha = \varphi(X, Y)$ e $X = \psi(\alpha)$, eliminando i denominatori si otterrebbe una relazione di dipendenza algebrica su F tra le indeterminate X e Y.

3.3 Elementi algebrici e trascendenti

Se $F \subseteq K$ e $\alpha \in K$, l'ampliamento semplice di F in K generato da α è il campo

$$F(\alpha) = \left\{ f(\alpha)g(\alpha)^{-1} \, ; \, f(X), \, g(X) \in F[X] \, , \, g(\alpha) \neq 0 \right\}$$

(Proposizione 3.2.5). Per costruire questo ampliamento, è allora necessario stabilire se α è o meno radice di qualche polinomio non nullo a coefficienti in F.

Definizione 3.3.1 *Sia $F \subseteq K$ un ampliamento di campi. Un elemento $\alpha \in K$ di dice* algebrico *su F se è radice di qualche polinomio non nullo $f(X) \in F[X]$. Altrimenti α si dice* trascendente *su F.*

Se $F \subseteq K$, un elemento $\alpha \in K$ algebrico su F è evidentemente algebrico anche su ogni campo intermedio L.

Esempi 3.3.2 (1) Ogni elemento $\alpha \in F$ è banalmente algebrico su F, essendo radice del polinomio $X - \alpha$ a coefficienti in F.

(2) Ogni indeterminata X su un campo F è trascendente su F per il *Principio di Uguaglianza dei Polinomi* (Proposizione 2.1.1).

(3) Se $F \subseteq L \subseteq K$, un elemento di K algebrico su L non è necesariamente algebrico su F.

Infatti se $\tau \in K$ è un elemento trascendente su F, anche τ^n è trascendente su F, per ogni $n \geq 1$; altrimenti risulterebbe $f(\tau^n) = g(\tau) = 0$ per certi polinomi non nulli $f(X)$, $g(X) \in F[X]$. Considerando gli ampliamenti $F \subseteq F(\tau^n) \subseteq F(\tau)$ si ha tuttavia che τ è algebrico sul campo intermedio $F(\tau^n)$, essendo radice del polinomio $X^n - \tau^n \in F(\tau^n)[X]$.

(4) Il concetto di elemento algebrico ha in Algebra Commutativa un analogo di fondamentale importanza, quello di *elemento intero* [56, Chapter 13].

Dati due anelli commutativi unitari $A \subseteq B$, un elemento $\alpha \in B$ si dice *intero su A* se è radice di un polinomio *monico*

$$f(X) := X^n + a_{n-1}X^{n-1} + \cdots + a_0 \in A[X],$$

$n \geq 1$. In questo caso, la relazione $f(\alpha) = 0$ si dice una *relazione di dipendenza integrale* per α su A.

Nel caso in cui A e B siano campi, vediamo che un elemento di B è intero su A se e soltanto se è algebrico. Ma, se A non è un campo, un elemento di B che è radice di un polinomio non nullo $f(X) \in A[X]$ non è necessariamente intero su A, perché non è sempre possibile scegliere $f(X)$ monico. Basta pensare che ogni numero razionale a/b è radice del polinomio $bX - a \in \mathbb{Z}[X]$, ma non può essere radice di un polinomio monico a coefficienti interi se $b \neq \pm 1$ (Esempio 2.3.9 (2)).

3.3.1 Numeri trascendenti

Un numero complesso algebrico su $\mathbb{Q}$ si chiama semplicemente un *numero algebrico*. Un numero che non è algebrico si chiama un *numero trascendente*. I numeri reali trascendenti sono necessariamente irrazionali.

Esempi 3.3.3 (1) Se d è un numero intero positivo, $\sqrt[n]{d}$ è un numero reale algebrico, per ogni $n \geq 2$, perché è radice del polinomio $X^n - d \in \mathbb{Q}[X]$. Si fa risalire alla scuola pitagorica la scoperta che il lato e la diagonale di un quadrato non sono commensurabili, cioè che $\sqrt{2}$ è un numero irrazionale. Più generalmente, usando la proprietà che ogni numero intero è prodotto di numeri primi univocamente determinati, si può facilmente verificare che $\sqrt[n]{d}$ è un numero intero oppure è un numero irrazionale, per ogni $n \geq 2$ (Esercizio 3.9).

(2) L'unità immaginaria i è un numero algebrico, essendo radice del polinomio $X^2 + 1$.

Come vedremo successivamente, i numeri algebrici formano un sottocampo di $\mathbb{C}$ (Proposizione 3.6.1) ed hanno molte buone proprietà. Lo studio dei numeri trascendenti è invece molto più difficile ed ha molteplici aspetti che non sembra possano ricondursi ad una teoria generale.

L'esistenza dei numeri trascendenti è stata dimostrata da J. Liouville nel 1844, come conseguenza del suo celebre *Teorema di Approssimazione*. Una dimostrazione indiretta dell'esistenza dei numeri trascendenti è stata poi data da G. F. Cantor, nel 1874. Essa si basa sul fatto che l'insieme dei numeri algebrici ha la cardinalità del numerabile, mentre il campo $\mathbb{R}$ dei numeri reali ha cardinalità strettamente maggiore; i numeri trascendenti sono allora infinitamente più numerosi dei numeri algebrici. La dimostrazione di Cantor verrà illustrata nel Paragrafo 13.2; una discussione sulla sua costruttività si trova in [47].

Teorema 3.3.4 (J. Liouville, 1844) *Se $\alpha \in \mathbb{R}$ è radice di un polinomio irriducibile di grado $n \geq 2$, esiste un numero positivo c, dipendente soltanto da α, tale che l'ineguaglianza*

$$\left| \alpha - \frac{p}{q} \right| > \frac{c}{|q|^n}$$

è verificata per tutte le coppie di numeri razionali (p, q), $q \neq 0$.

Una dimostrazione del Teorema di Liouville si può trovare ad esempio in [52, Paragrafo 1]. Usando in negativo questo teorema, è possibile costruire molti numeri reali trascendenti, oggi chiamati *numeri di Liouville* [52, Paragrafo 4]. Il numero di Liouville più noto è il numero

$$\sum_{k \geq 1} \frac{1}{10^{k!}} = \frac{1}{10} + \frac{1}{10^2} + \frac{1}{10^{3!}} + \cdots + \frac{1}{10^{n!}} + \cdots$$

Altri numeri trascendenti possono essere costruiti usando teoremi di approssimazione sempre più precisi. In questo contesto, il seguente teorema, chiamato per motivi storici il *Teorema di Thue-Siegel-Roth*, è considerato di fondamentale importanza ed è stato dimostrato da K. F. Roth nel 1955 [52, Paragrafo 5].

Teorema 3.3.5 (K. Roth, 1955) *Sia $\alpha \in \mathbb{R}$ un numero algebrico e sia $\epsilon >$ 0. Allora l'ineguaglianza*

$$\left| \alpha - \frac{p}{q} \right| < \frac{1}{q^{2+\epsilon}}$$

è verificata soltanto per un numero finito di numeri razionali p/q, $q > 0$.

Tuttavia, in generale dimostrare la trascendenza, o anche soltanto l'irrazionalità, di un particolare numero reale è molto difficile. Uno dei molti problemi importanti ancora aperti è infatti quello di stabilire se certe costanti che intervengono in Teoria dei Numeri, come ad esempio la *costante di Euler*

$$\gamma := \lim_{n \to \infty} \left(1 + \frac{1}{2} + \frac{1}{3} + \cdots + \frac{1}{n} - \log n\right) = 0,5777216\ldots,$$

siano o no razionali.

La trascendenza del *numero di Nepero*

$$e := \sum_{k \geq 1} \frac{1}{k!} = 1 + \frac{1}{2} + \frac{1}{3!} + \cdots + \frac{1}{n!} + \ldots,$$

base del logaritmo naturale, fu congetturata da L. Euler nel 1784 e dimostrata da C. Hermite (*Comptes rendus*, 1873) come conseguenza del seguente teorema.

Teorema 3.3.6 (C. Hermite, 1873) *Se $\alpha_1, \ldots, \alpha_n$ sono numeri razionali distinti, $n \geq 1$, i numeri $e^{\alpha_1}, \ldots, e^{\alpha_n}$ sono linearmente indipendenti su $\mathbb{Q}$.*

Il Teorema di Hermite è stato generalizzato da F. Lindemann nel 1882.

Teorema 3.3.7 (F. Lindemann, 1882) *Scelti comunque n numeri algebrici distinti α_i e n numeri algebrici non nulli A_i, $1 \leq i \leq n$, risulta*

$$A_1 e^{\alpha_1} + A_2 e^{\alpha_2} + \cdots + A_n e^{\alpha_n} \neq 0.$$

Una dimostrazione del Teorema di Lindemann si può trovare in [52, Section 10] oppure in [35, Problem 26].

Corollario 3.3.8 *Il numero e^α è trascendente per ogni numero algebrico $\alpha \neq 0$. In particolare, se x è un numero reale algebrico diverso da 0 e 1, allora $\ln(x)$ è trascendente.*

Dimostrazione. Per il Teorema 3.3.7, se $\alpha \neq 0$ è algebrico, e^α non può essere radice di alcun polinomio a coefficienti razionali. Quindi e^α è un numero trascendente. Poiché $x = e^{\ln(x)}$, vediamo anche che, se $\ln(x) \neq 0$ è algebrico, allora x è trascendente.

La trascendenza del numero π, che indica il rapporto tra la lunghezza della circonferenza e quella del diametro di un qualsiasi cerchio, fu congetturata da A. M. Legendre nel 1806 e dimostrata da Lindemann come conseguenza del

Teorema 3.3.7. Come vedremo nel Paragrafo 11.4, essa implica l'impossibilità della *quadratura del cerchio*, ovvero l'impossibilità di costruire con riga e compasso un quadrato che abbia area uguale a quella di un cerchio assegnato. Ricordiamo che ogni numero reale x soddisfa la *formula di Eulero*

$$e^{ix} = \cos(x) + i\sin(x) \quad \text{(L. Euler, 1746)}.$$

Corollario 3.3.9 π *è un numero trascendente.*

Dimostrazione. Per la formula di Eulero, si ha $e^{i\pi} = -1$. Poiché i è algebrico ed i numeri algebrici formano un campo, per il Teorema 3.3.7, π non può essere algebrico.

Per una dimostrazione più dettagliata della trascendenza di e e di π si può consultare [51, Appendix].

Nel suo discorso di apertura del secondo Congresso Internazionale della Matematica, tenutosi a Parigi nel 1900, D. Hilbert indicò quelle che riteneva le linee di sviluppo della matematica del XX secolo attraverso un elenco di problemi ancora aperti, oggi noti come i *23 problemi di Hilbert*. Il settimo di questi problemi chiedeva di stabilire se i numeri del tipo α^{β}, con α e β algebrici, come ad esempio $2^{\sqrt{2}}$, fossero trascendenti. Questo problema fu risolto nel 1934 da A. Gelfond e T. Schneider indipendentemente [52, Paragrafo 9].

Teorema 3.3.10 (A. Gelfond-T. Schneider, 1934) *Se* α *è un numero algebrico diverso da 0 e 1 e* β *è un numero irrazionale algebrico, allora* α^{β} *è trascendente.*

Corollario 3.3.11 (A. Gelfond, 1929) e^{π} *è un numero trascendente.*

Dimostrazione. Per la formula di Euler, risulta $e^{\pi} = i^{-2i}$, dove sia i che $-2i$ sono algebrici. Quindi possiamo applicare il Teorema 3.3.10.

Corollario 3.3.12 (C. Siegel, 1930) $2^{\sqrt{2}}$ *è un numero trascendente.*

Non è ancora noto se α^{β} sia trascendente quando lo sono sia α che β. Ad esempio non è noto se π^e sia trascendente. Non è neanche noto se $e + \pi$ ed $e\pi$ siano trascendenti.

Il Teorema di Gelfond-Schneider è stato poi significativamente migliorato da A. Baker (*Linear forms in the logarithms of algebraic numbers, I, II, III,* 1966 - 1967). Per i suoi lavori in Teoria dei Numeri, Baker ha ricevuto nel 1970 la *Medaglia Fields*. Questo premio è dedicato alla memoria del matematico J. C. Fields, che lo ha istituito nel 1936. Esso viene assegnato a matematici di età inferiore ai 40 anni, in occasione dei Congressi Internazionali di Matematica, che si svolgono ogni quattro anni.

3.3.2 Il polinomio minimo di un elemento algebrico

Dato un ampliamento di campi $F \subseteq K$, per stabilire se un elemento $\alpha \in K$ è algebrico oppure trascendente su F si può studiare l'omomorfismo definito dal valore in α

$$v_\alpha : F[X] \longrightarrow K ; \quad f(X) \mapsto f(\alpha).$$

Infatti il nucleo di v_α è precisamente l'ideale di $F[X]$ costituito dai polinomi che si annullano in α. Quindi α è algebrico su F se e soltanto se $I_\alpha := \operatorname{Ker} v_\alpha$ è un ideale non nullo di $F[X]$. In questo caso, poiché $F[X]$ è un anello a ideali principali, risulta anche $I_\alpha = \langle m(X) \rangle$, dove $m(X)$ è l'unico polinomio monico di grado minimo in I_α (Teorema 2.2.4).

Definizione 3.3.13 *Se $F \subseteq K$ è un ampliamento di campi e $\alpha \in K$ è algebrico su F, il polinomio di $F[X]$ monico e di grado minimo annullato da α si chiama il* polinomio minimo *di α su F. L'elemento α si dice* algebrico di grado n *se il suo polinomio minimo ha grado n.*

Proposizione 3.3.14 *Siano $F \subseteq K$ un ampliamento di campi, $\alpha \in K$ e $p(X) \in F[X]$ un polinomio non nullo tale che $p(\alpha) = 0$. Allora $p(X)$ è il polinomio minimo di α su F se e soltanto se $p(X)$ è monico ed è irriducibile su F.*

Dimostrazione. Sia $m(X)$ il polinomio minimo di α su F. Se $m(X) = g(X)h(X)$, allora $m(\alpha) = g(\alpha)h(\alpha) = 0$, da cui $g(\alpha) = 0$ oppure $h(\alpha) = 0$. Nel primo caso, $g(X)$ è un multiplo di $m(X)$ e quindi $m(X)$ e $g(X)$ sono associati. Nel secondo caso, analogamente $m(X)$ e $h(X)$ sono associati. Dunque $m(X)$ è irriducibile.

Viceversa, sia $p(X) \in F[X]$ un polinomio non nullo annullato da α. Se $p(X)$ è irriducibile, essendo diviso da $m(X)$, esso è associato a $m(X)$. Quindi se $p(X)$ è anche monico risulta $p(X) = m(X)$.

Per la proposizione precedente, se $F \subseteq K$ e $f(X) \in F[X]$ è un qualsiasi polinomio non nullo annullato da un elemento $\alpha \in K$, il polinomio minimo di α su F è il fattore monico irriducibile di $f(X)$ annullato da α. In particolare, ogni polinomio monico irriducibile a coefficienti numerici è il polinomio minimo di ogni sua radice complessa.

Inoltre, se $F \subseteq L \subseteq K$ e $\alpha \in K$ è algebrico su F, il grado di α su F è maggiore uguale al suo grado su L. Infatti il polinomio minimo di α su F può essere riducibile in $L[X]$ e in questo caso è diviso propriamente in $L[X]$ dal polinomio minimo di α su L.

Esempi 3.3.15 **(1)** Se $F \subseteq K$, un elemento $\alpha \in K$ è algebrico di grado 1 su F se e soltanto se $\alpha \in F$ (Proposizione 2.3.10).

(2) Se $F \subseteq K$ e $\alpha \in K \setminus F$ annulla un polinomio di secondo grado su F, allora α ha grado 2 su F. Ad esempio, ogni numero complesso non reale ha grado 2 su $\mathbb{R}$. Infatti $\alpha := a + bi \in \mathbb{C}$, è radice del polinomio a coefficienti reali

$$f(X) := X^2 - (\alpha + \overline{\alpha})X + \alpha\overline{\alpha} = X^2 - 2aX + (a^2 + b^2)$$

(Paragrafo 2.4.1).

(3) Se p è un numero primo e $n \geq 2$, $\alpha := \sqrt[n]{p}$ ha grado n su $\mathbb{Q}$, infatti α è radice del polinomio $X^n - p$, che è irriducibile su $\mathbb{Q}$ per il Criterio di Eisenstein (Esempio 2.5.11 (1)).

(4) Se p è un numero primo e $\xi \neq 1$ è una radice complessa p-esima dell'unità, allora ξ ha grado $p-1$ su $\mathbb{Q}$. Infatti ξ è radice del p-esimo polinomio ciclotomico $\varPhi_p(X) := X^{p-1} + X^{p-2} + \cdots + 1$, che è irriducibile su $\mathbb{Q}$ per il Criterio di Eisenstein (Esempio 2.5.11 (3)).

(5) Il numero $\alpha := \sqrt{2} + \sqrt{3}$ ha grado 2 su $\mathbb{Q}(\sqrt{2})$ e grado 4 su $\mathbb{Q}$. Infatti $\alpha \notin \mathbb{Q}(\sqrt{2})$ perché $\sqrt{3} \notin \mathbb{Q}(\sqrt{2})$ (Esempio 3.2.6 (5)). Inoltre risulta

$$3 = (\alpha - \sqrt{2})^2 = \alpha^2 - 2\sqrt{2}\alpha + 2,$$

per cui α è radice del polinomio $X^2 - 2\sqrt{2}X - 1$ a coefficienti in $\mathbb{Q}(\sqrt{2})$. Infine si ha

$$2\sqrt{2}\alpha = \alpha^2 - 1 \quad \text{da cui} \quad 8\alpha^2 = \alpha^4 - 2\alpha^2 + 1.$$

Ne segue che α è anche radice del polinomio a coefficienti razionali

$$m(X) := X^4 - 10X^2 + 1,$$

che è irriducibile su $\mathbb{Q}$ (perché non ha radici razionali e non ha fattori di secondo grado a coefficienti razionali). Notiamo che in $\mathbb{Q}(\sqrt{2})[X]$ risulta

$$X^4 - 10X^2 + 1 = (X^2 - 2\sqrt{2}X - 1)(X^2 + 2\sqrt{2}X - 1).$$

3.4 Ampliamenti semplici

Siamo ora in grado di caratterizzare gli ampliamenti semplici di un campo. Ricordiamo che, se $F \subseteq K$ è un ampliamento di campi e $\alpha \in K$, l'ampliamento semplice di F in K generato da α è il campo

$$F(\alpha) = \left\{ f(\alpha)g(\alpha)^{-1} \, ; \, f(X), \, g(X) \in F[X] \, , \, g(\alpha) \neq 0 \right\}$$

(Proposizione 3.2.5).

Teorema 3.4.1 (L. Kronecker, 1882) *Sia* $F \subseteq K$ *un ampliamento di campi e sia* $\alpha \in K$. *Allora:*

(a) *Se* α *è trascendente su* F, *l'applicazione*

$$F(X) \longrightarrow F(\alpha); \quad \frac{f(X)}{g(X)} \mapsto f(\alpha)g(\alpha)^{-1}$$

è un isomorfismo di campi. Quindi $F(\alpha)$ *è isomorfo al campo* $F(X)$ *delle funzioni razionali in una indeterminata* X *su* F.

(b) *Se α è algebrico su F con polinomio minimo $m(X)$, risulta $F(\alpha) = F[\alpha]$ e l'applicazione*

$$\frac{F[X]}{\langle m(X)\rangle} \longrightarrow F(\alpha); \quad f(X) + \langle m(X)\rangle \mapsto f(\alpha)$$

è un isomorfismo di campi.

Dimostrazione. Sia $v_\alpha : F[X] \longrightarrow K$, $f(X) \mapsto f(\alpha)$, l'omomorfismo definito dal valore in α, la cui immagine è $F[\alpha]$.

(a) Se α è trascendente su F, allora $\operatorname{Ker} v_\alpha = (0)$. Ne segue che v_α è iniettivo e perciò si estende ad un isomorfismo tra $F(X)$ e $F(\alpha)$ (Teorema 1.5.1 (d)).

(b) Se α è algebrico su F, allora $\operatorname{Ker} v_\alpha = \langle m(X)\rangle$, dove $m(X) \in F[X]$ è il polinomio minimo di α su F. Dunque, per il Teorema Fondamentale di Omomorfismo, $\operatorname{Im} v_\alpha = F[\alpha]$ è canonicamente isomorfo all'anello quoziente $F[X]/\langle m(X)\rangle$. Poiché $m(X)$ è irriducibile su F (Proposizione 3.3.14), tale quoziente è un campo (Proposizione 2.2.9 (c)). Dunque anche $F[\alpha]$ è un campo e necessariamente coincide con $F(\alpha)$.

Corollario 3.4.2 *Sia $F \subseteq K$ un ampliamento di campi. Allora un elemento $\alpha \in K$ è algebrico su F se e soltanto se $F[\alpha] = F(\alpha)$. In questo caso*

$$F(\alpha) = \left\{ c_0 + c_1\alpha + \cdots + c_{n-1}\alpha^{n-1} ; c_i \in F \right\},$$

dove n è il grado di α su F.

Dimostrazione. Per quanto visto nel Teorema 3.4.1, se α è algebrico su F, $F[\alpha] = F(\alpha)$. Altrimenti, se α è trascendente su F, $F[\alpha]$ è canonicamente isomorfo all'anello dei polinomi $F[X]$ e non è un campo.

Inoltre, se il polinomio minimo $m(X)$ di α su F ha grado n, gli elementi non nulli dell'anello quoziente $F[X]/\langle m(X)\rangle$ possono essere rappresentati dai polinomi di grado minore di n (Proposizione 2.2.9 (a)). Quindi, per l'isomorfismo canonico $f(X) + \langle m(X)\rangle \mapsto f(\alpha)$, risulta

$$F(\alpha) = \{r(\alpha) ; r(X) \in F[X] , \deg r(X) < n\} \cup \{0\}$$
$$= \left\{ c_0 + c_1\alpha + \cdots + c_{n-1}\alpha^{n-1} ; c_i \in F \right\}.$$

Esempi 3.4.3 (1) Quando α è algebrico di grado n su F, con polinomio minimo $m(X)$, l'inverso di un elemento non nullo $\beta \in F(\alpha)$ può essere determinato con l'algoritmo della divisione euclidea come nell'Esempio 2.2.10.

Sia infatti $\beta := c_0 + c_1\alpha + \cdots + c_{n-1}\alpha^{n-1} \in F(\alpha)$ e si consideri il corrispondente polinomio $r(X) = c_0 + c_1 X + \cdots + c_{n-1}X^{n-1} \in F[X]$. Poiché $m(X)$ è irriducibile di grado n, allora $r(X)$ e $m(X)$ sono coprimi e l'algoritmo della divisione euclidea ci permette di determinare due polinomi $g(X)$ e $h(X)$ tali che $g(X)r(X) + h(X)m(X) = 1$ (Teorema 2.2.6). Calcolando in α, si ottiene che $g(\alpha)r(\alpha) = g(\alpha)\beta = 1$. Dunque $g(\alpha)$ è l'inverso di β in $F(\alpha)$.

(2) Determiniamo l'inverso razionalizzato del numero $\beta := \sqrt{2} + \sqrt{3} + 1$. Notiamo che $\beta \in \mathbb{Q}(\alpha)$, dove $\alpha := \sqrt{2} + \sqrt{3}$. Poiché il polinomio minimo di α su $\mathbb{Q}$ è $X^4 - 10X^2 + 1$ (Esempio 3.3.15 (5)), si ha

$$\mathbb{Q}(\alpha) = \left\{ c_0 + c_1\alpha + c_2\alpha^2 + c_3\alpha^3 \, ; \, c_i \in \mathbb{Q} \right\}.$$

Il polinomio corrispondente a $\beta = \alpha + 1$ è $X + 1$ e risulta

$$X^4 - 10X^2 + 1 = (X+1)(X^3 - X^2 - 9X - 9) - 8.$$

Calcolando in α, si ottiene che l'inverso di β in $\mathbb{Q}(\alpha)$ è $\frac{1}{8}(\alpha^3 - \alpha^2 - 9\alpha - 9)$.

Corollario 3.4.4 *Sia $F \subseteq K$ un ampliamento di campi e siano α, $\beta \in K$ due elementi algebrici di grado n su F che hanno lo stesso polinomio minimo. Allora l'applicazione $F(\alpha) \longrightarrow F(\beta)$ definita da*

$$c_0 + c_1\alpha + \cdots + c_{n-1}\alpha^{n-1} \mapsto c_0 + c_1\beta + \cdots + c_{n-1}\beta^{n-1}$$

è un isomorfismo di campi.

Dimostrazione. Per il Teorema 3.4.1, se $m(X)$ è il polinomio minimo di α e β e $r(X) := c_0 + c_1 X + \cdots + c_{n-1}X^{n-1}$, si hanno due isomorfismi:

$$F(\alpha) \longrightarrow \frac{F[X]}{\langle m(X) \rangle} \longrightarrow F(\beta)$$

definiti da:

$$r(\alpha) \mapsto r(X) + \langle m(X) \rangle \mapsto r(\beta).$$

La loro composizione è l'isomorfismo cercato.

Esempi 3.4.5 (1) Se $\xi \neq 1$ è una radice complessa terza dell'unità, ad esempio $\xi := \frac{-1 + i\sqrt{3}}{2}$, allora $\sqrt[3]{2}$ e $\sqrt[3]{2}\xi$ hanno lo stesso polinomio minimo $X^3 - 2$ su $\mathbb{Q}$ (Paragrafo 2.4.2). Quindi l'applicazione

$$\mathbb{Q}(\sqrt[3]{2}) \longrightarrow \mathbb{Q}(\sqrt[3]{2}\xi); \quad r(\sqrt[3]{2}) \mapsto r(\sqrt[3]{2}\xi),$$

per ogni polinomio $r(X) \in \mathbb{Q}[X]$ (di grado al più uguale a due), è un isomorfismo di campi. Osserviamo che $\mathbb{Q}(\sqrt[3]{2})$ è un campo numerico reale, ma $\mathbb{Q}(\sqrt[3]{2}\xi)$ non è reale.

(2) Perché due ampliamenti semplici $F(\alpha)$ e $F(\beta)$ siano isomorfi, addirittura uguali, non è necessario che α e β abbiano lo stesso polinomio minimo. Ad esempio $\mathbb{Q}(\sqrt{2}) = \mathbb{Q}(a\sqrt{2} + b)$, per ogni $a, b \in \mathbb{Q}$, $a \neq 0$.

3.5 Ampliamenti finiti

Se F è un campo e $\varphi : F \longrightarrow A$ è un omomorfismo di anelli non nullo, A è uno spazio vettoriale su F con la moltiplicazione scalare definita da $xa = \varphi(x)a$, per ogni $x \in F$ e $a \in A$ (Paragrafo 2.3.1). Dunque, se $F \subseteq K$ è un ampliamento di campi, K è uno spazio vettoriale su F.

Definizione 3.5.1 *Se $F \subseteq K$ è un ampliamento di campi, la dimensione di K come spazio vettoriale su F si chiama il* grado *di K su F e si indica con $[K : F]$. Si dice che K è un* ampliamento finito *di F (o che K è finito su F) se K ha grado finito su F.*

Esempi 3.5.2 (1) Se $F \subseteq K$, allora $F = K$ se e soltanto se $[K : F] = 1$.

(2) $\mathbb{C}$ è un ampliamento finito di grado due di $\mathbb{R}$. Infatti una base di $\mathbb{C}$ su $\mathbb{R}$ è $\{1, i\}$.

(3) Il campo $F(X)$ delle funzioni razionali nell'indeterminata X sul campo F non è un ampliamento finito di F. Infatti gli elementi $1, X, X^2, \ldots, X^n$ sono linearmente indipendenti su F, per ogni $n \geq 1$, per il Principio di Uguaglianza dei Polinomi (Proposizione 2.1.2).

Gli ampliamenti finiti semplici di un campo sono precisamente quelli generati da un elemento algebrico, come mostra il seguente risultato.

Proposizione 3.5.3 *Siano $F \subseteq K$ un ampliamento di campi e $\alpha \in K$. Le seguenti proprietà sono equivalenti:*

(i) *$F \subseteq F(\alpha)$ è un ampliamento finito;*
(ii) *α è algebrico su F;*
(iii) *$F[\alpha] = F(\alpha)$;*
(iv) *$F[\alpha]$ è uno spazio vettoriale di dimensione finita su F.*

Inoltre, se queste proprietà sono soddisfatte, $n := [F(\alpha) : F]$ è uguale al grado di α su F e una base di $F(\alpha)$ su F è $\{1, \alpha, \alpha^2, \ldots, \alpha^{n-1}\}$.

Dimostrazione. (i) $\Rightarrow$ (iv) Se $F(\alpha)$ ha grado finito su F e $[F(\alpha) : F] = n$, gli $n+1$ elementi $1, \alpha, \alpha^2, \ldots, \alpha^n$ di K sono linearmente dipendenti su F. Quindi $F[\alpha]$ è uno spazio vettoriale di dimensione finita su F.

(iv) $\Rightarrow$ (ii) Se $F[\alpha]$ è uno spazio vettoriale di dimensione finita $n \geq 1$ su F, gli $n + 1$ elementi $1, \alpha, \alpha^2, \ldots, \alpha^n$ di $F[\alpha]$ sono linearmente dipendenti su F. Dunque α annulla un polinomio di grado n su F e quindi è algebrico su F.

(ii) $\Rightarrow$ (i) Se α è algebrico di grado n su F, gli elementi $1, \alpha, \alpha^2, \ldots, \alpha^{n-1}$ di K sono linearmente indipendenti su F, altrimenti α annullerebbe un polinomio di $F[X]$ di grado minore di n. Poiché essi generano $F(\alpha)$ su F (Corollario 3.4.2), allora costituiscono una base di $F(\alpha)$ su F. In particolare $[F(\alpha) : F] = n$.

(ii) $\Leftrightarrow$ (iii) Per il Corollario 3.4.2.

Corollario 3.5.4 *Sia $F \subseteq K$ un ampliamento di campi. Un elemento $\alpha \in K$ è trascendente su F se e soltanto se $F(\alpha)$ ha grado infinito su F.*

Vediamo ora che il grado di un ampliamento finito ha buone proprietà moltiplicative.

Proposizione 3.5.5 *Se $F \subseteq L \subseteq K$ sono ampliamenti di campi, allora K è finito su F se e soltanto se K è finito su L e L è finito su F. In questo caso risulta*

$$[K : F] = [K : L][L : F].$$

Inoltre, se $\{\alpha_1, \ldots, \alpha_s\}$ è una base di K su L e $\{\beta_1, \ldots, \beta_t\}$ è una base di L su F, allora $\{\alpha_1\beta_1, \ldots, \alpha_s\beta_t\}$ è una base di K su F.

Dimostrazione. Basta verificare che, se $\{\alpha_\lambda \, ; \, \lambda \in \Lambda\}$ è una base di K su L e $\{\beta_\sigma \, ; \, \sigma \in \Sigma\}$ è una base di L su F, allora una base di K su F è $\{\alpha_\lambda\beta_\sigma \, ; \, \lambda \in \Lambda, \sigma \in \Sigma\}$.

Per vedere questo, osserviamo intanto che $\{\alpha_\lambda\beta_\sigma \, ; \, \lambda \in \Lambda, \sigma \in \Sigma\}$ è un insieme di generatori per K su F. Infatti, se $a \in K$, allora $a = \sum_{j=1}^{n} b_j \alpha_j$, per opportuni $b_j \in L$, e $b_j = \sum_{i=1}^{m} c_{ij}\beta_i$, per opportuni $c_{ij} \in F$. Dunque $a = \sum_{i,j} c_{ij}\beta_i\alpha_j$. Inoltre, se $\sum_{h,k} c_{hk}\beta_h\alpha_k = \sum_k (\sum_h c_{hk}\beta_h)\alpha_k = 0$, con $c_{hk} \in F$, $h = 1, \ldots, s$, $k = 1, \ldots, t$, l'indipendenza degli α_k su L implica che $\sum_h c_{hk}\beta_h = 0$ per ogni k, e allora l'indipendenza dei β_h su F implica che $c_{hk} = 0$ per ogni h, k. Dunque gli elementi $\alpha_\lambda\beta_\sigma$, $\lambda \in \Lambda, \sigma \in \Sigma$ sono tutti linearmente indipendenti su F.

Corollario 3.5.6 *Siano $F \subseteq L \subseteq K$ ampliamenti finiti di campi:*

(a) *Se $[K : F] = [L : F]$, allora $L = K$.*
(b) *Se $[K : F] = [K : L]$, allora $L = F$.*

Dimostrazione. Per la Proposizione 3.5.5, se $[K : F] = [L : F]$, allora $[K : L] = 1$; da cui $K = L$. Analogamente, se $[K : F] = [K : L]$, allora $[L : F] = 1$; da cui $L = F$.

Esempi 3.5.7 Il Corollario 3.5.6 non è vero senza l'ipotesi che $[K : F]$ sia finito. Infatti, sia τ un elemento trascendente su un campo F e consideriamo la catena di campi $F \subseteq F(\tau^n) \subseteq F(\tau)$, dove $n \geq 2$. Poiché anche τ^n è trascendente su F (Esempio 3.3.2 (4)), allora $[F(\tau) : F] = [F(\tau^n) : F]$ è infinito. Notiamo ora che, per l'isomorfismo canonico $F[\tau^n] \longrightarrow F[X]$ dato dal Teorema di Kronecker (Teorema 3.4.1), τ^n è un elemento primo di $F[\tau^n]$ (Esempio 2.3.9 (3)). Quindi il polinomio $X^n - \tau^n \in F(\tau^n)[X]$ è irriducibile su $F(\tau^n)$ per il criterio di Eisenstein (Esempio 2.5.11 (2)). Ne segue che $[F(\tau) : F(\tau^n)] = n \geq 2$ e in particolare $F(\tau^n) \neq F(\tau)$.

Corollario 3.5.8 *Se $F \subseteq K$ è un ampliamento finito, ogni elemento $\alpha \in K$ è algebrico su F ed il suo grado su F divide $[K : F]$.*

Se inoltre $F \subseteq L \subseteq F(\alpha)$, il grado di α su L divide il grado di α su F.

Dimostrazione. Si ha $F \subseteq F(\alpha) \subseteq K$ e $[F(\alpha) : F]$ divide $[K : F]$ per la Proposizione 3.5.5. Inoltre $[F(\alpha) : F]$ è il grado di α su F per il Corollario 3.4.2 (notare che $[F(\alpha) : F] = 1$ se e soltanto se $\alpha \in F$). Se poi $F \subseteq L \subseteq F(\alpha)$, allora risulta $L(\alpha) = F(\alpha)$ e $[L(\alpha) : L] = [F(\alpha) : L]$ divide $[F(\alpha) : F]$, ancora per la Proposizione 3.5.5.

Corollario 3.5.9 *Se $F \subseteq K$ è un ampliamento di campi e $[K : F] = p$ è un numero primo, allora $K = F(\alpha)$ per ogni $\alpha \in K \setminus F$. Inoltre una base di K su F è $\left\{1, \alpha, \alpha^2, \ldots, \alpha^{p-1}\right\}$.*

Dimostrazione. $[F(\alpha) : F]$ è finito e divide $[K : F] = p$ per la Proposizione 3.5.5. Se inoltre $\alpha \in K \setminus F$, allora $[F(\alpha) : F] \neq 1$ e quindi $[F(\alpha) : F] = p$. La conclusione segue allora dal Corollario 3.5.6.

3.5.1 Ampliamenti quadratici

Un ampliamento di campi $F \subseteq K$ tale che $[K : F] = 2$ si chiama un *ampliamento quadratico*. In questo caso, per ogni $\alpha \in K \setminus F$, risulta $[F(\alpha) : F] = 2$ e dunque $K = F(\alpha)$. Inoltre α è radice di un polinomio irriducibile $m(X) = X^2 + bX + c$ a coefficienti in F e una base di K su F è $\{1, \alpha\}$.

Sia ora F un campo di caratteristica diversa da 2 e sia $F(\alpha)$ un ampliamento quadratico, con $\alpha^2 + b\alpha + c = 0$, $b, c \in F$. Posto $\Delta := b^2 - 4c$, si ha

$$\alpha^2 + b\alpha = -c$$
$$b^2 + 4\alpha^2 + 4b\alpha = b^2 - 4c$$
$$(2\alpha + b)^2 = \Delta$$

Quindi in $F(\alpha)$ esiste un elemento γ tale che $\gamma^2 = \Delta \in F$, infatti $\gamma := \pm(2\alpha + b)$. Inoltre $\alpha = 2^{-1}(\gamma - b)$. Con abuso di notazione, in analogia con il caso numerico, possiamo porre $\gamma := \pm\sqrt{\Delta}$ e ritrovare in questo modo le usuali formule risolutive delle equazioni di secondo grado

$$\alpha = \frac{-b \pm \sqrt{\Delta}}{2}.$$

Poiché $\alpha \in F(\gamma)$, allora $\gamma \notin F$ e $F(\alpha) = F(\gamma)$. Viceversa, se $\gamma \notin F$ e $\gamma^2 := c \in F$, allora il polinomio $X^2 - c$ è irriducibile su F e $F(\gamma)$ è un ampliamento quadratico di F.

In conclusione, tutti e soli gli ampliamenti quadratici di un campo F di caratteristica diversa da 2 sono quelli del tipo $F(\gamma)$, dove $\gamma \notin F$ e $\gamma^2 \in F$. In caratteristica 2 invece questo non è vero (Esempio 4.1.2 (1)).

3.5.2 Ampliamenti biquadratici

Se F è un campo e $F(\alpha)$, $F(\beta)$ sono ampliamenti quadratici distinti di F, l'ampliamento $F(\alpha, \beta)$ si chiama un *ampliamento biquadratico* di F.

Notiamo che $F(\alpha)$ e $F(\beta)$ sono distinti se e soltanto se $\beta \notin F(\alpha)$ (equivalentemente $\alpha \notin F(\beta)$). Se questo avviene, α ha grado 2 su $F(\beta)$ (e simmetricamente β ha grado 2 su $F(\alpha)$); perciò $[F(\alpha, \beta) : F] = 4$ e una base di $F(\alpha, \beta)$ su F è $\{1, \alpha, \beta, \alpha\beta\}$ (Proposizione 3.5.5).

Mostriamo che $F(\alpha, \beta) = F(\gamma)$, con $\gamma := \alpha + \beta$. Notiamo che $\gamma \in F(\alpha, \beta) \setminus F$, altrimenti si avrebbe $\beta \in F(\alpha)$. Allora, se $F(\gamma) \neq F(\alpha, \beta)$, γ deve avere grado 2 su F. Siano

$$p(X) := X^2 + a_1 X + a_0 ; \quad q(X) := X^2 + b_1 X + b_0$$

rispettivamente i polinomi minimi di α e β su F e supponiamo che $m(X) := X^2 + d_1 X + d_0 \in F[X]$ sia un polinomio annullato da γ. Usando le relazioni $m(\gamma) = p(\alpha) = q(\beta) = 0$, deve allora risultare

$$(d_0 - a_0 - b_0) + (d_1 - a_1)\alpha + (d_1 - b_1)\beta + 2\alpha\beta = 0.$$

Ma questo è impossibile perché $1, \alpha, \beta, \alpha\beta$ sono linearmente indipendenti su F. Perciò risulta $F(\alpha, \beta) = F(\gamma)$ e quindi una base per $F(\alpha, \beta)$ su F è anche $\{1, \gamma, \gamma^2, \gamma^3\}$.

Supponiamo ora che F abbia caratteristica diversa da 2. Allora, senza perdere di generalità, per quanto visto precedentemente, possiamo supporre che $a := \alpha^2$ e $b := \beta^2$ appartengano ad F. In questo caso, il polinomio minimo $m(X)$ di $\gamma := \alpha + \beta$ su F è un polinomio monico *biquadratico*, cioè del tipo

$$X^4 + a_2 X^2 + a_0;$$

infatti, per doppia quadratura, risulta

$$m(X) = X^4 - 2(a + b)X^2 + (a - b)^2.$$

Viceversa, se il polinomio minimo di γ su F è un polinomio biquadratico, non è detto che $F(\gamma)$ sia un ampliamento biquadratico. Ad esempio, il polinomio minimo di $\gamma := \sqrt[4]{2}$ su $\mathbb{Q}$ è $X^4 - 2$ (Esempio 3.3.15 (3)), che è un polinomio biquadratico (per $a_2 = 0$, $a_0 = -2$). Ma $\mathbb{Q}(\sqrt[4]{2})$ non è un ampliamento biquadratico, perché $\sqrt[4]{2}$ non si può esprimere nella forma $f(\sqrt{a}, \sqrt{b})$. Questo apparirà più chiaro nel successivo Paragrafo 7.3.3.

3.5.3 Ampliamenti del tipo $\mathbb{Q}(\sqrt[3]{a}, \sqrt{b})$

Siano a, $b \in \mathbb{Q}$ tali che i polinomi $X^3 - a$, $X^2 - b$ siano irriducibili su $\mathbb{Q}$ e siano α e β due numeri complessi tali che $\alpha^3 = a$, $\beta^2 = b$. Mostriamo che $\mathbb{Q}(\alpha, \beta)$ ha grado 6 su $\mathbb{Q}$ e che $\mathbb{Q}(\alpha, \beta) = \mathbb{Q}(\alpha + \beta)$.

Poiché

$$[\mathbb{Q}(\alpha, \beta) : \mathbb{Q}] = [\mathbb{Q}(\alpha, \beta) : \mathbb{Q}(\alpha)][\mathbb{Q}(\alpha) : \mathbb{Q}] = [\mathbb{Q}(\alpha, \beta) : \mathbb{Q}(\beta)][\mathbb{Q}(\beta) : \mathbb{Q}],$$

allora $[\mathbb{Q}(\alpha, \beta) : \mathbb{Q}]$ è diviso da $3 = [\mathbb{Q}(\alpha) : \mathbb{Q}]$ e da $2 = [\mathbb{Q}(\beta) : \mathbb{Q}]$ e perciò è diviso anche da 6. D'altra parte ad esempio $[\mathbb{Q}(\alpha, \beta) : \mathbb{Q}(\beta)]$ è al più uguale a 3, perché α ha grado 3 su $\mathbb{Q}$. Perciò $[\mathbb{Q}(\alpha,\beta):\mathbb{Q}]=6$. Inoltre una base di $\mathbb{Q}(\alpha,\beta)$ su $\mathbb{Q}$ è

$$\left\{1,\alpha,\alpha^2,\beta,\alpha\beta,\alpha^2\beta\right\}.$$

Poiché $\mathbb{Q}(\alpha+\beta)\subseteq\mathbb{Q}(\alpha,\beta)$, per concludere che $\mathbb{Q}(\alpha,\beta)=\mathbb{Q}(\alpha+\beta)$, basta mostrare che

$$[\mathbb{Q}(\alpha,\beta):\mathbb{Q}]=6=[\mathbb{Q}(\alpha+\beta):\mathbb{Q}].$$

Poiché $\alpha+\beta\in\mathbb{Q}(\alpha,\beta)$, il suo grado su $\mathbb{Q}$ può essere 2, 3 oppure 6. Supponiamo che $\alpha+\beta$ abbia grado 2, cioè

$$x(\alpha+\beta)^2+y(\alpha+\beta)+z=0\,,\quad\text{con }x,\,y,\,z\in\mathbb{Q},$$

allora

$$(xb+z)+y\alpha+y\beta+x\alpha^2+2x\alpha\beta=0,$$

da cui, poiché 1, α, β, α^2, $\alpha\beta$ sono linearmente indipendenti su $\mathbb{Q}$,

$$x=y=z=0.$$

Dunque $\alpha+\beta$ non ha grado 2 su $\mathbb{Q}$. Nello stesso modo si vede che esso non può avere grado 3 su $\mathbb{Q}$. Ne segue che $\alpha+\beta$ ha grado 6 su $\mathbb{Q}$ e perciò $\mathbb{Q}(\alpha,\beta)=\mathbb{Q}(\alpha+\beta)$.

Notiamo che $\alpha+\beta$ deve avere grado 2 su $\mathbb{Q}(\alpha)$ e grado 3 su $\mathbb{Q}(\beta)$. Per calcolare il polinomio minimo di $\alpha+\beta$ su $\mathbb{Q}(\alpha)$, $\mathbb{Q}(\beta)$ e su $\mathbb{Q}$, si può procedere nel seguente modo.

Sia $\gamma:=\alpha+\beta$. Allora $\gamma-\beta=\alpha$, da cui, elevando al cubo,

$$\gamma^3-3\beta\gamma^2+3b\gamma-b\beta=a.$$

Ne segue che il polinomio minimo di γ su $\mathbb{Q}(\beta)$ è

$$g(X):=X^3-3\beta X^2+3bX-(b\beta+a).$$

Analogamente, si ha $\gamma-\alpha=\beta$, da cui, elevando al quadrato,

$$\gamma^2-2\alpha\gamma+\alpha^2=b.$$

Allora il polinomio minimo di γ su $\mathbb{Q}(\alpha)$ è

$$h(X):=X^2-2\alpha X+(\alpha^2-b).$$

Infine, elevando al quadrato, dalla relazione

$$\gamma^3+3b\gamma-a=(3\gamma^2+b)\beta$$

si ottiene

$$\gamma^6-3b\gamma^4-2a\gamma^3+3b^2\gamma^2-6ab\gamma+(a^2-b^3)=0.$$

Perciò il polinomio minimo di γ su $\mathbb{Q}$ è

$$f(X) = X^6 - 3bX^4 - 2aX^3 + 3b^2X^2 - 6abX + (a^2 - b^3).$$

Dunque una base di $\mathbb{Q}(\alpha, \beta) = \mathbb{Q}(\gamma)$ su $\mathbb{Q}$ è anche

$$\left\{ 1, \gamma, \gamma^2, \gamma^3, \gamma^4, \gamma^5 \right\}.$$

Notiamo infine che

$$\begin{aligned}
f(X) &= g(X)(X^3 + 3\beta X^2 + 3bX + (b\beta - a)) \\
&= h(X)(X^4 + 2\alpha X^3 + (3\alpha^2 - 2b)X^2 - (2b\alpha - 2a)X + (b\alpha^2 + a\alpha + b^2)).
\end{aligned}$$

3.5.4 Il composto di due campi

Ricordiamo che se $F \subseteq K$ è un ampliamento di campi e L è un campo tale che $F \subseteq L \subseteq K$, si dice che L è un *campo intermedio* dell'ampliamento.

Definizione 3.5.10 *Se L e M sono due campi intermedi dell'ampliamento $F \subseteq K$, l'ampliamento di F in K generato da $L \cup M$ si chiama il* composto *di L e M in K e si indica con LM.*

Il composto di L e M in K è per definizione il più piccolo sottocampo di K contenente sia L che M e quindi $LM := \langle L \cup M \rangle = L(M) = M(L)$.

Esempi 3.5.11 Se $L = F(S)$ e $M = F(T)$, allora, come si verifica facilmente, il composto di L e M è $F(S \cup T)$. In particolare, se $L = F(\alpha_1, \ldots, \alpha_n)$ e $M = F(\beta_1, \ldots, \beta_m)$ sono due ampliamenti finitamente generati di F, il composto di L e M è l'ampliamento finitamente generato

$$LM = F(\alpha_1, \ldots, \alpha_n, \beta_1, \ldots, \beta_m).$$

Proposizione 3.5.12 *Sia $F \subseteq K$ un ampliamento di campi e siano L, M due campi intermedi. Se L è finito su F, allora*

$$LM = \{x_1 y_1 + \cdots + x_t y_t; \ x_i \in L, \ y_i \in M, \ i = 1, \ldots, t\}.$$

Inoltre LM è finito su M e $[LM : M] \leq [L : F]$.

Dimostrazione. Si verifica facilmente che l'insieme

$$C := \{x_1 y_1 + \cdots + x_t y_t; \ x_i \in L, \ y_i \in M, \ i = 1, \ldots, t\}$$

è un sottoanello di K contenente sia L che M.

Sia $\{\alpha_1, \ldots, \alpha_n\}$ una base di L su F e sia $\gamma = x_1 y_1 + \cdots + x_t y_t \in C$ un elemento non nullo, con $x_i \in L$ e $y_i \in M$, $i = 1, \ldots, t$. Poiché ogni elemento x_i è combinazione lineare di $\alpha_1, \ldots, \alpha_n$ su F, allora γ è combinazione lineare di $\alpha_1, \ldots, \alpha_n$ su M. Dunque $\{\alpha_1, \ldots, \alpha_n\}$ è un insieme di generatori di C come spazio vettoriale su M e la dimensione di C su M è al più uguale a n. Ne segue che $M[\gamma]$ ha dimensione finita su M. Perciò γ è algebrico su M e $M[\gamma] = M(\gamma)$ è un campo (Corollario 3.4.2). Allora $\gamma^{-1} \in M[\gamma] \subseteq C$ e quindi C è un campo.

Poiché L, $M \subseteq C \subseteq LM$, per la minimalità del campo LM risulta $LM = C$. Infine, per la prima parte della dimostrazione, $[LM : M] \leq [L : F]$.

Proposizione 3.5.13 *Sia $F \subseteq K$ un ampliamento di campi e siano L, M due campi intermedi finiti su F. Allora il composto LM è finito su F e risulta*

$$[LM : F] \leq [L : F][M : F].$$

Se inoltre $[L : F]$ e $[M : F]$ sono due interi coprimi, allora vale l'uguaglianza.

Dimostrazione. L'ampliamento $M \subseteq LM$ è finito e $[LM : M] \leq [L : F]$ per la Proposizione 3.5.12. Allora, usando la Proposizione 3.5.5,

$$[LM : F] = [LM : M][M : F] \leq [L : F][M : F].$$

Se inoltre $[L : F] = n$ e $[M : F] = m$ sono due interi coprimi, allora nm divide $[LM : F]$, perché lo dividono sia m che n. Dunque vale l'uguaglianza.

Esempi 3.5.14 (1) Sia $F \subseteq K$ e siano L e M due campi intermedi di grado finito su F. Se $\{\alpha_1, \ldots, \alpha_n\}$ è una base di L su F e $\{\beta_1, \ldots, \beta_m\}$ è una base di M su F, allora $\{\alpha_i\beta_j \; ; \; i = 1, \ldots, n, \; j = 1, \ldots, m\}$ è un insieme di generatori di LM su F. Infatti, ogni elemento di LM è del tipo $x_1 y_1 + \cdots + x_t y_t$ e $x_i \in L$, $y_i \in M$ sono combinazioni lineari su F di $\alpha_1, \ldots, \alpha_n$ e $\beta_1, \ldots, \beta_m$ rispettivamente. Da questo segue ancora che $[LM : F] \leq mn$.

(2) Sia K un ampliamento di F e siano $\alpha, \beta \in K$ algebrici su F di gradi m e n rispettivamente. Se $L = F(\alpha)$ e $M = F(\beta)$, si ha

$$LM = F(\alpha, \beta) \quad \text{e} \quad [F(\alpha, \beta) : F] \leq mn.$$

Se inoltre $\mathrm{MCD}(m, n) = 1$, risulta

$$F(\alpha) \cap F(\beta) = F \quad \text{e} \quad [F(\alpha, \beta) : F] = [F(\alpha) : F][F(\beta) : F] = mn.$$

D'altra parte, l'ipotesi $\mathrm{MCD}(m, n) = 1$ non è necessaria. Se ad esempio $F(\alpha)$ e $F(\beta)$ sono due ampliamenti quadratici distinti, allora il loro composto $F(\alpha, \beta)$ è un ampliamento biquadratico.

(3) Sia $F \subseteq K$ un ampliamento di campi e sia X una indeterminata su K. Allora il campo delle funzioni razionali $K(X)$ è il composto di K e $F(X)$. Se inoltre K è finito su F, $[K(X) : F(X)] = [K : F]$. Infatti $[K(X) : F(X)] \leq [K : F]$ per la Proposizione 3.5.12 e viceversa $[K : F] \leq [K(X) : F(X)]$, perché elementi $\alpha_1, \ldots, \alpha_n \in K$ indipendenti su F sono anche indipendenti su $F(X)$. Per vedere questo, notiamo che data una relazione di dipendenza lineare di $\alpha_1, \ldots, \alpha_n$ su $F(X)$, moltiplicando per un denominatore comune dei coefficienti, otteniamo una relazione $g(X) := \alpha_1 f_1(X) + \cdots + \alpha_n f_n(X) = 0$, con $f_j(X) := a_{0j} + a_{1j}X + \cdots + a_{n_j j}X^{n_j} \in F[X]$, $j = 1, \ldots, n$. Allora $g(X) = \sum_j a_{0j}\alpha_j + \sum_j a_{1j}\alpha_j X + \cdots = 0$ e, per il Principio di Identità dei Polinomi, $\sum_j a_{ij}\alpha_j = 0$ per ogni $i = 0, \ldots, \deg g(X)$. Da cui, per l'indipendenza lineare degli α_j su F, otteniamo $a_{ij} = 0$ e $f_j(X) = 0$ per ogni j.

3.6 Ampliamenti algebrici finitamente generati

Ricordiamo che, dato un ampliamento di campi $F \subseteq K$, un elemento $\alpha \in K$ si dice algebrico su F se è radice di qualche polinomio non nullo $f(X) \in F[X]$.

Proposizione 3.6.1 *Sia $F \subseteq K$ un ampliamento di campi. L'insieme degli elementi di K algebrici su F è un sottocampo di K.*

Dimostrazione. Siano α, $\beta \in K$ algebrici su F. Allora l'ampliamento $F(\alpha, \beta)$ di F è finito su F per la Proposizione 3.5.12. Poiché $\alpha - \beta \in F(\alpha, \beta)$ e $\alpha\beta^{-1} \in F(\alpha, \beta)$, per $\beta \neq 0$, questi elementi sono algebrici su F per il Corollario 3.5.8. Quindi l'insieme degli elementi di K algebrici su F è un sottocampo di K.

Definizione 3.6.2 *Si dice che un ampliamento di campi $F \subseteq K$ è un ampliamento algebrico, oppure che K è algebrico su F, se ogni elemento $\alpha \in K$ è algebrico su F.*

Ogni ampliamento finito è algebrico su F per il Corollario 3.5.8. Il seguente teorema caratterizza gli ampliamenti finiti come gli ampliamenti algebrici finitamente generati; nel caso degli ampliamenti semplici ritroviamo la Proposizione 3.5.3.

Teorema 3.6.3 *Sia $F \subseteq K$ un ampliamento di campi. Le seguenti proprietà sono equivalenti:*

(i) *K è finito su F;*
(ii) *K è algebrico e finitamente generato su F;*
(iii) *$K = F(\alpha_1, \ldots, \alpha_n)$, dove α_i è algebrico su F per $i = 1, \ldots n$.*

Dimostrazione. (i) $\Rightarrow$ (ii) Ogni ampliamento finito è algebrico per il Corollario 3.5.8. Sia poi $\{\beta_1, \ldots, \beta_n\}$ una base di K su F. Allora $K \subseteq F(\beta_1, \ldots, \beta_n)$ e, poiché vale anche l'inclusione opposta, si ha l'uguaglianza.

(ii) $\Rightarrow$ (iii) è evidente.

(iii) $\Rightarrow$ (i) segue dalla Proposizione 3.5.13 per induzione su $n \geq 1$, perché K è il composto dei campi $F(\alpha_i)$, che sono finiti su F per $i = 1, \ldots, n$.

Corollario 3.6.4 *Se $F \subseteq K$ è un ampliamento di campi finito, allora $K = F[\alpha_1, \ldots, \alpha_n]$, per opportuni elementi $\alpha_1, \ldots, \alpha_n \in K$. In particolare, K è una F-algebra finitamente generata.*

Dimostrazione. Per il Teorema 3.6.3, se il grado $[K : F]$ è finito, si ha $K = F(\alpha_1, \ldots, \alpha_n)$, dove $\alpha_i \in K$ è algebrico su F per $i = 1, \ldots n$. Poiché per il Corollario 3.4.2 risulta $F(\alpha_1) = F[\alpha_1]$ ed inoltre α_{i+1} è algebrico su $F(\alpha_1, \ldots, \alpha_i)$, per $0 \leq i < n$, si può allora concludere per induzione su n.

È vero anche il viceversa del corollario precedente. Infatti, se $F \subseteq K$ è un ampliamento di campi e K è una F-algebra finitamente generata, K ha grado finito su F. Questa è una delle tante versioni del *Teorema degli Zeri di Hilbert*, nella sua così detta *forma debole*, e verrà dimostrata nel successivo Paragrafo 6.3.

Esempi 3.6.5 (1) $\mathbb{C}$ è un ampliamento algebrico di $\mathbb{R}$, perché $[\mathbb{C} : \mathbb{R}] = 2$. (Esempio 3.5.2 (1)). Invece $\mathbb{R}$ non è un ampliamento algebrico di $\mathbb{Q}$, perché $\mathbb{R}$ contiene numeri trascendenti (Paragrafo 3.3.1).

(2) Ogni campo con un numero finito di elementi è un ampliamento algebrico di $\mathbb{F}_p$, per un opportuno primo p. Infatti un campo con un numero finito di elementi ha necessariamente caratteristica prima p ed ha grado finito su $\mathbb{F}_p$. I campi con un numero finito di elementi verranno studiati nel successivo Paragrafo 4.3.

3.6.1 Un ampliamento algebrico che non è finito

Per la Proposizione 3.6.1, tutti i numeri complessi algebrici formano un sottocampo di $\mathbb{C}$. L'intersezione di questo campo con $\mathbb{R}$ è il campo dei numeri reali algebrici.

Proposizione 3.6.6 *Il campo dei numeri reali algebrici è un ampliamento algebrico e non finito di* $\mathbb{Q}$.

Dimostrazione. Sia $\gamma_n := \sqrt[n]{2}$, $n \geq 2$. Poiché per il Criterio di Eisenstein il polinomio $X^n - 2$ è irriducibile su $\mathbb{Q}$ (Esempio 2.5.11 (1)), risulta $[\mathbb{Q}(\gamma_n) : \mathbb{Q}] = n$. Se il campo dei numeri reali algebrici avesse grado finito su $\mathbb{Q}$, tale grado sarebbe diviso da n, per ogni $n \geq 2$ (Corollario 3.5.8). Ma questo è impossibile.

Notiamo che anche il campo dei numeri complessi algebrici, contenendo il campo dei numeri reali algebrici, non può essere finito su $\mathbb{Q}$.

3.7 Esercizi

3.1. Sia $m(X) \in \mathbb{Q}[X]$ un polinomio irriducibile su $\mathbb{Q}$ e sia α una radice complessa di $m(X)$. Determinare l'inverso di β in $\mathbb{Q}(\alpha)$ in ognuno dei seguenti casi:
$$m(X) := X^2 - 5\,, \qquad\qquad \beta := \alpha + 1\,;$$
$$m(X) := 4X^4 + 5X + 10\,, \qquad \beta := \alpha^3 + \alpha + 1\,;$$
$$m(X) := X^3 + 3X^2 + 9X + 6\,, \quad \beta := \alpha^2\,.$$

3.2. Determinare l'inverso razionalizzato di $4 + 2\sqrt[3]{2} + \sqrt[3]{4}$ in $\mathbb{Q}(\sqrt[3]{2})$.

3.3. Mostrare che $\mathbb{Q}(\sqrt{2}, \sqrt{3}) = \mathbb{Q}(\sqrt{2}, \sqrt{6}) = \mathbb{Q}(\sqrt{3}, \sqrt{6})$.

3.4. Stabilire se $\mathbb{Q}(i + \sqrt{2}) = \mathbb{Q}(i\sqrt{2})$.

3.5. Sia F un campo contenuto in $\mathbb{R}$. Mostrare che l'insieme di matrici

$$\mathcal{M}_{a,b}(F) := \left\{ M_{a,b} := \begin{pmatrix} a & b \\ -b & a \end{pmatrix} ; a,b \in F \right\}$$

è un campo ed è un ampliamento di grado 2 di F.

Soluzione: Si ha

$$M_{a,b} - M_{c,d} = M_{a-c,b-d} \quad \text{e} \quad M_{a,b}M_{c,d} = M_{c,d}M_{a,b} = M_{ac-bd,ad+bc}.$$

Dunque $\mathcal{M}_{a,b}(F)$ è un sottoanello commutativo unitario dell'anello di tutte le matrici 2×2 su F, con unità la matrice $M_{1,0}$. Inoltre, se $M_{a,b} \neq 0$, si ha che $M_{a,b}M_{a,-b} = (a^2 + b^2)M_{1,0}$ con $a^2 + b^2 \neq 0$, perciò

$$M_{a,b}^{-1} = \frac{1}{a^2 + b^2} M_{a,-b} \in \mathcal{M}_{a,b}(F).$$

Infine una base di $\mathcal{M}_{a,b}(F)$ su F è costituita da $M_{1,0}$ e $M_{0,1}$.

3.6. Sia K un ampliamento quadratico di $\mathbb{Q}$. Mostrare che $K = \mathbb{Q}(\sqrt{d})$, dove $d \in \mathbb{Z}$ e $|d| = p_1 \dots p_n$, dove $p_1, \dots, p_n$ sono numeri primi distinti.

3.7. Siano a e b due interi privi di fattori quadratici. Mostrare che $\mathbb{Q}(\sqrt{a}) = \mathbb{Q}(\sqrt{b})$ se e soltanto se $\sqrt{\frac{a}{b}} \in \mathbb{Q}$.

3.8. Mostrare che, se F è un qualsiasi campo numerico e d è un numero intero, allora $F(\sqrt{d}) = F(a + b\sqrt{d}) = F(c\sqrt{d})$, per ogni $a, b, c \in F^*$.

3.9. Siano $d, n \geq 2$. Mostrare che, se $\sqrt[n]{d} \notin \mathbb{Z}$, allora non esiste alcun numero razionale $\alpha \in \mathbb{Q}$ tale che $\alpha^n = d$.

Soluzione: Sia $\alpha \in \mathbb{Q}$ tale che $\alpha^n = d$. Se $\alpha \notin \mathbb{Z}$, possiamo scrivere $\alpha := \frac{a}{b}$ con $\text{MCD}(a,b) = 1$. Poiché $a^n = db^n$, ne segue che ogni numero primo p che divide d divide anche a. Quindi $a^n = d^n c = db^n$. Dividendo per d, otteneniamo $d^{n-1}c = b^n$. Poiché $n - 1 \geq 1$, ogni divisore primo p di d divide anche b. Ma allora $\text{MCD}(a,b) \neq 1$; questa è una contraddizione.

3.10. Mostrare che i seguenti numeri sono algebrici e determinare il loro polinomio minimo su $\mathbb{Q}$ e su $\mathbb{Q}(\sqrt{2})$:

$$\frac{3-\sqrt{2}}{2}; \quad 1 + 3\sqrt{2}; \quad i\sqrt[4]{3}; \quad \frac{\sqrt{2}}{2}(1 + i); \quad \sqrt{2} + \sqrt{5}; \quad \sqrt{3} + 3\sqrt{2}.$$

3.11. Determinare il polinomio minimo di $\sqrt[3]{5} + i$ su $\mathbb{Q}$.

3.12. Sia $F \subseteq K$ un ampliamento di campi e sia $\alpha \in K^*$ algebrico di grado $n \geq 1$ su F. Mostrare che la moltiplicazione per α

$$\varphi_\alpha : F(\alpha) \longrightarrow F(\alpha); \quad x \mapsto \alpha x$$

è un'applicazione biunivoca F-lineare e che il polinomio minimo di α su F è il polinomio caratteristico di φ_α.

Suggerimento: Osservare che α annulla il polinomio caratteristico di φ_α e che tale polinomio è monico di grado n.

3.13. Sia $\alpha \in \mathbb{C}$ algebrico su $\mathbb{Q}$ con polinomio minimo $m(X) := a_0 + a_1 X + \cdots + X^n$. Mostrare che α è un autovalore, di autovettore $\mathbf{v} := (1, \alpha, \ldots, \alpha^{n-1})$, della matrice

$$A := \begin{pmatrix} 0 & 1 & 0 & \ldots & 0 \\ 0 & 0 & 1 & \ldots & 0 \\ \vdots & \vdots & \vdots & \ddots & \vdots \\ 0 & 0 & 0 & \ldots & 1 \\ -a_0 & -a_1 & -a_2 & \ldots & -a_{n-1} \end{pmatrix}$$

3.14. Sia F un campo e $\alpha = X^3/(X+1) \in F(X)$. Mostrare che α è trascendente su F e X è algebrico su $F(\alpha)$. Determinare inoltre il polinomio minimo di X su $F(\alpha)$.

3.15. Mostrare che e^i è trascendente su $\mathbb{Q}$.

3.16. Mostrare che $\log_{10}(2)$ è un numero irrazionale. Usando il Teorema di Gelfond-Schneider (Teorema 3.3.10) mostrare poi che esso è trascendente.

3.17. Sia $F \subseteq K$ un ampliamento di campi e sia $\alpha \in K$. Mostrare che α è algebrico su F se e soltanto se α^n è algebrico su F, per ogni $n \geq 2$.

3.18. Sia $F \subseteq K$ un ampliamento di campi e sia $\alpha \in K$. Mostrare che, se α è trascendente su F, allora $\varphi(\alpha)$ è trascendente su F, per ogni funzione razionale non costante $\varphi(X) \in F(X)$.

3.19. Sia A un dominio con campo delle frazioni F e sia $F \subseteq K$ un ampliamento di campi. Mostrare che se $\alpha \in K$ è algebrico su F, esiste $c \in A^*$ tale che $c\alpha$ sia intero su A.

3.20. Sia A un dominio con il massimo comune divisore e sia K il suo campo delle frazioni. Mostrare che ogni $\alpha \in K$ che è intero su A appartiene ad A.

3.21. Siano $m, n \geq 2$ due interi coprimi. Mostrare che
$$\mathbb{Q}(\sqrt[n]{2}, \sqrt[m]{3}) = \mathbb{Q}(\sqrt[n]{2}\,\sqrt[m]{3}).$$

3.22. Mostrare che, per ogni $m, n \geq 2$,
$$\mathbb{Q}(\sqrt[n]{2}, \sqrt[m]{2}) = \mathbb{Q}(\sqrt[r]{2}),$$
per un opportuno $r \geq 2$.

3.23. Costruire esplicitamente i campi:
$$\mathbb{Q}(\sqrt{3}, \sqrt{5}); \quad \mathbb{Q}(i, \sqrt{2}); \quad \mathbb{Q}(\sqrt{3}, 1 + \sqrt{3});$$
$$\mathbb{Q}(i\sqrt{2}); \quad \mathbb{Q}(\sqrt{3}, \sqrt{5}, \sqrt{7}); \quad \mathbb{Q}(\sqrt[3]{5}, \sqrt{2}).$$

3.24. Costruire esplicitamente i campi:
$$\mathbb{Q}(\pi, 1 + \sqrt{2}); \quad \mathbb{Q}(\pi^2, \pi); \quad \mathbb{Q}(\pi, \sqrt{2}, \sqrt{5}).$$

3.25. Determinare il grado su $\mathbb{Q}$ dei seguenti campi numerici:
$$\mathbb{Q}(\sqrt[3]{2}, 3\sqrt{5}); \quad \mathbb{Q}(\pi, \sqrt[19]{2}); \quad \mathbb{Q}(\sqrt[3]{2} + i).$$

3.26. Mostrare che se $\alpha \in \mathbb{C}$ ha grado primo su $\mathbb{Q}$, allora $\mathbb{Q}(\alpha) = \mathbb{Q}(f(\alpha))$, per ogni polinomio $f(X) \in \mathbb{Q}[X]$ tale che $f(\alpha) \notin \mathbb{Q}$.

3.27. Siano $p_1, \ldots, p_n$ numeri primi distinti e sia $K := \mathbb{Q}(\sqrt{p_1}, \ldots, \sqrt{p_n})$. Mostrare che $[K : \mathbb{Q}] = 2^n$.

3.28. Siano $p_1, \ldots, p_n$ numeri primi distinti. Mostrare che tutti i numeri del tipo $\sqrt{p_{i_1} \cdots p_{i_k}}$, $1 \le k \le n$ sono linearmente indipendenti su $\mathbb{Q}$.

3.29. Sia $K := \mathbb{Q}(\alpha, \beta) = \mathbb{Q}(\alpha + \beta)$ un ampliamento biquadratico di $\mathbb{Q}$. Posto $\gamma := \alpha + \beta$, determinare le formule del cambiamento di base tra le basi

$$\mathcal{B} := \{1, \alpha, \beta, \alpha\beta\} \quad \text{e} \quad \mathcal{B}' := \{1, \gamma, \gamma^2, \gamma^3\}$$

di K su $\mathbb{Q}$.

3.30. Sia α una radice del polinomio $X^4 + 1$. Mostrare che α ha grado 4 su $\mathbb{Q}$ ma ha grado 2 su $\mathbb{R}$.

3.31. Determinare, per ogni $n \ge 2$, due numeri complessi algebrici α e β di grado n su $\mathbb{Q}$ tali che i campi $\mathbb{Q}(\alpha)$ e $\mathbb{Q}(\beta)$ siano isomorfi ma non uguali.

3.32. Mostrare che $\mathbb{C} = \mathbb{R}(a+bi)$ per ogni numero complesso $a+bi$ con $b \ne 0$. Questo è un modo di dimostrare che tutti i polinomi di $\mathbb{R}[X]$ irriducibili su $\mathbb{R}$ hanno grado al più uguale a 2.

3.33. Sia $F \subseteq K$ un ampliamento di campi e sia $\alpha \in K$ algebrico di grado dispari su F. Mostrare che $F(\alpha) = F(\alpha^2)$.

3.34. Sia $F \subseteq K$ un ampliamento di campi e sia $[K : F] = p^k$, dove p è un numero primo e $k \ge 1$. Mostrare che ogni polinomio irriducibile $f(X) \in F[X]$ tale che $2 \le \deg f(X) < p$ non ha radici in K.

3.35. Sia $F \subseteq K$ un ampliamento di campi e siano $\alpha, \beta \in K$ algebrici su F di gradi m e n rispettivamente. Mostrare che se $\text{MCD}(m, n) = 1$, allora $F(\alpha, \beta) = F(\alpha + \beta)$.

3.36. Sia $F \subseteq K$ un ampliamento di campi e siano $\alpha, \beta \in K$ algebrici su F con polinomi minimi $p(X)$ e $q(X)$ rispettivamente. Mostrare che, se i gradi di $p(X)$ e $q(X)$ sono coprimi, allora $q(X)$ è irriducibile su $F(\alpha)$ e $p(X)$ è irriducibile su $F(\beta)$.

3.37. Siano F un campo e $a \in F$. Mostrare che, se $\text{MCD}(m, n) = 1$, allora il polinomio $X^{mn} - a$ è irriducibile su F se e soltanto se i polinomi $X^m - a$ e $X^n - a$ sono irriducibili su F.

4

Campi di spezzamento

Il Teorema Fondamentale dell'Algebra ci assicura che ogni polinomio non costante a coefficienti in un campo numerico F ha tutte le sue radici nel campo $\mathbb{C}$ dei numeri complessi. Quindi, se le radici complesse distinte del polinomo $f(X) \in F[X]$ sono $\alpha_1, \ldots, \alpha_s$, in $\mathbb{C}[X]$ risulta

$$f(X) = c(X - \alpha_1)^{m_1} \ldots (X - \alpha_s)^{m_s},$$

dove m_i è la *molteplicità* della radice α_i e $m_1 + \cdots + m_s = \deg f(X)$ (Teorema 2.4.2). Il campo $F(\alpha_1, \ldots, \alpha_s)$ è allora il più piccolo campo numerico contenente F su cui $f(X)$ si spezza in fattori lineari.

In questo capitolo ci proponiamo di mostrare che, qualunque sia il campo F, dato un polinomio $f(X) \in F[X]$ è possibile costruire un ampliamento minimale di F in cui $f(X)$ abbia tutte le sue radici e quindi si spezzi in fattori lineari: chiameremo un tale campo un *campo di spezzamento* di $f(X)$. Mostreremo inoltre che tutti i campi di spezzamento di $f(X)$ sono isomorfi.

4.1 Costruzione di un campo di spezzamento

Un metodo per costruire radici di polinomi ci viene indicato dal fatto che, se F è un campo numerico, $p(X) \in F[X]$ è un polinomio irriducibile su F e α è una radice complessa di $p(X)$, allora l'ampliamento semplice $F(\alpha)$ è isomorfo al campo $K := F[X]/\langle p(X) \rangle$ (Teorema 3.4.1).

Teorema 4.1.1 *Sia F un campo e sia $p(X) \in F[X]$ un polinomio irriducibile su F di grado $n \geq 1$. Allora il campo $K := F[X]/\langle p(X) \rangle$ è un ampliamento semplice di F di grado n e $p(X)$ ha una radice in K. Precisamente, se $\alpha := X + \langle p(X) \rangle$ è la classe di X in K, risulta $p(\alpha) = 0$ e*

$$K = F(\alpha) = \left\{ c_0 + c_1\alpha + \cdots + c_{n-1}\alpha^{n-1}; c_i \in F \right\}.$$

Dimostrazione. L'anello quoziente $K := F[X]/\langle p(X) \rangle$ è un campo perché $p(X)$ è irriducibile su F (Proposizione 2.2.9 (c)). Se $f(X) \in F[X]$, indichiamo con $\overline{f(X)}$ la classe di $f(X)$ in K, ovvero poniamo

$$\overline{f(X)} := f(X) + \langle p(X) \rangle.$$

La restrizione ad F della proiezione canonica

$$\pi := F[X] \longrightarrow K\,; \quad f(X) \mapsto \overline{f(X)}$$

è un'immersione di F in K; dunque K è un ampliamento di F.

Se poi $f(X) := c_0 + c_1 X + \cdots + c_m X^m \in F[X]$, si ha

$$\overline{f(X)} = \overline{c}_0 + \overline{c}_1 \overline{X} + \cdots + \overline{c}_m \overline{X}^m.$$

Ponendo $\alpha := \overline{X}$ e identificando F con la sua immagine $\pi(F)$ in K, ovvero identificando $\overline{c}$ con c, possiamo scrivere

$$\overline{f(X)} = c_0 + c_1 \alpha + \cdots + c_m \alpha^m = f(\alpha).$$

In particolare otteniamo che $0 = \overline{p(X)} = p(\alpha)$ e dunque che $\alpha := \overline{X} \in K$ è una radice di $p(X)$.

Inoltre $p(X)$, essendo irriducibile, è il polinomio minimo di α su F. Perciò α ha grado n su F e l'insieme $\{1, \alpha, \ldots, \alpha^{n-1}\}$ è una base di K su F (Proposizione 3.5.3). Infine si ha

$$K = \left\{ \overline{r(X)}\,;\ r(X) \in F[X],\ \deg r(X) < n \right\} \cup \{\overline{0}\}$$
$$= \left\{ c_0 + c_1 \alpha + \cdots + c_{n-1} \alpha^{n-1}\,;\ c_i \in F \right\} = F(\alpha).$$

Per il teorema precedente, se $p(X) \in F[X]$ è un polinomio irriducibile su F, il campo $K := F[X]/\langle p(X) \rangle$ può essere visto come l'ampliamento semplice di F generato da un simbolo α che verifica la relazione $p(\alpha) = 0$. Per questo motivo il campo $K = F(\alpha)$ si chiama anche un ampliamento semplice *simbolico* di F. Notiamo che, se $\deg p(X) = 1$, allora $[K : F] = 1$ e dunque $K = F$.

Esempi 4.1.2 (1) Il polinomio $p(X) := X^2 + X + 1 \in \mathbb{F}_2[X]$ è irriducibile, perché non ha radici in $\mathbb{F}_2$. Poiché i soli polinomi di $\mathbb{F}_2[X]$ di grado minore di 2 sono: $0, 1, X, 1 + X$, se $\alpha := \overline{X}$, possiamo scrivere

$$K := \frac{\mathbb{F}_2[X]}{\langle p(X) \rangle} = \left\{ 0, 1, \alpha, 1 + \alpha\,;\ 1 + \alpha + \alpha^2 = 0 \right\}.$$

Osserviamo che nessun elemento di $K \setminus \mathbb{F}_2$ ha il quadrato in $\mathbb{F}_2$ (Paragrafo 3.5.1).

(2) Sia $p(X) := X^3 + 2X^2 + 4X + 2 \in \mathbb{F}_5[X]$. Poiché $p(X)$ non ha radici in $\mathbb{F}_5$, esso è irriducibile. Allora

$$K := \frac{\mathbb{F}_5[X]}{\langle p(X) \rangle} = \{c_0 + c_1\alpha + c_2\alpha^2 \; ; \; c_i \in \mathbb{F}_5 \, , \, p(\alpha) = 0\}$$

è un campo, che ha $5^3 = 125$ elementi.

(3) Se $p(X) \in F[X]$ è un polinomio irriducibile, l'inverso di un elemento di $K := F[X]/\langle p(X) \rangle$ si può calcolare tramite l'Algoritmo Euclideo della divisione, come visto nell'Esempio 2.2.10.

Sia ad esempio $p(X) := X^3+2X^2+4X+2 \in \mathbb{F}_5[X]$ e $K := \mathbb{F}_5[X]/\langle p(X) \rangle :=$ $\mathbb{F}_5(\alpha)$ il campo costruito nell'esempio precedente. Per calcolare l'inverso in K dell'elemento $\beta := 1+3\alpha+\alpha^2$, consideriamo il polinomio $X^2+3X+1 \in \mathbb{F}_5[X]$ corrispondente a β. Poiché in $\mathbb{F}_5[X]$ risulta

$$1 = -Xp(X) + (1 + 3X + X^2)(1 + 4X + X^2),$$

calcolando in α si ottiene che l'inverso di β in K è $1 + 4\alpha + \alpha^2$.

Reiterando la costruzione illustrata precedentemente, possiamo ora costruire un ampliamento K di F contenente tutte le radici di un assegnato polinomio $f(X) \in F[X]$.

Definizione 4.1.3 *Sia F un campo e sia $f(X) \in F[X]$ un polinomio di grado $n \geq 1$. Un ampliamento K di F si dice un* campo di spezzamento *di $f(X)$ su F se esistono $\alpha_1, \ldots, \alpha_n \in K$ (non necessariamente tutti distinti) tali che $K = F(\alpha_1, \ldots, \alpha_n)$ e $f(X) = c(X - \alpha_1)(X - \alpha_2)\ldots(X - \alpha_n)$ in $K[X]$.*

Teorema 4.1.4 *Per ogni campo F ed ogni polinomio $f(X) \in F[X]$ di grado $n \geq 1$, esiste un campo di spezzamento di $f(X)$ su F. Inoltre un tale campo K è finito su F e $[K : F] \leq n!$.*

Dimostrazione. Supponiamo che $f(X)$ non abbia già tutte le sue radici in F e sia $p(X)$ un fattore di $f(X)$ irriducibile su F di grado almeno uguale a 2. Per il Teorema 4.1.1, $p(X)$ ha una radice α_1 nel campo

$$F_1 := \frac{F[X]}{\langle p(X) \rangle} = F(\alpha_1).$$

Dunque in $F_1[X]$ si ha $f(X) = (X - \alpha_1)g(X)$, dove $\deg g(X) = n-1$. Se $g(X)$ ha tutte le sue radici in F_1, allora F_1 è il campo di spezzamento di $f(X)$.

Altrimenti, sia $p_1(X) \in F_1[X]$ un fattore irriducibile di $g(X)$ di grado almeno uguale a 2. Allora $p_1(X)$ ha una radice α_2 nel campo

$$F_2 := \frac{F_1[X]}{\langle p_1(X) \rangle} = F_1(\alpha_2) = F(\alpha_1, \alpha_2)$$

e dunque in $F_2[X]$ si ha $f(X) = (X - \alpha_1)(X - \alpha_2)g_1(X)$, dove $\deg g_1(X) = n-2$. Poiché, per la formula del grado, $f(X)$ ha al più n radici in un qualsiasi ampliamento di F (Proposizione 2.3.13), al più dopo n passi, si otterrà un campo $K := F(\alpha_1, \ldots, \alpha_n)$ su cui $f(X) = c(X - \alpha_1)(X - \alpha_2)\ldots(X - \alpha_n)$.

Per determinare il grado di K su F, si consideri la catena di campi (non necessariamente tutti distinti)

$$F_0 := F \subseteq F_1 := F(\alpha_1) \subseteq \ldots \subseteq F_i := F_{i-1}(\alpha_i) \subseteq \ldots \subseteq F_n := F_{n-1}(\alpha_n) = K.$$

Il grado di α_1 su F è al più uguale a n, perché il polinomio minimo $p(X)$ di α_1 su F divide $f(X)$. Poiché su $F_1 := F(\alpha_1)$ si ha $f(X) = (X - \alpha_1)g(X)$ con $\deg g(X) = n - 1$ e il polinomio minimo $p_1(X)$ di α_2 su F_1 divide $g(X)$, il grado di α_2 su F_1 è al più uguale a $n - 1$. Così proseguendo, si ottiene che il grado di α_i su F_{i-1} è al più $n - i + 1$, $1 \leq i \leq n$, e dunque

$$1 \leq [K : F] = [K : F_{n-1}][F_{n-1} : F_{n-2}] \ldots [F_2 : F_1][F_1 : F]$$
$$\leq 2 \cdot 3 \cdots (n - 1) \cdot n = n!$$

Notiamo che, se $f(X) \in F[X]$ è irriducibile di grado n, allora ogni sua radice ha grado n su F. Dunque, in questo caso, n divide $[K : F]$, in particolare $n \leq [K : F]$. Inoltre vale l'uguaglianza se tutte le radici di $f(X)$ appartengono a $F(\alpha)$.

Nel caso numerico, un campo di spezzamento di $f(X) \in F[X]$ è il campo generato su F dalle radici complesse di $f(X)$. Questo campo è unicamente determinato in $\mathbb{C}$ e ad esso si fa riferimento quando si parla *del* campo di spezzamento di $f(X)$ su F. In generale, come mostreremo nel prossimo paragrafo, due campi di spezzamento di uno stesso polinomio sono isomorfi.

Esempi 4.1.5 (1) Il polinomio $f(X) := X^2 - 2\sqrt{2}X + 3$ ha radici complesse $\sqrt{2} + i$ e $\sqrt{2} - i$. Quindi il campo di spezzamento di $f(X)$ sul suo campo di definizione $\mathbb{Q}(\sqrt{2})$ è $\mathbb{Q}(\sqrt{2}, i)$, mentre il suo campo di spezzamento su $\mathbb{R}$ è $\mathbb{R}(i) = \mathbb{C}$.

(2) Se F è un campo e $f(X) := X^2 + bX + c \in F[X]$ è un polinomio irriducibile, un campo di spezzamento di $f(X)$ su F ha grado 2. Infatti, se α è una radice di $f(X)$, l'altra sua radice è $\beta := -b - \alpha$. Dunque $\beta \in F(\alpha)$.

Viceversa, se $F \subseteq K$ ha grado 2, $K = F(\alpha)$ per ogni $\alpha \in K \setminus F$ e K è un campo di spezzamento del polinomio minimo di α.

(3) Se $f(X) \in F[X]$ è un polinomio irriducibile di grado 3, un suo campo di spezzamento su F può avere grado 3 oppure 6.

(a) Sia $f(X) := X^3 - 3X + 1 \in \mathbb{Q}[X]$. Questo è un polinomio irriducibile su $\mathbb{Q}$, non avendo radici razionali. Se α è una radice (reale) di $f(X)$, una verifica diretta mostra che le altre due radici di $f(X)$ sono $\beta := \alpha^2 - 2$ e $\gamma := -\alpha^2 - \alpha + 2$ (una giustificazione verrà data nel Paragrafo 7.3.3 (4)). Poiché β, $\gamma \in \mathbb{Q}(\alpha)$, il campo di spezzamento di $f(X)$ in $\mathbb{C}$ è $\mathbb{Q}(\alpha)$ ed esso ha grado $3 = \deg f(X)$ su $\mathbb{Q}$.

(b) Se $f(X) := X^3 - 2 \in \mathbb{Q}[X]$, il campo di spezzamento di $f(X)$ in $\mathbb{C}$ ha grado $3! = 6$. Infatti, se ξ è una radice primitiva terza dell'unità, ad esempio $\xi := \frac{-1+i\sqrt{3}}{2}$, le radici di $f(X)$ sono $\alpha := \sqrt[3]{2}$, $\alpha\xi$, $\alpha\xi^2$ (Paragrafo 2.4.2). Ne segue che il campo di spezzamento di $f(X)$ in $\mathbb{C}$ è

$$K := \mathbb{Q}(\alpha, \alpha\xi, \alpha\xi^2) = \mathbb{Q}(\alpha, \xi) = \mathbb{Q}(\sqrt[3]{2}, i\sqrt{3}).$$

Poiché α ha grado 3 su $\mathbb{Q}$ e ξ ha grado 2, si ha

$$[K : \mathbb{Q}] = [K : \mathbb{Q}(i\sqrt{3})][\mathbb{Q}(i\sqrt{3}) : \mathbb{Q}] = 3.2 = 6$$

(Paragrafo 3.5.3).

(4) Se F è un campo numerico e $\alpha \in \mathbb{C}$ è tale che $a := \alpha^n \in F$, $n \geq 1$, le radici complesse del polinomio $f(X) := X^n - a$ sono

$$\alpha_1 := \alpha, \ \alpha_2 := \alpha\xi, \ \alpha_3 := \alpha\xi^2, \ \ldots, \ \alpha_n := \alpha\xi^{n-1},$$

dove ξ è una radice complessa n-sima primitiva dell'unità (Paragrafo 2.4.2). Quindi il campo di spezzamento di $f(X)$ in $\mathbb{C}$ è $F(\alpha_1, \ldots, \alpha_n) = F(\alpha, \xi)$.

(5) Il polinomio $p(X) := X^3 + X + 1 \in \mathbb{F}_2[X]$ è irriducibile su $\mathbb{F}_2$ (perché non ha radici in $\mathbb{F}_2$) e ha una radice α nel campo $K := \mathbb{F}_2[X]/\langle p(X)\rangle$. Inoltre su K risulta $p(X) = (X - \alpha)g(X)$ dove

$$g(X) := X^2 + \alpha X + (\alpha^2 + 1) = (X + \alpha^2)(X + (\alpha + \alpha^2)).$$

Dunque

$$K = \mathbb{F}_2(\alpha) = \left\{0, \ 1, \ \alpha, \ 1 + \alpha, \ \alpha^2, \ 1 + \alpha^2, \ \alpha + \alpha^2, \ 1 + \alpha + \alpha^2 \ ; \ \alpha^3 = \alpha + 1\right\}$$

è un campo di spezzamento di $f(X)$ su $\mathbb{F}_2$.

(6) Determiniamo un campo di spezzamento del polinomio

$$f(X) := X^5 + X^4 + 1 \in \mathbb{F}_2[X].$$

La fattorizzazione di $f(X)$ in polinomi monici irriducibili su $\mathbb{F}_2$ è

$$f(X) = (X^2 + X + 1)(X^3 + X + 1).$$

Il polinomio $p(X) := X^2 + X + 1$ ha una radice α nel campo $L_1 := \mathbb{F}_2[X]/\langle p(X)\rangle$, e in $L_1[X]$ risulta $p(X) = (X + \alpha)(X + (1 + \alpha))$. Inoltre

$$L_1 = \mathbb{F}_2(\alpha) = \left\{0, \ 1, \ \alpha, \ \alpha + 1 \ ; \ \alpha^2 = \alpha + 1\right\}.$$

Poiché L_1 ha grado 2 su $\mathbb{F}_2$ e $q(X) := X^3 + X + 1$ è di terzo grado, esso è irriducibile su L_1. Altrimenti L_1 conterrebbe una radice di $q(X)$, che ha grado 3 su $\mathbb{F}_2$. Costruiamo allora il campo $L_2 := L_1[X]/\langle q(X)\rangle$. Il polinomio $q(X)$ ha una radice β in L_2 e, come nell'esempio precedente, in $L_2[X]$ risulta

$$q(X) = (X + \beta)(X^2 + \beta X + (1 + \beta^2)) = (X + \beta)(X + \beta^2)(X + (\beta + \beta^2)).$$

Quindi $L := L_2$ è un campo di spezzamento di $f(X)$ su $\mathbb{F}_2$. Notiamo che il grado di L su $\mathbb{F}_2$ è 6. Inoltre

$$L = \mathbb{F}_2(\alpha, \beta) = \left\{ a + b\beta + c\beta^2 \; ; \; a, b, c \in \mathbb{F}_2(\alpha) \text{ e } \beta^3 = \beta + 1 \right\}$$

ha $4^3 = 64 = 2^6$ elementi.

Alternativamente, si può porre

$$K_1 := \frac{\mathbb{F}_2[X]}{\langle q(X) \rangle} = \mathbb{F}_2(\gamma) = \left\{ a + b\gamma + c\gamma^2 \; ; \; a, b, c \in \mathbb{F}_2 \text{ e } \gamma^3 = \gamma + 1 \right\}$$

$$K := K_2 := \frac{K_1[X]}{\langle p(X) \rangle} = \mathbb{F}_2(\gamma, \delta) = \left\{ r + s\delta \; ; \; r, s \in \mathbb{F}_2(\gamma) \text{ e } \delta^2 + \delta = 1 \right\}.$$

Si verifica facilmente che l'applicazione

$$L \longrightarrow K \; ; \quad f(\alpha, \beta) \mapsto f(\delta, \gamma)$$

è un isomorfismo di campi.

(7) Determiniamo un campo di spezzamento di

$$f(X) := X^4 + 2X^3 + 2X + 2 \in \mathbb{F}_3[X].$$

La fattorizzazione di $f(X)$ in polinomi monici irriducibili su $\mathbb{F}_3$ è

$$f(X) = (X^2 + 2X + 2)(X^2 + 1).$$

Il polinomio $p(X) := X^2 + 1$ ha una radice α in $L_1 := \mathbb{F}_3[X]/\langle p(X) \rangle$ e in $L_1[X]$ risulta $p(X) = (X + \alpha)(X + 2\alpha)$. Inoltre

$$L_1 = \mathbb{F}_3(\alpha) = \left\{ 0, 1, 2, \alpha, \alpha+1, \alpha+2, 2\alpha, 2\alpha+1, 2\alpha+2 \; ; \alpha^2 = 2 \right\}.$$

Per vedere se $q(X) := X^2 + 2X + 2$ ha radici in L_1, poiché siamo in caratteristica $3 \neq 2$, possiamo applicare la usuale formula di risoluzione delle equazioni di secondo grado (Paragrafo 3.5.1). Otteniamo che le radici di $q(X)$ in un suo campo di spezzamento sono $2 + \gamma$ e $2 + 2\gamma$, dove $\gamma^2 = 2$. Poiché $\alpha \in L_1$ è tale che $\alpha^2 = 2$, allora $\alpha + 2$ e $2\alpha + 2 \in L_1$ sono radici di $q(X)$. In conclusione, in $L_1[X]$ si ha

$$f(X) = (X + \alpha)(X + 2\alpha)(X + (2\alpha + 1))(X + (\alpha + 1)).$$

Ne segue che $L := L_1$ è un campo di spezzamento di $f(X)$.

Si può anche procedere considerando prima il polinomio $q(X)$. Se poniamo $K_1 := \mathbb{F}_3[X]/\langle q(X) \rangle$, $q(X)$ ha una radice β in K_1 e in $K_1[X]$ risulta $q(X) = (X + 2\beta)(X + (\beta + 2))$. Inoltre

$$K_1 = \mathbb{F}_3(\beta) = \left\{ 0, 1, 2, \beta, \beta+1, \beta+2, 2\beta, 2\beta+1, 2\beta+2 \; ; \; \beta^2 = \beta + 1 \right\}.$$

Le radici di $p(X)$ in un suo campo di spezzamento sono α e 2α con $\alpha^2 = 2$. Poiché un elemento α con questa proprietà sta in K_1 ed è precisamente $\beta^2 = \beta + 1$, anche $K := K_1$ è un campo di spezzamento di $f(X)$ su $\mathbb{F}_3$. Infatti in K risulta

$$f(X) = (X + 2\beta)(X + (\beta + 2))(X + (\beta + 1))(X + (2\beta + 2)).$$

Non è difficile verificare che l'applicazione

$$L \longrightarrow K ; \quad r(\alpha) \mapsto r(\beta^2)$$

per ogni $r(X) \in \mathbb{F}_3[X]$ (di grado al più uguale a uno) è un isomorfismo di campi.

(8) Se $s_1, \ldots, s_n$ sono i polinomi simmetrici elementari sul campo F nelle indeterminate $X_1, \ldots, X_n$, il *polinomio generale di grado n su F*

$$g(T) := T^n - s_1 T^{n-1} + s_2 T^{n-2} - \cdots + (-1)^n s_n \in F(s_1, \ldots, s_n)[T]$$

ha radici $X_1, \ldots, X_n$ (Paragrafo 2.7.2). Quindi un campo di spezzamento di $g(T)$ sul suo campo di definizione $F(s_1, \ldots, s_n)$ è il campo delle funzioni razionali $F(X_1, \ldots, X_n)$.

4.2 Estensione di isomorfismi

Dati due ampliamenti di anelli $A \subseteq B$, $A' \subseteq B'$ e un omomorfismo $\varphi : A \longrightarrow A'$, si dice che un omomorfismo $\psi : B \longrightarrow B'$ *estende* φ (o che φ *si può estendere a* ψ) se $\psi(x) = \varphi(x)$ per ogni $x \in A$, ovvero se la restrizione di ψ ad A coincide con φ.

Vogliamo studiare sotto quali condizioni è possibile estendere un omomorfismo non nullo di campi ad un ampliamento semplice.

Ricordiamo che ogni omomorfismo di anelli $\varphi : A \longrightarrow A'$ si può estendere ad un omorfismo $\varphi^* : A[X] \longrightarrow A'[X]$ ponendo

$$f(X) := c_0 + c_1 X + \cdots + c_n X^n \mapsto f^*(X) := \varphi(c_0) + \varphi(c_1)X + \cdots + \varphi(c_n)X^n$$

(Lemma 2.5.2).

Lemma 4.2.1 *Sia $\varphi : F \longrightarrow F'$ un'immersione di campi e sia*

$$\varphi^* : F[X] \longrightarrow F'[X] ; \quad f(X) := \sum c_i X^i \mapsto f^*(X) := \sum \varphi(c_i) X^i.$$

Allora:

(a) φ^* *è un omomorfismo iniettivo di anelli ed è un isomorfismo se e soltanto se φ è suriettivo;*

(b) *Se $f(X) \in F[X]$ è un polinomio non nullo, $f(X)$ e $f^*(X)$ hanno lo stesso grado;*

(c) *Se φ è un isomorfismo, $f(X)$ è irriducibile su F se e soltanto se $f^*(X)$ è irriducibile su F';*

(d) φ^* *si estende ad una immersione*

$$\varphi^* : F(X) \longrightarrow F'(X) ; \quad \frac{f(X)}{g(X)} \mapsto \frac{f^*(X)}{g^*(X)}.$$

Dimostrazione. (a) segue direttamente dal Lemma 2.5.2, perché φ è iniettivo.

(b) Sia $f(X) \neq 0$. Se c è il coefficiente direttore di $f(X)$, essendo φ iniettivo, si ha $\varphi(c) \neq 0$ e perciò $\varphi(c)$ è il coefficiente direttore di $f^*(X)$.

(c) Sia $f(X)$ un polinomio non costante. Per i punti (a) e (b), $f(X)$ è prodotto di due fattori di grado positivo se e soltanto se anche $f^*(X)$ lo è.

(d) segue dal Teorema 1.5.1 (d).

Proposizione 4.2.2 *Siano $F \subseteq K$ e $F' \subseteq K'$ ampliamenti di campi. Sia $\varphi : F \longrightarrow F'$ un'immersione e*

$$\varphi^* : F[X] \longrightarrow F'[X]; \quad f(X) := \sum c_i X^i \mapsto f^*(X) := \sum \varphi(c_i) X^i.$$

Allora:

(a) *Se $\alpha \in K$ è trascendente su F, φ si può estendere ad un'immersione $F(\alpha) \longrightarrow K'$ se e soltanto se esiste un elemento $\beta \in K'$ trascendente su F'. In questo caso le estensioni di φ sono in corrispondenza biunivoca con gli elementi $\beta \in K'$ trascendenti su F' e sono definite da*

$$\psi_\beta : F(\alpha) \longrightarrow K'; \quad f(\alpha)g(\alpha)^{-1} \mapsto f^*(\beta)g^*(\beta)^{-1},$$

per ogni funzione razionale $f(X)/g(X) \in F(X)$.

(b) *Se $\alpha \in K$ è algebrico di grado n su F, con polinomio minimo $m(X)$, φ si può estendere ad un'immersione $F(\alpha) \longrightarrow K'$ se e soltanto se il polinomio $m^*(X) \in F'[X]$ ha una radice in K'. In questo caso le estensioni di φ sono tante quante sono le radici distinte $\beta_1, \ldots, \beta_s$ di $m^*(X)$ in K' e sono tutti e sole le immersioni definite da*

$$\psi_i : F(\alpha) \longrightarrow K'; \quad f(\alpha) \mapsto f^*(\beta)$$

per ogni polinomio $f(X) \in F[X]$ (di grado al più uguale a $n - 1$).
Inoltre $s \leq n$ e $s = n$ quando il campo di spezzamento di $m^*(X)$ è contenuto in K' e $m^*(X)$ ha tutte radici distinte.

Dimostrazione. Sia $f(X) := c_0 + c_1 X + \cdots + c_n X^n \in F[X]$. Se esiste un omomorfismo $\psi : F(\alpha) \longrightarrow K'$ che estende φ, deve risultare

$$\psi(f(\alpha)) = \varphi(c_0) + \varphi(c_1)\psi(\alpha) + \cdots + \varphi(c_n)\psi(\alpha)^n = f^*(\psi(\alpha)).$$

Poiché φ^* è iniettiva (Lemma 4.2.1 (a)), allora $f(X) \neq 0$ se e soltanto se $f^*(X) \neq 0$ e perciò α è algebrico su F se e soltanto se $\psi(\alpha)$ è algebrico su F'.

(a) Se $\alpha \in K$ è trascendente su F ed esiste $\beta \in K'$ trascendente su F', per il Teorema di Kronecker (Teorema 3.4.1) ed il Lemma 4.2.1 (d), l'applicazione composta

$$\psi_\beta := F(\alpha) \longrightarrow F(X) \longrightarrow F'(X) \longrightarrow F'(\beta) \subseteq K';$$

$$f(\alpha)g(\alpha)^{-1} \mapsto \frac{f(X)}{g(X)} \mapsto \frac{f^*(X)}{g^*(X)} \mapsto f^*(\beta)g^*(\beta)^{-1}$$

è un (ben definito) omomorfismo che estende φ.

(b) Se α è algebrico di grado n su F, con polinomio minimo $m(X)$ e $\psi : F(\alpha) \longrightarrow K'$ è un omomorfismo che estende φ, allora deve risultare

$$\psi(0) = \psi(m(\alpha)) = m^*(\psi(\alpha)) = 0.$$

Dunque $\psi(\alpha)$ deve essere una radice di $m^*(X)$.

Viceversa, sia β una radice di $m^*(X)$ e consideriamo l'omomorfismo composto

$$\vartheta : F[X] \longrightarrow F'[X] \longrightarrow F'(\beta) \subseteq K' ; \quad f(X) \mapsto f^*(X) \mapsto f^*(\beta).$$

Allora $\langle m(X) \rangle \subseteq \mathrm{Ker}(\vartheta)$ e, poiché i campi $F(\alpha)$ e $F[X]/\langle m(X) \rangle$ sono canonicamente isomorfi (Teorema 3.4.1), ϑ induce un omomorfismo di campi

$$\psi : F(\alpha) \longrightarrow K' ; \quad f(\alpha) \mapsto f^*(\beta),$$

per ogni polinomio $f(X) \in F[X]$ (di grado al più $n-1$).

È evidente che ψ estende φ e $\psi(\alpha) = \beta$. Inoltre, essendo ψ univocamente determinato da β, si hanno tante estensioni di φ quante sono le radici distinte di $m^*(X)$ in K'. Per finire, basta ricordare che $\deg m^*(X) = \deg m(X)$ per il Lemma 4.2.1 (a).

Prenderemo adesso in esame gli omomorfismi di campi che estendono l'identità su un sottocampo comune.

Definizione 4.2.3 *Se $F \subseteq K$ e $F \subseteq K'$ sono ampliamenti di campi, un isomorfismo di K in K' che estende l'identità su F si chiama un F-isomorfismo, oppure una F-immersione, di K in K'. Se inoltre $K = K'$ esso si chiama un F-automorfismo di K.*

Esempi 4.2.4 (1) Poiché ogni automorfismo di campi estende l'identità sul sottocampo fondamentale (Proposizione 3.1.3), se $\mathbb{F}$ è il sottocampo fondamentale di K, gli automorfismi di K coincidono con gli $\mathbb{F}$-automorfismi.

(2) Ogni F-isomorfismo è un'applicazione F-lineare. Il viceversa non è vero; infatti tutti gli ampliamenti finiti di F di grado fissato $n \geq 2$ sono tra loro isomorfi come spazi vettoriali su F, ma non sono tutti campi isomorfi.

Proposizione 4.2.5 *Sia $F \subseteq K$ un ampliamenti di campi. Allora gli F-automorfismi di K costituiscono un sottogruppo del gruppo $\mathrm{Aut}(K)$ di tutti gli automorfismi di K.*

Dimostrazione. Siano $\varphi, \psi \in \mathrm{Aut}(K)$ tali che $\varphi(x) = \psi(x) = x$, per ogni $x \in F$. Allora $(\varphi\psi^{-1})(x) = \varphi(\psi^{-1}(x)) = \varphi(x) = x$, per ogni $x \in F$.

Il seguente risultato segue immediatamente dalla Proposizione 4.2.2 quando $F = F'$ e φ è l'identità su F.

Proposizione 4.2.6 *Sia $F \subseteq K$ un ampliamento di campi e sia $\alpha \in K$ algebrico di grado n su F con polinomio minimo $m(X)$. Allora gli F-isomorfismi ψ di $F(\alpha)$ in K sono in corrispondenza biunivoca con le radici distinte di $m(X)$ in K.*

Precisamente, se $\alpha = \alpha_1, \ldots, \alpha_s$, $n \geq s \geq 1$, sono le radici distinte di $m(X)$ in K, allora gli F-isomorfismi distinti di $F(\alpha)$ in K sono tutti e soli gli F-isomorfismi

$$\psi_i : F(\alpha) \longrightarrow K \, ; \quad f(\alpha) \mapsto f(\alpha_i),$$

per $f(X) \in F[X]$ (di grado al più uguale a $n-1$) e $1 \leq i \leq s$. Inoltre ψ_i è un F-automorfismo di $F(\alpha)$ se e soltanto se $\alpha_i \in F(\alpha)$.

4.2.1 Isomorfismi in $\mathbb{C}$

Nel caso numerico, il Teorema Fondamentale dell'Algebra implica che, se $F \subseteq K$ è un ampliamento finito, ogni immersione di F in $\mathbb{C}$ si può estendere a $[K : F]$ immersioni di K in $\mathbb{C}$.

Precisamente, sia F un campo numerico e sia $K := F(\alpha_1, \ldots, \alpha_n) \subseteq \mathbb{C}$ un ampliamento finito di F (Teorema 3.6.3). Supponiamo che α_1 abbia grado n su F, con polinomio minimo $p(X)$. Allora, per ogni omomorfismo non nullo $\varphi : F \longrightarrow \mathbb{C}$, il polinomio $p^*(X) := \varphi^*(p(X)) \in F'[X]$ è irriducibile di grado n su $F' := \varphi(F)$ (Lemma 4.2.1 (c)) e perciò ha n radici distinte $\beta_1, \ldots, \beta_n \in \mathbb{C}$ (Proposizione 2.4.3). Quindi φ si può estendere a n immersioni ψ_i di $F(\alpha_1)$ in $\mathbb{C}$, definite rispettivamente da

$$c_0 + c_1\alpha_1 + \cdots + c_{n-1}\alpha_1^{n-1} \mapsto \varphi(c_0) + \varphi(c_1)\beta_i + \cdots + \varphi(c_{n-1})\beta_i^{n-1},$$

per $i = 1, \ldots, n$

Se poi $q(X)$ è il polinomio minimo di α_2 su $F(\alpha_1)$, allora $\mathbb{C}$ contiene tutte le radici del polinomio $q_i(X) := \psi_i^*(q(X))$, per ognuna delle immersioni ψ_i di $F(\alpha_1)$ in $\mathbb{C}$ che estendono φ. Poiché $q_i(X)$ è ancora irriducibile su $F'(\beta_i)$, tali radici sono tutte distinte ed il loro numero è uguale a $\deg q_i(X) = \deg q(X) = [F(\alpha_1, \alpha_2) : F(\alpha_1)]$. Perciò ogni ψ_i si può estendere a $[F(\alpha_1, \alpha_2) : F(\alpha_1)]$ immersioni di $F(\alpha_1, \alpha_2)$ in $\mathbb{C}$.

Iterando questo procedimento, otteniamo che ogni immersione $\varphi : F \longrightarrow F'$ si può estendere a $[K : F]$ immersioni distinte di K in $\mathbb{C}$. In particolare, per $F = F'$ e $\varphi = id_F$, il numero degli F-isomorfismi distinti di K in $\mathbb{C}$ è precisamente $[K : F]$.

Infine, se K è il campo di spezzamento di un polinomio $f(X) \in F[X]$, ogni F-isomorfismo di K in $\mathbb{C}$ è un F-automorfismo di K. Infatti, se $\alpha_1, \ldots, \alpha_n$ sono le radici complesse di $f(X)$, il polinomio minimo di α_i su $F_{i-1} := F(\alpha_1, \ldots, \alpha_{i-1})$ divide $f(X)$ in $\mathbb{C}[X]$; quindi ha tutte le sue radici nel campo K.

Riassumiamo quanto abbiamo appena visto nella seguente proposizione.

Proposizione 4.2.7 *Sia $F \subseteq K$ un ampliamento finito di campi numerici. Allora:*

(a) *Ogni isomorfismo di F in $\mathbb{C}$ si può estendere a $[K : F]$ isomorfismi distinti di K in $\mathbb{C}$. In particolare il numero degli F-isomorfismi di K in $\mathbb{C}$ è $[K : F]$.*

(b) *Se K è il campo di spezzamento in $\mathbb{C}$ di un polinomio $f(X) \in F[X]$, ogni F-isomorfismo di K in $\mathbb{C}$ è un F-automorfismo di K.*

Esempi 4.2.8 (1) Sia $F \subseteq \mathbb{R}$ e $p(X) := X^2 + bX + c \in F[X]$ irriducibile su F. Se α è una radice di $p(X)$, l'altra radice di $p(X)$ è $\beta := -(b + \alpha)$ e $\beta \in F(\alpha)$. Quindi $F(\alpha)$ ha due F-isomorfismi in $\mathbb{C}$, precisamente

$$\psi_1 := id : f(\alpha) \mapsto f(\alpha); \quad \psi_2 : f(\alpha) \mapsto f(\beta),$$

per ogni polinomio $f(X) \in F[X]$ (di grado al più uguale a 1), e questi sono tutti e soli gli F-automorfismi di $F(\alpha)$.

In particolare, poiché $\mathbb{C} = \mathbb{R}(i)$ ed il polinomio minimo di i su $\mathbb{R}$ è $X^2 + 1$, gli unici $\mathbb{R}$-automorfismi di $\mathbb{C}$ sono l'identità ed il coniugio (Esempio 1.2.9 (2)).

(2) Il polinomio $p(X) := X^3 - 3X + 1 \in \mathbb{Q}[X]$ è irriducibile su $\mathbb{Q}$, non avendo radici razionali. Se α è una radice di $p(X)$, le altre due radici di $p(X)$ sono $\beta := (\alpha^2 - 2)$ e $\gamma := (-\alpha(\alpha + 1) + 2)$ (Esempio 4.1.5 (3, a)). Dunque gli isomorfismi di $\mathbb{Q}(\alpha)$ in $\mathbb{C}$ sono tre e sono definiti da:

$$\psi_1 := id : f(\alpha) \mapsto f(\alpha); \quad \psi_2 : f(\alpha) \mapsto f(\beta); \quad \psi_3 : f(\alpha) \mapsto f(\gamma),$$

per ogni polinomio $f(X) \in \mathbb{Q}[X]$ (di grado al più uguale a 2). Poiché $\beta, \gamma \in \mathbb{Q}(\alpha)$, questi sono tutti e soli gli automorfismi di $\mathbb{Q}(\alpha)$.

(3) Il polinomio minimo di $\alpha := \sqrt[3]{2}$ su $\mathbb{Q}$ è $p(X) := X^3 - 2$ e le sue radici complesse sono $\alpha, \alpha\xi$ e $\alpha\xi^2$, dove $\xi := \frac{-1 + i\sqrt{3}}{2}$ è una radice primitiva terza dell'unità (Esempio 4.1.5 (3, b)). Dunque gli isomorfismi di $\mathbb{Q}(\alpha)$ in $\mathbb{C}$ sono ancora tre e sono definiti da:

$$\psi_1 := id : f(\alpha) \mapsto f(\alpha); \quad \psi_2 : f(\alpha) \mapsto f(\alpha\xi); \quad \psi_3 : f(\alpha) \mapsto f(\alpha\xi^2),$$

per ogni polinomio $f(X) \in \mathbb{Q}[X]$ (di grado al più uguale a 2). Poiché $\alpha\xi$ e $\alpha\xi^2$ non appartengono a $\mathbb{Q}(\alpha)$, soltanto l'identità è un automorfismo di $\mathbb{Q}(\alpha)$.

(4) Siano $\alpha := \sqrt[3]{2}$ e $\beta := \sqrt{3}$. Per determinare gli isomorfismi di $K := \mathbb{Q}(\alpha, \beta)$ in $\mathbb{C}$, consideriamo la catena di ampliamenti semplici

$$\mathbb{Q} \subseteq \mathbb{Q}(\alpha) \subseteq \mathbb{Q}(\alpha, \beta).$$

Il polinomio minimo di β su $\mathbb{Q}(\alpha)$ è $q(X) := X^2 - 3$, che ha radici β e $-\beta$. Allora ognuno degli isomorfismi $\psi_1 := id, \psi_2, \psi_3$ di $\mathbb{Q}(\alpha)$ in $\mathbb{C}$ costruiti precedentemente nell'Esempio (3) si estende a due isomorfismi di $\mathbb{Q}(\alpha, \beta)$ in $\mathbb{C}$. In tutto si ottengono 6 isomorfismi, precisamente:

$$\psi_{11} := id : K \longrightarrow \mathbb{C}; \quad h(\alpha, \beta) \mapsto h(\alpha, \beta) \quad (\alpha \mapsto \alpha, \quad \beta \mapsto \beta)$$

$$\psi_{21} : K \longrightarrow \mathbb{C}; \quad h(\alpha, \beta) \mapsto h(\alpha\xi, \beta) \quad (\alpha \mapsto \alpha\xi, \quad \beta \mapsto \beta)$$

$$\psi_{31} : K \longrightarrow \mathbb{C}; \quad h(\alpha, \beta) \mapsto h(\alpha\xi^2, \beta) \quad (\alpha \mapsto \alpha\xi^2, \quad \beta \mapsto \beta)$$

$$\psi_{12} : K \longrightarrow \mathbb{C}; \quad h(\alpha, \beta) \mapsto h(\alpha, -\beta) \quad (\alpha \mapsto \alpha, \quad \beta \mapsto -\beta)$$

$$\psi_{22} : K \longrightarrow \mathbb{C}; \quad h(\alpha, \beta) \mapsto h(\alpha\xi, -\beta) \quad (\alpha \mapsto \alpha\xi, \quad \beta \mapsto -\beta)$$

$$\psi_{32} : K \longrightarrow \mathbb{C}; \quad h(\alpha, \beta) \mapsto h(\alpha\xi^2, -\beta) \quad (\alpha \mapsto \alpha\xi^2, \quad \beta \mapsto -\beta)$$

per ogni elemento

$$h(\alpha, \beta) = c_0 + c_1\alpha + c_2\alpha^2 + c_3\beta + c_4\alpha\beta + c_5\alpha^2\beta \in \mathbb{Q}(\alpha, \beta).$$

Notiamo che i soli automorfismi di $K := \mathbb{Q}(\alpha, \beta)$ sono $\psi_{11} = id$ e ψ_{12}. Questi sono anche i $\mathbb{Q}(\alpha)$-isomorfismi di K in $\mathbb{C}$.

(5) Sia $F \subseteq \mathbb{R}$ e sia $K := F(\alpha, \beta)$ un ampliamento biquadratico di F, con $\alpha^2 = a, \beta^2 = b \in F$ (Paragrafo 3.5.2). Gli F-isomorfismi di K in $\mathbb{C}$ possono essere costruiti considerando la catena di ampliamenti semplici

$$F \subseteq F(\alpha) \subseteq F(\alpha, \beta).$$

Gli F-isomorfismi di $F(\alpha)$ in $\mathbb{C}$ sono 2, precisamente:

$$\varphi_1 := id : F(\alpha) \longrightarrow \mathbb{C}; \quad x + y\alpha \mapsto x + y\alpha \quad (\alpha \mapsto \alpha)$$

$$\varphi_2 : F(\alpha) \longrightarrow \mathbb{C}; \quad x + y\alpha \mapsto x - y\alpha \quad (\alpha \mapsto -\alpha).$$

Questi sono anche F-automorfismi di $F(\alpha)$. Gli F-isomorfismi di K in $\mathbb{C}$ che estendono l'identità su $F(\alpha)$ (ovvero gli $F(\alpha)$-isomorfismi) sono:

$$\varphi_{11} := id : K \longrightarrow \mathbb{C}; \quad h(\alpha, \beta) \mapsto h(\alpha, \beta) \quad (\alpha \mapsto \alpha, \quad \beta \mapsto \beta)$$

$$\varphi_{12} : K \longrightarrow \mathbb{C}; \quad h(\alpha, \beta) \mapsto h(\alpha, -\beta) \quad (\alpha \mapsto \alpha, \quad \beta \mapsto -\beta)$$

gli F-isomorfismi di K in $\mathbb{C}$ che estendono φ_2 sono:

$$\varphi_{21} : K \longrightarrow \mathbb{C}; \quad h(\alpha, \beta) \mapsto h(-\alpha, \beta) \quad (\alpha \mapsto -\alpha, \quad \beta \mapsto \beta)$$

$$\varphi_{22} : K \longrightarrow \mathbb{C}; \quad h(\alpha, \beta) \mapsto h(-\alpha, -\beta) \quad (\alpha \mapsto -\alpha, \quad \beta \mapsto -\beta)$$

per ogni elemento

$$h(\alpha, \beta) = c_0 + c_1\alpha + c_2\beta + c_3\alpha + c_4\alpha\beta \in F(\alpha, \beta).$$

Questi sono tutti automorfismi di K.

(6) Se $\alpha \in \mathbb{C}$ ha grado alto su F, per determinare gli F-isomorfismi di $F(\alpha)$ in $\mathbb{C}$, conviene talvolta considerare un campo intermedio L dell'ampliamento

$F \subseteq F(\alpha)$, costruire prima gli F-isomorfismi di L in $\mathbb{C}$ ed estendere poi a $F(\alpha) = L(\alpha)$ ognuno di questi F-isomorfismi.

Ad esempio, sia $\alpha := \sqrt[3]{\sqrt{2} + \sqrt{3}}$. Allora $\sqrt{2} + \sqrt{3} = \alpha^3 \in \mathbb{Q}(\alpha)$ e possiamo considerare il sottocampo $L := \mathbb{Q}(\sqrt{2} + \sqrt{3}) = \mathbb{Q}(\sqrt{2}, \sqrt{3})$ di $\mathbb{Q}(\alpha)$.

Gli isomorfismi di L in $\mathbb{C}$ sono quattro e si possono costruire come nell'esempio precedente per $a = 2, b = 3$. Poiché α ha grado 3 su L, con polinomio minimo $m(X) = X^3 - (\sqrt{2} + \sqrt{3})$, ognuna di queste quattro immersioni si estende a 3 isomorfismi di $\mathbb{Q}(\alpha)$ in $\mathbb{C}$.

Consideriamo ad esempio l'immersione

$$\varphi_{12} : L \longrightarrow \mathbb{C}; \quad \sqrt{2} \mapsto \sqrt{2}, \; \sqrt{3} \mapsto -\sqrt{3}.$$

Le radici del polinomio $\varphi_{12}^*(m(X)) = X^3 - (\sqrt{2} - \sqrt{3})$ sono

$$\beta := \sqrt[3]{\sqrt{2} - \sqrt{3}}, \quad \beta\xi, \quad \beta\xi^2,$$

dove $\xi := \frac{-1 + i\sqrt{3}}{2}$ è una radice primitiva terza dell'unità. Dunque gli isomorfismi di $L(\alpha) = \mathbb{Q}(\alpha)$ in $\mathbb{C}$ che estendono φ_{12} sono:

$$\psi_1 : \mathbb{Q}(\alpha) \longrightarrow \mathbb{C}; \quad \alpha \mapsto \beta;$$
$$\psi_2 : \mathbb{Q}(\alpha) \longrightarrow \mathbb{C}; \quad \alpha \mapsto \beta\xi;$$
$$\psi_3 : \mathbb{Q}(\alpha) \longrightarrow \mathbb{C}; \quad \alpha \mapsto \beta\xi^2.$$

In modo analogo si possono costruire tutti gli isomorfismi di $\mathbb{Q}(\alpha)$ in $\mathbb{C}$, che sono 12. Ne segue che α ha grado 12 su $\mathbb{Q}$ e le radici del suo polinomio minimo sono le immagini di α tramite questi isomorfismi.

4.2.2 Isomorfismi tra campi di spezzamento

Possiamo ora dimostrare che due campi di spezzamento di un fissato polinomio a coefficienti in un campo F sono F-isomorfi.

Continuiamo ad indicare con $\varphi^* : F[X] \longrightarrow F'[X]$ l'omomorfismo di anelli che estende l'omomorfismo di campi $\varphi : F \longrightarrow F'$, definito da

$$f(X) := c_0 + c_1 X + \cdots + c_n X^n \mapsto f^*(X) := \varphi(c_0) + \varphi(c_1)X + \cdots + \varphi(c_n)X^n.$$

Teorema 4.2.9 *Siano F un campo, $f(X) \in F[X]$ e K un campo di spezzamento di $f(X)$ su F. Se φ è un isomorfismo di F in F' e il campo K' è un ampliamento di F' contenente un campo di spezzamento del polinomio $f^*(X) := \varphi^*(f(X))$ su F', allora esiste un isomorfismo ψ di K in K' che estende φ. Inoltre il numero di tali estensioni è al più $[K : F]$ ed è esattamente $[K : F]$ se $f^*(X)$ non ha radici multiple in K'.*

Dimostrazione. Procediamo per induzione sul grado $[K : F]$.

Se $[K : F] = 1$, allora $F = K$ è un campo di spezzamento di $f(X)$. Inoltre, se $f(X) = c(X - \alpha_1)(X - \alpha_2)\ldots(X - \alpha_n)$ su F, allora su F' si ha

$f^*(X) = \varphi(c)(X - \varphi(\alpha_1))(X - \varphi(\alpha_2))\ldots(X - \varphi(\alpha_n))$ e perciò F' contiene un campo di spezzamento di $f^*(X)$. Ne segue che $\varphi : F \longrightarrow F'$ è esso stesso un isomorfismo di $K = F$ in K'.

Supponiamo che $[K : F] > 1$. Allora $f(X)$ ha una radice $\alpha \in K \setminus F$ e il polinomio minimo $m(X)$ di α su F è un fattore irriducibile di $f(X)$ di grado $m > 1$. Dunque $m^*(X)$ è un fattore (irriducibile) di $f^*(X)$ e per ipotesi ha una radice in K'. Per la Proposizione 4.2.2, ci sono allora $s \leq m = [F(\alpha) : F]$ omomorfismi $\psi_i : F(\alpha) \longrightarrow K'$, $i = 1, \ldots, s$, che estendono φ ed inoltre $s = m$ se $m^*(X)$ non ha radici multiple in K'.

Osserviamo ora che K è anche un campo di spezzamento di $f(X)$ su $F(\alpha)$ e analogamente K' contiene anche un campo di spezzamento di $f^*(X)$ su $\operatorname{Im}\psi_i = \psi_i(F(\alpha)) = F'(\psi_i(\alpha))$. Poiché si ha

$$[K : F] = [K : F(\alpha)][F(\alpha) : F] = [K : F(\alpha)]m,$$

allora in particolare $[K : F(\alpha)] < [K : F]$.

Per l'ipotesi induttiva, per ogni $i = 1, \ldots, s$, ci sono $r_i \leq [K : F(\alpha)]$ isomorfismi di K in K' che estendono l'immersione $\psi_i : F(\alpha) \longrightarrow F'(\psi_i(\alpha))$ e inoltre $r_i = [K : F(\alpha)]$ se $\psi_i^*(f(X)) = \varphi^*(f(X)) =: f^*(X)$ non ha radici multiple in K'. Poiché la restrizione a $F(\alpha)$ di un isomorfismo di K in K' che estende φ deve coincidere con una delle immersioni ψ_i, le estensioni $K \longrightarrow K'$ di φ sono al più $[K : F(\alpha)][F(\alpha) : F] = [K : F]$ e sono esattamente $[K : F]$ se $f^*(X)$ non ha radici multiple in K'.

Corollario 4.2.10 *Due campi di spezzamento K e K' di $f(X)$ su F sono isomorfi. Inoltre il numero degli F-isomorfismi tra K e K' è al più $[K : F]$ ed è esattamente uguale a $[K : F]$ se $f(X)$ non ha radici multiple in K (e K').*

In particolare K ha al più $[K : F]$ F-automorfismi. Se inoltre $f(X)$ non ha radici multiple in K, allora gli F-automorfismi di K sono esattamente $[K : F]$.

Dimostrazione. Basta applicare il teorema precedente al caso in cui φ sia l'identità su F.

Una dimostrazione diretta del Corollario 4.2.10, che illustra meglio il procedimento induttivo e fornisce un metodo per determinare tutti gli automorfismi di un campo di spezzamento, è la seguente.

Dimostrazione diretta del Corollario 4.2.10. Sia α_1 una radice di $f(X)$ in K e sia $m_1(X)$ il suo polinomio minimo su F. Poiché $m_1(X)$ divide $f(X)$ in $F[X]$ e $f(X)$ si spezza linearmente su K', $m_1(X)$ ha tutte le sue radici in K'. Allora, se $\beta_1, \ldots, \beta_s$ sono le radici distinte di $m_1(X)$ in K', gli F-isomorfismi di $F(\alpha_1)$ in K' sono esattamente quelli definiti da

$$\varphi_i : F(\alpha_1) \longrightarrow F(\beta_i) \subseteq K'; \quad \varphi_i(\alpha_1) = \beta_i, \quad \text{per } i = 1, \ldots, s$$

(Proposizione 4.2.2). Notiamo che $s \leq \deg m_1(X) = [F(\alpha_1) : F]$ e vale l'uguaglianza se tutte le radici di $m_1(X)$ in K' sono distinte.

Osserviamo ora che possiamo scrivere $f(X) = (X - \alpha_1)^k g_1(X)$, con $g_1(X) \in F(\alpha_1)[X] \subseteq K[X]$ e $g_1(\alpha_1) \neq 0$. Dunque

$$f(X) = \varphi_i^*(f(X)) = (X - \varphi_i(\alpha_1))^k \varphi_i^*(g_1(X)) = (X - \beta_i)^k \varphi_i^*(g_1(X))$$

su $F(\beta_i)$.

Se $\deg g_1(X) = 0$, ovvero $g_1(X) \in F(\alpha_1)$, allora $K = F(\alpha_1)$. Inoltre, in questo caso, $\varphi_i^*(g_1(X)) \in F(\beta_i)$ e dunque $f(X)$ si spezza linearmente su $F(\beta_i)$. Perciò risulta $K' = F(\beta_i)$ e $\varphi_i : K \longrightarrow K'$ è un isomorfismo di campi.

Se invece $\deg g_1(X) > 0$, allora $g_1(X)$ ha una radice α_2, distinta da α_1, in K. In questo caso, sia $m_2(X)$ il polinomio minimo di α_2 su $F(\alpha_1)$ e sia $g_1(X) = m_2(X)h_1(X)$, con $h_1(X) \in F(\alpha_1)$. Allora $\varphi_i^*(g_1(X)) = \varphi_i^*(m_2(X))\varphi_i^*(h_1(X))$ e $\varphi_i^*(m_2(X))$ divide $f(X)$ su K'. Ne segue che il polinomio $\varphi_i^*(m_2(X))$ si spezza linearmente su K' e, per ogni radice β_j di $\varphi_i^*(m_2(X))$ (necessariamente distinta da β_i), l'isomorfismo $\varphi_i : F(\alpha_1) \longrightarrow F(\beta_i)$ si può estendere ad un F-isomorfismo $\varphi_{ij} : F(\alpha_1, \alpha_2) \longrightarrow F(\beta_i, \beta_j) \subseteq K'$ ponendo $\varphi_{ij}(\alpha_1) = \beta_i$ e $\varphi_{ij}(\alpha_2) = \beta_j$. Il numero delle possibili estensioni di φ_i è uguale al numero delle radici distinte di $\varphi_i^*(m_2(X))$ in K', dunque al più uguale a $\deg \varphi_i^*(m_2(X)) = \deg m_2(X) = [F(\alpha_1, \alpha_2) : F(\alpha_1)]$. Ne segue che il numero degli F-isomorfismi di $F(\alpha_1, \alpha_2)$ in K' è al più uguale a

$$\deg m_2(X) \deg m_1(X) = [F(\alpha_1, \alpha_2) : F(\alpha_1)][F(\alpha_1) : F] = [F(\alpha_1, \alpha_2) : F]$$

e l'uguaglianza è raggiunta se $f(X)$ non ha radici multiple in K'.

A questo punto, su $F(\alpha_1, \alpha_2)$, risulta $f(X) = (X - \alpha_1)^k (X - \alpha_2)^h g_2(X)$ con $g_2(\alpha_1) \neq 0$ e $g_2(\alpha_2) \neq 0$. Inoltre $\varphi_{ij}^* f(X) = (X - \beta_1)^k (X - \beta_2)^h \varphi_{ij}^*(g_2(X))$. Se $g_2(X) \in F(\alpha_1, \alpha_2)$, allora $\varphi_{ij}^*(g_2(X)) \in F(\beta_1, \beta_2)$. Dunque $K = F(\alpha_1, \alpha_2)$, $K' = F(\beta_1, \beta_2)$ e $\varphi_{ij} : K \longrightarrow K'$ è un isomorfismo. Altrimenti si ripete il procedimento.

Dopo un numero finito di passi si ottiene che $K = F(\alpha_1, \ldots, \alpha_n)$ e $K' = F(\beta_1, \ldots, \beta_n)$, dove $\alpha_1, \ldots, \alpha_n$ sono le radici distinte di $f(X)$ nel campo K e $\beta_1, \ldots, \beta_n$ sono le radici distinte di $f(X)$ nel campo K'. Inoltre K e K' sono isomorfi, il numero degli F-isomorfismi tra K e K' è al più uguale a $[K : F] = [K' : F]$ e l'uguaglianza è raggiunta se le radici di $f(X)$ in K' (e K) sono tutte distinte.

Se K è un campo di spezzamento del polinomio $f(X)$ su F, gli F-automorfismi di K possono essere determinati seguendo il procedimento indicato in questa ultima dimostrazione per $K = K'$.

Esempi 4.2.11 Sia $f(X) := (X^2 + X + 1)(X^3 + X + 1) \in \mathbb{F}_2[X]$ e sia K un suo campo di spezzamento. Abbiamo visto nell'Esempio 4.1.5 (6) che i polinomi $p(X) := X^2 + X + 1$ e $q(X) := X^3 + X + 1$ sono irriducibili su $\mathbb{F}_2$ ed hanno tutte radici distinte in K. Precisamente, se α è una radice di $p(X)$ e β è una radice di $q(X)$ in K, le radici di $p(X)$ sono α e $\alpha + 1 = \alpha^2$ e le radici di $q(X)$ sono β, β^2 e $\beta + \beta^2 = \beta^4$. Allora K ha grado 6 su $\mathbb{F}_2$ e perciò ha 6 automorfismi, che possono essere costruiti nel seguente modo. Consideriamo la catena di ampliamenti semplici:

$$\mathbb{F}_2 \subseteq \mathbb{F}_2(\alpha) \subseteq \mathbb{F}_2(\alpha, \beta) = K.$$

Poiché $p(X)$ è il polinomio minimo di α su $\mathbb{F}_2$, gli isomorfismi di $\mathbb{F}_2(\alpha)$ in K che estendono l'identità su $\mathbb{F}_2$ sono:

$$\varphi_1 := id : \mathbb{F}_2(\alpha) \longrightarrow K \, ;$$
$$\varphi_2 : \mathbb{F}_2(\alpha) \longrightarrow K \, ; \quad \alpha \mapsto \alpha^2.$$

Poiché poi $q(X)$ è il polinomio minimo di β su $\mathbb{F}_2(\alpha)$, i tre automorfismi di K che estendono l'identità su $\mathbb{F}_2(\alpha)$ sono:

$$\varphi_{11} := id : K \longrightarrow K \, ; \quad h(\alpha, \beta) \mapsto h(\alpha, \beta) \quad (\alpha \mapsto \alpha, \quad \beta \mapsto \beta)$$
$$\varphi_{12} : K \longrightarrow K \, ; \quad h(\alpha, \beta) \mapsto h(\alpha, \beta^2) \quad (\alpha \mapsto \alpha, \quad \beta \mapsto \beta^2)$$
$$\varphi_{13} : K \longrightarrow K \, ; \quad h(\alpha, \beta) \mapsto h(\alpha, \beta^4) \quad (\alpha \mapsto \alpha, \quad \beta \mapsto \beta^4)$$

e i tre automorfismi di K che estendono φ_2 sono:

$$\varphi_{21} : K \longrightarrow K \, ; \quad h(\alpha, \beta) \mapsto h(\alpha^2, \beta) \quad (\alpha \mapsto \alpha^2, \quad \beta \mapsto \beta)$$
$$\varphi_{22} : K \longrightarrow K \, ; \quad h(\alpha, \beta) \mapsto h(\alpha^2, \beta^2) \quad (\alpha \mapsto \alpha^2, \quad \beta \mapsto \beta^2)$$
$$\varphi_{23} : K \longrightarrow K \, ; \quad h(\alpha, \beta) \mapsto h(\alpha^2, \beta^4) \quad (\alpha \mapsto \alpha^2, \quad \beta \mapsto \beta^4)$$

per ogni elemento $h(\alpha, \beta) \in K$ (di grado al più uguale a 5).

Gli automorfismi di K verranno calcolati in altro modo nell'Esempio 4.3.19 (2).

4.3 Campi finiti

Un *campo finito* è un campo con un numero finito di elementi. Un tale campo ha necessariamente caratteristica prima p e grado finito sul suo sottocampo fondamentale $\mathbb{F}_p$; il valore di questi due interi ci fornisce il numero dei suoi elementi.

Proposizione 4.3.1 *Se K è un campo finito allora il suo ordine è p^n, dove p è la caratteristica di K e $n := [K : \mathbb{F}_p]$.*

Dimostrazione. Se $[K : \mathbb{F}_p] = n$, allora K è isomorfo a $\mathbb{F}_p^n$ come spazio vettoriale su $\mathbb{F}_p$ e dunque ha p^n elementi.

L'esistenza di campi finiti di ogni ordine ammissibile è stata dimostrata da E. Galois (*Sur la théorie des nombres*, 1830). Successivamente E. H. Moore dimostrò, nel 1893, che due campi finiti dello stesso ordine sono isomorfi.

Lemma 4.3.2 *Se K è un campo di caratteristica prima p, allora*

$$(x + y)^{p^h} = x^{p^h} + y^{p^h}$$

per ogni $x, y \in K$, $h \geq 1$.

Dimostrazione. Sia $h = 1$. Se $p > k > 0$, p divide tutti i coefficienti binomiali $\binom{p}{k} := p!/k!(p-k)!$, perché non divide $k!(p-k)!$. Dunque tali coefficienti sono nulli in caratteristica p e l'uguaglianza è verificata. Si procede poi per induzione su h.

Teorema 4.3.3 (E. Galois - E. H. Moore) *Per ogni primo p e ogni $n \geq 1$ esiste un campo finito con p^n elementi. Tale campo è un campo di spezzamento del polinomio*

$$f_{p^n}(X) := X^{p^n} - X$$

su $\mathbb{F}_p$ ed è costituito esattamente dalle radici di $f_{p^n}(X)$. Inoltre tutti i campi con p^n elementi sono tra loro isomorfi.

Dimostrazione. Poniamo $q := p^n$ e sia K un campo di spezzamento di $f_q(X) := X^q - X$. Osserviamo intanto che le radici di $f_q(X)$ in K sono tutte distinte; infatti $f_q(X)$ e la sua derivata formale $f'_q(X) = qX^{q-1} - 1 = -1$ non hanno radici comuni (Proposizione 2.3.20). Inoltre le q radici di $f_q(X)$ formano un sottocampo di K per il Lemma 4.3.2. Infatti, se α, β sono radici di $f_q(X)$, risulta $(\alpha - \beta)^q = \alpha^q - \beta^q = \alpha - \beta$ ed inoltre $(\alpha\beta^{-1})^q = \alpha^q(\beta^q)^{-1} = \alpha\beta^{-1}$ per $\beta \neq 0$. Ne segue che K è costituito esattamente dalle radici di $f_q(X)$ e perciò ha q elementi.

Sia ora K un campo di ordine q. Allora il gruppo moltiplicativo K^* ha $q - 1$ elementi e dunque, per ogni $\alpha \in K^*$, risulta $\alpha^{q-1} = 1$. Ne segue che ogni elemento di K è radice del polinomio $f_q(X)$ e in particolare K è un campo di spezzamento di $f_q(X)$. Infine, tutti i campi di ordine q sono tra loro isomorfi per il Corollario 4.2.10.

Nel seguito indicheremo come d'uso con $\mathbb{F}_{p^n}$ un campo con p^n elementi. Tale notazione non è ambigua essendo tale campo univocamente determinato a meno di isomorfismi. Il campo $\mathbb{F}_{p^n}$ si chiama anche il *campo di Galois di ordine p^n*.

Una prima proprietà importante dei campi finiti è quella di avere gruppo moltiplicativo ciclico. Per dimostrarlo, abbiamo bisogno di un risultato sui gruppi abeliani finiti. Ricordiamo che, se G è un gruppo abeliano finito, il minimo comune multiplo degli ordini degli elementi di G si chiama l'*esponente* di G e si indica con $e(G)$.

Lemma 4.3.4 *Ogni gruppo abeliano finito G ha un elemento di ordine $e(G)$.*

Dimostrazione. Sia $e(G) = p_1^{k_1} \cdots p_s^{k_s}$ la fattorizzazione di $e(G)$ in numeri primi distinti. Per come è definito $e(G)$, $p_i^{k_i}$ divide l'ordine di qualche elemento di G per ogni $i = 1, \ldots, s$.

Sia $g_i \in G$ di ordine $p_i^{k_i} d_i$. Allora $h_i := g_i^{d_i}$ ha ordine $p_i^{k_i}$ e il prodotto $g := h_1 \cdots h_s$ ha ordine $e(G)$.

Infatti è chiaro che $g^{e(G)} = 1$. D'altra parte, mostriamo che se $g^n = 1$, allora $e(G)$ divide n. Se $g^n = e$, allora $h_1^n = h_2^{-n} \cdots h_s^{-n}$. Posto $m_1 := e(G)/p_1^{k_1} = p_2^{k_2} \cdots p_s^{k_s}$, si ha $h_2^{m_1} = \cdots = h_s^{m_1} = 1$; da cui $h_1^{nm_1} = 1$. Poiché h_1 ha ordine $p_1^{k_1}$, allora $p_1^{k_1}$ divide nm_1 e quindi divide n. Ripetendo questo ragionamento, si ottiene che $p_i^{k_i}$ divide n per ogni $i = 1, \ldots, s$ e dunque $e(G)$ divide n.

Proposizione 4.3.5 *Se K è un campo, ogni sottogruppo finito del gruppo moltiplicativo K^* è ciclico. In particolare, se K è un campo finito, K^* è un gruppo ciclico.*

Dimostrazione. Sia G un sottogruppo di K^* di ordine $m \geq 1$ ed esponente $e(G)$. Poiché l'ordine di ogni elemento di G divide m, allora $e(G)$ divide m e in particolare $e(G) \leq m$. D'altra parte, ogni elemento di G è una radice in K del polinomio $X^{e(G)} - 1$. Poiché questo polinomio ha al più $e(G)$ radici in K (Proposizione 2.3.13), allora $m \leq e(G)$. Ne segue che G ha esattamente $e(G)$ elementi ed inoltre, per il lemma precedente, ha anche un elemento di ordine $e(G)$. Quindi G è ciclico.

Ricordiamo che, se G è un gruppo moltiplicativo ciclico di ordine n e g è un suo generatore, ovvero $G := \langle g \rangle = \{g, g^2, \ldots, g^{n-1}, g^n = e\}$, i generatori di G sono tutti e soli gli elementi g^k con $\mathrm{MCD}(n, k) = 1$. Il numero di questi generatori è dato dal valore in n della funzione $\varphi : \mathbb{N} \longrightarrow \mathbb{N}$ di Eulero, che ad ogni intero positivo n associa il numero $\varphi(n)$ degli interi positivi minori di n e primi con n [53, Teorema 1.35].

Esempi 4.3.6 (1) Le radici complesse n-sime dell'unità formano un sottogruppo moltiplicativo finito di $\mathbb{C}^*$. Dunque tale sottogruppo è ciclico (Paragrafo 2.4.2).

(2) Il gruppo moltiplicativo del campo $\mathbb{F}_{p^n}$, dove p è un numero primo, è un gruppo ciclico con $p^n - 1$ elementi. In particolare $\mathbb{F}_p^*$ è ciclico con $p - 1$ elementi.

Ad esempio, il gruppo $\mathbb{F}_5^*$ è ciclico di ordine 4 ed ha $\varphi(4) = 2$ generatori, precisamente la classe di 2 o la classe di 3. Il gruppo $\mathbb{F}_{11}^*$ ha $\varphi(10) = \varphi(2)\varphi(5) = 4$ generatori, precisamente le classi di 2, 6, 7, 8.

Proposizione 4.3.7 *Il campo $\mathbb{F}_{p^n}$ è un ampliamento semplice di $\mathbb{F}_p$ (di grado n). Precisamente, se α è un generatore del gruppo moltiplicativo ciclico $\mathbb{F}_{p^n}^*$, allora $\mathbb{F}_{p^n} = \mathbb{F}_p(\alpha)$.*

Dimostrazione. Se α è un generatore di $\mathbb{F}_{p^n}^*$, si ha che $\mathbb{F}_{p^n} \subseteq \mathbb{F}_p(\alpha)$. Poiché chiaramente vale anche l'inclusione opposta, si ha l'uguaglianza.

Corollario 4.3.8 *Per ogni primo p e ogni $n \geq 1$ esiste un polinomio $q(X) \in \mathbb{F}_p[X]$ di grado n irriducibile su $\mathbb{F}_p$ ed il campo $\mathbb{F}_{p^n}$ è isomorfo al campo $\mathbb{F}_p[X]/\langle q(X) \rangle$.*

Dimostrazione. Se $\mathbb{F}_{p^n} = \mathbb{F}_p(\alpha)$, il polinomio minimo di α su $\mathbb{F}_p$ è irriducibile su $\mathbb{F}_p$ e ha grado n. Se inoltre $q(X)$ è un polinomio di grado n irriducibile su $\mathbb{F}_p$, il campo

$$K := \frac{\mathbb{F}_p[X]}{\langle q(X) \rangle} = \{c_0 + c_1\alpha + \cdots + c_{n-1}\alpha^{n-1} \, ; \, c_i \in \mathbb{F}_p \, , \, p(\alpha) = 0\}$$

ha p^n elementi. Per il Teorema 4.3.3, K è dunque isomorfo a $\mathbb{F}_{p^n}$.

La Proposizione 4.3.7 mostra che ogni generatore del gruppo ciclico $\mathbb{F}_{p^n}^*$ è anche un generatore del campo $\mathbb{F}_{p^n}$ come ampliamento semplice di $\mathbb{F}_p$. Osserviamo però che se $\mathbb{F}_{p^n} = \mathbb{F}_p(\alpha)$, non è detto che α generi il gruppo $\mathbb{F}_{p^n}^*$, come sarà mostrato dagli esempi successivi.

Esempi 4.3.9 **(1)** Il campo $\mathbb{F}_8$ è stato costruito nell'Esempio 4.1.5 (5) come un campo di spezzamento del polinomio $p(X) := X^3 + X + 1 \in \mathbb{F}_2[X]$, che è irriducibile su $\mathbb{F}_2$. Abbiamo visto che, se α è una radice di $p(X)$, le altre radici di $p(X)$ sono α^2 e $\alpha + \alpha^2 = \alpha^4$. Questi elementi hanno tutti grado 3 su $\mathbb{F}_2$ e perciò generano $\mathbb{F}_8$ su $\mathbb{F}_2$. Ma poiché il gruppo ciclico $\mathbb{F}_8^*$ ha 7 elementi, esso ha 6 generatori e quindi ha altri tre elementi di grado 3 su $\mathbb{F}_2$, precisamente

$$\alpha^3 = \alpha + 1 \, , \quad \alpha^5 = \alpha^2 + \alpha + 1 \, , \quad \alpha^6 = \alpha^2 + 1.$$

Questi devono essere le radici di un altro polinomio monico di grado 3 irriducibile su $\mathbb{F}_2$ e un semplice calcolo mostra che tale polinomio è $q(X) := X^3 + X^2 + 1$. Per finire osserviamo che $p(X)$ e $q(X)$ sono gli unici polinomi di grado 3 irriducibili su $\mathbb{F}_2$, perché le loro radici esauriscono $\mathbb{F}_8 \setminus \mathbb{F}_2$.

Se β è una qualsiasi radice di $q(X)$ in $\mathbb{F}_8$ risulta anche $\mathbb{F}_8 = \mathbb{F}_2(\beta)$ e le radici di $p(X)$ e $q(X)$ si possono esprimere in funzione di β. Ad esempio, se $\beta := \alpha^3 = \alpha + 1$, le radici di $p(X)$ sono:

$$\alpha = \beta + 1 = \beta^5 \, , \quad \alpha^2 = \beta^2 + 1 = \beta^3 \, , \quad \alpha^4 = \beta + \beta^2 = \beta^6$$

mentre le radici di $q(X)$ sono

$$\alpha^3 = \beta \, , \quad \alpha^5 = \alpha^2 + \alpha + 1 = \beta^4 \, , \quad \alpha^6 = \alpha^2 + 1 = \beta^2.$$

(2) Il campo $\mathbb{F}_9$ è stato costruito nell'Esempio 4.1.5 (7) come un campo di spezzamento del polinomio $f(X) := (X^2 + 1)(X^2 + 2X + 2) \in \mathbb{F}_3[X]$. Abbiamo visto che $p(X) := X^2 + 1$ e $q(X) := X^2 + 2X + 2$ sono irriducibili su $\mathbb{F}_3$. Dunque, se α è una radice di $p(X)$ e β è una radice di $q(X)$, risulta $\mathbb{F}_9 = \mathbb{F}_3(\alpha) = \mathbb{F}_3(\beta)$.

Le radici di $p(X)$ in $\mathbb{F}_9$ sono α e $2\alpha = \alpha^3$. Osserviamo che α ha ordine moltiplicativo uguale a 4, infatti risulta

$$\alpha^2 = 2 \, , \quad \alpha^3 = 2\alpha \, , \quad \alpha^4 = 1.$$

Dunque α non genera il gruppo $\mathbb{F}_9^*$, che ha ordine 8, mentre genera il campo $\mathbb{F}_9$ su $\mathbb{F}_3$. Una radice di $q(X)$ è $\beta = \alpha + 2$. Poiché

$$\beta^2 = \alpha, \quad \beta^3 = 2\alpha + 2, \quad \beta^4 = 2 \neq 1,$$

allora β ha ordine moltiplicativo uguale a 8 e genera $\mathbb{F}_9^*$ come gruppo ciclico. Gli altri generatori del gruppo $\mathbb{F}_9^*$ sono

$$\beta^3 = 2\alpha + 2, \quad \beta^5 = 2\alpha + 1, \quad \beta^7 = \alpha + 1.$$

Tra questi, l'altra radice di $q(X)$ è β^3; mentre β^5 e β^7 sono radici del polinomio $s(X) := X^2 + X + 2$.

Poiché le radici di $p(X)$, $q(X)$, $s(X)$ esauriscono tutti gli elementi di $\mathbb{F}_9 \setminus \mathbb{F}_3$, non ci sono altri polinomi di grado 2 irriducibili su $\mathbb{F}_3$.

(3) Il campo $\mathbb{F}_{64}$ è stato costruito nell'Esempio 4.1.5 (6) come un campo di spezzamento su $\mathbb{F}_2$ del polinomio $f(X) = (X^2 + X + 1)(X^3 + X + 1)$. Se α è una radice di $X^2 + X + 1$ e β è una radice di $X^3 + X + 1$, si ha $\mathbb{F}_{64} = \mathbb{F}_2(\alpha, \beta)$. Esiste tuttavia un elemento $\theta \in \mathbb{F}_{64}$ di grado 6 su $\mathbb{F}_2$ tale che $\mathbb{F}_{64} = \mathbb{F}_2(\theta)$. Procedendo come nel Paragrafo 3.5.3, non è difficile vedere che $\theta := \alpha + \beta$ è un tale elemento.

4.3.1 Polinomi irriducibili su $\mathbb{F}_p$

Diamo ora un metodo per determinare tutti i polinomi di grado fissato $d \geq 1$ irriducibili su $\mathbb{F}_p$.

Lemma 4.3.10 *Sia F un campo. Il polinomio $X^d - 1$ divide il polinomio $X^n - 1$ in $F[X]$ se e soltanto se d divide n.*

Dimostrazione. Se $n = qd + r$, $0 \leq r < d$, in $F[X]$ risulta:

$$(X^n - 1) = (X^d - 1)(X^{n-d} + X^{n-2d} + \cdots + X^{n-(q-1)d} + X^r) + (X^r - 1).$$

Perciò $X^d - 1$ divide $X^n - 1$ se e soltanto se $X^r - 1 = 0$, se e soltanto se $r = n - qd = 0$, se e soltanto se $n = qd$.

Corollario 4.3.11 *Se d è un divisore positivo di n, il polinomio $f_{p^d}(X) := X^{p^d} - X$ divide il polinomio $f_{p^n}(X) := X^{p^n} - X$ in $\mathbb{F}_p[X]$.*

Dimostrazione. Per il Lemma 4.3.10, se d è un divisore positivo di n, il polinomio $X^d - 1$ divide il polinomio $X^n - 1$. Calcolando in p, si ottiene che $p^d - 1$ divide $p^n - 1$. Ma allora anche $X^{p^d-1} - 1$ divide $X^{p^n-1} - 1$ ed infine $X^{p^d} - X$ divide $X^{p^n} - X$.

Proposizione 4.3.12 *Tutti e soli i polinomi irriducibili su $\mathbb{F}_p$ di grado uguale a un divisore di n sono i fattori irriducibili del polinomio*

$$f_{p^n}(X) := X^{p^n} - X.$$

In particolare, $\mathbb{F}_{p^n}$ è un campo di spezzamento di ogni polinomio di grado n irriducibile su $\mathbb{F}_p$.

Dimostrazione. Sia $p(X)$ un polinomio irriducibile su $\mathbb{F}_p$ di grado d.

Se $p(X)$ divide $f_{p^n}(X)$, esso ha una radice α in $\mathbb{F}_{p^n}$. Perciò risulta

$$n = [\mathbb{F}_{p^n} : \mathbb{F}_p] = [\mathbb{F}_{p^n} : \mathbb{F}_p(\alpha)][\mathbb{F}_p(\alpha) : \mathbb{F}_p] = [\mathbb{F}_{p^n} : \mathbb{F}_p(\alpha)]d.$$

Ne segue che d divide n.

Viceversa, supponiamo che d sia un divisore positivo di n. Poiché il campo $K := F_p[X]/\langle p(X)\rangle$ ha p^d elementi, questi elementi sono esattamente le radici del polinomio $X^{p^d} - X$ (Teorema 4.3.3). Poiché d'altra parte $p(X)$ ha una radice in K, per il Teorema di Ruffini (Teorema 2.3.8), i polinomi $p(X)$ e $X^{p^d} - X$ hanno un fattore comune non costante in $\mathbb{F}_p[X]$ (Corollario 2.2.8). Ma poiché $p(X)$ è irriducibile su $\mathbb{F}_p$, allora $p(X)$ divide $X^{p^d} - X$ in $\mathbb{F}_p[X]$ e perciò divide anche $f_{p^n}(X) := X^{p^n} - X$ (Corollario 4.3.11). In particolare $p(X)$ si spezza in fattori lineari su $\mathbb{F}_{p^n}$.

Infine, se $p(X)$ ha grado n, il campo K ha p^n elementi ed è contenuto in $\mathbb{F}_{p^n}$. Dunque $K = \mathbb{F}_{p^n}$.

Corollario 4.3.13 *Indicando con $\mathrm{Irr}(p,m)$ l'insieme dei polinomi monici di grado m irriducibili su $\mathbb{F}_p$, risulta*

$$X^{p^n} - X = \prod_{d>0,d\mid n} \{f(X) \; ; \; f(X) \in \mathrm{Irr}(p,d)\}.$$

Esempi 4.3.14 **(1)** Siano $p = 2$, $n = 2$. La fattorizzazione di $f_4(X)$ in fattori irriducibili su $\mathbb{F}_2$ è:

$$f_4(X) := X^4 - X = X(X+1)(X^2 + X + 1).$$

Allora $X^2 + X + 1$ è l'unico polinomio irriducibile di grado 2 su $\mathbb{F}_2$ e $\mathbb{F}_4$ è un suo campo di spezzamento.

(2) Siano $p = 3$, $n = 2$. La fattorizzazione di $f_9(X)$ in fattori irriducibili su $\mathbb{F}_3$ è:

$$f_9(X) := X^9 - X = X(X+1)(X+2)(X^2+1)(X^2+X+2)(X^2+2X+2).$$

Dunque gli unici polinomi monici di grado 2 irriducibili su $\mathbb{F}_3$ sono

$$X^2 + 1; \quad X^2 + X + 2; \quad X^2 + 2X + 2$$

e $\mathbb{F}_9$ è un campo di spezzamento di ognuno di essi (Esempio 4.3.9 (2)).

(3) Siano $p = 2$, $n = 3$. La fattorizzazione di $f_8(X)$ in fattori irriducibili su $\mathbb{F}_2$ è

$$f_8(X) := X^8 - X = X(X - 1)(X^3 + X + 1)(X^3 + X^2 + 1).$$

Allora esistono esattamente 2 polinomi di grado 3 irriducibili su $\mathbb{F}_2$, precisamente

$$X^3 + X + 1; \quad X^3 + X^2 + 1$$

e $\mathbb{F}_8$ è un campo di spezzamento di ognuno di essi (Esempio 4.3.9 (1)).

(4) Il numero $|\mathrm{Irr}(p, n)|$ dei polinomi monici di grado n irriducibili su $\mathbb{F}_p$ si può calcolare usando la *funzione di Möbius*, introdotta da A. Möbius nel 1831. Questa è la funzione aritmetica $\mu : \mathbb{N} \longrightarrow \mathbb{N}$ definita nel segente modo:

$$\mu(n) = \begin{cases} 1, & \text{se } n = 1; \\ (-1)^k, & \text{se } n \text{ è prodotto di } k \text{ numeri primi distinti;} \\ 0 & \text{altrimenti, cioè se } n \text{ ha fattori quadratici.} \end{cases}$$

Se $f, g : \mathbb{N} \longrightarrow \mathbb{N}$ sono due funzioni aritmetiche tali che

$$f(n) = \sum_{d>0, d|n} g(d),$$

allora sussiste la *formula di inversione di Möbius*

$$g(n) = \sum_{d>0, d|n} f(d)\mu\left(\frac{n}{d}\right) = \sum_{d>0, d|n} f\left(\frac{n}{d}\right)\mu(d).$$

Poiché, per il Corollario 4.3.13 e la formula del grado, si ha

$$p^n = \sum_{d>0, d|n} d\,|\mathrm{Irr}(p, d)|,$$

per $f : \mathbb{N} \longrightarrow \mathbb{N}$ definita da $f(n) = p^n$ e $g : \mathbb{N} \longrightarrow \mathbb{N}$ definita da $g(n) = n\,|\mathrm{Irr}(p, n)|$, la formula di inversione fornisce

$$n\,|\mathrm{Irr}(p, n)| = \sum_{d>0, d|n} p^d \mu\left(\frac{n}{d}\right),$$

da cui

$$|\mathrm{Irr}(p, n)| = \frac{1}{n} \sum_{d>0, d|n} p^d \mu\left(\frac{n}{d}\right) = \frac{1}{n} \sum_{d>0, d|n} p^{\frac{n}{d}} \mu(d).$$

Ad esempio, il numero dei polinomi di grado 6 irriducibili su $\mathbb{F}_2$ è:

$$\frac{1}{6} \sum_{d>0, d|6} 2^{\frac{6}{d}} \mu(d) = \frac{1}{6}(2^6 \mu(1) + 2^3 \mu(2) + 2^2 \mu(3) + 2\mu(6))$$

$$= \frac{1}{6}(2^6 - 2^3 - 2^2 + 2) = \frac{1}{6}(66 - 12) = 9.$$

Proposizione 4.3.15 *Tutti e soli i sottocampi del campo $\mathbb{F}_{p^n}$ sono i campi $\mathbb{F}_{p^d}$ dove d è un divisore positivo di n.*

Dimostrazione. Tenendo conto che $[K : \mathbb{F}_p] = d$ se e soltanto se $K = \mathbb{F}_{p^d}$, se L è un sottocampo di $\mathbb{F}_{p^n}$ di grado d su $\mathbb{F}_p$, allora $L = \mathbb{F}_{p^d}$ con d che divide n. Viceversa, se d divide n, allora il polinomio $f_{p^d}(X)$ divide il polinomio $f_{p^n}(X)$ (Corollario 4.3.11). Dunque esso ha tutte le sue radici in $\mathbb{F}_{p^n}$. L'insieme di queste radici forma un sottocampo di $\mathbb{F}_{p^n}$ di ordine p^d (Teorema 4.3.3).

Esempi 4.3.16 Se α è un generatore del gruppo ciclico moltiplicativo $\mathbb{F}^*_{p^n}$ di $\mathbb{F}_{p^n}$, risulta $\mathbb{F}_{p^n} = \mathbb{F}_p(\alpha)$ (Proposizione 4.3.7). Poiché, se d divide n, $\mathbb{F}^*_{p^d}$ è un sottogruppo di $\mathbb{F}^*_{p^n}$ di ordine $p^d - 1$, esso è ciclico generato da α^k, con $k := \frac{p^n-1}{p^d-1}$. Perciò si ha $\mathbb{F}_{p^d} = \mathbb{F}_p(\alpha^k)$.

4.3.2 Gli automorfismi di un campo finito

Determiniamo ora il gruppo degli automorfismi del campo finito $\mathbb{F}_{p^n}$.

Per quanto visto finora, si ha $\mathbb{F}_{p^n} = \mathbb{F}_p(\alpha)$, dove il polinomio minimo di α su $\mathbb{F}_p$ è un divisore irriducibile di grado n del polinomio $X^{p^n} - X$. Poiché questo polinomio ha n radici distinte in $\mathbb{F}_{p^n}$, il Corollario 4.2.10 ci permette di affermare che $\mathbb{F}_{p^n}$ ha esattamente $n = [\mathbb{F}_{p^n} : \mathbb{F}_p]$ automorfismi.

Notiamo che, se K è un campo di caratteristica positiva p, l'applicazione

$$\Phi : K \longrightarrow K ; \quad x \mapsto x^p$$

è un omomorfismo di campi non nullo. Infatti per il Lemma 4.3.2, si ha

$$(x + y)^p = x^p + y^p ; \quad (xy)^p = x^p y^p,$$

per ogni x, $y \in K$. Questo omomorfismo si chiama l'*omomorfismo di Fröbenius*.

Nel caso in cui $K := \mathbb{F}_{p^n}$ sia un campo finito, l'omomorfismo di Fröbenius è un automorfismo. Infatti Φ è sempre iniettivo, ma poiché $\mathbb{F}_{p^n}$ è finito, in questo caso esso è anche suriettivo.

Teorema 4.3.17 *Il gruppo $\operatorname{Aut}(\mathbb{F}_{p^n})$ è ciclico di ordine n, generato dall'automorfismo di Fröbenius.*

Dimostrazione. Poiché $\operatorname{Aut}(\mathbb{F}_{p^n})$ ha ordine n (Corollario 4.2.10), basta far vedere che l'automorfismo Φ di Fröbenius ha ordine n.

Sia α un generatore del gruppo ciclico $\mathbb{F}^*_{p^n}$. Poiché $\mathbb{F}_{p^n} = \mathbb{F}_p(\alpha)$, allora $\Phi^k = id$ se e soltanto se $\Phi^k(\alpha) = (\dots((\alpha^p)^p)\dots)^p = \alpha^{p^k} = \alpha$. Ma, poiché α ha ordine $p^n - 1$, il minimo intero k per cui questo avviene è $k = n$.

Corollario 4.3.18 *Se $p(X) \in \mathbb{F}_p[X]$ è un polinomio irriducibile di grado n e $\alpha \in \mathbb{F}_p^n$ è una radice di $f(X)$, le radici di $p(X)$ sono $\alpha, \alpha^p, \dots, \alpha^{p^{n-1}}$.*

Dimostrazione. Segue dal Teorema 4.3.17, considerando che $\mathbb{F}_p(\alpha) = \mathbb{F}_{p^n}$ (Proposizione 4.3.12) ed inoltre che ogni automorfismo di $\mathbb{F}_{p^n}$ necessariamente porta α in un'altra radice di $p(X)$ (Proposizione 4.2.6).

Esempi 4.3.19 **(1)** Poiché $\mathbb{F}_8 = \mathbb{F}_2(\alpha)$, dove α è una radice del polinomio irriducibile $p(X) := X^3 + X + 1 \in \mathbb{F}_2[X]$ (Esempio 4.3.9 (1)), il campo $\mathbb{F}_8$ ha esattamente 3 automorfismi. Essi formano un gruppo ciclico generato dall'automorfismo Φ di Fröbenius e sono definiti rispettivamente da:

$$\Phi : r(\alpha) \mapsto r(\alpha^2) ; \quad \Phi^2 : r(\alpha) \mapsto r(\alpha^4) ; \quad id : r(\alpha) \longrightarrow r(\alpha),$$

per ogni polinomio $r(X) \in \mathbb{F}_2[X]$ (di grado al più uguale a due).

(2) Il campo $\mathbb{F}_{64}$ ha 6 automorfismi, che sono stati calcolati nell'Esempio 4.2.11. Notando che $64 = 2^6$, è facile verificare che essi coincidono con gli automorfismi

$$\Phi^k : \mathbb{F}_{64} \longrightarrow \mathbb{F}_{64} ; \quad x \mapsto x^{2^k}, \quad k = 0, \ldots, 5.$$

(3) Abbiamo visto nell'Esempio 4.3.9 (2) che $\mathbb{F}_9 = \mathbb{F}_3(\alpha) = \mathbb{F}_3(\beta)$, dove α è una radice del polinomio irriducibile $p(X) := X^2 + 1 \in \mathbb{F}_3[X]$ e β è una radice del polinomio irriducibile $q(X) := X^2 + 2X + 2$. Allora Il campo $\mathbb{F}_9$ ha 2 automorfismi. Essi sono l'identità e l'automorfismo di Fröbenius

$$\Phi : \mathbb{F}_9 \longrightarrow \mathbb{F}_9 ; \quad \alpha \mapsto \alpha^3 \quad \text{(equivalentemente } \beta \mapsto \beta^3).$$

Ricordando che $\alpha^3 = 2\alpha$ e che $\beta = \alpha + 2$, vediamo infatti che $\beta^3 = 2\alpha + 2 = \alpha^3 + 2$.

(4) Poiché $\mathbb{F}_{p^d} \subseteq \mathbb{F}_{p^n}$, per ogni divisore positivo d di n (Proposizione 4.3.15), gli automorfismi di $\mathbb{F}_{p^n}$ si possono costruire estendendo gli automorfismi di $\mathbb{F}_{p^d}$.

Sia ad esempio $\mathbb{F}_4 = \mathbb{F}_2(\alpha)$ dove α è una radice del polinomio $p(X) := X^2 + X + 1$ e sia $\mathbb{F}_{16} = \mathbb{F}_4(\beta) = \mathbb{F}_2(\beta)$ dove β è una radice di $q(X) := X^4 + X + 1$. Notiamo che $q(X)$ si spezza su $\mathbb{F}_4 = \mathbb{F}_2(\alpha)$ nel prodotto di due polinomi di secondo grado. Infatti risulta $q(X) = (X^2 + X + \alpha)(X^2 + X + (\alpha + 1))$. Le radici di $X^2 + X + \alpha$ in $\mathbb{F}_2(\beta)$ sono β e $\beta^4 = \beta + 1$, mentre le radici di $X^2 + X + (\alpha + 1)$ sono $\beta^2 = \beta + \alpha$ e $\beta^8 = \beta^2 + 1 = \beta + \alpha + 1$. Notiamo anche che $\alpha = \beta^2 + \beta \in \mathbb{F}_2(\beta)$. Allora $\text{Aut}(\mathbb{F}_4) = \{id, \psi\}$ dove ψ è l'automorfismo definito da $\alpha \mapsto \alpha^2$. L'identità su $\mathbb{F}_4$ si estende agli automorfismi di $\mathbb{F}_{16}$

$$\varphi_{11} := id : \beta \mapsto \beta ; \quad \varphi_{12} : \beta \mapsto \beta^4.$$

Poiché poi $\psi^*(X^2 + X + \alpha) = X^2 + X + (\alpha + 1)$, ψ si estende agli automorfismi di $\mathbb{F}_{16}$

$$\varphi_{21} : \beta \mapsto \beta^2 ; \quad \varphi_{22} : \beta \mapsto \beta^8.$$

4.4 Ampliamenti ciclotomici

Sia F un campo e si consideri il polinomio $X^n - 1 \in F[X]$, dove $n \geq 1$. Se F ha caratteristica prima p e $n = p^h m$ con $h \geq 1$, risulta $X^n - 1 = (X^m - 1)^{p^h}$ (Lemma 4.3.2); perciò le radici del polinomio $X^n - 1$ in un suo campo di spezzamento su F sono tutte multiple, con molteplicità uguale a una potenza di p. Per studiare le radici di questo polinomio, ci possiamo allora limitare a considerare il caso in cui la caratteristica del campo F non divida n. In questa ipotesi, le radici del polinomio $X^n - 1$ (in un suo campo di spezzamento su F) si dicono le *radici n-sime dell'unità su F*.

Se $F := \mathbb{Q}$, tali radici sono, in forma trigonometrica, i numeri complessi

$$\xi_n^k := \cos\left(\frac{2k\pi}{n}\right) + \mathrm{i}\sin\left(\frac{2k\pi}{n}\right), \quad k = 0, \ldots, n-1$$

(Paragrafo 2.4.2). Come abbiamo visto, per $n \geq 3$, questi numeri complessi si rappresentano sul piano di Gauss come i vertici di un poligono regolare di n lati con un vertice in 1 e perciò tagliano la circonferenza centrata nell'origine e di raggio unitario in n archi uguali. Per questo motivo, il campo di spezzamento di $X^n - 1$ su F si chiama l'*n-simo ampliamento ciclotomico* di F (il termine *ciclotomico* deriva dal greco e significa *che taglia il cerchio*).

Proposizione 4.4.1 *Se la caratteristica di F non divide n (in particolare F ha caratteristica zero), le radici del polinomio $X^n - 1$ in un suo campo di spezzamento su F sono tutte distinte e formano un gruppo ciclico moltiplicativo.*

Dimostrazione. Se $n = 1$, il teorema è banalmente vero. Sia perciò $n \geq 2$. La derivata formale del polinomio $X^n - 1$ è nX^{n-1}. Poiché la caratteristica di F non divide n, tale polinomio derivato non è nullo e perciò l'unica sua radice è lo zero. Ne segue che il polinomio $X^n - 1$ ha tutte radici distinte (Proposizione 2.3.20). Queste radici formano un sottogruppo (finito) di K^*, perché se $\alpha^n = \beta^n = 1$, anche $(\alpha\beta^{-1})^n = 1$. Allora tale gruppo è ciclico per la Proposizione 4.3.5.

Sempre nell'ipotesi che la caratteristica di F non divida n, i generatori del gruppo ciclico delle radici n-sime dell'unità su F si chiamano le *radici n-sime primitive*. Il loro numero è $\varphi(n)$, dove $\varphi : \mathbb{N} \longrightarrow \mathbb{N}$ denota la funzione di Eulero. Infatti, se ξ è una radice n-sima primitiva, tutte le altre radici primitive sono le radici ξ^k con $\mathrm{MCD}(n, k) = 1$ [53, Teorema 1.35].

Proposizione 4.4.2 *Se la caratteristica di F non divide n (in particolare F ha caratteristica zero), un campo di spezzamento del polinomio $X^n - 1$ su F è l'ampliamento semplice $F(\xi)$, dove ξ è una radice n-sima primitiva dell'unità.*

Dimostrazione. Poiché una radice n-sima primitiva ξ genera tutto il gruppo delle radici n-sime (Proposizione 4.4.1), $F(\xi)$ contiene K. Poiché chiaramente vale anche l'inclusione opposta, si ha l'uguaglianza.

Esempi 4.4.3 (1) Per $n = 1$, l'unica radice (primitiva) dell'unità è $\xi = 1$. Mentre, per $n = 2$, se la caratteristica di F è diversa da 2, l'unica radice primitiva è $\xi = -1$. Quindi per $n = 1, 2$ si ha $F(\xi) = F$.

(2) Se ξ è una radice primitiva n-sima dell'unità, anche $\xi^{-1} = \xi^{n-1}$ lo è; infatti $\text{MCD}(n, n-1) = 1$. Inoltre, se $n \neq 3$, risulta $\xi \neq \xi^{-1}$. Ne segue che la funzione di Eulero assume sempre valori pari per $n \geq 3$.

(3) Le radici complesse terze dell'unità sono

$$1, \quad \xi := \xi_3 := \frac{-1 + i\sqrt{3}}{2}, \quad \xi^2 = \frac{-1 - i\sqrt{3}}{2}$$

(Esempio 2.4.10 (2)). Quindi il terzo ampliamento ciclotomico di $\mathbb{Q}$ è $\mathbb{Q}(\xi_3) = \mathbb{Q}(i\sqrt{3})$.

Le radici complesse ottave dell'unità sono le radici del polinomio $X^8 - 1 = (X^4 - 1)(X^4 + 1)$. Le radici primitive ottave sono quindi le $\varphi(8) = 4$ radici del polinomio $X^4 + 1$, ovvero le radici quarte di -1

$$\xi := \xi_8 := \frac{\sqrt{2}}{2}(1+i), \quad \xi^3 = \frac{\sqrt{2}}{2}(1-i), \quad \xi^5 = -\frac{\sqrt{2}}{2}(1+i), \quad \xi^7 = \frac{\sqrt{2}}{2}(-1+i)$$

(Esempio 2.4.10 (3)). Allora l'ottavo ampliamento ciclotomico di $\mathbb{Q}$ è $\mathbb{Q}(\xi_8) = \mathbb{Q}(\sqrt{2}, i)$.

(4) Se p è un numero primo, il gruppo delle radici $(p-1)$-sime dell'unità su $\mathbb{F}_p$ è $\mathbb{F}_p^*$. Più generalmente, per $n \geq 1$, il gruppo delle radici $(p^n - 1)$-sime dell'unità su $\mathbb{F}_p$ è il gruppo $\mathbb{F}_{p^n}^*$ e le radici n-sime primitive su $\mathbb{F}_p$ sono i generatori di $\mathbb{F}_{p^n}^*$; il loro polinomio minimo è un fattore di grado n del polinomio $X^{p^n} - X$ (Paragrafo 4.3).

(5) Cerchiamo le radici seste dell'unità su $\mathbb{F}_5$. Poiché la fattorizzazione del polinomio $X^6 - 1$ in polinomi irriducibili su $\mathbb{F}_5$ è

$$X^6 - 1 = (X^3 - 1)(X^3 + 1) = (X - 1)(X + 1)(X^2 - X + 1)(X^2 + X + 1),$$

un campo di spezzamento di $X^6 - 1$ su $\mathbb{F}_5$ è $K = \mathbb{F}_{25}$ (Paragrafo 4.3). Applicando le formule risolutive per le equazioni di secondo grado, otteniamo che le radici del polinomio $X^2 - X + 1$ in K sono $3 + 3\alpha$ e $3 + 2\alpha$, mentre le radici del polinomio $X^2 + X + 1$ sono $2 + 3\alpha$ e $2 + 2\alpha$, dove $\alpha \in K$ è tale che $\alpha^2 = 2$.

Il numero delle radici seste primitive è $\varphi(6) = 2$. Poiché si ha

$$(3 + 3\alpha)^2 = 2 + 3\alpha, \quad (3 + 3\alpha)^3 = 4 \neq 1,$$

allora $\xi = 3 + 3\alpha$ è una radice primitiva. L'unica altra radice sesta primitiva è $\xi^5 = 3 + 2\alpha$.

Se la caratteristica di F non divide n, il polinomio monico che ha per radici tutte e sole le radici primitive n-sime dell'unità su F si chiama l'*n-simo polinomio ciclotomico* su F e si indica con $\Phi_n(X)$. Dunque risulta

$$\Phi_n(X) := \prod_{\mathrm{MCD}(n,k)=1} (X - \xi^k),$$

in particolare $\Phi_1(X) = X - 1$, $\Phi_2(X) = X + 1$.

Se $n = p$ è un numero primo (e la caratteristica di F è diversa da p), tutte le radici p-esime diverse da 1 hanno ordine p e perciò sono tutte primitive. Ne segue che

$$\Phi_p(X) = \frac{X^p - 1}{X - 1} = X^{p-1} + X^{p-2} + \cdots + 1$$

(Esempio 2.4.10 (1)) e

$$X^p - 1 = \Phi_1(X)\Phi_p(X).$$

In generale, poiché per ogni $n \geq 1$ il gruppo delle radici n-sime dell'unità è ciclico (Proposizione 4.4.1), per ogni divisore positivo d di n esistono radici n-sime di ordine d [53, Teorema 1.33] ed esse sono tutte e sole le radici primitive d-sime. Allora si ha che

$$X^n - 1 = \prod_{0 \leq k \leq n-1} (X - \xi^k) = \prod_{d>0, d|n} \Phi_d(X).$$

Per definizione $\Phi_n(X)$ è un polinomio di grado $\varphi(n)$ a coefficienti in $F(\xi)$. Mostriamo ora che tali coefficienti appartengono al sottocampo fondamentale di F.

Proposizione 4.4.4 *Supponiamo che la caratteristica di F non divida n e sia $\mathbb{F}$ il sottocampo fondamentale di F. Allora, per ogni $n \geq 1$, $\Phi_n(X) \in \mathbb{F}[X]$. Se inoltre $\mathbb{F} = \mathbb{Q}$, $\Phi_n(X) \in \mathbb{Z}[X]$.*

Dimostrazione. Procediamo per induzione su n. Se $n = 1$, allora $\Phi_1(X) = X - 1 \in \mathbb{F}[X]$. Supponiamo poi che $\Phi_m(X) \in \mathbb{F}[X]$ per $m < n$. Allora

$$h(X) := \prod_{n>d>0, d|n} \Phi_d(X) \in \mathbb{F}[X]$$

e $X^n - 1 = h(X)\Phi_n(X)$. Quindi $\Phi_n(X)$ appartiene al campo delle funzioni razionali $\mathbb{F}(X)$ e, poiché è un polinomio, $\Phi_n(X) \in \mathbb{F}[X]$.

Sia poi $F := \mathbb{Q}$. Allora $\Phi_n(X) \in \mathbb{Q}[X]$ e $X^n - 1 = h(X)\Phi_n(X) \in \mathbb{Z}[X]$. Poiché $\Phi_1(X) = X - 1 \in \mathbb{Z}[X]$, supponendo per induzione che anche $h(X) \in \mathbb{Z}[X]$, per il Lemma di Gauss otteniamo che $\Phi_n(X) \in \mathbb{Z}[X]$ (Corollario 2.5.4).

Esempi 4.4.5 **(1)** Sia $\Phi_n(X) := X^{\varphi(n)} + a_{\varphi(n)-1}X^{\varphi(n)-1} + \cdots + a_0$. Poiché ζ è una radice di $\Phi_n(X)$ se e soltanto se anche ζ^{-1} lo è (Esempio 4.4.3 (2)), $\Phi_n(X)$ è un polinomio reciproco ed ha grado pari per $n \geq 3$. Ne segue che $a_0 = 1 = a_{\varphi(n)}$ e perciò $a_k = a_{\varphi(n)-k}$, per ogni $k = 1, \ldots, \varphi(n)$ (Esempio 2.3.28 e Esercizio 2.35).

(2) Se p, q sono numeri primi distinti, i coefficienti non nulli del polinomio $\Phi_{pq}(X)$ su $\mathbb{Q}$ possono assumere soltanto i valori 1 e -1 (A. Migotti, *Zur Theorie der Kreisteilungsgleichung*, 1883). Il più piccolo intero positivo n per il quale $\Phi_n(X)$ ha qualche coefficiente non nullo con modulo diverso da 1 è 105. Infatti in $\Phi_{105}(X)$ si ha $a_7 = -2 = a_{41}$. Tuttavia J. Suzuki (*On coefficients of cyclotomic polynomials*, 1987) ha dimostrato che ogni numero intero è un coefficiente di qualche polinomio ciclotomico.

La formula

$$X^n - 1 = \prod_{d>0, d|n} \Phi_d(X)$$

permette di determinare $\Phi_n(X)$ per ricorsione. Infatti risulta

$$\Phi_n(X) = \frac{X^n - 1}{\prod_{n>d>0, d|n} \Phi_d(X)}.$$

Ad esempio

$$\Phi_1(X) = X - 1;$$

$$\Phi_2(X) = \frac{X^2 - 1}{\Phi_1(X)} = \frac{X^2 - 1}{X - 1} = X + 1;$$

$$\Phi_3(X) = \frac{X^3 - 1}{\Phi_1(X)} = \frac{X^3 - 1}{X - 1} = X^2 + X + 1;$$

$$\Phi_4(X) = \frac{X^4 - 1}{\Phi_1(X)\Phi_2(X)} = \frac{X^4 - 1}{(X - 1)(X + 1)} = X^2 + 1;$$

$$\Phi_6(X) = \frac{X^6 - 1}{\Phi_1(X)\Phi_2(X)\Phi_3(X)} = \frac{X^6 - 1}{(X^2 - 1)(X^2 + X + 1)} = X^2 - X + 1;$$

$$\Phi_8(X) = \frac{X^8 - 1}{\Phi_1(X)\Phi_2(X)\Phi_4(X)} = \frac{X^8 - 1}{(X^2 - 1)(X^2 + 1)} = X^4 + 1;$$

e così via.

Esempi 4.4.6 (1) Sia p un numero primo diverso dalla caratteristica di F e sia $r \geq 1$. Allora risulta:

$$\Phi_{p^r}(X) = \frac{X^{p^r} - 1}{X^{p^{r-1}} - 1} = X^{p^{r-1}(p-1)} + X^{p^{r-1}(p-2)} + \cdots + X^{p^{r-1}} + 1.$$

Infatti, per ogni $h \geq 0$ si ha:

$$X^{p^h} - 1 = \prod_{d>0, d|p^h} \Phi_d(X) = \prod_{0 \leq j \leq h} \Phi_{p^j}(X)$$

e allora tutte le radici p^r-sime non primitive dell'unità sono le radici del polinomio $X^{p^{r-1}} - 1$.

(2) Se p, q sono numeri primi distinti diversi dalla caratteristica di F, dall'uguaglianza

$$X^{pq} - 1 = \Phi_1(X)\Phi_p(X)\Phi_q(X)\Phi_{pq}(X)$$

otteniamo la *formula di Möbius-Dedekind*:

$$\Phi_{pq}(X) = \frac{(X^{pq} - 1)(X - 1)}{(X^q - 1)(X^p - 1)} = \frac{\Phi_p(X^q)}{\Phi_p(X)}$$
$$= \frac{X^{q(p-1)} + X^{q(p-2)} + \cdots + X^q + 1}{X^{p-1} + X^{p-2} + \cdots + X + 1}.$$

Ad esempio:

$$\Phi_{15}(X) = \frac{X^{10} + X^5 + 1}{X^2 + X + 1} = X^8 - X^7 + X^5 - X^4 + X^3 - X + 1;$$
$$\Phi_{21}(X) = X^{12} - X^{11} + X^9 - X^8 + X^6 - X^4 + X^3 - X + 1.$$

(3) Un'altra rappresentazione del polinomio ciclotomico, si ottiene usando la funzione μ di Möbius (Esempio 4.3.14 (6)). Infatti un'applicazione non banale della formula di inversione fornisce l'uguaglianza

$$\Phi_n(X) = \prod(X^d - 1)^{\mu(\frac{n}{d})}$$

[20, Paragrafo 3.3.2].

4.4.1 Irriducibilità del polinomio ciclotomico

Una prima dimostrazione dell'irriducibilità del p-esimo polinomio ciclcotomico su $\mathbb{Q}$, con p primo, è stata data da F. Gauss (*Disquisitiones Arithmeticae*, 1801). Questa dimostrazione è stata successivamente semplificata da L. Kronecker, nel 1845, ed una dimostrazione diversa è stata poi data da F. G. Eisenstein nel 1850 (Esempio 2.5.11 (3)). Infine, la prova dell'irriducibilità di $\Phi_n(X)$ su $\mathbb{Q}$, per ogni intero $n \geq 1$, è stata ottenuta da R. Dedekind nel 1857.

Notiamo che, poiché $\Phi_n(X)$ è monico ed ha coefficienti interi (Proposizione 4.4.4), per il Lemma di Gauss, dimostrare la sua irriducibilità su $\mathbb{Q}$ equivale a dimostrare la sua irriducibilità su $\mathbb{Z}$.

Teorema 4.4.7 *Per ogni $n \geq 1$, il polinomio $\Phi_n(X)$ è irriducibile su $\mathbb{Q}$.*

Dimostrazione. Supponiamo che $\Phi_n(X) = f(X)g(X)$, dove $f(X)$ e $g(X)$ sono polinomi a coefficienti interi (Lemma di Gauss) e $g(X)$ è di grado positivo irriducibile su $\mathbb{Z}$. Vogliamo mostrare che $\Phi_n(X) = \pm g(X)$. Per questo basta verificare che ogni radice n-sima primitiva dell'unità è uno zero di $g(X)$. Poiché $g(X)$ ha grado positivo e divide $\Phi_n(X)$, esso è annullato da una radice n-sima primitiva ξ. Facciamo vedere che, se $\text{MCD}(n, k) = 1$, allora ξ^k è ancora una radice di $g(X)$.

Cominciamo mostrando che, se p è un primo che non divide n, allora ξ^p è ancora una radice di $g(X)$. Per questo, poiché $\Phi_n(\xi^p) = f(\xi^p)g(\xi^p)$, basta mostrare che $f(\xi^p) \neq 0$. Sia per assurdo $f(\xi^p) = 0$. Allora ξ è radice del polinomio $f(X^p)$ e i polinomi $g(X)$ e $f(X^p)$ hanno una radice in comune. Ne segue che $\mathrm{MCD}(g(X), f(X^p))$ ha grado positivo e allora è uguale a $g(X)$, perché $g(X)$ è irriducibile. Ne segue che $g(X)$ divide $f(X^p)$ in $\mathbb{Q}[X]$ e quindi anche in $\mathbb{Z}[X]$ (Corollario 2.5.4). Sia $f(X^p) = g(X)h(X)$, con $h(X)$ a coefficienti interi. Riducendo modulo p, in $\mathbb{F}_p[X]$ risulta $\overline{f}(X^p) = (\overline{f}(X))^p = \overline{g}(X)\overline{h}(X)$ (Lemma 4.3.2) e perciò $\overline{f}(X)$ e $\overline{g}(X)$ hanno un fattore comune in $\mathbb{F}_p[X]$. Poiché $X^n - 1 = \Phi_n(X)q(X) = f(X)g(X)q(X)$, il polinomio $X^n - \overline{1} = \overline{f}(X)\overline{g}(X)\overline{q}(X) \in \mathbb{F}_p[X]$ ha un fattore multiplo e dunque esso ha una radice multipla nel suo campo di spezzamento. Questo non è possibile per la Proposizione 2.3.20, perché il polinomio derivato nX^{n-1} è non nullo e non ha radici in comune con $X^n - 1$. Ne segue che $f(\xi^p) \neq 0$ e perciò $g(\xi^p) = 0$.

Sia ora $k \geq 1$ tale che $\mathrm{MCD}(n, k) = 1$. Se $k = p_1 \ldots p_s$ è la fattorizzazione di k in numeri primi (non necessariamente tutti distinti), Allora p_i non divide n per ogni $i = 1, \ldots, s$. Perciò, ripetendo l'argomento sopra esposto, si ottiene che ξ^k è una radice di $g(X)$.

Corollario 4.4.8 *Se ξ è una radice complessa n-sima primitiva dell'unità, il polinomio minimo di ξ su $\mathbb{Q}$ è $\Phi_n(X)$. In particolare $\mathbb{Q}(\xi)$ ha grado $\varphi(n)$ su $\mathbb{Q}$.*

Dimostrazione. Il polinomio minimo di ξ su $\mathbb{Q}$ è $\Phi_n(X)$ perché $\Phi_n(X)$ ha coefficienti razionali ed è irriducibile su $\mathbb{Q}$ (Teorema 4.4.7). Allora $[\mathbb{Q}(\xi) : \mathbb{Q}] = \deg \Phi_n(X) = \varphi(n)$.

Corollario 4.4.9 *I fattori monici irriducibili del polinomio $X^n - 1$ su $\mathbb{Q}$ sono i d-simi polinomi ciclotomici $\Phi_d(X)$, al variare di d tra i divisori positivi di n.*

Esempi 4.4.10 I polinomi ciclotomici possono essere riducibili in caratteristica positiva. Ad esempio il polinomio $\Phi_4(X) := (X^2+1) \in \mathbb{F}_5[X]$ è riducibile su $\mathbb{F}_5$, perché risulta $(X^2 + 1) = (X + 2)(X + 3)$.

La dimostrazione di Kronecker

Un altro modo per dimostrare l'irriducibilità di $\Phi_n(X)$ su $\mathbb{Q}$ è quello di ridursi prima al caso in cui $n := p^r$ sia potenza di un numero primo ed usare poi il teorema di fattorizzazione unica per i numeri interi.

Proposizione 4.4.11 (L. Kronecker) *Se $n := p^r$, con p primo e $r \geq 1$, il polinomio $\Phi_n(X)$ è irriducibile su $\mathbb{Q}$.*

Dimostrazione. Sia $n := p^r$. Supponiamo che $\Phi_n(X) = g(X)h(X)$, con $g(X), h(X) \in \mathbb{Z}[X]$ monici di grado positivo. Dalla formula dimostrata nell'Esempio 4.4.6 (1), otteniamo che $\Phi_n(1) = g(1)h(1) = p$. Dunque uno dei due fattori, ad esempio $g(1)$, vale ± 1. Le radici di $g(X)$, annullando anche $\Phi_n(X)$ sono radici n-sime dell'unità diverse da 1; perciò, se ξ è una qualsiasi radice primitiva, si ha $g(\xi)g(\xi^2)\ldots g(\xi^{n-1}) = 0$. Ne segue che il polinomio $f(X) := g(X)g(X^2)\ldots g(X^{n-1})$ si annulla in ogni radice primitiva ξ e perciò, avendo coefficienti interi, è diviso in $\mathbb{Z}[X]$ dal polinomio $\Phi_n(X)$, ovvero $f(X) = \Phi_n(X)k(X)$, con $k(X) \in \mathbb{Z}[X]$. Poiché inoltre $f(X)$ e $\Phi_n(X)$ sono entrambi monici, anche $k(X)$ è monico. Calcolando ancora in 1, otteniamo $f(1) = g(1)^{n-1} = \pm 1 = \Phi_n(1)k(1) = pk(1)$. Poiché $k(1) \in \mathbb{Z}$, questa è una contraddizione e perciò $\Phi_n(X)$ è irriducibile.

Teorema 4.4.12 *Per ogni $n \geq 1$, il polinomio $\Phi_n(X)$ è irriducibile su $\mathbb{Q}$.*

Dimostrazione. Poiché $\Phi_{p^r}(X)$ è irriducibile su $\mathbb{Q}$ (Proposizione 4.4.11) e ogni intero $n \geq 2$ è prodotto di potenze di numeri primi distinti, basta mostrare che, se $n = rs > 1$ con $\mathrm{MCD}(r, s) = 1$ e $\Phi_r(X)$ e $\Phi_s(X)$ sono irriducibili su $\mathbb{Q}$, allora anche $\Phi_n(X)$ è irriducibile su $\mathbb{Q}$.

Sia $f(X) \in \mathbb{Q}[X]$ un polinomio monico che divide $\Phi_n(X)$ su $\mathbb{Q}$. Ogni radice α di $f(X)$, essendo una radice n-sima dell'unità, è prodotto di una radice r-sima ε e una radice s-sima ω (Esercizio 4.42). Poiché, se $\alpha = \varepsilon\omega$, si ha $\alpha^r = \varepsilon^r\omega^r = \omega^r$, le potenze r-sime delle radici α di $f(X)$ sono radici s-sime dell'unità. Consideriamo il polinomio $g(X) := \prod_{f(\alpha)=0}(X - \alpha^r)$. Poiché i coefficienti di $g(X)$ sono funzioni simmetriche delle sue radici α^r e perciò anche delle radici α di $f(X)$, essi sono razionali (Proposizione 2.7.14). Quindi $g(X) \in \mathbb{Q}[X]$. Inoltre $g(X)$ divide $\Phi_s(X)$ in $\mathbb{Q}[X]$ e perciò, essendo per ipotesi $\Phi_s(X)$ irriducibile, deve essere $g(X) = \Phi_s(X)$. Ne segue che le potenze $\alpha^r = \omega^r$, al variare di α tra le radici di $f(X)$, sono tutte e sole le radici s-sime dell'unità. Ma, poiché $\mathrm{MCD}(r, s) = 1$, la corrispondenza $\omega \mapsto \omega^r$ è biunivoca e quindi le radici ω che compaiono nell'espressione $\alpha = \varepsilon\omega$ variano tra tutte le radici s-sime dell'unità. In modo simmetrico si vede che le potenze $\alpha^s = \varepsilon^s$ sono tutte e sole le radici r-sime dell'unità e quindi le ε variano tra tutte le radici r-sime dell'unità. In conclusione, tutte le radici n-sime dell'unità sono radici di $f(X)$ e quindi $f(X) = \Phi_n(X)$.

4.4.2 Irriducibilità del polinomio $X^n - a$

Sia F un campo e consideriamo il polinomio $f(X) := X^n - a \in F[X]$, $a \neq 0$. Nel caso numerico, le radici del polinomio $f(X)$ sono le radici complesse n-sime di a, cioè i numeri complessi α, $\alpha\xi$, $\ldots$, $\alpha\xi^{n-1}$, dove $\alpha^n = a$ e ξ è una radice primitiva n-sima dell'unità (Paragrafo 2.4.2). Quindi il campo di spezzamento di $f(X)$ in $\mathbb{C}$ è $K := \mathbb{Q}(\alpha, \xi)$ ed in particolare K contiene l'n-simo ampliamento ciclotomico di $\mathbb{Q}(\xi)$. Questo fatto vale più generalmente quando la caratteristica di F non divide n.

Proposizione 4.4.13 *Sia $f(X) := X^n - a \in F[X]$, $a \neq 0$. Se la caratteristica di F non divide n (in particolare F ha caratteristica zero), le radici del polinomio $f(X)$ in un suo campo di spezzamento su F sono tutte distinte* *e sono* α, $\alpha\xi$, ..., $\alpha\xi^{n-1}$, *dove* α *è una qualsiasi radice di* $f(X)$ *e* ξ *è una radice primitiva n-sima dell'unità su* F. *Quindi un campo di spezzamento di* $f(X)$ *su* F *è* $F(\xi, \alpha)$.

Dimostrazione. Le radici di $f(X)$ sono tutte distinte; infatti $f(X)$ non ha radici in comune con la sua derivata $f'(X) = nX^{n-1} \neq 0$ (Proposizione 2.3.20). Siano α_1, ..., α_n le radici di $f(X)$ e sia $K := F(\alpha_1, ..., \alpha_n)$ il campo di spezzamento di $f(X)$ su F. Per ogni $i, j = 1, ..., n$, risulta $(\frac{\alpha_i}{\alpha_j})^n = \frac{a}{a} = 1$ e dunque $\frac{\alpha_i}{\alpha_j}$ è una radice n-sima dell'unità su F. Allora, fissata una radice α di $f(X)$, gli elementi $\frac{\alpha_1}{\alpha}$, ..., $\frac{\alpha_n}{\alpha}$ di K, essendo tutti distinti, sono tutte le radici n-sime dell'unità. Osserviamo ora che, a meno di rinumerare le radici α_1, ..., α_n di $f(X)$, possiamo supporre che $\xi := \frac{\alpha_1}{\alpha}$ sia una radice n-sima primitiva e che $\frac{\alpha_i}{\alpha} = \xi^i$. Allora risulta $\alpha_i = \alpha\frac{\alpha_i}{\alpha} = \alpha\xi^i$ e le radici di $f(X)$ sono α, $\alpha\xi$, ..., $\alpha\xi^{n-1}$. Ne segue che $K = F(\xi, \alpha)$.

Mostriamo ora che, se $p \geq 2$ è un numero primo, la riducibilità di $f(X) := X^p - a$ su F equivale all'esistenza di radici in F. Per la dimostrazione, dobbiamo distinguere i due casi in cui F abbia caratteristica zero oppure caratteristica finita uguale a p.

Proposizione 4.4.14 *Sia* F *un campo e sia* $f(X) := X^p - a \in F[X]$, *dove* $a \neq 0$ *e* $p \geq 2$ *è un numero primo. Allora* $f(X)$ *è riducibile su* F *se e soltanto se* $f(X)$ *ha una radice in* F, *cioè* a *è una potenza* p*-esima in* F.

Dimostrazione. Sia α una radice di $f(X) := X^p - a$ in un suo campo di spezzamento K, ovvero $\alpha^p = a$.

Se F non ha caratteristica p, tutte le radici di $f(X)$ sono α, $\alpha\xi$, ..., $\alpha\xi^{n-1}$, dove ξ è una radice primitiva p-esima dell'unità (Proposizione 4.4.13). Supponiamo che $f(X)$ sia riducibile su F e consideriamo un suo divisore monico $h(X)$ di grado k, con $1 \leq k < p$. Le radici di $h(X)$ sono alcune delle radici di $f(X)$ sopra elencate, $\alpha\xi^{i_1}$, ..., $\alpha\xi^{i_k}$. Se $b \in F$ è il termine noto di $h(X)$, allora

$$b = (-1)^k \prod_{1 \leq j \leq k} \alpha\xi^{i_j} = (-1)^k \alpha^k \xi^N,$$

con $N \geq 0$. Siano $s, t \in \mathbb{Z}$ tali che $sk + tp = 1 = \text{MCD}(k, p)$. Allora risulta

$$\alpha\xi^{sN} = \alpha^{sk+tp}\xi^{sN} = (\alpha^k\xi^N)^s\alpha^{tp} = (\pm b)^s a^t \in F.$$

Perciò F contiene una radice $\alpha\xi^i$ di $f(X)$.

Se F ha caratteristica p, in K risulta $f(X) := X^p - a = X^p - \alpha^p = (X - \alpha)^p$ (Lemma 4.3.2). Se $f(X)$ è riducibile su F, un fattore proprio di $f(X)$ deve essere del tipo $h(X) := (X - \alpha)^r$, con $r < p$. Siano $u, v \in \mathbb{Z}$ tali che $ur + vp = 1 = \text{MCD}(r, p)$. Allora $\alpha = \alpha^{ur+vp} = (\alpha^r)^u a^v$. Poiché α^r è il termine noto di $h(X)$, si ha che $\alpha^r \in F$ e dunque anche $\alpha \in F$.

Corollario 4.4.15 *Sia F un campo la cui caratteristica è diversa da p e sia $f(X) := X^p - a \in F[X]$, $a \neq 0$. Se ξ è una radice primitiva p-esima dell'unità su F, allora:*

(a) *Se $f(X)$ è riducibile su F, il campo di spezzamento di $f(X)$ su F è $F(\xi)$.*
(b) *Se $f(X)$ è irriducibile su F, $f(X)$ è irriducibile anche su $F(\xi)$.*

Dimostrazione. Un campo di spezzamento di $f(X)$ su F è $K := F(\xi, \alpha)$, dove α è una qualsiasi radice di $f(X)$ (Proposizione 4.4.13).

(a) Se $f(X)$ è riducibile su F, $f(X)$ ha una radice α in F (Proposizione 4.4.13) e quindi il campo di spezzamento di $f(X)$ su F è $F(\xi, \alpha) = F(\xi)$.

(b) Se $f(X)$ è irriducibile su F, p divide il grado di K. Ma se $f(X)$ è riducibile su $F(\xi)$, esso ha una radice α in $F(\xi)$ (Proposizione 4.4.14). Quindi $K = F(\xi)$ ha grado su F al più uguale a $\deg \Phi_p(X) = p - 1$.

La Proposizione 4.4.14 si può estendere al caso in cui $n := p^h$ sia potenza di un numero primo dispari nel modo seguente.

Proposizione 4.4.16 *Sia F un campo e sia $f(X) := X^{p^h} - a \in F[X]$, dove $a \neq 0$, $p \geq 3$ è un numero primo e $h \geq 1$. Se a non è una potenza p-esima in F, allora $f(X)$ è irriducibile su F.*

Dimostrazione. Basta mostrare che, se a non è una potenza p-esima in F, una radice α di $f(X)$ (in un campo di spezzamento K di $f(X)$) ha grado p^h su F. Procediamo per induzione su $h \geq 1$. Per $h = 1$ l'asserto è vero per la Proposizione 4.4.14. Sia dunque $h \geq 2$. Posto $\beta := \alpha^{p^{h-1}}$, α è radice del polinomio $X^{p^{h-1}} - \beta \in F(\beta)[X]$ e β è radice del polinomio $X^p - a \in F[X]$ (perché $\beta^p = \alpha^{p^h} = a$). Consideriamo la catena di ampliamenti $F \subseteq F(\beta) \subseteq F(\alpha)$ e supponiamo che il teorema sia vero per ogni $k \leq h$. Per la Proposizione 4.4.14, il polinomio $X^p - a$ è irriducibile su F e quindi $[F(\beta) : F] = p$. Se inoltre β non è una potenza p-esima in $F(\beta)$, per l'ipotesi induttiva il polinomio $X^{p^{h-1}} - \beta$ è irriducibile su $F(\beta)$. Quindi $[F(\alpha) : F(\beta)] = p^{h-1}$ e in conclusione $[F(\alpha) : F] = p^h$.

Escludiamo allora che β sia una potenza p-esima in $F(\beta)$. Se $\beta = \gamma^p$ per qualche $\gamma \in F(\beta)$, per doppia inclusione, $F(\beta) = F(\gamma)$ e γ ha grado p su F. Supponiamo prima che F abbia caratteristica diversa da p. Allora il polinomio $X^p - a$ ha p radici distinte $\beta, \beta\xi, \ldots, \beta\xi^{p-1}$, dove $\xi \neq 1$ è una radice p-esima dell'unità, nel suo campo di spezzamento $F(\beta, \xi)$ (Proposizione 4.4.13). Ne segue che ci sono p F-isomorfismi distinti

$$\varphi_i : F(\beta) = F(\gamma) \longrightarrow F(\beta, \xi); \quad \beta \mapsto \beta\xi^i,$$

$i = 1, \ldots, p$, ed inoltre i p elementi $\varphi_i(\gamma)$ sono esattamente le radici del polinomio minimo di γ su F (Proposizione 4.2.6). Quindi $c := (-1)^p \prod_i \varphi_i(\gamma)$ è il termine noto del polinomio minimo di γ su F (Paragrafo 2.7.2). In conclusione,

$$-a = (-1)^p \prod_i \varphi_i(\beta) = -\prod_i \varphi_i(\gamma^p) = -\prod_i \varphi_i(\gamma)^p = c^p$$

e $a = (-c)^p$ è ancora una potenza p-esima in F, contro le ipotesi.

Se F ha caratteristica p, allora $X^p - a = (X - \beta)^p$. Quindi β è l'unica radice, con molteplicità p, del polinomio $X^p - a$. Ne segue che l'identità è l'unico F-isomorfismo $F(\beta) = F(\gamma) \longrightarrow K$ e che γ è l'unica radice, con molteplicità p, del suo polinomio minimo su F. Allora il termine noto di questo polinomio è $\gamma^p =: c \in F$ e di nuovo $a = \gamma^{p^2}$ è una potenza p-esima in F, contro le ipotesi.

Teorema 4.4.17 *Sia F un campo e sia $f(X) := X^n - a \in F[X]$, $a \neq 0$. Se 4 non divide n e a non è una potenza p-esima in F, per ogni divisore primo p di n, allora $f(X)$ è irriducibile su F.*

Dimostrazione. Sia α una radice di $f(X)$ in un suo campo di spezzamento K, basta mostrare che, nelle ipotesi date, α ha grado n su F. Procediamo per induzione su $n \geq 1$. Ovviamente il teorema è vero per $n = 1$.

Se $n \geq 2$ e p divide n, possiamo scrivere $n = p^h m$, dove $h \geq 1$ e p non divide m. Posto $\beta := \alpha^{p^h}$, α è radice del polinomio $X^{p^h} - \beta \in F(\beta)[X]$ e β è radice del polinomio $X^m - a \in F[X]$ (perché $\beta^m = \alpha^n = a$). Consideriamo la catena di ampliamenti $F \subseteq F(\beta) \subseteq F(\alpha)$ e supponiamo che il teorema sia vero per ogni $k \leq n$. Allora $X^m - a$ è irriducibile su F, perché a non è una potenza p-esima in F, per ogni divisore primo p di m. Dunque $[F(\beta) : F] = m$. Se β non è una potenza p-esima in $F(\beta)$, quando $p \geq 3$ il polinomio $X^{p^h} - \beta$ è irriducibile su $F(\beta)$ per la Proposizione 4.4.16. Quando $p = 2$, allora $s = 1$ e $X^p - \beta$ è irriducibile su $F(\beta)$ per la Proposizione 4.4.14. Quindi $[F(\alpha) : F(\beta)] = p^h$ e in conclusione $[F(\alpha) : F] = n$.

Procedendo come nella dimostrazione della Proposizione 4.4.14, mostriamo allora che $\beta \neq \gamma^p$, per ogni $\gamma \in F(\beta)$. Se $\beta = \gamma^p$ con $\gamma \in F(\beta)$, per doppia inclusione, $F(\beta) = F(\gamma)$ e in particolare γ ha grado m su F. Poiché p non divide m, il polinomio irriducibile $X^m - a$ ha m radici distinte e ci sono m F-isomorfismi distinti

$$\varphi_i : F(\beta) = F(\gamma) \longrightarrow F(\beta, \xi); \quad \beta \mapsto \beta \xi^i,$$

dove ξ è una radice primitiva m-esima dell'unità e $i = 1, \dots, m$. Allora gli m elementi $\varphi_i(\gamma)$ sono esattamente le radici del polinomio minimo di γ su F (Proposizione 4.2.6) e $c := (-1)^m \prod_i \varphi_i(\gamma)$ è il termine noto di questo polinomio. Poiché

$$-a = (-1)^m \prod_i \varphi_i(\beta) = (-1)^m \prod_i \varphi_i(\gamma^p) = (-1)^m \prod_i \varphi_i(\gamma)^p,$$

se m è dispari, $a = (-c)^p$ è una potenza p-esima in F. Se invece m è pari, poiché 4 non divide n, allora $p \neq 2$ è dispari e ancora $a = (-c)^p$ è una potenza p-esima in F, contro le ipotesi.

Esempi 4.4.18 Nella Proposizione 4.4.16, l'ipotesi $p \geq 3$ è necessaria. Ad esempio il polinomio $f(X) := X^4 + 4 \in \mathbb{Q}[X]$ è tale che $a := -4$ non è un quadrato in $\mathbb{Q}$; ma $f(X) = (X^2 + 2X + 2)(X^2 - 2X + 2)$ è riducibile su $\mathbb{Q}$. Si può dimostrare tuttavia che, se 4 divide n, il Teorema 4.4.17 è ancora vero aggiungendo l'ipotesi che $a \neq -4\alpha^4$, per ogni $\alpha \in F$ [51, Theorem 16].

4.4.3 Gli automorfismi di un ampliamento ciclotomico

Sia $n \geq 2$ e sia F un campo la cui caratteristica non divide n, in particolare un campo di caratteristica zero. Se ξ è una radice primitiva n-sima dell'unità su F con polinomio minimo $m(X)$, le radici di $m(X)$ sono ancora radici primitive dell'unità (perché $m(X)$ divide l'n-simo polinomio ciclotomico $\Phi_n(X)$). Poiché tali radici sono tutte distinte (Proposizione 4.4.1), il numero degli F-automorfismi di $F(\xi)$ è uguale al grado di $m(X)$ (Corollario 4.2.10). Precisamente, gli F-automorfismi di $F(\xi)$ sono tutti e soli gli automorfismi

$$\psi_k : F(\xi) \longrightarrow F(\xi); \quad \xi \mapsto \xi^k,$$

dove $\mathrm{MCD}(n, k) = 1$ e $m(\xi^k) = 0$.

Mostriamo ora che il gruppo degli F-automorfismi di $F(\xi)$ è isomorfo ad un sottogruppo del gruppo delle unità di $\mathbb{Z}_n$.

Proposizione 4.4.19 *Sia $n \geq 2$ e sia F un campo la cui caratteristica non divide n (in particolare un campo di caratteristica zero). Se ξ è una radice primitiva n-sima dell'unità su F, il gruppo degli F-automorfismi di $F(\xi)$ è isomorfo ad un sottogruppo del gruppo moltiplicativo $\mathcal{U}(\mathbb{Z}_n)$ delle unità di $\mathbb{Z}_n$ ed è isomorfo a $\mathcal{U}(\mathbb{Z}_n)$ se e soltanto se $\Phi_n(X)$ è irriducibile su F.*

Dimostrazione. Sia G il gruppo degli F-automorfismi di $F(\xi)$. Poiché un intero k ha un inverso aritmetico modulo n se e soltanto se $\mathrm{MCD}(n, k) = 1$, allora resta definita l'applicazione

$$\varphi : G \longrightarrow \mathcal{U}(\mathbb{Z}_n); \quad \psi_k \mapsto \overline{k}$$

che associa all'F-automorfismo ψ_k di $F(\xi)$, definito come sopra, la classe di k modulo n. Questa applicazione è un omomorfismo di gruppi. Infatti, se $\psi_h \psi_k = \psi_m$, allora

$$\xi^{kh} = (\xi^k)^h = \psi_h \psi_k(\xi) = \psi_m(\xi) = \xi^m.$$

Da cui $\varphi(\psi_k)\varphi(\psi_h) = kh \equiv m = \varphi(\psi_k \psi_h) \bmod n$. Inoltre φ è iniettiva. Infatti, se ψ_k e ψ_h hanno stessa immagine, allora $k \equiv h \bmod n$ e perciò $\xi^k = \xi^h$. Ne segue che $\psi_k = \psi_h$.

Infine, φ è anche suriettiva se e soltanto se $|G| = |\mathcal{U}(\mathbb{Z}_n)| = \varphi(n)$, cioè se e soltanto se ξ^k è una radice di $m(X)$ per ogni k con $\mathrm{MCD}(n, k) = 1$, ovvero $\Phi_n(X) = m(X)$ è irriducibile su F.

Corollario 4.4.20 *Il gruppo degli automorfismi dell'n-simo ampliamento ciclotomico $\mathbb{Q}(\xi)$ è isomorfo a $\mathcal{U}(\mathbb{Z}_n)$.*

Dimostrazione. Segue dalla Proposizione 4.4.3, perché $\Phi_n(X)$ è irriducibile su $\mathbb{Q}$ (Teorema 4.4.7).

Esempi 4.4.21 Se p è un numero primo, il gruppo degli automorfismi del p-esimo ampliamento ciclotomico $\mathbb{Q}(\xi)$ è isomorfo a $\mathcal{U}(\mathbb{Z}_p)$ e dunque è ciclico di ordine $p-1$ (Proposizione 4.3.5). Inoltre, l'automorfismo

$$\psi_k : \mathbb{Q}(\xi) \longrightarrow \mathbb{Q}(\xi); \quad \xi \mapsto \xi^k$$

genera $\mathrm{Aut}(\mathbb{Q}(\xi))$ se e soltanto se $\overline{k}$ genera $\mathcal{U}(\mathbb{Z}_p)$, $1 \leq k \leq p-1$.

4.4.4 Un teorema di Dirichlet

Risolvendo una congettura di Gauss, L. Dirichlet ha dimostrato nel 1837 che in ogni progressione aritmetica $(a+nk)_{k \geq 0}$ con $\mathrm{MCD}(a,n) = 1$ ci sono infiniti numeri primi. Questo importante risultato, che viene considerato all'origine della moderna Teoria Analitica dei Numeri, non è di facile dimostrazione. Tuttavia il caso particolare in cui $a = 1$ è abbastanza semplice e si può dimostrare usando le proprietà dell'n-simo polinomio ciclotomico.

Lemma 4.4.22 *Sia $n \geq 2$ e sia p un numero primo che non divide n. Se esiste $k \geq 2$ tale che p divide $\Phi_n(k)$, allora $p \equiv 1 \mod n$.*

Dimostrazione. Poiché $\Phi_n(X)$ divide il polinomio $X^n - 1$, allora $\Phi_n(k)$ divide $k^n - 1$. Dunque, se p divide $\Phi_n(k)$, p divide anche $k^n - 1$, cioè $k^n \equiv 1 \mod p$ e in particolare p non divide k. Mostriamo che l'ordine della classe $\overline{k}$ in $\mathcal{U}(\mathbb{Z}_p)$ è proprio n. Da questo seguirà che n divide $|\mathcal{U}(\mathbb{Z}_p)| = p - 1$ e dunque $p \equiv 1 \mod n$.

Supponiamo che $\overline{k}$ abbia ordine $m < n$. Allora m divide n e perciò

$$X^n - 1 = \prod_{d>0,d|n} \Phi_d(X) = \Phi_n(X) \left(\prod_{d>0,d|m} \Phi_d(X) \right) h(X)$$
$$= \Phi_n(X)(X^m - 1)h(X),$$

per un opportuno $h(X) \in \mathbb{Z}[X]$. Da cui

$$k^n - 1 = \Phi_n(k)(k^m - 1)h(k).$$

Riducendo modulo p, poiché p divide $\Phi_n(k)$ e $\overline{k}$ ha ordine m, si ottiene che $\overline{k}$ è radice dei due polinomi $\overline{\Phi_n}(X)$ e $X^m - \overline{1}$ a coefficienti in $\mathbb{Z}_p$ e dunque $\overline{k}$ è una radice multipla di $X^n - \overline{1}$. Ne segue che $\overline{k}$ è radice anche del polinomio derivato $\overline{n}X^{n-1}$ (Proposizione 2.3.20) e perciò $nk^{n-1} \equiv 0 \mod p$. Ma poiché p non divide né n né k, questo è impossibile.

Teorema 4.4.23 (L. Dirichlet, 1837) *Per ogni $n \geq 2$, ci sono infiniti numeri primi congrui ad 1 modulo n.*

Dimostrazione. Sia $n \geq 2$ un intero fissato. Cominciamo mostrando che esiste almeno un numero primo congruo ad 1 modulo n. Per ogni $k \geq 0$, $\Phi_n(nk)$ è un numero intero. Poiché esistono soltanto un numero finito di valori interi k tali che $\Phi_n(nk) = 0, \pm 1$ (precisamente le radici intere dei polinomi $\Phi_n(nX)$, $\Phi_n(nX) \pm 1$), allora per qualche $h \in \mathbb{Z}$ risulta $|\Phi_n(nh)| > 1$. Sia p un primo che divide $\Phi_n(nh)$. Poiché $\Phi_n(X)$ divide il polinomio $X^n - 1$, allora p divide $(nh)^n - 1$ e perciò p non divide n. Per il Lemma 4.4.22, allora $p \equiv 1 \mod n$.

Supponiamo ora che $p_1, \ldots, p_s$ siano primi congrui ad 1 modulo n e poniamo $m := np_1 \ldots p_s$. Per il ragionamento precedente, per qualche $h \in \mathbb{Z}$ risulta $|\Phi_m(mh)| > 1$ e, se p è un primo che divide $\Phi_m(mh)$, p non divide m e $p \equiv 1 \mod m$. Allora p è diverso da $p_1, \ldots, p_s$ e, poiché n divide m, $p \equiv 1 \mod n$. Ne segue che i primi congrui a 1 modulo n sono infiniti. ∎

4.4.5 Un teorema di Wedderburn

Un anello unitario in cui ogni elemento non nullo è invertibile si chiama anche un *corpo*. Un esempio di corpo non commutativo è l'algebra dei quaternioni reali di Hamilton (Esercizio 1.9). Tuttavia un celebre teorema di Wedderburn asserisce che ogni corpo finito è commutativo e quindi è un campo (*A theorem of finite algebras*, 1905). La dimostrazione seguente di questo teorema è dovuta a E. Witt e fa uso del polinomio ciclotomico (*Über die Kommutativität endlicher Schiefkörper*, 1931).

Teorema 4.4.24 (J. Wedderburn, 1905) *Sia A un anello unitario con un numero finito di elementi. Se ogni elemento non nullo di A è invertibile, allora A è commutativo e quindi è un campo.*

Dimostrazione. Sia Z il centro di A, cioè l'insieme degli elementi di A che commutano con tutti gli altri elementi. Allora Z è un campo finito ed in quanto tale ha $q := p^s$ elementi, dove p è la sua caratteristica e $s := [Z : \mathbb{F}_p]$ è il suo grado su $\mathbb{F}_p$ (Teorema 4.3.3). Il nostro scopo è mostrare che $A = Z$.

Poiché A è uno spazio vettoriale su $Z = \mathbb{F}_q$, esso ha q^t elementi, dove $t \geq 1$ è la sua dimensione su Z. Per ogni elemento $x \in A$, consideriamo il centralizzante di x in A, $C_x := \{y \in A \, ; \, xy = yx\}$. Si vede facilmente che C_x è un sottoanello di A e che $Z \subseteq C_x \subseteq A$. Quindi di nuovo C_x è uno spazio vettoriale su Z e, se $d(x)$ è la sua dimensione su Z, C_x ha $q^{d(x)}$ elementi. Notiamo che $d(x)$ divide t e che $d(x) = t$ se e soltanto se $C_x = A$, cioè $x \in Z$.

Sia ora $G := A^*$ il gruppo moltiplicativo degli elementi non nulli di A. Allora il centro di G è $Z^* := \mathbb{F}_q^*$ ed il centralizzante in G di un elemento non nullo $x \in A$ è C_x^*. L'Equazione delle Classi per G (Paragrafo 12.1.1) fornisce allora la relazione tra numeri interi

$$q^t - 1 = |G| = |Z^*| + \sum_{x \in \Lambda} \frac{|G|}{|C_x^*|} = (q - 1) + \sum_{x \in \Lambda} \frac{q^t - 1}{q^{d(x)} - 1},$$

dove $\Lambda \subseteq G$ è un sistema completo di rappresentanti delle classi di coniugio di $G \setminus Z^* = A \setminus Z$.

Con l'aiuto del polinomio ciclotomico, facciamo vedere che questa relazione può essere verificata soltanto se $d(x) = t = 1$, cioè se $A = Z$. Notiamo che, se d è un divisore positivo di t e $1 < d < t$, possiamo scrivere

$$X^t - 1 = \prod_{k>0, k|t} \Phi_k(X) = \Phi_t(X)(X^d - 1) \prod_{t>k>0, k|t, k\nmid d} \Phi_k(X).$$

Per $d := d(x)$, calcolando in q, otteniamo che $\Phi_t(q)$ divide sia $q^t - 1$ che $(q^t - 1)/(q^{d(x)} - 1)$ per ogni $x \in \Lambda$; da cui, guardando all'Equazione delle Classi, abbiamo che $\Phi_t(q)$ divide $q - 1$. Poiché d'altra parte $X - 1$ divide $\Phi_t(X)$, abbiamo anche che $q-1$ divide $\Phi_t(q)$. Ne segue che $|\Phi_t(q)| = q-1$. Ma se $\xi \neq 1$ è una radice primitiva t-esima dell'unità, si ha $|q-\xi| > q-|\xi| = q-1$, perciò

$$|\Phi_t(X)| = \prod_{1 \leq k \leq n} |q - \xi^k| > q - 1.$$

In conclusione, deve essere $t = 1$.

4.5 Esercizi

4.1. Sia F un campo e sia $f(X) \in F[X]$ un polinomio non costante. Sia inoltre

$$f(X) = p_1(X)^{k_1} \ldots p_s(X)^{k_s},$$

$k_i \geq 1$, la fattorizzazione di $f(X)$ in polinomi distinti irriducibili su F. Mostrare che i polinomi $f(X)$ e $g(X) := p_1(X)^{h_1} \ldots p_s(X)^{h_s}$ hanno lo stesso campo di spezzamento su F, comunque scelti $h_1, \ldots, h_s \geq 1$.

4.2. Mostrare che il campo di spezzamento in $\mathbb{C}$ del polinomio $X^4 + 2X^2 + 9$ è $\mathbb{Q}(i\sqrt{2})$.

4.3. Mostrare che i polinomi $X^4 - 9$ e $X^4 - 2X^2 - 3$ hanno lo stesso campo di spezzamento in $\mathbb{C}$.

4.4. Determinare il campo di spezzamento in $\mathbb{C}$ dei seguenti polinomi sul loro campo di definizione:

$$X^3 - 1; \quad X^3 + 1; \quad X^4 - 2; \quad X^4 - 2X^2 + 49; \quad X^5 - 1;$$
$$X^5 - 3X^3 + 3X^2 - 9; \quad X^3 - (6\sqrt{5}+1)X^2 + (6\sqrt{5}+47)X - 47;$$
$$2X^3 - (2\sqrt{3}+1)X^2 + (\sqrt{3}+1)X - \sqrt{3}.$$

4.5. Costruire il campo di spezzamento in $\mathbb{C}$ dei polinomi

$$X^2 - 5, \quad X^5 + 2.$$

Costruire inoltre il loro composto e determinarne il grado su $\mathbb{Q}$.

4.6. Sia $f(X)$ un polinomio monico a coefficienti numerici e siano $\alpha_1, \ldots, \alpha_s$ le sue radici complesse. Mostrare che il campo $\mathbb{Q}(\alpha_1, \ldots, \alpha_s)$ contiene i coefficienti di $f(X)$ e dunque è il campo di spezzamento di $f(X)$ sul suo campo di definizione.

4.7. Sia $f(X) \in \mathbb{Q}[X]$ e sia L il suo campo di spezzamento in $\mathbb{C}$. Mostrare che, se K è un altro campo numerico, il campo di spezzamento di $f(X)$ su K è il composto di L e K.

4.8. Sia F un campo numerico e siano $f(X)$, $g(X) \in F[X]$. Indicando con L e M i campi di spezzamento su F di $f(X)$ e $g(X)$ rispettivamente, mostrare che il composto LM è il campo di spezzamento su F del polinomio $f(X)g(X)$.

4.9. Sia K il campo di spezzamento in $\mathbb{C}$ del polinomio $f(X) \in \mathbb{Q}[X]$. Determinare $[K : \mathbb{Q}]$ quando $f(X)$ è uno dei seguenti polinomi:
$$X^4 - 5X^2 + 6; \quad X^4 - 6X^2 + 1;$$
$$X^4 - X^3 - 3X + 3; \quad X^4 - 2X^3 + X^2 - X - 2.$$

4.10. Sia $\varphi : F \longrightarrow F'$ un isomorfismo di campi. Siano $X_1, \ldots, X_n$ indeterminate algebricamente indipendenti su F e $Y_1, \ldots, Y_n$ indeterminate indipendenti su F'. Mostrare che φ si può estendere a un isomorfismo $\psi : F(X_1, \ldots, X_n) \longrightarrow F'(Y_1, \ldots, Y_n)$ ponendo $\psi(c) = \varphi(c)$ per ogni $c \in F$ e $\psi(X_i) = Y_i$ per ogni $= 1, \ldots, n$.

4.11. Mostrare che, se $F \subseteq K$ e $F \subseteq K'$ sono ampliamenti di campi, un F-isomorfismo di K in K' è una applicazione F-lineare. Dare inoltre un esempio di una applicazione F-lineare tra due ampliamenti di un campo F che non è un omomorfismo di campi.

4.12. Determinare tutti gli isomorfismi in $\mathbb{C}$ dei seguenti campi e stabilire quali tra essi sono automorfismi:
$$\mathbb{Q}(\sqrt{3}); \quad \mathbb{Q}(\sqrt{2}, i); \quad \mathbb{Q}(\sqrt[5]{3}); \quad \mathbb{Q}(\sqrt{3}, \sqrt[3]{5}).$$

4.13. Determinare tutti gli isomorfismi in $\mathbb{C}$ del campo $\mathbb{Q}(\sqrt[4]{\sqrt[3]{2} + \sqrt{3}})$.

4.14. Determinare tutti gli automorfismi del campo di spezzamento in $\mathbb{C}$ dei polinomi:
$$X^2 + X + 1; \quad X^3 - 5; \quad X^4 + X^2 + 2X + 2.$$

4.15. Determinare esplicitamente tutti gli automorfismi del campo di spezzamento su $\mathbb{F}_3$ di uno dei seguenti polinomi:
$$X^4 + 2X^3 + 2X + 2; \quad X^5 + X^2 + 2X + 1.$$
Determinare inoltre la struttura del gruppo $\mathrm{Aut}(K)$.

4.16. Siano K e K' campi di spezzamento rispettivamente dei polinomi
$$X^2 + X + 1; \quad X^2 + 4X + 1 \in \mathbb{F}_5[X].$$
Mostrare che K e K' sono isomorfi e determinare tutti i possibili isomorfismi tra di essi.

Suggerimento: Procedere come nella dimostrazione del Corollario 4.2.10.

4.17. Sia F un campo di caratteristica diversa da 2. Supponiamo che $m(X) := X^2 + bX + c$ sia irriducibile su F e sia $d := b^2 - 4c$. Mostrare che gli anelli quoziente $F[X]/\langle m(X)\rangle$ e $F[X]/(X^2 - d)$ sono isomorfi, definendo esplicitamente un isomorfismo tra di essi.

4.18. Sia $m(X) := X^3 + 3X + 3 \in \mathbb{F}_5[X]$ e sia α una radice di $m(X)$ in un suo campo di spezzamento. Determinare l'inverso di α^2 e $1 + \alpha$ in $\mathbb{F}_5(\alpha)$.

4.19. Determinare i generatori dei gruppi ciclici $\mathbb{F}_7^*$ e $\mathbb{F}_{13}^*$.

4.20. Mostrare che $\mathbb{Q}^*$ non è un gruppo ciclico.

4.21. Sia $f(X) \in \mathbb{F}_p[X]$ e sia K un suo campo di spezzamento su $\mathbb{F}_p$. Mostrare che K ha p^m elementi, dove m è il minimo comune multiplo dei gradi dei fattori irriducibili di $f(X)$.

4.22. Determinare un campo di spezzamento di $f(X)$ su $\mathbb{F}_p$ e il suo grado su $\mathbb{F}_p$ nei seguenti casi:
$$f(X) := X^3 + 2X + 1 , \ p := 3, 5; \quad f(X) := X^4 + 5 , \ p := 2, 3, 7.$$

4.23. Fattorizzare il polinomio $X^{32} - X \in \mathbb{F}_2[X]$ in polinomi irriducibili su $\mathbb{F}_2$.

4.24. Descrivere il campo $\mathbb{F}_{81}$ e determinare i suoi sottocampi. Stabilire se esistono polinomi di grado 2, 3, 4 irriducibili su $\mathbb{F}_3$ che hanno radici in $\mathbb{F}_{81}$ e, in caso affermativo, determinarne almeno uno.

4.25. Sia $p \equiv 3 \mod 4$. Mostrare che l'insieme delle matrici
$$\mathcal{M}_{a,b} = \left\{ M_{a,b} := \begin{pmatrix} a & b \\ -b & a \end{pmatrix} ; \ a, b \in \mathbb{F}_p \right\}$$
è un campo isomorfo a $\mathbb{F}_{p^2}$.

Suggerimento: Ricordare che, se $p \equiv 3 \mod 4$, p non è somma di due quadrati (P. Fermat); quindi ogni matrice non nulla di $\mathcal{M}_{a,b}$ è invertibile. Verificare inoltre che la matrice $M_{0,1}$ genera $\mathcal{M}_{a,b}$ su $\mathbb{F}_p$ ed ha grado 2.

4.26. Stabilire se esistono polinomi di grado 2, 3, 4 irriducibili su $\mathbb{F}_2$ che si fattorizzano su $\mathbb{F}_{16}$. In caso affermativo, determinarne almeno uno.

4.27. Determinare due differenti polinomi $p(X)$, $q(X) \in \mathbb{F}_5[X]$ di grado 2 irriducibili su $\mathbb{F}_5$. Se α è una radice di $p(X)$, costruire il campo $\mathbb{F}_{25} = \mathbb{F}_5(\alpha)$ e verificare che $q(X)$ ha tutte le sue radici in $\mathbb{F}_{25}$; inoltre, se β è una radice di $q(X)$, esprimere α in funzione β. Determinare infine i generatori di $\mathbb{F}_{25}^*$ in funzione di α e β.

4.28. Determinare tutti i polinomi irriducibili di grado 4 su $\mathbb{F}_2$.

Soluzione: Il polinomio $f_{16}(X) := X^{16} - X$ è diviso in $\mathbb{F}_2[X]$ dal polinomio $f_4(X) := X^4 - X$ per il Corollario 4.3.11. Quindi si ha

$$f_{16}(X) := X^{16} - X = X(X+1)(X^2+X+1)g(X).$$

Inoltre i fattori irriducibili di $g(X)$ devono avere grado uguale a 4 e perciò sono in numero di 3. Si vede facilmente che i polinomi X^4+X^3+1 e X^4+X+1 sono irriducibili su $\mathbb{F}_2$, perché non hanno radici e non sono divisi da X^2+X+1 in $\mathbb{F}_2[X]$. A conti fatti risulta

$$f_{16}(X) = X(X+1)(X^2+X+1)(X^4+X^3+1)(X^4+X+1)(X^4+X^3+X^2+X+1).$$

Quindi i polinomi irriducibili di grado 4 su $\mathbb{F}_2$ sono

$$X^4 + X^3 + 1 ; \quad X^4 + X + 1 ; \quad X^4 + X^3 + X^2 + X + 1.$$

4.29. Determinare il numero dei polinomi di grado 6 su $\mathbb{F}_2$ senza usare la formula di inversione di Möbius (Esempio 4.3.14 (4)).

Soluzione: Il polinomio $f_{64}(X); = X^{64} - X$ è diviso in $\mathbb{F}_2[X]$ dai polinomi $f_4(X) := X^4 - X$ e $f_8(X) := X^8 - X$ (Corollario 4.3.11). Quindi si ha

$$f_{64}(X) = X(X+1)(X^2+X+1)(X^3+X+1)(X^3+X^2+1)g(X),$$

dove $g(X)$ ha grado 54. Poiché ogni fattore irriducibile di $g(X)$ deve avere grado 6, ci sono esattamente 9 polinomi di grado 6 irriducibili su $\mathbb{F}_2$.

4.30. Determinare il numero dei polinomi di grado 2 irriducibili su $\mathbb{F}_p$.

4.31. Siano p e p' due numeri primi. Mostrare che il polinomio $X^p - X$ si spezza linearmente su $\mathbb{F}_{p'}$ se e soltanto se $p - 1$ divide $p' - 1$.

4.32. Mostrare che, se K è un campo infinito di caratteristica prima p, l'omomorfismo di Fröbenius non è necessariamente un automorfismo di K.

Suggerimento: Considerare il campo $K := \mathbb{F}_p(X)$.

4.33. Mostrare che, per ogni $n \geq 1$,

$$n = \sum_{d>0,d|n} \varphi(d) \quad \text{e dunque} \quad \varphi(n) = \sum_{d>0,d|n} \mu(d)\frac{n}{d},$$

dove μ è la funzione di Möbius.

Suggerimento: Usare il Corollario 4.4.9 e la formula di inversione di Möbius (Esempio 4.3.14 (4))

4.34. Calcolare $\Phi_n(X)$ per $1 \leq n \leq 20$.

4.35. Scomporre $\Phi_n(X)$ in polinomi irriducibili su $\mathbb{R}$.

4.36. Sia K un campo di caratteristica p. Mostrare che, se p non divide n, l'n-simo polinomio ciclotomico su K si ottiene dall'n-simo polinomio ciclotomico $\Phi_n(X)$ su $\mathbb{Q}$ riducendo i coefficienti modulo p.

Suggerimento: Ricordare che la riduzione modulo p induce un omomorfismo $\mathbb{Z}[X] \longrightarrow K[X]$ e procedere per induzione su n.

4.37. Mostrare che, se $\varphi(n) = 2$, allora il polinomio $X^n - 1$ si spezza completamente sul suo campo di definizione F oppure il suo campo di spezzamento ha grado 2 su F.

4.38. Siano $\zeta_1, \ldots, \zeta_n$ le radici complesse n-sime dell'unità e sia $k \geq 1$. Mostrare che:

$$\zeta_1^k + \cdots + \zeta_n^k = \begin{cases} 0, & \text{se } n \text{ non divide } k \\ n, & \text{se } n \text{ divide } k \end{cases} \quad ; \quad \zeta_1^k \ldots \zeta_n^k = (-1)^{k(n-1)}.$$

4.39. Sia ζ una radice primitiva n-sima dell'unità sul campo F e sia d un divisore positivo di n. Mostrare che ζ^k è una radice primitiva d-sima dell'unità se e soltanto se $\text{MCD}(n, k) = \frac{n}{d}$.

4.40. Determinare una base su $\mathbb{Q}$ dell'n-simo ampliamento ciclotomico per $3 \leq n \leq 10$.

4.41. Si dimostri che, se $n = 2^h$, con $h \geq 2$, le $\varphi(n)$ radici complesse primitive dell'unità non costituiscono una base dell'n-esimo ampliamento ciclotomico di $\mathbb{Q}$.

4.42. Sia $n \geq 2$ tale che $n = rs$ e $\text{MCD}(r, s) = 1$. Mostrare che ogni radice complessa (primitiva) n-sima è prodotto di una radice (primitiva) r-sima e una radice (primitiva) s-sima.

Soluzione: Per ogni $m \geq 2$, poniamo $\xi_m := \cos\left(\frac{2\pi}{m}\right) + \sin\left(\frac{2\pi}{m}\right)$.

Sia $n = rs$ e sia $ar + bs = 1$ una identità di Bezout. Allora risulta $\frac{\pi}{rs} = \frac{a\pi}{s} + \frac{b\pi}{r}$ e perciò, usando le formule di De Moivre, $\xi_n = (\xi_s)^a (\xi_r)^b$. Quindi ogni radice n-sima ζ, essendo una potenza di ξ_n, è prodotto di una radice r-sima $\varepsilon := \xi_r^h$ e una radice s-sima $\omega := \xi_s^k$. Se poi ζ è primitiva, anche ε e ω lo sono, altrimenti risulterebbe $\zeta^m = 1$ per qualche $m < n$.

4.43. Sia $\xi_n := \cos(\frac{2\pi}{n}) + i\sin(\frac{2\pi}{n})$, $n \geq 1$. Mostrare che, se r, s sono due interi positivi e $m := \text{mcm}(r, s)$, allora $\mathbb{Q}(\xi_m) = \mathbb{Q}(\xi_r, \xi_s) = \mathbb{Q}(\xi_r \xi_s)$. In particolare, se $\text{MCD}(r, s) = 1$, allora $\mathbb{Q}(\xi_{rs}) = \mathbb{Q}(\xi_r, \xi_s) = \mathbb{Q}(\xi_r \xi_s)$.

4.44. Sia $\xi_n := \cos(\frac{2\pi}{n}) + i\sin(\frac{2\pi}{n})$, $n \geq 1$. Mostrare che, per ogni numero primo $p \geq 3$, risulta $\mathbb{Q}(\xi_p) = \mathbb{Q}(\xi_{2p})$. Esprimere inoltre ξ_p in funzione di ξ_{2p}.

4.45. Sia ξ una radice primitiva settima dell'unità e sia α uno dei seguenti numeri
$$\xi + \xi^5; \quad \xi^3 + \xi^4; \quad \xi^3 + \xi^5 + \xi^6.$$

Calcolare il polinomio minimo di α su $\mathbb{Q}$ ed il polinomio minimo di ξ su $\mathbb{Q}(\alpha)$.

4.46. Usando il Criterio di Irriducibilità di Eisenstein, dimostrare che, se p è un numero primo, allora $\Phi_{p^r}(X)$ è irriducibile su $\mathbb{Q}$, per ogni $r \geq 1$.

Suggerimento: Considerare il polinomio $\Phi_{p^r}(X + 1)$ e generalizzare il procedimento illustrato nell'Esempio 2.5.11 (3).

4.47. Dimostrare direttamente che, se p, q sono numeri primi distinti, allora $\Phi_{pq}(X)$ è irriducibile su $\mathbb{Q}$.

Suggerimento: Usare la formula di Möbius-Dedekind (Esempio 4.4.6 (2)) e l'Esercizio 3.36.

4.48. Mostrare che, se $n := p^r q^s$, con p, q numeri primi distinti, allora

$$\Phi_n(X) = \frac{\Phi_{p^r}(X^{q^s})}{\Phi_{p^r}(X^{q^{s-1}})} = \frac{(X^n - 1)(X^{\frac{n}{pq}} - 1)}{(X^{\frac{n}{p}} - 1)(X^{\frac{n}{q}} - 1)}.$$

Usando questa formula, procedere poi come nell'esercizio precedente per mostrare direttamente che in questo caso $\Phi_n(X)$ è irriducibile su $\mathbb{Q}$.

4.49. Dimostrare che,

$$\Phi_{pm} = \begin{cases} \Phi_m(X^p) & \text{se } p \text{ divide } m; \\ \frac{\Phi_m(X^p)}{\Phi_m(X)} & \text{se } p \text{ non divide } m. \end{cases}$$

4.50. Sia $\mathbb{Q} \subseteq F$ un ampliamento finito. Mostrare che F contiene un numero finito di radici complesse dell'unità.

4.51. Determinare quali radici dell'unità contengono gli ampliamenti

$$\mathbb{Q}(i); \quad \mathbb{Q}(\sqrt{2}); \quad \mathbb{Q}(\sqrt{-2}); \quad \mathbb{Q}(\sqrt{2}, i); \quad \mathbb{Q}(\sqrt{-3}); \quad \mathbb{Q}(\sqrt{-5}).$$

4.52. Sia ζ una radice primitiva quinta dell'unità su $\mathbb{F}_3$. Determinare il polinomio minimo di ζ su $\mathbb{F}_3$.

4.53. Sia ζ una radice primitiva ottava dell'unità su $\mathbb{F}_5$. Determinare il polinomio minimo di ζ su $\mathbb{F}_5$. Inoltre, se n è il grado di ζ su $\mathbb{F}_5$, esprimere esplicitamente ζ^k come un polinomio in ζ, di grado al più uguale a $n - 1$, per $8 > k \geq 0$.

5

Ampliamenti algebrici

Ricordiamo che un ampliamento di campi $F \subseteq K$ si chiama un *ampliamento algebrico* se ogni elemento $\alpha \in K$ è algebrico su F. In questo capitolo approfondiremo lo studio degli ampliamenti algebrici; in particolare introdurremo i concetti di *chiusura algebrica, normalità* e *separabilità*.

5.1 Chiusure algebriche e campi algebricamente chiusi

Cominciamo estendendo alcune proprietà già dimostrate per gli ampliamenti finiti nel Paragrafo 3.5.

Proposizione 5.1.1 *Un ampliamento di campi $F \subseteq F(S)$ è algebrico se e soltanto se ogni elemento $\alpha \in S$ è algebrico su F.*

Dimostrazione. Poiché $F(S) = \bigcup \{ F(\alpha_{i_1}, \ldots, \alpha_{i_n}) ; \alpha_{i_j} \in S, \ j = 1, \ldots, n \}$, (Proposizione 3.2.5), basta ricordare che un ampliamento finitamente generato $F(\alpha_1, \ldots, \alpha_n)$ è algebrico se e soltanto se α_i è algebrico su F per ogni $i = 1, \ldots, n$ (Proposizione 3.6.3).

Proposizione 5.1.2 *Siano $F \subseteq L \subseteq K$ ampliamenti di campi. Allora K è algebrico su F se e soltanto se K è algebrico su L e L è algebrico su F.*

Dimostrazione. Se K è algebrico su F esso è chiaramente algebrico su L. Inoltre, ogni elemento di L, essendo in K, è algebrico su F. Perciò L è algebrico su F.

Viceversa, se K è algebrico su L, ogni suo elemento α è radice di un polinomio $f(X) := c_0 + c_1 X + \cdots + c_n X^n$, a coefficienti in L. Consideriamo il campo $F' := F(c_0, c_1, \ldots, c_n)$. Si ha che $f(X) \in F'[X]$ e $F \subseteq F' \subseteq F'(\alpha) \subseteq K$. Poiché L è algebrico su F, ogni elemento c_i è algebrico su F; dunque F' è un ampliamento finito di F (Teorema 3.6.3). D'altra parte, α è algebrico su F', perciò $F'(\alpha)$ è un ampliamento finito di F'. Ne segue che $F'(\alpha)$ è un ampliamento finito di F e allora α è algebrico su F.

Gabelli S: Teoria delle Equazioni e Teoria di Galois. © Springer-Verlag Italia, Milano 2008

Proposizione 5.1.3 *Sia $F \subseteq K$ un ampliamento di campi. Siano L, M due campi intermedi e sia $LM := \langle L \cup M \rangle$ il loro composto in K. Allora:*

(a) *Se L è algebrico su F, LM è algebrico su M.*
(b) *Se L e M sono algebrici su F, LM è algebrico su F*

Dimostrazione. (a) Poiché $F \subseteq M$, se L è algebrico su F ogni elemento di L è algebrico anche su M. Ne segue che $LM := M(L)$ è algebrico su M (Proposizione 5.1.1).

(b) Per il punto (a), LM è algebrico su M e allora, per transitività, anche su F (Proposizione 5.1.2).

Dato un ampliamento di campi $F \subseteq K$, l'insieme degli elementi di K algebrici su F è un sottocampo di K (Proposizione 3.6.1). Esso è evidentemente il più grande ampliamento algebrico di F contenuto in K e verrà indicato in seguito con $\overline{F}_K$.

Definizione 5.1.4 *Se $F \subseteq K$ è un ampliamento di campi, il campo $\overline{F}_K$ degli elementi di K algebrici su F si chiama* la chiusura algebrica di F in K. *F si dice* algebricamente chiuso in K *se ogni elemento di K algebrico su F appartiene ad F, ovvero se $F = \overline{F}_K$.*

Proposizione 5.1.5 *Se $F \subseteq K$ è un ampliamento di campi, la chiusura algebrica di F in K è un campo algebricamente chiuso in K.*

Dimostrazione. Sia $L := \overline{F}_K$ la chiusura algebrica di F in K e sia $\alpha \in K$ algebrico su L. Poiché L è algebrico su F, ne segue che α è algebrico su F (Proposizione 5.1.2) e dunque $\alpha \in L$.

Definizione 5.1.6 *Un campo algebricamente chiuso in ogni suo ampliamento si chiama un* campo algebricamente chiuso. *Un campo algebricamente chiuso ed algebrico su un campo F si chiama una* chiusura algebrica di F.

Proposizione 5.1.7 *Le seguenti condizioni sono equivalenti per un campo K:*

(i) *K è algebricamente chiuso;*
(ii) *Ogni polinomio non costante $f(X) \in K[X]$ ha almeno una radice in K;*
(iii) *Ogni polinomio non costante $f(X) \in K[X]$ ha tutte le sue radici in K;*
(iv) *Ogni polinomio non costante $f(X) \in K[X]$ si fattorizza in polinomi di primo grado in $K[X]$;*
(v) *I soli polinomi di $K[X]$ irriducibili su K sono i polinomi di primo grado.*

Dimostrazione. (i) $\Rightarrow$ (iii) Ogni radice di $f(X)$ è un elemento algebrico su K. Dunque essa appartiene a K.

(ii) $\Leftrightarrow$ (iii) Se α è una radice di $f(X)$ in K, allora per il Teorema di Ruffini si ha $f(X) = (X - \alpha)g(X)$ con $g(X) \in K[X]$ (Teorema 2.3.8). Dunque si può concludere per induzione sul grado di $f(X)$ che $f(X)$ ha tutte le sue radici in K. Il viceversa è ovvio.

(iii) $\Rightarrow$ (iv) segue dal Teorema di Ruffini (Teorema 2.3.8) e (iv) $\Rightarrow$ (v) è evidente.

(v) $\Rightarrow$ (i) Sia $K \subseteq K'$ un ampliamento algebrico e sia $\alpha \in K'$. Il polinomio minimo di α su K, essendo irriducibile su K, deve avere grado uguale a 1. Quindi $\alpha \in K$.

Proposizione 5.1.8 *Sia $F \subseteq K$ un ampliamento di campi. Se K è algebricamente chiuso, la chiusura algebrica $\overline{F}_K$ di F in K è una chiusura algebrica di F.*

Dimostrazione. Sia $L := \overline{F}_K$ e sia $f(X) := c_0 + c_1 X + \cdots + c_n X^n \in L[X] \subseteq K[X]$. Poiché K è algebricamente chiuso, ogni radice α di $f(X)$ appartiene a K (Proposizione 5.1.7); mostriamo che essa appartiene a L. Il campo $L' := F(c_0, c_1, \ldots, c_n)$ è algebrico su F, perché $L' \subseteq L$. Inoltre α è algebrico su L', perché $f(X) \in L'[X]$. Considerando gli ampliamenti $F \subseteq L' \subseteq L'(\alpha)$, ne segue che α è algebrico su F (Proposizione 5.1.2). Perciò $\alpha \in L$. In conclusione, L è un campo algebricamente chiuso e quindi è una chiusura algebrica di F.

Esempi 5.1.9 **(1)** I numeri reali algebrici ed i numeri complessi algebrici costituiscono la chiusura algebrica di $\mathbb{Q}$ in $\mathbb{R}$ e in $\mathbb{C}$ rispettivamente (Paragrafo 3.6.1). Il campo $\overline{\mathbb{Q}}_{\mathbb{R}}$ dei numeri reali algebrici è algebricamente chiuso in $\mathbb{R}$, ma non è algebricamente chiuso, perché non lo è in $\mathbb{C}$. Ad esempio l'unità immaginaria i è un numero algebrico su $\overline{\mathbb{Q}}_{\mathbb{R}}$, perché lo è su $\mathbb{R}$, ma non appartiene ad $\overline{\mathbb{Q}}_{\mathbb{R}}$. Quindi $\overline{\mathbb{Q}}_{\mathbb{R}}$ non è una chiusura algebrica di $\mathbb{Q}$.

(2) Il *Teorema Fondamentale dell'Algebra* (Teorema 2.4.2) si può enunciare dicendo che il campo $\mathbb{C}$ dei numeri complessi è algebricamente chiuso. Allora $\mathbb{C}$, essendo algebrico su $\mathbb{R}$, è una chiusura algebrica di $\mathbb{R}$.

Inoltre, il campo $\overline{\mathbb{Q}}_{\mathbb{C}}$ dei numeri complessi algebrici, essendo la chiusura algebrica di $\mathbb{Q}$ in $\mathbb{C}$, è una chiusura algebrica di $\mathbb{Q}$, ed anche di ogni ampliamento algebrico di $\mathbb{Q}$. In particolare $\overline{\mathbb{Q}}_{\mathbb{C}}$ è una chiusura algebrica di $\overline{\mathbb{Q}}_{\mathbb{R}}$.

L'esistenza di una chiusura algebrica di un campo è garantita dal *Lemma di Zorn* (Teorema 13.0.2).

Teorema 5.1.10 (E. Steinitz, 1910) *Ogni campo F possiede una chiusura algebrica.*

Dimostrazione. L'insieme degli ampliamenti algebrici di F è non vuoto, perché contiene F, ed è parzialmente ordinato per inclusione. Inoltre ogni catena di questo insieme ammette un maggiorante, dato dall'unione dei campi della catena stessa. Dunque, per il Lemma di Zorn, esiste almeno un ampliamento algebrico massimale di F e questo è evidentemente una chiusura algebrica di F.

Se K è una chiusura algebrica di F, per definizione K è algebrico su F e contiene un campo di spezzamento di ogni polinomio di $F[X]$. Il risultato successivo mostra che è vero anche il viceversa.

Proposizione 5.1.11 *Sia $F \subseteq K$ un ampliamento algebrico di campi. Se ogni polinomio (irriducibile) di $F[X]$ si fattorizza in polinomi di primo grado in $K[X]$, allora K è una chiusura algebrica di F.*

Dimostrazione. Sia K' un ampliamento algebrico di K e sia $\alpha \in K'$. Allora α è algebrico su F (Proposizione 5.1.2) e, per ipotesi, il polinomio minimo di α su F si spezza linearmente in $K[X]$. Ne segue che $\alpha \in K$ e $K' = K$. Dunque K è algebricamente chiuso.

Esempi 5.1.12 (1) Benché i polinomi irriducibili su un campo F siano infiniti, nel caso in cui F sia finito o numerabile, usando la Proposizione 5.1.11 si può costruire una chiusura algebrica di F senza usare il Lemma di Zorn.

Infatti, se F è finito o numerabile, come conseguenza del primo procedimento diagonale di Cantor (Teorema 13.1.3) l'insieme dei polinomi $F[X]$ è numerabile (Corollario 13.1.8). Allora possiamo scrivere $F[X] = \{f_i(X); i \geq 1\}$.

Posto $K_0 := F$, sia K_i un campo di spezzamento del polinomio $f_i(X)$ sul campo K_{i-1}, per ogni $i \geq 1$. In questo modo si ottiene per ricorsione una successione di campi (non necessariamente distinti)

$$K_0 := F \subseteq K_1 \subseteq \ldots \subseteq K_{i-1} \subseteq K_i \subseteq \ldots$$

L'unione di questi campi è un campo K algebrico su F ed inoltre ogni polinomio di $F[X]$ ha tutte le sue radici in K. Perciò K è una chiusura algebrica di F.

In particolare, per i risultati dimostrati nel Paragrafo 4.3, usando questo procedimento otteniamo che una chiusura algebrica di $\mathbb{F}_p$ è $\bigcup_{n \geq 1} \mathbb{F}_{p^n}$ (Esercizio 5.9).

(2) Se la cardinalità di F è maggiore del numerabile, per determinare una chiusura algebrica di F, si può procedere in modo simile a quello dell'esempio precedente, facendo uso del *Teorema di Zermelo*, che è logicamente equivalente al Lemma di Zorn ed asserisce che ogni insieme è bene ordinabile (Teorema 13.0.2), e del *Principio di Induzione Transfinita* (Teorema 13.0.3).

Infatti, per il Teorema di Zermelo, possiamo scrivere $F[X] = \{f_\lambda(X); \lambda \in \Lambda\}$, dove Λ è un insieme bene ordinato con primo elemento λ_0. Per induzione su Λ, definiamo $K_{\lambda_0} := F$ e, supposto noto K_ν per ogni $\nu < \lambda$, definiamo K_λ come un campo di spezzamento di $f_\lambda(X)$ sul campo $\bigcup_{\nu < \lambda} K_\nu$. In questo modo, si ottiene ancora che $K := \bigcup_{\lambda \in \Lambda} K_\lambda$ è una chiusura algebrica di F.

(3) La seguente costruzione di una chiusura algebrica è dovuta ad E. Artin. Sia F un campo e sia $\mathcal{I} := \{p_\lambda(X); \lambda \in \Lambda\}$ l'insieme di tutti i polinomi irriducibili di $F[X]$. Sia $\mathbf{X} := \{X_\lambda; \lambda \in \Lambda\}$ un insieme di indeterminate indipendenti su F e consideriamo l'anello di polinomi $F[\mathbf{X}]$. Per ogni $\lambda \in \Lambda$, sia $p(X_\lambda) \in F[\mathbf{X}]$ il polinomio ottenuto da $p_\lambda(X)$ sostituendo l'indeterminata X con X_λ e sia $I := \langle \{p(X_\lambda)\}_{\lambda \in \Lambda} \rangle$ l'ideale di $F[\mathbf{X}]$ generato da tutti i polinomi $p(X_\lambda)$. Allora I è un ideale proprio di $F[\mathbf{X}]$. Infatti se $1 \in I$, esisterebbero in

$F[\mathbf{X}]$ polinomi $p(X_{\lambda_i})$ e $f_i(\mathbf{X})$, $i = 1, \ldots, n$ tali che $1 = \sum_i p(X_{\lambda_i}) f_i(\mathbf{X})$. Il che è impossibile perché questa relazione è una relazione di dipendenza algebrica tra tutte le indeterminate che compaiono in essa (che sono in numero finito).

Sia M un ideale massimale di $F[\mathbf{X}]$ contenente I, esistente per il Lemma di Zorn (Teorema 1.3.2). Allora l'anello quoziente $K := F[\mathbf{X}]/M$ è un campo contenente F. Poiché $p(X_\lambda) \in I \subseteq M$, per ogni $\lambda \in \Lambda$, si ha un F-isomorfismo

$$\frac{F[X]}{\langle p_\lambda(X) \rangle} \longrightarrow \frac{F[\mathbf{X}]}{I} \longrightarrow K := \frac{F[\mathbf{X}]}{M},$$

definito da

$$f(X) + \langle p_\lambda(X) \rangle \mapsto f(X_\lambda) + I \mapsto f(X_\lambda) + M$$

ed ogni polinomio irriducibile $p_\lambda(X) \in F[X]$ ha una radice α_λ in K, precisamente la classe $\alpha_\lambda := X_\lambda + M$.

Posto $K_0 := F$ e $K_1 := K$, possiamo allora costruire per ricorsione su $n \geq 0$ un campo K_n in cui tutti i polinomi irriducibili su K_{n-1} hanno almeno una radice. Posto $L := \bigcup_{n \geq 0} K_n$, si vede facilmente che L è un campo algebricamente chiuso. Infatti ogni polinomio non nullo di $L[X]$ appartiene a qualche anello $K_m[X]$; perciò ha almeno una radice in K_{m+1} e quindi anche in L. Ne segue che la chiusura algebrica di F in L è una chiusura algebrica di F (Corollario 5.1.8).

5.1.1 Isomorfismi tra chiusure algebriche

Il nostro prossimo obiettivo è quello di dimostrare che due chiusure algebriche di uno stesso campo F sono F-isomorfe.

Teorema 5.1.13 (E. Steinitz, 1910) *Siano* $F \subseteq L \subseteq K_1$ *e* $L \subseteq K_2$ *ampliamenti di campi. Allora:*

(a) *Se* K_1 *è algebrico su* L *e* K_2 *è algebricamente chiuso, ogni* F-*isomorfismo di* L *in* K_2 *si può estendere a un* F-*isomorfismo di* K_1 *in* K_2.
(b) *Se* K_1 *e* K_2 *sono due chiusure algebriche di* L, *ogni* F-*isomorfismo di* L *in* K_2 *si può estendere a un* F-*isomorfismo suriettivo tra* K_1 *e* K_2.

Dimostrazione. (a) Sia φ un F-isomorfismo di L in K_2. Consideriamo l'insieme di tutte le coppie (N, σ) dove $L \subseteq N \subseteq K_1$ e $\sigma : N \longrightarrow K_2$ estende φ. Questo insieme è non vuoto, contenendo la coppia (L, φ), ed è parzialmente ordinato secondo la relazione

$$(N_1, \sigma_1) \leq (N_2, \sigma_2) \quad \Leftrightarrow \quad N_1 \subseteq N_2 \text{ e } \sigma_2 \text{ estende } \sigma_1.$$

Inoltre ogni catena $\{(N_\lambda, \sigma_\lambda)\}_{\lambda \in \Lambda}$ ammette un maggiorante, dato dalla coppia (N, σ), dove

$$N := \bigcup_{\lambda \in \Lambda} N_\lambda \subseteq K_1 \text{ e } \sigma : N \longrightarrow K_2 \text{ è tale che } \sigma(x) = \sigma_\lambda(x) \text{ se } x \in N_\lambda.$$

Dunque per il Lemma di Zorn, esiste una coppia massimale (M, μ).

Mostriamo che $M = K_1$. Sia $\alpha \in K_1$ e sia $m(X)$ il suo polinomio minimo su M. Consideriamo il polinomio $\mu^*(m(X)) \in K_2[X]$, i cui coefficienti sono le immagini secondo μ dei coefficienti di $m(X)$ (Lemma 2.5.2). Poiché K_2 è algebricamente chiuso, $\mu^*(m(X))$ ha una radice in K_2 e allora μ si può estendere a una F-immersione $\nu : M(\alpha) \longrightarrow K_2$ (Proposizione 4.2.2). Ne segue che $(M, \mu) \leq (M(\alpha), \nu)$ e, per la massimalità della coppia (M, μ), deve risultare $\alpha \in M$, ovvero $M = K_1$ e $\mu = \nu$.

(b) Siano poi K_1 e K_2 due chiusure algebriche di L. Per il punto (a), ogni F-immersione $\varphi : L \longrightarrow K_2$ si può estendere ad una F-immersione massimale $\mu : K_1 \longrightarrow K_2$. Facciamo vedere che μ è suriettivo. Sia $\beta \in K_2$, con polinomio minimo $q(X)$ su $\varphi(L)$. Il polinomio $p(X) = (\varphi^{-1})^*(q(X)) \in L[X]$ è irriducibile su L, perché lo è $q(X)$ su $\varphi(L)$, e $\varphi^*(p(X)) = q(X)$ (Lemma 4.2.1). Allora, se $\alpha \in K_1$ è una radice di $p(X)$, φ si può estendere ad una F-immersione $\psi : L(\alpha) \longrightarrow K_2$ in cui $\psi(\alpha) = \beta$ (Proposizione 4.2.2). Ma essendo $(L(\alpha), \psi) \leq (K_1, \mu)$, deve risultare $\mu(\alpha) = \psi(\alpha) = \beta$.

Corollario 5.1.14 *Siano $F \subseteq L \subseteq M$ ampliamenti algebrici e sia K una chiusura algebrica di F. Allora ogni F-isomorfismo di L in K (in particolare ogni immersione di F in K) si può estendere a un F-ismorfismo di M in K.*

Dimostrazione. Segue dal Teorema 5.1.13 (a) per $K_1 = M$ e $K_2 = K$.

Corollario 5.1.15 *Sia $F \subseteq L$ un ampliamento di campi e sia K una chiusura algebrica di F. Allora ogni F-isomorfismo di L in K si può estendere a un F-automorfismo di K.*

Dimostrazione. Segue dal Teorema 5.1.13 (b) per $K_1 = K = K_2$.

Corollario 5.1.16 *Due chiusure algebriche di uno stesso campo F sono F-isomorfe.*

Dimostrazione. Se K_1 e K_2 sono due chiusure algebriche del campo F, per il Teorema 5.1.13 (b), ogni immersione di F in K_2 si estende a un F-isomorfismo tra K_1 e K_2.

Nel seguito denoteremo con $\overline{F}$ una fissata chiusura algebrica di F e, fissata una immersione di F in $\overline{F}$, supporremo che ogni ampliamento algebrico di F sia contenuto in $\overline{F}$ tramite l'estensione di questa immersione. Per quanto abbiamo appena visto, questa ipotesi non è restrittiva.

Notiamo che F è algebricamente chiuso se e soltanto se $F = \overline{F}$. Inoltre, se $F \subseteq L \subseteq \overline{F}$ e $\overline{L}$ è la chiusura algebrica di L in $\overline{F}$, si ha $\overline{L} = \overline{F}$. Infine, il campo di spezzamento di un polinomio $f(X) \in F[X]$ è univocamente determinato in $\overline{F}$. Osserviamo anche che, se A è un dominio con campo delle frazioni F (Paragrafo 1.5), ogni polinomio $f(X) \in A[X]$ si spezza linearmente su $\overline{F}$.

Se $F \subseteq K$ è un ampliamento finito, gli F-isomorfismi di K in $\overline{F}$ sono in numero finito e possono essere costruiti per ricorsione sui generatori, come nel caso numerico (Paragrafo 4.2.1). Il seguente risultato segue subito dalla Proposizione 4.2.6.

Proposizione 5.1.17 *Se $\alpha \in \overline{F}$ ed ha polinomio minimo $m(X)$ su F, tutti e soli gli F-isomorfismi di $F(\alpha)$ in $\overline{F}$ sono quelli definiti da*

$$\varphi_\beta : F(\alpha) \longrightarrow \overline{F}; \quad f(\alpha) \mapsto f(\beta),$$

dove $f(X) \in F[X]$ e β è una radice di $m(X)$. Quindi il numero degli F-isomorfismi di $F(\alpha)$ in $\overline{F}$ è uguale al numero delle radici distinte di $m(X)$.

Proposizione 5.1.18 *Se $F \subseteq K := F(\alpha_1, \ldots, \alpha_n)$ è un ampliamento di campi finito, gli F-isomorfismi di K in $\overline{F}$ sono in numero finito. Precisamente essi sono al più $[K : F]$ e sono esattamente $[K : F]$ se i polinomi minimi di $\alpha_1, \ldots, \alpha_n$ su F hanno tutte radici distinte.*

Dimostrazione. Consideriamo la catena di ampliamenti:

$$F_0 := F \subseteq F_1 := F(\alpha_1) \subseteq \ldots \subseteq F_i := F_{i-1}(\alpha_i) \subseteq \ldots \subseteq F_n := F_{n-1}(\alpha_n) = K.$$

Se α_i ha grado r_i su F_{i-1}, allora

$$[K : F] = [F_1 : F][F_2 : F_1] \ldots [F_{n-1} : F_{n-2}][K : F_{n-1}] = r_1 \ldots r_n.$$

Gli F-isomorfismi di $F_1 := F(\alpha_1)$ in $\overline{F}$ sono al più r_1 e sono esattamente r_1 se il polinomio minimo di α_1 su F ha tutte radici distinte (Proposizione 5.1.17). Ognuno di questi F-isomorfismi si estende al più a r_2 F-isomorfismi di $F_2 := F_1(\alpha_2)$ in $\overline{F}$ (Proposizione 4.2.2). Inoltre, se il polinomio minimo di α_2 su F ha tutte radici distinte, anche il polinomio minimo di α_2 su F_1 ha tutte radici distinte (perché divide il precedente). In questo caso le estensioni a F_2 di un F-isomorfismo di F_1 in $\overline{F}$ sono esattamente r_2. Così proseguendo, si ottengono al più $[K : F] = r_1 \ldots r_n$ F-isomorfismi di K in $\overline{F}$ ed esattamente $[K : F]$ se i polinomi minimi di $\alpha_1, \ldots, \alpha_m$ su F hanno tutte radici distinte.

Terminiamo questo paragrafo mostrando che F e $\overline{F}$ hanno la stessa cardinalità.

Proposizione 5.1.19 *Se F è un campo infinito, ogni ampliamento algebrico di F ha la stessa cardinalità di F.*

Dimostrazione. Se K è un campo infinito, allora K e K^n hanno la stessa cardinalità, per ogni $n \geq 1$ (Teorema 13.3.1). Quindi il campo di spezzamento di un qualsiasi polinomio di $K[X]$, avendo grado finito su K, ha la stessa cardinalità di K. Mantenendo le notazioni del precedente Esempio 5.1.12 (2), se $F[X] = \{f_\lambda(X); \lambda \in \Lambda\}$, dove Λ è un insieme bene ordinato con primo elemento λ_0, una chiusura algebrica di F è $\overline{F} := \bigcup_{\lambda \in \Lambda} K_\lambda$, dove $K_{\lambda_0} := F$ e

K_λ è un campo di spezzamento di $f_\lambda(X)$ sul campo $\bigcup_{\nu<\lambda} K_\nu$. Poiché $|F| = |F[X]| = |\Lambda|$ (Corollario 13.3.6), per induzione trasnsfinita, otteniamo allora che $|F| = |K_\lambda| = |\Lambda|$ per ogni $\lambda \in \Lambda$ e quindi che $|\overline{F}| = \max\{|\Lambda|, |F|\} = |F|$ (Proposizione 13.3.4).

Infine, se L è un ampliamento algebrico di F, anche L ha la stessa cardinalità di F, perché $F \subseteq L \subseteq \overline{F}$.

Esempi 5.1.20 (1) Poiché $\mathbb{Q}$ è numerabile (Corollario 13.1.7), il campo $\overline{\mathbb{Q}} := \overline{\mathbb{Q}}_\mathbb{C}$ dei numeri complessi algebrici è numerabile (Corollario 13.1.9). Invece $\mathbb{C}$, essendo algebrico su $\mathbb{R}$, ha la cardinalità del continuo (Corollario 13.3.3).

(2) Se F è un campo finito di caratteristica prima p, una chiusura algebrica di F è il campo $\overline{F} = \overline{\mathbb{F}_p} := \bigcup_{n \geq 1} \mathbb{F}_{p^n}$ (Esempio 5.1.12 (1)) ed $\overline{F}$ è numerabile per il primo procedimento diagonale di Cantor (Teorema 13.1.3).

5.2 Ampliamenti normali

Come già osservato, indicando con $\overline{F}$ una fissata una chiusura algebrica del campo F, possiamo supporre che ogni ampliamento algebrico di F sia contenuto in $\overline{F}$ tramite l'estensione di una fissata immersione di F in $\overline{F}$.

Definizione 5.2.1 *Due campi* $L, M \subseteq \overline{F}$ *si dicono* coniugati su F *se esiste un F-isomorfismo φ di L in $\overline{F}$ tale che $\varphi(L) = M$. Inoltre due elementi α, $\beta \in \overline{F}$ si dicono* coniugati su F *se esiste un F-isomorfismo φ di $F(\alpha)$ in $\overline{F}$ tale che $\varphi(\alpha) = \beta$.*

Esempi 5.2.2 (1) Due elementi α e $\beta \in \overline{F}$ sono coniugati su F se e soltanto se essi hanno lo stesso polinomio minimo su F (Proposizione 5.1.17). Quindi i coniugati distinti di α sono esattamente le radici distinte del polinomio minimo di α su F.

(2) Due numeri complessi sono coniugati su $\mathbb{R}$ se e soltanto se sono numeri complessi coniugati. Infatti un numero $\alpha \in \mathbb{C} \setminus \mathbb{R}$ ed il suo coniugato complesso $\overline{\alpha}$ hanno lo stesso polinomio minimo $X^2 - (\alpha+\overline{\alpha})X + \alpha\overline{\alpha}$ su $\mathbb{R}$ (Esempio 3.3.15 (2)).

(3) Se α e $\beta \in \overline{F}$ sono coniugati su F, i campi $F(\alpha)$ e $F(\beta)$ sono F-isomorfi e quindi sono coniugati su F. Ma viceversa, se i campi $F(\alpha)$ e $F(\beta)$ sono coniugati su F, α e β non sono necessariamente elementi coniugati; infatti lo stesso ampliamento semplice può essere generato da elementi che non hanno lo stesso polinomio minimo (Esempio 3.4.5 (2)).

Definizione 5.2.3 *Un ampliamento algebrico $F \subseteq K$ si dice* normale *e K si dice* normale su F *se, per ogni $\alpha \in K$, tutti i coniugati di α su F appartengono a K.*

La seguente caratterizzazione discende essenzialmente dalle definizioni.

Teorema 5.2.4 *Sia $F \subseteq K$ un ampliamento algebrico. Le seguenti proprietà sono equivalenti:*

(i) *L'ampliamento $F \subseteq K$ è normale;*

(ii) *Ogni polinomio irriducibile $f(X) \in F[X]$ che ha una radice in K si spezza linearmente su K;*

(iii) *$\varphi(K) \subseteq K$, per ogni F-isomorfismo $\varphi : K \longrightarrow \overline{F}$;*

(iv) *Ogni F-isomorfismo φ di K in $\overline{F}$ è un automorfismo di K;*

(v) *L'unico campo coniugato a K è lo stesso K.*

Dimostrazione. (i) $\Leftrightarrow$ (ii) perché due elementi di $\overline{F}$ sono coniugati su F se e soltanto se hanno lo stesso polinomio minimo (Proposizione 5.1.17).

(i) $\Rightarrow$ (iii) Per ogni $\alpha \in K$ e ogni F-isomorfismo φ di K in $\overline{F}$, si ha $\varphi(\alpha) \in K$. Quindi $\varphi(K) \subseteq K$.

(iii) $\Rightarrow$ (iv) Sia $\varphi : K \longrightarrow \overline{F}$ un F-isomorfismo di K in $\overline{F}$ e supponiamo che $\varphi(K) \subseteq K$. Sia $\alpha \in K$ con polinomio minimo $m(X)$ su F e sia $L \subseteq K$ il sottocampo generato su F dalle radici di $m(X)$ che appartengono a K (notiamo che $\alpha \in L$). Allora $\varphi(L) \subseteq L$; infatti, per ogni radice $\beta \in K$ di $m(X)$, si ha che $\varphi(\beta) \in \varphi(K) \subseteq K$ e $\varphi(\beta)$ è ancora una radice di $m(X)$ (Esempio 5.2.2 (1)). Quindi $\varphi(\beta) \in L$. Inoltre L è finito su F e $[L : F] = [\varphi(L) : F]$, perché φ è F-lineare ed iniettiva. Allora $\varphi(L) = L$ e $\alpha \in L = \varphi(L) \subseteq \varphi(K)$. Ne segue che $\varphi(K) = K$.

(iv) $\Leftrightarrow$ (v) $\Rightarrow$ (i) per definizione.

Corollario 5.2.5 *Sia $F \subseteq F(S)$ un ampliamento algebrico. Allora $F(S)$ è normale su F se e soltanto se $\varphi(S) \subseteq F(S)$, per ogni F-isomorfismo φ di $F(S)$ in $\overline{F}$.*

Dimostrazione. Ogni elemento di $F(S)$ è del tipo $\eta(\alpha_1, \ldots, \alpha_n)$ con $\eta(X_1, \ldots, X_n) \in F(X_1, \ldots, X_n)$ e $\alpha_i \in S$, $i = 1, \ldots, n$ (Proposizione 3.2.5). Se φ è un F-isomorfismo di $F(S)$ in $\overline{F}$, risulta $\varphi(\eta(\alpha_1, \ldots, \alpha_n)) = \eta(\varphi(\alpha_1), \ldots, \varphi(\alpha_n))$. Quindi $\varphi(F(S)) = F(\varphi(S)) \subseteq F(S)$ se e soltanto se $\varphi(S) \subseteq F(S)$ e possiamo concludere applicando il Teorema 5.2.4.

Possiamo ora dimostrare che gli ampliamenti normali e finiti di F sono precisamente i campi di spezzamento dei polinomi a coefficienti in F.

Teorema 5.2.6 *Sia $F \subseteq K$ un ampliamento algebrico. Le seguenti proprietà sono equivalenti:*

(i) *L'ampliamento $F \subseteq K$ è normale e finito;*

(ii) *$K = F(\alpha_1, \ldots, \alpha_n)$ e K contiene i coniugati di α_i per $i = 1, \ldots, n$;*

(iii) *K è un campo di spezzamento su F di un polinomio $f(X) \in F[X]$.*

Dimostrazione. (i) $\Rightarrow$ (ii) Se K è un ampliamento finito di F, allora risulta $K = F(\alpha_1, \ldots, \alpha_n)$ per opportuni $\alpha_1, \ldots, \alpha_n \in K$ (Teorema 3.6.3). Se inoltre K è normale su F, per definizione esso contiene tutti gli elementi coniugati ad α_i, per $i = 1, \ldots, n$.

(ii) ⇒ (iii) Sia $m_i(X)$ il polinomio minimo di α_i su F, per $i = 1, \ldots, n$. Poiché per ipotesi $m_i(X)$ ha tutte le sue radici in K, il polinomio $f(X) := m_1(X) \ldots m_n(X) \in F[X]$ si spezza linearmente su K. D'altra parte, essendo K generato su F da alcune radici di $f(X)$, allora K è il campo di spezzamento di $f(X)$ su F.

(iii) ⇒ (i) Sia $K \subseteq \overline{F}$ il campo di spezzamento su F del polinomio $f(X) \in F[X]$. Allora $K = F(\alpha_1, \ldots, \alpha_n)$ con $f(\alpha_i) = 0$, $i = 1, \ldots, n$. È chiaro che K è un ampliamento finito di F. Se poi φ è un F-isomorfismo di K in $\overline{F}$, risulta $\varphi(f(\alpha_i)) = f(\varphi(\alpha_i)) = 0$. Dunque $\varphi(\alpha_i) \in K$, per ogni i, e $\varphi(K) = F(\varphi(\alpha_1), \ldots, \varphi(\alpha_n)) \subseteq K$. Ne segue che K è normale su F.

Corollario 5.2.7 *Un ampliamento algebrico $F \subseteq K$ è normale se e soltanto se esiste una famiglia di polinomi $\{f_\lambda(X)\}_{\lambda \in \Lambda} \subseteq F[X]$, con rispettivi campi di spezzamento K_λ su F, tale che $K = \bigcup_{\lambda \in \Lambda} K_\lambda$.*

Dimostrazione. Se l'ampliamento $F \subseteq K$ è normale, per ogni $\alpha \in K$, K contiene un campo di spezzamento del polinomio minimo di α su F (Teorema 5.2.4); quindi è unione di questi campi di spezzamento.

Viceversa, supponiamo che $K = \bigcup_{\lambda \in \Lambda} K_\lambda$, dove $K_\lambda \subseteq \overline{F}$ è un campo di spezzamento del polinomio $f_\lambda(X) \in F[X]$. Poiché K_λ è normale su F per ogni $\lambda \in \Lambda$ (Teorema 5.2.6), per ogni F-isomorfismo φ di K in $\overline{F}$ si ha $\varphi(K_\lambda) \subseteq K_\lambda$. Quindi $\varphi(K) \subseteq K$ e K è normale su F (Teorema 5.2.4).

Esempi 5.2.8 (1) Se F è un campo finito, ogni ampliamento algebrico $F \subseteq K$ è normale. Sia infatti F di caratteristica prima p. Per ogni $\alpha \in K$, il campo $F(\alpha)$ è finito. Quindi esiste $\theta \in F(\alpha)$ tale che $F(\alpha) = \mathbb{F}_p(\theta) = F(\theta)$. Allora $F(\alpha)$ è un campo di spezzamento del polinomio minimo di θ su $\mathbb{F}_p$ (Paragrafo 4.3) e dunque è anche un campo di spezzamento del polinomio minimo di θ su F.

(2) Ogni ampliamento quadratico o biquadratico è normale. Infatti ogni ampliamento quadratico è un campo di spezzamento di un polinomio di secondo grado (Esempio 4.1.5 (2)). Inoltre un ampliamento biquadratico è il composto di due ampliamenti quadratici.

(3) Ogni ampliamento ciclotomico è normale, essendo un campo di spezzamento di qualche polinomio $X^n - 1$, $n \geq 2$ (Paragrafo 4.4).

(4) Un campo di caratteristica zero può avere ampliamenti algebrici che non sono normali.

Ad esempio, se $\alpha \in \mathbb{C}$ è tale che $\alpha^n = p$ è un numero primo, $n \geq 2$, i coniugati di α su $\mathbb{Q}$ sono $\alpha, \alpha\xi, \ldots, \alpha\xi^{n-1}$, dove $\xi \in \mathbb{C}$ è una radice primitiva n-esima dell'unità. Infatti il polinomio $X^n - p$ è irriducibile su $\mathbb{Q}$ (Esempio 2.5.11 (1)) ed ha radici $\alpha\xi^i$ per $0 \leq i < n$ (Paragrafo 2.4.2). Perciò i campi coniugati di $\mathbb{Q}(\alpha)$ su $\mathbb{Q}$ sono i campi $\mathbb{Q}(\alpha\xi^i)$, per $i = 1, \ldots, n$. Ne segue che $\mathbb{Q}(\alpha)$ ha n isomorfismi distinti in $\mathbb{C}$, mentre l'unico automorfismo di $\mathbb{Q}(\alpha)$ è l'identità. Quindi $\mathbb{Q}(\alpha)$ non è normale. Invece il campo $K := \mathbb{Q}(\alpha, \xi)$ è normale su $\mathbb{Q}$, essendo il campo di spezzamento di $X^n - p$ su $\mathbb{Q}$ (Esempio 4.1.5 (4)).

Questo esempio mostra anche che un campo intermedio di un ampliamento normale non è necessariamente normale.

(5) Ogni chiusura algebrica $\overline{F}$ del campo F è normale su F. Infatti ogni polinomio irriducibile $f(X) \in F[X]$ si spezza linearmente su $\overline{F}$.

Proposizione 5.2.9 *Sia $F \subseteq K$ un ampliamento algebrico normale. Allora l'ampliamento $L \subseteq K$ è normale per ogni campo intermedio L.*

Dimostrazione. Sia $\alpha \in K$ con polinomio minimo $m(X)$ su F. Poiché $m(X)$ ha tutte le sue radici in K e il polinomio minimo di α su L divide $m(X)$, anche questo polinomio ha tutte le sue radici in K. Possiamo allora applicare il Teorema 5.2.4.

5.2.1 Chiusura normale

Mostriamo ora che, dato un ampliamento algebrico $F \subseteq K$, esiste un campo, univocamente determinato in $\overline{F}$, che è minimale rispetto alle proprietà di contenere K ed essere normale su F.

Proposizione 5.2.10 *Sia $F \subseteq K$ un ampliamento algebrico. Allora esiste un campo N tale che $K \subseteq N \subseteq \overline{F}$ e*

(a) *L'ampliamento $F \subseteq N$ è normale;*
(b) *Se $K \subseteq M \subseteq \overline{F}$ e M è un ampliamento normale di F, allora $N \subseteq M$.*

Inoltre il campo N è unicamente determinato in $\overline{F}$ ed è generato su F dai campi coniugati di K.

Dimostrazione. Sia N il sottocampo di $\overline{F}$ generato dai campi coniugati a K su F e sia $L := \varphi(K) \subseteq N$ uno di questi campi coniugati, dove φ è un F-isomorfismo di K in $\overline{F}$. Se ψ è un F-isomorfismo di N in $\overline{F}$, allora $\psi(L) = \psi(\varphi(K)) = \psi\varphi(K)$ è un campo coniugato a K su F, perché $\psi\varphi : K \longrightarrow \overline{F}$ è un F-isomorfismo di K in $\overline{F}$. Perciò $\psi(L)$ è contenuto in N. Ne segue che ogni F-isomorfismo ψ di N in $\overline{F}$ porta tutti i coniugati di K in N. Allora $\psi(N) \subseteq N$ (Corollario 5.2.5) e perciò N è normale su F.

Sia poi $M \subseteq \overline{F}$ un ampliamento normale di F contenente K. Se $\alpha \in K$, M deve contenere tutti i coniugati di α su F. Ne segue che M deve contenere tutti i coniugati del campo K e dunque deve contenere N.

Per finire, osserviamo che il campo N è unicamente determinato in $\overline{F}$ per la proprietà (b).

Definizione 5.2.11 *Con le notazioni della proposizione precedente, il campo N si chiama* la chiusura normale *di K su F (in $\overline{F}$).*

Si vede subito che K è normale su F se e soltanto se esso coincide con la sua chiusura normale in $\overline{F}$.

Esempi 5.2.12 (1) Se $K := F(S)$ è algebrico su F, i coniugati di K su F sono i campi $\varphi(K) = F(\varphi(S))$, al variare di φ tra gli F-isomorfismi di K in $\overline{F}$. Allora la chiusura normale di K su F è il campo generato su F da tutti i coniugati degli elementi di S.

(2) Sia $F \subseteq F(\alpha)$ un ampliamento algebrico semplice e sia $m(X)$ il polinomio minimo di α su F. Se $\varphi_1, \dots, \varphi_m$ sono gli F-isomorfismi distinti di $F(\alpha)$ in $\overline{F}$, gli elementi $\varphi_1(\alpha), \dots, \varphi_m(\alpha)$ sono esattamente le radici distinte di $m(X)$ (Proposizione 5.1.17). Quindi la chiusura normale di $F(\alpha)$ su F

$$N := \varphi_1(F(\alpha)) \dots \varphi_m(F(\alpha)) = F(\varphi_1(\alpha), \dots, \varphi_m(\alpha)),$$

è il campo di spezzamento in $\overline{F}$ del polinomio $m(X)$.

Ad esempio, se $\alpha := \sqrt[n]{p} \in \mathbb{C}$, con p è un numero primo e $n \geq 2$, il polinomio minimo di α su $\mathbb{Q}$ è $m(X) := X^n - p$ e la chiusura normale di $\mathbb{Q}(\alpha)$ in $\mathbb{C}$ è il campo di spezzamento di $m(X)$, ovvero il campo $\mathbb{Q}(\alpha, \xi)$, dove $\xi \in \mathbb{C}$ è una radice primitiva n-esima dell'unità (Esempio 5.2.8 (4)).

(3) Se $K := F(\alpha_1, \dots, \alpha_n)$ è finito su F e $\varphi_1, \dots, \varphi_m$ sono gli F-isomorfismi distinti di K in $\overline{F}$, la chiusura normale di K su F è il composto in $\overline{F}$ dei campi $\varphi_1(K), \dots, \varphi_m(K)$ ed è generato su F da tutti i coniugati $\varphi_1(\alpha_i), \dots, \varphi_m(\alpha_i)$ di α_i in $\overline{F}$, per $i = 1, \dots n$. Se $m_i(X)$ è il polinomio minimo di α_i su F, N è il campo di spezzamento in $\overline{F}$ del polinomio $f(X) := m_1(X) \dots m_n(X)$. In particolare l'ampliamento $F \subseteq N$ è finito.

Proposizione 5.2.13 *Sia $F \subseteq K$ un ampliamento normale e sia L un campo intermedio. Allora:*

(a) *Ogni F-isomorfismo di L in $\overline{F}$ si estende a un F-automorfismo di K. Quindi i campi coniugati a L su F sono tutti e soli i campi $\varphi(L)$ al variare di φ tra gli F-automorfismi di K;*

(b) *La chiusura normale di L su F è contenuta in K.*

Dimostrazione. (a) Se $F \subseteq K$ è un ampliamento algebrico, ogni F-isomorfismo di L in $\overline{F}$ è la restrizione di un F-isomorfismo di K in $\overline{F}$ (Corollario 5.1.14). Ma se l'ampliamento è normale, ogni F-isomorfismo di K in $\overline{F}$ è un F-automorfismo di K (Teorema 5.2.4).

(b) La chiusura normale di L su F è generata dai campi coniugati a L (Proposizione 5.2.10); quindi è contenuta in K per il punto (a).

Corollario 5.2.14 *Sia $F \subseteq K$ un ampliamento normale. Se L è un campo intermedio, le seguenti proprietà sono equivalenti:*

(i) *L'ampliamento $F \subseteq L$ è normale;*

(ii) $\varphi(L) \subseteq L$, *per ogni F-automorfismo φ di K;*

(iii) $\varphi(L) = L$, *per ogni F-automorfismo φ di K.*

Dimostrazione. (i) $\Leftrightarrow$ (iii) L è normale su F se e soltanto se $\varphi(L) = L$ per ogni F-isomorfismo φ di L in $\overline{F}$ (Teorema 5.2.4). Quindi possiamo concludere per il punto (a) della Proposizione 5.2.13.

(ii) $\Leftrightarrow$ (iii) Poiché gli F-automorfismi di K formano un gruppo, $\varphi(L) \subseteq L$ per ogni F-automorfismo φ se e soltanto se $\varphi^{-1}(L) \subseteq L$ per ogni φ.

Proposizione 5.2.15 *Sia $F \subseteq K$ un ampliamento di campi. Siano L, M due campi intermedi e sia $LM := \langle L \cup M \rangle$ il loro composto in K.*

(a) *Se L è normale su F, allora LM è normale su M.*
(b) *Se L e M sono normali su F, allora LM e $L \cap M$ sono normali su F.*

Dimostrazione. (a) Se L è algebrico su F, LM è algebrico su M per la Proposizione 5.1.3 (a). Sia φ un M-isomorfismo di LM in $\overline{F}$. Allora φ è anche un F-isomorfismo e quindi, se L è normale su F, $\varphi(L) \subseteq L \subseteq LM$. Segue dal Corollario 5.2.5 che $LM = M(L)$ è normale su M.

(b) Se L e M sono algebrici su F, LM è algebrico su F per la Proposizione 5.1.3 (b). Se inoltre L e M sono normali su F, per ogni F-isomorfismo φ di LM in $\overline{F}$, si ha $\varphi(L) \subseteq L$ e $\varphi(M) \subseteq M$. Poiché L e M generano LM su F, ne segue che $\varphi(LM) \subseteq LM$ e quindi LM è normale su F (Teorema 5.2.4). Inoltre, per ogni F-automorfismo di LM, si ha $\varphi(L \cap M) \subseteq \varphi(L) \cap \varphi(M) \subseteq L \cap M$. Quindi $L \cap M$ è normale su F (Corollario 5.2.14).

5.3 Ampliamenti separabili

Abbiamo già osservato che le radici di un polinomio irriducibile su un campo numerico sono tutte semplici (Proposizione 2.4.3). Vedremo in questo paragrafo che lo stesso succede su ogni campo di caratteristica zero; tuttavia in caratteristica positiva può accadere che un polinomio irriducibile abbia radici multiple.

Definizione 5.3.1 *Siano F un campo e $\overline{F}$ una sua fissata chiusura algebrica. Un polinomio $f(X) \in F[X]$ si dice* separabile *su F se le sue radici in $\overline{F}$ sono tutte distinte ed un elemento $\alpha \in \overline{F}$ si dice* separabile *su F se il suo polinomio minimo su F è separabile.*

I polinomi di primo grado sono tutti separabili. Ricordiamo poi che $\alpha \in \overline{F}$ è una radice multipla del polinomio $f(X) \in F[X]$ se e soltanto se α è radice anche del polinomio derivato $f'(X)$ (Proposizione 2.3.20). Il risultato seguente è stato già dimostrato nel caso numerico (Proposizione 2.4.3).

Proposizione 5.3.2 *Sia F un campo e sia $f(X) \in F[X]$. Allora, indicando con $f'(X)$ la derivata formale di $f(X)$ e posto $d(X) := \mathrm{MCD}(f(X), f'(X))$:*

(a) *$f(X)$ ha una radice multipla in $\overline{F}$ se e soltanto se $d(X) \neq 1$. In questo caso, le radici multiple di $f(X)$ sono esattamente le radici del polinomio $d(X)$;*
(b) *Se $f(X)$ è irriducibile su F, allora $f(X)$ ha una radice multipla in $\overline{F}$ se e soltanto se $f'(X) = 0$.*

Dimostrazione. (a) si dimostra come nel caso numerico, tenendo conto che $f(X)$ si spezza linearmente su $\overline{F}$.

(b) Se $f(X)$ è irriducibile su F, allora $d(X) := \mathrm{MCD}(f(X), f'(X)) \neq 1$ se e soltanto se $f(X)$ divide $f'(X)$. Questo non è possibile se $f'(X) \neq 0$, perché in questo caso $f'(X)$ ha grado minore di $f(X)$. La conclusione segue dal punto (a).

Proposizione 5.3.3 *Sia F un campo e sia $q(X) \in F[X]$ un polinomio irriducibile su F. Allora:*

(a) *Se F ha caratteristica zero, $q(X)$ è separabile su F;*
(b) *Se F ha caratteristica prima uguale a p, $q(X)$ non è separabile su F se e soltanto se $q(X) = g(X^p) := c_0 + c_1 X^p + \cdots + c_r X^{pr}$, per un opportuno $r \geq 1$.*

Dimostrazione. Per la Proposizione 5.3.2 (b), $q(X)$ è separabile su F se e soltanto se $q'(X) \neq 0$.

(a) Poiché $q(X)$ è non costante, se F ha caratteristica zero, risulta $q'(X) \neq 0$. Perciò $q(X)$ è separabile.

(b) Supponiamo che F abbia caratteristica positiva p e sia $q(X) := a_0 + a_{k_1} X^{k_1} + \cdots + a_{k_n} X^{k_n}$ con $a_{k_i} \neq 0$ per $i = 1, \ldots, n$. Allora $q'(X) = 0$ se e soltanto se p divide tutti i coefficienti $k_i a_{k_i}$ di $q'(X)$. Poiché p non divide a_{k_i}, ciò equivale a dire che p divide k_i, per $i = 1, \ldots, n$. Ma, se $k_i = p s_i$, allora:

$$q(X) := a_0 + a_{k_1} X^{p s_1} + \cdots + a_{k_n} X^{p s_n} = c_0 + c_1 X^p + \cdots + c_r X^{pr} =: g(X^p),$$

con $r = s_n$.

Corollario 5.3.4 *Sia F un campo di caratteristica prima uguale a p e sia $q(X) \in F[X]$ un polinomio di grado $n \geq 1$ irriducibile su F. Se p non divide n, allora $q(X)$ è separabile su F.*

Esempi 5.3.5 (1) Il viceversa del Corollario 5.3.4 non è vero. Infatti ad esempio, per ogni numero primo $p \geq 2$, il polinomio $f(X) = X^p + X + 1$ è separabile su $\mathbb{F}_p$ (perché $f'(X) = 1 \neq 0$).

(2) Sia τ una indeterminata su $\mathbb{F}_p$ e sia $F := \mathbb{F}_p(\tau)$. Allora il polinomio $p(X) := X^p + \tau \in F[X]$ è *irriducibile e non separabile* su F.

Per la Proposizione 5.3.3, basta mostrare che $p(X)$ è irriducibile su F. Ma questo segue dal Criterio di Eisenstein (Esempio 2.5.11 (2)); perché $\mathbb{F}_p[\tau]$ è un dominio a fattorizzazione unica (Teorema 2.2.12) con campo dei quozienti F e τ è un elemento primo di $\mathbb{F}_p[\tau]$ (Esempio 2.3.9 (3)).

Corollario 5.3.6 *Sia F un campo di caratteristica prima p. Se $m(X)$ è un polinomio irriducibile, si ha*

$$m(X) = \prod_{1 \leq i \leq m} (X - \alpha_i)^{p^h},$$

dove $\alpha_1 := \alpha, \ldots, \alpha_m \in \overline{F}$ sono le radici distinte di $m(X)$ e $h \geq 0$.

Dimostrazione. Se $m(X)$ è separabile basta prendere $h = 0$. Se $m(X)$ non è separabile, per quanto visto nella Proposizione 5.3.3, $m(X) = q(X^{p^h})$ per qualche $h \geq 1$. Scegliendo h massimale e ponendo $Y := X^{p^h}$, otteniamo che non è possibile scrivere $q(Y) := q(X^{p^h})$ come un polinomio in Y^p; dunque, ancora per la Proposizione 5.3.3, il polinomio $q(Y)$ è (irriducibile e) separabile su F.

Osserviamo ora che, poiché siamo in caratteristica p, per ogni $\beta \in \overline{F}$, esiste un unico elemento $\alpha \in \overline{F}$ tale che $\beta = \alpha^{p^h}$, precisamente la radice del polinomio $X^{p^h} - \beta = (X - \alpha)^{p^h}$ (Lemma 4.3.2). Perciò, se $\beta_1, \dots, \beta_m \in \overline{F}$ sono le radici (necessariamente distinte) di $q(Y)$ e $\beta_i = \alpha_i^{p^h}$, $i = 1, \dots, m$, le radici distinte di $m(X)$ sono esattamente $\alpha_1 := \alpha, \dots, \alpha_m$ e risulta

$$m(X) = q(Y) = \prod_{1 \leq i \leq m} (Y - \beta_i) = \prod_{1 \leq i \leq m} (X^{p^h} - \alpha_i^{p^h}) = \prod_{1 \leq i \leq m} (X - \alpha_i)^{p^h}.$$

Corollario 5.3.7 *Se F ha caratteristica prima uguale a p e $m(X) \in F[X]$ è irriducibile e non separabile su F, le radici di $m(X)$ sono tutte multiple ed hanno la stessa molteplicità, uguale ad una potenza positiva di p.*

5.3.1 Campi perfetti

Un campo F con la proprietà che ogni $\alpha \in \overline{F}$ sia separabile su F si comporta essenzialmente come un campo numerico.

Definizione 5.3.8 *Un ampliamento algebrico $F \subseteq K$ si dice* separabile *se ogni elemento di K è separabile su F e il campo F si dice* perfetto *se ogni suo ampliamento algebrico è separabile.*

La seguente proposizione discende immediatamente dalle definizioni.

Proposizione 5.3.9 *Le seguenti proprietà sono equivalenti per un campo F:*

(i) *F è perfetto;*
(ii) *Ogni polinomio irriducibile di $F[X]$ è separabile su F;*
(iii) *Ogni $\alpha \in \overline{F}$ è separabile su F;*
(iii) *$\overline{F}$ è un ampliamento separabile di F.*

Ricordiamo che se F è un campo di caratteristica positiva p, l'applicazione

$$\Phi : F \longrightarrow F; \quad a \mapsto a^p$$

è un omomorfismo non nullo di campi, detto *omomorfismo di Fröbenius* (Paragrafo 4.3).

Proposizione 5.3.10 *Sia F un campo. Allora:*

(a) *Se F ha caratteristica zero, F è perfetto.*

(b) *Se F ha caratteristica prima uguale a p, le seguenti condizioni sono equivalenti:*

(i) *F è perfetto;*

(ii) *Per ogni $a \in F$, il polinomio $X^p - a$ ha una radice in F;*

(iii) *Ogni elemento $a \in F$ è una potenza p-esima;*

(iv) *L'omomorfismo di Fröbenius $\Phi : F \longrightarrow F$ è suriettivo;*

(v) *L'omomorfismo di Fröbenius $\Phi : F \longrightarrow F$ è un automorfismo di F.*

Dimostrazione. (a) Se F ha caratteristica zero, ogni polinomio irriducibile $p(X) \in F[X]$ è separabile (Proposizione 5.3.3 (a)). Dunque F è perfetto.

(b) Supponiamo che F abbia caratteristica prima uguale a p.

(i) $\Rightarrow$ (ii) Se per qualche $a \in F$ il polinomio $X^p - a$ non ha radici in F, esso è irriducibile su F per la Proposizione 4.4.13 e dunque è anche non separabile su F per la Proposizione 5.3.3 (b). Ne segue che F non è perfetto.

(ii) $\Leftrightarrow$ (iii) $\Leftrightarrow$ (iv) sono evidenti e (iv) $\Leftrightarrow$ (v) perché un omomorfismo di campi è sempre iniettivo.

(iii) $\Rightarrow$ (i) Supponiamo che ogni elemento di F sia una potenza p-esima e sia $p(X) \in F[X]$ irriducibile su F. Se $p(X)$ non è separabile su F, allora $p(X) = c_0 + c_1 X^p + \cdots + c_r X^{pr}$, per un opportuno $r \geq 0$ (Proposizione 5.3.3 (b)). Posto $c_i := a_i^p$, allora risulta

$$p(X) = a_0^p + a_1^p X^p + \cdots + a_r^p X^{pr} = (a_0 + a_1 X + \cdots + a_r X^r)^p.$$

Questa è una contraddizione perché $p(X)$ è irriducibile su F. Dunque $p(X)$ è separabile e perciò F è perfetto.

Corollario 5.3.11 *Ogni campo finito è perfetto.*

Dimostrazione. Un campo finito F ha caratteristica positiva p e l'omomorfismo di Fröbenius $\Phi : F \longrightarrow F$ è un automorfismo (Paragrafo 4.3.2). Possiamo allora applicare la Proposizione 5.3.10.

Esempi 5.3.12 Per ogni primo p, il campo $\mathbb{F}_p$ è perfetto. Ma, se τ è una indeterminata su $\mathbb{F}_p$, il campo $\mathbb{F}_p(\tau)$ non è perfetto. Infatti il polinomio $X^p - \tau$ è irriducibile e non separabile su $\mathbb{F}_p(\tau)$ (Esempio 5.3.5 (2)).

5.3.2 Il teorema dell'elemento primitivo

Se K è un ampliamento finito di F e risulta $K = F(\alpha)$, per qualche $\alpha \in K$, l'elemento α si chiama un *elemento primitivo di K su F*. Per questo motivo il teorema seguente, che ha grande utilità teorica, va sotto il nome di *Teorema dell'Elemento Primitivo*.

Teorema 5.3.13 (Teorema dell'Elemento Primitivo) *Sia $K := F(\alpha_1, \ldots, \alpha_n)$ un ampliamento finito di F. Se almeno $n - 1$ elementi tra gli $\alpha_1, \ldots, \alpha_n$ sono separabili, allora K è un ampliamento semplice di F.*

Dimostrazione. Se F è un campo finito, anche K, avendo grado finito su F, lo è. Allora K è un ampliamento semplice del suo sottocampo fondamentale $\mathbb{F}_p$ (Proposizione 4.3.7) e quindi anche di F.

Supponiamo che F sia infinito e procediamo per induzione su n. Se $n = 1$ il risultato è evidente. Se $n \geq 2$, possiamo supporre che α_n sia separabile. Poiché almeno $n - 2$ elementi tra $\alpha_1, \ldots, \alpha_{n-1}$ sono separabili, se il teorema è vero per $k = n - 1$, allora esiste $\beta \in K$ tale che $F(\alpha_1, \ldots, \alpha_{n-1}) = F(\beta)$. Posto $\gamma := \alpha_n$, dobbiamo allora dimostrare che l'ampliamento $F(\beta, \gamma)$ di F è semplice.

Siano $p(X)$ e $q(X)$ i polinomi minimi su F di β e γ rispettivamente e siano $\beta := \beta_1, \ldots, \beta_r$, $\gamma := \gamma_1, \ldots, \gamma_s$ le radici distinte di $p(X)$ e $q(X)$ in $\overline{F}$.

Poiché gli elementi $c_{ij} := (\beta - \beta_i)/(\gamma_j - \gamma) \in \overline{F}$, con $i = 1, \ldots, r$ e $j = 2, \ldots, s$, sono finiti e F è infinito, esiste $c \in F$ tale che $c \neq c_{ij}$, equivalentemente tale che $\beta + c\gamma \neq \beta_i + c\gamma_j$, per ogni i e ogni $j \neq 1$. Posto $\theta := \beta + c\gamma$, mostriamo che $F(\beta, \gamma) = F(\theta)$.

Consideriamo il polinomio $h(X) := p(\theta - cX) \in F(\theta)[X] \subseteq \overline{F}[X]$. Allora risulta $h(\gamma) = p(\beta) = 0$ e $h(\gamma_j) = p(\beta + c(\gamma - \gamma_j)) \neq 0$ per $j = 2, \ldots, s$, perché $\beta + c(\gamma - \gamma_j) \neq \beta_i$ per ogni $i = 1, \ldots, r$ e le uniche radici di $p(X)$ sono $\beta := \beta_1, \ldots, \beta_r$. Poiché $\gamma := \alpha_n$ è separabile su F, allora γ non è una radice multipla di $q(X)$ e dunque in $\overline{F}[X]$ risulta $\text{MCD}(h(X), q(X)) = (X - \gamma)$. Questo è anche il massimo comune divisore di $h(X)$ e $q(X)$ in $F(\theta)[X]$ (Proposizione 2.2.8 (c)) e perciò $\gamma \in F(\theta)$. Ne segue che anche $\beta = \theta - c\gamma \in F(\theta)$ e allora $F(\beta, \gamma) = F(\theta)$.

Corollario 5.3.14 (a) *Ogni ampliamento di campi finito e separabile è semplice.*

(b) *Ogni ampliamento finito di un campo perfetto è semplice;*

(c) *Ogni ampliamento finito di un campo di caratteristica zero, in particolare di un campo numerico, è semplice.*

Dimostrazione. (a) segue subito dal Teorema 5.3.13. (b) segue da (a) e (c) segue da (b) perché ogni campo di caratteristica zero è perfetto (Proposizione 5.3.10 (a)).

Esempi 5.3.15 (1) Dalla dimostrazione del Teorema 5.3.13 segue che, se $K := F(\alpha_1, \ldots, \alpha_n)$ è un ampliamento finito e separabile di F, allora $\alpha := x_1\alpha_1 + \cdots + x_n\alpha_n \in K$ è un elemento primitivo di K su F, eccetto che per un numero finito di n-ple $(x_1, \ldots, x_n)$ di elementi di F.

(2) Se la caratteristica di F non divide n, ogni radice n-sima primitiva dell'unità sul campo F è un elemento primitivo dell'n-simo ampliamento ciclotomico di F (Paragrafo 4.4).

(3) Se F è un campo di caratteristica diversa da 2, ogni polinomio irriducibile su F di grado uguale a 2 o 4 è separabile (Corollario 5.3.4). In particolare, ogni ampliamento biquadratico $K := F(\alpha, \beta)$ di F è separabile e un elemento primitivo per K su F è $\theta = \alpha + \beta$ (Paragrafo 3.5.2).

(4) Un elemento primitivo per $\mathbb{Q}(\sqrt{3}, \sqrt[3]{2})$ su $\mathbb{Q}$ è $\theta := \sqrt{3} + \sqrt[3]{2}$ (Paragrafo 3.5.3).

Il seguente teorema dà una condizione più generale per l'esistenza di un elemento primitivo.

Teorema 5.3.16 *Sia K un ampliamento finito di F. Allora K è un ampliamento semplice di F se e soltanto se l'ampliamento $F \subseteq K$ ha un numero finito di campi intermedi.*

Dimostrazione. Se F è un campo finito, anche K lo è. Dunque K è un ampliamento semplice di F (Teorema 4.3.7) ed inoltre ci sono evidentemente un numero finito di campi intermedi tra F e K. Supponiamo dunque che F sia infinito.

Sia $K = F(\alpha_1, \ldots, \alpha_n)$, $n \geq 1$ (Teorema 3.6.3). Supponiamo che l'ampliamento $F \subseteq K$ abbia un numero finito di campi intermedi e mostriamo che K è un ampliamento semplice di F. Poiché anche l'ampliamento $F \subseteq F(\alpha_1, \ldots, \alpha_{n-1})$ ha un numero finito di campi intermedi, per induzione su n, basta considerare il caso in cui $K = F(\alpha, \beta)$.

Poiché i campi del tipo $F(\alpha + c\beta)$, al variare di $c \in F$, sono in numero finito, esistono $c_1, c_2 \in F$ tali che $F(\alpha + c_1\beta) = F(\alpha + c_2\beta) =: L$. Mostriamo che $F(\alpha, \beta) = L$. Chiaramente $L \subseteq F(\alpha, \beta)$. D'altra parte, poiché $\alpha + c_1\beta$, $\alpha + c_2\beta \in L$, allora $\beta = \frac{(\alpha+c_1\beta)-(\alpha+c_2\beta)}{c_1-c_2} \in L$ e anche $\alpha = (\alpha+c_1\beta) - c_1\beta \in L$. Perció $F(\alpha, \beta) \subseteq L$.

Viceversa, mostriamo che ogni ampliamento algebrico semplice $K := F(\alpha)$ ha un numero finito di campi intermedi. Sia $m(X)$ il polinomio minimo di α su F. Se L è un campo intermedio, il polinomio minimo $p_L(X)$ di α su L divide $m(X)$ in $L[X]$, e dunque anche in $K[X]$. Osserviamo ora che i divisori monici di $m(X)$ in $K[X]$ sono in numero finito; infatti K è contenuto in un campo di spezzamento di $m(X)$ e su tale campo $m(X)$ si fattorizza in un numero finito di polinomi di primo grado. Definiamo tra l'insieme dei campi intermedi dell'ampliamento $F \subseteq K$ e l'insieme dei polinomi di $K[X]$ che dividono $m(X)$ l'applicazione che associa al campo L il polinomio $p_L(X)$. Per concludere, basta far vedere che questa applicazione è iniettiva.

Sia L' il sottocampo di L generato su F dai coefficienti di $p_L(X)$. Si ha $F \subseteq L' \subseteq L \subseteq K$. Poiché $p_L(X) \in L'[X] \subseteq L[X]$ e $p_L(X)$ è irriducibile su L, allora $p_L(X)$ è anche irriducibile su L'. Dunque $p_L(X) = p_{L'}(X)$ è anche il polinomio minimo di α su L'. Ne segue che $K = F(\alpha) = L'(\alpha) = L(\alpha)$ ha lo stesso grado sia su L che su L' e perció $L = L'$ (Corollario 3.5.6). In conclusione, il campo intermedio L è univocamente determinato dai coefficienti di $p_L(X)$ e perció l'applicazione che associa ad L il polinomio $p_L(X)$ è iniettiva.

Corollario 5.3.17 *Ogni ampliamento finito e separabile ha un numero finito di campi intermedi.*

Dimostrazione. Segue dal Teorema 5.3.16, perché un ampliamento finito e separabile è semplice (Corollario 5.3.14).

Esempi 5.3.18 (1) Un ampliamento $F \subseteq K$ con un numero finito di campi intermedi è necessariamente algebrico. Infatti, se $\tau \in K$ è trascendente su F, $[F(\tau) : F(\tau^n)] = n$, per ogni $n \geq 1$ (Esempio 3.5.7) e allora i campi intermedi $F(\tau^n)$ dell'ampliamento $F \subseteq K$ sono tutti distinti.

(2) Il seguente è un esempio di *ampliamento finito che non è semplice*. Siano τ e ω due indeterminate indipendenti su $\mathbb{F}_p$. Allora due qualsiasi potenze positive τ^h e ω^k sono ancora indeterminate su $\mathbb{F}_p$ (Esempio 3.5.7) e sono indipendenti su $\mathbb{F}_p$; infatti se $f(\tau^h, \omega^k) = g(\tau, \omega) = 0$, con $f(X, Y)$, $g(X, Y) \in \mathbb{F}_p[X, Y]$, i coefficienti del polinomio $g(X, Y)$, e quindi anche quelli di $f(X, Y)$, devono essere tutti nulli. Poniamo $F := \mathbb{F}_p(\tau^p, \omega^p)$ e $K := \mathbb{F}_p(\tau, \omega)$ e mostriamo che l'ampliamento $F \subseteq K$ è finito ma non è semplice, perché ha un numero infinito di campi intermedi.

Consideriamo gli ampliamenti

$$F := \mathbb{F}_p(\tau^p, \omega^p) \subseteq F(\tau) = \mathbb{F}_p(\tau, \omega^p) \subseteq K := \mathbb{F}_p(\tau, \omega) = F(\tau, \omega).$$

Poiché l'anello $\mathbb{F}_p[\tau^p, \omega^p]$ è a fattorizzazione unica (Corollario 2.5.8) e τ^p è un elemento primo di $\mathbb{F}_p[\tau^p, \omega^p]$ (Esempio 2.3.9 (3)), il polinomio $X^p - \tau^p$ è irriducibile su F per il Criterio di Eisenstein (Teorema 2.5.10). Quindi τ è algebrico di grado p su F. Analogamente, poiché ω^p è un elemento primo di $\mathbb{F}_p(\tau)[\omega^p]$, allora il polinomio $X^p - \omega^p$ è irriducibile su $F(\tau)$ e quindi ω è algebrico di grado p su $F(\tau)$. Ne segue che $K := F(\tau, \omega)$ è finito di grado p^2 su F. Notiamo che sia τ che ω non sono separabili su F.

Poiché τ e ω sono indipendenti su $\mathbb{F}_p$, per ogni $c \in F$, il campo $F(\tau + c\omega)$ è propriamente compreso tra F e K. Inoltre, se $c \neq c' \in F$, risulta $F(\tau + c\omega) \neq F(\tau + c'\omega)$. Poiché F è infinito, ci sono allora infiniti campi intermedi tra F e K.

5.3.3 Il grado di separabilità

Vogliamo ora approfondire lo studio degli ampliamenti finiti separabili dal punto di vista degli F-isomorfismi.

Definizione 5.3.19 *Se K è un ampliamento finito di F, il numero degli F-isomorfismi distinti di K in $\overline{F}$ si chiama il* grado di separabilità *di K su F e si indica con $[K : F]_s$. Se $\alpha \in \overline{F}$, il grado di separabilità di $F(\alpha)$ su F si chiama anche il* grado di separabilità *di α.*

Notiamo che, se $\alpha \in \overline{F}$ con polinomio minimo $m(X)$, il grado di separabilità di α su F è uguale al numero delle radici distinte di $m(X)$ (Proposizione 5.1.17).

Proposizione 5.3.20 *Sia F un campo e sia $\alpha \in \overline{F}$ con polinomio minimo $m(X)$ su F. Allora:*

(a) Se α è separabile su F, $[F(\alpha) : F]_s = [F(\alpha) : F]$.

(b) *Se α non è separabile su F, F ha caratteristica prima p e $[F(\alpha) : F] = p^h[F(\alpha) : F]_s$, $h \geq 1$.*

Dimostrazione. Il numero $[F(\alpha) : F]_s$ degli F-isomorfismi distinti di $F(\alpha)$ in $\overline{F}$ è uguale al numero delle radici distinte di $m(X)$ (Proposizione 5.1.17). Se $m(X)$ è separabile, tale numero è uguale a $[F(\alpha) : F]$. Se $m(X)$ non è separabile, allora F ha caratteristica prima p e

$$m(X) = \prod_{1 \leq i \leq m} (X - \alpha_i)^{p^h},$$

dove $\alpha_1 := \alpha, \ldots, \alpha_m$ sono le radici distinte di $m(X)$ e $h \geq 1$ (Corollario 5.3.6). Ne segue che $[F(\alpha) : F]_s = m$ e

$$[F(\alpha) : F] = \deg m(X) = p^h m = p^h[F(\alpha) : F]_s.$$

Gli ampliamenti finiti separabili hanno massimo grado di separabilità per la Proposizione 5.1.18. Mostriamo ora che è vero anche il viceversa.

Teorema 5.3.21 *Sia $F \subseteq K$ un ampliamento finito. Allora le seguenti proprietà sono equivalenti:*

(i) *L'ampliamento $F \subseteq K$ è separabile;*
(ii) *$K = F(\alpha)$ e α è separabile su F;*
(iii) *$K := F(\alpha_1, \ldots, \alpha_n)$ e α_i è separabile su F per $i = 1, \ldots, n$;*
(iv) *Gli F-isomorfismi distinti di K in $\overline{F}$ sono esattamente $[K : F]$;*
(v) *$[K : F]_s = [K : F]$.*

Dimostrazione. (i) $\Rightarrow$ (ii) per il Teorema dell'Elemento Primitivo (Corollario 5.3.14).

(ii) $\Rightarrow$ (iii) è ovvia e (iii) $\Rightarrow$ (iv) segue dalla Proposizione 5.1.18.

(iv) $\Rightarrow$ (i) Sia $\alpha \in K$ non separabile su F e consideriamo gli ampliamenti $F \subseteq F(\alpha) \subseteq K$. Per la Proposizione 5.1.17, gli F-isomorfismi di $F(\alpha)$ in $\overline{F}$ sono in numero strettamente minore di $[F(\alpha) : F]$ ed inoltre, gli F-isomorfismi di K in $\overline{F}$ che estendono un fissato F-isomorfismo di $F(\alpha)$ in $\overline{F}$ sono al più $[K : F(\alpha)]$ (Proposizione 5.1.18). Ne segue che gli F-isomorfismi di K in $\overline{F}$ sono in numero strettamente minore di $[K : F] = [K : F(\alpha)][F(\alpha) : F]$.

(iv) $\Leftrightarrow$ (v) segue dalla definizione.

Corollario 5.3.22 *Se $S \subseteq \overline{F}$ è un insieme di elementi separabili su F, il campo $F(S)$ è un ampliamento separabile di F.*

Dimostrazione. Segue dal Teorema 5.3.21 ricordando che

$$F(S) = \bigcup \{F(\alpha_{i_1}, \ldots, \alpha_{i_n}) ; \; \alpha_{i_j} \in S\}$$

(Proposizione 3.2.5).

Facciamo ora vedere che i gradi di separabilità si compongono.

Lemma 5.3.23 *Sia $F \subseteq L$ un ampliamento algebrico e sia $\alpha \in \overline{F}$. Allora ogni F-isomorfismo di L in $\overline{F}$ si estende a $[L(\alpha) : L]_s$ F-isomorfismi distinti di $L(\alpha)$ in $\overline{F}$.*

Dimostrazione. Sia φ un F-isomorfismo di L in $\overline{F}$. Se $m(X)$ è il polinomio minimo di α su L, il numero degli F-isomorfismi distinti di $L(\alpha)$ in $\overline{F}$ che estendono φ è uguale al numero delle radici distinte del polinomio $\varphi^*(m(X))$ (Proposizione 4.2.2). D'altra parte φ si può estendere ad un F-automorfismo ψ di $\overline{F}$ (Corollario 5.1.15). Allora, se $m(X) = \prod(X - \alpha_i)$ è la fattorizzazione di $m(X)$ su $\overline{F}$, si ha $\varphi^*(m(X)) = \psi^*(m(X)) = \prod(X - \psi(\alpha_i))$ su $\overline{F}$. Ne segue che $m(X)$ e $\varphi^*(m(X))$ hanno lo stesso numero di radici distinte in $\overline{F}$. Tale numero è per definizione uguale al grado di separabilità $[L(\alpha) : L]_s$.

Proposizione 5.3.24 *Siano $F \subseteq L \subseteq K$ ampliamenti finiti di campi. Allora*

$$[K : F]_s = [K : L]_s[L : F]_s.$$

Dimostrazione. Poiché L e K sono ampliamenti algebrici finitamente generati, possiamo supporre che $L = F(\alpha_1, \ldots, \alpha_m)$ e $K = F(\alpha_1, \ldots, \alpha_n)$ con $n \geq m \geq 1$ (Teorema 3.6.3). Consideriamo la catena di ampliamenti:

$$F_0 := F \subseteq F_1 := F(\alpha_1) \subseteq \ldots \subseteq F_i := F_{i-1}(\alpha_i) \subseteq \ldots \subseteq F_{n-1}(\alpha_n) =: K,$$

dove $L = F_m$. Applicando il Lemma 5.3.23, per induzione su $i \geq 1$ si ottiene

$$[K : F]_s = \prod_{1 \leq i \leq n} [F_{i-1}(\alpha_i) : F_{i-1}]_s = [K : L]_s[L : F]_s.$$

Proposizione 5.3.25 *Siano $F \subseteq L \subseteq K$ ampliamenti algebrici di campi. Allora l'ampliamento $F \subseteq K$ è separabile se e soltanto se gli ampliamenti $F \subseteq L$ e $L \subseteq K$ sono separabili.*

Dimostrazione. Supponiamo che l'ampliamento $F \subseteq K$ sia separabile. Sia $\alpha \in K$ con polinomio minimo $m(X)$ su F e $p(X)$ su L. Poiché $m(X)$ non ha radici multiple in $\overline{F}$ e $p(X)$ divide $m(X)$ in $L[X] \subseteq \overline{F}[X]$, allora anche $p(X)$ non ha radici multiple in $\overline{F}$. Ne segue che α è separabile su L. Infine è chiaro che se K è separabile su F, anche L lo è.

Viceversa, supponiamo che gli ampliamenti $F \subseteq L$ e $L \subseteq K$ siano separabili. Sia $\alpha \in K$ con polinomio minimo $p(X) := c_0 + c_1 X + \cdots + c_n X^n$ su L e si consideri il campo $L' = F(c_0, \ldots, c_n)$. Poiché L è separabile su F e $L' \subseteq L$, anche L' è separabile su F. Inoltre, poiché $p(X) \in L'[X]$ e α è separabile su L, allora α è separabile anche su L'. Considerando gli ampliamenti finiti $F \subseteq L' \subseteq L'(\alpha)$, per il Teorema 5.3.21 e la Proposizione 5.3.24, si ha

$$[L'(\alpha) : F] = [L'(\alpha) : L'][L' : F] = [L'(\alpha) : L']_s[L' : F]_s = [L'(\alpha) : F]_s.$$

Dunque l'ampliamento $F \subseteq L'(\alpha)$ è separabile ed in particolare α è separabile anche su F.

Corollario 5.3.26 *Sia $F \subseteq K$ un ampliamento separabile finito e sia L un campo intermedio. Allora gli F-isomorfismi distinti di L in $\overline{F}$ sono $[L : F]$ e ogni tale isomorfismo si estende a $[K : L]$ F-isomorfismi distinti di K in $\overline{F}$.*

Dimostrazione. Poiché gli ampliamenti $F \subseteq K$, $F \subseteq L$ e $L \subseteq K$ sono finiti e separabili (Proposizione 5.3.25), il numero degli F-isomorfismi distinti di L in $\overline{F}$ sono $[L : F]$ ed inoltre, per la Proposizione 5.3.24, ogni tale isomorfismo si estende a $[K : F]/[L : F] = [K : L]$ F-isomorfismi distinti di L in $\overline{F}$.

5.3.4 Ampliamenti puramente inseparabili

Abbiamo visto che gli ampliamenti finiti separabili sono gli ampliamenti il cui grado di separabilità è il massimo possibile ed è quindi uguale al grado (Teorema 5.3.21). Studieremo ora gli ampliamenti finiti il cui grado di separabilità è il minimo possibile ed è quindi uguale ad 1.

Definizione 5.3.27 *Un elemento $\alpha \in \overline{F}$ si dice* puramente inseparabile su F *se $[F(\alpha) : F]_s = 1$ e un ampliamento algebrico $F \subseteq K$ si dice* puramente inseparabile *se ogni elemento di K è puramente inseparabile su F.*

Vediamo allora che gli unici elementi di $\overline{F}$ che sono allo stesso tempo separabili e puramente inseparabili su F sono gli elementi di F. Ricordiamo poi che, se esiste un elemento $\alpha \in \overline{F}$ che non è separabile, F ha caratteristica finita (Proposizione 5.3.3).

Proposizione 5.3.28 *Sia F un campo di caratteristica prima uguale a p e sia $\alpha \in \overline{F}$. Le seguenti condizioni sono equivalenti:*

(i) *α è puramente inseparabile su F (cioè $[F(\alpha) : F]_s = 1$);*
(ii) *Il polinomio minimo di α su F è del tipo $m(X) := X^{p^h} - \alpha^{p^h} = (X - \alpha)^{p^h}$, per un opportuno $h \geq 0$;*
(iii) *$\alpha^{p^h} \in F$, per un opportuno $h \geq 0$.*

Inoltre, sotto queste condizioni, $[F(\alpha) : F] = p^h$, per un opportuno $h \geq 0$.

Dimostrazione. (i) $\Leftrightarrow$ (ii) segue dal Corollario 5.3.6. (ii) $\Rightarrow$ (iii) è evidente.

(iii) $\Rightarrow$ (i) Se $\alpha^{p^h} \in F$, $h \geq 0$, il polinomio minimo di α su F divide $X^{p^h} - \alpha^{p^h} = (X - \alpha)^{p^h}$, quindi ha una sola radice.

Questa caratterizzazione si può estendere agli ampliamenti finiti nel seguente modo.

Teorema 5.3.29 *Sia $F \subseteq K$ un ampliamento finito di campi di caratteristica prima uguale a p. Allora:*

(a) *$[K : F] = p^h[K : F]_s$, per un opportuno $h \geq 0$;*
(b) *Le seguenti condizioni sono equivalenti:*

(i) K è puramente inseparabile su F (cioè $[F(\alpha) : F]_s = 1$ per ogni $\alpha \in K$);

(ii) $K = F(\alpha_1, \ldots, \alpha_n)$ e α_i è puramente inseparabile su F, $i = 1 \ldots, n$;

(iii) $[K : F]_s = 1$;

Inoltre, sotto queste condizioni, $[K : F] = p^h$, per un opportuno $h \geq 0$.

Dimostrazione. Poiché K è finito su F, K è finitamente generato. Sia $K = F(\alpha_1, \ldots, \alpha_n)$ e consideriamo la catena di ampliamenti:

$$F_0 := F \subseteq F_1 := F(\alpha_1) \subseteq \ldots \subseteq F_i := F_{i-1}(\alpha_i) \subseteq \ldots \subseteq F_{n-1}(\alpha_n) =: K.$$

Allora, per la Proposizione 5.3.24, si ha

$$[K : F]_s = \prod_{1 \leq i \leq n} [F_{i-1}(\alpha_i) : F_{i-1}]_s.$$

(a) Per la Proposizione 5.3.20 (b), per ogni $i = 1, \ldots, n$, si ha

$$[F_{i-1}(\alpha_i) : F_{i-1}] = p^{h_i}[F_{i-1}(\alpha_i) : F_{i-1}]_s, \quad h_i \geq 0.$$

Dunque

$$[K : F] = \prod_{1 \leq i \leq n} [F_{i-1}(\alpha_i) : F_{i-1}] = p^h \prod_{1 \leq i \leq n} [F_{i-1}(\alpha_i) : F_{i-1}]_s = p^h[K : F]_s.$$

per un opportuno $h \geq 0$.

(b), (iii) $\Rightarrow$ (i) Sia $\alpha \in K$. Poiché $[F(\alpha) : F]_s$ divide $[K : F]_s$ (Proposizione 5.3.20), se $[K : F]_s = 1$ risulta $[F(\alpha) : F]_s = 1$ per ogni $\alpha \in K \setminus F$.

(i) $\Rightarrow$ (ii) è chiaro.

(ii) $\Rightarrow$ (iii) Se $[F(\alpha_i) : F]_s = 1$ per ogni $i \leq n$, allora

$$[K : F]_s = \prod_{1 \leq i \leq n} [F_{i-1}(\alpha_i) : F_{i-1}]_s \leq \prod_{1 \leq i \leq n} [F(\alpha_i) : F]_s = 1$$

e necessariamente $[K : F]_s = 1$.

L'ultima affermazione segue dal punto (a).

Corollario 5.3.30 *Se $S \subseteq \overline{F}$ è un insieme di elementi puramente inseparabili su F, il campo $F(S)$ è un ampliamento puramente inseparabile di F.*

Dimostrazione. Se F ha caratteristica zero, ogni elemento di S è anche separabile e dunque $F(S) = F$. Se F ha caratteristica prima possiamo applicare il Teorema 5.3.29 (b), ricordando che

$$F(S) = \bigcup \{F(\alpha_{i_1}, \ldots, \alpha_{i_n}); \ \alpha_{i_j} \in S\}$$

(Proposizione 3.2.5).

Esempi 5.3.31 Se τ è una indeterminata sul campo $\mathbb{F}_p$, l'ampliamento $\mathbb{F}_p(\tau^p) \subseteq \mathbb{F}_p(\tau)$ è puramente inseparabile: infatti il polinomio minimo di τ su $\mathbb{F}_p(\tau^p)$ è $X^p - \tau^p = (X - \tau)^p$.

Definizione 5.3.32 *Se $F \subseteq K$ è un ampliamento finito, il numero intero positivo $[K : F]_i := [K : F]/[K : F]_s$ si chiama il grado di inseparabilità di K su F.*

Possiamo allora riformulare il Teorema 5.3.29 usando il grado di inseparabilità.

Corollario 5.3.33 *Sia $F \subseteq K$ un ampliamento finito di campi. Allora:*

(a) *K è separabile su F se e soltanto se $[K : F]_i = 1$.*

(b) *Se $F \neq K$ e K non è separabile su F, allora F ha caratteristica prima p e $[K : F]_i = p^h$, per un opportuno $h \geq 1$. Inoltre K è puramente inseparabile su F se e soltanto se $[K : F] = [K : F]_i$.*

Poiché i gradi e i gradi di separabilità si compongono (Proposizione 5.3.25), segue dalla definizione che anche i gradi di inseparabilità si compongono.

Proposizione 5.3.34 *Se $F \subseteq L \subseteq K$ sono ampliamenti di campi finiti, allora*
$$[K : F]_i = [K : L]_i [L : F]_i.$$

5.3.5 Chiusura separabile

Mostriamo ora che ogni ampliamento algebrico di F si può spezzare in un ampliamento separabile e un ampliamento puramente inseparabile.

Teorema 5.3.35 *Se $F \subseteq K$ è un ampliamento algebrico, denotiamo con K_s l'insieme degli elementi di K separabili su F e con K_i l'insieme degli elementi di K puramente inseparabili su F. Allora:*

(a) *K_s e K_i sono campi e $K_s \cap K_i = F$;*

(b) *L'ampliamento $F \subseteq K_s$ è separabile e l'ampliamento $F \subseteq K_i$ è puramente inseparabile;*

(c) *L'ampliamento $K_s \subseteq K$ è puramente inseparabile;*

(d) *L'ampliamento $K_i \subseteq K$ è separabile se e soltanto se $K = K_i K_s$.*

Dimostrazione. (a) Se $\alpha, \beta \in K$ sono separabili su F, allora $F(\alpha, \beta)$ è un ampliamento separabile di F (Teorema 5.3.21). Poiché $\alpha - \beta \in F(\alpha, \beta)$ e $\alpha\beta^{-1} \in F(\alpha, \beta)$ per $\beta \neq 0$, allora $\alpha - \beta$ e $\alpha\beta^{-1}$ sono separabili su F. Analogamente, usando il Teorema 5.3.29 (b), si ottiene che K_i è un campo. Inoltre $K_s \cap K_i = F$ per come sono definiti i campi K_i e K_s.

(b) Segue immediatamente dalle definizioni.

(c) Se $K_s \neq K$, allora F ha caratteristica positiva p (Corollario 5.3.33). Sia $\alpha \in K \setminus K_s$ e sia $m(X)$ il suo polinomio minimo su K_s. Allora esiste $h \geq 1$

tale che $m(X) = q(X^{p^h})$ (Proposizione 5.3.3) e, scegliendo h massimale, il polinomio $q(Y) \in K_s[Y]$ è separabile su K_s. L'elemento $\beta := \alpha^{p^h} \in K$ è una radice di $q(Y)$; quindi è separabile su K_s. Allora, poiché K_s è separabile su F, per la Proposizione 5.3.25 β è anche separabile su F. Ne segue che $\beta := \alpha^{p^h} \in K_s$ e dunque α è puramente inseparabile su K_s (Proposizione 5.3.28).

(d) Sia $K_i \subseteq K$ un ampliamento separabile. Supponiamo prima che K abbia grado finito su F e poniamo $L := K_i K_s$. Poiché K è separabile su K_i, allora K è separabile anche su L; quindi $[K : L]_s = [K : L]$. D'altra parte, poiché l'ampliamento $K_s \subseteq K$ è puramente inseparabile per il punto (c), allora $[K : L]_s \leq [K : K_s]_s = 1$ (Teorema 5.3.29). Ne segue che $[K : L] = 1$ e quindi $K = L$. In generale, certamente $K_i K_s \subseteq K$. Per l'inclusione opposta, come appena visto, per ogni $\alpha \in K$ risulterà $F(\alpha) = F(\alpha)_i F(\alpha)_s \subseteq K_i K_s$.

Viceversa, supponiamo che $K = K_i K_s$. Poiché gli elementi di K_s sono separabili su F e quindi anche su K_i, $K = K_i(K_s)$ è separabile su K_i (Corollario 5.3.30).

Definizione 5.3.36 *Se $F \subseteq K$ è un ampliamento algebrico, il campo K_s degli elementi di K separabili su F si chiama la* chiusura separabile *di F in K.*

Corollario 5.3.37 *Sia $F \subseteq K$ un ampliamento di campi finito e sia K_s la chiusura separabile di F in K. Allora*

$$[K : F]_i = [K : K_s]; \quad [K : F]_s = [K_s : F].$$

Dimostrazione. Poiché l'ampliamento $F \subseteq K_s$ è separabile, si ha $[K_s : F]_i = 1$. Inoltre, poiché l'ampliamento $K_s \subseteq K$ è puramente inseparabile (Teorema 5.3.35), si ha $[K : K_s]_i = [K : K_s]$ (Corollario 5.3.33). Allora, poiché i gradi di inseparabilità si compongono (Proposizione 5.3.34),

$$[K : F]_i = [K : K_s]_i [K_s : F]_i = [K : K_s]_i = [K : K_s]$$

ed inoltre

$$[K : F]_s = [K : K_s]_s [K_s : F]_s = [K_s : F]_s = [K_s : F].$$

Esempi 5.3.38 **(1)** Sia F un campo di caratteristica p. Se α è un elemento algebrico non separabile su F, con polinomio minimo $m(X)$, esiste $h \geq 1$ tale che $m(X) = q(X^{p^h})$ (Proposizione 5.3.3). Scegliendo h massimale, il polinomio $q(Y) \in F[Y]$ è separabile ed è il polinomio minimo di α^{p^h} su F. Quindi $F(\alpha^{p^h})$ è separabile su F. Inoltre α è puramente inseparabile su $F(\alpha^{p^h})$ (Proposizione 5.3.28). Ne segue che la chiusura separabile di $F(\alpha)$ è $F(\alpha)_s = F(\alpha^{p^h})$.

(2) Come vedremo nel successivo Paragrafo 7.2.2, dato un ampliamento finito $F \subseteq K$, può accadere che $K_i K_s \subsetneq K$, ovvero che l'ampliamento $K_i \subseteq K$ non sia separabile. Tuttavia mostreremo che, quando K è normale su F, $K = K_i K_s$ è separabile su K_i.

5.3.6 Norma e traccia

Sia $F \subseteq K$ un ampliamento finito e siano $\varphi_1, \ldots, \varphi_m$ gli F-isomorfismi distinti di K in $\overline{F}$, $m = [K : F]_s$. Per ogni $\alpha \in K$, definiamo

$$N_F^K(\alpha) := (\varphi_1(\alpha)\ldots\varphi_m(\alpha))^{[K:F]_i} \; ; \quad \mathrm{Tr}_F^K(\alpha) := [K : F]_i(\varphi_1(\alpha)+\cdots+\varphi_m(\alpha)).$$

Definizione 5.3.39 *Con le notazioni precedenti, l'elemento* $N_F^K(\alpha)$ *si chiama la norma di* α *su* F *(in K) e* $\mathrm{Tr}_F^K(\alpha)$ *si chiama la* traccia *di* α *su* F *(in K).*

È evidente che la norma e la traccia su F dipendono dall'ampliamento K.

Proposizione 5.3.40 *Siano* $F \subseteq L \subseteq K$ *ampliamenti finiti e sia* $\alpha \in L$. *Allora*

$$N_F^K(\alpha) = N_F^L(\alpha)^{[K:L]} \; ; \quad \mathrm{Tr}_F^K(\alpha) = [K : L]\,\mathrm{Tr}_F^L(\alpha).$$

Dimostrazione. Ogni F-isomorfismo $\psi : K \longrightarrow \overline{F}$ estende un F-isomorfismo $\varphi : L \longrightarrow \overline{F}$ ed il numero degli F-isomorfismi ψ che estendono φ è $s := [K : L]_s$ (Proposizione 5.3.24). Allora, tenendo conto che i gradi di inseparabilità si compongono (Proposizione 5.3.34),

$$N_F^K(\alpha) = \prod_\psi \psi(\alpha)^{[K:F]_i} = \prod_\varphi \varphi(\alpha)^{s[K:L]_i[L:F]_i}$$
$$= N_F^L(\alpha)^{s[K:L]_i} = N_F^L(\alpha)^{[K:L]}.$$

Analogamente si procede per la traccia.

Esempi 5.3.41 **(1)** Se l'ampliamento $F \subseteq K$ è finito e separabile, il numero degli F-isomorfismi di K in $\overline{F}$ è $m = [K : F]$ e $[K : F]_i = 1$. Allora

$$N_F^K(\alpha) = \varphi_1(\alpha)\ldots\varphi_m(\alpha)\,; \quad \mathrm{Tr}_F^K(\alpha) = \varphi_1(\alpha) + \cdots + \varphi_m(\alpha).$$

(2) Se $a \in F \subseteq K$, allora $N_F^K(a) = a^{[K:F]}$ e $\mathrm{Tr}_F^K(\alpha) = [K : F]a$.

Mostriamo ora che la norma e la traccia assumono valori in F.

Proposizione 5.3.42 *Sia* $F \subseteq K$ *un ampliamento finito e sia* $\alpha \in K$ *con polinomio minimo* $m(X) := a_n X^n + a_{n-1}X^{n-1} + \cdots + a_0$ *su* F. *Allora risulta*

$$N_F^K(\alpha) = ((-1)^n a_0)^{[K:F(\alpha)]}\,; \quad \mathrm{Tr}_F^K(\alpha) = -[K : F(\alpha)]a_{n-1}.$$

Dimostrazione. Se $\varphi_1, \ldots, \varphi_m$ sono gli F-isomorfismi distinti di $F(\alpha)$ in $\overline{F}$, le radici distinte di $m(X)$ sono $\alpha_1 := \varphi_1(\alpha), \ldots, \alpha_m := \varphi_m(\alpha)$ (Proposizione 5.1.17). Poiché $m(X) = \prod_{1 \leq i \leq m}(X - \alpha_i)^{[F(\alpha):F]_i}$ (Corollario 5.3.6), svolgendo i calcoli si ottiene

$$N_F^{F(\alpha)}(\alpha) = (-1)^n a_0\,; \quad \mathrm{Tr}_F^{F(\alpha)}(\alpha) = -a_{n-1}.$$

Considerando gli ampliamenti $F \subseteq F(\alpha) \subseteq K$, il risultato voluto segue allora dalla Proposizione 5.3.40.

Proposizione 5.3.43 *Sia* $F \subseteq K$ *un ampliamento finito. Allora:*

(a)
$$\mathrm{N} := \mathrm{N}_F^K : K^* \longrightarrow F^* ; \quad \alpha \mapsto \mathrm{N}(\alpha)$$

è un omomorfismo di gruppi moltiplicativi, cioè

$$\mathrm{N}(\alpha\beta) = \mathrm{N}(\alpha)\,\mathrm{N}(\beta)$$

per ogni $\alpha, \beta \in K^*$.

(b)
$$\mathrm{Tr} := \mathrm{Tr}_F^K : K \longrightarrow F ; \quad \alpha \mapsto \mathrm{Tr}(\alpha)$$

è un'applicazione F*-lineare, cioè*

$$\mathrm{Tr}(x\alpha + y\beta) = x\,\mathrm{Tr}(\alpha) + y\,\mathrm{Tr}(\beta)$$

per ogni $x, y \in F$, $\alpha, \beta \in K$.

(c) *Se* $F \subseteq L \subseteq K$*, allora*

$$\mathrm{N}_F^K = \mathrm{N}_F^L \, \mathrm{N}_L^K ; \quad \mathrm{Tr}_F^K = \mathrm{Tr}_F^L \, \mathrm{Tr}_L^K .$$

Dimostrazione. (a), (b) La norma e la traccia assumono valori in F per la Proposizione 5.3.42. Inoltre segue subito dalle definizioni che la norma è moltiplicativa e la traccia è lineare su F, perché ogni F-isomorfismo di K in $\overline{F}$ ha queste proprietà.

(c) Siano $\varphi_1 := id_L, \dots, \varphi_m$ gli F-isomorfismi distinti di L in $\overline{F}$, con $m := [L : F]_s$. Ogni φ_i si estende a $n := [K : L]_s$ F-isomorfismi $\varphi_{i1}, \dots, \varphi_{in}$ di K in $\overline{F}$ (Proposizione 5.3.24) e tra questi gli L-isomorfismi sono $\varphi_{11}, \dots, \varphi_{1n}$. Allora, fissato un indice i, $\varphi_i^{-1}\varphi_{ij}$ è l'identità su L, per ogni indice j. A meno di riordinare gli indici j, estendendo di nuovo $\varphi_i^{-1}\varphi_{ij} = id_L := \varphi_1$ a K, possiamo scrivere $\varphi_{ij} = \varphi_i\varphi_{1j}$, per ogni $i = 1, \dots, m$, $j = 1, \dots, n$. Perciò

$$\begin{aligned}
\mathrm{N}_F^L(\mathrm{N}_L^K(\alpha)) &= \prod_{i=1,\dots,m} (\varphi_i(\prod_{j=1,\dots,n} \varphi_{1j}(\alpha)^{[K:L]_i})^{[L:F]_i} \\
&= \prod_{\substack{i=1,\dots,m \\ j=1,\dots,n}} \varphi_i(\varphi_{1j}(\alpha))^{[K:L]_i[L:F]_i} \\
&= \prod_{\substack{i=1,\dots,m \\ j=1,\dots,n}} \varphi_{ij}(\alpha))^{[K:F]_i} = \mathrm{N}_F^K(\alpha),
\end{aligned}$$

per ogni $\alpha \in K$. Analogamente si ottiene che $\mathrm{Tr}_F^K = \mathrm{Tr}_F^L \, \mathrm{Tr}_L^K$.

Esempi 5.3.44 (1) Poiché elementi coniugati su F hanno lo stesso polinomio minimo, dalla Proposizione 5.3.42 segue che elementi coniugati su F hanno la stessa norma e la stessa traccia su F.

(2) Sia $F \subseteq \mathbb{R}$ e

$$K := F(\alpha) = \{x + y\alpha; \ x, y \in F, \ \alpha^2 \in F\}$$

un ampliamento quadratico di F (Paragrafo 3.5.1). Poiché gli F-isomorfismi di K in $\mathbb{C}$ sono quelli definiti da $\alpha \mapsto \pm\alpha$ (Esempio 4.2.8 (1)), posto $a := \alpha^2$, risulta

$$N_F^K(x + y\alpha) = (x + y\alpha)(x - y\alpha) = x^2 - ay^2 \, ;$$

$$Tr_F^K(x + y\alpha) = (x + y\alpha) + (x - y\alpha) = 2x.$$

In particolare, se $K := \mathbb{Q}(\mathrm{i}\sqrt{d})$, con $d \geq 1$, $N_{\mathbb{Q}}^K$ è la norma complessa.

(3) Sia $\xi \in \mathbb{C}$ una radice primitiva p-esima dell'unità e $K := \mathbb{Q}(\xi)$. Allora gli isomorfismi di K in $\mathbb{C}$ sono quelli definiti da $\xi \mapsto \xi^k$, $1 \leq k \leq p - 1$ (Paragrafo 4.4.3) e si ha

$$N_{\mathbb{Q}}^K(\xi) = N_{\mathbb{Q}}^K(\xi^k) = \xi \cdot \xi^2 \cdots \xi^{p-1} = \xi^{p\frac{p-1}{2}} = 1$$

$$Tr_{\mathbb{Q}}^K(\xi) = Tr_{\mathbb{Q}}^K(\xi^k) = \xi + \xi^2 + \cdots + \xi^{p-1} = -1.$$

per ogni $k = 1, \ldots, p - 1$. Inoltre, se $\alpha := \sum_{0 \leq i \leq p-1} a_i \xi^i \in \mathbb{Q}(\xi)$, per linearità

$$Tr_{\mathbb{Q}}^K(\alpha) = (p - 1)a_0 - (a_1 + \cdots + a_{p-1}).$$

Il calcolo della norma di α è in generale molto più complicato.

(4) Dato un ampliamento finito $F \subseteq K$, per ogni $\alpha \in K$ l'applicazione $\varphi_\alpha : F(\alpha) \longrightarrow F(\alpha)$; $x \mapsto \alpha x$ è un'applicazione F-lineare ed il polinomio minimo di α su F coincide con il polinomio caratteristico di φ_α (Esercizio 3.12). Allora, se $A := (a_{ij})$ è la matrice di φ_α rispetto ad una qualsiasi base di $F(\alpha)$ su F, risulta

$$Tr_F^K(\alpha) = a_{11} + \cdots + a_{nn} \, , \quad N_F^K(\alpha) = |A|.$$

(5) Se $F \subseteq K$ e $\alpha \in K$, il valore in α di un polinomio $f(X) \in F[X]$ è un elemento di K (Paragrafo 2.3.1). Quindi, se K è finito su F, resta definita la norma $N_F^K(f(\alpha))$ ed inoltre, se $\alpha_1 := \alpha, \ldots, \alpha_m$ sono i coniugati distinti di α su F, risulta

$$N_F^K(f(\alpha)) = (f(\alpha_1) \cdots f(\alpha_m))^{[K:F]_i}.$$

Il seguenti risultati hanno molte utili conseguenze in Teoria dei Numeri.

Proposizione 5.3.45 *Se $F \subseteq K$ è un ampliamento finito, l'applicazione traccia $Tr_F^K : K \longrightarrow F$ è non nulla se e soltanto se K è separabile su F. In particolare, se K è separabile su F, la traccia è un'applicazione suriettiva.*

Dimostrazione. Supponiamo che l'ampliamento $F \subseteq K$ sia separabile di grado n e siano $\varphi_1, \ldots, \varphi_n$ gli F-isomorfismi di K in $\overline{F}$. Poiché per il Lemma di Dedekind $\varphi_1, \ldots, \varphi_n$ sono linearmente indipendenti su $\overline{F}$, si ha $Tr(\alpha) := \varphi_1(\alpha) + \cdots + \varphi_n(\alpha) \neq 0$ per qualche $\alpha \neq 0$ (Proposizione 3.1.5). Viceversa, se $F \subseteq K$ non è separabile, F ha caratteristica prima p e $[K : F]_i = p^h$, per un opportuno $h \geq 1$ (Corollario 5.3.33). Quindi la traccia di ogni elemento è uguale a zero. Poiché poi la traccia è F-lineare, quando non è l'applicazione nulla, essa è suriettiva.

Corollario 5.3.46 *Se $F \subseteq K$ è un ampliamento separabile finito, l'applicazione*

$$K \times K \longrightarrow F; \quad (\alpha, \beta) \mapsto \mathrm{Tr}_F^K(\alpha\beta)$$

è un'applicazione F-bilineare simmetrica non degenere.

Dimostrazione. Che l'applicazione sia F-bilineare simmetrica segue dalla definizione di traccia. Inoltre per la Proposizione 5.3.45 tale applicazione è non degenere. Infatti, se $\alpha \in K^*$, si ha $\alpha K = K$ e quindi $\mathrm{Tr}_F^K(\alpha\beta) \neq 0$ per qualche $\beta \neq 0$.

Proposizione 5.3.47 *Se K è un campo finito di caratteristica p, la norma $\mathrm{N} := \mathrm{N}_{\mathbb{F}_p}^K : K^* \longrightarrow \mathbb{F}_p^*$ è un omomorfismo suriettivo.*

Dimostrazione. Il gruppo moltiplicativo $\mathbb{F}_p^*$ è ciclico, di ordine $p-1$ (Proposizione 4.3.5). Inoltre sappiamo che, se α è un generatore di $\mathbb{F}_p^*$, risulta $K := \mathbb{F}_p(\alpha)$ (Proposizione 4.3.7). Mostriamo che $\mathrm{N}(\alpha) \in \mathbb{F}_p^*$ ha ordine $p-1$. Poiché K è normale su $\mathbb{F}_p$ (Esempio 5.2.8 (1)), gli isomorfismi di K in $\overline{F}$ sono tutti automorfismi di K e costituiscono un gruppo ciclico di ordine $n := [K : \mathbb{F}_p]$, generato dall'automorfismo di Fröbenius $\Phi : K \longrightarrow K; \quad x \mapsto x^p$ (Teorema 4.3.17). Allora $\mathrm{N}(\alpha) = \alpha\alpha^p \ldots \alpha^{p-1} = \alpha^{1+p+\cdots+p^{n-1}}$. Poiché K^* è ciclico di ordine $p^n - 1$ generato da α (Proposizione 4.3.5) e $p^n - 1 = (p-1)(1+p+\cdots+p^{n-1})$, vediamo che $\mathrm{N}(\alpha)$ ha ordine $p-1$.

5.4 Ampliamenti di Galois

Segue dalle definizioni che un ampliamento algebrico $F \subseteq K$ è normale e separabile se e soltanto se ogni polinomio irriducibile su F che ha una radice in K si spezza in fattori lineari distinti su K.

Definizione 5.4.1 *Un ampliamento algebrico $F \subseteq K$ normale e separabile su F si chiama un* ampliamento di Galois.

Se F è perfetto, in particolare se F ha caratteristica zero oppure è un campo finito, ogni suo ampliamento algebrico è separabile (Paragrafo 5.3.1). In questo caso gli ampliamenti di Galois di F coincidono con gli ampliamenti normali.

Proposizione 5.4.2 *Sia $F \subseteq K$ un ampliamento algebrico. Allora:*

(a) *Se K è separabile, la chiusura normale di K su F è separabile e quindi è un ampliamento di Galois di F;*

(b) *Se K è normale, la chiusura separabile di F in K è normale e quindi è un ampliamento di Galois di F.*

Dimostrazione. (a) La chiusura normale di K su F è generata da tutti i coniugati su F degli elementi di K (Proposizione 5.2.10). Ma poiché elementi coniugati hanno lo stesso polinomio minimo e ogni $\alpha \in K$ è separabile su F, anche tutti i coniugati di α sono separabili. Quindi la chiusura normale di K su F, essendo generata da elementi separabili, è separabile (Corollario 5.3.22).

(b) Sia K_s la chiusura separabile di F in K ed N la sua chiusura normale in $\overline{F}$. Allora N è contenuta in K (perché K è normale su F) ed è separabile su F per il punto (a). Ne segue che $N \subseteq K_s$ e quindi $N = K_s$.

Se $F \subseteq K$ è un ampliamento di Galois, un ampliamento intermedio $F \subseteq L$ è separabile (Proposizione 5.3.25) ma può non essere normale (Esempio 5.2.8 (4)) e dunque può non essere di Galois. Viceversa l'ampliamento $L \subseteq K$ è sempre di Galois.

Proposizione 5.4.3 *Sia $F \subseteq K$ un ampliamento di Galois e sia L un suo campo intermedio. Allora l'ampliamento $L \subseteq K$ è di Galois.*

Dimostrazione. Basta ricordare che l'ampliamento $L \subseteq K$ è normale (Proposizione 5.2.9) e separabile (Proposizione 5.3.25).

Proposizione 5.4.4 *Sia $F \subseteq K$ un ampliamento di Galois e sia L un campo intermedio. Allora la chiusura normale di L su F è contenuta in K ed è il minimo ampliamento di Galois di F in K contenente L.*

Dimostrazione. Sia N la chiusura normale di L su F. Poiché L è separabile su F (Proposizione 5.3.25), anche N è separabile su F (Proposizione 5.4.2 (a)). Perciò N è un ampliamento di Galois di F. Per la Proposizione 5.2.13 (b), $L \subseteq N \subseteq K$. Inoltre, ogni ampliamento di Galois di F (in K) contenente L, per normalità, contiene N.

Definizione 5.4.5 *Se $F \subseteq K$ è un ampliamento di Galois e L è un suo campo intermedio, la chiusura normale di L su F si chiama anche la* chiusura di Galois *di L in K.*

Esempi 5.4.6 (1) Dato un campo F, ogni chiusura algebrica $\overline{F}$ è normale su F. Allora la chiusura separabile di F in $\overline{F}$ è un ampliamento di Galois (Proposizione 5.4.2 (b)). Questo mostra che esiste un ampliamento $\overline{F}_s$ di F caratterizzato dalla proprietà che ogni polinomio separabile di $F[X]$ si spezza linearmente su $\overline{F}_s$. Tale campo si chiama una *chiusura algebrica separabile* di F. Se F è un campo perfetto, ogni sua chiusura algebrica $\overline{F}$ è separabile. In questo caso, $\overline{F} = \overline{F}_s$ è un ampliamento di Galois di F che non è finito.

(2) Se $F \subseteq K$ è un ampliamento di Galois finito e L è un campo intermedio, l'ampliamento $F \subseteq L$, essendo finito e separabile, è semplice (Corollario 5.3.14). Se $L = F(\alpha)$, la chiusura di Galois di L in K è il campo di spezzamento del polinomio minimo di α su F (Esempio 5.2.12).

Il prossimo risultato raccoglie alcune proprietà che caratterizzano gli ampliamenti di Galois finiti.

Teorema 5.4.7 *Sia* $F \subseteq K$ *un ampliamento di campi finito. Allora le seguenti condizioni sono equivalenti:*

(i) *L'ampliamento* $F \subseteq K$ *è di Galois (cioè è normale e separabile);*

(ii) $K = F(\alpha)$ *è un ampliamento semplice e il polinomio minimo di* α *su* F *ha* $[K : F]$ *radici distinte in* K;

(iii) K *è un campo di spezzamento su* F *di un polinomio separabile* $f(X) \in F[X]$;

(iv) K *è un campo di spezzamento su* F *di un polinomio* $p(X) \in F[X]$ *irriducibile e separabile su* F.

Dimostrazione. (i) $\Rightarrow$ (ii) Poiché K è un ampliamento finito e separabile di F, per il Teorema dell'Elemento Primitivo, K è un ampliamento semplice (Corollario 5.3.14). Se $K = F(\alpha)$ e $m(X)$ è il polinomio minimo di α su F, per la separabilità, $m(X)$ ha $n := \deg m(X) = [K : F]$ radici distinte (Teorema 5.3.21) e, per la normalità, tali radici sono tutte in K.

(ii) $\Rightarrow$ (iv) Il polinomio minimo $m(X)$ di α su F è irriducibile e separabile su F. Poiché K contiene tutte le radici di $m(X)$ ed inoltre $[K : F] = \deg m(X)$, allora K è un campo di spezzamento di $m(X)$ su F.

(iv) $\Rightarrow$ (iii) è evidente.

(iii) $\Rightarrow$ (i) Sia $K = F(\alpha_1, \ldots, \alpha_n)$ un campo di spezzamento di $f(X)$ su F, dove $\alpha_1, \ldots, \alpha_n$ sono le radici distinte di $f(X)$. Poiché $\alpha_1, \ldots, \alpha_n$ sono elementi separabili su F, allora K è separabile su F (Teorema 5.3.21). Inoltre K, essendo un campo di spezzamento, è normale su F (Teorema 5.2.6).

Definizione 5.4.8 *Se* $F \subseteq K$ *è un ampliamento di Galois finito e* $K = F(\alpha)$, *il polinomio minimo di* α *su* F *si chiama una* risolvente di Galois *di* K *su* F.

Esempi 5.4.9 (1) Se $F \subseteq K$ è un ampliamento di Galois finito di grado n, $\alpha \in K$ e $\varphi_1, \ldots, \varphi_n$ sono gli F-automorfismi di K, risulta $K = F(\alpha)$ se e soltanto se i coniugati $\varphi_1(\alpha), \ldots, \varphi_n(\alpha)$ di α su F sono tutti distinti. In questo caso, una risolvente di Galois di K su F è

$$(X - \varphi_1(\alpha)) \ldots (X - \varphi_n(\alpha)).$$

Il *Teorema della Base Normale* asserisce che esiste sempre un elemento $\alpha \in K$ tale che $\varphi_1(\alpha), \ldots, \varphi_n(\alpha)$ siano linearmente indipendenti su F, cioè costituiscano una base di K come spazio vettoriale su F [51, Section VIII, 12].

Ad esempio, se ξ è una radice primitiva p-esima dell'unità, una base normale di $\mathbb{Q}(\xi)$ su $\mathbb{Q}$ è $\{\xi, \xi^2, \ldots, \xi^{p-1}\}$. Tuttavia, se $n \geq 1$ non è primo, le $\varphi(n)$ radici primitive n-sime dell'unità non costituiscono necessariamente una base (normale) dell'n-simo ampliamento ciclotomico di $\mathbb{Q}$, basta osservare che i e $-i$ sono linearmente dipendenti su $\mathbb{Q}$ (Esercizio 4.41).

(2) Ogni campo finito è perfetto (Corollario 5.3.11) e ogni ampliamento algebrico di un campo finito è normale (Esempio 5.2.8 (1)). Quindi ogni ampliamento algebrico di un campo finito è di Galois.

Sia poi $F := \mathbb{F}_{p^n}$ e $F \subseteq K$ un ampliamento finito di grado $m \geq 1$. Allora K ha grado $d := mn$ su $\mathbb{F}_p$ e $K = \mathbb{F}_p(\theta)$, dove θ è un qualsiasi elemento di grado d su $\mathbb{F}_p$ (Corollario 4.3.8). Ne segue che $K = F(\theta)$ e il polinomio minimo di θ su F è una risolvente di Galois di K su F. In particolare, tutti i polinomi irriducibili di grado n su $\mathbb{F}_p$ sono risolventi di Galois di $\mathbb{F}_{p^n}$ su $\mathbb{F}_p$.

(3) Se F è un campo di caratteristica diversa da 2, ogni ampliamento $F \subseteq K$ quadratico o biquadratico è separabile (Esempio 5.3.15 (2)) e normale (Esempio 5.2.8 (2)); quindi è un ampliamento di Galois. Inoltre risulta $K := F(\alpha, \beta)$, con $a := \alpha^2$ e $b := \beta^2$ in F ed anche $K = F(\theta)$ con $\theta := \alpha + \beta$. Quindi una risolvente di Galois di K su F è ad esempio il polinomio minimo di $\theta := \alpha + \beta$, cioè $m(X) := X^4 - 2(a+b)X^2 + (a-b)^2$ (Paragrafo 3.5.2).

(4) Sia $K := \mathbb{Q}(\sqrt[3]{2}, \xi) = \mathbb{Q}(\sqrt[3]{2}, i\sqrt{3})$, dove ξ è una radice primitiva terza dell'unità. Poiché K è il campo di spezzamento del polinomio (irriducibile) $f(X) := X^3 - 2$ su $\mathbb{Q}$ (Esempio 4.1.5 (3, b)), K è un ampliamento di Galois di $\mathbb{Q}$. Come visto nel Paragrafo 3.5.3, un elemento primitivo per K su $\mathbb{Q}$ è $\theta := \sqrt[3]{2} + i\sqrt{3}$. Quindi una risolvente di Galois di K su $\mathbb{Q}$ è ad esempio il polinomio minimo di θ su $\mathbb{Q}$:

$$X^6 + 9X^4 - 4X^3 + 27X^2 + 36X + 31.$$

Poiché anche $\gamma := i\sqrt{3}\sqrt[3]{2}$ ha grado sei su $\mathbb{Q}$, anche γ è un elemento primitivo di K su $\mathbb{Q}$. Un'altra risolvente di Galois di K è allora il polinomio minimo di γ su $\mathbb{Q}$:

$$X^6 + 108.$$

(5) Se la caratteristica di F non divide n (in particolare F ha caratteristica zero), l'n-simo polinomio ciclotomico $\Phi_n(X)$ su F è separabile (Proposizione 4.4.1). Quindi l'n-simo ampliamento ciclotomico $F(\xi)$ è un ampliamento di Galois (Paragrafo 4.4).

(6) Se $s_1, \ldots, s_n$ sono i polinomi simmetrici elementari sul campo F nelle indeterminate $X_1, \ldots, X_n$, il polinomio generale di grado n su F

$$g(T) := T^n - s_1 T^{n-1} + s_2 T^{n-2} - \cdots + (-1)^n s_n \in F(s_1, \ldots, s_n)[T]$$

è separabile, perché le sue radici $X_1, \ldots, X_n$ sono tutte distinte. Allora il campo delle funzioni razionali $F(X_1, \ldots, X_n)$ è un ampliamento di Galois del campo $K := F(s_1, \ldots, s_n)$, essendo il campo di spezzamento di $g(T)$ su K (Esempio 4.1.5 (8)).

5.5 Esercizi

5.1. Sia $F \subseteq K$ un ampliamento algebrico di campi e sia A un anello tale che $F \subseteq A \subseteq K$. Mostrare che A è un campo.

Suggerimento: Notare che, per ogni $a \in A$, risulta $F[a] = F(a)$.

5.2. Mostrare che $1 + 11\sqrt{2} - 17\sqrt{3}$ è un numero algebrico.

5.3. Mostrare che le radici del polinomio $X^{10} - \sqrt[5]{2}X^5 + \sqrt{5}X^2 - \sqrt[10]{10} \in \mathbb{R}[X]$ sono numeri algebrici (su $\mathbb{Q}$).

5.4. Siano a, $b \in \mathbb{R}$. Mostrare che, se $a + b$ e ab sono numeri algebrici, allora anche a e b lo sono.

5.5. Mostrare che $a + bi$ è un numero complesso algebrico se e soltanto se a e b sono numeri reali algebrici. Dedurne che, se x è algebrico, allora $\sin(x)$ e $\cos(x)$ sono trascendenti

Suggerimento: Ricordare la formula di Euler $e^{ix} = \cos(x) + i\sin(x)$ ed usare il Teorema di Lindemann (Teorema 3.3.7).

5.6. Sia F un campo numerico. Mostrare che una chiusura algebrica di F è costituita esattamente dai numeri complessi algebrici su F.

5.7. Mostrare che un campo finito non può essere algebricamente chiuso.

5.8. Mostrare che esistono campi infiniti algebrici su $\mathbb{F}_p$.

5.9. Sia K l'unione dei campi $\mathbb{F}_{p^n}$, $n \geq 1$. Mostrare che K è un campo ed è una chiusura algebrica di $\mathbb{F}_p$.

5.10. Mostrare che il campo $F(X)$ delle funzioni razionali in una indeterminata X sul campo F non è algebricamente chiuso.

5.11. Sia $F \subseteq K$ un ampliamento di campi di grado n e sia $\alpha \in K$. Mostrare che, se esistono n F-isomorfismi $\varphi_1, \ldots, \varphi_n$ di K nella chiusura algebrica $\overline{F}$ di F tali che $\varphi_i(\alpha) \neq \varphi_j(\alpha)$ per $i \neq j$, allora $K = F(\alpha)$.

5.12. Mostrare che, se $F \subseteq K$ è un ampliamento di campi, si può immergere $\overline{F}$ in $\overline{K}$. Mostrare inoltre con un esempio che può essere $\overline{F} \neq \overline{K}$.

5.13. Mostrare che ogni chiusura algebrica $\overline{F}$ è normale su F.

5.14. Dare un esempio di ampliamento normale non finito.

5.15. Mostrare che ogni F-isomorfismo di $\overline{F}$ in $\overline{F}$ è suriettivo e dunque è un automorfismo.

Suggerimento: Osservare che l'ampliamento $F \subseteq \overline{F}$ è normale.

5.16. Mostrare che la relazione di coniugio su F è una relazione di equivalenza sull'insieme dei campi intermedi dell'ampliamento $F \subseteq \overline{F}$.

5.17. Determinare i coniugati su $\mathbb{Q}$ di $\theta := \sqrt[4]{3}$; $1 + \theta$; $\theta + \theta^2$.

5.18. Sia ξ una radice primitiva undicesima dell'unità. Determinare i coniugati su $\mathbb{Q}$ di $\alpha := \xi + \xi^{-1}$.

5.19. Determinare i campi coniugati a $\mathbb{Q}(\sqrt[n]{2})$, $n \geq 2$, e la chiusura normale di $\mathbb{Q}(\sqrt[n]{2})$ in $\mathbb{C}$.

5.20. Sia $\alpha = \sqrt{3} + \sqrt[3]{2}$. Determinare i campi coniugati a $\mathbb{Q}(\alpha)$ e la chiusura normale di $\mathbb{Q}(\alpha)$ in $\mathbb{C}$.

5.21. Costruire la chiusura normale in $\mathbb{C}$ dei seguenti campi:
$$\mathbb{Q}(\sqrt{3}, \sqrt{5}); \quad \mathbb{Q}(\sqrt{3}, \sqrt[3]{5}); \quad \mathbb{Q}(\sqrt{2}+\mathrm{i}, \sqrt[3]{7}); \quad \mathbb{Q}(\mathrm{i}\sqrt{3}, \sqrt[3]{5}).$$

5.22. Siano $p_1, \ldots, p_n$ numeri primi distinti e sia $K := \mathbb{Q}(\sqrt{p_1}, \ldots, \sqrt{p_n})$. Mostrare che K è normale su $\mathbb{Q}$.

5.23. Verificare che il campo dei numeri complessi algebrici è la chiusura normale in $\mathbb{C}$ del campo dei numeri reali algebrici.

5.24. Mostrare che, se $F \subseteq K$ è un ampliamento di campi finito, allora K è contenuto nel campo di spezzamento su F di un opportuno polinomio $f(X) \subseteq F[X]$.

5.25. Determinare un elemento primitivo per i seguenti ampliamenti di $\mathbb{Q}$:
$$\mathbb{Q}(\sqrt{2}, \sqrt[3]{2}); \quad \mathbb{Q}(\sqrt{2}, \sqrt[4]{2}); \quad \mathbb{Q}(\sqrt[3]{2}, \sqrt[3]{5});$$
$$\mathbb{Q}(\sqrt{2}, \sqrt{3}, \sqrt{5}); \quad \mathbb{Q}(\sqrt{5}, \sqrt{7}, \sqrt[3]{2}).$$

5.26. Siano $\alpha := \sqrt[3]{2}$, $\xi \in \mathbb{C}$ una radice primitiva terza dell'unità e $K := \mathbb{Q}(\alpha, \xi)$. Mostrare che $\alpha - \alpha\xi$ è un elemento primitivo per K su $\mathbb{Q}$ mentre $\alpha + \alpha\xi$ non lo è.

5.27. Stabilire quali tra i seguenti polinomi sono separabili su $\mathbb{Q}$, $\mathbb{C}$, $\mathbb{F}_2$, $\mathbb{F}_3$:
$$X^3 + 1; \quad X^2 - 2X + 1; \quad 6X^2 + X - 1;$$
$$X^5 + X^4 + X^3 + X^2 + 1; \quad X^9 + X^3 + 1.$$

5.28. Costruire un ampliamento algebrico semplice e non separabile del campo $\mathbb{F}_p(\tau)$, dove τ è una indeterminata su $\mathbb{F}_p$

Suggerimento: Usare il polinomio $X^p - \tau$ considerato nell'Esempio 5.3.5.

5.29. Mostrare che ogni ampliamento algebrico di un campo perfetto è perfetto.

5.30. Mostrare che un campo algebricamente chiuso è perfetto.

5.31. Dare un esempio di ampliamento normale non separabile.

5.32. Sia F un campo e siano α, $\beta \in \overline{F} \setminus \{0\}$. Mostrare che se α è separabile e β è puramente inseparabile su F, allora $F(\alpha, \beta) = F(\alpha + \beta) = F(\alpha\beta)$.

5.33. Mostrare che un ampliamento di grado primo p è separabile oppure puramente inseparabile.

5.34. Dato un ampliamento di campi $F \subseteq K$, verificare direttamente che, se α, $\beta \in K$ sono puramente inseparabili su F, allora $\alpha - \beta$ è puramente inseparabile su F.

Suggerimento: Usare il Lemma 4.3.2.

5.35. Siano $\alpha := \sqrt{2} + \sqrt{3}$ e $L := \mathbb{Q}(\sqrt{2}) \subseteq K := \mathbb{Q}(\alpha)$. Calcolare la norma e la traccia di α su $\mathbb{Q}$ e su L in K .

5.36. Siano $\alpha := \sqrt[4]{3}$ e $L := \mathbb{Q}(\alpha^2) \subseteq K := \mathbb{Q}(\alpha)$. Calcolare la norma e la traccia su L in K di α e $\alpha^2 + \alpha$.

5.37. Sia $F \subseteq K$ un ampliamento finito e separabile e sia $T : K \longrightarrow F$ la traccia. Per ogni $\alpha \in K$, definiamo

$$T_\alpha : K \longrightarrow F ; \quad x \mapsto T(\alpha x).$$

Mostrare che l'applicazione $\alpha \mapsto T_\alpha$ è un'immersione di K nel suo spazio duale.

Suggerimento: Usare il Corollario 5.3.46.

5.38. Sia $p \geq 2$ un numero primo e sia $\xi \in \mathbb{C}$ una radice primitiva p-esima dell'unità. Calcolare la norma di $\alpha := 1 - \xi$ su $\mathbb{Q}$ in $\mathbb{Q}(\xi)$.

5.39. Sia $n \geq 2$ e sia d un divisore positivo di n. Studiare la norma su $\mathbb{F}_{p^d}$ in $\mathbb{F}_{p^n}$.

5.40. Stabilire quali tra i seguenti campi sono ampliamenti di Galois di $\mathbb{Q}$:

$$\mathbb{Q}(\sqrt{3}) ; \quad \mathbb{Q}(\sqrt{2}, i) ; \quad \mathbb{Q}(\sqrt{3}, \sqrt{5}) ; \quad \mathbb{Q}(\sqrt[5]{3}) ;$$
$$\mathbb{Q}(\sqrt{3}, \sqrt[3]{5}) ; \quad \mathbb{Q}(i\sqrt{3}, \sqrt[3]{5}) ; \quad \mathbb{Q}(\sqrt{2} + i, \sqrt[3]{7}) .$$

5.41. Sia F un campo di caratteristica zero. Mostrare che ogni ampliamento finito di F è contenuto in un ampliamento di Galois.

5.42. Sia $\xi \in \mathbb{C}$ una radice primitiva settima dell'unità. Mostrare che gli ampliamenti

$$\mathbb{Q}(\xi + \xi^6) ; \quad \mathbb{Q}(\xi + \xi^2 + \xi^4)$$

sono di Galois e determinare una loro risolvente di Galois.

5.43. Determinare tutte le risolventi di Galois degli ampliamenti $\mathbb{F}_p \subseteq \mathbb{F}_{p^n}$ e di tutti i loro ampliamenti intermedi $\mathbb{F}_p \subseteq L$, $L \subseteq \mathbb{F}_{p^n}$ per

$$p = 2, \ n = 6; \quad p = 3, \ n = 4; \quad p = 5, \ n = 2.$$

6

Ampliamenti trascendenti

Abbiamo visto che, dato un ampliamento di campi $F \subseteq K$, un elemento $\alpha \in K$ è trascendente su F se e soltanto se l'ampliamento semplice $F(\alpha)$ è isomorfo al campo delle funzioni razionali in una indeterminata su F (Paragrafo 3.4). In questo capitolo studieremo più generalmente gli ampliamenti di campi che sono isomorfi a campi di funzioni razionali; tali ampliamenti vengono chiamati *ampliamenti puramente trascendenti*.

6.1 Dipendenza algebrica

Il concetto di *indipendenza algebrica* su un campo F estende quello di indipendenza lineare ed ha origine dal fatto che un polinomio di $F[\mathbf{X}]$ è nullo se e soltanto se lo sono tutti i suoi coefficienti (Paragrafo 2.1.2).

Definizione 6.1.1 *Se $F \subseteq K$ è un ampliamento di campi, gli elementi $\alpha_1, \ldots, \alpha_n \in K$, si dicono* algebricamente indipendenti *su F se $f(\alpha_1, \ldots, \alpha_n) \neq 0$, per ogni polinomio non nullo $f(X_1, \ldots, X_n)$ a coefficienti in F. In caso contrario, $\alpha_1, \ldots, \alpha_n$ si dicono* algebricamente dipendenti *su F e l'uguaglianza $f(\alpha_1, \ldots, \alpha_n) = 0$ con $f(\mathbf{X}) \in F[\mathbf{X}]$ non nullo, si dice una* relazione *(di dipendenza) algebrica su F tra $\alpha_1, \ldots, \alpha_n$.*

Un sottoinsieme S di K si dice algebricamente indipendente *su F se ogni suo sottoinsieme finito è costituito da elementi algebricamente indipendenti su F. Se no, S si dice* algebricamente dipendente *su F.*

Esempi 6.1.2 **(1)** Ogni elemento algebrico su F è algebricamente dipendente su F. In particolare ogni sottoinsieme di F è algebricamente dipendente su F.

(2) Se $\alpha_1, \ldots, \alpha_n \in K$ sono algebricamente indipendenti su F, in particolare essi non annullano alcun polinomio di primo grado $c_1 X_1 + \cdots + c_n X_n \in F[\mathbf{X}]$ a coefficienti non tutti nulli. Perciò $\alpha_1, \ldots, \alpha_n$ sono anche linearmente indipendenti su F. Tuttavia elementi linearmente indipendenti possono essere algebricamente dipendenti. Ad esempio $\sqrt{2}$ e $\sqrt{3}$ sono linearmente indipendenti su

$\mathbb{Q}$ (Esempio 3.2.6 (3)), ma se $f(X_1, X_2) := 3X_1^2 - 2X_2^2$, allora $f(\sqrt{2}, \sqrt{3}) = 0$. Dunque $\sqrt{2}$ e $\sqrt{3}$ sono algebricamente dipendenti su $\mathbb{Q}$.

(3) Se $\alpha_1, \ldots, \alpha_n \in K$ sono algebricamente dipendenti su F e $\beta_1, \ldots, \beta_m \in K$ sono algebricamente dipendenti su $F(\alpha_1, \ldots, \alpha_n)$, allora $\alpha_1, \ldots, \alpha_n, \beta_1, \ldots, \beta_m$ sono algebricamente dipendenti su F. Infatti, data una relazione di dipendenza algebrica $f(\beta_1, \ldots, \beta_m) = 0$, dove $f(X_1, \ldots, X_m)$ è un polinomio non nullo a coefficienti in $F(\alpha_1, \ldots, \alpha_n)$, moltiplicando per un denominatore comune dei coefficienti, si ottiene una relazione di dipendenza algebrica tra $\alpha_1, \ldots, \alpha_n, \beta_1, \ldots, \beta_m$ su F.

(4) È chiaro dalla definizione che se $\alpha_1, \ldots, \alpha_n \in K$ sono algebricamente indipendenti su F, lo sono anche $m \leq n$ elementi comunque scelti tra questi; in particolare, ogni α_i è trascendente su F. Tuttavia, se $\alpha_1, \ldots, \alpha_n$ sono trascendenti su F, essi possono essere algebricamente dipendenti.

Ad esempio se α è trascendente su F, anche α^2 lo è (Esempio 3.3.2 (4)); ma se $f(X_1, X_2) := X_1^2 - X_2$ risulta $f(\alpha, \alpha^2) = 0$. Dunque α e α^2 sono algebricamente dipendenti su F.

(5) Il Teorema di Lindemann (Teorema 3.3.7) ci assicura che se $\eta_1, \ldots, \eta_k$ sono numeri algebrici linearmente indipendenti su $\mathbb{Q}$, le potenze $e^{\eta_1}, \ldots, e^{\eta_k}$ del numero di Nepero e sono algebricamente indipendenti su $\mathbb{Q}$. Infatti, per l'indipendenza lineare di $\eta_1, \ldots, \eta_k$, i numeri algebrici $a_1 \eta_1 + \cdots + a_k \eta_k$, $a_i \in \mathbb{Q}$ per $i = 1, \ldots, k$, sono tutti distinti al variare delle n-ple $(a_1, \ldots, a_k) \in \mathbb{Q}^k$. Allora una relazione di dipendenza algebrica $\sum c_{i_1 \ldots i_k}(e^{\eta_1})^{a_1} \ldots (e^{\eta_k})^{a_k} = 0$ su $\mathbb{Q}$ tra i numeri e^{η_i} sarebbe una relazione di dipendenza lineare tra i numeri $e^{a_1 \eta_1 + \cdots + a_k \eta_k}$, in contraddizione con il Teorema di Lindemann.

Lo studio della dipendenza algebrica di numeri trascendenti è molto difficile. Ad esempio non è ancora noto se i due numeri trascendenti π ed e siano algebricamente indipendenti su $\mathbb{Q}$ [52, Chapter III].

Lemma 6.1.3 *Se $F \subseteq K$ è un ampliamento di campi e $S \subseteq K$, un elemento $\alpha \in K \setminus S$ è algebrico su $F(S)$ se e soltanto se l'insieme $S \cup \{\alpha\}$ è algebricamente dipendente su F.*

Dimostrazione. Un elemento $\alpha \in K \setminus S$ è algebrico su $F(S)$ se e soltanto se esistono $\alpha_1, \ldots, \alpha_n \in S$, $n \geq 0$, tali che $\sum g_i(\alpha_1, \ldots, \alpha_n)\alpha^i = 0$ per qualche polinomio non nullo $\sum g_i(\alpha_1, \ldots, \alpha_n)X_{n+1}^i \in (F(S))[X]$. Moltiplicando per un denominatore comune dei coefficienti, questo equivale a dire che $f(\alpha_1, \ldots, \alpha_n, \alpha) = 0$ per qualche polinomio non nullo $f(X_1, \ldots, X_n, X_{n+1}) \in F[X_1, \ldots, X_n, X_{n+1}]$, cioè che $\alpha_1, \ldots, \alpha_n, \alpha$ sono algebricamente dipendenti su F.

Proposizione 6.1.4 *Sia $F \subseteq K$ un ampliamento di campi e sia $S \subseteq K$. Le seguenti condizioni sono equivalenti:*

(i) *S è algebricamente indipendente su F;*

(ii) *Se $\mathbf{X} := \{X_\alpha\}_{\alpha \in S}$ è un insieme di indeterminate indipendenti su F, l'applicazione*

$$\psi : F[\mathbf{X}] \longrightarrow F[S] ; \quad f(X_{\alpha_1}, \ldots, X_{\alpha_n}) \mapsto f(\alpha_1, \ldots, \alpha_n)$$

è un isomorfismo;

(iii) Ogni $\alpha \in S$ è trascendente su $F(S \setminus \{\alpha\})$.

Dimostrazione. (i) $\Rightarrow$ (ii) Per definizione, $\alpha_1, \ldots, \alpha_n \in S$ sono algebricamente indipendenti su F se e soltanto se l'omomorfismo definito dal valore in $\boldsymbol{\alpha} :=$ $(\alpha_1, \ldots, \alpha_n)$

$$v_{\boldsymbol{\alpha}} : F[X_1, \ldots, X_n] \longrightarrow K ; \quad f(X_1, \ldots, X_n) \mapsto f(\alpha_1, \ldots, \alpha_n)$$

è iniettivo. Poiché $F[\mathbf{X}] = \bigcup_{\alpha_i \in S} F[X_{\alpha_1}, \ldots, X_{\alpha_n}]$, ne segue che, se S è algebricamente indipendente su F, ψ è un omomorfismo iniettivo e quindi, essendo suriettivo, è anche un isomorfismo.

(ii) $\Rightarrow$ (iii) Sia $\alpha \in S$ algebrico su $F(S \setminus \{\alpha\})$ con polinomio minimo $g(Y) := \sum g_i(\alpha_1, \ldots, \alpha_n)Y^i \in F(\alpha_1, \ldots, \alpha_n)[Y]$ di grado $m \geq 1$, così che $g_m(\alpha_1, \ldots, \alpha_n) \neq 0$. Moltiplicando per un denominatore comune, possiamo supporre che $g_i(\alpha_1, \ldots, \alpha_n) \in F[S]$ per ogni $i = 0, \ldots, m$. Allora il polinomio $g_m(X_1, \ldots, X_n) \in F[\mathbf{X}]$ è non nullo e perciò anche il polinomio

$$f(X_1, \ldots, X_n, X_{n+1}) := \sum g_i(X_1, \ldots, X_n)X_{n+1}^i \in F[\mathbf{X}]$$

è non nullo. Poiché $f(\alpha_1, \ldots, \alpha_n, \alpha) = g(\alpha) = 0$, ne segue che ψ non è iniettiva.

(iii) $\Rightarrow$ (i) segue dal Lemma 6.1.3.

Corollario 6.1.5 Siano $F \subseteq K$ un ampliamento di campi, S un sottoinsieme di K e $\mathbf{X} := \{X_\alpha\}_{\alpha \in S}$ un insieme di indeterminate indipendenti su F. Allora S è algebricamente indipendente su F se e soltanto se esiste un F-isomorfismo $\psi : F(\mathbf{X}) \longrightarrow F(S)$ tale che $\psi(X_\alpha) = \alpha$, per ogni $\alpha \in S$.

Dimostrazione. Per la Proposizione 6.1.4, se S è algebricamente indipendente su F, l'applicazione

$$\psi : F[\mathbf{X}] \longrightarrow F[S] ; \quad f(X_{\alpha_1}, \ldots, X_{\alpha_n}) \mapsto f(\alpha_1, \ldots, \alpha_n)$$

è un isomorfismo. Allora l'estensione di ψ ai campi delle frazioni

$$\psi : F(\mathbf{X}) \longrightarrow F(S) ; \quad \frac{f(X_{\alpha_1}, \ldots, X_{\alpha_n})}{g(X_{\alpha_1}, \ldots, X_{\alpha_n})} \mapsto \frac{f(\alpha_1, \ldots, \alpha_n)}{g(\alpha_1, \ldots, \alpha_n)}$$

è un F-isomorfismo (Teorema 1.5.1 (c)).

Viceversa, se $\psi : F(\mathbf{X}) \longrightarrow F(S)$ è un F-isomorfismo tale che $\psi(X_\alpha) = \alpha$, per ogni $\alpha \in S$, allora per ogni polinomio non nullo $f(\mathbf{X}) := f(X_{\alpha_1}, \ldots, X_{\alpha_n}) \in F[\mathbf{X}]$, deve risultare $\psi(f(\mathbf{X})) = f(\alpha_1, \ldots, \alpha_n) \neq 0$. Perciò S è algebricamente indipendente su F.

Definizione 6.1.6 Si dice che l'ampliamento $F \subseteq K$ è puramente trascendente, oppure che K è puramente trascendente su F, se $K = F(S)$ per qualche sottoinsieme S di K algebricamente indipendente su F.

Esempi 6.1.7 (1) Se $K := F(S)$ è un ampliamento puramente trascendente di F, per il Corollario 6.1.5, ogni elemento $x \in K$ si scrive in modo unico come $x := f(\alpha_1, \ldots, \alpha_n)/g(\alpha_1, \ldots, \alpha_n) \in K$ con $\alpha_i \in S$, $i = 1, \ldots, n$ e $\mathrm{MCD}(f(\mathbf{X}), g(\mathbf{X})) = 1$.

(2) Se $K := F(S)$ è un ampliamento puramente trascendente di F, ogni $\beta \in K \setminus F$ è trascendente su F. Infatti, sia $\beta = f(\alpha_1, \ldots, \alpha_n)/g(\alpha_1, \ldots, \alpha_n)$ con $\alpha_i \in S$. Se esistessero degli elementi non tutti nulli $c_0, c_1, \ldots, c_n \in F$ tali che $c_0 + c_1\beta + \cdots + c_n\beta^n = 0$, moltiplicando per un denominatore comune, si otterrebbe una relazione di dipendenza algebrica su F tra $\alpha_1, \ldots, \alpha_n$.

(3) Un ampliamento semplice $F(\alpha)$ di F è puramente trascendente su F se e soltanto se α è trascendente su F. In questo caso, ogni $\beta \in F(\alpha) \setminus F$ è trascendente su F.

6.2 Basi di trascendenza

Come il concetto di indipendenza lineare porta alla definizione di grado di un ampliamento, il concetto di indipendenza algebrica porta a definire il *grado di trascendenza*.

Definizione 6.2.1 *Dato un ampliamento di campi $F \subseteq K$ ed un sottoinsieme T di K, diciamo che T è una* base di trascendenza *di K su F se T è algebricamente indipendente su F ed inoltre K è algebrico su $F(T)$.*

Se K non è algebrico su F, l'esistenza di una base di trascendenza di K su F è garantita dal Lemma di Zorn (Teorema 13.0.2).

Teorema 6.2.2 *Se $F \subseteq K := F(S)$ è un ampliamento di campi, si possono presentare due sole possibilità:*

(a) *K è algebrico su F;*
(b) *S contiene elementi algebricamente indipendenti su F. In questo caso, ogni sottoinsieme di S formato da elementi algebricamente indipendenti è contenuto in una base di trascendenza di K su F.*

Dimostrazione. Se l'ampliamento $F \subseteq K$ non è algebrico, S contiene elementi trascendenti su F per la Proposizione 5.1.1; dunque S ha sottoinsiemi algebricamente indipendenti su F. Sia $T_0 \subseteq S$ un tale sottoinsieme e sia $\mathcal{T}$ l'insieme di tutti i sottoinsiemi di S che contengono T_0 e sono algebricamente indipendenti su F. Ovviamente $\mathcal{T}$ è non vuoto ed inoltre $\mathcal{T}$ è parzialmente ordinato per inclusione. Infine ogni catena di $\mathcal{T}$ ammette un maggiorante, dato dall'unione degli insiemi della catena. Infatti, se $\{T_\lambda\} \subseteq \mathcal{T}$ è una catena, ogni sottoinsieme finito $\{\alpha_1, \ldots, \alpha_n\}$ dell'unione $\bigcup_\lambda T_\lambda$ è contenuto in T_λ per un opportuno indice λ; perciò gli elementi $\alpha_1, \ldots, \alpha_n$ sono algebricamente indipendenti su F. Dunque, per il Lemma di Zorn, esiste un sottoinsieme T di S massimale in $\mathcal{T}$. Poiché, per la massimalità di T, ogni elemento di $S \setminus T$ è algebrico su $F(T)$

(Lemma 6.1.3), allora $K := F(S)$ è algebrico su $F(T)$ (Proposizione 5.1.1) e T è una base di trascendenza di K su F.

Esempi 6.2.3 (1) Nel caso degli ampliamenti finitamente generati, per dimostrare l'esistenza di una base di trascendenza non è necessario usare il Lemma di Zorn.

Supponiamo infatti che $K := F(\alpha_1, \ldots, \alpha_n)$ non sia algebrico su F. Allora almeno uno degli α_i è trascendente su F. A meno dell'ordine possiamo supporre che tale elemento sia α_1. Se K non è algebrico su $F(\alpha_1)$, possiamo allo stesso modo supporre che α_2 sia trascendente su $F(\alpha_1)$. Iterando questo procedimento, otteniamo che, per un opportuno $r \le n$, gli elementi $\alpha_1, \ldots, \alpha_r$ sono algebricamente indipendenti su F (Lemma 6.1.3) e K è algebrico su $F(\alpha_1, \ldots, \alpha_r)$.

(2) Il teorema sull'esistenza delle basi di trascendenza (Teorema 6.2.2) ha un importante analogo in Algebra Commutativa, dato dal *Teorema di Normalizzazione di Noether* [56, Theorem 14.14]. Questo teorema asserisce che, se F è un campo ed $A := F[\alpha_1, \ldots, \alpha_n]$, $n \ge 1$, è una F-algebra finitamente generata (Paragrafo 2.3.1), esistono m elementi $u_1, \ldots, u_m \in A$, $0 \le m \le n$, algebricamente indipendenti su F tali che A sia intera su $B := F[u_1, \ldots, u_m]$ (per $m = 0$, $B := F$).

(3) Ogni insieme S algebricamente indipendente su F è una base di trascendenza del campo $F(S)$ su F. In particolare, ogni insieme $\mathbf{X} := \{X_i\}_{i \in I}$ di indeterminate indipendenti su F è una base di trascendenza del campo delle funzioni razionali $F(\mathbf{X})$ su F.

(4) I polinomi simmetrici elementari $s_1, \ldots, s_n$ su F formano una base di trascendenza del campo delle funzioni razionali $F(X_1, \ldots, X_n)$ su F. Infatti essi sono algebricamente indipendenti su F (Teorema 2.7.6) e $F(X_1, \ldots, X_n)$ è algebrico su $F(s_1, \ldots, s_n)$, essendo un campo di spezzamento del polinomio generale di grado n su F (Esempio 4.1.5 (8)).

Mostriamo ora che due basi di trascendenza hanno la stessa cardinalità. Il seguente teorema ha un ben noto analogo per l'indipendenza lineare.

Teorema 6.2.4 (E. Steinitz, 1910) *Sia $F \subseteq K$ un ampliamento di campi e supponiamo che K abbia una base di trascendenza finita $\{\beta_1, \ldots, \beta_n\}$ su F. Se $\alpha_1, \ldots, \alpha_m \in K$ sono algebricamente indipendenti su F, allora $m \le n$ e si può completare l'insieme $\{\alpha_1, \ldots, \alpha_m\}$ ad una base di trascendenza di K su F aggiungendo al più $n - m$ elementi di $\{\beta_1, \ldots, \beta_n\}$. In particolare, il numero degli elementi di una base di trascendenza di K su F è il massimo numero di elementi di K algebricamente indipendenti su F.*

Dimostrazione. Se $\{\beta_1, \ldots, \beta_n\}$ è una base di trascendenza di K su F, allora α_1 è algebrico su $L := F(\beta_1, \ldots, \beta_n)$. Quindi esiste un polinomio a coefficienti in L non tutti nulli $f(X) := c_0 + c_1 X + \cdots + c_s X^s$ tale che $f(\alpha_1) = 0$. Moltiplicando per un denominatore comune $d(\beta_1, \ldots, \beta_n)$ di $c_0, \ldots, c_s$, si ottiene una relazione algebrica $g(\alpha_1, \beta_1, \ldots, \beta_n) = 0$ a coefficienti in F. Dunque

β_1 è algebrico su $L' := F(\alpha_1, \beta_2, \ldots, \beta_n)$. Consideriamo la catena di campi $L' \subseteq L'(\beta_1) = L(\alpha_1) \subseteq K$. Poiché $L'(\beta_1)$ è algebrico su L' e K è algebrico su $L(\alpha_1)$ (perché lo è su L), allora K è algebrico su $L' := F(\alpha_1, \beta_2, \ldots, \beta_n)$ (Proposizione 5.1.2). Se $m \leq n$, così proseguendo si ottiene che K è algebrico su $F(\alpha_1, \ldots, \alpha_m, \beta_{m+1}, \ldots, \beta_n)$ e quindi una base di trascendenza di K su F è contenuta in $\{\alpha_1, \ldots, \alpha_m, \beta_{m+1}, \ldots, \beta_n\}$. D'altra parte, non può essere $m > n$, altrimenti α_{n+1} sarebbe algebrico su $F(\alpha_1, \ldots, \alpha_n)$, in contraddizione col fatto che $\alpha_1, \ldots, \alpha_m$ sono algebricamente indipendenti su F (Proposizione 6.1.4).

Teorema 6.2.5 *Sia $F \subseteq K$ un ampliamento di campi e siano S e T due basi di trascendenza di K su F. Allora S e T hanno la stessa cardinalità.*

Dimostrazione. Supponiamo che K non sia algebrico su F. Se K ha una base di trascendenza finita su F, due basi di trascendenza hanno lo stesso numero di elementi per il Teorema 6.2.4.

Supponiamo ora che K non abbia una base di trascendenza finita e siano S, T due sue basi di trascendenza su F. Poiché K è algebrico su $F(T) = \bigcup\{F(t_1, \ldots, t_n);\ t_1, \ldots, t_n \in T\}$, allora $S \subseteq F(T)$ e ogni elemento di S appartiene ad un ampliamento finitamente generato $F(t_1, \ldots, t_n)$. In questo modo possiamo far corrispondere ad ogni $s \in S$ un sottoinsieme finito $\{t_1, \ldots, t_n\} \subseteq T$. Poiché l'insieme delle parti finite di T ha la stessa cardinalità di T (Corollario 13.3.5), ne segue che $|S| \leq |T|$. Simmetricamente otteniamo che $|T| \leq |S|$ e dunque S e T hanno la stessa cardinalità.

Il teorema precedente ci permette di definire il *grado di trascendenza* di una estensione di campi $F \subseteq K$ nel seguente modo.

Definizione 6.2.6 *Se $F \subseteq K$ è un ampliamento di campi, il* grado *di trascendenza di K su F è la cardinalità di una (qualsiasi) base di trascendenza di K su F. In particolare, se K è algebrico su F, il suo grado di trascendenza è uguale a zero e, se K ha una base di trascendenza finita su F, il suo grado di trascendenza è uguale al massimo numero di elementi di K algebricamente indipendenti su F.*

Proposizione 6.2.7 *Siano $F \subseteq L \subseteq K$ ampliamenti di campi. Se K è algebrico su L, una base di trascendenza di L su F è anche una base di trascendenza di K su F. In particolare L e K hanno lo stesso grado di trascendenza su F.*

Dimostrazione. Supponiamo che L non sia algebrico su F e sia T una sua base di trascendenza su F. Allora T è algebricamente indipendente su F e L è algebrico su $F(T)$. Poiché, per transitività, anche K è algebrico su $F(T)$ (Proposizione 5.1.2), ne segue che T è una base di trascendenza anche di K su F.

Se $F \subseteq K$ indichiamo con $\operatorname{trdeg}_F(K)$ il grado di trascendenza di K su F.

Esempi 6.2.8 (1) Se $\mathrm{trdeg}_F(K) = n \geq 0$, $n+1$ elementi distinti di K sono algebricamente dipendenti su F.

(2) Se $K := F(\alpha)$ è un ampliamento semplice trascendente di F e $\beta \in F(\alpha) \setminus F$, allora β è trascendente su F (Esempio 6.1.7 (2)). Poiché il grado di trascendenza di K su F è uguale a uno, $\{\beta\}$ è una base di trascendenza di K su F. Notiamo però che può essere $F(\beta) \subsetneq F(\alpha)$, ad esempio se $\beta = \alpha^n$, $n \geq 2$ (Esempio 3.5.7).

(3) Consideriamo gli ampliamenti

$$\mathbb{Q} \subsetneq \mathbb{Q}(\pi) \subsetneq \mathbb{Q}(\pi, \sqrt{\pi + 2}) = \mathbb{Q}(\sqrt{\pi + 2}) \subsetneq K := \mathbb{Q}(\sqrt{\pi + 2}, \sqrt{2}).$$

Poiché $\sqrt{2}$ è algebrico su $\mathbb{Q}$, si ha che K è algebrico sia su $\mathbb{Q}(\pi)$ che su $\mathbb{Q}(\sqrt{\pi + 2})$. D'altra parte, sia π che $\sqrt{\pi + 2}$ sono numeri trascendenti (Esempio 3.3.2 (4)), perciò sia $\{\pi\}$ che $\{\sqrt{\pi + 2}\}$ sono basi di trascendenza di K su $\mathbb{Q}$.

(4) Il grado di trascendenza del campo delle funzioni razionali $F(\mathbf{X})$ su F è $|\mathbf{X}|$ (Esempio 6.2.3 (2)). Inoltre il Corollario 6.1.5 implica che, se $F \subseteq K$ è un ampliamento puramente trascendente, $\mathrm{trdeg}_F(K) = |\Lambda|$ se e soltanto se K è F-isomorfo al campo delle funzioni razionali su F nelle indeterminate indipendenti $\mathbf{X} := \{X_\lambda\}_{\lambda \in \Lambda}$.

(5) Il grado di trascendenza di $\mathbb{R}$ e di $\mathbb{C}$ su $\mathbb{Q}$ è uguale alla cardinalità del continuo. Infatti, sia S una base di trascendenza di $\mathbb{R}$ su $\mathbb{Q}$. Poiché $\mathbb{R}$ è algebrico su $\mathbb{Q}(S)$, allora $\mathbb{R}$ e $\mathbb{Q}(S)$ hanno la stessa cardinalità (Proposizione 5.1.19). Ma poiché $\mathbb{Q}$ è numerabile, allora $|\mathbb{R}| = |\mathbb{Q}(S)| = \max\{|\mathbb{Q}|, |S|\} = |S|$ (Corollario 13.3.6). Infine $\mathbb{C}$ ha lo stesso grado di trascendenza di $\mathbb{R}$ perché è algebrico su $\mathbb{R}$ (Proposizione 6.2.7).

(6) Usando la Proposizione 6.2.7, si può dare un'altra dimostrazione del fatto che i polinomi simmetrici elementari $s_1, \ldots, s_n$ sono algebricamente indipendenti su F (Teorema 2.7.6). Infatti $F(X_1, \ldots, X_n)$ è algebrico su $F(s_1, \ldots, s_n)$, essendo un campo di spezzamento del polinomio generale di grado n su F (Esempio 4.1.5 (8)). Dunque $F(X_1, \ldots, X_n)$ e $F(s_1, \ldots, s_n)$ hanno una base di trascendenza comune su F, che può essere scelta tra $s_1, \ldots, s_n$ (Esempio 6.2.3 (1)). Poiché $F(X_1, \ldots, X_n)$ ha grado di trascendenza uguale a n, ne segue che $s_1, \ldots, s_n$ formano una base di trascendenza di $F(X_1, \ldots, X_n)$ su F; in particolare sono algebricamente indipendenti su F.

6.3 Il teorema degli zeri di Hilbert

Ogni ampliamento finito di un campo F è del tipo $K := F[\alpha_1, \ldots, \alpha_n]$, ovvero è una F-algebra finitamente generata (Corollario 3.6.4). Usando le proprietà degli ampliamenti trascendenti, possiamo ora dimostrare che vale anche il viceversa di questa affermazione.

Proposizione 6.3.1 *Sia $F \subseteq K$ un ampliamento di campi. Se K è una F-algebra finitamente generata, K è un ampliamento finito di F.*

Dimostrazione. Sia $K := F[\alpha_1, \ldots, \alpha_n]$. Allora $K = F(\alpha_1, \ldots, \alpha_n)$ è un ampliamento finito di F se e soltanto se è algebrico su F (Teorema 3.6.3). Mostriamo che il grado di trascendenza di K su F è zero. Se $\{\alpha_1, \ldots, \alpha_s\}$ è una base di trascendenza di K su F, $1 \le s \le n$ (Esempio 6.2.3 (1)), K è finito su $L := F(\alpha_1, \ldots, \alpha_s)$. Consideriamo una base $\{\beta_1, \ldots, \beta_t\}$ di K su L. Allora $\alpha_k = \sum_{i=1,\ldots,t} c_{ik}\beta_i$ e $\beta_j \alpha_k = \sum_{i=1,\ldots,t} c_{ijk}\beta_i$, con $c_{ik}, c_{ijk} \in L$, $j = 1, \ldots, t$, $k = 1, \ldots, n$. Sia $L_0 = F[c_{ik}, c_{ijk}] \subseteq L$. Poiché, con sostituzioni successive, ogni elemento $f(\alpha_1, \ldots, \alpha_n) \in K$ si può scrivere nella forma $u_1\beta_1 + \cdots + u_t\beta_t$, con $u_i \in L_0$, vediamo che K è un modulo finitamente generato su L_0. Applicando la Proposizione 2.6.6, otteniamo che L_0 (essendo una F-algebra finitamente generata) è un anello noetheriano e quindi K è un L_0-modulo noetheriano. Poiché L è un sotto L_0-modulo di K, ne segue che anche L è un modulo finitamente generato su L_0. Allora, dato un insieme di generatori $\{\eta_1, \ldots, \eta_m\}$ di L su L_0, otteniamo che $L = L_0[\eta_1, \ldots, \eta_m] = F[c_{ik}, c_{ijk}, \eta_i]$ è una F-algebra finitamente generata. Mostriamo che, poiché L è un campo puramente trascendente su F, questo porta ad un assurdo.

Identificando L con un campo di funzioni razionali $F(X_1, \ldots, X_s)$ (Corollario 6.1.5), supponiamo che $L := F(X_1, \ldots, X_s) = F[\gamma_1, \ldots, \gamma_k]$ sia una F-algebra finitamente generata. Allora possiamo scrivere $\gamma_i = f_i(\mathbf{X})/g_i(\mathbf{X})$, con $\mathrm{MCD}(f_i(\mathbf{X}), g_i(\mathbf{X})) = 1$, $i = 1, \ldots, k$, ed inoltre non tutti i polinomi $g_i(\mathbf{X})$ sono costanti, altrimenti $L = F[X_1, \ldots, X_s]$ non sarebbe un campo. Consideriamo la funzione razionale $\theta := 1/(g_1(\mathbf{X}) \ldots g_k(\mathbf{X}) + 1) \in L = F[\gamma_1, \ldots, \gamma_k]$ e scriviamo $\theta = h(\gamma_1, \ldots, \gamma_k)$ come un polinomio in $\gamma_1, \ldots, \gamma_k$. Sostituendo $\gamma_i = f_i(\mathbf{X})/g_i(\mathbf{X})$ e moltiplicando per una potenza opportuna $(g_1(\mathbf{X}) \ldots g_k(\mathbf{X}))^d$, otteniamo in $F[\mathbf{X}]$ un'uguaglianza $(g_1(\mathbf{X}) \ldots g_k(\mathbf{X}))^d = (g_1(\mathbf{X}) \ldots g_k(\mathbf{X}) + 1)q(\mathbf{X})$. Ma questo è in contraddizione con il fatto che $F[\mathbf{X}]$ è un dominio a fattorizzazione unica, perché un divisore irriducibile di $g_1(\mathbf{X}) \ldots g_k(\mathbf{X}) + 1$ non può dividere $(g_1(\mathbf{X}) \ldots g_k(\mathbf{X}))^d$.

Una conseguenza importante del risultato appena dimostrato è il *Nullstellensatz* (o *Teorema degli Zeri*) di Hilbert (*Über die vollen Invariantensysteme*, 1893), che è di basilare importanza per le applicazioni geometriche.

Sia $\mathbf{X} = \{X_1, \ldots, X_n\}$ un insieme di indeterminate indipendenti su un campo F. Dato un ideale $I \subseteq F[\mathbf{X}]$ diciamo che un elemento $\boldsymbol{\alpha} := (\alpha_1, \ldots, \alpha_n) \in F^n$ è uno *zero* di I se $f(\boldsymbol{\alpha}) = 0$ per ogni $f(\mathbf{X}) \in I$. L'insieme degli zeri di I si indica con $\mathcal{V}(I)$. Viceversa, dato un sottoinsieme non vuoto S di F^n, si verifica facilmente che l'insieme dei polinomi $f(\mathbf{X}) \in F[\mathbf{X}]$ tali che $f(\boldsymbol{\alpha}) = 0$ per ogni $\boldsymbol{\alpha} \in S$ è un ideale di $F[\mathbf{X}]$. Denotiamo questo ideale con $\mathcal{I}(S)$.

Ricordiamo anche che, dato un ideale $I \subseteq F[\mathbf{X}]$, il *radicale* di I è l'ideale $\mathrm{rad}(I) := \{f(\mathbf{X}) \in F[\mathbf{X}] \, ; \, f^m(\mathbf{X}) \in I \text{ per qualche } m \ge 1\}$ (Esercizio 1.23).

Teorema 6.3.2 (Teorema degli Zeri, D. Hilbert, 1893) *Sia $F = \overline{F}$ un campo algebricamente chiuso e sia $\mathbf{X} = \{X_1, \ldots, X_n\}$ un insieme di indeterminate indipendenti su F. Allora:*

(a) *(Forma debole) Un ideale $M \subseteq F[\mathbf{X}]$ è massimale se e soltanto se $M = \langle X_1 - \alpha_1, \ldots, X_n - \alpha_n \rangle$, per qualche $\boldsymbol{\alpha} := (\alpha_1, \ldots, \alpha_n) \in F^n$.*

(b) *Per ogni ideale $I \neq F[\mathbf{X}]$, $\mathcal{V}(I) \neq \emptyset$.*

(c) *(Forma forte) Per ogni ideale $I \neq F[\mathbf{X}]$, $\mathcal{I}(\mathcal{V}(I)) = \mathrm{rad}(I)$.*

Dimostrazione. (a) L'ideale $M := \langle X_1 - \alpha_1, \ldots, X_n - \alpha_n \rangle \subseteq F[\mathbf{X}]$ è massimale, per ogni $\boldsymbol{\alpha} := (\alpha_1, \ldots, \alpha_n) \in F^n$. Infatti l'applicazione $F[\mathbf{X}] \longrightarrow F[\mathbf{X}]$ definita da $f(X_i) \mapsto f(X_i - \alpha_i)$ è un automorfismo di $F[\mathbf{X}]$ (Proposizione 2.3.26) e l'ideale $\langle \mathbf{X} \rangle$ è massimale, perché $F[\mathbf{X}]/\langle \mathbf{X} \rangle$ è un campo isomorfo ad F.

Viceversa, sia $M \subseteq F[\mathbf{X}]$ un ideale massimale. Allora l'anello quoziente $K := F[\mathbf{X}]/M$ è un campo e l'applicazione $\varphi : F \longrightarrow K$; $\alpha \mapsto \alpha + M$ è un'immersione di F in K. Poiché K è una F-algebra finitamente generata (Esempio 2.3.4 (4)), per la Proposizione 6.3.1, l'ampliamento $F \subseteq K$ è algebrico e, poiché F è algebricamente chiuso, risulta $F = K$, ovvero φ è suriettivo. Allora, per ogni $i = 1, \ldots, n$, si ha $X_i \equiv \alpha_i \mod M$ per qualche $\alpha_i \in F$. Ne segue che $N := \langle X_1 - \alpha_1, \ldots, X_n - \alpha_n \rangle \subseteq M$ e quindi, per la massimalità di N, si ha l'uguaglianza.

(b) Sia $I \neq F[\mathbf{X}]$ e M un ideale massimale contenente I. Per il punto (a), $M = \langle X_1 - \alpha_1, \ldots, X_n - \alpha_n \rangle$ con $\boldsymbol{\alpha} := (\alpha_1, \ldots, \alpha_n) \in F^n$ e quindi ogni polinomio $f(\mathbf{X}) \in I$ si scrive nella forma $f(\mathbf{X}) = \sum_{i=1,\ldots,n} f_i(\mathbf{X})(X_i - \alpha_i)$. Ne segue che $f(\boldsymbol{\alpha}) = 0$ per ogni $f(\mathbf{X}) \in I$ e quindi $\boldsymbol{\alpha} \in \mathcal{V}(I)$.

(c) Sia $f(\mathbf{X}) \in \mathrm{rad}(I)$, così che $f^m(\mathbf{X}) \in I$, per qualche $m \geq 1$. Se $\boldsymbol{\alpha} \in \mathcal{V}(I)$, allora $f^m(\boldsymbol{\alpha}) = f(\boldsymbol{\alpha})^m = 0$, da cui $f(\boldsymbol{\alpha}) = 0$ e $\mathrm{rad}(I) \subseteq \mathcal{I}(\mathcal{V}(I))$.

Viceversa vogliamo far vedere che, se $f(\mathbf{X}) \neq 0$ è tale che $f(\boldsymbol{\alpha}) = 0$ per ogni $\boldsymbol{\alpha} \in \mathcal{V}(I)$, allora $f(\mathbf{X}) \in \mathrm{rad}(I)$. Sia Y una nuova indeterminata su $F[\mathbf{X}]$ e, fissato $f(\mathbf{X}) \in \mathcal{I}(\mathcal{V}(I))$, consideriamo il polinomio $g(\mathbf{X}, Y) := f(\mathbf{X})Y - 1 \in F[\mathbf{X}, Y]$. Posto $J := \langle I, g(\mathbf{X}, Y) \rangle \subseteq F[\mathbf{X}, Y]$, se $(\alpha_1, \ldots, \alpha_n, \beta) \in \mathcal{V}(J)$, deve essere $(\alpha_1, \ldots, \alpha_n) \in \mathcal{V}(I)$ e $f(\alpha_1, \ldots, \alpha_n)\beta = 1$, il che è impossibile perché $f(\alpha_1, \ldots, \alpha_n) = 0$. Quindi $\mathcal{V}(J) = \emptyset$, da cui $J = F[\mathbf{X}, Y]$ per il punto (b). Scriviamo $1 = u(\mathbf{X}, Y) + v(\mathbf{X}, Y)g(\mathbf{X}, Y)$, con $u(\mathbf{X}, Y) := \sum f_i(\mathbf{X})h_i(\mathbf{X}, Y)$ e $f_i(\mathbf{X}) \in I$, e consideriamo l'applicazione

$$\psi : F[\mathbf{X}, Y] \longrightarrow F(\mathbf{X}); \quad h(\mathbf{X}, Y) \mapsto h(\mathbf{X}, 1/f(\mathbf{X})).$$

Allora $\psi(g(\mathbf{X}, Y)) = \psi(f(\mathbf{X})Y - 1) = f(\mathbf{X})/f(\mathbf{X}) - 1 = 0$ e

$$1 = \psi(1) = \psi(u(\mathbf{X}, Y)) = \psi\left(\sum f_i(\mathbf{X})h_i(\mathbf{X}, Y)\right) = \sum f_i(\mathbf{X})h_i(\mathbf{X}, 1/f(\mathbf{X})).$$

Moltiplicando per una opportuna potenza $f^n(\mathbf{X})$, otteniamo allora una relazione

$$f^n(\mathbf{X}, Y) = \sum f_i(\mathbf{X})h_i'(\mathbf{X})$$

da cui $f^n(X) \in I$ e $f(\mathbf{X}) \in \mathrm{rad}(I)$.

Esempi 6.3.3 Nel Teorema degli Zeri l'ipotesi che F sia algebricamente chiuso è necessaria. Infatti, se ad esempio $f(X) = X^2 + 1 \in \mathbb{R}[X]$ e $I = \langle f(X) \rangle$, vediamo che I è un ideale massimale (per l'irriducibilità di $f(X)$ su $\mathbb{R}$) e $\mathcal{V}(I) = \emptyset$.

6.4 Il teorema di Lüroth

Dimostriamo in questo paragrafo che, se X è una indeterminata sul campo F e $F \subsetneq L \subseteq F(X)$, anche il campo intermedio L è un ampliamento trascendente semplice di F. Questo risultato è dovuto a J. Lüroth (*Beweis eines Satzes über razionale Curven*, 1876) ed è di particolare importanza nello studio delle curve algebriche [48, Chapter IV].

Lemma 6.4.1 *Sia X una indeterminata sul campo F. Se $\theta := \frac{g(X)}{h(X)} \in F(X) \setminus F$, con $\mathrm{MCD}(g(X), h(X)) = 1$, allora X è algebrico su $F(\theta)$ di grado $d :=$ $\max\{\deg g(X), \deg h(X)\}$.*

Dimostrazione. Sia Z una indeterminata su $F(X)$. Il polinomio $m(Z) :=$ $g(Z) - \theta h(Z) \in (F[\theta])[Z]$ è annullato da X ed ha grado $d := \max\{\deg g(Z),$ $\deg h(Z)\}$ in Z. Mostriamo che $m(Z)$ è irriducibile su $F(\theta)$. Poiché θ è trascendente su F, esso si comporta come una indeterminata su F. Poiché inoltre $m(Z) \in (F[\theta])[Z]$ ed è primitivo su $F[\theta]$ (cioè i suoi coefficienti non hanno fattori comuni in $F[\theta]$), per il Lemma di Gauss, $m(Z)$ è irriducibile su $F(\theta)$ se soltanto se lo è su $F[\theta]$. Sia $f(\theta, Z) \in (F[\theta])[Z]$ un divisore di $m(Z)$ di grado positivo in Z. Allora $m(\theta, Z) = f(\theta, Z)q(\theta, Z)$ con $q(\theta, Z) \in (F[\theta])[Z] = F[Z, \theta]$. Leggiamo questa uguaglianza in $(F[Z])[\theta]$. Poiché $m(\theta, Z)$ è di primo grado in θ e i suoi coefficienti sono coprimi in $F[Z]$, esso è irriducibile in $(F[Z])[\theta]$. Dunque uno dei suoi fattori è una costante invertibile di $F[Z]$ e perciò appartiene a F. Poiché $f(\theta, Z)$ ha grado positivo in Z, allora $q(\theta, Z) = q \in F$. Ne segue che $m(\theta, Z)$ e $f(\theta, Z)$ sono associati in $(F[\theta])[Z]$ e perciò $m(Z)$ è irriducibile su $F[\theta]$.

Teorema 6.4.2 (J. Lüroth, 1876) *Sia X una indeterminata sul campo F. Se L è un campo tale che $F \subsetneq L \subseteq F(X)$, esiste un elemento (trascendente) $\theta \in F(X)$ tale che $L = F(\theta)$.*

Dimostrazione. Se $\beta \in L \setminus F$, $F(X)$ è algebrico su $F(\beta)$ per il Lemma 6.4.1 e, poiché $F(\beta) \subseteq L$, allora $F(X)$ è algebrico su L. Sia Sia Z una indeterminata su L e sia $m(Z) := c_0 + c_1 Z + \cdots + Z^n \in L[Z]$ il polinomio minimo di X su L. Se $c_i \neq 0$, si ha $c_i = g_i(X)/h_i(X)$, con $g_i(X), h_i(X) \in F[X]$ non nulli e $\mathrm{MCD}(g_i(X), h_i(X)) = 1$. Inoltre, poiché X è trascendente su F, almeno uno dei coefficienti di $m(Z)$ non appartiene a F. Sia un tale coefficiente $\theta :=$ $g(X)/h(X)$. Vogliamo mostrare che $L = F(\theta)$.

Moltiplicando $m(Z)$ per il minimo comune denominatore dei coefficienti, si ottiene un polinomio $f(X, Z) \in (F[X])[Z]$ che è primitivo su $F[X]$ (cioè i cui coefficienti non hanno fattori comuni in $F[X]$). Consideriamo il polinomio $p(Z) := g(Z) - \theta h(Z) \in F(\theta)[Z] \subseteq F(X)[Z]$. Questo è un polinomio su $F(\theta)$ annullato da X (Dimostrazione del Lemma 6.4.1); dunque esso è diviso da $m(Z)$ in $F(\theta)[Z]$ e perciò anche in $F(X)[Z]$. Allora il polinomio $k(X, Z) := h(X)g(Z) - g(X)h(Z)$ è diviso da $f(X, Z)$ in $F(X)[Z]$. Poiché $f(X, Z)$ è primitivo su $F[X]$, per il Lemma di Gauss si ha $k(X, Z) = f(X, Z)q(X, Z)$, dove $q(X, Z) \in F[X, Z]$.

Il polinomio $k(X, Z)$ è simmetrico in X, Z; quindi ha stesso grado d sia rispetto a X che a Z. Tale grado è il grado di $p(Z)$ e perciò $d = \max\{\deg g(X), \deg h(X)\}$. Ora d è al più uguale al grado di $f(X, Z)$ in X, perché $h(X)$ divide $f(X, Z)$ e $g(X)$ divide un suo termine in $F[X, Z]$. Ma poiché $f(X, Z)$ divide $k(X, Z)$, i gradi di $k(X, Z)$ e $f(X, Z)$ rispetto a X devono risultare uguali. Ma allora $q(X, Z) = q(Z) \in F[Z]$. Inoltre $q(Z)$ è addirittura una costante di F, infatti, essendo $\mathrm{MCD}(g(X), h(X)) = 1$, $k(X, Z)$ è primitivo su $F[Z]$. Ne segue che $k(X, Z)$ e $f(X, Z)$ hanno entrambi stesso grado $m = n$, sia rispetto a X che a Z. Per la proprietà moltiplicativa del grado, si ha $[F(X) : L][L : F(\theta)] = [F(X) : F(\theta)]$. Ma $[F(X) : L] = n = m = [F(X) : F(\theta)]$, dunque $L = F(\theta)$.

Esempi 6.4.3 Il Teorema di Lüroth non si può estendere al caso di 2 o più indeterminate. In due indeterminate, l'analogo del Teorema di Lüroth è il *Teorema di G. Castelnuovo*, che assicura che nelle ipotesi in cui $F = \overline{F}$ sia algebricamente chiuso, $F \subsetneq L \subseteq F(X_1, X_2)$ e $F(X_1, X_2)$ sia finito e separabile su L (in particolare F abbia caratteristica zero), allora l'ampliamento $F \subseteq L$ è puramente trascendente (*Sulla razionalità delle involuzioni piane*, 1894). O. Zariski ha dimostrato che questo risultato è falso se non si assume la separabilità di $F(X_1, X_2)$ su L (*On Castelnuovo's criterion of rationality $p_a = P_2 = 0$ of an algebraic surface*, 1958). L'impossibilità di estendere il Teorema di Lüroth a tre o più indeterminate è stata poi dimostrata da V. Iskovskih - Y. Manin (*Three-dimensional quartics and counterexamples to the Lüroth problem*, 1971) e C. Clemens - P. Griffiths (*The intermediate Jacobian of the cubic threefold*, 1972) [48, Example 2.5.5, Remark 6.2.1].

6.5 Gli automorfismi del campo complesso

Poiché l'identità è l'unico automorfismo del campo reale $\mathbb{R}$ (Esempio 3.1.4 (2)), gli unici $\mathbb{R}$-automorfismi del campo complesso $\mathbb{C}$ sono l'identità il coniugio (Esempio 4.2.8 (1)). Tuttavia, come mostreremo tra poco, l'Assioma della Scelta implica che il gruppo di tutti gli automorfismi di $\mathbb{C}$ è infinito ed ha precisamente la cardinalità dell'insieme delle parti di $\mathbb{R}$ [30], [11, pag. 251].

Lemma 6.5.1 *Sia S un insieme che ha la cardinalità del continuo $\mathfrak{c}$. Allora l'insieme di tutte le corrispondenze biunivoche di S in se stesso ha la cardinalità $2^{\mathfrak{c}}$ dell'insieme delle parti di $\mathbb{R}$.*

Dimostrazione. Basta far vedere che l'insieme delle corrispondenze biunivoche di $\mathbb{R}$ in $\mathbb{R}$ ha cardinalità 2^c. Cominciamo con l'osservare che ogni corrispondenza di $\mathbb{R}$ in $\mathbb{R}$ è determinata in modo univoco dal suo grafo, ovvero da un sottoinsieme di $\mathbb{R} \times \mathbb{R}$. Poiché l'insieme $\mathbb{R} \times \mathbb{R}$ ha la cardinalità del continuo (Teorema 13.3.2), l'insieme di tutti i grafi, ovvero di tutte le corrispondenze di $\mathbb{R}$ in $\mathbb{R}$, sono 2^c. Ne segue che le corrispondenze biunivoche di $\mathbb{R}$ in $\mathbb{R}$ sono al più 2^c.

Mostriamo ora che tali corrispondenze sono almeno 2^c. Poiché l'intervallo aperto $I := (0,1)$ ha la cardinalità del continuo c (Proposizione 13.2.1), l'insieme dei suoi sottoinsiemi ha cardinalità 2^c. Per ogni sottoinsieme A dell'intervallo $I := (0,1)$ consideriamo il sottoinsieme $B_A := A \cup (-\infty, 0]$ di $\mathbb{R}$ ed il suo complementare $C_A := \mathbb{R} \setminus B_A$. Entrambi questi insiemi, non essendo numerabili, hanno cardinalità c; dunque esistono una corrispondenza biunivoca tra B_A e la semiretta $(-\infty, 0]$ ed una corrispondenza biunivoca tra C_A e la semiretta aperta $(0, -\infty)$. Incollando queste due corrispondenze biunivoche, si ottiene per ogni A una corrispondenza biunivoca di $\mathbb{R}$ in $\mathbb{R}$. In questo modo si ottengono allora 2^c corrispondenze biunivoche di $\mathbb{R}$ in $\mathbb{R}$.

Proposizione 6.5.2 *Se T è una base di trascendenza di $\mathbb{C}$ su $\mathbb{Q}$, ogni applicazione biunivoca di T in sé si estende a un automorfismo di $\mathbb{C}$.*

Dimostrazione. Poiché $\mathbb{Q}(T)$ è un campo di funzioni razionali (Corollario 6.1.5), ogni applicazione biunivoca di T in sé si estende ad un automorfismo di $\mathbb{Q}(T)$ (Proposizione 2.8.1). Poiché poi $\mathbb{C}$ è algebrico su $\mathbb{Q}(T)$ ed è algebricamente chiuso, $\mathbb{C}$ è una chiusura algebrica di $\mathbb{Q}(T)$. Allora ogni automorfismo di $\mathbb{Q}(T)$ si estende ad un automorfismo di $\mathbb{C}$ (Corollario 5.1.15).

Proposizione 6.5.3 *Il gruppo degli automorfismi di $\mathbb{C}$ ha cardinalità 2^c.*

Dimostrazione. Sia T una base di trascendenza di $\mathbb{C}$ su $\mathbb{Q}$. Poiché T ha la cardinalità del continuo (Esempio 6.2.8 (5)) ed ogni corrispondenza biunivoca di T in sé induce un automorfismo di $\mathbb{C}$ (Proposizione 6.5.2), l'insieme degli automorfismi di $\mathbb{C}$ ha cardinalità almeno uguale a 2^c per il Lemma 6.5.1. D'altra parte, poiché anche $\mathbb{C}$ ha la cardinalità del continuo (Corollario 13.3.3), tali automorfismi, essendo corrispondenze biunivoche, sono al più 2^c per lo stesso lemma.

6.6 Esercizi

6.1. Costruire un ampliamento del campo complesso $\mathbb{C}$ che non è puramente trascendente.

6.2. Sia X una indeterminata sul campo F e sia $\alpha \in F(X)$. Mostrare che $F(\alpha) = F(X)$ se e soltanto se $\alpha = (a + bX)/(c + dX)$, con a, b, c, $d \in F$ e $ad - bc \neq 0$.

Soluzione: Sia $\alpha := f(X)/g(X) \in F(X)$. Poiché $F(\alpha) = F(X)$ se e soltanto se $[F(X) : F(\alpha)] = 1$, per il Lemma 6.4.1, $F(\alpha) = F(X)$ se e soltanto se α ha grado 1, cioè è della forma voluta.

6.3. Determinare una base di trascendenza di $\mathbb{C}(X, X + \frac{1}{X})$ su $\mathbb{C}$, dove X è una indeterminata su $\mathbb{C}$.

6.4. Determinare due basi di trascendenza distinte di $K := \mathbb{Q}(\pi, \sqrt{3})$ su $\mathbb{Q}$,

6.5. Mostrare che i polinomi di Newton (Esempio 2.7.9 (2)) formano una base di trascendenza del campo delle funzioni razionali $F(X_1, \ldots, X_n)$ su F.

6.6. Mostrare che, se F è un campo di caratteristica zero, ogni ampliamento finitamente generato di F è un ampliamento algebrico semplice di F oppure di un ampliamento puramente trascendente di F.

6.7. Mostrare che un ampliamento di campi $F \subseteq K$ che ha grado di trascendenza almeno uguale a 2 non può essere semplice.

6.8. Siano $F \subseteq L \subseteq K$ ampliamenti di campi. Mostrare che, se $\mathrm{trdeg}_F(K)$ è finito, allora $\mathrm{trdeg}_F(K) = \mathrm{trdeg}_L(K) + \mathrm{trdeg}_F(L)$.

Suggerimento: Mostrare che, se $\{\alpha_1, \ldots, \alpha_n\}$ è una base di trascendenza di L su F e $\{\beta_1, \ldots, \beta_m\}$ è una base di trascendenza di K su L, allora $\{\alpha_1, \ldots, \alpha_n, \beta_1, \ldots, \beta_m\}$ è una base di trascendenza di K su F.

6.9. Mostrare che due ampliamenti puramente trascendenti di F sono F-isomorfi se e soltanto se hanno lo stesso grado di trascendenza su F.

6.10. Sia $F(S)$ un ampliamento puramente trascendente di F. Mostrare che ogni automorfismo φ di F si può estendere a un automorfismo ψ di $F(S)$ ponendo $\psi(a) = \varphi(a)$ per ogni $a \in F$ e $\psi(s) = s$ per ogni $s \in S$.

6.11. Mostrare che gli unici automorfismi continui di $\mathbb{C}$ sono l'identità e il coniugio.

Suggerimento: Notare che, poiché $\mathbb{Q}$ è denso in $\mathbb{R}$, ogni automorfismo continuo di $\mathbb{C}$ deve essere l'identità su $\mathbb{R}$.

6.12. Mostrare che esistono $2^{\mathfrak{c}}$ isomorfismi di $\mathbb{R}$ in $\mathbb{C}$.

Soluzione: Se T è una base di trascendenza di $\mathbb{R}$ su $\mathbb{Q}$, ogni corrispondenza biunivoca di T in sé induce un automorfismo di $\mathbb{Q}(T)$ (Proposizione 2.8.1) e, poiché gli ampliamenti $\mathbb{Q}(T) \subseteq \mathbb{R} \subseteq \mathbb{C}$ sono algebrici e $\mathbb{C}$ è algebricamente chiuso, questo automorfismo si estende ad un isomorfismo di $\mathbb{R}$ in $\mathbb{C}$ per il Teorema 5.1.13 (a). Per finire ricordiamo che T ha la cardinalità del continuo (Esempio 6.2.8 (5)) e quindi le corrispondenze biunivoche di T in sé sono $2^{\mathfrak{c}}$ (Lemma 6.5.1).

6.13. Mostrare che $\mathbb{C}$ ha infiniti automorfismi che scambiano i e $-$i.

Suggerimento: Usare l'esercizio precedente e la Proposizione 4.2.6.

6.14. Sia φ un automorfismo di $\mathbb{C}$. Mostrare che la restrizione di φ ad ogni ampliamento ciclotomico di $\mathbb{Q}$ è un automorfismo. Tuttavia non è vero che, se $\alpha \in \mathbb{C}$ ha modulo uguale a 1, allora $\varphi(\alpha)$ ha necessariamente modulo uguale a 1.

Suggerimento: Ricordare che esistono numeri trascendenti di modulo uguale a 1, ad esempio e^i (Corollario 3.3.8), ed usare il Teorema 6.2.2 (2) e la Proposizione 6.5.2.

6.15. Mostrare che ogni automorfismo di $\mathbb{C}$ è l'identità su uno dei seguenti campi: $\mathbb{Q}(i)$, $\mathbb{Q}(\sqrt{2})$, $\mathbb{Q}(i\sqrt{2})$.

Suggerimento: Notare che, per l'esercizio precedente, ogni automorfismo di $\mathbb{C}$ induce per restrizione un automorfismo dell'ottavo ampliamento ciclotomico $\mathbb{Q}(\sqrt{2}, i)$ ed usare l'Esempio 4.2.8 (5).

6.16. Siano F e K due campi algebricamente chiusi che hanno la stessa caratteristica e la stessa cardinalità non numerabile. Mostrare che F e K sono isomorfi.

Suggerimento: Procedendo come nell'Esempio 6.2.8 (5), mostrare che F e K hanno lo stesso grado di trascendenza sul loro sottocampo fondamentale $\mathbb{F}$. Allora, se S e T sono due rispettive basi di trascendenza, $\mathbb{F}(S)$ e $\mathbb{F}(T)$ sono campi puramente trascendenti isomorfi ed ogni loro isomorfismo si estende ad un isomorfismo tra F e K per il Teorema 5.1.13.

Parte III

LA CORRISPONDENZA DI GALOIS

7

La corrispondenza di Galois

In questo capitolo esporremo la parte centrale della Teoria di Galois, mettendo in evidenza come, dato un ampliamento di campi $F \subseteq K$, le proprietà del gruppo degli F-automorfismi di K siano strettamente connesse con le proprietà dell'ampliamento stesso. Per le applicazioni, saremo particolarmente interessati a studiare il caso in cui K sia un ampliamento di Galois finito di F, ovvero sia il campo di spezzamento di un polinomio separabile su F. Tuttavia molti risultati si possono dimostrare senza ulteriori difficoltà in ipotesi più generali e questo ci permetterà di esaminare brevemente anche il caso non finito.

7.1 Il gruppo di Galois di un ampliamento

Se $F \subseteq K$ è un ampliamento di campi, gli F-automorfismi di K formano un sottogruppo del gruppo $\mathrm{Aut}(K)$ di tutti gli automorfismi (Proposizione 4.2.5).

Definizione 7.1.1 *Se $F \subseteq K$ è un ampliamento di campi, il gruppo degli F-automorfismi di K si chiama il* gruppo di Galois di K su F, *o anche il* gruppo di Galois dell'ampliamento, *e sarà nel seguito indicato con* $\mathrm{Gal}_F(K)$.

Si vede subito che se $F \subseteq L \subseteq K$, allora $\mathrm{Gal}_L(K) \subseteq \mathrm{Gal}_F(K)$, infatti un L-automorfismo di K è anche un F-automorfismo.

Esempi 7.1.2 (1) È chiaro che $\mathrm{Gal}_K(K) = \{id\}$. Inoltre, se $\mathbb{F}$ è il sottocampo fondamentale di K, allora $\mathrm{Gal}_\mathbb{F}(K) = \mathrm{Aut}(K)$ (Proposizione 3.1.3).

(2) L'identità è l'unico automorfismo del campo reale $\mathbb{R}$ (Esempio 3.1.4 (2)). Dunque $\mathrm{Gal}_\mathbb{Q}(\mathbb{R}) = \mathrm{Aut}(\mathbb{R}) = \{id\}$.

Il gruppo di Galois del campo complesso $\mathbb{C}$ su $\mathbb{R}$ ha due elementi, precisamente l'identità e il coniugio (Esempio 4.2.8 (1)). Invece $\mathbb{C}$ ha infiniti automorfismi (Paragrafo 6.5); quindi $\mathrm{Gal}_\mathbb{Q}(\mathbb{C}) = \mathrm{Aut}(\mathbb{C})$ è infinito.

Gabelli S: Teoria delle Equazioni e Teoria di Galois. © Springer-Verlag Italia, Milano 2008

(3) Il gruppo di Galois del campo delle funzioni razionali $F(X)$ in una indeterminata X su F è il *gruppo delle trasformazioni lineari fratte* (Esempio 2.3.28 (2)). Infatti, per la Proposizione 4.2.2 (a), tutti gli F-automorfismi di $F(X)$ sono quelli definiti da

$$\psi_\beta : F(X) \longrightarrow F(X) ; \quad \varphi(X) \mapsto \varphi(\beta),$$

con $\beta \in F(X)$ trascendente su F e tale che $F(X) = F(\beta)$.

Ricordiamo che ogni $\beta \in F(X) \setminus F$ è trascendente (Esempio 6.1.7 (3)). D'altra parte, se $\beta := f(X)/g(X) \in F(X)$ con $\mathrm{MCD}(f(X), g(X)) = 1$, allora $[F(X) : F(\beta)] = m := \max\{\deg f(X), \deg g(X)\}$, (Lemma 6.4.1). Quindi l'applicazione ψ_β è suriettiva se e soltanto se $m = 1$, ovvero $\beta := (aX + b)/(cX + d)$, con $a, b, c, d \in F$ e $ad - bc \neq 0$.

Se $F \subseteq K$ è un ampliamento algebrico, il suo gruppo di Galois è formato dagli F-isomorfismi di K in $\overline{F}$ che sono anche automorfismi di K. Quindi, se $F \subseteq K$ è un ampliamento finito, $\mathrm{Gal}_F(K)$ è un gruppo finito di ordine al più uguale al grado di separabilità $[K : F]_s$ (Paragrafo 5.3.3).

Il seguente risultato mostra che gli ampliamenti finiti il cui gruppo di Galois ha ordine massimo sono precisamente quelli normali e separabili, cioè gli ampliamenti di Galois finiti (Paragrafo 5.4).

Proposizione 7.1.3 *Un ampliamento finito è di Galois se e soltanto se* $|\mathrm{Gal}_F(K)| = [K : F]$.

Dimostrazione. Basta ricordare che un ampliamento finito $F \subseteq K$ è separabile se e soltanto se gli F-isomorfismi di K in $\overline{F}$ sono esattamente $[K : F]$ (Teorema 5.3.21). Inoltre K è normale su F se e soltanto se ogni tale F-isomorfismo è un F-automorfismo (Proposizione 5.2.4).

Come nel caso numerico, per determinare il gruppo di Galois di un ampliamento finito $F \subseteq K$ possiamo costruire, per ricorsione sui generatori di K, tutti gli F-isomorfismi di K in $\overline{F}$ e poi stabilire quali tra questi sono F-isomorfismi (Paragrafo 5.1.1).

Esempi 7.1.4 (1) Un ampliamento quadratico $F \subseteq F(\alpha)$ è di Galois se e soltanto se α ha due coniugati distinti α e α' su F. In questo caso gli F-automorfismi di $F(\alpha)$ sono due, definiti da:

$$id : F(\alpha) \longrightarrow F(\alpha), \ \alpha \mapsto \alpha; \quad \varphi : F(\alpha) \longrightarrow F(\alpha), \ \alpha \mapsto \alpha'.$$

Quindi il gruppo di Galois di un ampliamento di Galois quadratico è isomorfo a $\mathbb{Z}_2$.

(2) Sia $F \subseteq F(\alpha, \beta)$ un ampliamento biquadratico di Galois. Se i coniugati di α su F sono α e α' ed i coniugati di β su F sono β e β', considerando la catena di ampliamenti semplici

$$F \subseteq F_1 := F(\alpha) \subseteq F_1(\beta) = F(\alpha, \beta) =: K,$$

si ottiene che gli F-automorfismi di K sono:

$$id : \alpha \mapsto \alpha, \quad \beta \mapsto \beta; \qquad \sigma : \alpha \mapsto \alpha, \quad \beta \mapsto \beta'$$
$$\tau : \alpha \mapsto \alpha', \quad \beta \mapsto \beta; \qquad \sigma\tau : \alpha \mapsto \alpha', \quad \beta \mapsto \beta'$$

Si verifica subito che ogni F-automorfismo diverso dall'identità ha ordine 2. Dunque $\mathrm{Gal}_F(K) = \{id, \sigma, \tau, \sigma\tau\}$ è un gruppo di Klein.

(3) Sia $F \subseteq K := F(\alpha)$ un ampliamento di terzo grado (Corollario 3.5.9). Se $m(X)$ è il polinomio minimo di α su F, gli F-automorfismi di $F(\alpha)$ sono tanti quante sono le radici distinte di $m(X)$ in $F(\alpha)$. Quindi K è un ampliamento di Galois se e soltanto se $m(X)$ ha tre radici distinte in K, ovvero $\mathrm{Gal}_F(K)$ ha ordine 3; in questo caso $\mathrm{Gal}_F(K)$ è necessariamente ciclico. Questo accade ad esempio se $F := \mathbb{Q}$ e $m(X) := X^3 - 3X + 1 \in \mathbb{Q}[X]$ (Esempio 4.2.8 (2)). Altrimenti $m(X)$ ha una sola radice in K e in questo caso $\mathrm{Gal}_F(K)$ è costituito dalla sola identità. Questo può accadere anche nel caso separabile, ad esempio per $F = \mathbb{Q}$ e $K := \mathbb{Q}(\sqrt[3]{2})$ (Esempio 4.2.8 (3)).

(4) Siano $X^3 - a$, $X^2 - b$ due polinomi irriducibili e separabili sul campo F, necessariamente di caratteristica diversa da 2 e 3. Se α, $\beta \in \overline{F}$ sono tali che $\alpha^3 = a$, $\beta^2 = b$, gli F-isomorfismi di $K := F(\alpha, \beta)$ in $\overline{F}$ si possono calcolare, come nell'Esempio 4.2.8 (4), nel modo seguente.

Il polinomio minimo di α su F è $X^3 - a$ e le sue radici sono α, $\alpha\xi$ e $\alpha\xi^2$, dove ξ è una radice primitiva terza dell'unità (Proposizione 4.4.13). Dunque gli F-isomorfismi di $F(\alpha)$ in $\overline{F}$ sono tre e sono definiti da:

$$\psi_1 := id : f(\alpha) \mapsto f(\alpha) ; \quad \psi_2 : f(\alpha) \mapsto f(\alpha\xi) ; \quad \psi_3 : f(\alpha) \mapsto f(\alpha\xi^2),$$

per ogni polinomio $f(X) \in F[X]$ (di grado al più uguale a 2).

Poiché il polinomio minimo di β su $F(\alpha)$ è $X^2 - b$, ognuno degli isomorfismi $\psi_1 := id$, ψ_2, ψ_3 di $F(\alpha)$ in $\overline{F}$ precedentemente costruiti si estende a due F-isomorfismi di $K := F(\alpha, \beta)$ in $\overline{F}$. In tutto si ottengono 6 F-isomorfismi, cosí definiti:

$$\psi_{11} = id : \alpha \mapsto \alpha, \quad \beta \mapsto \beta; \qquad \psi_{12} : \alpha \mapsto \alpha, \quad \beta \mapsto -\beta$$
$$\psi_{21} : \alpha \mapsto \alpha\xi, \quad \beta \mapsto \beta; \qquad \psi_{22} : \alpha \mapsto \alpha\xi, \quad \beta \mapsto -\beta$$
$$\psi_{31} : \alpha \mapsto \alpha\xi^2, \quad \beta \mapsto \beta; \qquad \psi_{32} : \alpha \mapsto \alpha\xi^2, \quad \beta \mapsto -\beta$$

La struttura del gruppo di Galois di K su F dipende da F, α e β.

Sia ad esempio $F := \mathbb{Q}$. Se $\alpha := \sqrt[3]{2}$, $\beta := \sqrt{3}$ i soli automorfismi di $K := \mathbb{Q}(\alpha, \beta)$ sono $\psi_{11} := id$ e ψ_{12} e quindi $\mathrm{Gal}_{\mathbb{Q}}(K) \cong \mathbb{Z}_2$ (Esempio 4.2.8 (4)).

Se invece $\alpha := \sqrt[3]{2}$ e $\beta := i\sqrt{3}$, allora K è il campo di spezzamento del polinomio $f(X) := X^3 - 2$ (Esempio 4.1.5 (3, b)). Quindi K è un ampliamento di Galois e ogni suo isomorfismo in $\mathbb{C}$ è un automorfismo. Ne segue che $\mathrm{Gal}_{\mathbb{Q}}(K) = \{\psi_{ij} ; 1 \leq i \leq 3, 1 \leq j \leq 2\}$ ha ordine 6. Notiamo che $\rho := \psi_{21}$ ha ordine 3 e $\delta := \psi_{12}$ ha ordine 2. Dunque risulta $\mathrm{Gal}_{\mathbb{Q}}(K) = \langle \rho, \delta \rangle$. Poiché, come si verifica facilmente, $\mathrm{Gal}_{\mathbb{Q}}(K)$ non è commutativo, esso è isomorfo al gruppo $\mathbf{S}_3$ delle permutazioni su 3 elementi.

(5) Se $K := \mathbb{F}_{p^n}$ è un campo finito, con p primo e $n \geq 1$ (Paragrafo 4.3), K è un ampliamento di Galois di $\mathbb{F}_p$ (Esempio 5.4.9 (2)) ed il suo gruppo di Galois è ciclico di ordine n, generato dall'automorfismo di Fröbenius

$$\Phi : K \longrightarrow K ; \quad x \mapsto x^p$$

(Paragrafo 4.3.2).

(6) Sia $n \geq 2$ e sia F un campo la cui caratteristica non divide n. Se ξ è una radice primitiva n-sima dell'unità su F, l'ampliamento ciclotomico $F \subseteq F(\xi)$ è di Galois (Esempio 5.4.9 (5)) e $\mathrm{Gal}_F(F(\xi))$ è isomorfo ad un sottogruppo del gruppo moltiplicativo $\mathcal{U}(\mathbb{Z}_n)$ delle unità di $\mathbb{Z}_n$. Inoltre $\mathrm{Gal}_F(F(\xi))$ è isomorfo a $\mathcal{U}(\mathbb{Z}_n)$ se e soltanto se il polinomio ciclotomico $\Phi_n(X)$ è irriducibile su F, ad esempio quando $F := \mathbb{Q}$ (Paragrafo 4.4.3).

7.2 Campi fissi

Se K è un campo e S è un sottoinsieme del gruppo $\mathrm{Aut}(K)$ degli automorfismi di K, indichiamo con K^S l'insieme degli elementi $x \in K$ tali che $\varphi(x) = x$, per ogni $\varphi \in S$.

Proposizione 7.2.1 *Se K è un campo e S è un sottoinsieme di $\mathrm{Aut}(K)$, l'insieme K^S è un sottocampo di K.*

Dimostrazione. Siano $x, y \in K$ tali che $\varphi(x) = x$ e $\varphi(y) = y$, per ogni $\varphi \in S$. Allora $\varphi(x - y) = \varphi(x) - \varphi(y) = x - y$ e, per $y \neq 0$, $\varphi(xy^{-1}) = \varphi(x)\varphi(y)^{-1} = xy^{-1}$, per ogni $\varphi \in S$.

Definizione 7.2.2 *Con le notazioni precedenti, il campo K^S si chiama il campo fisso di S in K.*

Notiamo che, se $G := \langle S \rangle$ è il sottogruppo di $\mathrm{Aut}(K)$ generato da S, allora $K^S = K^G$ (Esercizio 7.1). In particolare, se $G := \langle \varphi \rangle$ è ciclico, allora $K^G = K^\varphi = \{x \in K \,; \varphi(x) = x\}$. Non è quindi limitativo supporre che $S = G$ sia un gruppo. Inoltre si vede subito che se $H \subseteq G$ risulta $K^G \subseteq K^H$.

Esempi 7.2.3 (1) Per ogni campo K, il campo fisso del sottogruppo banale $\{id\}$ di $\mathrm{Aut}(K)$ è K.

(2) Ogni automorfismo del campo K fissa gli elementi del sottocampo fondamentale $\mathbb{F}$ (Proposizione 3.1.3), ma il campo fisso di $\mathrm{Aut}(K)$ può contenere propriamente $\mathbb{F}$. Se ad esempio $K := \mathbb{Q}(\sqrt[3]{2})$, allora $\mathrm{Aut}(K) = \{id\}$ (Esempio 4.2.8 (3)) e il sottocampo fondamentale $\mathbb{Q}$ di K è propriamente contenuto nel campo fisso di $\mathrm{Aut}(K)$, che è K.

(3) Il campo delle funzioni simmetriche su F nelle indeterminate $\mathbf{X} :=$ $\{X_1, \ldots, X_n\}$ è il campo fisso del gruppo di automorfismi $\Sigma := \{\varphi_\sigma \, ; \sigma \in \mathbf{S}_n\}$ di $F(\mathbf{X})$, dove

$$\varphi_\sigma : F(\mathbf{X}) \longrightarrow F(\mathbf{X}); \quad \lambda(X_1, \ldots, X_n) \mapsto \lambda(X_{\sigma(1)}, \ldots, X_{\sigma(n)})$$

(Paragrafo 2.7.1).

(4) Se $F \subseteq K$ è un ampliamento finito e φ è un F-automorfismo di K, un metodo generale (ma spesso laborioso) per determinare gli elementi di K fissati da φ è il seguente.

Se $\{\beta_1, \ldots, \beta_n\}$ è una base di K su F, per ogni $\alpha \in K$ si ha una unica scrittura $\alpha := a_1\beta_1 + \cdots + a_n\beta_n$, con $a_i \in F$ per $i = 1, \ldots, n$. Allora, se

$$\varphi(\alpha) = a_1\varphi(\beta_1) + \cdots + a_n\varphi(\beta_n) = b_1\beta_1 + \cdots + b_n\beta_n,$$

risulta $\alpha = \varphi(\alpha)$ se e soltanto se $a_i = b_i$, per ogni $i = 1, \ldots, n$.

Ad esempio, sia ξ una radice complessa primitiva settima dell'unità e sia $K := \mathbb{Q}(\xi)$ il settimo ampliamento ciclotomico di $\mathbb{Q}$. Calcoliamo il campo fisso dell'automorfismo $\varphi := \varphi_2$ definito da $\varphi(\xi) \mapsto \xi^2$ (Esempio 4.4.21).

Una base di K su $\mathbb{Q}$ è $\{1, \xi, \xi^2, \xi^3, \xi^4, \xi^5\}$ e vale la relazione

$$\Phi_7(\xi) = 1 + \xi + \xi^2 + \xi^3 + \xi^4 + \xi^5 + \xi^6 = 0.$$

Se

$$\alpha := a_0 + a_1\xi + a_2\xi^2 + a_3\xi^3 + a_4\xi^4 + a_5\xi^5, \quad a_i \in \mathbb{Q},$$

allora

$$\varphi(\alpha) = (a_0 - a_3) + (a_4 - a_3)\xi + (a_1 - a_3)\xi^2 + (a_5 - a_3)\xi^3 + (a_2 - a_3)\xi^4 - a_3\xi^5.$$

Da cui, $\alpha = \varphi(\alpha)$ se e soltanto se $a_3 = a_5 = 0$ e $a_1 = a_2 = a_4$, ovvero

$$K^\varphi = \{a + b(\xi + \xi^2 + \xi^4) \, ; \, a, b \in \mathbb{Q}\}.$$

Proposizione 7.2.4 *Sia K un campo e sia $\alpha \in K$. Se G è un sottogruppo di $\mathrm{Aut}(K)$, consideriamo l'insieme $G(\alpha) := \{\varphi(\alpha) \, ; \, \varphi \in G\}$. Allora:*

(a) $G(\alpha)$ è un insieme finito se e soltanto se α è algebrico su K^G.
(b) Se $G(\alpha) = \{\alpha_1, \ldots, \alpha_n\}$, allora α è separabile di grado n su K^G, con polinomio minimo $m(X) := (X - \alpha_1) \cdots (X - \alpha_n)$.

Dimostrazione. Sia $G(\alpha) = \{\alpha_1 := \varphi_1(\alpha), \ldots, \alpha_n := \varphi_n(\alpha)\}$, dove $\varphi_1, \ldots, \varphi_n \in G$ sono automorfismi distinti di K. Se $\psi \in G$, indichiamo al solito con $\psi^* : K[X] \longrightarrow K[X]$ l'isomorfismo indotto da ψ (Lemma 4.2.1) e consideriamo il polinomio $m(X) := (X - \alpha_1) \cdots (X - \alpha_n) \in K[X]$. Poiché $\psi(\alpha_i) = (\psi\varphi_i)(\alpha) \in G(\alpha)$ per ogni $i = 1, \ldots, n$ ed inoltre ψ è iniettivo, allora $\psi(G(\alpha)) = \{\psi(\alpha_1), \ldots, \psi(\alpha_n)\} = G(\alpha)$ e

$$\psi^*(m(X)) = (X - \psi(\alpha_1)) \ldots (X - \psi(\alpha_n)) = m(X).$$

Ne segue che i coefficienti di $m(X)$ sono fissati da G e dunque appartengono a $L := K^G$. Poiché $id_K \in G$, $\alpha \in G(\alpha)$ e quindi $m(\alpha) = 0$. Allora α è algebrico su L e il polinomio minimo di α su L divide $m(X)$. Ma poiché α ha almeno n coniugati distinti su L, tale polinomio ha grado almeno uguale ad n e perciò coincide con $m(X)$. Infine $m(X)$ è chiaramente separabile.

Viceversa, se α è algebrico su $L := K^G$ con polinomio minimo $m(X)$, tutti gli elementi $\varphi(\alpha)$ al variare di $\varphi \in G$ sono radici di $m(X)$, perché φ fissa i coefficienti di $m(X)$. Quindi l'insieme $G(\alpha)$ è finito.

Proposizione 7.2.5 *Sia K un campo e sia $G \subseteq \mathrm{Aut}(K)$. Se K è algebrico su K^G, l'ampliamento $K^G \subseteq K$ è di Galois.*

Dimostrazione. Segue dal fatto che, se $\alpha \in K$ è algebrico su K^G, il polinomio minimo di α su K^G è separabile e si spezza in fattori lineari su K (Proposizione 7.2.4).

Per i nostri scopi ha particolare interesse lo studio del campo fisso del gruppo di Galois di un ampliamento $F \subseteq K$ o di un suo sottogruppo. Osserviamo che F è sempre contenuto nel campo fisso di $\mathrm{Gal}_F(K)$, perché ogni F-automorfismo di K fissa gli elementi di F, ma tale inclusione può essere propria, come mostra l'Esempio 7.2.3 (2).

Proposizione 7.2.6 *Un ampliamento algebrico $F \subseteq K$ è di Galois se e soltanto se $K^{\mathrm{Gal}_F(K)} = F$.*

Dimostrazione. Sia $G := \mathrm{Gal}_F(K)$. Se $K^G = F$, l'ampliamento $F \subseteq K$ è di Galois per la Proposizione 7.2.5. Viceversa è sempre vero che $F \subseteq K^G$. Supponiamo che l'ampliamento $F \subseteq K$ sia di Galois e facciamo vedere che, se $\alpha \in K \setminus F$, allora $\alpha \notin K^G$. Poiché α è separabile, allora $[F(\alpha) : F]_s = [F(\alpha) : F] > 1$; quindi esiste un F-isomorfismo φ di $F(\alpha)$ in $\overline{F}$ tale che $\varphi(\alpha) \neq \alpha$. Ma poiché K è normale su F, φ si estende ad un F-automorfismo di K (Corollario 5.1.14); perciò $\alpha \notin K^G$.

Esempi 7.2.7 Poiché il gruppo di Galois di un ampliamento $F \subseteq K$ è sempre definito (come il gruppo degli F-automorfismi di K), la proposizione precedente ci permette di estendere la definizione di ampliamento di Galois anche al caso non algebrico, dicendo che l'ampliamento $F \subseteq K$ è di Galois precisamente quando $K^{\mathrm{Gal}_F(K)} = F$.

Secondo questa definizione, se F è infinito, il campo delle funzioni razionali $F(X)$ è un ampliamento di Galois di F. Siano infatti $\alpha \in F^*$ e T_α l'automorfismo di $F(X)$ definito da $x \mapsto x + \alpha$ (Esempio 7.1.2 (3)). Se

$$T_\alpha(f(X)/g(X)) = f(X+\alpha)/g(X+\alpha) = f(X)/g(X),$$

il polinomio $f(X)g(X+\alpha) - g(X)f(X+\alpha)$ si annulla per ogni $\beta \in F$ e quindi è il polinomio nullo (Proposizione 2.3.16). Ne segue che $f(X)/g(X)$ è una funzione costante e pertanto il campo fisso del gruppo di Galois è F.

7.2.1 Il lemma di Artin

La Proposizione 7.2.5 può essere sostanzialmente migliorata nel caso in cui G sia un gruppo finito di automorfismi.

Proposizione 7.2.8 *Se K è un campo e G è un sottogruppo finito di* $\mathrm{Aut}(K)$, *l'ampliamento $K^G \subseteq K$ è di Galois e $G = \mathrm{Gal}_{K^G}(K)$. In particolare* $[K : K^G] = |G|$.

Dimostrazione. Se G è un sottogruppo finito di $\mathrm{Aut}(K)$, l'insieme $G(\alpha)$ è finito per ogni $\alpha \in K$. Quindi ogni $\alpha \in K$ è algebrico su $L := K^G$, di grado al più uguale a $|G|$ (Proposizione 7.2.4) e l'ampliamento $L \subseteq K$ è di Galois (Proposizione 7.2.5). Sia $\alpha \in K$ di grado massimo su L. Se $\beta \in K \setminus L(\alpha)$, per la separabilità si ha $L(\alpha, \beta) = L(\gamma)$ (Teorema 5.3.13). Allora $L(\alpha) \subsetneq L(\gamma)$ e $[L(\gamma) : L] > [L(\alpha) : L]$; il che è impossibile per la massimalità del grado $[L(\alpha) : L]$. Ne segue che $K = L(\alpha)$ ha grado finito su L, al più uguale a $|G|$. D'altra parte, $[K : L] = |\mathrm{Gal}_L(K)|$ (Proposizione 7.1.3) e $G \subseteq \mathrm{Gal}_L(K)$. Allora $|G| \leq |\mathrm{Gal}_L(K)| = [K : L] \leq |G|$ e pertanto $G = \mathrm{Gal}_L(K)$.

La dimostrazione della proposizione precedente fa uso del Teorema dell'Elemento Primitivo. Una dimostrazione diretta del fatto che quando $G \subseteq \mathrm{Aut}(K)$ è finito risulta $[K : K^G] = |G|$ è stata data da Emil Artin in [1, Theorems 13, 14], con metodi elementari di algebra lineare e con l'aiuto del Lemma di Dedekind (Proposizione 3.1.5).

Una volta appurato che $[K : K^G] = |G|$, poiché $G \subseteq \mathrm{Gal}_{K^G}(K)$ e $|\mathrm{Gal}_{K^G}(K)| \leq [K : K^G] = |G|$, si ottiene che $G = \mathrm{Gal}_{K^G}(K)$ e quindi che l'ampliamento $K^G \subseteq K$ è di Galois (Proposizione 7.1.3).

La dimostrazione di Artin, proprio perché evita l'uso del Teorema dell'Elemento Primitivo, ha aperto la strada alla possibilità di estendere la teoria classica di Galois in ambiti più generali. Riportiamo per completezza questa dimostrazione.

Proposizione 7.2.9 (Lemma di Artin, 1942) *Se K è un campo e G è un gruppo finito di automorfismi di K, risulta* $[K : K^G] = |G|$.

Dimostrazione. Sia $|G| = n$ e poniamo $L := K^G$. Facciamo intanto vedere che $[K : L] \leq |G|$, cioè che se $m > n$, allora m elementi $c_1, \ldots, c_m$ di K sono sempre linearmente dipendenti su L.

Sia $G = \{\varphi_1 := id, \varphi_2, \ldots, \varphi_n\}$ e consideriamo il sistema lineare omogeneo di n equazioni in m indeterminate su K:

$$
\begin{array}{ccccccc}
c_1 X_1 & + & \ldots & + & c_m X_m & = & 0 \\
\varphi_2(c_1) X_1 & + & \ldots & + & \varphi_2(c_m) X_m & = & 0 \\
\ldots & & \ldots & & \ldots\ldots & & \\
\varphi_n(c_1) X_1 & + & \ldots & + & \varphi_n(c_m) X_m & = & 0
\end{array}
$$

Se $m > n$, questo sistema ha soluzioni non nulle $(x_1, \ldots, x_m) \in K^m$. Mostriamo che almeno una di queste soluzioni appartiene a L^m. La dipendenza lineare di $c_1, \ldots, c_m$ su L seguirà allora dalla prima equazione, perché si avrà $c_1 x_1 + \cdots + c_m x_m = 0$ con $x_1, \ldots, x_m \in L$.

A meno di riordinare le indeterminate, possiamo supporre che una soluzione del sistema sia $(1, x_2, \ldots, x_m)$ e che in essa compaiano il minor numero possibile di componenti non nulle. Supponiamo che una di queste componenti, diciamo x_2, non appartenga a L. Allora esiste un elemento di G, diciamo φ_2, tale che $\varphi_2(x_2) \neq x_2$. Poiché, per ogni $\varphi_i \in G$, si ha

$$\varphi_i(c_1) + \varphi_i(c_2)x_2 + \cdots + \varphi_i(c_m)x_m = 0,$$

allora

$$\varphi_2(0) = \varphi_2(\varphi_i(c_1) + \varphi_i(c_2)x_2 + \cdots + \varphi_i(c_m)x_m)$$
$$= (\varphi_2\varphi_i)(c_1) + (\varphi_2\varphi_i)(c_2)\varphi_2(x_2) + \cdots + (\varphi_2\varphi_i)(c_m)\varphi_2(x_m) = 0.$$

Ma poiché G è un gruppo, per $i = 1, \ldots, n$ gli elementi $\varphi_2\varphi_i$ descrivono ancora tutto G. Per cui si ha

$$\varphi_i(c_1) + \varphi_i(c_2)\varphi_2(x_2) + \cdots + \varphi_i(c_m)\varphi_2(x_m) = 0,$$

per ogni $\varphi_i \in G$.

Ne segue che $(1, \varphi_2(x_2), \ldots, \varphi_2(x_m))$ è un'altra soluzione del sistema, così come lo è la differenza

$$(1, x_2, \ldots, x_m) - (1, \varphi_2(x_2), \ldots, \varphi_2(x_m)) = (0, x_2 - \varphi_2(x_2), \ldots, x_m - \varphi_2(x_m)).$$

Quest'ultima è una soluzione non nulla, perché $x_2 - \varphi_2(x_2) \neq 0$, ma in essa compaiono meno elementi non nulli che in $(1, x_2, \ldots, x_m)$. Dunque si ha una contraddizione e perciò la soluzione $(1, x_2, \ldots, x_m)$ appartiene a L^m.

Resta da vedere che non può essere $[K : L] < |G| = n$. Sia $[K : L] = s$ e sia $\{b_1, \ldots, b_s\}$ una base di K su L. Consideriamo il sistema lineare omogeneo su K di s equazioni in n indeterminate:

$$
\begin{array}{ccccccc}
\varphi_1(b_1)X_1 & + & \ldots & + & \varphi_n(b_1)X_n & = & 0 \\
\varphi_1(b_2)X_1 & + & \ldots & + & \varphi_n(b_2)X_n & = & 0 \\
& \ldots & & \ldots & & \ldots\ldots & \\
\varphi_1(b_s)X_1 & + & \ldots & + & \varphi_n(b_s)X_n & = & 0
\end{array}
$$

Se $s < n$, questo sistema ha una soluzione non nulla $(c_1, \ldots, c_n) \in K^n$. Sia ora $a \in K$. Possiamo scrivere $a = x_1 b_1 + \cdots + x_s b_s$, con $x_i \in L$. Allora, poiché $\varphi_j(x_i) = x_i$ per ogni $1 \leq i \leq s$, $1 \leq j \leq s$, risulta:

$$\varphi_1(a)c_1 + \cdots + \varphi_n(a)c_n =$$

$$\varphi_1\left(\sum_{1 \leq i \leq s} x_i b_i\right)c_1 + \cdots + \varphi_n\left(\sum_{1 \leq i \leq s} x_i b_i\right)c_n =$$

$$\sum_{1 \leq i \leq s} x_i[\varphi_1(b_i)c_1 + \cdots + \varphi_n(b_i)c_n] = 0$$

In conclusione, esistono $c_1, \ldots, c_n \in K$ non tutti nulli tali che $\varphi_1(a)c_1 + \cdots + \varphi_n(a)c_n = 0$ per ogni $a \in K$. Questo è in contraddizione con il Lemma di Dedekind (Lemma 3.1.5) e perciò $s = n$.

Esempi 7.2.10 (1) Sia $K := \mathbb{C}(X)$, dove X è una indeterminata su $\mathbb{C}$. Sia

$$\tau : K \longrightarrow K; \quad f(X) \mapsto f(-X)$$

e sia $G := \langle \tau \rangle$. Poiché τ ha ordine 2, allora $[K : K^G] = |G| = 2$. Inoltre, siccome $\tau(X^2) = X^2$, allora $\mathbb{C}(X^2) \subseteq K^G$ e perciò $\mathbb{C}(X^2) = K^G$.

(2) Sia

$$\chi : \mathbb{C} \longrightarrow \mathbb{C}; \quad z := a + bi \mapsto \overline{z} := a - bi$$

il coniugio complesso. Si vede subito che $\mathbb{C}^\chi = \{z \in \mathbb{C}; z = \overline{z}\} = \mathbb{R}$. Quindi, se $K \subseteq \mathbb{C}$ è un campo numerico e la restrizione di χ a K è un automorfismo di K, si ha che $K^\chi = K \cap \mathbb{R}$ è il più grande sottocampo reale di K.

Facciamo ad esempio il caso in cui ξ sia una radice complessa primitiva n-sima dell'unità e $K := \mathbb{Q}(\xi)$ sia l'n-simo ampliamento ciclotomico di $\mathbb{Q}$. La restrizione di χ a K è un automorfismo di K; infatti $\chi(\xi) = \overline{\xi} = \xi^{-1} \in K$. Poiché χ ha ordine 2, K ha grado 2 su $K^\chi = K \cap \mathbb{R}$ (Proposizione 7.2.8). Mostriamo che $K \cap \mathbb{R} = \mathbb{Q}(\xi + \xi^{-1})$. Poiché χ fissa $\alpha := \xi + \xi^{-1}$, si ha $\mathbb{Q}(\alpha) \subseteq K \cap \mathbb{R}$. Basta allora verificare che $[K : \mathbb{Q}(\alpha)] = 2$. Questo segue dal fatto che ξ è radice del polinomio

$$(X - \xi)(X - \xi^{-1}) = X^2 - \alpha X + 1 \in \mathbb{Q}(\alpha)[X].$$

(3) Usando il Lemma di Artin, possiamo dare un'altra dimostrazione del fatto che i polinomi simmetrici elementari $s_1, \ldots, s_n$ su F generano il campo di tutte le funzioni simmetriche (Paragrafo 2.7.1). Infatti, posto $K := F(\mathbf{X}) := F(X_1, \ldots, X_n)$, il campo delle funzioni simmetriche su F è il campo fisso del gruppo di automorfismi $\Sigma := \{\varphi_\sigma; \sigma \in \mathbf{S}_n\}$ di K, dove

$$\varphi_\sigma : F(\mathbf{X}) \longrightarrow F(\mathbf{X}); \quad \lambda(X_1, \ldots, X_n) \mapsto \lambda(X_{\sigma(1)}, \ldots, X_{\sigma(n)}).$$

Considerando la catena di ampliamenti $F(s_1, \ldots, s_n) \subseteq K^\Sigma \subseteq K$, si ha che $[K : K^\Sigma] = |\Sigma| = n!$. Ma poiché K è il campo di spezzamento del polinomio generale di grado n su $F(s_1, \ldots, s_n)$ (Esempio 4.1.5 (8)) risulta anche $[K : F(s_1, \ldots, s_n)] \leq n!$. Allora $F(s_1, \ldots, s_n) = K^\Sigma$.

7.2.2 Chiusura inseparabile

Dato un ampliamento di campi $F \subseteq K$, nel Paragrafo 5.3.5 abbiamo definito la chiusura separabile di F in K come il campo K_s degli elementi di K che sono separabili su F. Questa definizione è giustificata dal fatto che K è puramente inseparabile su K_s. Abbiamo poi visto che anche l'insieme K_i formato dagli elementi di K che sono puramente inseparabili su F è un campo. Mostriamo ora che, se $F \subseteq K$ è un ampliamento normale, K è separabile su K_i.

Proposizione 7.2.11 *Se $F \subseteq K$ è un ampliamento normale, il campo K_i degli elementi di K puramente inseparabili su F è precisamente il campo fisso di $\mathrm{Gal}_F(K)$. Inoltre l'ampliamento $K_i \subseteq K$ è di Galois (e quindi separabile).*

Dimostrazione. Sia $G := \mathrm{Gal}_F(K)$ e sia $\alpha \in K$. Mostriamo che $\alpha \in K^G$ se e soltanto se α è puramente inseparabile su F, cioè l'unico F-isomorfismo di $F(\alpha)$ in $\overline{F}$ è l'identità (Paragrafo 5.3.4). Questo segue dal fatto che, per la normalità di K, ogni F-isomorfismo di $F(\alpha)$ in $\overline{F}$ è la restrizione di un F-automorfismo φ di K (Proposizione 5.2.13) e che per definizione $\varphi(\alpha) = \alpha$ se e soltanto se $\alpha \in K^G$. Che l'ampliamento $K^G \subseteq K$ sia di Galois segue dalla Proposizione 7.2.5.

Definizione 7.2.12 *Se $F \subseteq K$ è un ampliamento normale, il campo K_i degli elementi di K puramente inseparabili su F si chiama la* chiusura inseparabile *di F in K.*

Evidentemente se K è un ampliamento di Galois di F risulta $K_i = F$.

Proposizione 7.2.13 *Se $F \subseteq K$ è un ampliamento normale finito, il grado $[K_i : F]$ coincide con il grado di inseparabilità $[K : F]_i$.*

Dimostrazione. I gradi di inseparabilità si compongono e, poiché K è separabile su K_i, $[K : K_i]_i = 1$ (Paragrafo 5.3.4). Allora $[K : F]_i = [K_i : F]_i$. D'altra parte si ha $[K_i : F]_s = 1$, perché K_i è puramente inseparabile su F. Quindi $[K_i : F]_i = [K_i : F]$.

Il prossimo risultato mostra che nello studio dei gruppi di Galois degli ampliamenti normali ci possiamo restringere a considerare ampliamenti separabili, ovvero ampliamenti di Galois. Infatti, se $F \subseteq K$ è un ampliamento normale, K ha lo stesso gruppo di Galois della chiusura separabile di F in K.

Proposizione 7.2.14 *Sia $F \subseteq K$ un ampliamento normale e siano K_s e K_i rispettivamente la chiusura separabile e la chiusura inseparabile di F in K. Allora:*

(a) *Gli ampliamenti $F \subseteq K_s$ e $K_i \subseteq K$ sono di Galois.*
(b) *$K = K_i K_s$ e $K_s \cap K_i = F$.*
(c) *$\mathrm{Gal}_{K_i}(K) = \mathrm{Gal}_F(K)$ e la restrizione*

$$\rho : \mathrm{Gal}_F(K) \longrightarrow \mathrm{Gal}_F(K_s); \quad \varphi \mapsto \varphi_{|K_s}$$

è un isomorfismo.

Dimostrazione. (a) L'ampliamento $F \subseteq K_s$ è separabile per definizione ed è normale per la Proposizione 5.4.2 (b); quindi è di Galois. Inoltre l'ampliamento $K_i \subseteq K$ è di Galois per la Proposizione 7.2.11.

(b) segue dal Teorema 5.3.35, perché l'ampliamento $K_i \subseteq K$ è separabile per il punto (a).

(c) Poiché $F \subseteq K_i$, allora $\mathrm{Gal}_{K_i}(K) \subseteq \mathrm{Gal}_F(K)$. L'inclusione opposta segue dal fatto che ogni elemento di $\mathrm{Gal}_F(K)$ è l'identità su $K_i = K^G$ (Proposizione 7.2.11).

Poniamo $L := K_s$. L'ampliamento $F \subseteq L$ è normale, ovvero di Galois (Proposizione 5.4.2 (b)); quindi la restrizione a L di ogni F-automorfismo di K è un automorfismo di L (Proposizione 5.2.14). Viceversa, per la normalità di K, ogni F-automorfismo di L si può estendere ad un F-automorfismo di K (Corollario 5.1.14). Perciò ρ è un omomorfismo suriettivo di gruppi. Sia poi $\varphi \in \mathrm{Ker}\, \rho$, così che φ è l'identità su L. Poiché l'ampliamento $L \subseteq K$ è puramente inseparabile (Teorema 5.3.35), ogni $\alpha \in K$ ha grado di separabilità uguale ad 1 su L e questo significa che esiste un unico L-isomorfismo di $L(\alpha)$ in $\overline{F}$, necessariamente l'identità. Ne segue che $\varphi(\alpha) = \alpha$, per ogni $\alpha \in K$, ovvero che φ è l'identità su K e ρ è un isomorfismo.

Esempi 7.2.15 Siano τ ed ω due indeterminate indipendenti su $\mathbb{F}_2$ e sia $F := \mathbb{F}_2(\tau^2, \omega^2)$. Consideriamo il polinomio $m(X) := X^4 + \tau^2 X^2 + \omega^2 \in F[X]$, che non è separabile su F (Proposizione 5.3.3). Se α è una radice di $m(X)$, α^2 è una radice del polinomio $p(X) := X^2 + \tau^2 X + \omega^2$, che è separabile e irriducibile su F (per l'indipendenza algebrica di τ ed ω). Poiché l'altra radice di $p(X)$ è $\alpha^2 + \tau^2$, le radici di $m(X)$ sono α e $\alpha + \tau$. Quindi il campo di spezzamento di $m(X)$ è $F(\alpha, \tau)$. Notiamo che $F(\tau, \omega) = \mathbb{F}_2(\tau, \omega)$ è puramente inseparabile di grado 4 su F e che α è radice del polinomio $X^2 + \tau X + \omega$, che è separabile e irriducibile su $F(\tau, \omega)$ (sempre per l'indipendenza algebrica di τ ed ω). Infine, poiché $\alpha^2 + \tau\alpha + \omega = 0$, risulta $K = F(\alpha, \tau) = F(\alpha^2, \tau, \omega) = F(\alpha, \omega)$. In definitiva K ha grado 8 su F; inoltre $K_i = F(\tau, \omega)$ e $K = K_i(\alpha^2)$ è separabile su K_i. D'altra parte, α^2 è separabile anche su F; quindi $K_s = F(\alpha^2)$ e $K = K_i K_s$.

Osserviamo però che, posto $L = F(\alpha)$, risulta $L_s = K_s = F(\alpha^2)$ e $L = L_s(\tau)$ è puramente inseparabile su L_s. Ma $L_i = F$ e perciò L non è separabile su L_i. Del resto, in accordo con il Teorema 5.3.35, $L_i L_s = L_s \subsetneq L$.

7.3 Il teorema fondamentale della corrispondenza di Galois

Indicando con $\mathcal{C}$ il reticolo dei campi intermedi dell'ampliamento $F \subseteq K$ e con $\mathcal{G}$ il reticolo dei sottogruppi di $\mathrm{Gal}_F(K)$, consideriamo le due applicazioni seguenti, che sono evidentemente ben definite:

$$\Phi : \mathcal{C} \longrightarrow \mathcal{G}\,; \quad L \mapsto \mathrm{Gal}_L(K);$$

$$\Psi : \mathcal{G} \longrightarrow \mathcal{C}\,; \quad H \mapsto K^H.$$

Definizione 7.3.1 *Se $F \subseteq K$ è un ampliamento di campi, l'applicazione*

$$\Phi : \mathcal{C} \longrightarrow \mathcal{G}\,; \quad L \mapsto \mathrm{Gal}_L(K)$$

si chiama la corrispondenza di Galois.

In vista delle applicazioni, siamo particolarmente interessati a studiare questa corrispondenza nel caso in cui $F \subseteq K$ sia un ampliamento di Galois finito. Faremo vedere che, per gli ampliamenti di Galois finiti, la corrispondenza di Galois è biiettiva e conserva la normalità.

Proposizione 7.3.2 *Sia $F \subseteq K$ un ampliamento di campi e siano Φ e Ψ le applicazioni sopra definite. Allora:*

(a) *Φ e Ψ scambiano le inclusioni.*
(b) *$H \subseteq \Phi\Psi(H) = \mathrm{Gal}_{K^H}(K)$ e $L \subseteq \Psi\Phi(L) = K^{\mathrm{Gal}_L(K)}$, per ogni sottogruppo H di $\mathrm{Gal}_F(K)$ e ogni campo intermedio L.*
(c) *Se K è un ampliamento di Galois di F, Φ è iniettiva e Ψ è una sua inversa sinistra.*

Dimostrazione. (a) è una semplice verifica.

(b) Se $H \subseteq \mathrm{Aut}(K)$, ogni elemento di K^H è fissato da H; dunque $H \subseteq \mathrm{Gal}_{K^H}(K)$. Analogamente $L \subseteq K^{\mathrm{Gal}_L(K)}$, per ogni campo intermedio L.

(c) Se $F \subseteq K$ è un ampliamento di Galois, anche l'ampliamento $L \subseteq K$ è di Galois (Proposizione 5.4.3). Allora, se $H := \Phi(L) = \mathrm{Gal}_L(K)$, per la Proposizione 7.2.6, risulta $\Psi\Phi(L) = K^H = L$.

Esempi 7.3.3 (1) L'ipotesi che l'ampliamento $F \subseteq K$ sia separabile è necessaria ad assicurare l'iniettività dell'applicazione Φ. Infatti, se ad esempio K è normale ma non è separabile su F, si ha $F \neq K_i$ e $\mathrm{Gal}_{K_i}(K) = \mathrm{Gal}_F(K)$ (Proposizione 7.2.14 (c)).

(2) Se l'ampliamento $F \subseteq K$ è finito e separabile e N è la chiusura normale di K su F, l'ampliamento $F \subseteq N$ è finito e di Galois (Proposizione 5.4.2 (a)). Allora il gruppo $\mathrm{Gal}_F(N)$ è finito e, per l'iniettività della corrispondenza Φ, l'ampliamento $F \subseteq K$ ha un numero finito di campi intermedi. In questo modo, dal Teorema 5.3.16 segue che K è un ampliamento semplice di F (Teorema dell'Elemento Primitivo).

Ricordiamo che due campi intermedi L e M di un ampliamento normale $F \subseteq K$ sono coniugati su F se e soltanto se esiste $\varphi \in \mathrm{Gal}_F(K)$ tale che $M = \varphi(L)$ (Proposizione 5.2.13). Questa terminologia riscontra il fatto che i gruppi di Galois di K su L e M rispettivamente sono sottogruppi di $\mathrm{Gal}_F(K)$ coniugati tramite φ.

Proposizione 7.3.4 *Sia $F \subseteq K$ un ampliamento normale e sia L un campo intermedio. Se $\varphi \in \mathrm{Gal}_F(K)$, allora*

$$\mathrm{Gal}_{\varphi(L)}(K) = \varphi \, \mathrm{Gal}_L(K) \varphi^{-1}.$$

Quindi, se l'ampliamento $F \subseteq L$ è normale, $\mathrm{Gal}_L(K)$ è un sottogruppo normale di $\mathrm{Gal}_F(K)$.

Dimostrazione. Posto $H := \varphi \operatorname{Gal}_L(K)\varphi^{-1}$, si ha $\varphi(L) \subseteq K^H$. Infatti, per ogni $\psi \in \operatorname{Gal}_L(K)$ e $x \in L$, si ha $\varphi\psi\varphi^{-1}(\varphi(x)) = \varphi(\psi(x)) = \varphi(x)$. Dunque

$$H := \varphi \operatorname{Gal}_L(K)\varphi^{-1} \subseteq \operatorname{Gal}_{K^H}(K) \subseteq \operatorname{Gal}_{\varphi(L)}(K).$$

Viceversa, se $\eta \in \operatorname{Gal}_{\varphi(L)}(K)$, si ha $\eta(\varphi(\alpha)) = \varphi(\alpha)$ per ogni $\alpha \in L$, da cui $\varphi^{-1}\eta\varphi(\alpha) = \alpha$ per ogni $\alpha \in L$ e $\varphi^{-1}\eta\varphi \in \operatorname{Gal}_L(K)$, ovvero $\eta \in H$. Quindi $\operatorname{Gal}_{\varphi(L)}(K) \subseteq H$.

In particolare, se L è normale su F, $\varphi(L) = L$ per ogni $\varphi \in \operatorname{Gal}_F(K)$ (Corollario 5.2.14) e dunque $\operatorname{Gal}_L(K) = \varphi \operatorname{Gal}_L(K)\varphi^{-1}$, per ogni $\varphi \in \operatorname{Gal}_F(K)$.

Proposizione 7.3.5 *Sia $F \subseteq K$ un ampliamento di Galois e sia L un campo intermedio. Allora:*

(a) *Se $\mathcal{I}(L, K)$ è l'insieme degli F-isomorfismi di L in K, l'applicazione restrizione*

$$\rho : \operatorname{Gal}_F(K) \longrightarrow \mathcal{I}(L, K); \quad \varphi \mapsto \varphi|_L$$

è suriettiva ed induce una corrispondenza biunivoca

$$\overline{\rho} : \varphi \operatorname{Gal}_L(K) \mapsto \varphi|_L$$

tra le classi laterali sinistre di $\operatorname{Gal}_L(K)$ in $\operatorname{Gal}_F(K)$ e $\mathcal{I}(L, K)$.

(b) *L'ampliamento $F \subseteq L$ è di Galois se e soltanto se $\operatorname{Gal}_L(K)$ è un sottogruppo normale di $\operatorname{Gal}_F(K)$. In questo caso l'applicazione*

$$\rho : \operatorname{Gal}_F(K) \longrightarrow \operatorname{Gal}_F(L); \quad \varphi \mapsto \varphi|_L$$

è ben definita ed è un omomorfismo di gruppi. Inoltre $\operatorname{Gal}_F(L)$ è isomorfo al gruppo quoziente $\operatorname{Gal}_F(K)/\operatorname{Gal}_L(K)$.

Dimostrazione. (a) Per la normalità di K, risulta $\mathcal{I}(L, K) = \{\varphi|_L; \varphi \in \operatorname{Gal}_F(K)\}$ (Proposizione 5.2.13); dunque ρ è suriettiva. Osserviamo ora che, se $\varphi, \psi \in \operatorname{Gal}_F(K)$, allora $\varphi|_L = \psi|_L$ se e soltanto se $\varphi(x) = \psi(x)$, cioè $\psi^{-1}\varphi(x) = x$, per ogni $x \in L$. Questo equivale a dire che $\psi^{-1}\varphi \in \operatorname{Gal}_L(K)$ e perciò $\varphi \operatorname{Gal}_L(K) = \psi \operatorname{Gal}_L(K)$. Ne segue che l'applicazione $\overline{\rho} : \varphi \operatorname{Gal}_L(K) \mapsto \varphi|_L$ è biiettiva.

(b) Se l'ampliamento $F \subseteq L$ è normale, ogni F-isomorfismo di L in K è un automorfismo di L e perciò $\mathcal{I}(L, K) = \operatorname{Gal}_F(L)$ è un gruppo. In questo caso si verifica subito che l'applicazione ρ è un omomorfismo di gruppi. Poiché $\operatorname{Ker} \rho = \{\varphi \in \operatorname{Gal}_F(K); \varphi|_L = id|_L\} = \operatorname{Gal}_L(K)$, allora $\operatorname{Gal}_L(K)$ è un sottogruppo normale di $\operatorname{Gal}_F(K)$ e l'applicazione

$$\overline{\rho} : \frac{\operatorname{Gal}_F(K)}{\operatorname{Gal}_L(K)} \longrightarrow \operatorname{Gal}_F(L); \quad \varphi \operatorname{Gal}_L(K) \mapsto \varphi|_L$$

è un isomorfismo di gruppi.

Viceversa, se $\text{Gal}_L(K)$ è un sottogruppo normale di $\text{Gal}_F(K)$, allora dalla Proposizione 7.3.4 si ha

$$\text{Gal}_{\varphi(L)}(K) = \varphi\,\text{Gal}_L(K)\varphi^{-1} = \text{Gal}_L(K),$$

per ogni $\varphi \in \text{Gal}_F(K)$. Poiché la corrispondenza di Galois è iniettiva (Proposizione 7.3.2 (c)), si ottiene che $\varphi(L) = L$ per ogni $\varphi \in \text{Gal}_F(K)$ e dunque l'ampliamento $F \subseteq L$ è normale (Corollario 5.2.14).

Esempi 7.3.6 Se $F \subseteq K$ è un ampliamento di Galois e L è un campo intermedio, come visto nella Proposizione 7.3.5 (a), se $\varphi, \psi \in \text{Gal}_F(K)$, risulta $\varphi_{|L} = \psi_{|L}$ se e soltanto se $\psi \in \varphi\,\text{Gal}_L(K)$. Quindi i campi coniugati distinti di L sono i campi $\varphi(L)$ al variare di φ in un un sistema di rappresentanti delle classi laterali sinistre di $\text{Gal}_L(K)$ in $\text{Gal}_F(K)$.

Teorema 7.3.7 (Teorema Fondamentale della Teoria di Galois) *Sia $F \subseteq K$ un ampliamento di Galois finito. Allora:*

(a) *L'applicazione*

$$\Phi : \mathcal{C} \longrightarrow \mathcal{G}\,; \quad L \mapsto \text{Gal}_L(K)$$

è una corrispondenza reticolare biunivoca che scambia le inclusioni, la cui inversa è l'applicazione

$$\Psi : \mathcal{G} \longrightarrow \mathcal{C}\,; \quad H \mapsto K^H.$$

(b) *Per ogni campo intermedio L, l'ampliamento $F \subseteq L$ è di Galois se e soltanto se $\text{Gal}_L(K)$ è un sottogruppo normale di $\text{Gal}_F(K)$. In questo caso $\text{Gal}_F(L)$ è isomorfo al gruppo quoziente $\text{Gal}_F(K)/\text{Gal}_L(K)$.*

(c) *Se L e M sono due campi intermedi e $LM := \langle L \cup M \rangle$ è il loro composto,*

$$\text{Gal}_{LM}(K) = \text{Gal}_L(K) \cap \text{Gal}_M(K)\,; \quad \text{Gal}_{L \cap M}(K) = \langle \text{Gal}_L(K) \cup \text{Gal}_M(K) \rangle$$

e, se H e N sono due sottogruppi di $\text{Gal}_F(K)$, allora

$$\langle K^H \cup K^N \rangle = K^{H \cap N}\,; \quad K^H \cap K^N = K^{\langle H \cup N \rangle}.$$

(d) *Se L e M sono due campi intermedi e $L \subseteq M$, allora*

$$[\text{Gal}_L(K) : \text{Gal}_M(K)] = [M : L].$$

Se viceversa H, N sono due sottogruppi di $\text{Gal}_F(K)$ e $H \subseteq N$, allora

$$[N : H] = [K^H : K^N].$$

In particolare, l'indice di H in $\text{Gal}_F(K)$ è uguale al grado di K^H su F.

Dimostrazione. (a) Le due applicazioni Φ e Ψ scambiano le inclusioni e sono una l'inversa dell'altra per le Proposizioni 7.2.8 e 7.3.2. Diamo tuttavia per maggior chiarezza una dimostrazione diretta nel caso degli ampliamenti finiti.

Siano L un campo intermedio e $H := \mathrm{Gal}_L(K)$. Allora $L \subseteq K^H$ e d'altra parte $H \subseteq \mathrm{Gal}_{K^H}(K)$. Poiché gli ampliamenti $L \subseteq K$ e $K^H \subseteq K$ sono di Galois, allora $[K : L] = |H|$ e $[K : K^H] = |\mathrm{Gal}_{K^H}(K)|$ (Proposizione 7.1.3). In conclusione

$$[K : L] = |H| \le |\mathrm{Gal}_{K^H}(K)| = [K : K^H] \le [K : L]$$

e perciò $L = K^H = \Psi\Phi(L)$.

Viceversa, sia H un sottogruppo di $\mathrm{Gal}_F(K)$ e sia $L = K^H$. Poiché $H \subseteq \Phi\Psi(H) = \mathrm{Gal}_L(K)$, basta far vedere che $|H| \ge |\mathrm{Gal}_L(K)| = [K : L]$. Poiché l'ampliamento $L \subseteq K$ è di Galois, allora $K = L(\alpha)$ per qualche $\alpha \in K$ (Teorema 5.4.7). Sia $H := \{\varphi_1, \ldots, \varphi_n\}$. Mostriamo che il grado di α su L è al più uguale a n. Consideriamo gli elementi $\varphi_1(\alpha), \ldots, \varphi_n(\alpha) \in K$ ed il polinomio $f(X) := (X - \varphi_1(\alpha)) \ldots (X - \varphi_n(\alpha)) \in K[X]$. Poiché H contiene l'identità, allora $f(\alpha) = 0$. Osserviamo ora che i coefficienti di $f(X)$ sono fissati da H, ovvero appartengono a L. Infatti, per ogni $\varphi \in H$, si ha $\varphi H = \{\varphi\varphi_1, \ldots, \varphi\varphi_n\} = H$ e dunque risulta

$$\varphi^*(f(X)) = (X - \varphi\varphi_1(\alpha)) \ldots (X - \varphi\varphi_n(\alpha)) = f(X).$$

Ne segue che il polinomio minimo di α su L divide $f(X)$ e dunque ha grado al più uguale ad n.

(b) è la Proposizione 7.3.5 (b).

(c) Poiché Φ scambia le inclusioni, se L e M sono due campi intermedi, al campo composto $LM = \langle L \cup M \rangle$ (estremo superiore di L e M in $\mathcal{C}$) corrisponde l'intersezione dei gruppi di Galois di K su L e M rispettivamente (estremo inferiore di $\mathrm{Gal}_L(K)$ e $\mathrm{Gal}_M(K)$ in $\mathcal{G}$), ovvero $\mathrm{Gal}_{LM}(K) = \mathrm{Gal}_L(K) \cap \mathrm{Gal}_M(K)$. Per dualità, $\mathrm{Gal}_{L \cap M}(K) = \langle \mathrm{Gal}_L(K) \cup \mathrm{Gal}_M(K) \rangle$ e le altre due uguaglianze seguono dal fatto che Ψ è l'inversa di Φ.

(d) Poiché gli ampliamenti $L \subseteq K$ e $M \subseteq K$ sono ampliamenti di Galois (Proposizione 5.4.3), applicando la Proposizione 7.1.3, si ha:

$$[M : L] = \frac{[K : L]}{[K : M]} = \frac{|\mathrm{Gal}_L(K)|}{|\mathrm{Gal}_M(K)|} = [\mathrm{Gal}_L(K) : \mathrm{Gal}_M(K)].$$

Inoltre, per il punto (a), $H = \mathrm{Gal}_{K^H}(K)$ e $N = \mathrm{Gal}_{K^N}(K)$. Da cui:

$$[N : H] = [\mathrm{Gal}_{K^N}(K) : \mathrm{Gal}_{K^H}(K)] = [K^H : K^N].$$

In particolare:

$$[\mathrm{Gal}_F(K) : H] = [\mathrm{Gal}_F(K) : \mathrm{Gal}_{K^H}(K)] = [K^H : F].$$

Corollario 7.3.8 *Se $F \subseteq K$ è un ampliamento di Galois finito e $\mathrm{Gal}_L(K)$ è abeliano, l'ampliamento $F \subseteq L$ è di Galois per ogni campo intermedio L.*

Dimostrazione. Segue dalla Teorema 7.3.7 (b), perché ogni sottogruppo di un gruppo abeliano è normale.

Esempi 7.3.9 Se $F \subseteq K$ è un ampliamento di Galois e L è un campo intermedio, la chiusura normale di L in K, ovvero il campo

$$N := \prod \{\varphi(L) \, ; \varphi \in \mathrm{Gal}_F(K)\},$$

è il più piccolo sottocampo di K contenente L normale su F (Paragrafo 5.2.1). Allora, per il fatto che la corrispondenza di Galois è reticolare e per la Proposizione 7.3.4, il più grande sottogruppo di $\mathrm{Gal}_L(K)$ normale in $\mathrm{Gal}_F(K)$ è

$$\mathrm{Gal}_N(K) = \bigcap \{\mathrm{Gal}_{\varphi(L)}(K) \, ; \varphi \in \mathrm{Gal}_F(K)\}$$
$$= \bigcap \{\varphi \, \mathrm{Gal}_L(K)\varphi^{-1} \, ; \varphi \in \mathrm{Gal}_F(K)\}.$$

Osserviamo anche che, per la separabilità, L è un ampliamento semplice di F (Corollario 5.3.14). Allora, se $L = F(\alpha)$, il campo N è il campo di spezzamento del polinomio minimo di α su F (Esempio 5.2.12 (2)).

7.3.1 Il caso non finito

La corrispondenza di Galois può non essere suriettiva per gli ampliamenti di Galois di grado infinito. Questo dipende dal fatto che in generale sottogruppi diversi di $\mathrm{Gal}_F(K)$ possono avere lo stesso campo fisso, come mostra l'esempio seguente.

Esempi 7.3.10 Se K è una chiusura algebrica del campo $\mathbb{F}_p$, ad esempio $K := \bigcup_{n \geq 1} \mathbb{F}_{p^n}$ (Esempio 5.1.12 (1)), l'ampliamento $\mathbb{F}_p \subseteq K$ è un ampliamento di Galois di grado infinito (Esempio 5.4.6 (1)). Sia

$$\Phi : K \longrightarrow K \, ; \quad x \mapsto x^p$$

l'automorfismo di Fröbenius. Allora $\Phi(\alpha) := \alpha^p = \alpha$ se e soltanto se α è radice del polinomio $X^p - X$, ovvero $\alpha \in \mathbb{F}_p$. Quindi il campo fisso del gruppo $H := \langle \Phi \rangle$ è $K^H = \mathbb{F}_p$. Tuttavia $\mathrm{Gal}_{K^H}(K) = \mathrm{Gal}_{\mathbb{F}_p}(K) \neq H$. Infatti sia $L := \bigcup_{m \geq 1} \mathbb{F}_{p^{2m}}$. Poiché ogni elemento di L ha grado su $\mathbb{F}_p$ uguale ad una potenza di 2, $L \neq K$ e, per l'iniettività della corrispondenza di Galois (Proposizione 7.3.2), esiste un L-automorfismo ψ di K diverso dall'identità. Naturalmente $\psi \in \mathrm{Gal}_{\mathbb{F}_p}(K)$. Supponiamo che $\psi = \Phi^s \in H$, dove a meno di scambiare ψ con ψ^{-1} possiamo assumere che $s \geq 1$. Il campo fisso di Φ^s è formato dagli elementi $\beta \in K$ tali che $\Phi^s(\beta) = \beta^{p^s} = \beta$, cioè dalle radici del polinomio $X^{p^s} - X$. Quindi $K^\psi = \mathbb{F}_{p^s}$ (Paragrafo 4.3). Allora, poiché l'ampliamento $L \subseteq K$ è di Galois, applicando la Proposizione 7.2.6 otteniamo $L = K^{\mathrm{Gal}_L(K)} \subseteq K^\psi = \mathbb{F}_{p^s}$; il che è impossibile. Ne segue che $\mathrm{Gal}_{\mathbb{F}_p} K \neq H$.

Per studiare la corrispondenza di Galois nel caso degli ampliamenti non finiti, si può definire su $\operatorname{Gal}_F(K)$ una opportuna topologia, detta *topologia di Krull*. Secondo questa topologia, $\operatorname{Gal}_F(K)$ è un *gruppo topologico* (la composizione e l'applicazione che associa ad ogni elemento il suo inverso sono funzioni continue) che è compatto e totalmente sconnesso. Inoltre $\operatorname{Gal}_F(K)$ è il limite proiettivo, rispetto alle restrizioni, dei gruppi finiti $\operatorname{Gal}_F(L_\alpha)$, dove $\{L_\alpha\}$ è la famiglia dei campi intermedi tali che l'ampliamento $F \subseteq L_\alpha$ sia di Galois e finito; questo significa che $\operatorname{Gal}_F(K)$ è un *gruppo profinito*. I sottogruppi di $\operatorname{Gal}_F(K)$ che sono gruppi di Galois di K su qualche campo intermedio sono allora caratterizzati dalla proprietà di essere chiusi rispetto alla topologia di Krull. Più generalmente, se $H \subseteq \operatorname{Gal}_F(K)$, si ha che $\operatorname{Gal}_{K^H}(K)$ è la chiusura di H in questa topologia [44, Paragrafo 4.2].

Per caratterizzare i sottogruppi chiusi di $\operatorname{Gal}_F(K)$ evitando di usare le proprietà dei Gruppi Topologici, si può procedere nel modo seguente. Questo metodo mi è stato comunicato da Carmelo Finocchiaro.

Sia $F \subseteq K$ un ampliamento algebrico. Per ogni $n \geq 1$, se $\boldsymbol{\alpha} := (\alpha_1, \dots, \alpha_n)$, $\boldsymbol{\beta} := (\beta_1, \dots, \beta_n) \in K^n$, poniamo

$$B_n(\boldsymbol{\alpha}, \boldsymbol{\beta}) := \{\varphi \in \operatorname{Gal}_F(K);\ \varphi(\alpha_i) = \beta_i,\ i = 1, \dots, n\}.$$

Proposizione 7.3.11 *Se $F \subseteq K$ è un ampliamento algebrico, la famiglia di sottoinsiemi*

$$\mathcal{B} := \{B_n(\boldsymbol{\alpha}, \boldsymbol{\beta});\ \boldsymbol{\alpha}, \boldsymbol{\beta} \in K^n,\ n \geq 1\} \cup \{\emptyset\}$$

può essere assunta come base di aperti per una topologia su $\operatorname{Gal}_F(K)$.

Dimostrazione. Ovviamente $\operatorname{Gal}_F(K)$ è l'unione dei sottoinsiemi appartenenti a $\mathcal{B}$. Inoltre, siano $m, n \geq 1$ e siano $B_n(\boldsymbol{\alpha}, \boldsymbol{\beta})$, $B_m(\boldsymbol{\eta}, \boldsymbol{\theta}) \in \mathcal{B}$, con $\boldsymbol{\alpha} := (\alpha_i)$, $\boldsymbol{\beta} := (\beta_i) \in K^n$ e $\boldsymbol{\eta} := (\eta_j)$, $\boldsymbol{\theta} := (\theta_j) \in K^m$. Allora

$$B_n(\boldsymbol{\alpha}, \boldsymbol{\beta}) \cap B_m(\boldsymbol{\eta}, \boldsymbol{\theta}) = B_{n+m}((\alpha_i, \eta_j), (\beta_i, \theta_j)) \in \mathcal{B}.$$

Definizione 7.3.12 *La topologia su $\operatorname{Gal}_F(K)$ definita dalla base di aperti $\mathcal{B}$ si chiama la* topologia di Krull.

Proposizione 7.3.13 *Sia $F \subseteq K$ un ampliamento algebrico. Allora, rispetto alla topologia di Krull :*

(a) *Se L è un campo intermedio, $\operatorname{Gal}_L(K)$ è chiuso in $\operatorname{Gal}_F(K)$.*
(b) *Se $H \subseteq \operatorname{Gal}_F(K)$, $\operatorname{Gal}_{K^H}(K)$ è la chiusura di H.*

Dimostrazione. (a) Sia $G := \operatorname{Gal}_F(K)$ e sia $\overline{H}$ la chiusura di $H := \operatorname{Gal}_L(K)$. Per ogni $\alpha \in L$ e $\varphi \in \overline{H}$, per costruzione $B_1(\alpha, \varphi(\alpha)) := \{\psi \in G;\ \psi(\alpha) = \varphi(\alpha)\}$ è un intorno aperto di φ; quindi $B_1(\alpha, \varphi(\alpha))$ contiene un elemento $\psi \in H$. Allora $\psi(\alpha) = \alpha = \varphi(\alpha)$ e pertanto $\varphi \in H$. Ne segue che H è chiuso.

(b) Sia $L := K^H$ e sia $\overline{H}$ la chiusura di H. Poiché $H \subseteq \operatorname{Gal}_L(K)$ e $\operatorname{Gal}_L(K)$ è chiuso per il punto (a), allora $\overline{H} \subseteq \operatorname{Gal}_L(K)$. Se $\varphi \in \operatorname{Gal}_L(K) \setminus \overline{H}$, esiste un intorno aperto U di φ tale che $U \cap H = \emptyset$. Non è restrittivo assumere che U sia un elemento della base $\mathcal{B}$, cioè che $U = B_n(\boldsymbol{\alpha}, \varphi(\boldsymbol{\alpha}))$, dove $\boldsymbol{\alpha} := (\alpha_1, \ldots, \alpha_n) \in K^n$. Sia $S \subseteq K$ l'insieme di tutti gli elementi coniugati a $\alpha_1, \ldots, \alpha_n$. Allora il campo $L(S)$ è normale su L per la Proposizione 5.2.5 ed è anche separabile perché è generato da elementi separabili (Corollario 5.3.22). Dunque l'ampliamento $L \subseteq E := L(S)$ è di Galois ed ha grado finito. Ne segue che l'applicazione restrizione

$$\rho : \mathrm{Gal}_L(K) \longrightarrow \mathrm{Gal}_L(E) \,; \quad \theta \mapsto \theta|_E$$

è un ben definito omomorfismo di gruppi. In particolare $\varphi|_E \in \mathrm{Gal}_L(E)$ e, per ogni $\psi \in H$, $\psi|_E \in \mathrm{Gal}_L(E)$. Ma poiché $U \cap H = \emptyset$ e $\alpha_1, \ldots, \alpha_n \in E$, si ha $\varphi|_E \neq \psi|_E$; quindi l'insieme $H' := \rho(H) = \{\psi|_E \,; \psi \in H\}$ è un sottogruppo proprio di $\mathrm{Gal}_L(E)$. Per la corrispondenza di Galois nel caso finito, risulta quindi $L = E^{\mathrm{Gal}_L(E)} \subsetneq E^{H'}$ (Teorema 7.3.7 (a)). Tuttavia, se $\beta \in E^{H'}$ si ha $\psi(\beta) = \beta$ per ogni $\psi \in H$, mentre se $\beta \notin L = K^H$ esiste $\psi \in H$ tale che $\psi(\beta) \neq \beta$. Questa contraddizione mostra che non può essere $U \cap H = \emptyset$ e quindi deve essere $\overline{H} = \mathrm{Gal}_L(K)$.

La Proposizione 7.2.8 si può allora enunciare dicendo che ogni sottogruppo finito di $\mathrm{Gal}_F(K)$ è chiuso nella topologia di Krull.

Teorema 7.3.14 *Se $F \subseteq K$ è un ampliamento di Galois, l'applicazione*

$$\Phi : \mathcal{C} \longrightarrow \mathcal{G} \,; \quad L \mapsto \mathrm{Gal}_L(K)$$

è una corrispondenza reticolare biunivoca che scambia le inclusioni tra l'insieme $\mathcal{C}$ dei campi intermedi e i sottogruppi di $\mathrm{Gal}_F(K)$ che sono chiusi nella topologia di Krull. Inoltre, se $H \subseteq \mathrm{Gal}_F(K)$ è un sottogruppo finito, $H = \mathrm{Gal}_{K^H}(K)$ è chiuso e $[K : K^H] = |H|$.

Dimostrazione. La corrispondenza di Galois è sempre iniettiva per gli ampliamenti di Galois (Proposizione 7.3.2 (c)). Inoltre, per ogni sottogruppo H di $\mathrm{Gal}_F(K)$, si ha $H = \mathrm{Gal}_{K^H}(K)$ se e soltanto se H è chiuso nella topologia di Krull (Proposizione 7.3.13). L'affermazione sui sottogruppi finiti di $\mathrm{Gal}_F(K)$ segue dalla (Proposizione 7.2.8).

Naturalmente tutte le proprietà della corrispondenza di Galois che sono state dimostrate senza usare l'ipotesi di finitezza dell'ampliamento sussistono in generale. Ad esempio valgono le seguenti condizioni.

Proposizione 7.3.15 *Sia $F \subseteq K$ un ampliamento di Galois. Allora:*

(a) *Per ogni campo intermedio L, l'ampliamento $F \subseteq L$ è di Galois se e soltanto se $\mathrm{Gal}_L(K)$ è un sottogruppo normale di $\mathrm{Gal}_F(K)$. In questo caso $\mathrm{Gal}_F(L)$ è isomorfo al gruppo quoziente $\mathrm{Gal}_F(K)/\mathrm{Gal}_L(K)$.*

(b) *Se L e M sono due campi intermedi e $LM := \langle L \cup M \rangle$ è il loro composto,*

$$\mathrm{Gal}_{LM}(K) = \mathrm{Gal}_L(K) \cap \mathrm{Gal}_M(K) \,; \quad \mathrm{Gal}_{L \cap M}(K) = \langle \mathrm{Gal}_L(K) \cup \mathrm{Gal}_M(K) \rangle.$$

Dimostrazione. (a) è la Proposizione 7.3.5 (b).

(b) segue dal fatto che la corrispondenza di Galois è reticolare e si dimostra come nel caso finito (Teorema 7.3.7 (c)).

7.3.2 Un teorema di estensione

Vogliamo ora studiare il gruppo di Galois del composto di due campi. Il primo risultato è una diretta conseguenza della Proposizione 7.3.15, oppure del Teorema 7.3.7 nel caso finito.

Proposizione 7.3.16 *Sia* $F \subseteq K$ *un ampliamento di Galois. Siano* L, M *due campi intermedi e* $LM := \langle L \cup M \rangle$ *il loro composto. Allora:*

(a) *Se* L *è normale su* F,

$$\operatorname{Gal}_{L \cap M}(K) = \operatorname{Gal}_L(K) \operatorname{Gal}_M(K)$$
$$:= \{ \varphi \psi ;\ \varphi, \psi \in \operatorname{Gal}_F(K),\ \varphi_{|L} = id_L,\ \psi_{|M} = id_M \};$$

(b) *Se* L *e* M *sono normali su* F, *l'ampliamento* $F \subseteq LM$ *è di Galois e* $\operatorname{Gal}_{L \cap M}(LM)$ *è prodotto diretto interno dei suoi due sottogruppi* $\operatorname{Gal}_L(LM)$ *e* $\operatorname{Gal}_M(LM)$.

Dimostrazione. (a) Se L è normale su F, L è normale anche sul suo sottocampo intermedio $L \cap M$. Allora $\operatorname{Gal}_L(K)$ è un sottogruppo normale di $\operatorname{Gal}_{L \cap M}(K)$ (Proposizione 7.3.15 (a)) e quindi l'insieme dei prodotti $\operatorname{Gal}_L(K) \operatorname{Gal}_M(K)$ è un sottogruppo di $\operatorname{Gal}_{L \cap M}(K)$ (Esercizio 12.1). Poiché $\operatorname{Gal}_{L \cap M}(K)$ è generato da $\operatorname{Gal}_L(K)$ e $\operatorname{Gal}_M(K)$ (Proposizione 7.3.15 (b)), ne segue che $\operatorname{Gal}_{L \cap M}(K) = \operatorname{Gal}_L(K) \operatorname{Gal}_M(K)$.

(b) L'ampliamento $F \subseteq LM$ è normale per la Proposizione 5.2.15 (b) ed è anche separabile perché è generato da elementi separabili (Corollario 5.3.22). Quindi è di Galois. Per la Proposizione 7.3.15 (a), $\operatorname{Gal}_L(LM)$ e $\operatorname{Gal}_M(LM)$ sono sottogruppi normali di $\operatorname{Gal}_{L \cap M}(LM)$. Inoltre, per la Proposizione 7.3.15 (b), $\operatorname{Gal}_L(LM) \cap \operatorname{Gal}_M(LM) = \operatorname{Gal}_{LM}(LM) = \{id\}$. Infine $\operatorname{Gal}_{L \cap M}(LM) = \operatorname{Gal}_L(LM) \operatorname{Gal}_M(LM)$ per il punto (a).

Teorema 7.3.17 *Sia* $F \subseteq K$ *un ampliamento di campi, siano* L *e* M *due campi intermedi e* $LM := \langle L \cup M \rangle$ *il loro composto. Allora:*

(a) *Se l'ampliamento* $F \subseteq L$ *è di Galois finito, anche gli ampliamenti* $M \subseteq LM$ *e* $L \cap M \subseteq L$ *sono di Galois finiti e l'applicazione restrizione*

$$\rho : \operatorname{Gal}_M(LM) \longrightarrow \operatorname{Gal}_F(L) ;\quad \varphi \mapsto \varphi_{|L}$$

è un omomorfismo iniettivo di gruppi, la cui immagine è $\operatorname{Gal}_{L \cap M}(L)$;

(b) *Se gli ampliamenti* $F \subseteq L$ *e* $F \subseteq M$ *sono di Galois finiti, l'ampliamento* $F \subseteq LM$ *è di Galois e l'applicazione*

$$\theta : \operatorname{Gal}_F(LM) \longrightarrow \operatorname{Gal}_F(L) \times \operatorname{Gal}_F(M) ,\quad \varphi \mapsto (\varphi_{|L}, \varphi_{|M})$$

è un omomorfismo iniettivo di gruppi. Se inoltre $L \cap M = F$, θ *è un isomorfismo.*

Dimostrazione. (a) Il campo $LM := M(L)$ è normale su M per la Proposizione 5.2.15 (a) ed è separabile su M per il Corollario 5.3.22, perché L è separabile su F e quindi anche su M (Proposizione 5.3.25). Quindi l'ampliamento $M \subseteq LM$ è di Galois ed è finito per la Proposizione 3.5.12. Inoltre L è un ampliamento di Galois (finito) di $L \cap M$ perché $F \subseteq L \cap M \subseteq L$ (Proposizione 5.4.3).

Se φ è un M-automorfismo di LM, esso è anche un F-automorfismo. Quindi poiché l'ampliamento $F \subseteq L$ è di Galois, $\varphi(L) \subseteq L$ e $\varphi_{|_L} \in \mathrm{Gal}_F(L)$. Chiaramente ρ è un omomorfismo di gruppi. Inoltre, poiché ogni $\varphi \in \mathrm{Gal}_M(LM)$ è l'identità su M, se $\varphi_{|_L} = id_L$, si ha che φ è l'identità su tutto LM. Quindi $\mathrm{Ker}\,\rho = \{id\}$ e ρ è iniettivo. Sia $H := \mathrm{Im}\,\rho$. Per far vedere che $H = \mathrm{Gal}_{L \cap M}(L)$, per la corrispondenza di Galois basta mostrare che $L \cap M$ è il campo fisso di H in L (Teorema 7.3.7 (a)). Se $\varphi \in \mathrm{Gal}_M(LM)$, $\varphi_{|_L}$ fissa gli elementi di $L \cap M$, quindi $L \cap M \subseteq L^H$. Viceversa, se $\alpha \in L$ è tale che $\varphi(\alpha) = \alpha$ per ogni $\varphi \in \mathrm{Gal}_M(LM)$, allora α appartiene al campo fisso di $\mathrm{Gal}_M(LM)$, che è uguale a M. Quindi $\alpha \in L \cap M$. Ne segue che $L \cap M \subseteq L^H$.

(b) L'ampliamento $F \subseteq LM$ è di Galois per la Proposizione 7.3.16 (b). Si verifica facilmente che θ è un ben definito omomorfismo di gruppi. Inoltre θ è iniettivo perché, se $\theta(\varphi) = (\varphi_{|_L}, \varphi_{|_M}) = (id_L, id_M)$, allora $\varphi = id_{LM}$, essendo LM generato su F da L e M. Infine, supponiamo che $L \cap M = F$. Allora, per ogni coppia $(\gamma, \delta) \in \mathrm{Gal}_F(L) \times \mathrm{Gal}_F(M)$, per il punto (a), γ si estende ad un M-automorfismo φ di LM, cioè ad un F-automorfismo di LM che è l'identità su M, e simmetricamente δ si estende ad un L-automorfismo ψ di LM, cioè ad un F-automorfismo di LM che è l'identità su L. Allora $(\gamma, id_M) = \theta(\varphi), (id_L, \delta) = \theta(\psi) \in \mathrm{Im}\,\theta$ e $(\gamma, \delta) = \theta(\varphi)\theta(\psi) = \theta(\varphi\psi) \in \mathrm{Im}\,\theta$. In conclusione θ è suriettivo.

Corollario 7.3.18 *Sia $F \subseteq K$ un ampliamento di Galois finito e siano L, M due campi intermedi. Se L è normale su F, allora $[LM : M] = [L : L \cap M]$* e

$$[LM : L \cap M] = [LM : L][LM : M] = [L : L \cap M][M : L \cap M].$$

Dimostrazione. Poiché per gli ampliamenti di Galois finiti l'ordine del gruppo di Galois è uguale al grado dell'ampliamento (Proposizione 7.1.3), per il Teorema 7.3.17 (a), risulta $[LM : M] = [L : L \cap M]$. Allora, dalle uguaglianze

$$[LM : L \cap M] = [LM : M][M : L \cap M] = [LM : L][L : L \cap M]$$

otteniamo anche che $[M : L \cap M] = [LM : L]$.

Nel linguaggio classico una *irrazionalità* è un numero irrazionale algebrico. Il seguente corollario mostra che aggiungendo una irrazionalità ad un ampliamento di Galois finito $\mathbb{Q} \subseteq K$ il gruppo di Galois non cresce.

Corollario 7.3.19 (Irrazionalità accessorie) *Sia $F \subseteq K$ un ampliamento di Galois finito e sia $\alpha \in \overline{F}$. Allora l'ampliamento $F(\alpha) \subseteq K(\alpha)$ è di Galois e $\mathrm{Gal}_{F(\alpha)}(K(\alpha))$ è isomorfo ad un sottogruppo di $\mathrm{Gal}_F(K)$.*

Dimostrazione. Segue dal Teorema 7.3.17 (a), per $L := K$ e $M = F(\alpha)$.

Esempi 7.3.20 (1) Il Teorema 7.3.17 resta valido anche per gli ampliamenti di grado infinito. Nella sua dimostrazione abbiamo usato l'ipotesi della finitezza soltanto per provare che l'immagine della restrizione ρ è $\mathrm{Gal}_{L \cap M}(L)$. Nel caso non finito, si può usare il Teorema 7.3.14, notando che l'applicazione di restrizione è continua nella topologia di Krull e quindi la sua immagine è chiusa, perché $\mathrm{Gal}_M(LM)$ è compatto.

Da questo risultato più generale, per $L := K_s$ e $M := K_i$, si può riottenere la Proposizione 7.2.14.

(2) Siano L e M due ampliamenti di Galois di F (in K). Allora l'ampliamento $F \subseteq LM$ è di Galois e $\mathrm{Gal}_{L \cap M}(LM)$ è prodotto diretto interno dei suoi sottogruppi $\mathrm{Gal}_M(LM)$ e $\mathrm{Gal}_L(LM)$ (Proposizione 7.3.16 (b)). D'altra parte, usando il Teorema 7.3.17 (a) (che, come abbiamo appena osservato, resta valido anche per gli ampliamenti non finiti), vediamo che questi due sottogruppi sono rispettivamente isomorfi a $\mathrm{Gal}_{L \cap M}(L)$ e $\mathrm{Gal}_{L \cap M}(M)$. Questo è un altro modo di dimostrare che, per $F = L \cap M$, l'applicazione θ definita nel Teorema 7.3.17 (b) è un isomorfismo (anche nel caso non finito).

(3) Per mostrare che il composto di due ampliamenti di Galois finiti è di Galois si può anche ricordare che un ampliamento finito è di Galois se e soltanto se è un campo di spezzamento di un polinomio separabile (Teorema 5.4.7) ed osservare che se L e M sono campi di spezzamento su F dei polinomi $f(X)$ e $g(X)$, allora LM è un campo di spezzamento su F del polinomio prodotto $f(X)g(X)$.

(4) Abbiamo dimostrato nella Proposizione 3.5.12 che, dati due campi intermedi L e M di un ampliamento $F \subseteq K$, se L è finito su F, risulta $[LM : M] \leq [L : F]$. Dal Corollario 7.3.18 segue che, nel caso in cui l'ampliamento $F \subseteq L$ sia di Galois finito, $[LM : M]$ divide $[L : F]$. Questo non è vero se l'ampliamento non è di Galois. Siano ad esempio $\alpha := \sqrt[3]{2}$ e $\beta := \alpha \xi$, dove ξ è una radice primitiva terza dell'unità. Per $F := \mathbb{Q}$, $L := \mathbb{Q}(\alpha)$ e $M := \mathbb{Q}(\beta)$, si ha che $LM = \mathbb{Q}(\alpha, \beta) = \mathbb{Q}(\beta, \xi)$ ha grado 2 su M, mentre $[L : F] = 3$.

7.3.3 Alcuni esempi

Illustriamo la corrispondenza di Galois per gli ampliamenti finiti con il calcolo esplicito di alcuni esempi.

1. Ampliamenti di Galois di grado quattro

Se $F \subseteq K$ è un ampliamento di Galois di grado 4, il suo gruppo di Galois, avendo ordine 4, può essere un gruppo di di Klein oppure un gruppo ciclico.

Se $\mathrm{Gal}_F(K) := \langle \sigma, \tau \rangle = \{id, \sigma, \tau, \sigma\tau\}$ è un gruppo di Klein, i suoi sottogruppi non banali sono:

$$\langle \sigma \rangle = \{id, \sigma\}\,; \quad \langle \tau \rangle = \{id, \tau\}\,; \quad \langle \sigma\tau \rangle = \{id, \sigma\tau\},$$

tutti normali di indice 2. Allora l'ampliamento $F \subseteq K$ ha esattamente 3 campi intermedi propri, tutti (normali) di grado 2 su F. Essi sono

$$K^\sigma = F(\alpha) \,; \quad K^\tau = F(\beta) \,; \quad K^{\sigma\tau} = F(\alpha\beta),$$

dove $\alpha,\ \beta \in K \setminus F$ sono due qualsiasi elementi tali che $\sigma(\alpha) = \alpha$, $\tau(\beta) = \beta$.

Se invece $\mathrm{Gal}_F(K) := \langle \varphi \rangle = \{id, \varphi, \varphi^2, \varphi^3\}$ è un gruppo ciclico, il suo unico sottogruppo non banale è $H := \langle \varphi^2 \rangle$. Dunque l'ampliamento $F \subseteq K$ ha un unico campo intermedio proprio, (normale) di grado 2 su F. Precisamente il campo $K^H := F(\gamma)$, dove $\gamma \in K \setminus F$ è un qualsiasi elemento tale che $\varphi^2(\gamma) = \gamma$.

Proposizione 7.3.21 *Sia $F \subseteq K$ un ampliamento di Galois finito. Allora $\mathrm{Gal}_F(K)$ è un gruppo di Klein se e soltanto se K è un ampliamento biquadratico.*

Dimostrazione. Se $F \subseteq K$ è un ampliamento di Galois biquadratico, il suo gruppo di Galois è un gruppo di Klein (Esempio 7.1.4 (2)).

Viceversa, sia $\mathrm{Gal}_F(K) = \{id, \sigma, \tau, \sigma\tau\}$ un gruppo di Klein. Poiché σ e τ hanno ordine 2, allora i campi fissi $L := K^\sigma$ e $M := K^\tau$ di σ e τ rispettivamente sono due ampliamenti quadratici distinti di F. D'altra parte, poiché K è un ampliamento di Galois, esso ha grado 4 su F e quindi è il composto di L e M. Ne segue che K è un ampliamento biquadratico di F.

Mostriamo ora che, in caratteristica diversa da 2, ogni ampliamento di grado 4 è un campo di spezzamento di un polinomio biquadratico irriducibile. Viceversa, vedremo nel Paragrafo 8.1.12 (3) che un campo di spezzamento di un polinomio biquadratico irriducibile può avere grado 4 oppure 8.

Proposizione 7.3.22 *Sia F un campo di caratteristica diversa da 2 e sia $F \subseteq K$ un ampliamento di Galois di grado 4. Allora K è un campo di spezzamento su F di un polinomio biquadratico irriducibile $X^4 + bX^2 + c$.*

Dimostrazione. Il gruppo di Galois di K su F, avendo ordine 4, ha almeno un sottogruppo H di indice 2, il cui campo fisso L è un ampliamento quadratico di F. Poiché la caratteristica di F è diversa da 2, risulta $L = F(\gamma)$, con $\gamma \notin F$ e $\gamma^2 =: t \in F$ (Paragrafo 3.5.1). Poiché poi $[K : L] = 2$, nello stesso modo si ha $K = L(\alpha)$, con $\alpha \notin F$ e $\alpha^2 \in L$. Con il solito abuso di notazione, ponendo $\gamma := \sqrt{t}$, possiamo allora scrivere $\alpha^2 = r + s\sqrt{t}$ con $r, s \in F$ e $\alpha = \sqrt{r + s\sqrt{t}}$. Per doppia quadratura, otteniamo che α annulla il polinomio $f(X) := X^4 - 2rX^2 + c \in F[X]$, con $c := r^2 - s^2 t$, che è irriducibile su F (perché α ha grado 4 su F) e si spezza linearmente in K (perché K è normale su F).

Esempi 7.3.23 (1) Per ogni primo $p \geq 2$, l'ampliamento $\mathbb{Q}(i) \subseteq \mathbb{Q}(\sqrt[4]{p}, i)$ è un ampliamento di Galois di grado 4, perché è il campo di spezzamento su $\mathbb{Q}(i)$ del polinomio irriducibile $f(X) := X^4 - p$. Infatti, se $\alpha := \sqrt[4]{p}$, le radici di $f(X)$ sono $\alpha, -\alpha, \alpha i, -\alpha i$ (Esempio 4.1.5 (4)). Poiché l'automorfismo φ di $\mathbb{Q}(\sqrt[4]{p}, i)$ definito da $\alpha \mapsto \alpha i, i \mapsto i$ ha grado 4, il gruppo di Galois di $\mathbb{Q}(\sqrt[4]{p}, i)$ su $\mathbb{Q}(i)$ è ciclico, di ordine 4.

(2) Nella Proposizione 7.3.22, l'ipotesi sulla caratteristica è necessaria. Infatti in caratteristica 2 ogni polinomio biquadratico non è separabile (Proposizione 5.3.3) e allora le risolventi degli ampliamenti di Galois di grado 4 non possono essere polinomi biquadratici.

Ad esempio l'ampliamento $\mathbb{F}_2 \subseteq \mathbb{F}_{16}$ è un ampliamento di Galois con gruppo di Galois ciclico di grado 4 (Teorema 4.3.17) le cui risolventi di Galois sono

$$X^4 + X^3 + 1, \quad X^4 + X + 1, \quad X^4 + X^3 + X^2 + X + 1$$

(Esercizio 4.28).

2. La corrispondenza di Galois per l'ampliamento $\mathbb{Q}(\sqrt[3]{p}, i\sqrt{3})$

Siano $p \geq 2$ un numero primo, $\alpha := \sqrt[3]{p}$ e ξ una radice primitiva terza dell'unità. Allora $K := \mathbb{Q}(\alpha, i\sqrt{3}) = \mathbb{Q}(\alpha, \xi)$ è un ampliamento di Galois di $\mathbb{Q}$, essendo il campo di spezzamento in $\mathbb{C}$ del polinomio $X^3 - p$ (Esempio 4.1.5 (4)). Inoltre

$$\mathrm{Gal}_{\mathbb{Q}}(K) = \langle \rho, \delta \rangle = \{id, \rho, \rho^2, \delta, \rho\delta, \rho^2\delta\},$$

dove

$$\rho : \alpha \mapsto \alpha\xi, \ \xi \mapsto \xi; \quad \delta : \alpha \mapsto \alpha, \ \xi \mapsto \xi^2$$

e $G := \mathrm{Gal}_{\mathbb{Q}}(K)$ è isomorfo ad $\mathbf{S_3}$ (Esempio 7.1.4 (4)).

Allora G ha un sottogruppo normale

$$\langle \rho \rangle = \{id, \rho, \rho^2\}$$

di indice 2 e ha 3 sottogruppi

$$\langle \delta \rangle = \{id, \delta\}, \quad \langle \rho\delta \rangle = \{id, \rho\delta\}, \quad \langle \rho^2\delta \rangle = \{id, \rho^2\delta\}$$

di indice 3 che non sono normali.

Per determinare i loro campi fissi, osserviamo ad esempio che

$$\mathbb{Q} \subsetneq \mathbb{Q}(\xi) \subseteq K^{\rho};$$

ma poiché deve essere $[K^{\rho} : \mathbb{Q}] = 2$, allora $K^{\rho} = \mathbb{Q}(\xi)$. L'ampliamento $\mathbb{Q}(\xi)$ è normale; infatti è il terzo ampliamento ciclotomico. Inoltre si ha

$$\mathbb{Q}(\alpha) \subseteq K^{\delta}, \quad \mathbb{Q}(\alpha\xi^2) \subseteq K^{\rho\delta}, \quad \mathbb{Q}(\alpha\xi) \subseteq K^{\rho^2\delta};$$

ma poiché tutti questi campi hanno grado 3 su $\mathbb{Q}$, le inclusioni sono tutte uguaglianze. I campi $\mathbb{Q}(\alpha), \mathbb{Q}(\alpha\xi), \mathbb{Q}(\alpha\xi^2)$ non sono normali su $\mathbb{Q}$ e sono tutti tra loro coniugati; dunque la loro comune chiusura di Galois è $\mathbb{Q}(\alpha, \alpha\xi, \alpha\xi^2) = \mathbb{Q}(\alpha, \xi) =: K$ (Esempio 5.2.12 (2)).

3. La corrispondenza di Galois per l'ampliamento $\mathbb{Q}(\sqrt[4]{p}, i)$

Siano $p \geq 2$ un numero primo, $\alpha := \sqrt[4]{p}$ e $K := \mathbb{Q}(\sqrt[4]{p}, i)$. Allora l'ampliamento $\mathbb{Q} \subseteq K$ è di Galois, perché K è il campo di spezzamento in $\mathbb{C}$ del polinomio $X^4 - p$ (Esempio 4.1.5 (4)). Notiamo che K è il composto dei suoi sottocampi $L := \mathbb{Q}(i)$, normale di grado 2 su $\mathbb{Q}$ e $M := \mathbb{Q}(\alpha)$ di grado 4 su $\mathbb{Q}$. Poiché $L \cap M = F$, si ha che $G := \mathrm{Gal}_F(K)$ è il prodotto semidiretto dei suoi sottogruppi $N := \mathrm{Gal}_L(K)$, normale in G, e $H := \mathrm{Gal}_M(K)$ (Proposizione 7.3.16). Come visto nell'Esempio 7.3.23 (1), N è ciclico di ordine 4, generato dall'automorfismo

$$\sigma : K \longrightarrow K ; \quad \alpha \mapsto \alpha i, \ i \mapsto i.$$

Invece H ha ordine 2 ed è generato dall'automorfismo

$$\tau : K \longrightarrow K ; \quad \alpha \mapsto \alpha, \ i \mapsto -i.$$

Ne segue che

$$G = NH = \langle \sigma, \tau \rangle = \{id, \sigma, \sigma^2, \sigma^3, \tau, \sigma\tau, \sigma^2\tau, \sigma^3\tau\}$$

è isomorfo al gruppo diedrale $\mathbf{D}_4$ delle isometrie del quadrato.

I sottogruppi normali di G sono i sottogruppi di indice 2 (e ordine 4)

$$N_1 := N := \langle \sigma \rangle ; \quad N_2 := \{id, \tau, \sigma^2, \sigma^2\tau\} ; \quad N_3 := \{id, \sigma\tau, \sigma^2, \sigma^3\tau\}.$$

ed il centro $Z := \langle \sigma^2 \rangle$ di G, che ha indice 4 (e ordine 2). Allora K ha tre sottocampi normali $L_i := K^{N_i}$ di grado 2 su $\mathbb{Q}$, $i = 1, 2, 3$, ed un solo sottocampo normale $L := K^Z$ di grado 4 su $\mathbb{Q}$. Poiché poi $Z \subseteq N_i$, deve essere $L_i \subseteq L$.

Osservando che gli elementi i, $\alpha^2 = \sqrt{p}$, $\alpha^2 i \in K$, hanno grado 2 su $\mathbb{Q}$, si vede che

$$L_1 = \mathbb{Q}(i) ; \quad L_2 = \mathbb{Q}(\alpha^2) ; \quad L_3 = \mathbb{Q}(\alpha^2 i)$$

e di conseguenza $L := K^Z = \mathbb{Q}(\alpha^2, i)$ è un ampliamento biquadratico di $\mathbb{Q}$. Osserviamo anche che $G/Z = \{Z, \sigma Z, \tau Z, \sigma\tau Z\}$ e quindi $\mathrm{Gal}_F(L) = \{id, \sigma_{|L}, \tau_{|L}, \sigma\tau_{|L}\}$.

I sottogruppi di G che non sono normali sono quelli di ordine 2 diversi dal centro, precisamente

$$\langle \tau \rangle, \ \langle \sigma^2\tau \rangle \subseteq N_2 ; \quad \langle \sigma\tau \rangle, \ \langle \sigma^3\tau \rangle \subseteq N_3.$$

A questi corrispondono i campi intermedi di grado 4 su $\mathbb{Q}$ che non sono normali. Si può verificare che

$$K^\tau = \mathbb{Q}(\alpha), \ K^{\sigma^2\tau} = \mathbb{Q}(\alpha i) ; \quad K^{\sigma\tau} = \mathbb{Q}(\alpha + \alpha i), \ K^{\sigma^3\tau} = \mathbb{Q}(\alpha - \alpha i)$$

ed inoltre che

$$L_2 = \mathbb{Q}(\alpha^2) \subseteq \mathbb{Q}(\alpha), \ \mathbb{Q}(\alpha i) ; \quad L_3 = \mathbb{Q}(\alpha^2 i) \subseteq \mathbb{Q}(\alpha + \alpha i), \ \mathbb{Q}(\alpha - \alpha i).$$

4. La corrispondenza di Galois per il p-esimo ampliamento ciclotomico

Sia $\xi \in \mathbb{C}$ una radice primitiva n-sima dell'unità, $n \geq 3$, e sia $K := \mathbb{Q}(\xi)$ l'n-simo ampliamento ciclotomico di $\mathbb{Q}$. Il gruppo di Galois di K su $\mathbb{Q}$ è isomorfo al gruppo commutativo $\mathcal{U}(\mathbb{Z}_n)$ delle unità di $\mathbb{Z}_n$ e precisamente è costituito dai $\varphi(n)$ automorfismi

$$\psi_k : K \longrightarrow K ; \quad \xi \mapsto \xi^k,$$

dove $1 \leq k < n$ e $\mathrm{MCD}(n,k) = 1$ (Paragrafo 4.4.3). Poiché $\mathcal{U}(\mathbb{Z}_n)$ è abeliano, per ogni divisore d di $\varphi(n)$, G ha un sottogruppo (normale) H_d di indice d (Proposizione 12.2.4). Quindi K ha un sottocampo (normale) di grado d su $\mathbb{Q}$, precisamente il campo fisso di H_d. Inoltre $\mathrm{Gal}_{\mathbb{Q}}(K^{H_d})$ è isomorfo a G/H_d (Corollario 7.3.8). In particolare, poiché $\varphi(n)$ è pari (Esempio 4.4.3 (2)), $\mathbb{Q}(\xi)$ ha sottocampi di grado 2 e sottocampi di grado $\varphi(n)/2$ su $\mathbb{Q}$. Tra questi ultimi si trova il campo fisso del coniugio complesso, ovvero il campo $K \cap \mathbb{R} = \mathbb{Q}(\xi + \xi^{-1})$ (Esempio 7.2.10 (2)).

Notiamo che i coniugati di $\alpha := \xi + \xi^{-1} = 2\cos\left(\frac{2\pi}{n}\right)$ sono tutti reali e quindi appartengono a $\mathbb{Q}(\alpha)$. Infatti

$$\psi_k(\alpha) = \xi^k + \xi^{-k} = 2\cos\left(\frac{2k\pi}{n}\right),$$

per ogni automorfismo ψ_k di K. L'espressione di $\psi_k(\alpha)$ come funzione razionale di α deriva dalle relazioni

$$\alpha^2 = (\xi^2 + \xi^{-2}) + 2 ; \quad \alpha^3 = (\xi^3 + \xi^{-3}) + 3\alpha ; \quad \alpha^4 = (\xi^4 + \xi^{-4}) + 4\alpha^2 - 2 ; \quad \cdots$$

Da queste si può calcolare anche il polinomio minimo di α, notando che ξ annulla il polinomio

$$(X^n - 1)/(X - 1) = 1 + X + \cdots + X^{n-2} + X^{n-1}$$

e quindi

$$1 + \xi + \xi^2 + \cdots + \xi^{n-2} + \xi^{n-1} = 1 + (\xi + \xi^{-1}) + (\xi^2 + \xi^{-2}) + \ldots$$
$$= 1 + \alpha + (\alpha^2 - 2) + (\alpha^3 - 3\alpha) + \cdots = 0.$$

Ad esempio, per $n = 9$, si ottiene che il polinomio minimo di $\alpha := \xi + \xi^{-1}$ è

$$m(X) := X^3 - 3X + 1$$

che ha radici

$$\alpha, \quad \beta := \alpha^2 - 2, \quad \gamma := -\alpha^2 - \alpha + 2$$

(Esempio 4.1.5 (3, a) ed Esercizio 7.19).

Sia ora $n := p \geq 2$ un numero primo. Poiché $G := \mathrm{Gal}_{\mathbb{Q}}(K) \cong \mathcal{U}(\mathbb{Z}_p)$ è ciclico di ordine $p - 1$, esso ha un unico sottogruppo H_d (ciclico) di indice d, per ogni divisore d di $p - 1$. Quindi il campo fisso di H_d è l'unico sottocampo di grado d su $\mathbb{Q}$ ed è normale. Inoltre $\mathrm{Gal}_{\mathbb{Q}}(K^{H_d}) \cong G/H_d$ è ciclico di ordine d.

Esplicitiamo il caso $p = 7$. In questo caso, $G := \mathrm{Gal}_{\mathbb{Q}}(K) \cong \mathcal{U}(\mathbb{Z}_7)$ è ciclico di ordine 6. Poiché $\mathcal{U}(\mathbb{Z}_7)$ è generato da $\overline{3}$, G è generato dall'automorfismo $\psi := \psi_3$ di K definito da $\xi \mapsto \xi^3$. L'unico elemento di ordine 2 di G è $\psi^3 = \psi_6$, definito da $\xi \mapsto \xi^6 = \xi^{-1}$. Quindi ψ^3 è il coniugio complesso e il campo fisso del sottogruppo $H_3 := \{id, \psi^3\}$ è il campo reale $K \cap \mathbb{R} = \mathbb{Q}(\xi + \xi^{-1})$, che ha grado 3 su $\mathbb{Q}$. Il polinomio minimo di $\alpha := \xi + \xi^{-1}$ è

$$m(X) := X^3 + X^2 - 2X - 1,$$

le cui radici sono tutte reali ed esprimibili razionalmente in funzione di α. Esse sono infatti

$$\alpha := \xi + \xi^6 = 2\cos\left(\frac{2\pi}{7}\right),$$

$$\psi(\alpha) = \xi^3 + \xi^4 = \alpha^3 - 3\alpha = 2\cos\left(\frac{6\pi}{7}\right),$$

$$\psi^2(\alpha) = \xi^5 + \xi^2 = \alpha^2 - 2 = 2\cos\left(\frac{4\pi}{7}\right).$$

L'unico sottogruppo di indice 2 di G è quello generato da $\psi^2 = \psi_2$ definito da $\xi \mapsto \xi^2$, il cui campo fisso è l'unico sottocampo L di K di grado 2 su $\mathbb{Q}$. Per determinarlo osserviamo che, se $\beta \in K \setminus \mathbb{Q}$ è tale che $\psi^2(\beta) = \beta$, allora $L = \mathbb{Q}(\beta)$. Poiché sotto l'azione di ψ^2 si ha

$$\xi \mapsto \xi^2 \mapsto \xi^4 \mapsto \xi,$$

possiamo ad esempio scegliere $\beta = \xi + \xi^2 + \xi^4$ (Esempio 7.2.3 (4)). Dal momento che

$$\beta^2 = \beta - 2(\beta + 1) = -\beta - 2,$$

il polinomio minimo di β su $\mathbb{Q}$ è

$$m(X) := X^2 + X + 2.$$

Poiché poi il discriminante di $m(X)$ è uguale a -7, risulta

$$L = \mathbb{Q}(\beta) = \mathbb{Q}(i\sqrt{7})$$

(vedi anche il successivo Esempio 8.1.7 (3)).

5. La corrispondenza di Galois per l'ampliamento $\mathbb{F}_p \subseteq \mathbb{F}_{p^n}$

Siano $p \geq 2$ un numero primo, $n \geq 1$ e $q := p^n$. L'ampliamento $\mathbb{F}_p \subseteq \mathbb{F}_q$ è di Galois (Esempio 5.4.9 (1)) e il gruppo di Galois di $\mathbb{F}_q$ su $\mathbb{F}_p$ è ciclico di ordine n generato dall'automorfismo di Fröbenius Φ, definito da $x \mapsto x^p$ (Teorema 4.3.17). Allora $G := \mathrm{Gal}_{\mathbb{F}_p}(\mathbb{F}_q)$ ha uno e un solo sottogruppo (ciclico) di indice d per ogni divisore positivo d di n, precisamente il sottogruppo $H_d := \langle \Phi^d \rangle$. A tale sottogruppo corrisponde l'unico sottocampo di $\mathbb{F}_q$ di grado d su $\mathbb{F}_p$, cioè $\mathbb{F}_{p^d}$ (Proposizione 4.3.15) e H_d è il gruppo di Galois di $\mathbb{F}_q$ su $\mathbb{F}_{p^d}$. Questo mostra che un ampliamento di grado m di un campo finito ha sempre gruppo di Galois ciclico, di ordine m.

7.4 Esercizi

7.1. Siano K un campo, S un sottoinsieme di $\mathrm{Aut}(K)$ e $\langle S \rangle$ il sottogruppo di $\mathrm{Aut}(K)$ generato da S. Mostrare che $K^S = K^{\langle S \rangle}$.

7.2. Sia $K := \mathbb{C}(X)$, dove X è una indeterminata su $\mathbb{C}$. Siano σ l'automorfismo di K definito da $f(X) \mapsto f(\mathrm{i}X)$ e τ l'automorfismo di K definito da $f(X) \mapsto f(X^{-1})$. Determinare i campi fissi di σ, τ e $\sigma\tau$.

7.3. Sia $K := \mathbb{C}(X)$, dove X è una indeterminata su $\mathbb{C}$. Siano σ l'automorfismo di K definito da $f(X) \mapsto f(1 - X^{-1})$ e τ l'automorfismo di K definito da $f(X) \mapsto f(1 - X)$. Determinare il gruppo di automorfismi $G := \langle \sigma, \tau \rangle$ di K e mostrare che $K^G = \mathbb{C}(f(X))$, dove $f(X) := (X^2 - X + 1)^3/X^2(X - 1)^2$.

7.4. Sia $\alpha \in \mathbb{C}$ e supponiamo che $K := \mathbb{Q}(\alpha)$ sia un ampliamento normale. Mostrare che la restrizione a K del coniugio complesso è un automorfismo di K e verificare che il suo campo fisso è $\mathbb{Q}(\alpha\overline{\alpha}, \alpha + \overline{\alpha})$.

7.5. Siano $K := \mathbb{Q}(\sqrt{3}, \sqrt[3]{5})$, $L := \mathbb{Q}(\sqrt{3})$ e $M := \mathbb{Q}(\sqrt[3]{5})$. Determinare $\mathrm{Gal}_L(K)$, $\mathrm{Gal}_M(K)$ ed i loro campi fissi.

7.6. Sia $F \subseteq K$ un ampliamento di Galois di grado n e sia $\varphi \in \mathrm{Gal}_F(K)$. Mostrare che se φ ha ordine $m = \frac{n}{p}$, con p primo, ogni $\alpha \in K \setminus F$ tale che $\varphi(\alpha) = \alpha$ è un elemento primitivo del campo fisso del gruppo $H = \langle \varphi \rangle$.

7.7. Sia τ una indeterminata sul campo $\mathbb{F}_2$ e sia $F := \mathbb{F}_2(\tau^2)$. Mostrare che il polinomio $m(X) := X^4 + \tau^2 X^2 + \tau^2$ è non separabile e irriducibile su F. Determinare inoltre un campo di spezzamento K di $m(X)$ e verificare che $K = K_i K_s$.

Suggerimento: Notare che, se α è una radice di $m(X)$, $F(\alpha) = F(\alpha^2, \tau)$.

7.8. Siano $p_1, \ldots, p_n$ numeri primi distinti e sia $K := \mathbb{Q}(\sqrt{p_1}, \ldots, \sqrt{p_n})$. Mostrare che l'ampliamento $\mathbb{Q} \subseteq K$ è di Galois e determinare il suo gruppo di Galois. Esplicitare inoltre la corrispondenza di Galois per $n = 1, 2, 3$.

7.9. Sia K il campo di spezzamento in $\mathbb{C}$ del polinomio $f(X) \in \mathbb{Q}[X]$. Calcolare il gruppo di Galois di K su $\mathbb{Q}$ ed esplicitare la corrispondenza di Galois quando $f(X)$ è uno dei seguenti polinomi:

$$X^2 + 3; \quad (X^2 + 3)(X^2 - 2); \quad X^3 - 5; \quad X^4 + 2; \quad X^5 + 1; \quad X^{11} - 1.$$

7.10. Sia α una radice del polinomio
$$f(X) := X^4 - 8X^2 + 36 \in \mathbb{Q}[X].$$

Mostrare che il campo di spezzamento di $f(X)$ in $\mathbb{C}$ è $\mathbb{Q}(\alpha)$ e che il gruppo degli automorfismi di $\mathbb{Q}(\alpha)$ è un gruppo di Klein.

7.11. Mostrare che un campo finito non può avere ampliamenti biquadratici

7.12. Costruire un ampliamento biquadratico di un campo di caratteristica prima p.

Soluzione: Sia $F := \mathbb{F}_p(\tau)$, dove τ è una indeterminata su $\mathbb{F}_p$. L'ampliamento $\mathbb{F}_p \subseteq \mathbb{F}_{p^2}$ è un ampliamento di Galois di grado 2 su $\mathbb{F}_p$. Dunque, se $\mathbb{F}_{p^2} = \mathbb{F}_p(\alpha)$, l'ampliamento $F(\alpha)$ è un ampliamento di Galois di grado 2 di F. Consideriamo il polinomio separabile $q(X) := X^2 + \tau X + \tau \in F[X]$. Poiché il dominio $\mathbb{F}_p[\tau]$ è a fattorizzazione unica e τ è un elemento primo di $\mathbb{F}_p[\tau]$ (Esempio 2.3.9 (3)), $q(X)$ è irriducibile su F per il Criterio di Eisenstein (Teorema 2.5.10). Allora, se β è una radice di $q(X)$, $F(\beta)$ è un ampliamento di Galois di grado 2 di F distinto da $F(\alpha)$ e il campo $F(\alpha, \beta)$ è un ampliamento di Galois biquadratico di F.

7.13. Sia τ una indeterminata sul campo $\mathbb{F}_2$. Costruire un ampliamento biquadratico del campo delle funzioni razionali $F := \mathbb{F}_2(\tau)$ e determinare una sua risolvente di Galois.

Soluzione: Come visto nell'esercizio precedente, se α e β sono rispettivamente radici dei polinomi $p(X) := X^2 + X + 1$ e $q(X) := X^2 + \tau X + \tau$, che sono separabili e irriducibili su F, il campo $K := F(\alpha, \beta)$ è un ampliamento di Galois biquadratico di F. Un elemento primitivo per K su F è $\theta := \alpha + \beta$ (Paragrafo 3.5.2). Poiché le radici di $p(X)$ sono α e $\alpha^2 = \alpha + 1$ e le radici di $q(X)$ sono β e $\beta + \tau$, i coniugati di θ su F sono

$$\alpha + \beta; \quad \alpha + \beta + 1; \quad \alpha + \beta + \tau; \quad \alpha + \beta + \tau + 1.$$

Ne segue che il polinomio minimo di θ su F è
$$X^4 + (\tau^2 + \tau + 1)X^2 + (\tau^2 + \tau)X + (\tau^2 + 1).$$

7.14. Esplicitare la corrispondenza di Galois per gli ampliamenti di Galois
$$\mathbb{Q} \subseteq \mathbb{Q}(\sqrt[3]{2}, i\sqrt{3}); \quad \mathbb{Q} \subseteq \mathbb{Q}(\sqrt[4]{2}, i).$$

7.15. Determinare il gruppo di Galois dell'n-simo ampliamento ciclotomico $\mathbb{Q} \subseteq \mathbb{Q}(\xi)$, per $2 \leq n \leq 15$.

7.16. Esplicitare la corrispondenza di Galois per l'n-simo ampliamento ciclotomico di $\mathbb{Q}$ per $n = 5, 6, 8, 9, 10$. Per ogni campo intermedio, determinare inoltre una risolvente di Galois.

7.17. Mostrare che il 15-simo ampliamento ciclotomico di $\mathbb{Q}$ ha esattamente due sottocampi reali e determinare un elemento primitivo per essi.

7.18. Sia $\xi \in \mathbb{C}$ una radice primitiva settima dell'unità. Determinare il polinomio minimo su $\mathbb{Q}$ dell'elemento $\alpha := \xi^3 + \xi^5 + \xi^6$ ed il polinomio minimo di ξ su $\mathbb{Q}(\alpha)$.

7.19. Sia $\xi \in \mathbb{C}$ una radice primitiva nona dell'unità. Mostrare che il polinomio minimo di $\alpha := \xi + \xi^{-1}$ su $\mathbb{Q}$ è $m(X) := X^3 - 3X + 1$ ed esprimere le sue radici in funzione di α.

Soluzione: Usando le relazioni viste nel Paragrafo 7.3.3 (4), si ottiene che α annulla il polinomio

$$X^4 + X^3 - 3X^2 - 2X + 1 = (X^3 - 3X + 1)(X + 1).$$

Quindi il polinomio minimo di $\alpha := \xi + \xi^{-1}$ su $\mathbb{Q}$ è $m(X) := X^3 - 3X + 1$. Poiché poi $G := \mathrm{Gal}_{\mathbb{Q}}(\mathbb{Q}(\xi))$ è isomorfo a $\mathcal{U}(\mathbb{Z}_9)$, che è ciclico generato da $\overline{2}$, G è ciclico generato dall'automorfismo ψ definito da $\xi \mapsto \xi^2$. Allora i coniugati di α su $\mathbb{Q}$ sono

$$\alpha, \quad \psi(\alpha) = \alpha^2 - 2, \quad \psi^2(\alpha) = \alpha^4 - 4\alpha^2 + 2 = -\alpha^2 - \alpha + 2.$$

7.20. Sia $\xi \in \mathbb{C}$ una radice primitiva nona dell'unità. Determinare il polinomio minimo su $\mathbb{Q}$ di $\alpha := \xi + \xi^{-1} + 1$.

7.21. Sia $\xi \in \mathbb{C}$ una radice primitiva nona dell'unità e sia $K := \mathbb{Q}(\xi)$ il nono ampliamento ciclotomico di $\mathbb{Q}$. Determinare i campi fissi degli automorfismi

$$\varphi : \xi \mapsto \xi^4; \quad \psi : \xi \mapsto \xi^8.$$

7.22. Sia $\xi \in \mathbb{C}$ una radice primitiva undicesima dell'unità. Determinare il polinomio minimo su $\mathbb{Q}$ di $\alpha := \xi + \xi^{-1}$.

7.23. Determinare tutti i sottocampi dell'ampliamento ciclotomico $\mathbb{Q}(\xi_{22})$, dove ξ_{22} è una radice primitiva 22-sima dell'unità.

Per ogni sottocampo, determinare poi un elemento primitivo ed il suo polinomio minimo su $\mathbb{Q}$.

7.24. Determinare tutti gli ampliamenti quadratici contenuti nel 31-esimo ampliamento ciclotomico di $\mathbb{Q}$.

7.25. Esplicitare la corrispondenza di Galois per l'ampliamento $\mathbb{F}_2 \subseteq \mathbb{F}_{64}$. Per ogni campo intermedio determinare inoltre una risolvente di Galois.

7.26. Sia

$$f(X) := X^4 + 2X^3 + 2X + 2 \in \mathbb{F}_3[X]$$

e sia K un suo campo di spezzamento su $\mathbb{F}_3$. Determinare il gruppo di Galois di K su $\mathbb{F}_3$ ed esplicitare la corrispondenza di Galois.

8

Il gruppo di Galois di un polinomio

Nella sua memoria sulla risolubilità delle equazioni polinomiali (*Mémoire sur les conditions de ré solubilité des équations par radicaux*, 1830), Galois definì il gruppo di un polinomio a coefficienti razionali con radici complesse $\alpha_1, \ldots, \alpha_n$, come il sottogruppo di $\mathbf{S}_n$ costituito da tutte quelle permutazioni σ con la proprietà che, per ogni funzione razionale $h(X_1, \ldots, X_n) \in \mathbb{Q}(X_1, \ldots, X_n)$,

$$h(\alpha_1, \ldots, \alpha_n) = h(\alpha_{\sigma(1)}, \ldots, \alpha_{\sigma(n)}) \Leftrightarrow h(\alpha_1, \ldots, \alpha_n) \in \mathbb{Q}.$$

In questo capitolo mostreremo che quando K è il campo di spezzamento di un polinomio separabile $f(X) \in F[X]$, fissato un ordinamento delle radici di $f(X)$, ogni F-automorfismo di K è univocamente determinato da una permutazione di queste radici. Quindi la nostra definizione di gruppo di Galois, nel caso degli ampliamenti di Galois finiti, coincide con quella data in origine da Galois. Studieremo poi, dal punto di vista teorico, il problema di calcolare i gruppi di Galois.

8.1 I gruppi di Galois finiti come gruppi di permutazioni

Se K è il campo di spezzamento di un polinomio separabile a coefficienti in un campo F, l'ampliamento $F \subseteq K$ è di Galois (Teorema 5.4.7) ed il suo gruppo di Galois può essere identificato con un gruppo di permutazioni sulle radici del polinomio nel modo seguente.

Se φ è un F-automorfismo di K e α è una radice del polinomio $f(X) \in F[X]$, $\varphi(\alpha)$ è ancora una radice di $f(X)$ (Proposizione 4.2.6). Inoltre, poiché φ è iniettivo, φ induce una permutazione sulle radici di $f(X)$. Se $\alpha_1, \ldots, \alpha_n$ sono le radici di $f(X)$ e $\varphi \in \mathrm{Gal}_F(K)$ è tale che $\varphi(\alpha_i) = \alpha_j$, indichiamo con $\sigma^\varphi \in \mathbf{S}_n$ la permutazione definita da $\sigma^\varphi(i) = j$, per $i, j = 1, \ldots, n$.

Ricordiamo che due permutazioni di $\mathbf{S}_n$ sono coniugate se e soltanto se hanno la stessa struttura ciclica [53, Paragrafo 2.3]. In particolare, se $\tau \in \mathbf{S}_n$ e $1 \le k \le n$, risulta

$$\tau(a_1 \ldots a_k)\tau^{-1} = (a_{\tau(1)} \ldots a_{\tau(k)}).$$

Gabelli S: Teoria delle Equazioni e Teoria di Galois. © Springer-Verlag Italia, Milano 2008

Teorema 8.1.1 *Sia F un campo e sia $f(X) \in F[X]$ un polinomio separabile con campo di spezzamento K su F. Fissato un ordinamento delle radici $\alpha_1, \ldots, \alpha_n$ di $f(X)$, con le notazioni precedentemente introdotte, l'applicazione*

$$\psi : \mathrm{Gal}_F(K) \longrightarrow \mathbf{S}_n \, ; \quad \varphi \mapsto \sigma^\varphi$$

è un omomorfismo iniettivo di gruppi; dunque $\mathrm{Gal}_F(K)$ è isomorfo al sottogruppo $G := \{\sigma^\varphi \, ; \varphi \in \mathrm{Gal}_F(K)\}$ di $\mathbf{S}_n$.

Inoltre, se $\alpha_{\tau(1)}, \ldots, \alpha_{\tau(n)}$, con $\tau \in \mathbf{S}_n$, è un altro ordinamento delle radici di $f(X)$, l'immagine di $\mathrm{Gal}_F(K)$ secondo l'applicazione ψ è il sottogruppo di $\mathbf{S}_n$ coniugato a G tramite τ, ovvero il sottogruppo $\tau G \tau^{-1}$.

Dimostrazione. Si verifica facilmente che l'applicazione ψ è un omomorfismo di gruppi. Inoltre essa è iniettiva. Infatti, K è generato su F dalle radici di $f(X)$ e allora, se $\varphi \in \mathrm{Gal}_F(K)$ è tale che $\varphi(\alpha) = \alpha$ per ogni radice α di $f(X)$, si ha che φ è l'identità su K. Dunque $\mathrm{Gal}_F(K)$ è isomorfo al sottogruppo $G := \{\sigma^\varphi \, ; \varphi \in \mathrm{Gal}_F(K)\}$ di $\mathbf{S}_n$.

Se poi $\tau \in \mathbf{S}_n$ e $\varphi \in \mathrm{Gal}_F(K)$ è tale che $\varphi(\alpha_i) = \alpha_j$, allora deve risultare $\varphi(\alpha_{\tau(i)}) = \alpha_{\tau(j)}$. Dunque, posto $\sigma := \sigma^\varphi$, si ha $\sigma(i) = j$ e $\varphi(\alpha_{\tau(i)}) = \alpha_{\tau\sigma(i)} = \alpha_{\tau\sigma\tau^{-1}(\tau(i))}$, per $i = 1, \ldots, n$. Perciò, rispetto all'ordinamento $\alpha_{\tau(1)}, \ldots, \alpha_{\tau(n)}$ delle radici di $f(X)$, a φ resta associata la permutazione $\tau\sigma^\varphi\tau^{-1}$. Ne segue che l'immagine di $\mathrm{Gal}_F(K)$ in $\mathbf{S}_n$ è $\tau G \tau^{-1}$.

Definizione 8.1.2 *Se $f(X) \in F[X]$ è un polinomio separabile con campo di spezzamento K su F, scriveremo $\mathrm{Gal}_F(f(X)) := \mathrm{Gal}_F(K)$. Fissato un ordinamento delle radici di $f(X)$, il sottogruppo G di $\mathbf{S}_n$ isomorfo a $\mathrm{Gal}_F(f(X))$ tramite la corrispondenza $\varphi \mapsto \sigma^\varphi$ sopra definita si chiama il* gruppo di Galois *del polinomio $f(X)$.*

Il gruppo di Galois di un polinomio è dunque definito a meno di coniugio. Questa ambiguità si può evitare fissando una volta per tutte un ordinamento delle radici. Due polinomi con lo stesso campo di spezzamento hanno gruppi di Galois isomorfi, ma come vedremo non necessariamente coniugati.

Proposizione 8.1.3 *Sia F un campo e sia $f(X) \in F[X]$ un polinomio con campo di spezzamento K. Se α e β sono radici di $f(X)$, esiste un F-automorfismo di K tale che $\varphi(\alpha) = \beta$ se e soltanto se α e β sono radici di uno stesso fattore monico irriducibile di $f(X)$ in $F[X]$.*

Dimostrazione. Se α è una radice di $f(X)$, il polinomio minimo di α su F è un fattore monico irriducibile di $f(X)$. Poiché α e $\varphi(\alpha)$ sono elementi coniugati, il polinomio minimo di α e $\varphi(\alpha)$ deve essere lo stesso, per ogni $\varphi \in \mathrm{Gal}_F(K)$.

Viceversa, se α e β sono radici di uno stesso fattore monico di $f(X)$ irriducibile su F, allora esiste un F-isomorfismo φ di $F(\alpha)$ in $\overline{F}$ la cui immagine è $F(\beta)$ (Proposizione 5.1.17). Tale F-isomorfismo si può estendere a un F-automorfismo di K per la Proposizione 5.2.13.

L'iniettività dell'omomorfismo $\psi : \mathrm{Gal}_F(f(X)) \longrightarrow \mathbf{S}_n$; $\varphi \mapsto \sigma^\varphi$ si esprime dicendo che $\mathrm{Gal}_F(f(X))$ agisce *fedelmente* sull'insieme delle radici distinte di $f(X)$. Inoltre per la Proposizione 8.1.3, l'orbita di una radice α di $f(X)$ sotto l'azione di $\mathrm{Gal}_F(f(X))$ è costituita esattamente dalle radici del polinomio minimo di α su F. Quindi $\mathrm{Gal}_F(f(X))$ ha una sola orbita, cioè agisce *transitivamente*, se e soltanto se $f(X)$ è irriducibile su F (Paragrafo 12.1).

Corollario 8.1.4 *Sia $f(X) \in F[X]$ un polinomio separabile di grado n e sia $G \subseteq \mathbf{S}_n$ il suo gruppo di Galois. Allora $f(X)$ è irriducibile su F se e soltanto se G è un sottogruppo transitivo di $\mathbf{S}_n$. In particolare, se $G = \mathbf{S}_n$, allora $f(X)$ è irriducibile.*

Corollario 8.1.5 *Il gruppo di Galois di un ampliamento di Galois di grado n è isomorfo a un sottogruppo transitivo di $\mathbf{S}_n$.*

Dimostrazione. Basta ricordare che un ampliamento di Galois di grado n è un campo di spezzamento di un polinomio separabile e irriducibile di grado n (Teorema 5.4.7). □

In virtù del Teorema 8.1.1, come sarà più conveniente, potremo considerare gli elementi del gruppo di Galois di un polinomio separabile $f(X) \in F[X]$ sia come automorfismi di un fissato campo di spezzamento K di $f(X)$, sia come permutazioni delle radici $\alpha_1, \ldots, \alpha_n$ di $f(X)$.

Sia dunque $G \subseteq \mathbf{S}_n$ il gruppo di Galois di $f(X)$. Per stabilire se G è contenuto nel gruppo alterno $\mathbf{A}_n$ delle permutazioni pari, è utile lo studio del *discriminante* di $f(X)$

$$D(f) := \prod_{1 \leq i < j \leq n} (\alpha_i - \alpha_j)^2$$

(Paragrafo 2.7.3). Ricordiamo che $D(f) \in F$, ed infatti $\varphi(D(f)) = D(f)$, per ogni $\varphi \in \mathrm{Gal}_F(K)$ (Proposizione 8.1.3). Consideriamo l'elemento di K

$$\delta := \delta(f) := \prod_{1 \leq i < j \leq n} (\alpha_i - \alpha_j).$$

Poiché $\delta^2 = D(f) \in F$, si ha $[F(\delta) : F] \leq 2$ e, per la corrispondenza di Galois, il gruppo di Galois di $f(X)$ su $F(\delta)$ ha indice in G al più uguale a 2. Del resto, se $\sigma \in \mathbf{S}_n$, si vede subito che

$$\sigma(\delta) := \prod_{1 \leq i < j \leq n} (\alpha_{\sigma(i)} - \alpha_{\sigma(j)}) = \delta \quad \Leftrightarrow \quad \sigma \in \mathbf{A}_n.$$

Quindi il gruppo di Galois di $f(X)$ su $F(\delta)$ è $H := G \cap \mathbf{A}_n$ e $F(\delta) = K^H$.

Proposizione 8.1.6 *Con le notazioni precedenti, $G \subseteq \mathbf{A}_n$ se e soltanto se $\delta \in F$. Altrimenti $F(\delta) = K^H$ ha grado 2 su F.*

Dimostrazione. Come già osservato, $F(\delta) = K^H$. Consideriamo la catena di ampliamenti

$$F \subseteq F(\delta) = K^H \subseteq K.$$

Allora, per la corrispondenza di Galois (Teorema 7.3.7), si ha

$$\delta \in F \quad \Leftrightarrow \quad K^G = F = F(\delta) = K^H \quad \Leftrightarrow \quad G = H \quad \Leftrightarrow \quad G \subseteq \mathbf{A}_n.$$

Esempi 8.1.7 **(1)** Se $f(X)$ è un polinomio di terzo grado separabile e irriducibile su F, $G \subseteq \mathbf{S}_3$ e necessariamente $H := G \cap \mathbf{A}_3 = \mathbf{A}_3$. Ne segue che $G = \mathbf{A}_3$ se $\delta \in F$ e $G = \mathbf{S}_3$ se $\delta \notin F$.

(2) Sia F un campo di caratteristica diversa da 2 e sia $f(X) := X^4 + aX^2 + c \in F[X]$ un polinomio biquadratico irriducibile. Posto $t := a^2 - 4c$, il discriminante di $f(T)$ è $D(f) = 16ct^2$ (Esempio 2.7.18 (3)). Allora $\delta = 4t\sqrt{c}$ e il campo fisso di $H := G \cap \mathbf{A}_4$ è $F(\delta) = F(\sqrt{c})$. Ne segue che $G \subseteq \mathbf{A}_4$ se e soltanto se $\sqrt{c} \in F$. Se questo avviene, poiché G è transitivo, risulta necessariamente $G = \mathbf{V}_4$. Calcoleremo il gruppo di Galois di un polinomio biquadratico nel successivo Paragrafo 8.1.1 (3).

(3) Sia $p \geq 2$ un numero primo e sia $f(X) := X^p - 1 \in \mathbb{Q}[X]$. Allora

$$D(f) := (-1)^{\frac{p-1}{2}} p^p$$

(Esempio 2.7.20), da cui, scrivendo $p = 2\frac{p-1}{2} + 1$, otteniamo

$$\delta = \pm p^{\frac{p-1}{2}} \sqrt{(-1)^{\frac{p-1}{2}} p} \notin \mathbb{Q}.$$

Ne segue che

$$\begin{cases} \mathbb{Q}(\delta) = \mathbb{Q}(\sqrt{p}) & \text{se } p \equiv 1 \mod 4 \\ \mathbb{Q}(\delta) = \mathbb{Q}(i\sqrt{p}) & \text{se } p \equiv 3 \mod 4 \end{cases}$$

In particolare, per la corrispondenza di Galois, $\mathbb{Q}(\delta)$ è l'unico ampliamento quadratico di $\mathbb{Q}$ contenuto nel p-esimo ampliamento ciclotomico (Paragrafo 7.3.3 (4)).

8.1.1 Alcuni esempi

Determiniamo esplicitamente i gruppi di Galois di alcuni polinomi, visti come gruppi di permutazioni.

Ricordiamo che $\mathbf{S}_n$ è generato da tutte le trasposizioni e che il gruppo alterno $\mathbf{A}_n$ delle permutazioni pari di $\mathbf{S}_n$ è generato da tutti i 3-cicli [53, Paragrafo 2.8]. Anche per il seguito, ai fini del calcolo dei gruppi di Galois è utile notare che è possibile scegliere altri insiemi di "buoni generatori" di $\mathbf{S}_n$.

Proposizione 8.1.8 *Sia G un sottogruppo di $\mathbf{S}_n$, $n \geq 3$. Allora:*

(a) *Se G contiene tutte le trasposizioni del tipo (ik) con k fissato e $i \neq k$, $G = \mathbf{S}_n$;*

(b) *Se G contiene il ciclo $(12\ldots n)$ e la trasposizione (12), $G = \mathbf{S}_n$;*

(c) *Se $n = p$ è un numero primo e G contiene un qualsiasi p-ciclo e una qualsiasi trasposizione, $G = \mathbf{S}_p$;*

(d) *Se G è transitivo e contiene un qualsiasi $(n-1)$-ciclo e una qualsiasi trasposizione, $G = \mathbf{S}_n$.*

Dimostrazione. Per semplicità, sottenderemo che le cifre che compaiono nel calcolo delle permutazioni siano considerate modulo n.

(a) Basta notare che, per ogni trasposizione (ab), con $a, b \neq k$, si ha $(ab) = (ka)(kb)(ka)$.

(b) Notiamo che, posto $\gamma := (12\ldots n)$, per ogni trasposizione (ab), si ha $\gamma(ab)\gamma^{-1} = (a+1, b+1)$. Allora, se $(12) \in G$, per induzione su i, anche tutte le trasposizioni del tipo $(i, i+1)$, $i = 1, \ldots, n-1$, appartengono a G. Sempre per induzione su i, otteniamo perciò che $(1i) \in G$ per ogni $i \neq 1$. Infatti, se $(1j) \in G$, allora $(1, j+1) = (1j)(j, j+1)(1j) \in G$. Quindi $G = \mathbf{S}_n$ per il punto (a).

(c) A meno di coniugio, possiamo supporre che $\gamma := (12\ldots p) \in G$. Sia $(a, a+k) \in G$, con $1 \leq k < p$. Allora $\gamma^k(a, a+k)\gamma^{-k} = (a+k, a+2k)$ e, per induzione su j, $\gamma^k(a+jk, a+(j+1)k)\gamma^{-k} = (a+(j+1)k, a+(j+2)k)$. Poiché p è primo e $k < p$, gli interi $a, a+k, a+2k, \ldots, a+(p-1)k$ non sono congrui modulo p. Quindi, G contiene tutte le trasposizioni $(1i_1), (i_1i_2), \ldots, (i_{p-2}i_{p-1}), (i_{p-1}, 1)$ con $\{i_1, \ldots, i_{p-1}\} = \{2, \ldots, p\}$. Notiamo ora che $(i_{p-1}, 1)(i_{p-2}i_{p-1})\ldots(i_1i_2)(1i_1) = (1)(i_1i_2\ldots i_{p-1}) \in G$. Posto $\sigma := (i_1i_2\ldots i_{p-1})$, otteniamo che $\sigma^j(1i_1)\sigma^{-j} = (1i_j)$ per $j = 1, \ldots, p-1$. Quindi G contiene tutte le trasposizioni $(1k)$ per $k \neq 1$ e possiamo concludere per il punto (a).

(d) Sia G un sottogruppo transitivo di $\mathbf{S}_n$. A meno di coniugio, possiamo supporre che $\gamma := (12\ldots n-1) \in G$. Supponiamo che $(ab) \in G$, con $1 \leq a < b \leq n$. Per la transitività, G contiene una permutazione σ tale che $\sigma(a) = n$. Allora, se $\sigma(b) = k$, si ha $\sigma(ab)\sigma^{-1} = (kn) \in G$. Al variare di $j = 1, \ldots, n$, le trasposizioni $\gamma^j(kn)\gamma^{-j} \in G$ sono tutte le trasposizioni del tipo (in) con $i = 1, \ldots, n-1$. Quindi $G = \mathbf{S}_n$ per il punto (a).

1. Il gruppo di Galois del polinomio generale

Sia $\mathbf{X} := \{X_1, \ldots, X_n\}$ un insieme di indeterminate indipendenti sul campo F. Se $s_1, \ldots, s_n \in F[\mathbf{X}]$ sono i polinomi simmetrici elementari, il *polinomio generale di grado n su F* è il polinomio separabile

$$g(T) := T^n - s_1 T^{n-1} + s_2 T^{n-2} - \cdots + (-1)^n s_n.$$

Il campo di definizione di $g(T)$ è il campo delle funzioni simmetriche $F(s_1, \ldots, s_n)$, mentre un suo campo di spezzamento è il campo delle funzioni razionali $F(\mathbf{X})$ (Esempio 4.1.5 (8)).

Proposizione 8.1.9 *Il gruppo di Galois di $F(\mathbf{X})$ su $F(s_1, \ldots, s_n)$ è $\Sigma :=$ $\{\varphi_\sigma; \sigma \in \mathbf{S}_n\}$, dove*

$$\varphi_\sigma : F(\mathbf{X}) \longrightarrow F(\mathbf{X}) ; \quad \lambda(X_1, \ldots, X_n) \mapsto \lambda(X_{\sigma(1)}, \ldots, X_{\sigma(n)}).$$

Quindi il gruppo di Galois del polinomio generale di grado n su F è $\mathbf{S}_n$.

Dimostrazione. Σ è un sottogruppo di $\mathrm{Aut}(F(\mathbf{X}))$ isomorfo a $\mathbf{S}_n$ (Proposizione 2.7.10) il cui campo fisso è il campo delle funzioni simmetriche, cioè il campo $F(s_1, \ldots, s_n)$ (Corollario 2.7.12). Allora, per la corrispondenza di Galois, il gruppo di Galois di $F(\mathbf{X})$ su $F(s_1, \ldots, s_n)$ è proprio Σ (Teorema 7.3.7).

Corollario 8.1.10 *Il polinomio generale di grado n su F è irriducibile su $F(s_1, \ldots, s_n)$.*

Dimostrazione. Segue dalla proposizione precedente e dal Corollario 8.1.4, perché $\mathbf{S}_n$ è transitivo.

Esempi 8.1.11 Per motivi di cardinalità, il grado di trascendenza di $\mathbb{R}$ su $\mathbb{Q}$ è infinito, uguale alla cardinalità del continuo (Esempio 6.2.8 (5)). Allora per ogni $n \geq 1$, esistono n numeri reali $t_1, \ldots, t_n$ algebricamente indipendenti su $\mathbb{Q}$ ed i campi $F(t_1, \ldots, t_n)$ e $F(s_1, \ldots, s_n)$ sono isomorfi (Teorema 2.7.6 e Corollario 6.1.5). Ne segue che il polinomio $f(X) := X_n + t_1 X^{n-1} + t_2 X^{n-2} + \cdots + t_n \in \mathbb{R}[X]$ è un polinomio che si comporta come il polinomio generale; in particolare il gruppo di Galois di $f(X)$ sul suo campo di definizione $\mathbb{Q}(t_1, \ldots, t_n)$ è $\mathbf{S}_n$.

2. Il gruppo di Galois del polinomio $X^3 - p$

Sia p un numero primo e sia $f(X) := X^3 - p \in \mathbb{Q}[X]$. Le radici di $f(X)$ sono

$$\gamma_1 := \alpha := \sqrt[3]{p}, \quad \gamma_2 := \alpha\xi, \quad \gamma_3 := \alpha\xi^2,$$

dove ξ è una radice primitiva terza dell'unità. Allora il campo di spezzamento di $f(X)$ è $K = \mathbb{Q}(\alpha, \xi) = \mathbb{Q}(\sqrt[3]{p}, i\sqrt{3})$ (Esempio 4.1.5 (3, b)). Abbiamo visto nel Paragrafo 7.3.3 (2) che

$$\mathrm{Gal}_\mathbb{Q}(K) = \langle \rho, \delta \rangle = \{id, \rho, \rho^2, \delta, \rho\delta, \rho^2\delta\},$$

dove

$$\rho : \alpha \mapsto \alpha\xi, \; \xi \mapsto \xi ; \quad \delta : \alpha \mapsto \alpha, \; \xi \mapsto \xi^2.$$

Quindi $\mathrm{Gal}_\mathbb{Q}(f(X)) = \mathrm{Gal}_\mathbb{Q}(K)$ è un gruppo isomorfo a $\mathbf{S}_3$.

Nell'ordinamento scelto, ρ induce sulle radici di $f(X)$ la permutazione $(\gamma_1 \gamma_2 \gamma_3)$ mentre δ induce la permutazione $(\gamma_2 \gamma_3)$. Quindi un isomorfismo esplicito di $\mathrm{Gal}_\mathbb{Q}(f(X)) = \mathrm{Gal}_\mathbb{Q}(K)$ con $\mathbf{S}_3$ resta definito da

$$\psi : \mathrm{Gal}_\mathbb{Q}(f(X)) \longrightarrow \mathbf{S}_n ; \quad \rho \mapsto \sigma^\rho = (123), \; \delta \mapsto \sigma^\delta = (23).$$

3. Il gruppo di Galois di un polinomio biquadratico

Sia $f(X) := X^4 + aX^2 + c \in \mathbb{Q}[X]$ un polinomio biquadratico irriducibile. Le radici di $f(X)$ sono:

$$\gamma_1 := \alpha := \sqrt{r + s\sqrt{t}}, \quad \gamma_2 := \beta := \sqrt{r - s\sqrt{t}}, \quad \gamma_3 := -\alpha, \quad \gamma_4 := -\beta$$

dove $r := -a/2$, $s := 1/2$, $t := a^2 - 4c$. Poiché $f(X)$ è irriducibile su $\mathbb{Q}$, $[\mathbb{Q}(\alpha) : \mathbb{Q}] = 4$ e quindi $\sqrt{t} \notin \mathbb{Q}$ (altrimenti α avrebbe grado 2 su $\mathbb{Q}$). Allora il campo di spezzamento di $f(X)$ è $K := \mathbb{Q}(\alpha, \beta)$. Poiché

$$\beta^2 \in \mathbb{Q}(\alpha^2) = \mathbb{Q}(\sqrt{t}) \subseteq \mathbb{Q}(\alpha),$$

β ha grado al più uguale a 2 su $\mathbb{Q}(\alpha)$. Quindi $[K : \mathbb{Q}] = 4$ (se e soltanto se $\beta \in \mathbb{Q}(\alpha)$) oppure $[K : \mathbb{Q}] = 8$.

Proposizione 8.1.12 *Indicando con $G \subseteq \mathbf{S}_4$ il gruppo di Galois di $f(X)$ su $\mathbb{Q}$, con le notazioni precedenti si hanno precisamente i seguenti casi:*

(a) $G = \mathbf{V}_4 := \{(1), (12)(34), (13)(24), (14)(23)\}$ *se (e soltanto se)* $\sqrt{c} \in \mathbb{Q}$;
(b) G *è ciclico se (e soltanto se)* $\sqrt{tc} \in \mathbb{Q}$;
(c) G *è un gruppo diedrale di grado 4 se (e soltanto se)* $\sqrt{c} \notin \mathbb{Q}$ *e* $\sqrt{tc} \notin \mathbb{Q}$.

Dimostrazione. Gli isomorfismi di $\mathbb{Q}(\alpha)$ in K sono:

$$\varphi_1 := id : \alpha \mapsto \alpha; \qquad \varphi_2 : \alpha \mapsto \beta;$$
$$\varphi_3 : \alpha \mapsto -\alpha; \qquad \varphi_4 : \alpha \mapsto -\beta.$$

Notiamo che $c = \alpha^2 \beta^2$ e dunque $\sqrt{c} = \alpha\beta$; da cui

$$\beta = \frac{\sqrt{c}}{\alpha} = \frac{\sqrt{tc}}{\alpha\sqrt{t}}.$$

Allora, quando $\sqrt{c} \in \mathbb{Q}$ oppure $\sqrt{tc} \in \mathbb{Q}$, si ha $\beta \in \mathbb{Q}(\alpha)$, $K = \mathbb{Q}(\alpha)$ e $\mathrm{Gal}_{\mathbb{Q}}(f(X)) = \{\varphi_1 = id, \varphi_2, \varphi_3, \varphi_4\}$.

(a) Poiché il discriminante di $f(X)$ è $D(f) = 16ct^2$, come visto nell'Esempio 8.1.7 (2), $\sqrt{c} \in \mathbb{Q}$ se e soltanto se $G \subseteq \mathbf{A}_4$. In questo caso deve necessariamente risultare $G = \mathbf{V}_4$.

Posto $\varphi := \varphi_2$, si ha

$$\varphi(\alpha) = \beta; \quad \varphi(\beta) = \varphi\left(\frac{\sqrt{c}}{\alpha}\right) = \frac{\varphi(\sqrt{c})}{\varphi(\alpha)} = \frac{\sqrt{c}}{\beta} = \alpha;$$

$$\varphi(-\alpha) = -\beta; \quad \varphi(-\beta) = -\alpha.$$

Quindi φ_2 induce sulle radici di $f(X)$ la permutazione $(\gamma_1\gamma_2)(\gamma_3\gamma_4)$.

Analogamente si ottiene $\varphi_3(\beta) = -\beta$; quindi φ_3 induce sulle radici di $f(X)$ la permutazione $(\gamma_1\gamma_3)(\gamma_2\gamma_4)$. Infine $\varphi_4(\beta) = -\alpha$; quindi φ_4 induce sulle radici di $f(X)$ la permutazione $(\gamma_1\gamma_4)(\gamma_2\gamma_3)$. In conclusione

$$G = \{(1), (12)(34), (13)(24), (14)(23)\} =: \mathbf{V}_4.$$

(b) Se $\sqrt{tc} \in \mathbb{Q}$ necessariamente $\sqrt{c} \notin \mathbb{Q}$, perché $\sqrt{t} \notin \mathbb{Q}$. Ne segue che G ha ordine 4 ed inoltre, per il punto (a) non è di Klein; quindi G è ciclico. Verifichiamo infatti che $\varphi := \varphi_2$ ha ordine 4. Poiché $\varphi(\alpha^2) = \beta^2$, allora $\varphi(\sqrt{t}) = -\sqrt{t}$ e di conseguenza

$$\varphi(\alpha) = \beta; \; \varphi^2(\alpha) = \varphi(\beta) = \varphi\left(\frac{\sqrt{tc}}{\alpha\sqrt{t}}\right) = \frac{\sqrt{tc}}{\varphi(\alpha)\varphi(\sqrt{t})} = \frac{\sqrt{tc}}{-\beta\sqrt{t}} = -\alpha\,;$$

$$\varphi^3(\alpha) = \varphi(-\alpha) = -\beta\,; \quad \varphi^4(\alpha) = \varphi(-\beta) = \alpha.$$

Perciò φ ha ordine 4 (inoltre $\varphi^2 = \varphi_3$ e $\varphi^3 = \varphi_4$) e φ induce sulle radici di $f(X)$ la permutazione $(\gamma_1\gamma_2\gamma_3\gamma_4)$. In conclusione

$$G = \langle(1234)\rangle \subseteq \mathbf{S}_4.$$

Viceversa, supponiamo che G sia ciclico di ordine 4. Allora, per la corrispondenza di Galois, $K = \mathbb{Q}(\alpha)$ ha un unico sottocampo L di grado 2 su $\mathbb{Q}$ (Paragrafo 7.3.3 (1)) e necessariamente $L = \mathbb{Q}(\sqrt{t})$. Dunque $\sqrt{c} \in \mathbb{Q}(\sqrt{t})$ e, per opportuni $x, y \in \mathbb{Q}$, si ha

$$c = (x + y\sqrt{t})^2 = x^2 + y^2 t + 2xy\sqrt{t}.$$

Quindi $xy = 0$. Se $y = 0$, allora $c = x^2$ e $\sqrt{c} \in \mathbb{Q}$. Poiché, per il punto (a), $\sqrt{c} \notin \mathbb{Q}$, deve essere $x = 0$ e $c = y^2 t$. Dunque $ct = (yt)^2$ e $\sqrt{ct} = yt \in \mathbb{Q}$.

(c) Se $\sqrt{c} \notin \mathbb{Q}$ e $\sqrt{tc} \notin \mathbb{Q}$, per i punti (a) e (b), $G \subseteq \mathbf{S}_4$ deve avere ordine 8 e quindi deve essere un gruppo diedrale di grado 4. Per esplicitare il gruppo G, notiamo che gli automorfismi di K, costruiti per estensioni successive, ad esempio considerando la catena

$$\mathbb{Q} \subseteq \mathbb{Q}(\alpha^2) = \mathbb{Q}(\sqrt{t}) \subseteq \mathbb{Q}(\alpha) \subseteq K := \mathbb{Q}(\alpha, \beta),$$

sono:

$$
\begin{array}{llll}
id : \alpha \mapsto \alpha, & \beta \mapsto \beta; & \tau : \alpha \mapsto -\alpha, & \beta \mapsto \beta \\
\sigma : \alpha \mapsto \beta, & \beta \mapsto -\alpha; & \sigma\tau : \alpha \mapsto -\beta, & \beta \mapsto -\alpha \\
\sigma^2 : \alpha \mapsto -\alpha, & \beta \mapsto -\beta; & \sigma^2\tau : \alpha \mapsto \alpha, & \beta \mapsto -\beta \\
\sigma^3 : \alpha \mapsto -\beta, & \beta \mapsto \alpha; & \sigma^3\tau : \alpha \mapsto \beta, & \beta \mapsto \alpha
\end{array}
$$

Poiché σ induce sulle radici di $f(X)$ la permutazione $(\gamma_1\gamma_2\gamma_3\gamma_4)$ e τ induce la permutazione $(\gamma_1\gamma_3)$, si ha

$$G = \langle(1234), (13)\rangle \subseteq \mathbf{S}_4.$$

Esempi 8.1.13 **(1)** Il polinomio $f(X) := X^4 - 10X^2 + 1 \in \mathbb{Q}[X]$ è irriducibile su $\mathbb{Q}$ ed ha radici

$$\alpha := \sqrt{2} + \sqrt{3}, \quad -\alpha, \quad \beta := \sqrt{2} - \sqrt{3}, \quad -\beta$$

(Esempio 3.3.15 (5)). Poiché $c = 1$ è un quadrato in $\mathbb{Q}$, allora il gruppo di Galois di $f(X)$ è $\mathbf{V}_4$.

(2) Il polinomio $f(X) := X^4 + 30X^2 + 45 \in \mathbb{Q}[X]$ è irriducibile su $\mathbb{Q}$ (per il criterio di Eisenstein con $p = 5$) ed ha radici:

$$\alpha := \sqrt{-15 + 6\sqrt{5}}, \quad -\alpha, \quad \beta := \sqrt{-15 - 6\sqrt{5}}, \quad -\beta.$$

Poiché $t := 5$ e $c := 45$ non sono quadrati in $\mathbb{Q}$, mentre $tc := 5c = 225 = 15^2$ lo è, $\text{Gal}_F(f(X))$ è ciclico di grado 4, generato dall'automorfismo $\varphi : \alpha \mapsto \beta$.

(3) Sia p un numero primo e sia $f(X) := X^4 - p \in \mathbb{Q}[X]$. Allora $f(X)$ è irriducibile su $\mathbb{Q}$ (per il criterio di Eisenstein) e il campo di spezzamento di $f(X)$ è $K = \mathbb{Q}(\sqrt[4]{p}, i)$. Poiché K ha grado 8 su $\mathbb{Q}$, il suo gruppo di Galois è diedrale di grado 4 (Paragrafo 7.3.3 (3)). Notiamo che $c = -p$ e $tc = (4p)(-p) = -4p^2$ non sono quadrati in $\mathbb{Q}$.

(4) Se $f(X) \in \mathbb{Q}[X]$ si spezza nel prodotto di due polinomi distinti irriducibili di secondo grado, il suo campo di spezzamento è un ampliamento biquadratico e quindi $\text{Gal}_{\mathbb{Q}}(f(X))$ e un gruppo di Klein (Esempio 7.1.4 (2)), ma il corrispondente gruppo $G \subseteq \mathbf{S}_4$ non è transitivo.

Infatti, sia $f(X) = g(X)h(X)$. Se γ_1, γ_2 sono le radici di $g(X)$ e γ_3, γ_4 sono le radici di $h(X)$, allora $\text{Gal}_{\mathbb{Q}}(f(X)) = \{id, \sigma, \tau, \sigma\tau\}$, dove σ induce sulle radici la permutazione $(\gamma_1 \gamma_2)$ e τ induce la permutazione $(\gamma_3 \gamma_4)$. Quindi $\text{Gal}_{\mathbb{Q}}(f(X))$ è isomorfo al sottogruppo $G := \{(1), (12), (34), (12)(34)\}$ di $\mathbf{S}_4$, che non è transitivo (e non è isomorfo a $\mathbf{V}_4$ per coniugio).

Proposizione 8.1.14 (Formula del doppio radicale) *Siano $r, s, t \in \mathbb{Q}$ e sia $\alpha := \sqrt{r + s\sqrt{t}}$, con $\sqrt{t} \notin \mathbb{Q}$. Allora $\alpha = x\sqrt{a} + y\sqrt{b}$, per opportuni $x, y, a, b, \in \mathbb{Q}$, se e soltanto se $c := r^2 - s^2 t := \eta^2$ è un quadrato in $\mathbb{Q}$. Inoltre in questo caso risulta*

$$\alpha = \pm\sqrt{\frac{r+\eta}{2}} \pm \sqrt{\frac{r-\eta}{2}},$$

dove i segni sono opportunamente determinati.

Dimostrazione. Poiché $\sqrt{t} \notin \mathbb{Q}$, α ha grado 4 su $\mathbb{Q}$ e, per doppia quadratura, il polinomio minimo di α su $\mathbb{Q}$ è $f(X) := X^4 - 2rX^2 + c$. Dunque $\alpha = x\sqrt{a} + y\sqrt{b}$ se e soltanto se $\mathbb{Q}(\alpha) = \mathbb{Q}(\sqrt{a}, \sqrt{b})$ è un ampliamento biquadratico di $\mathbb{Q}$, ovvero il gruppo di Galois di $f(X)$ su $\mathbb{Q}$ è un gruppo di Klein (Proposizione 7.3.21). Posto $c := \eta^2$, per la Proposizione 8.1.12, questo accade se e soltanto se $\eta \in \mathbb{Q}$.

Per concludere, osserviamo che, se $\beta := \sqrt{r - s\sqrt{t}}$, si ha

$$\alpha^2\beta^2 = (r + s\sqrt{t})(r - s\sqrt{t}) = \eta^2,$$

da cui

$$(\alpha \pm \beta)^2 = \alpha^2 + \beta^2 \pm 2\eta = (r + s\sqrt{t}) + (r - s\sqrt{t}) \pm 2\eta = 2(r \pm \eta)$$

e

$$\alpha + \beta = \pm\sqrt{2(r + \eta)}, \quad \alpha - \beta = \pm\sqrt{2(r - \eta)};$$

sommando, si trova l'espressione per α.

Esempi 8.1.15 Sia $\alpha := \sqrt{5 \pm \sqrt{21}} \in \mathbb{R}$. Poiché, con le notazioni precedenti, $\eta^2 = 25 - 21 = 4$, allora $\eta = \pm 2 \in \mathbb{Q}$ e $\alpha = \frac{\sqrt{14} \pm \sqrt{6}}{2}$.

4. Il gruppo di Galois di un polinomio ciclotomico

Se ξ è una radice complessa n-sima primitiva dell'unità, il gruppo di Galois su $\mathbb{Q}$ dell'n-simo ampliamento ciclotomico $\mathbb{Q}(\xi)$ è isomorfo al gruppo delle unità di $\mathbb{Z}_n$. Precisamente $\mathbb{Q}(\xi)$ ha $\varphi(n)$ automorfismi, che sono tutti e soli gli automorfismi ψ_k definiti da:

$$\psi_k : \mathbb{Q}(\xi) \longrightarrow \mathbb{Q}(\xi); \quad \xi \mapsto \xi^k, \quad \text{con } 1 \le k < n \text{ e } \text{MCD}(n, k) = 1$$

(Paragrafo 4.4.3). Poiché $\mathbb{Q}(\xi)$ è il campo di spezzamento su $\mathbb{Q}$ del polinomio (riducibile) $f_n(X) := X^n - 1$, che ha n-radici distinte, allora $\text{Aut}(\mathbb{Q}(\xi)) = \text{Gal}_\mathbb{Q}(f_n(X))$ è isomorfo a un sottogruppo di $\mathbf{S}_n$. Un isomorfismo esplicito si può determinare ordinando le radici di $f_n(X)$ come $\alpha_i := \xi^i$, $i = 1, \ldots, n$, e osservando che, per ogni $h = 1, \ldots, n$, risulta $\psi_k(\xi^h) = \xi^{hk} = \xi^s$, dove $1 \le s \le n$ e $s \equiv hk$ modulo n. Dunque a ψ_k corrisponde la permutazione $\sigma_k \in \mathbf{S}_n$ che ad ogni intero positivo $h \le n$ associa l'intero positivo s sopra definito. Il gruppo di Galois di $f_n(X)$ è perciò $H := \{\sigma_k ; 1 \le k < n, \text{MCD}(n, k) = 1\}$.

Poiché i fattori monici irriducibili di $f_n(X)$ sono esattamente i d-esimi polinomi ciclotomici $\Phi_d(X)$, dove d è un divisore positivo di n, in accordo con la Proposizione 8.1.3, ogni automorfismo ψ_k deve permutare tra di loro le radici dei d-esimi polinomi ciclotomici. Questo è vero perché le radici di $\Phi_d(X)$ sono tutte e sole le radici n-sime dell'unità di ordine d ed inoltre ξ^h e $\psi_k(\xi^h) = x^{hk}$ hanno lo stesso ordine, perché ψ_k ristretto al gruppo ciclico delle radici n-sime dell'unità è un automorfismo di gruppi.

Naturalmente si ha anche $\text{Aut}(\mathbb{Q}(\xi)) = \text{Gal}_\mathbb{Q}(\Phi_n(X))$. Poiché $\Phi_n(X)$ è irriducibile su $\mathbb{Q}$ di grado $\varphi(n)$, $\text{Aut}(\mathbb{Q}(\xi))$ è anche isomorfo a un sottogruppo transitivo di $\mathbf{S}_{\varphi(n)}$.

Esempi 8.1.16 (1) Sia ξ una radice primitiva ottava dell'unità. Allora $\mathbb{Q}(\xi)$ è il campo di spezzamento in $\mathbb{C}$ sia del polinomio $f_8(X) := X^8 - 1$ che del polinomio $\Phi_8(X) := X^4 + 1$.

Ricordiamo che $f_8(X) := X^8 - 1 = \Phi_1(X)\Phi_2(X)\Phi_4(X)\Phi_8(X)$, dove
- $\Phi_1(X) := X - 1$ ha radice $\xi^8 = 1$,
- $\Phi_2(X) := X + 1$ ha radice $\xi^4 = -1$,
- $\Phi_4(X) := X^2 + 1$ ha radici $\xi^2 = i$ e $\xi^6 = -i$, ed infine
- $\Phi_8(X) := X^4 + 1$ ha radici ξ, ξ^3, ξ^5, ξ^7.

Poiché $\mathcal{U}(\mathbb{Z}_8) = \{\overline{1}, \overline{3}, \overline{5}, \overline{7}\}$, allora $\mathrm{Aut}(\mathbb{Q}(\xi)) = \{id, \varphi_3, \varphi_5, \varphi_7\}$. Ordinando le radici di $f_8(X)$ come

$$\alpha_i := \xi^i \, ; \quad i = 1, \ldots, 8,$$

si ha l'omomorfismo iniettivo $\mathrm{Aut}(\mathbb{Q}(\xi)) \longrightarrow \mathbf{S}_8$ definito da

$$id \mapsto (1)$$
$$\psi_3 \mapsto \sigma_3 := (13)(26)(57)(1)(4)(8)$$
$$\psi_5 \mapsto \sigma_5 := (15)(37)(1)(2)(4)(6)(8)$$
$$\psi_7 \mapsto \sigma_7 := (17)(26)(35)(1)(4)(8).$$

In definitiva, il gruppo di Galois del polinomio $f_8(X)$ è il sottogruppo $G := \{(1), \sigma_3, \sigma_5, \sigma_7\}$ di $\mathbf{S}_8$, che non è transitivo.

Considerando poi $\mathrm{Aut}(\mathbb{Q}(\xi))$ come il gruppo di Galois di $\Phi_8(X)$ e ordinando le radici di $\Phi_8(X)$ come

$$\alpha_1 := \xi, \quad \alpha_2 := \xi^3, \quad \alpha_3 := \xi^5, \quad \alpha_4 := \xi^7,$$

si ottiene anche che $\mathrm{Aut}(\mathbb{Q}(\xi))$ si può identificare al sottogruppo $\mathbf{V}_4 := \{(1), (12)(34), (13)(24), (14)(23)\}$ di $\mathbf{S}_4$, che è transitivo.

(2) Se $\mathrm{MCD}(r, s) = 1$, si ha $\varphi(rs) = \varphi(r)\varphi(s)$ e, indicando con $\xi_n \in \mathbb{C}$ una qualsiasi radice primitiva n-sima dell'unità, risulta $\mathbb{Q}(\xi_{rs}) = \mathbb{Q}(\xi_r, \xi_s)$ (Esercizio 4.43). Inoltre $\mathbb{Q}(\xi_r) \cap \mathbb{Q}(\xi_s) = \mathbb{Q}$; infatti, per la moltiplicatività del grado ed il Corollario 7.3.18,

$$\varphi(r) = [\mathbb{Q}(\xi_{rs}) : \mathbb{Q}(\xi_s)] = [\mathbb{Q}(\xi_r) : \mathbb{Q}(\xi_r) \cap \mathbb{Q}(\xi_s)] \leq [\mathbb{Q}(\xi_r) : \mathbb{Q}] = \varphi(r).$$

Allora, per il Teorema 7.3.17 (b), $\mathrm{Gal}_{\mathbb{Q}}(\Phi_{rs}(X))$ è isomorfo per restrizione al prodotto diretto $\mathrm{Gal}_{\mathbb{Q}}(\Phi_r(X)) \times \mathrm{Gal}_{\mathbb{Q}}(\Phi_s(X))$. (Questo si può vedere anche direttamente tenendo conto che $\mathrm{Gal}_{\mathbb{Q}}(\mathbb{Q}(\xi_n))$ è isomorfo al gruppo $\mathcal{U}(\mathbb{Z}_n)$ delle unità di $\mathbb{Z}_n$ ed usando il Teorema Cinese dei Resti (Esempio 1.3.9 (2)).)

Ad esempio, per $r = 3$ e $s = 5$, $\Phi_{15}(X)$ ha grado 8 e $\mathrm{Gal}_{\mathbb{Q}}(\Phi_{15}(X))$ si identifica ad un sottogruppo di $\mathbf{S}_8$ isomorfo al prodotto diretto $\mathrm{Gal}_{\mathbb{Q}}(\Phi_3(X)) \times \mathrm{Gal}_{\mathbb{Q}}(\Phi_5(X))$.

Esplicitamente, se ϵ è una radice primitiva terza e ξ è una radice primitiva quinta, le radici di Φ_{15} sono

$$\omega_1 := \omega := \epsilon\xi \, ; \quad \omega_2 := \omega^2 = \epsilon^2\xi^2 \, ; \quad \omega_3 := \omega^4 = \epsilon\xi^4 \, ; \quad \omega_4 := \omega^7 = \epsilon\xi^2 \, ;$$
$$\omega_5 := \omega^8 = \epsilon^2\xi^3 \, ; \quad \omega_6 := \omega^{11} = \epsilon^2\xi \, ; \quad \omega_7 := \omega^{13} = \epsilon\xi^3 \, ; \quad \omega_8 := \omega^{14} = \epsilon^2\xi^4.$$

$\mathrm{Gal}_{\mathbb{Q}}(\Phi_3(X))$ ha ordine 2 ed è isomorfo per restrizione al sottogruppo di $\mathrm{Gal}_{\mathbb{Q}}(\Phi_{15}(X))$ generato da

$$\varphi : \epsilon \mapsto \epsilon^2, \quad \xi \mapsto \xi.$$

Invece $\mathrm{Gal}_{\mathbb{Q}}(\Phi_5(X))$ è ciclico di ordine 4 generato da

$$\psi : \epsilon \mapsto \epsilon, \quad \xi \mapsto \xi^2.$$

Ne segue che

$$\mathrm{Gal}_{\mathbb{Q}}(\Phi_{15}(X)) = \langle \varphi, \psi \rangle = \{\varphi^i \psi^j \ ; \ i = 1, 2, \ j = 1, 2, 3, 4\}.$$

Nell'ordinamento scelto per le radici di $\Phi_{15}(X)$, si ha allora un omomorfismo iniettivo di gruppi

$$\mathrm{Gal}_{\mathbb{Q}}(\Phi_{15}(X)) \longrightarrow \mathbf{S}_8$$
$$\varphi \mapsto \tau := (16)(24)(38)(57)$$
$$\psi \mapsto \sigma := (1437)(2856).$$

e quindi $\mathrm{Gal}_{\mathbb{Q}}(\Phi_{15}(X))$ si identifica al gruppo di permutazioni $G := \langle \tau, \sigma \rangle \subseteq \mathbf{S}_8$, prodotto diretto interno dei sottogruppi $\langle \tau \rangle$ e $\langle \sigma \rangle$.

5. Il gruppo di Galois di un polinomio riducibile

Il gruppo di Galois di un polinomio è in relazione con i gruppi di Galois dei suoi fattori irriducibili.

Proposizione 8.1.17 *Siano $f(X)$, $g(X) \in F[X]$ due polinomi separabili, con campi di spezzamento L ed M rispettivamente. Allora $\mathrm{Gal}_F(f(X)g(X))$ è isomorfo ad un sottogruppo del prodotto diretto $\mathrm{Gal}_F(f(X)) \times \mathrm{Gal}_F(g(X))$. Se inoltre $L \cap M = F$, i gruppi $\mathrm{Gal}_F(f(X)g(X))$ e $\mathrm{Gal}_F(f(X)) \times \mathrm{Gal}_F(g(X))$ sono isomorfi.*

Dimostrazione. Basta notare che il campo composto LM è un campo di spezzamento su F del polinomio separabile $f(X)g(X)$. Inoltre l'applicazione

$$\theta : \mathrm{Gal}_F(LM) \longrightarrow \mathrm{Gal}_F(L) \times \mathrm{Gal}_F(M) ; \quad \varphi \mapsto (\varphi|_L, \varphi|_M)$$

è un omomorfismo iniettivo di gruppi ed è un isomorfismo se $L \cap M = F$ (Teorema 7.3.17 (b)).

Corollario 8.1.18 *Siano $p_1(X), \ldots, p_s(X) \in F[X]$ polinomi distinti separabili ed irriducibili su F. Se $f(X) := p_1(X)^{k_1} \ldots p_s(X)^{k_s}$, $k_i \geq 1$ per $1 \leq i \leq s$, $\mathrm{Gal}_F(f(X))$ è isomorfo ad un sottogruppo del prodotto diretto $\mathrm{Gal}_F(p_1(X)) \times \cdots \times \mathrm{Gal}_F(p_s(X))$.*

Dimostrazione. Basta osservare che i polinomi $f(X)$ e $p_1(X) \ldots p_s(X)$ hanno lo stesso campo di spezzamento e procedere per induzione su s, usando la Proposizione 8.1.17.

Esempi 8.1.19 (1) Sia

$$f(X) := (X^3 - 2)\Phi_5(X) = (X^3 - 2)(X^4 + X^3 + X^2 + X + 1) \in \mathbb{Q}[X].$$

Il campo di spezzamento di $f(X)$ su $\mathbb{Q}$ è $K := \mathbb{Q}(\sqrt[3]{2}, \epsilon, \xi)$, dove ϵ è una radice primitiva terza dell'unità e ξ è una radice primitiva quinta. Notiamo che $K = LM$, dove $L := \mathbb{Q}(\sqrt[3]{2}, \epsilon)$ è il campo di spezzamento di $p(X) := X^3 - 2$ e $M := \mathbb{Q}(\xi)$ è il campo di spezzamento di $\Phi_5(X) := X^4 + X^3 + X^2 + X + 1$.

Ordiniamo le sette radici di $f(X)$ in modo tale che

$$\alpha_1 := \sqrt[3]{2}, \quad \alpha_2 := \alpha_1\epsilon, \quad \alpha_3 := \alpha_1\epsilon^2$$

siano le radici di $p(X)$ e

$$\alpha_4 := \xi, \quad \alpha_5 := \xi^2, \quad \alpha_6 := \xi^3, \quad \alpha_7 := \xi^4$$

siano quelle di $\Phi_5(X)$. Il gruppo di Galois del polinomio $p(X)$ è isomorfo a $\mathbf{S}_3$ e, come visto nel Paragrafo 8.1.1 (2), si può identificare al sottogruppo di $\mathbf{S}_7$ generato da (123) e (12). Il gruppo di Galois del polinomio $\Phi_5(X)$ è isomorfo al gruppo $\mathcal{U}(\mathbb{Z}_5)$ delle unità di $\mathbb{Z}_5$ (Paragrafo 4.4.3). Poiché $\mathcal{U}(\mathbb{Z}_5)$ è ciclico di ordine 4 generato da $\overline{2}$, allora $\mathrm{Gal}_\mathbb{Q}(\Phi_5(X))$ è ciclico di ordine 4 generato dall'automorfismo $\psi_2 : \xi \mapsto \xi^2$ e si può identificare al sottogruppo di $\mathbf{S}_7$ generato da (4576).

Poiché $L \cap M = \mathbb{Q}$, perché $\mathbb{Q}(\epsilon) \cap \mathbb{Q}(\xi) = \mathbb{Q}$ (Esempio 8.1.16 (2)), il gruppo di Galois di K su $\mathbb{Q}$ è isomorfo a $\mathbf{S}_3 \times \mathbb{Z}_4$ e si può identificare al sottogruppo $G := \langle (123), (12), (4576) \rangle$ di $\mathbf{S}_7$.

(2) Siano $f(X), g(X) \in F[X]$ due polinomi separabili con campo di spezzamento L e M rispettivamente e sia $N := L \cap M$. Se $f(X)$ e $g(X)$ hanno radici comuni in $\overline{F}$, queste sono precisamente le radici di $d(X) := \mathrm{MCD}(f(X), g(X))$; inoltre N contiene un campo di spezzamento di $d(X)$ ed in particolare $F \neq N$. Viceversa, può accadere che $F \neq N$ anche se $f(X)$ e $g(X)$ non hanno radici in comune. In ogni caso, la restrizione

$$\theta : \mathrm{Gal}_N(LM) \longrightarrow \mathrm{Gal}_N(L) \times \mathrm{Gal}_N(M); \quad \varphi \mapsto (\varphi_{|L}, \varphi_{|M})$$

è un isomorfismo (Teorema 7.3.17 (b)) e quindi i gruppi $\mathrm{Gal}_N(f(X)g(X))$ e $\mathrm{Gal}_N(f(X)) \times \mathrm{Gal}_N(g(X))$ sono isomorfi.

Sia ad esempio $f(X) := X^8 - 9 = (X^4 - 3)(X^4 + 3) \in \mathbb{Q}[X]$. Posto $\alpha := \sqrt[4]{3}$ e $\xi := (1 + i)\sqrt{2}/2$ (radice primitiva ottava dell'unità),
- le radici di $p(X) := X^4 - 3$ sono $\alpha, -\alpha, \alpha i, -\alpha i$;
- le radici di $q(X) := X^4 + 3$ sono $\beta := \alpha\xi, -\beta, \beta i, -\beta i$.

Quindi $p(X)$ e $q(X)$ non hanno radici in comune. Il campo di spezzamento di $p(X)$ è $L := \mathbb{Q}(\alpha, i)$ e il campo di spezzamento di $q(X)$ è $M := \mathbb{Q}(\beta, i) =$

$\mathbb{Q}(\alpha\xi, i)$. Ne segue che il campo di spezzamento di $f(X)$ è $LM = \mathbb{Q}(\alpha, \sqrt{2}, i)$. Inoltre $N := L \cap M = \mathbb{Q}(\alpha^2, i) = \mathbb{Q}(\sqrt{3}, i)$ (perché $\alpha^2 = -i(\alpha\xi)^2 = -i\beta^2 \in M$).

Notiamo che $L = N(\alpha)$, $M = N(\alpha\sqrt{2})$ e $LM = N(\alpha, \sqrt{2})$ è un ampliamento biquadratico di N. Quindi $\mathrm{Gal}_N(LM)$ è un gruppo di Klein ed è isomorfo per restrizione a $\mathrm{Gal}_N(L) \times \mathrm{Gal}_N(M)$.

Tuttavia $\mathrm{Gal}_\mathbb{Q}(f(X))$ non è isomorfo al prodotto diretto $\mathrm{Gal}_\mathbb{Q}(p(X)) \times \mathrm{Gal}_\mathbb{Q}(q(X))$. Infatti $|\mathrm{Gal}_\mathbb{Q}(f(X))| = [LM : \mathbb{Q}] = 16$, mentre $|\mathrm{Gal}_\mathbb{Q}(p(X))| = |\mathrm{Gal}_\mathbb{Q}(q(X))| = 8$, per cui $|\mathrm{Gal}_\mathbb{Q}(p(X)) \times \mathrm{Gal}_\mathbb{Q}(q(X))| = 64$. Il gruppo di Galois di $f(X)$ su $\mathbb{Q}$ verrà calcolato nel successivo Esempio 9.1.6 (2).

6. Gruppi di Galois di polinomi su campi finiti

Ogni polinomio irriducibile su un campo finito è separabile (Corollario 5.3.11). Sia $f(X)$ un polinomio irriducibile di grado d sul campo finito $F := \mathbb{F}_{p^n}$ e sia $K := \mathbb{F}_p^m$, $m := dn$, il suo campo di spezzamento. Allora $\mathrm{Gal}_{\mathbb{F}_p}(K)$ è ciclico di ordine m, generato dall'automorfismo di Fröbenius $\Phi : K \longrightarrow K$, $x \mapsto x^p$ e $\mathrm{Gal}_F(f(X)) = \mathrm{Gal}_{\mathbb{F}_p^n}(\mathbb{F}_{p^m}) \subseteq \mathrm{Gal}_{\mathbb{F}_p}(K)$ è ciclico di ordine $d = [K : F]$, generato da Φ^n (Paragrafo 7.3.3 (5)). Quindi, se $\alpha \in K$ è una radice di $f(X)$, tutte le radici di $f(X)$ sono

$$\alpha_1 := \alpha, \quad \alpha_2 := \alpha^{p^n}, \quad \alpha_3 := \alpha^{p^{2n}}, \quad \ldots, \quad \alpha_d := \alpha^{p^{(d-1)n}}$$

e, secondo questo ordinamento, $\mathrm{Gal}_F(p(X))$ si identifica al sottogruppo di $\mathbf{S}_d$ generato dal d-ciclo $(12\ldots d)$.

Sia poi $f(X) = q_1(X)^{k_1} \ldots q_s(X)^{k_s}$, con $q_i(X)$ irriducibile su $F := \mathbb{F}_{p^n}$ di grado d_i, $i = 1, \ldots, s$. Allora il campo di spezzamento di $f(X)$ è $\mathbb{F}_{p^{nd}}$, dove $d := \mathrm{mcm}(d_1, \ldots, d_s)$ (Esercizio 4.21), e ancora una volta $\mathrm{Gal}_F(f(X))$ è ciclico di grado d. Inoltre $\mathrm{Gal}_F(f(X))$ si identifica ad un sottogruppo del prodotto diretto di gruppi ciclici $\mathrm{Gal}_F(q_1(X)) \times \cdots \times \mathrm{Gal}_F(q_s(X))$.

Esempi 8.1.20 (1) Sia $f(X) := (X^2 + 1)(X^3 + 2X + 1) \in \mathbb{F}_3[X]$. Poiché $p(X) := X^2 + 1$ e $q(X) := X^3 + 2X + 1$ sono irriducibili su $\mathbb{F}_3$, data una radice α di $p(X)$ e una radice β di $q(X)$, il campo di spezzamento di $f(X)$ è $K := \mathbb{F}_3(\alpha, \beta)$. Poiché poi $\mathbb{F}_3(\alpha) \cap \mathbb{F}_3(\beta) = \mathbb{F}_3$, si ha che $\mathrm{Gal}_{\mathbb{F}_3}(f(X))$ si identifica ad un sottogruppo cilico di $\mathbf{S}_5$ isomorfo a $\mathrm{Gal}_{\mathbb{F}_3}(p(X)) \times \mathrm{Gal}_{\mathbb{F}_3}(q(X))$. Ordinando le radici di $f(X)$ come

$$\alpha_1 := \alpha, \quad \alpha_2 := \alpha^3 = -\alpha, \quad \alpha_3 := \beta, \quad \alpha_4 := \beta^3, \quad \alpha_5 := \beta^9,$$

il gruppo di Galois di $p(X)$ si identifica al sottogruppo di $\mathbf{S}_5$ (ciclico) di ordine 2 generato da (12), mentre il gruppo di Galois di $q(X)$ si identifica al sottogruppo di $\mathbf{S}_5$ (ciclico) di ordine 3 generato da (345). Quindi $\mathrm{Gal}_{\mathbb{F}_3}(f(X))$ si identifica al gruppo ciclico $G := \langle (12)(345) \rangle \subseteq \mathbf{S}_5$.

(2) Sia $f(X) = (X^2 + X + 1)(X^4 + X + 1) \in \mathbb{F}_2[X]$. Il campo di spezzamento di $p(X) := X^2 + X + 1$ è $L := \mathbb{F}_{2^2}$ ed il campo di spezzamento di $q(X) :=$

$X^4 + X + 1$ è $K := \mathbb{F}_{2^4}$. Poiché $L \subseteq K$, allora K è il campo di spezzamento di $f(X)$ e $\mathrm{Gal}_{\mathbb{F}_2}(f(X)) = \mathrm{Gal}_{\mathbb{F}_2}(q(X)) \subsetneqq \mathrm{Gal}_{\mathbb{F}_2}(p(X)) \times \mathrm{Gal}_{\mathbb{F}_2}(q(X))$ (Esempio 4.3.19 (4)).

8.2 Calcolo del gruppo di Galois di un polinomio

Usando le proprietà delle funzioni simmetriche, daremo in questo paragrafo un procedimento teorico, anche se di difficile applicazione pratica, per calcolare il gruppo di Galois di un polinomio. Metodi di calcolo effettivi, che impiegano l'uso al calcolatore di programmi di calcolo simbolico quali *Maple* o *Mathematica*, sono illustrati ad esempio in [26].

Sia $f(X) \in F[X]$ un polinomio separabile e irriducibile di grado n con radici $\alpha_1, \ldots, \alpha_n$ e campo di spezzamento $K := F(\alpha_1, \ldots, \alpha_n)$. Sia poi $\mathbf{Y} := \{Y_1, \ldots, Y_n\}$ un insieme di indeterminate indipendenti su K. Allora $K(\mathbf{Y}) = F(\mathbf{Y})(\alpha_1, \ldots, \alpha_n)$ è il campo di spezzamento di $f(X)$ su $F(\mathbf{Y})$ ed inoltre $F(\mathbf{Y}) \cap K = F$. Ne segue che l'applicazione di restrizione

$$\mathrm{Gal}_{F(\mathbf{Y})}(K(\mathbf{Y})) \longrightarrow \mathrm{Gal}_F(K); \quad \varphi \mapsto \varphi_{|K}$$

è un isomorfismo (Teorema 7.3.17 (a)).

Notiamo che possiamo fare agire $\mathbf{S}_n$ su $K(\mathbf{Y})$ in due modi: permutando le radici $\alpha_1, \ldots, \alpha_n$, oppure permutando le indeterminate $Y_1, \ldots, Y_n$. Per distinguere queste due azioni, per ogni $\sigma \in \mathbf{S}_n$ e $\theta := \theta(\alpha_1, \ldots, \alpha_n, Y_1, \ldots, Y_n) \in K(\mathbf{Y})$, indicheremo con $\sigma_\alpha(\theta)$ la funzione ottenuta da θ permutando $\alpha_1, \ldots, \alpha_n$ e con $\sigma_Y(\theta)$ la funzione ottenuta da θ permutando $Y_1, \ldots, Y_n$:

$$\sigma_\alpha(\theta) = \theta(\alpha_{\sigma(1)}, \ldots, \alpha_{\sigma(n)}, Y_1, \ldots, Y_n),$$
$$\sigma_Y(\theta) = \theta(\alpha_1, \ldots, \alpha_n, Y_{\sigma(1)}, \ldots, Y_{\sigma(n)}).$$

Ricordiamo che, fissato un ordinamento delle radici $\alpha_1, \ldots, \alpha_n$ di $f(X)$, ogni $\varphi \in \mathrm{Gal}_F(K)$, è univocamente determinato dalla permutazione $\sigma := \sigma^\varphi \in \mathbf{S}_n$ tale che $\varphi(\alpha_i) = \alpha_{\sigma(i)}$ (Teorema 8.1.1). In questo modo, sia $\mathrm{Gal}_F(K)$ che $\mathrm{Gal}_{F(\mathbf{Y})}(K(\mathbf{Y}))$ sono isomorfi allo stesso sottogruppo G di $\mathbf{S}_n$ tramite la composizione di isomorfismi

$$\mathrm{Gal}_{F(\mathbf{Y})}(K(\mathbf{Y})) \longrightarrow \mathrm{Gal}_F(K) \longrightarrow \mathbf{S}_n; \quad \varphi \mapsto \varphi_{|K} \mapsto \sigma^\varphi.$$

Per ogni $\varphi \in \mathrm{Gal}_{F(\mathbf{Y})}(K(\mathbf{Y}))$ e $\theta \in K(\mathbf{Y})$, si ha allora

$$\varphi(\theta) = \theta(\varphi(\alpha_1), \ldots, \varphi(\alpha_n), Y_1, \ldots, Y_n) = \sigma_\alpha^\varphi(\theta).$$

D'altra parte, per ogni $\sigma \in \mathbf{S}_n$, l'applicazione

$$\varphi_\sigma : K(\mathbf{Y}) \longrightarrow K(\mathbf{Y}); \quad \theta \mapsto \sigma_Y(\theta) := \theta(\alpha_1, \ldots, \alpha_n, Y_{\sigma(1)}, \ldots, Y_{\sigma(n)})$$

è un automorfismo di campi (Paragrafo 2.7.1). Inoltre, data un'indeterminata T su $K(\mathbf{Y})$, φ_σ induce un'automorfismo φ_σ^* dell'anello dei polinomi in T su $K(\mathbf{Y})$, definito da

$$\varphi_\sigma^* : K(\mathbf{Y})[T] \longrightarrow K(\mathbf{Y})[T]\,; \qquad \sum \theta_i(\mathbf{Y})T^i \mapsto \sum \sigma_Y(\theta_i)T^i$$

e $p(\mathbf{Y}, T)$ è irriducibile su $K(\mathbf{Y})$ se e soltanto se anche $\varphi_\sigma^*(p(\mathbf{Y}, T))$ lo è (Lemma 4.2.1).

Consideriamo ora l'elemento

$$\theta := \alpha_1 Y_1 + \cdots + \alpha_n Y_n \in K(\mathbf{Y}).$$

Per ogni $\sigma \in \mathbf{S}_n$, risulta

$$\sigma_\alpha(\theta) = \alpha_{\sigma(1)}Y_1 + \cdots + \alpha_{\sigma(n)}Y_n$$
$$= \alpha_1 Y_{\sigma^{-1}(1)} + \cdots + \alpha_n Y_{\sigma^{-1}(n)} = (\sigma^{-1})_Y(\theta).$$

Inoltre, per il Principio di Identità dei Polinomi, $\sigma_\alpha(\theta) = \tau_\alpha(\theta)$ se e soltanto se $\sigma = \tau$. Infine, se a $\varphi \in \mathrm{Gal}_{F(\mathbf{Y})}(K(\mathbf{Y}))$ corrisponde la permutazione $\gamma := \sigma^\varphi$ tale che $\gamma(i) = j$, allora

$$\varphi(\alpha_{\sigma(i)}) = \alpha_{\sigma(j)} = \alpha_{\sigma\gamma(i)} = \alpha_{\sigma\gamma\sigma^{-1}(\sigma(i))},$$

per ogni $\sigma \in \mathbf{S}_n$ (Teorema 8.1.1).

Proposizione 8.2.1 *Fissato un ordinamento delle radici* $\alpha_1, \ldots, \alpha_n$ *di* $f(X)$, *sia* G *il sottogruppo di* $\mathbf{S}_n$ *isomorfo a* $\mathrm{Gal}_{F(\mathbf{Y})}(K(\mathbf{Y}))$ *tramite la corrispondenza* $\varphi \mapsto \sigma^\varphi$. *Allora, per ogni* $\sigma \in \mathbf{S}_n$, *la funzione*

$$\sigma_\alpha(\theta) = \alpha_{\sigma(1)}Y_1 + \cdots + \alpha_{\sigma(n)}Y_n \in K(\mathbf{Y})$$

è un elemento primitivo di $K(\mathbf{Y})$ *su* $F(\mathbf{Y})$ *con polinomio minimo*

$$p_\sigma(\mathbf{Y}, T) := \prod_{\gamma \in G} (T - (\sigma_\alpha \gamma_\alpha)(\theta)).$$

Dimostrazione. Se all'automorfismo $\varphi \in \mathrm{Gal}_{F(\mathbf{Y})}(K(\mathbf{Y}))$ corrisponde la permutazione $\gamma := \sigma^\varphi$ tale che $\gamma(i) = j$, allora $\varphi(\alpha_{\sigma(i)}) = \alpha_{\sigma(j)} = \alpha_{\sigma\gamma(i)}$ (Teorema 8.1.1). Quindi i coniugati di $\sigma_\alpha(\theta)$ su $F(\mathbf{Y})$ sono tutti gli elementi

$$\varphi(\sigma_\alpha(\theta)) = \varphi(\alpha_{\sigma(1)}Y_1 + \cdots + \alpha_{\sigma(n)}Y_n) = \alpha_{\sigma\gamma(1)}Y_1 + \cdots + \alpha_{\sigma\gamma(n)}Y_n = (\sigma_\alpha \gamma_\alpha)(\theta)$$

al variare di $\gamma \in G$. Poiché $\sigma\gamma \neq \sigma\gamma'$ per $\gamma \neq \gamma'$, tali elementi sono tutti distinti e perciò il grado in T di $\sigma_\alpha(\theta)$ su $F(\mathbf{Y})$ uguaglia l'ordine di G. Ne segue che $[K(\mathbf{Y}) : F(\mathbf{Y})] = |G| = [F(\mathbf{Y})(\sigma_\alpha(\theta)) : F(\mathbf{Y})]$, da cui $K(\mathbf{Y}) = F(\mathbf{Y})(\sigma_\alpha(\theta))$.

Allora $\sigma_\alpha(\theta)$ è un elemento primitivo di $K(\mathbf{Y})$ su $F(\mathbf{Y})$ con polinomio minimo $p_\sigma(\mathbf{Y}, T)$.

Consideriamo poi il polinomio

$$h(\mathbf{Y}, T) := \prod_{\sigma \in \mathbf{S}_n} (T - \sigma_Y(\theta)) \in K(\mathbf{Y})[T].$$

Sostituendo σ con σ^{-1}, si ha anche

$$h(\mathbf{Y}, T) = \prod_{\sigma \in \mathbf{S}_n} (T - \sigma_\alpha(\theta)).$$

È allora evidente che il polinomio $h(\mathbf{Y}, T)$ resta invariato sia per ogni permutazione delle indeterminate $Y_1, \ldots, Y_n$ che per ogni permutazione di $\alpha_1, \ldots,$ α_n. In particolare i suoi coefficienti, visti come elementi di $K(\mathbf{Y}) = F(\mathbf{Y})(\alpha_1, \ldots, \alpha_n)$, sono polinomi simmetrici nelle radici $\alpha_1, \ldots, \alpha_n$ di $f(X)$ e in quanto tali appartengono al campo di definizione $F(\mathbf{Y})$ di $f(X)$ (Proposizione 2.7.14). Ne segue che $h(\mathbf{Y}, T)$ è un polinomio monico di grado $n!$ in T a coefficienti in $F(\mathbf{Y})$.

Ci proponiamo di dimostrare che il gruppo di Galois di $f(X)$ è dato dal gruppo delle permutazioni delle indeterminate $Y_1, \ldots, Y_n$ che fissano i fattori irriducibili di $h(\mathbf{Y}, T)$.

Lemma 8.2.2 *Sia $p(\mathbf{Y}, T) \in F(\mathbf{Y})[T]$. Le permutazioni $\sigma \in \mathbf{S}_n$ tali che $\varphi_\sigma^*((p(\mathbf{Y}, T)) = p(\mathbf{Y}, T)$ formano un sottogruppo di $\mathbf{S}_n$.*

Dimostrazione. Questo segue subito dal fatto che gli automorfismi di un anello che fissano un elemento formano un sottogruppo del gruppo di tutti gli automorfismi e dal fatto che l'applicazione $\mathbf{S}_n \longrightarrow \text{Aut}(K(\mathbf{Y})[T])$ tale che $\sigma \mapsto \varphi_\sigma^*$ è un omomorfismo iniettivo di gruppi.

Teorema 8.2.3 *Fissato un ordinamento delle radici $\alpha_1, \ldots, \alpha_n$ di $f(X)$, sia G il sottogruppo di $\mathbf{S}_n$ isomorfo a $\text{Gal}_{F(\mathbf{Y})}(K(\mathbf{Y}))$ tramite la corrispondenza $\varphi \mapsto \sigma^\varphi$. Se*

$$h(\mathbf{Y}, T) = p_1(\mathbf{Y}, T) p_2(\mathbf{Y}, T) \ldots p_k(\mathbf{Y}, T)$$

è la fattorizzazione di $h(\mathbf{Y}, T)$ in polinomi monici irriducibili su $F(\mathbf{Y})$, allora $\gamma \in G$ se e soltanto se $\varphi_\gamma^*(p_i(\mathbf{Y}, T)) = p_i(\mathbf{Y}, T)$, per ogni $i = 1, \ldots, k$.

Dimostrazione. Cominciamo osservando che, per ogni $\sigma \in \mathbf{S}_n$, $\sigma_\alpha(\theta)$ è radice di $h(\mathbf{Y}, T)$ e quindi è radice di qualche fattore irriducibile $p_i(\mathbf{Y}, T)$. Allora i fattori irriducibili di $h(\mathbf{Y}, T)$ sono esattamente i polinomi distinti tra i $p_\sigma(\mathbf{Y}, T) := \prod_{\gamma \in G}(T - \sigma_\alpha\gamma_\alpha(\theta))$ (Proposizione 8.2.1).

Per ogni $\eta \in \mathbf{S}_n$, si ha $\varphi_\eta^*(h(\mathbf{Y}, T)) = h(\mathbf{Y}, T)$. Allora, se $\beta := \sigma_\alpha(\theta)$ è una radice di $h(\mathbf{Y}, T)$, anche $\eta_Y(\beta)$ è una radice di $h(\mathbf{Y}, T)$, perché $\varphi_\eta^*(T - \beta) = T - \eta_Y(\beta)$. Ne segue che φ_η^* trasforma il polinomio minimo di β nel polinomio minimo di $\eta_Y(\beta)$ e quindi $\varphi_\eta^*(p_\sigma(\mathbf{Y}, T)) = p_\sigma(\mathbf{Y}, T)$ se e soltanto se $\eta_Y(\sigma_\alpha(\theta))$ è ancora una radice di $p_\sigma(\mathbf{Y}, T)$, cioè $\eta_Y(\sigma_\alpha(\theta)) = (\sigma_\alpha\gamma_\alpha)(\theta)$ per qualche $\gamma \in G$. Ma si ha $\eta_Y(\sigma_\alpha(\theta)) = \eta_Y(\sigma_Y^{-1}(\theta)) = (\sigma_\alpha\eta_\alpha^{-1})(\theta)$ e d'altra parte $(\sigma_\alpha\eta_\alpha^{-1})(\theta) = (\sigma_\alpha\gamma_\alpha)(\theta)$ se e soltanto se $\sigma\eta^{-1} = \sigma\gamma$. In conclusione $\varphi_\eta^*(p_\sigma(\mathbf{Y}, T)) = p_\sigma(\mathbf{Y}, T)$ se e soltanto se $\eta^{-1} = \gamma \in G$ ed equivalentemente $\eta \in G$.

8.2.1 Riduzione modulo p

Il metodo per calcolare i gruppi di Galois che abbiamo illustrato nel paragrafo precedente in pratica non si può utilizzare facilmente. Tuttavia la seguente applicazione fornisce utili indicazioni sul gruppo di Galois di un polinomio a coefficienti interi.

Ricordiamo che se p è un numero primo, la proiezione canonica

$$\pi : \mathbb{Z} \longrightarrow \mathbb{F}_p \cong \frac{\mathbb{Z}}{p\mathbb{Z}}; \quad a \mapsto \overline{a}$$

induce un omomorfismo suriettivo di anelli

$$\pi^* : \mathbb{Z}[X] \longrightarrow \mathbb{F}_p[X]; \quad f(X) := \sum a_i X^i \mapsto \overline{f}(X) := \sum \overline{a_i} X^i.$$

Si dice che $\overline{f}(X)$ è la *riduzione di* $f(X)$ *modulo* p e che due polinomi sono *congrui modulo* p se hanno la stessa riduzione (Paragrafo 2.5).

Teorema 8.2.4 *Sia* $f(X) \in \mathbb{Z}[X]$ *un polinomio irriducibile su* $\mathbb{Q}$. *Sia* p *un numero primo che non divide il discriminante* $D(f)$ *e sia* $\overline{f}(X)$ *la riduzione di* $f(X)$ *modulo* p. *Allora il gruppo di Galois di* $\overline{f}(X)$ *su* $\mathbb{F}_p$ *è isomorfo ad un sottogruppo del gruppo di Galois di* $f(X)$ *su* $\mathbb{Q}$.

Dimostrazione. Sia $f(X) \in \mathbb{Z}[X]$ e sia $K := \mathbb{Q}(\alpha_1, \ldots, \alpha_n)$ il campo di spezzamento di $f(X)$ in $\mathbb{C}$. Riducendo $f(X)$ modulo p, poiché p non divide $D(f)$, il polinomio $\overline{f}(X) \in \mathbb{F}_p[X]$ ha ancora n radici distinte $\beta_1, \ldots, \beta_n$ in un suo campo di spezzamento $\overline{K} := \mathbb{F}_p(\beta_1, \ldots, \beta_n)$ (Paragrafo 2.7.3).

Sia $\mathbf{Y} := \{Y_1, \ldots, Y_n\}$ un insieme di indeterminate indipendenti su K e consideriamo gli elementi

$$\theta := \alpha_1 Y_1 + \cdots + \alpha_n Y_n \in K(\mathbf{Y}) \, ;$$
$$\overline{\theta} := \beta_1 Y_1 + \cdots + \beta_n Y_n \in \overline{K}(\mathbf{Y})$$

ed i corrispondenti polinomi

$$h(\mathbf{Y}, T) := \prod_{\sigma \in \mathbf{S}_n} (T - \sigma_Y(\theta)) \in K(\mathbf{Y})[T]$$
$$\overline{h}(\mathbf{Y}, T) := \prod_{\sigma \in \mathbf{S}_n} (T - \sigma_Y(\overline{\theta})) \in \overline{K}(\mathbf{Y})[T].$$

Come osservato nel paragrafo precedente, i coefficienti di $h(\mathbf{Y}, T)$ in T, visti come elementi di $\mathbb{Q}(\mathbf{Y})(\alpha_1, \ldots, \alpha_n)$ sono polinomi simmetrici nelle radici α_i di $f(X) \in \mathbb{Z}[X]$, quindi appartengono a $\mathbb{Z}[\mathbf{Y}]$. Inoltre i coefficienti di $\overline{h}(\mathbf{Y}, T)$ sono ottenuti formalmente nello stesso modo come polinomi simmetrici nelle radici β_i di $\overline{f}(X)$. Quindi $h(\mathbf{Y}, T) \in \mathbb{Z}[\mathbf{Y}, T]$ e $\overline{h}(\mathbf{Y}, T) \in \mathbb{Z}_p[\mathbf{Y}, T]$ è la riduzione di $h(\mathbf{Y}, T)$ modulo p. Se poi

$$h(\mathbf{Y}, T) = p_1(\mathbf{Y}, T)p_2(\mathbf{Y}, T) \ldots p_k(\mathbf{Y}, T)$$

è la fattorizzazione di $h(\mathbf{Y}, T)$ in polinomi monici irriducibili su $\mathbb{Q}(\mathbf{Y})$, per il Lemma di Gauss, i fattori $p_i(\mathbf{Y}, T)$ appartengono a $\mathbb{Z}[\mathbf{Y}, T]$ e sono irriducibili su $\mathbb{Z}[\mathbf{Y}]$ (Paragrafo 2.5). Riducendo modulo p, otteniamo

$$\overline{h}(\mathbf{Y}, T) = \overline{p_1}(\mathbf{Y}, T)\overline{p_2}(\mathbf{Y}, T) \ldots \overline{p_k}(\mathbf{Y}, T),$$

dove però i polinomi $\overline{p_i}(\mathbf{Y}, T)$ non sono necessariamente irriducibili su $\mathbb{F}_p[\mathbf{Y}]$.

Fissato un ordinamento delle radici $\alpha_1, \ldots, \alpha_n$ di $f(X)$, possiamo supporre che θ sia una radice di $p_1(\mathbf{Y}, T)$ e possiamo ordinare corrispondentemente le radici β_i di $\overline{f}(X)$ in modo tale che $\overline{\theta}$ sia una radice di $\overline{p_1}(\mathbf{Y}, T)$. Notiamo che il polinomio minimo $\overline{m}(\mathbf{Y}, T)$ di $\overline{\theta}$ su $\mathbb{F}_p(\mathbf{Y})$ è un fattore monico irriducibile di $\overline{h}(\mathbf{Y}, T)$ che divide $\overline{p_1}(\mathbf{Y}, T)$. Quindi, ancora per il Lemma di Gauss, $\overline{m}(\mathbf{Y}, T)$ ha coefficienti in $\mathbb{F}_p[\mathbf{Y}]$.

Secondo questi ordinamenti delle radici, sia G il sottogruppo di $\mathbf{S}_n$ isomorfo a $\mathrm{Gal}_{\mathbb{Q}(\mathbf{Y})}(K(\mathbf{Y}))$ tramite la corrispondenza $\varphi \mapsto \sigma^\varphi$ e sia $\overline{G}$ il sottogruppo di $\mathbf{S}_n$ isomorfo a $\mathrm{Gal}_{F_p(\mathbf{Y})}(\overline{K}(\mathbf{Y}))$. Applicando il Teorema 8.2.3, se $\gamma \in \overline{G}$, anche $\gamma_Y(\overline{\theta})$ è una radice di $\overline{m}(\mathbf{Y}, T)$ e quindi di $\overline{p_1}(\mathbf{Y}, T)$. Ma allora $\gamma_Y(\theta)$ è ancora una radice di $p_1(\mathbf{Y}, T)$ e quindi $\gamma \in G$. In conclusione, $\overline{G}$ è un sottogruppo di G.

Ricordiamo che una permutazione di $\mathbf{S}_n$ ha *struttura ciclica* $(n_1, \ldots, n_k)$ se è prodotto di k cicli disgiunti di lunghezza n_i, con $n_1 \leq n_2 \leq \cdots \leq n_k$ e $n_1 + \cdots + n_k = n$ [53, Paragrafo 2.3.1]. Ricordiamo anche che ogni polinomio su $\mathbb{F}_p$ ha gruppo di Galois ciclico (Esempio 7.1.4 (5)).

Corollario 8.2.5 *Sia $f(X) \in \mathbb{Z}[X]$ un polinomio irriducibile su $\mathbb{Q}$. Sia p un numero primo che non divide il discriminante $D(f)$ e sia $\overline{f}(X)$ la riduzione di $f(X)$ modulo p. Se il gruppo di Galois di $\overline{f}(X)$ su $\mathbb{F}_p$ è generato da una permutazione con struttura ciclica $(n_1, \ldots, n_k)$, allora il gruppo di Galois di $\overline{f}(X)$ su $\mathbb{Q}$ contiene una permutazione dello stesso tipo.*

Esempi 8.2.6 (1) Sia $f(X) := X^5 - X - 1$ e sia $G \subseteq \mathbf{S}_5$ il suo gruppo di Galois. Poiché $f(X)$ è irriducibile modulo 3, G contiene un 5-ciclo. Riducendo modulo 2, otteniamo $\overline{f}(X) = (X^2 + X + 1)(X^3 + X^2 + 1) \in \mathbb{F}_2[X]$, dove i fattori $p(X) := X^2 + X + 1$ e $q(X) := X^3 + X^2 + 1$ sono irriducibili su $\mathbb{F}_2$. Poiché $\overline{G} := \mathrm{Gal}_{\mathbb{F}_2}(\overline{f}(X))$ è isomorfo a $\mathbb{Z}_2 \times \mathbb{Z}_3$ (Proposizione 8.1.17), G contiene una permutazione del tipo $\sigma := (ab)(cde)$ e, poiché $\sigma^3 = (ab)$, allora G contiene una trasposizione. Quindi G, contenendo un 5-ciclo e una trasposizione, è uguale a $\mathbf{S}_5$ (Proposizione 8.1.8 (c)).

(2) Il Teorema 8.2.4, essendo basato sul Lemma di Gauss, resta valido sostituendo a $\mathbb{Z}$ un qualsiasi dominio a fattorizzazione unica A, a $\mathbb{Q}$ il campo dei quozienti di A, al numero primo p un qualsiasi elemento irriducibile di A che non divide il discriminante di $f(X)$ e a $\mathbb{F}_p$ il campo residuo $A/\langle p \rangle$.

8.3 Il problema inverso

Usando la corrispondenza di Galois (Teorema 7.3.7) ed il fatto che il gruppo di Galois del polinomio generale è il gruppo totale $\mathbf{S}_n$ (Paragrafo 8.1.1 (1)), si dimostra facilmente che ogni gruppo finito è il gruppo di Galois di qualche polinomio separabile a coefficienti in un campo opportuno. Il problema di stabilire quali gruppi finiti siano gruppi di Galois di qualche polinomio su un *fissato* campo L è molto più difficile e va sotto il nome di *problema inverso della teoria di Galois*. Per $L := \mathbb{Q}$ questo è un problema classico, forse già noto a Galois, che resta ancora non risolto nella sua generalità [17], [14].

Proposizione 8.3.1 *Dato un gruppo finito G, esistono un campo L ed un polinomio $p(X) \in L[X]$, separabile e irriducibile su L, tali che $G = \mathrm{Gal}_L(p(X))$.*

Dimostrazione. Per un noto teorema di A. Cayley [53, Teorema 1.22], ogni gruppo finito di ordine n è isomorfo a un sottogruppo di $\mathbf{S}_n$. Sia F un campo arbitrario. Poiché il gruppo di Galois del campo $K := F(X_1, \ldots, X_n)$ sul campo delle funzioni simmetriche $F(s_1, \ldots, s_n)$ è isomorfo a $\mathbf{S}_n$ (Paragrafo 8.1.1 (1)), se G è un sottogruppo di $\mathbf{S}_n$, per la corrispondenza di Galois, G è il gruppo di Galois di K sul campo fisso $L := K^G$ di G (Teorema 7.3.7). Poiché l'ampliamento $L \subseteq K$ è di Galois (Proposizione 5.4.3), G è anche il gruppo di Galois di un polinomio separabile e irriducibile a coefficienti in L (Teorema 5.4.7). $\qquad \square$

8.3.1 Polinomi su $\mathbb{Q}$ con gruppo di Galois totale

Dimostriamo in questo paragrafo che, per ogni $n \geq 2$, esistono polinomi su $\mathbb{Q}$ con gruppo di Galois isomorfo a $\mathbf{S}_n$. La prima dimostrazione è dovuta a D. Hilbert, la seconda usa la riduzione modulo un primo p (Paragrafo 8.2.1).

Il Teorema di Hilbert

L'esistenza di polinomi su $\mathbb{Q}$ con gruppo di Galois totale è stata provata da Hilbert come conseguenza del suo celebre *Teorema di Irriducibilità* (*Über die Irreducibilität ganzer razionaler Functionen mit ganzzahligen Coefficienten*, 1892), usando il fatto che il polinomio generale di grado n su $\mathbb{Q}$ ha gruppo di Galois totale. Il Teorema di Hilbert si è rivelato uno strumento molto utile anche per realizzare certi gruppi finiti semplici come gruppi di Galois; per una sua dimostrazione si rimanda a [11, Section 4.1].

Teorema 8.3.2 (Teorema di Irriducibilità di Hilbert, 1892) *Sia $f(Y_1, \ldots, Y_n, T)$ un polinomio nelle $n+1$ indeterminate indipendenti $Y_1, \ldots, Y_n, T$ irriducibile su $\mathbb{Q}$. Allora esistono infiniti insiemi di numeri razionali $\{\beta_1, \ldots, \beta_n\}$ tali che il polinomio $f(\beta_1, \ldots, \beta_n, T)$ sia irriducibile in $\mathbb{Q}[T]$.*

Come già ricordato, indicando con s_k il k-simo polinomio simmetrico elementare nelle indeterminate $X_1, \ldots, X_n$ su $\mathbb{Q}$, $k = 1, \ldots, n$, l'ampliamento $\mathbb{Q}(s_1, \ldots, s_n) \subseteq \mathbb{Q}(X_1, \ldots, X_n)$ è di Galois ed ha gruppo di Galois isomorfo a $\mathbf{S}_n$.

Lemma 8.3.3 *Esistono n numeri interi $a_1, \ldots, a_n$ tali che il polinomio $\alpha :=$ $a_1 X_1 + \cdots + a_n X_n$ sia un elemento primitivo di $K := \mathbb{Q}(X_1, \ldots, X_n)$ sul campo delle funzioni simmetriche $F := \mathbb{Q}(s_1, \ldots, s_n)$. Inoltre il polinomio minimo di α su F ha coefficienti nell'anello dei polinomi simmetrici $\mathbb{Q}[s_1, \ldots, s_n]$.*

Dimostrazione. La dimostrazione del Teorema dell'Elemento Primitivo ci assicura che $\alpha := f_1 X_1 + \cdots + f_n X_n$ è un elemento primitivo di K su F tranne che per un numero finito di n-ple $(f_1, \ldots, f_n) \in \mathbb{Q}(s_1, \ldots, s_n)$ (Esempio 5.3.15 (1)). Quindi possiamo scegliere opportuni $f_i := a_i \in \mathbb{Z}$ con questa proprietà.

Poiché $\mathrm{Gal}_F(K) = \{\varphi_\sigma \, ; \sigma \in \mathbf{S}_n\}$ è isomorfo a $\mathbf{S}_n$ (Paragrafo 8.1.1 (1)), l'elemento $\alpha := a_1 X_1 + \cdots + a_n X_n$ ha $n!$ coniugati distinti $\varphi_\sigma(\alpha) = a_1 X_{\sigma(1)} + \cdots + a_n X_{\sigma(n)}$ su F, ottenuti permutando in qualsiasi modo le indeterminate $X_1, \ldots, X_n$. Quindi il polinomio minimo di α su F è

$$m(T) := \prod_{\sigma \in \mathbf{S}_n} (T - \varphi_\sigma(\alpha)) = T^{n!} + \mu_{n!-1} T^{n!-1} + \cdots + \mu_0$$

con $\mu_i \in \mathbb{Q}[X_1, \ldots, X_n]$. Poiché $\varphi_\sigma^*(m(T)) = m(T)$, i coefficienti μ_i sono fissati da φ_σ per ogni $\sigma \in \mathbf{S}_n$. Quindi essi sono polinomi simmetrici e appartengono a $\mathbb{Q}[s_1, \ldots, s_n]$ (Paragrafo 2.7).

Lemma 8.3.4 *Sia $\alpha := a_1 X_1 + \cdots + a_n X_n$, con $a_i \in \mathbb{Z}$, un elemento primitivo di $K := \mathbb{Q}(X_1, \ldots, X_n)$ su $F := \mathbb{Q}(s_1, \ldots, s_n)$ e sia $m(s_1, \ldots, s_n, T) \in \mathbb{Q}[s_1, \ldots, s_n, T]$ il suo polinomio minimo. Allora il polinomio in $n + 1$ indeterminate $m(Y_1, \ldots, Y_n, T)$ è irriducibile su $\mathbb{Q}$.*

Dimostrazione. Sia $m(Y_1, \ldots, Y_n, T) = f(\mathbf{Y}, T) h(\mathbf{Y}, T)$ in $\mathbb{Q}[Y_1, \ldots, Y_n, T]$. Allora tale fattorizzazione resta valida sostituendo s_i a Y_i. Ma, poiché

$$m(s_1, \ldots, s_n, T) = T^{n!} + \ldots$$

è irriducibile su F, almeno uno dei polinomi $f(\mathbf{Y}, T)$ e $h(\mathbf{Y}, T)$, diciamo $f(\mathbf{Y}, T)$, deve avere grado zero in T. Allora $f(\mathbf{Y}, T) = g(\mathbf{Y}) \in \mathbb{Q}[Y_1, \ldots, Y_n]$ divide il coefficiente direttore di $m(s_1, \ldots, s_n, T)$, che è uguale a uno, e quindi deve essere un elemento di $\mathbb{Q}$.

Teorema 8.3.5 *Per ogni $n \geq 3$, esistono polinomi di grado n irriducibili su $\mathbb{Q}$ con gruppo di Galois uguale a $\mathbf{S}_n$.*

Dimostrazione. Sia $\alpha := a_1 X_1 + \cdots + a_n X_n \in \mathbb{Z}[X_1, \ldots, X_n]$ un elemento di grado $n!$ su $F := \mathbb{Q}(s_1, \ldots, s_n)$, esistente per il Lemma 8.3.3, con polinomio minimo $m(s_1, \ldots, s_n, T)$. Allora il polinomio $m(Y_1, \ldots, Y_n, T)$ è irriducibile su $\mathbb{Q}$ (Lemma 8.3.4) e, per il Teorema di Irriducibilità di Hilbert (Teorema 8.3.2), esistono $\beta_1, \ldots, \beta_n \in \mathbb{Q}$ tali che il polinomio $\tilde{m}(T) := m(\beta_1, \ldots, \beta_n, T) \in \mathbb{Q}[T]$ sia irriducibile (di grado $n!$) su $\mathbb{Q}$.

Mostriamo che il gruppo di Galois del polinomio $\tilde{g}(T) := g(\beta_1, \ldots, \beta_n, T) = T^n - \beta_1 T^{n-1} + \cdots + (-1)^n \beta_n \in \mathbb{Q}[T]$, ottenuto dal polinomio generale sostituendo β_i a s_i è uguale a $\mathbf{S}_n$. Di conseguenza $\tilde{g}(T)$ sarà anche irriducibile su $\mathbb{Q}$ (Corollario 8.1.4).

Siano $\gamma_1, \ldots, \gamma_n \in \mathbb{C}$ le radici di $\tilde{g}(T)$ e consideriamo l'omomorfismo di anelli

$$\mathbb{Q}[X_1, \ldots, X_n, T] \longrightarrow \mathbb{Q}[\gamma_1, \ldots, \gamma_n, T] \, ; \quad X_i \longrightarrow \gamma_i \, , \quad T \mapsto T.$$

Allora

$$s_i := s_i(X_1, \ldots, X_n) \mapsto s_i(\gamma_1, \ldots, \gamma_n) = \beta_i \, ;$$
$$m(s_1, \ldots, s_n, T) \mapsto \tilde{m}(T) := m(\beta_1, \ldots, \beta_n, T).$$

Poiché $\alpha := a_1 X_1 + \cdots + a_n X_n$ è una radice di $m(s_1, \ldots, s_n, T)$, deve risultare

$$0 = m(a_1 X_1 + \cdots + a_n X_n) \mapsto \tilde{m}(a_1 \gamma_1 + \cdots + a_n \gamma_n) = 0$$

e quindi $\eta := a_1 \gamma_1 + \cdots + a_n \gamma_n$ è una radice di $\tilde{m}(T)$. Ne segue che η ha grado $n!$ su $\mathbb{Q}$. D'altra parte, η appartiene al campo di spezzamento $\mathbb{Q}(\gamma_1, \ldots, \gamma_n)$ di $\tilde{g}(T)$ su $\mathbb{Q}$. Quindi $\mathbb{Q}(\gamma_1, \ldots, \gamma_n)$ ha pure grado $n!$ su $\mathbb{Q}$ e perciò il suo gruppo di Galois è isomorfo a $\mathbf{S}_n$.

Esempi 8.3.6 L'uso del Teorema di Irriducibilità di Hilbert nella dimostrazione del Teorema 8.3.5 è reso possibile dal fatto che il campo $\mathbb{Q}(s_1, \ldots, s_n)$ è isomorfo ad un campo di funzioni razionali, a causa dell'indipendenza algebrica su $\mathbb{Q}$ dei polinomi simmetrici elementari $s_1, \ldots, s_n$ (Paragrafo 2.7). Questa osservazione fa intuire che tale dimostrazione può essere generalizzata per provare che, se G è il gruppo di Galois di un ampliamento normale e finito di un campo di funzioni razionali $\mathbb{Q}(t_1, \ldots, t_n)$, allora G è anche il gruppo di Galois di di un polinomio a coefficienti in $\mathbb{Q}$. Per questo motivo, Emmy Noether pose il problema di stabilire quando, dato un sottogruppo transitivo G di $\mathbf{S}_n$, il campo fisso di G in $\mathbb{Q}(X_1, \ldots, X_n)$ fosse ancora un campo di funzioni razionali (*Gleichungen mit vorgeschriebener Gruppe*, 1916). Questo problema è stato risolto sia in positivo che in negativo per varie classi di gruppi e la letteratura su questo argomento è molto ricca [14].

Costruzione di polinomi su $\mathbb{Q}$ con gruppo di Galois totale

Una dimostrazione costruttiva dell'esistenza di polinomi a coefficienti interi con gruppo di Galois totale si basa sulla riduzione modulo un primo p (Paragrafo 8.2.1) e sul fatto che, per ogni p ed ogni $n \geq 2$, esistono polinomi di grado n irriducibili su $\mathbb{F}_p$ (Corollario 4.3.8).

Siano p_1, p_2, p_3 numeri primi distinti e siano $f_1(X), f_2(X), f_3(X) \in \mathbb{Q}[X]$ polinomi di grado n tali che:

1. $f_1(X)$ sia irriducibile modulo p_1;
2. $f_2(X)$ si fattorizzi modulo p_2 in un polinomio di primo grado e un polinomio irriducibile di grado $n-1$;
3. $f_3(X)$ si fattorizzi modulo p_3 in un polinomio irriducibile di secondo grado e uno o due polinomi irriducibili di grado dispari (secondo la parità di n).

Consideriamo il polinomio

$$f(X) := p_2 p_3 f_1(X) + p_1 p_3 f_2(X) + p_1 p_2 f_3(X)$$

(che è congruo a $f_1(X)$ modulo p_1, è congruo a $f_2(X)$ modulo p_2 ed è congruo a $f_3(X)$ modulo p_3) e sia $G \subseteq \mathbf{S}_n$ il suo gruppo di Galois. Allora $f(X)$ è irriducibile su $\mathbb{Q}$, perché lo è modulo p_1; quindi G è transitivo. Inoltre, per la fattorizzazione modulo p_2, G contiene un $(n-1)$-ciclo ed infine, per la fattorizzazione modulo p_3, G contiene una permutazione $\sigma := (ab)\gamma$, dove γ è un ciclo di lunghezza dispari oppure è prodotto di due cicli di lunghezza dispari (Corollario 8.2.5). Poiché γ ha comunque ordine d dispari, $\sigma^d = (ab)$ appartiene a G. Quindi G, contenendo un $(n-1)$-ciclo ed una trasposizione ed essendo transitivo è isomorfo a $\mathbf{S}_n$ (Proposizione 8.1.8 (d)).

Se p è un numero primo, $\mathbf{S}_p$ è generato da un p-ciclo e da una trasposizione. In questo caso, un argomento simile al precedente mostra che il polinomio $f(X) = p_3 f_1(X) + p_1 f_3(X)$ ha gruppo di Galois isomorfo a $\mathbf{S}_p$.

Esempi 8.3.7 (**1**) Per $n = 6$, considerando i primi 2, 3, 5, possiamo scegliere ad esempio
$f_1(X) := X^6 + X + 1$ (irriducibile modulo 2);
$f_2(X) := (X+1)(X^5 + 2X + 1)$ (i cui fattori sono irriducibili modulo 3);
$f_3(X) := (X+1)(X^2 + X + 1)(X^3 + X + 1)$ (i cui fattori sono irriducibili modulo 5).
Allora il polinomio $f(X) := 15 f_1(X) + 10 f_2(X) + 6 f_3(X)$ ha gruppo di Galois isomorfo a $\mathbf{S}_6$.

(**2**) Per $n = 5$, considerando i primi 2 e 3, possiamo scegliere
$f_1(X) := X^5 + X^2 + 1$ (irriducibile modulo 2);
$f_2(X) := (X^2 + 1)(X^2 + 2X + 1)$ (i cui fattori sono irriducibili modulo 3).
Allora il polinomio $f(X) := 3 f_1(X) + 2 f_2(X)$ ha gruppo di Galois isomorfo a $\mathbf{S}_5$.

Polinomi su $\mathbb{Q}$ con due radici complesse non reali

Una classe di polinomi a coefficienti razionali il cui gruppo di Galois è isomorfo a $\mathbf{S}_p$, con p primo, è descritta dal seguente risultato.

Proposizione 8.3.8 *Sia $f(X) \in \mathbb{Q}[X]$ un polinomio irriducibile su $\mathbb{Q}$ di grado primo $p \geq 3$. Se $f(X)$ ha soltanto due radici complesse non reali, allora $\mathrm{Gal}_{\mathbb{Q}}(f(X))$ è isomorfo a $\mathbf{S}_p$.*

Dimostrazione. Sia $K \subseteq \mathbb{C}$ il campo di spezzamento di $f(X)$. Allora $\text{Gal}_{\mathbb{Q}}(K)$ è isomorfo a un sottogruppo G di $\mathbf{S}_p$ di ordine $[K : \mathbb{Q}]$. Se $\alpha \in K$ è una radice di $f(X)$, $\mathbb{Q}(\alpha) \subseteq K$ e $p = [\mathbb{Q}(\alpha) : \mathbb{Q}]$ divide $[K : \mathbb{Q}] = |G|$. Dunque, per il Teorema di Cauchy (Paragrafo 12.2), G contiene un elemento di ordine p e questo è necessariamente un p-ciclo (Esempio 12.2.10 (3)). D'altra parte, il coniugio complesso induce per restrizione un automorfismo di K che fissa le radici reali e scambia le due radici complesse non reali. Perciò G contiene anche una trasposizione. Ma allora G coincide con $\mathbf{S}_p$ (Proposizione 8.1.8 (c)).

Esempi 8.3.9 (1) Sia $f(X) \in \mathbb{Q}[X]$ un polinomio di terzo grado irriducibile su $\mathbb{Q}$. Se $f(X)$ ha una sola radice reale, allora $\text{Gal}_{\mathbb{Q}}(f(X))$ è isomorfo a $\mathbf{S}_3$. Il viceversa di questa affermazione non è vero, come vedremo nel successivo Paragrafo 9.3.

(2) Il gruppo di Galois su $\mathbb{Q}$ del polinomio $f(X) = X^5 + 5X^4 - 5$ è isomorfo a $\mathbf{S}_5$. Infatti $f(X)$ è irriducibile su $\mathbb{Q}$ per il Criterio di Eisenstein ($p = 5$) ed inoltre ha soltanto due radici complesse non reali. Per vedere questo, si può studiare la funzione polinomiale reale definita da $f(X)$. Poiché la funzione derivata $f'(X) = 5X^3(X + 4)$ si annulla in 0 e -4, e $f(0) = -5$, $f(-4) = 251$, allora il grafico di $f(X)$ attraversa tre volte l'asse reale delle ascisse e dunque $f(X)$ ha esattamente tre radici reali.

(3) Sia p un numero primo. Il polinomio $f(X) := X^5 + pX^2 - pX - p$ è irriducibile su $\mathbb{Q}$ per il Criterio di Eisenstein ed ha gruppo di Galois isomorfo a $\mathbf{S}_5$. Per vedere questo, osserviamo che

$$f(-1) = p - 1 > 0, \quad f(0) = -p < 0, \quad f(p) = p^5 + p^3 - p^2 - p > 0.$$

Quindi $f(X)$ ha almeno 3 radici reali. D'altra parte, per la regola dei segni di Decartes (Proposizione 2.4.6), $f(X)$ ha al più una radice reale positiva ed ha al più due radici reali negative. Dunque $f(X)$ ha esattamente 2 radici complesse non reali.

Per ogni intero $n \geq 3$ si possono costruire polinomi a coefficienti interi irriducibili di grado n che abbiano esattamente $n - 2$ radici reali. Una costruzione è la seguente [21, Lemma 15.12].

Sia $c > 0$ e siano $a_1, a_2, \ldots, a_k$, $k \geq 2$, numeri interi pari tali che

$$a_1 < a_2 < \cdots < a_k, \quad \sum_{i=1}^{k} a_i = 0.$$

Il polinomio a coefficienti interi

$$f(X) := (X^2 + c)(X - a_1) \ldots (X - a_k) + 2$$

ha grado $k + 2$ ed è irriducibile per il Criterio di Eisenstein, con $p = 2$.

Consideriamo il polinomio

$$g(X) := f(X) - 2 = (X^2 + c)(X - a_1)\ldots(X - a_k),$$

le cui radici reali sono esattamente $a_1, a_2, \ldots, a_k$. Poiché $a_i < a_i + 1 < a_{i+1}$ e $g(a_i + 1) < -2$ (essendo $k \geq 2$), allora i valori minimi di $g(X)$ sono tutti minori di -2. Ne segue che il polinomio $f(X) = g(X) + 2$ ha ancora k radici reali.

Siano $\alpha_1, \alpha_2, \ldots, \alpha_{k+2}$ le radici di $f(X)$. Allora

$$f(X) := (X^2 + c)(X - a_1)\ldots(X - a_k) + 2 = (X - \alpha_1)\ldots(X - \alpha_{k+2})$$

e, uguagliando i coefficienti,

$$\sum_{i=1}^{k+2} \alpha_i = 0 \, ; \qquad \sum_{1 \leq i < j \leq k+2} \alpha_i \alpha_j = c + \sum_{1 \leq i < j \leq k} a_i a_j.$$

Se tutte le radici α_i fossero reali, si avrebbe

$$\sum_{1 \leq i < j \leq k+2} 2\alpha_i \alpha_j = \left(\sum_{i=1}^{k+2} \alpha_i\right)^2 - \sum_{i=1}^{k+2} \alpha_i^2 = -\sum_{i=1}^{k+2} \alpha_i^2 < 0.$$

Perciò, scegliendo c in modo tale che

$$\sum_{1 \leq i < j \leq k+2} \alpha_i \alpha_j = c + \sum_{1 \leq i < j \leq k} a_i a_j > 0,$$

possiamo fare in modo che $f(X)$ abbia qualche radice non reale e dunque esattamente 2 radici non reali.

8.3.2 Polinomi su $\mathbb{Q}$ con gruppo di Galois abeliano

Per i gruppi abeliani finiti, il problema inverso è stato risolto positivamente da L. Kronecker. Un profondo risultato dimostrato da I. Shafarevich asserisce poi che più generalmente tutti i gruppi finiti risolubili sono gruppi di Galois di polinomi a coefficienti razionali (*Construction of fields of algebraic numbers with given solvable Galois group*, 1954).

Definizione 8.3.10 *Un ampliamento di Galois finito $F \subseteq K$ si dice un ampliamento abeliano, rispettivamente ciclico, se il suo gruppo di Galois è commutativo, rispettivamente ciclico.*

Kronecker ha dimostrato che ogni ampliamento abeliano di $\mathbb{Q}$ è contenuto in un ampliamento ciclotomico. La dimostrazione di questo teorema non è affrontabile in questo contesto, ma il caso particolare degli ampliamenti quadratici è una diretta conseguenza del calcolo del discriminante del polinomio $X^p - 1$ svolto nell'Esempio 2.7.20. Indichiamo con ξ_n una radice primitiva n-sima dell'unità.

Proposizione 8.3.11 *Ogni ampliamento quadratico di $\mathbb{Q}$ è contenuto in un ampliamento ciclotomico. Precisamente, se $|d| \geq 2$ è un intero privo di fattori quadratici, allora $\mathbb{Q}(\sqrt{d}) \subseteq \mathbb{Q}(\xi_{8|d|})$.*

Dimostrazione. Consideriamo prima il caso in cui $d = p$ sia un numero primo. Se $p = 2$, allora $\mathbb{Q}(\sqrt{2}) \subseteq \mathbb{Q}(\xi_8) = \mathbb{Q}(\sqrt{2}, i)$ (Esempio 4.4.3 (3)). Se $p \neq 2$, allora per quanto visto nell'Esempio 2.7.20, il discriminante del polinomio $X^p - 1$ è

$$\Delta := D(f) := \prod_{1 \leq i < j \leq p} (\xi_p^i - \xi_p^j)^2 = (-1)^{\frac{p-1}{2}} p^p.$$

Quindi, scrivendo $p = 2\frac{p-1}{2} + 1$, otteniamo

$$\delta := \prod_{1 \leq i < j \leq p} (\xi_p^i - \xi_p^j) = \pm p^{\frac{p-1}{2}} \sqrt{(-1)^{\frac{p-1}{2}} p} \in \mathbb{Q}(\xi_p),$$

da cui

$$\begin{cases} \mathbb{Q}(\delta) = \mathbb{Q}(\sqrt{p}) & \text{se } p \equiv 1 \mod 4 \\ \mathbb{Q}(\delta) = \mathbb{Q}(i\sqrt{p}) & \text{se } p \equiv 3 \mod 4 \end{cases}$$

Ne segue che, per ogni $p \geq 2$, risulta

$$\mathbb{Q}(\sqrt{p}) \subseteq \mathbb{Q}(i, \delta) \subseteq \mathbb{Q}(i, \xi_p) \subseteq \mathbb{Q}(\xi_8, \xi_p).$$

Per concludere, ricordiamo che ogni ampliamento quadratico di $\mathbb{Q}$ è del tipo $K := \mathbb{Q}(\sqrt{d})$, dove $d \in \mathbb{Z}$ e $|d| = p_1 \ldots p_n$ è prodotto di numeri primi distinti (Esercizio 3.6). Inoltre, se $\mathrm{MCD}(r, s) = 1$, risulta $\mathbb{Q}(\xi_m, \xi_n) = \mathbb{Q}(\xi_{mn})$ (Esercizio 4.43). Allora, se $|d| = p_1 \ldots p_n$, in ogni caso si ha

$$\mathbb{Q}(\sqrt{d}) \subseteq \mathbb{Q}(\xi_8, \xi_{p_1}, \ldots, \xi_{p_n}) = \mathbb{Q}(\xi_{8|d|}).$$

Dimostriamo ora che, per ogni gruppo abeliano finito H, esiste un ampliamento di $\mathbb{Q}$ contenuto in un ampliamento ciclotomico il cui gruppo di Galois è isomorfo ad H. Ogni risolvente di Galois di questo ampliamento sarà dunque un polinomio irriducibile su $\mathbb{Q}$ con gruppo di Galois isomorfo ad H.

Ci sarà utile il teorema di Dirichlet che asserisce che per ogni $n \geq 2$ esistono infiniti numeri primi congrui ad 1 modulo n (Teorema 4.4.23).

Proposizione 8.3.12 *Sia $n \geq 2$ e sia p un numero primo tale che $p \equiv 1 \mod n$. Allora il p-esimo ampliamento ciclotomico di $\mathbb{Q}$ contiene un ampliamento ciclico di grado n. Quindi, per ogni $n \geq 2$ esiste un polinomio irriducibile su $\mathbb{Q}$ il cui gruppo di Galois è ciclico di ordine n.*

Dimostrazione. Sia $p = nk + 1$ e sia G il gruppo di Galois del p-esimo ampliamento ciclotomico K di $\mathbb{Q}$. Poiché $G \cong \mathcal{U}(\mathbb{Z}_p)$ è ciclico di ordine $p - 1 = nk$, esso ha un (unico) sottogruppo normale H di indice n. Per la corrispondenza di Galois, il campo fisso di H è l'unico ampliamento normale di $\mathbb{Q}$ di grado

n contenuto in K ed il suo gruppo di Galois è isomorfo al gruppo quoziente G/H, che è ciclico di ordine n (Paragrafo 7.3.3 (4)). Allora, se α è un elemento primitivo di tale ampliamento, il polinomio minimo di α su $\mathbb{Q}$ è irriducibile di grado n ed ha gruppo di Galois isomorfo ad H.

Esempi 8.3.13 (1) Sia $p \geq 3$ un numero primo e sia $\xi \neq 1$ una radice complessa p-esima dell'unità. Poiché $p - 1$ è pari, il p-esimo ampliamento ciclotomico $K := \mathbb{Q}(\xi)$ contiene un unico ampliamento (ciclico) di grado $(p - 1)/2$. Questo è il campo fisso del coniugio complesso, ovvero il campo $K \cap \mathbb{R}$. Ogni risolvente di Galois di questo campo è un polinomio irriducibile su $\mathbb{Q}$ di grado $(p-1)/2$ che ha tutte radici reali e gruppo di Galois ciclico (Paragrafo 7.3.3 (4)).

(2) Sia $p = 13$ e sia ξ una radice complessa primitiva 13-sima dell'unità. Il campo $K := \mathbb{Q}(\xi)$ è un ampliamento ciclico di $\mathbb{Q}$ di grado 12, il cui gruppo di Galois su $\mathbb{Q}$ è isomorfo al gruppo delle unità di $\mathbb{Z}_{13}$. Poiché $\mathcal{U}(\mathbb{Z}_{13})$ è generato da $\overline{2}$, allora $G := \mathrm{Gal}_{\mathbb{Q}}(K)$ è generato dall'automorfismo $\psi := \psi_2$ di K definito da $\xi \mapsto \xi^2$ (Paragrafo 4.4.3).

Poiché $p \equiv 1 \bmod 3$, allora K contiene un (unico) ampliamento ciclico di grado 3 su $\mathbb{Q}$. Questo è il campo fisso del sottogruppo H di indice 3 (e ordine 4) in G, che è quello generato dall'automorfismo $\psi^3 = \psi_8$ definito da $\xi \mapsto \xi^8$. Per determinare il campo fisso K^H, osserviamo che, poiché sotto l'azione di ψ_8 si ha

$$\xi \mapsto \xi^8 \mapsto \xi^{12} \mapsto \xi^5 \mapsto \xi,$$

allora

$$\alpha := \xi + \xi^8 + \xi^{12} + \xi^5 = (\xi + \xi^{-1}) + (\xi^5 + \xi^{-5}) \in K^H.$$

Poiché d'altra parte K^H ha grado 3 su $\mathbb{Q}$, deve risultare $K^H = \mathbb{Q}(\alpha)$. Notiamo che, essendo α fissato dal coniugio complesso $\chi = \psi^6$, allora $K^H \subseteq K \cap \mathbb{R}$.

Il polinomio minimo $m(X)$ di α su $\mathbb{Q}$ può essere costruito tramite le sue radici, che sono i coniugati di α su $\mathbb{Q}$. Poiché il gruppo di Galois di $\mathbb{Q}(\alpha)$ su $\mathbb{Q}$ è $G/H = \{H, \psi H, \psi^2 H\}$, tali coniugati sono

$$\alpha, \quad \psi(\alpha) = (\xi^2 + \xi^{-2}) + (\xi^3 + \xi^{-3}), \quad \psi^2(\alpha) = (\xi^4 + \xi^{-4}) + (\xi^6 + \xi^{-6}).$$

Da cui otteniamo

$$m(X) = (X - \alpha)(X - \psi(\alpha))(X - \psi^2(\alpha)) = X^3 + X^2 - 4X + 1.$$

Questo polinomio ha gruppo di Galois ciclico di ordine 3 e ha tutte radici reali.

D'altra parte, poiché $p \equiv 1 \bmod 4$, allora K contiene anche un (unico) ampliamento ciclico di grado 4 su $\mathbb{Q}$. Questo è il campo fisso L del sottogruppo di indice 4 (e ordine 3) in G, che è quello generato dall'automorfismo $\psi^4 = \psi_3$ definito da $\xi \mapsto \xi^3$. Procedendo come prima, si vede subito che un elemento fissato da ψ_3 è $\beta := \xi + \xi^3 + \xi^9$ e che β ha 4 coniugati distinti. Dunque β ha grado 4 su $\mathbb{Q}$ e $L = \mathbb{Q}(\beta)$. Il polinomio minimo di β su $\mathbb{Q}$ ha gruppo di Galois ciclico di ordine 4, ma le sue radici non sono tutte reali. Infatti, $K \cap \mathbb{R}$ ha grado 6 su $\mathbb{Q}$ e quindi non contiene L.

Usando il teorema di rappresentazione dei gruppi abeliani finiti, possiamo a questo punto determinare un polinomio con fissato gruppo di Galois abeliano.

Teorema 8.3.14 *Per ogni gruppo abeliano finito H, esiste un ampliamento ciclotomico di $\mathbb{Q}$ contenente un campo intermedio L il cui gruppo di Galois su $\mathbb{Q}$ è isomorfo ad H.*

Dimostrazione. Se $|H| = 1$, allora $L = \mathbb{Q}$. Supponiamo che $|H| = m > 1$. Allora, per il teorema di rappresentazione dei gruppi abeliani finiti, esistono degli interi $n_1, \ldots, n_k \geq 2$ tali che $m = n_1 \ldots n_k$ e $H \cong \mathbb{Z}_{n_1} \times \cdots \times \mathbb{Z}_{n_k}$ (Paragrafo 12.4). Per il Teorema 4.4.23, esistono anche dei numeri primi distinti $p_1, \ldots, p_k$ tali che $p_i \equiv 1 \mod n_i$, $i = 1, \ldots, k$. Posto $n = p_1 \ldots p_k$, per il Teorema Cinese dei Resti risulta

$$\mathbb{Z}_n \cong \mathbb{Z}_{p_1} \times \cdots \times \mathbb{Z}_{p_k} \quad e \quad \mathcal{U}(\mathbb{Z}_n) \cong \mathcal{U}(\mathbb{Z}_{p_1}) \times \cdots \times \mathcal{U}(\mathbb{Z}_{p_k})$$

(Esempio 1.3.9 (2)). Poiché il gruppo $\mathcal{U}(\mathbb{Z}_{p_i})$ è ciclico di ordine $p_i - 1$ e n_i divide $p_i - 1$, allora $\mathcal{U}(\mathbb{Z}_{p_i})$ ha un (unico) sottogruppo A_i di indice n_i ed inoltre $\mathbb{Z}_{n_i} \cong \mathcal{U}(\mathbb{Z}_{p_i})/A_i$. Se $A \subseteq \mathcal{U}(\mathbb{Z}_n)$ è il sottogruppo corrispondente al sottogruppo $A_1 \times \cdots \times A_k$ tramite l'isomorfismo $\mathcal{U}(\mathbb{Z}_n) \cong \mathcal{U}(\mathbb{Z}_{p_1}) \times \cdots \times \mathcal{U}(\mathbb{Z}_{p_k})$, allora A ha indice m e si ha

$$H \cong \mathbb{Z}_{n_1} \times \cdots \times \mathbb{Z}_{n_k} \cong \frac{\mathcal{U}(\mathbb{Z}_{p_1})}{A_1} \times \cdots \times \frac{\mathcal{U}(\mathbb{Z}_{p_k})}{A_k} \cong \frac{\mathcal{U}(\mathbb{Z}_n)}{A}.$$

Sia $K := \mathbb{Q}(\xi)$ l'n-simo ampliamento ciclotomico di $\mathbb{Q}$. Poiché il gruppo di Galois di K su $\mathbb{Q}$ è isomorfo a $\mathcal{U}(\mathbb{Z}_n)$, esso ha un sottogruppo (normale) isomorfo ad A. Se $L \subseteq K$ è il campo fisso di questo gruppo, allora L è normale su $\mathbb{Q}$ e $\mathrm{Gal}_L(K) \cong A$. Perciò

$$\mathrm{Gal}_{\mathbb{Q}}(L) = \frac{\mathrm{Gal}_{\mathbb{Q}}(K)}{\mathrm{Gal}_L(K)} \cong \frac{\mathcal{U}(\mathbb{Z}_n)}{A} \cong H.$$

Corollario 8.3.15 (L. Kronecker - H. Weber) *Per ogni gruppo abeliano H di ordine $n \geq 2$, esiste un polinomio di grado n irriducibile su $\mathbb{Q}$ il cui gruppo di Galois è isomorfo ad H.*

Dimostrazione. Per il Teorema 8.3.14, esiste un ampliamento normale di $\mathbb{Q}$ di ordine n il cui gruppo di Galois è isomorfo ad H. Se α è un elemento primitivo di tale ampliamento, il polinomio minimo di α su $\mathbb{Q}$ è irriducibile di grado n ed ha gruppo di Galois isomorfo ad H.

Esempi 8.3.16 Per la dimostrazione del Teorema 8.3.14, se H è un qualsiasi gruppo commutativo finito, esiste un opportuno intero n *prodotto di primi distinti* tale che l'n-simo ampliamento ciclotomico contiene un campo il cui gruppo di Galois è isomorfo ad H. Ma questa condizione su n non è necessaria.

Ad esempio, se H è un gruppo di Klein, allora $\mathcal{U}(\mathbb{Z}_8) \cong H$ e dunque l'ottavo ampliamento ciclotomico $\mathbb{Q}(\xi_8) = \mathbb{Q}(\sqrt{2}, i)$ ha gruppo di Galois isomorfo ad H. Determiniamo ora, usando il procedimento illustrato nel Teorema 8.3.14, un intero n prodotto di due primi distinti tale che l'n-simo ampliamento ciclotomico contenga un ampliamento il cui gruppo di Galois è di Klein. Tale ampliamento deve essere necessariamente biquadratico (Paragrafo 7.3.3 (1)).

Sia $H \cong \mathbb{Z}_2 \times \mathbb{Z}_2$ un gruppo di Klein. Due primi distinti congrui ad 1 modulo 2 sono $p = 3$ e $q = 5$; perciò possiamo scegliere $n = pq = 15$. Indichiamo con $[a]_n$ la classe resto di a modulo n. Poiché $\mathcal{U}(\mathbb{Z}_5)$ è generato da $[2]_5$, il suo (unico) sottogruppo di indice 2 è quello generato da $[4]_5$. Allora $\mathbb{Z}_2 \cong \mathcal{U}(\mathbb{Z}_3) \cong \mathcal{U}(\mathbb{Z}_5)/\langle [4]_5 \rangle$ e risulta

$$H \cong \mathbb{Z}_2 \times \mathbb{Z}_2 \cong \frac{\mathcal{U}(\mathbb{Z}_3)}{\langle [1]_3 \rangle} \times \frac{\mathcal{U}(\mathbb{Z}_5)}{\langle [4]_5 \rangle} \cong \frac{\mathcal{U}(\mathbb{Z}_3) \times \mathcal{U}(\mathbb{Z}_5)}{\langle [1]_3, [4]_5 \rangle} \cong \frac{\mathcal{U}(\mathbb{Z}_{15})}{\langle [4]_{15} \rangle}.$$

Se ξ è una radice complessa primitiva quindicesima dell'unità, nell'isomorfismo tra $\mathcal{U}(\mathbb{Z}_{15})$ e il gruppo di Galois di $\mathbb{Q}(\xi)$ alla classe $[4]_{15}$ corrisponde l'automorfismo ψ_4 definito da $\xi \mapsto \xi^4$. Dunque un ampliamento con gruppo di Galois isomorfo ad H e contenuto in $\mathbb{Q}(\xi)$ è il campo fisso L del gruppo ciclico generato da ψ_4. Notando che $\psi_4(\xi^4) = \xi$, si deduce che $\alpha := \xi + \xi^4 \in L$ e dunque $\mathbb{Q}(\alpha) \subseteq L$. Per determinare il grado di α su $\mathbb{Q}$, osserviamo che possiamo scegliere $\xi = \epsilon\omega$, dove ϵ è una radice primitiva terza dell'unità e ω è una radice primitiva quinta (Esempio 8.1.19 (1)). Dunque risulta:

$$\alpha := \xi + \xi^4 = \epsilon(\omega + \omega^4),$$

da cui

$$\alpha^2 = \epsilon^2(\omega + \omega^4)^2 = \epsilon^2(\omega^2 + \omega^3 + 2) = \epsilon^2(-\omega - \omega^4 + 1)$$
$$= -\epsilon^2(\omega + \omega^4) + \epsilon^2 = -\epsilon(\xi + \xi^4) + \epsilon^2 = -\epsilon\alpha + \epsilon^2$$

Ne segue che il polinomio minimo di α su $\mathbb{Q}(\epsilon)$ è

$$m(X) := X^2 + \epsilon X - \epsilon^2.$$

perciò α ha grado 2 su $\mathbb{Q}(\epsilon)$ e dunque ha grado 4 su $\mathbb{Q}$. In definitiva $K = \mathbb{Q}(\alpha)$. Inoltre risulta $\mathbb{Q}(\alpha) = \mathbb{Q}(\epsilon, \delta)$, dove δ è la radice del discriminante di $m(X)$, ovvero $\delta = \sqrt{\epsilon^2 + 4\epsilon^2} = \epsilon\sqrt{5}$. Infine

$$K = \mathbb{Q}(\alpha) = \mathbb{Q}(\epsilon, \delta) = \mathbb{Q}(\epsilon, \epsilon\sqrt{5}) = \mathbb{Q}(\epsilon, \sqrt{5}) = \mathbb{Q}(i\sqrt{3}, \sqrt{5}) = \mathbb{Q}(i\sqrt{3} + \sqrt{5}).$$

Si verifica subito che il polinomio minimo di $i\sqrt{3} + \sqrt{5}$ su $\mathbb{Q}$ è

$$p(X) := X^4 - 4X^2 + 64.$$

8.3.3 Un polinomio su $\mathbb{Q}$ con gruppo di Galois isomorfo al gruppo delle unità dei quaternioni

Usando la corrispondenza di Galois, costruiamo ora un polinomio il cui gruppo di Galois è isomorfo al gruppo moltiplicativo delle unità dei quaternioni. Seguiremo il procedimento illustrato da R. A. Dean in [5].

Ricordiamo che il gruppo moltiplicativo delle *unità dei quaternioni* è il gruppo (non commutativo) di ordine 8

$$\mathbb{H} := \{1, \mathbf{i}, \mathbf{j}, \mathbf{k}, -1, -\mathbf{i}, -\mathbf{j}, -\mathbf{k}\}$$

in cui l'operazione è definita dalla seguente tabella moltiplicativa:

$$\mathbf{1}x = x = x\mathbf{1}; \quad (-\mathbf{1})x = -x = x(-\mathbf{1}), \quad \text{per ogni } x \in \mathbb{H};$$

$$\mathbf{ij} = \mathbf{k} = -\mathbf{ji}; \quad \mathbf{jk} = \mathbf{i} = -\mathbf{kj}; \quad \mathbf{ki} = \mathbf{j} = -\mathbf{ik}; \quad \mathbf{i}^2 = \mathbf{j}^2 = \mathbf{k}^2 = -\mathbf{1}.$$

Questo gruppo si indica con il simbolo $\mathbb{H}$ in onore di W. R. Hamilton, al quale è dovuta la costruzione del corpo dei quaternioni reali (1843) (Esercizio 1.9). I sottogruppi non banali di $\mathbb{H}$ sono:

$$Z := \langle -\mathbf{1} \rangle = \{1, -1\};$$
$$N_1 := \langle \mathbf{i} \rangle = \{1, \mathbf{i}, -1, -\mathbf{i}\} = \langle -\mathbf{i} \rangle;$$
$$N_2 := \langle \mathbf{j} \rangle = \{1, \mathbf{j}, -1, -\mathbf{j}\} = \langle -\mathbf{j} \rangle;$$
$$N_3 := \langle \mathbf{k} \rangle = \{1, \mathbf{k}, -1, -\mathbf{k}\} = \langle -\mathbf{k} \rangle.$$

Tutti questi sottogruppi sono normali in $\mathbb{H}$ ed inoltre il sottogruppo Z è il centro di $\mathbb{H}$.

Se K è un ampliamento normale di $\mathbb{Q}$ il cui gruppo di Galois è isomorfo ad $\mathbb{H}$, K deve avere tre sottocampi $L_i := K^{N_i}$, $i = 1, 2, 3$, di grado 2 su $\mathbb{Q}$ tali che $\mathrm{Gal}_{L_i}(K) = N_i$ sia ciclico di ordine 4. Inoltre K deve avere un sottocampo $F := K^Z$ di grado 4 su $\mathbb{Q}$ e grado 2 su ogni L_i.

Poiché Z è normale in $\mathbb{H}$, allora F deve essere un ampliamento normale di $\mathbb{Q}$ ed il suo gruppo di Galois su $\mathbb{Q}$ deve essere isomorfo al gruppo quoziente $\mathbb{H}/Z = \{Z, \mathbf{i}Z, \mathbf{j}Z, \mathbf{k}Z\}$, che è un gruppo di Klein. Affinché siano soddisfatte queste ultime condizioni, F deve essere un ampliamento biquadratico di $\mathbb{Q}$ (Paragrafo 7.3.3 (1)). Possiamo ad esempio porre:

$$L_1 := \mathbb{Q}(\sqrt{2}), \quad L_2 := \mathbb{Q}(\sqrt{3}), \quad L_3 := \mathbb{Q}(\sqrt{6})$$

e

$$F := \mathbb{Q}(\sqrt{2}, \sqrt{3}) = L_i(\sqrt{d_i}), \quad d_1 := 3, \ d_2 = d_3 = 2.$$

A questo punto, K deve essere un ampliamento quadratico di F ed un ampliamento normale di grado 4 di L_i con gruppo di Galois ciclico, $i = 1, 2, 3$. Per la prima condizione, deve risultare $K = F(\alpha)$ con $\alpha^2 \in F := L_i(\sqrt{d_i})$, ovvero

$$\alpha^2 = a_i + b_i \sqrt{d_i}, \text{ con } a_i, b_i \in L_i.$$

Per la seconda condizione $\alpha = \sqrt{a_i + b_i\sqrt{d_i}}$ deve avere grado 4 su L_i, con polinomio minimo

$$m_i(X) := X^4 - 2a_i X^2 + (a_i^2 - d_i b_i^2).$$

Allora, affinché $K = L_i(\alpha)$ sia un ampliamento normale di L_i con gruppo di Galois ciclico, è sufficiente che $c_i := d_i(a_i^2 - d_i b_i^2)$ sia un quadrato in L_i (Proposizione 8.1.12). Poniamo

$$\alpha^2 = (2 + \sqrt{2})(2 + \sqrt{3})(3 + \sqrt{6}) = 18 + 12\sqrt{2} + 10\sqrt{3} + 7\sqrt{6}$$

e notiamo che $\alpha^2 \in F := \mathbb{Q}(\sqrt{2}, \sqrt{3}) = L_i(\sqrt{d_i})$. Infatti

$$\alpha^2 = a_1 + b_1\sqrt{3} = (18 + 12\sqrt{2}) + (10 + 7\sqrt{2})\sqrt{3} \quad (L_1 := \mathbb{Q}(\sqrt{2}), d_1 = 3);$$
$$\alpha^2 = a_2 + b_2\sqrt{2} = (18 + 10\sqrt{3}) + (12 + 7\sqrt{3})\sqrt{2} \quad (L_2 := \mathbb{Q}(\sqrt{3}), d_2 = 2);$$
$$\alpha^2 = a_3 + b_3\sqrt{2} = (18 + 7\sqrt{6}) + (12 + 5\sqrt{6})\sqrt{2} \quad (L_3 := \mathbb{Q}(\sqrt{6}), d_3 = 2).$$

Inoltre $c_i := d_i(a_i^2 - d_i b_i^2)$ è un quadrato in L_i, $i = 1, 2, 3$. Infatti

$$c_1 = 3[(18 + 12\sqrt{2})^2 - 3(10 + 7\sqrt{2})^2] = [3(2 + \sqrt{2})]^2;$$
$$c_2 = 2[(18 + 10\sqrt{3})^2 - 2(12 + 7\sqrt{3})^2] = [2(3 + 2\sqrt{3})]^2;$$
$$c_3 = 2[(18 + 7\sqrt{6})^2 - 2(12 + 5\sqrt{6})^2] = [2(3 + \sqrt{6})]^2.$$

Ne segue che il campo $K := F(\alpha) = \mathbb{Q}(\sqrt{2}, \sqrt{3}, \alpha) = \mathbb{Q}(\alpha)$ soddisfa tutte le condizioni richieste e dunque, se è normale su $\mathbb{Q}$, il suo gruppo di Galois su $\mathbb{Q}$ è isomorfo ad $\mathbb{H}$.

Per mostrare che K è normale su $\mathbb{Q}$, basta verificare che esso contiene tutti i coniugati di α. A tal fine, ricordiamo che ogni isomorfismo di K in $\mathbb{C}$ si può ottenere come estensione di un automorfismo di $\mathbb{Q}(\sqrt{2})$ (Paragrafo 4.2.1). I coniugati di

$$\alpha = \sqrt{a_1 + b_1\sqrt{3}} = \sqrt{(18 + 12\sqrt{2}) + (10 + 7\sqrt{2})\sqrt{3}},$$

rispetto agli isomorfismi di K in $\mathbb{C}$ che fissano $\sqrt{2}$ sono

$$\alpha, \quad -\alpha, \quad \beta := \sqrt{a_1 - b_1\sqrt{3}}, \quad -\beta.$$

Poiché K è normale su $L_1 = \mathbb{Q}(\sqrt{2})$, allora $\pm\beta \in K$. I coniugati di α rispetto agli isomorfismi di K in $\mathbb{C}$ che portano $\sqrt{2}$ in $-\sqrt{2}$ sono

$$\gamma := \sqrt{\overline{a_1} + \overline{b_1}\sqrt{3}}, \quad -\gamma, \quad \eta := \sqrt{\overline{a_1} - \overline{b_1}\sqrt{3}}, \quad -\eta$$

dove

$$\overline{a_1} := 18 - 12\sqrt{2}, \quad \overline{b_1} := 10 - 7\sqrt{2}.$$

Notiamo ora che $\gamma \in K$. Infatti

$$\gamma^2 = (2 - \sqrt{2})(2 + \sqrt{3})(3 - \sqrt{6}) ; \quad \alpha^2 \gamma^2 = 6(2 + \sqrt{3})^2$$

da cui

$$\gamma = \alpha^{-1}(2 + \sqrt{3})\sqrt{6} \in K.$$

Ma allora, poiché $\gamma, -\gamma, \eta, -\eta$ sono anche i coniugati di γ rispetto agli isomorfismi di K in $\mathbb{C}$ che fissano $L_1 = \mathbb{Q}(\sqrt{2})$ e poiché K è normale su L_1, si ha che anche $\pm \eta \in K$. In conclusione, tutti i coniugati di α su $\mathbb{Q}$ stanno in K; perciò K è normale su $\mathbb{Q}$.

Per finire, il polinomio minimo di α su $L_1 := \mathbb{Q}(\sqrt{2})$ è

$$p(X) := (X - \alpha)(X + \alpha)(X - \beta)(X + \beta) = X^4 - 2a_1 X^2 + (a_1^2 - 3b_1^2),$$

mentre il polinomio minimo di γ su L_1 è

$$\overline{p(X)} := (X - \gamma)(X + \gamma)(X - \eta)(X + \eta) = X^4 - 2\overline{a_1} X^2 + (\overline{a_1}^2 - 3\overline{b_1}^2).$$

Dunque il polinomio minimo di α su $\mathbb{Q}$ è

$$f(X) = p(X)\overline{p(X)} = X^8 - 72X^6 + 180X^4 - 144X^2 + 36.$$

Poiché K è il campo di spezzamento di $f(X)$ su $\mathbb{Q}$, il gruppo di Galois di $f(X)$ è isomorfo a $\mathbb{H}$.

8.4 Esercizi

8.1. Mostrare che, se $n \geq 3$ non è primo, allora $\mathbf{S}_n$ non è generato da un qualsiasi n-ciclo e una qualsiasi trasposizione.

Soluzione: (1234) e (13) generano un sottogruppo proprio di $\mathbf{S}_4$, isomorfo al gruppo diedrale $\mathbf{D}_4$.

8.2. Mostrare che ogni polinomio a coefficienti razionali ha lo stesso gruppo di Galois su $\mathbb{Q}$ di un polinomio a coefficienti interi.

8.3. Mostrare che ogni polinomio a coefficienti razionali ha lo stesso gruppo di Galois su $\mathbb{Q}$ di un polinomio monico irriducibile.

8.4. Sia $f(X) \in F[X]$ un polinomio separabile di grado $n \geq 1$ irriducibile su F. Mostrare che $\mathrm{Gal}_F(f(X))$ è isomorfo a $\mathbf{S}_n$ se e soltanto se il campo di spezzamento di $f(X)$ su F ha ordine $n!$.

8.5. Mostrare che il gruppo di Galois su $\mathbb{Q}$ del polinomio $X^3 - 3X + 1$ è isomorfo ad $\mathbf{A}_3$.

8.6. Mostrare che, se $c > 0$, il gruppo di Galois del polinomio $X^3 + cX + 1 \in \mathbb{Q}[X]$ è isomorfo a $\mathbf{S}_3$ ed esplicitare un tale isomorfismo.

8.7. Determinare il gruppo di Galois su $\mathbb{Q}$ del polinomio $X^4 - 3$ ed un sottogruppo di $\mathbf{S}_4$ ad esso isomorfo.

8.8. Mostrare che il gruppo di Galois su $\mathbb{Q}$ del polinomio $f(X) := X^4 + X^2 - 1$ è un gruppo diedrale di grado 4. Determinare inoltre tutti i sottocampi normali del campo di spezzamento di $f(X)$.

Suggerimento: Notare che $\mathbb{Q}(\sqrt{5}, i)$ è contenuto nel campo di spezzamento di $f(X)$.

8.9. Sia $f(X) := X^4 + aX^2 + c \in \mathbb{Q}[X]$ un polinomio biquadratico irriducibile con campo di spezzamento K e gruppo di Galois G diedrale (di grado 4). Mostrare che il campo fisso del centro di G è $\mathbb{Q}(\sqrt{a^2 - 4c}, \sqrt{c})$.

Soluzione: Le radici di $f(X)$ sono:

$$\pm\alpha := \pm\sqrt{\frac{-a + \sqrt{t}}{2}}, \quad \pm\beta := \pm\sqrt{\frac{-a - \sqrt{t}}{2}},$$

dove $t := a^2 - 4c$. Con le notazioni della Proposizione 8.1.12, il centro di G è $Z := \langle\sigma^2\rangle$, dove $\sigma : \alpha \mapsto \beta$, $\beta \mapsto -\alpha$. Poiché Z è normale in G, l'ampliamento $\mathbb{Q} \subseteq K^Z$ è normale ed il suo gruppo di Galois è il gruppo di Klein G/Z. Dunque K^Z è un ampliamento biquadratico di $\mathbb{Q}$ e si verifica facilmente che $K^Z = \mathbb{Q}(\alpha^2, \alpha\beta) = \mathbb{Q}(\sqrt{t}, \sqrt{c})$.

8.10. Sia $\alpha := \sqrt{r + s\sqrt{t}}$, con $r, s, t \in \mathbb{Q}$. Mostrare che, se $(r^2 + s^2t) = \beta^2$, con $\beta \in \mathbb{Q}$, allora

$$\alpha = \sqrt{\tfrac{r+\beta}{2}} + \sqrt{\tfrac{r-\beta}{2}}$$

è somma di due radicali quadratici.

Mostrare poi con un esempio che, perché α sia esprimibile come somma di due radicali quadratici, non è necessario che $r^2 + s^2t$ sia un quadrato in $\mathbb{Q}$.

8.11. Siano $\alpha := \sqrt{r + s\sqrt{t}}$ e $\beta := x\sqrt{a} + y\sqrt{b}$ di grado quattro su $\mathbb{Q}$.

Mostrare che se $\alpha = \beta$ allora $r^2 - s^2t$ è un quadrato in $\mathbb{Q}$ confrontando i due polinomi minimi di α e β.

8.12. Determinare i possibili gruppi di Galois su F di un polinomio di quarto grado riducibile su F.

8.13. Sia F un campo di caratteristica diversa da 2 e sia $F \subseteq K$ un ampliamento di Galois finito. Mostrare che $\mathrm{Gal}_F(K)$ è ciclico di ordine 4 se e soltanto se $K = F(\alpha)$, dove $\alpha := \sqrt{r + s\sqrt{t}}$, $r, s, t \in F$ e t, $c := r^2 - s^2t$ non sono quadrati in F.

Soluzione: Se $\mathrm{Gal}_F K$ è ciclico di ordine 4, $F \subseteq K$ è un ampliamento di Galois di grado 4. Allora $K = F(\alpha)$ con $\alpha = \sqrt{r + s\sqrt{t}}$ e K è il campo di spezzamento su F del polinomio biquadratico irriducibile $X^4-2rX^2+(r^2-s^2t)$ (Proposizione 7.3.22); inoltre c non è un quadrato in F (Proposizione 8.1.12).

Viceversa, se $K = F(\alpha)$ è come nelle ipotesi, per normalità K è il campo di spezzamento del polinomio minimo di α su F, che divide il polinomio $f(X) := X^4 - 2rX^2 + (r^2 - s^2t)$. Se $f(X)$ non è irriducibile, esso si spezza su F in due fattori di secondo grado, i cui termini noti sono prodotti di due radici di $f(X)$ e dividono $c := r^2 - s^2t$. Allora in questo caso t o $c := r^2 - s^2t$ sono quadrati in F. Poiché non è così, $f(X)$ è irriducibile su F e $\mathrm{Gal}_F K$ è ciclico di ordine 4 (Proposizione 8.1.12).

8.14. Sia $p \geq 3$ un numero primo. Mostrare che il gruppo di Galois del p-esimo polinomio ciclotomico su $\mathbb{Q}$ è isomorfo a un sottogruppo proprio di $\mathbf{S}_p$ e determinare esplicitamente un tale sottogruppo.

8.15. Determinare il gruppo di Galois su $\mathbb{Q}$ dell'n-simo polinomio ciclotomico per $n = 6, 8, 12, 15$. Verificare inoltre in questi casi che, se d divide n, allora le radici del d-esimo polinomio ciclotomico sono tutti e soli gli elementi $\psi(\xi^{\frac{n}{d}})$, dove ξ è una radice primitiva n-sima dell'unità e ψ varia tra gli automorfismi di $\mathbb{Q}(\xi)$.

8.16. Determinare il gruppo di Galois su $\mathbb{Q}$ dei seguenti polinomi:
$$X^4 + X^3 + 2X^2 + X + 1; \quad X^5 + X^3 + X^2 + 1; \quad X^6 - 3X^3 + 2.$$

8.17. Determinare il gruppo di Galois su $\mathbb{Q}$ dei polinomi
$$X^4 + 9; \quad X^6 + 4; X^5 + 2; \quad X^4 - 5;$$
$$(X^6 + 4)(X^5 + 2); \quad (X^6 + 4)(X^4 - 5).$$

8.18. Determinare un polinomio a coefficienti razionali il cui gruppo di Galois su $\mathbb{Q}$ sia isomorfo a uno dei gruppi seguenti:
$$\mathbb{Z}_{12}; \quad \mathbb{Z}_4 \times \mathbb{Z}_2; \quad \mathbb{Z}_2 \times \mathbb{Z}_2 \times \mathbb{Z}_2; \quad \mathbf{S}_3 \times \mathbb{Z}_2.$$

8.19. Costruire polinomi su $\mathbb{Q}$ irriducibili di grado 3, 4, 5 con esattamente due radici complesse non reali.

8.20. Costruire polinomi su $\mathbb{Q}$ irriducibili di grado n con gruppo di Galois isomorfo a $\mathbf{S}_n$, per $n = 3, 4, 5, 6$.

8.21. Mostrare che il gruppo di Galois su $\mathbb{Q}$ dei polinomi
$$X^5 - 6X + 3; \quad X^5 + 2X^2 - 2X - 2$$
è isomorfo a $\mathbf{S}_5$.

8.22. Determinare un intero $n > 2$ tale che $\mathbb{Q}(\sqrt{d})$ sia contenuto nell'n-simo ampliamento ciclotomico di $\mathbb{Q}$, per $d = 3, 6, 11, 12, 15$.

8.23. Determinare tutti gli ampliamenti quadratici contenuti nel 31-esimo ampliamento ciclotomico di $\mathbb{Q}$.

8.24. Sia p un numero primo e sia ξ una radice primitiva p-esima dell'unità. Mostrare che, se $\alpha \in \mathbb{Q}(\xi)$ è un elemento di grado 2 su $\mathbb{Q}$, con polinomio minimo $f(X)$, allora p divide il discriminante di $f(X)$.

8.25. Costruire un polinomio irriducibile su $\mathbb{Q}$ il cui gruppo di Galois sia ciclico di ordine n, per $n = 5, 6, 8$.

8.26. Determinare il polinomio minimo su $\mathbb{Q}$ di
$$\cos(2\pi/2)\,; \quad \cos(2\pi/9)\,; \quad \cos(2\pi/11).$$
Suggerimento: Ricordare che $2\cos(2\pi/n) = \xi + \xi^{-1}$, dove $\xi := \cos(2\pi/n) + \mathrm{i}\sin(2\pi/n)$.

8.27. Determinare il polinomio minimo su $\mathbb{Q}$ di
$$\sin(2\pi/2)\,; \quad \sin(2\pi/9)\,; \quad \sin(2\pi/11).$$
Suggerimento: Notare che $\xi - \xi^{-1} = 2\mathrm{i}\sin(2\pi/n)$, dove $\xi := \cos(2\pi/n) + \mathrm{i}\sin(2\pi/n)$.

8.28. Sia ξ una radice complessa primitiva nona dell'unità. Determinare il polinomio minimo di $\alpha := \xi + \xi^{-1} - 2$ su $\mathbb{Q}$ e verificare che il suo gruppo di Galois è ciclico di ordine 3.

8.29. Sia ξ una radice primitiva settima dell'unità. Determinare un numero $\alpha \in \mathbb{C}$ tale che $\mathbb{Q}(\alpha) = \mathbb{Q}(\xi) \cap \mathbb{R}$.
Calcolare inoltre il polinomio minimo di α e tutte le sue radici.

Parte IV

APPLICAZIONI

9

Risolubilità per radicali delle equazioni polinomiali

Le ben note formule risolutive per le equazioni di secondo grado a coefficienti numerici esprimono le radici del polinomio generale di secondo grado come funzione radicale dei suoi coefficienti. Analoghe formule esistono per le equazioni di terzo e quarto grado. P. Ruffini (1799) ed indipendentemente N. H. Abel (1824) hanno dimostrato che non è possibile trovare formule radicali che permettano di risolvere l'equazione generale di quinto grado. I risultati di Ruffini-Abel lasciavano però aperta la possibilità che, dando specifici valori numerici ai coefficienti del polinomio generale di quinto grado su $\mathbb{Q}$, si ottenesse ogni volta un'equazione risolubile per radicali. Questa possibilità è stata esclusa definitivamente da Galois nella sua fondamentale memoria *Mémoire sur les conditions de ré solubilité des équations par radicaux*, del 1830.

In questo capitolo dimostreremo i risultati di Galois ed illustreremo alcune tecniche algebriche per risolvere certe classi di equazioni risolubili, incluse le equazioni di terzo e quarto grado e le equazioni cicliche.

9.1 Ampliamenti radicali

Il concetto di ampliamento radicale è fondamentale per lo studio della risolubilità delle equazioni polinomiali.

Definizione 9.1.1 *Diremo che un ampliamento di campi $F \subseteq K$ è un ampliamento radicale puro di indice n se $K = F(\gamma)$ ed esiste un intero $n \geq 1$ tale che $\gamma^n \in F$.*

Diremo poi che un ampliamento di campi $F \subseteq K$ è radicale se si può costruire tramite una successione finita di ampliamenti radicali puri

$$F := F_0 \subseteq F_1 := F_0(\gamma_1) \subseteq \ldots$$

$$\subseteq F_i := F_{i-1}(\gamma_i) \subseteq \ldots \subseteq F_m := F_{m-1}(\gamma_m) = K,$$

di successivi indici $n_i \geq 1$, $i = 1, \ldots, m$.

Gabelli S: Teoria delle Equazioni e Teoria di Galois. © Springer-Verlag Italia, Milano 2008

Osserviamo che ogni ampliamento radicale è finito e che, se $F \subseteq F(\gamma)$ è un ampliamento radicale puro di indice n, il polinomio minimo di γ su F divide il polinomio $X^n - \gamma^n \in F[X]$. Inoltre si può sempre *raffinare* una catena di ampliamenti radicali puri, inserendo eventualmente altri campi, in modo da ottenere che tutti gli indici siano numeri primi. Infatti, consideriamo l'ampliamento radicale puro $F \subseteq F(\gamma)$ con $\gamma^n \in F$. Se $n = pm$, dove p è un numero primo, posto $\alpha := \gamma^p$, risulta $\gamma^n = \alpha^m \in F$ e possiamo decomporre l'ampliamento $F \subseteq F(\gamma)$ nei due ampliamenti $F \subseteq F(\alpha) \subseteq F(\gamma)$, con $\alpha^m \in F$ e $\gamma^p \in F(\alpha)$. Se m non è primo, si continua nello stesso modo e questo procedimento ha termine dopo un numero finito di passi.

Gli ampliamenti radicali non sono sempre normali, tuttavia la loro chiusura normale resta radicale.

Proposizione 9.1.2 *Se $F \subseteq K$ è un ampliamento radicale, la chiusura normale di K su F è un ampliamento radicale di F.*

Dimostrazione. Sia $K = F(\gamma_1, \ldots, \gamma_m)$ un ampliamento radicale tale che, posto $F_0 := F$ e $F_i := F(\gamma_1, \ldots, \gamma_i)$, $\gamma_i^{n_i} \in F_{i-1}$ per qualche $n_i \geq 1$. Allora, se φ è un F-isomorfismo di K nella chiusura algebrica $\overline{F}$ di F, $\varphi(K) = F(\varphi(\gamma_1), \ldots, \varphi(\gamma_m))$ è ancora un ampliamento radicale di F. Infatti $\varphi(\gamma_i)^{n_i} = \varphi(\gamma_i^{n_i}) \in \varphi(F_{i-1}) = F(\varphi(\gamma_1), \ldots, \varphi(\gamma_{i-1}))$, $i = 1, \ldots, m$. Poiché la chiusura normale di K su F è generata su F da tutti gli elementi $\varphi(\gamma_i)$ al variare degli F-isomorfismi φ di K in $\overline{F}$ (Esempio 5.2.12 (3)), concludiamo che tale chiusura normale è un ampliamento radicale di F.

Esempi 9.1.3 (1) In caratteristica diversa da 2, gli ampliamenti quadratici e biquadratici sono ampliamenti di Galois radicali (Paragrafi 3.5.1 e 3.5.2). Il campo $\mathbb{Q}(\sqrt[3]{2})$ è un ampliamento radicale di $\mathbb{Q}$ che non è normale; la sua chiusura normale è $\mathbb{Q}(\sqrt[3]{2}, i\sqrt{3})$ ed è ancora un ampliamento radicale di $\mathbb{Q}$ (Esempio 5.2.12 (2)).

(2) Se $\gamma_1 = \sqrt[3]{2}$, $\gamma_2 = \sqrt{3 + \gamma_1}$, $\gamma_3 = \sqrt[5]{1 - \gamma_1 + \gamma_2}$, l'ampliamento $\mathbb{Q} \subseteq \mathbb{Q}(\gamma_1, \gamma_2, \gamma_3)$ è radicale.

(3) Ogni ampliamento ciclotomico di $\mathbb{Q}$ è un ampliamento radicale puro di Galois, infatti è del tipo $\mathbb{Q}(\xi)$ con $\xi^n = 1$ per qualche $n \geq 1$ (Paragrafo 4.4). Notiamo tuttavia che, se $n = p_1^{e_1} \ldots p_m^{e_m}$, è la fattorizzazione di n in numeri primi distinti, allora l'ampliamento $\mathbb{Q} \subseteq \mathbb{Q}(\xi)$ si può raffinare in ampliamenti radicali puri di indici p_i, $i = 1, \ldots, m$.

Infatti, sia $\xi_s := \cos\left(\frac{2\pi}{s}\right) + i \sin\left(\frac{2\pi}{s}\right)$, per ogni $s \geq 2$. Posto $n_i := p_i^{e_i}$ e $\alpha_i := \xi_{n_i}$ si ha $\mathbb{Q}(\xi_n) = \mathbb{Q}(\alpha_1, \ldots, \alpha_m)$ (Esercizio 4.43) e quindi si ottiene una catena di ampliamenti radicali puri

$$F_0 := \mathbb{Q} \subseteq F_1 := \mathbb{Q}(\alpha_1) \subseteq F_2 := F_1(\alpha_2) = \mathbb{Q}(\alpha_1, \alpha_2) \subseteq \ldots$$
$$\subseteq F_m := \mathbb{Q}(\alpha_1, \ldots, \alpha_m) = \mathbb{Q}(\xi_n)$$

di successivi indici n_i, per ogni $1 = 1, \ldots, m$. Inoltre, dato $F \subseteq \mathbb{C}$, se p è un numero primo e $\xi := \xi_{p^e}$, l'ampliamento $F \subseteq F(\xi)$ si può realizzare attraverso gli ampliamenti radicali puri di indice p

$$F \subseteq F(\xi^{p^{e-1}}) \subseteq F(\xi^{p^{e-2}}) \subseteq \cdots \subseteq F(\xi^{p^2}) \subseteq F(\xi^p) \subseteq F(\xi).$$

(4) Se F è un campo finito di caratteristica prima p, ogni ampliamento finito $F \subseteq K$ è un ampliamento radicale puro. Infatti, se $[K : \mathbb{F}_p] = n$ risulta $K = F(\alpha) = \mathbb{F}_p(\alpha)$, per un opportuno $\alpha \in K$ tale che $\alpha^{p^n-1} = 1 \in F$ (Paragrafo 4.3).

(5) In caratteristica prima p, ogni ampliamento puramente inseparabile $F \subseteq K$ è un ampliamento radicale. Infatti $K = F(\alpha_1, \ldots, \alpha_n)$ con $\alpha_i^{p^{h_i}} \in F$, $h_i \geq 1$ (Teorema 5.3.29).

La seguente proposizione mostra in particolare che gli ampliamenti radicali puri di un campo numerico contenente le opportune radici dell'unità sono caratterizzati dall'avere gruppo di Galois ciclico. Lo studio di questi ampliamenti è stato iniziato da E. Kummer, nell'ambito delle sue importanti ricerche sull'ultimo Teorema di Fermat.

Proposizione 9.1.4 (E. Kummer, 1840) *Sia $n \geq 2$, sia F un campo la cui caratteristica non divide n (in particolare di caratteristica zero) contenente le radici n-sime dell'unità e sia $F \subseteq K$ un ampliamento di Galois finito. Allora:*

(a) *Se $\mathrm{Gal}_F(K)$ è ciclico di ordine d e d divide n, $F \subseteq K$ è un ampliamento radicale puro di indice d.*

(b) *Se $F \subseteq K$ è un ampliamento radicale puro di indice n, $\mathrm{Gal}_F(K)$ è ciclico ed il suo ordine divide n.*

Dimostrazione. Poiché l'ampliamento $F \subseteq K$ è di Galois, si ha $|\mathrm{Gal}_F(K)| = [K : F]$ (Proposizione 7.1.3).

(a) Supponiamo che $\mathrm{Gal}_F(K)$ sia ciclico di ordine d, con d che divide n, e sia φ un suo generatore. Per il Lemma di Dedekind (Lemma 3.1.5), gli F-automorfismi $\varphi, \varphi^2, \ldots, \varphi^{d-1}, \varphi^d = id$ sono linearmente indipendenti su K. Allora, se $\zeta \in F$ è una qualsiasi radice primitiva d-sima dell'unità, esiste $x \in K \setminus \{0\}$, tale che

$$\psi(x) = x + \zeta\varphi(x) + \zeta^2\varphi^2(x) + \cdots + \zeta^{d-1}\varphi^{d-1}(x) \neq 0.$$

Mostriamo che, posto $\psi(x) := \alpha$, allora $\alpha^d \in F$ e $K = F(\alpha)$. Poiché $\varphi(\zeta) = \zeta$, risulta:

$$\varphi(\alpha) = \varphi(x) + \zeta\varphi^2(x) + \zeta^2\varphi^3(x) + \cdots + \zeta^{d-2}\varphi^{d-1}(x) + \zeta^{d-1}x = \zeta^{d-1}\alpha;$$
$$\varphi^2(\alpha) = \varphi^2(x) + \zeta\varphi^3(x) + \cdots + \zeta^{d-3}\varphi^{d-1}(x) + \zeta^{d-2}x + \zeta^{d-1}\varphi(x) = \zeta^{d-2}\alpha;$$
$$\cdots\cdots\cdots$$
$$\varphi^{d-1}(\alpha) = \zeta\alpha.$$

Dal momento che

$$\varphi(\alpha^d) = \varphi(\alpha)^d = (\zeta^{d-1}\alpha)^d = \alpha^d,$$

α^d è fissato da $\mathrm{Gal}_F(K)$ e perciò $\alpha^d \in F$. Inoltre, poiché i coniugati α, $\varphi(\alpha)$, $\ldots, \varphi^{d-1}(\alpha)$ di α sono tutti distinti, α ha grado d su F. Ne segue che $[F(\alpha) : F] = d = [K : F]$ e, poiché $\alpha \in K$, risulta $F(\alpha) = K$.

(b) Sia $K := F(\alpha)$ con $\alpha^n \in F$ e sia $[K : F] = d$. Posto $\alpha^n = a$, il polinomio minimo $m(X)$ di α su F ha grado d e divide $X^n - a$. Dunque le sue d radici sono della forma $\alpha, \alpha\xi^{i_1}, \ldots, \alpha\xi^{i_{d-1}}$ dove ξ è una radice primitiva n-sima dell'unità (Proposizione 4.4.13). Poiché $\xi \in F$, per ogni $\varphi \in \mathrm{Gal}_F(K)$, si ha $\varphi(\xi) = \xi$. D'altra parte $\varphi(\alpha)$ deve essere ancora una radice di $m(X)$; perciò $\varphi(\alpha) = \alpha\xi^{i(\varphi)}$, per qualche $i(\varphi) = 0, \ldots, d-1$. Quindi φ agisce sull'insieme delle radici di $m(X)$ come la moltiplicazione per $\xi^{i(\varphi)}$. Indicando con C_n il gruppo ciclico delle radici n-sime dell'unità, possiamo allora definire l'applicazione:

$$\mathrm{Gal}_F(K) \longrightarrow C_n \, ; \quad \varphi \mapsto \xi^{i(\varphi)}.$$

Si vede subito che questa applicazione è un omomorfismo iniettivo di gruppi. Perciò $\mathrm{Gal}_F(K)$ è isomorfo a un sottogruppo di C_n e come tale è ciclico di ordine d. Inoltre d è un divisore di n.

Esempi 9.1.5 (1) Se F è un campo la cui caratteristica non divide n (in particolare di caratteristica zero) contenente le radici n-sime dell'unità, un ampliamento di F si chiama un *ampliamento di Kummer* se è generato su F da radici n-sime di elementi di F. Un tale ampliamento è di Galois, essendo un composto di campi di spezzamento su F di polinomi separabili del tipo $X^n - a$, ed il suo gruppo di Galois è abeliano di esponente n. (Ricordiamo che un gruppo G ha *esponente finito* se esiste un intero positivo m tale che $g^m = e$, per ogni $g \in G$: in questo caso l'*esponente di G* è il minimo intero n con questa proprietà.) Viceversa, la *Teoria di Kummer moltiplicativa* stabilisce che gli ampliamenti di Galois di F il cui gruppo di Galois è abeliano con esponente finito che divide n sono ampliamenti di Kummer e sono in corrispondenza biunivoca con i sottogruppi del gruppo quoziente F^*/F^{*n}, dove al solito $F^* := F \setminus \{0\}$ e $F^{*n} := \{\alpha^n \, ; \alpha \in F^*\}$.

Precisamente, sempre nelle ipotesi che F contenga le radici n-sime dell'unità, se G è un sottogruppo di F^* contenente F^{*n}, indichiamo con $F(G^{1/n})$ l'ampliamento di Kummer generato dalle radici n-sime degli elementi di G. Allora la corrispondenza

$$G \mapsto F(G^{1/n})$$

è una corrispondenza biunivoca tra l'insieme dei sottogruppi di F^* contenenti F^{*n} e gli ampliamenti di Galois di F con gruppo di Galois abeliano di esponente finito uguale ad un divisore di n, la cui inversa è l'applicazione

$$K \mapsto K^n \cap F^*.$$

Se inoltre $F \subseteq F(G^{1/n})$ è un ampliamento finito, si ha $[F(G^{1/n}) : F] = [G : F^{*n}]$. Maggiori dettagli si possono trovare in [51, Paragrafo VIII, 6] o [44, Paragrafo 4.9].

(2) Nella Proposizione 9.1.4, l'ipotesi sulla caratteristica è necessaria per garantire l'esistenza delle radici primitive dell'unità (Paragrafo 4.4).

In caratteristica p, gli ampliamenti di Galois ciclici di grado p sono caratterizzati dal *Teorema di Artin-Schreier* (1927): essi sono tutti e soli gli ampliamenti del tipo $F \subseteq F(\alpha)$ dove α è radice di un polinomio irriducibile della forma $X^p - X + a$, con $a \in F$. Per una dimostrazione si può vedere [51, Theorem 11].

Sia ora F un campo la cui caratteristica non divida n (in particolare di caratteristica zero) e consideriamo il campo $K := F(\xi, \alpha)$, dove ξ è una radice primitiva n-sima dell'unità e $a := \alpha^n \in F$. Poiché K è un campo di spezzamento del polinomio separabile $f(X) := X^n - a \in F[X]$ (Proposizione 4.4.13), l'ampliamento $F \subseteq K$ è di Galois.

Notiamo che K è un ampliamento radicale di F ed è il composto dei due ampliamenti radicali puri $F(\xi)$ e $F(\alpha)$. Poiché l'ampliamento $F \subseteq F(\xi)$ è di Galois (essendo un ampliamento ciclotomico di F), $\mathrm{Gal}_{F(\xi)}(K)$ è un sottogruppo normale di $\mathrm{Gal}_F(K)$ e, posto $L := F(\xi) \cap F(\alpha)$,

$$\mathrm{Gal}_L(K) = \langle \mathrm{Gal}_{F(\xi)}(K) \cup \mathrm{Gal}_{F(\alpha)}(K) \rangle = \mathrm{Gal}_{F(\xi)}(K)\,\mathrm{Gal}_{F(\alpha)}(K)$$

è prodotto semidiretto di $\mathrm{Gal}_{F(\xi)}(K)$ e $\mathrm{Gal}_{F(\alpha)}(K)$ (Proposizione 7.3.16 (a)). Questa osservazione ci permette di calcolare $\mathrm{Gal}_F(K)$ quando $L := F(\xi) \cap F(\alpha) = F$.

Osserviamo che i gruppi $\mathrm{Gal}_{F(\xi)}(K)$ e $\mathrm{Gal}_{F(\alpha)}(K)$ sono entrambi abeliani; infatti $\mathrm{Gal}_{F(\xi)}(K)$ è ciclico per la Proposizione 9.1.4 e $\mathrm{Gal}_{F(\alpha)}(K)$ è un sottogruppo del gruppo delle unità di $\mathbb{Z}_n$, perché K è l'n-simo ampliamento ciclotomico di $F(\alpha)$ (Paragrafo 4.4.3).

Esempi 9.1.6 (1) Con le notazioni precedenti, non è detto che risulti $F(\xi) \cap F(\alpha) = F$. Ad esempio, se $f(X) := X^4 + 4 \in \mathbb{Q}[X]$, $\xi = \mathrm{i}$ ed una radice di $f(X)$ è $\alpha := 1 + \mathrm{i}$. Dunque $\mathbb{Q}(\xi) = \mathbb{Q}(\mathrm{i}) = \mathbb{Q}(\alpha)$.

(2) Sia $f(X) := X^8 - 9 \in \mathbb{Q}[X]$. Se $\xi \in \mathbb{C}$ è una radice primitiva ottava dell'unità, ad esempio $\xi := (1 + \mathrm{i})\sqrt{2}/2$, e $\alpha := \sqrt[8]{9} = \sqrt[4]{3}$, il campo di spezzamento di $f(X)$ su $\mathbb{Q}$ è $K := \mathbb{Q}(\alpha, \xi) = \mathbb{Q}(\alpha, \sqrt{2}, \mathrm{i})$ (Esempio 8.1.19 (2)). Notiamo che $\mathbb{Q}(\xi) \cap \mathbb{Q}(\alpha) = \mathbb{Q}$; quindi $\mathrm{Gal}_{\mathbb{Q}}(K) = \mathrm{Gal}_{\mathbb{Q}(\xi)}(K)\,\mathrm{Gal}_{\mathbb{Q}(\alpha)}(K)$.

Per determinare $\mathrm{Gal}_{\mathbb{Q}(\xi)}(K)$, osserviamo che il polinomio minimo di α su $\mathbb{Q}(\xi)$ è il polinomio $p(X) := X^4 - 3$; infatti $[K : \mathbb{Q}(\xi)] = [\mathbb{Q}(\alpha) : \mathbb{Q}] = 4$ (Corollario 7.3.18). Le radici di $p(X)$ sono

$$\alpha, \quad \alpha\mathrm{i} = \alpha\xi^2, \quad -\alpha = \alpha\xi^4, \quad -\alpha\mathrm{i} = \alpha\xi^6.$$

Dunque, secondo quanto visto nella Proposizione 9.1.4, $\mathrm{Gal}_{\mathbb{Q}(\xi)}(K)$ è isomorfo al sottogruppo di $C_8 := \langle \xi \rangle$ generato da $\xi^2 = \mathrm{i}$. Precisamente esso è ciclico di ordine 4 ed è generato dall'automorfismo

$$\varphi : K \longrightarrow K ; \quad \xi \mapsto \xi, \ \alpha \mapsto \alpha\mathrm{i}.$$

Per calcolare $\text{Gal}_{\mathbb{Q}(\alpha)}(K)$, notiamo che polinomio minimo di ξ su $\mathbb{Q}(\alpha)$ è l'ottavo polinomio ciclotomico $\Phi_8(X) := X^4+1$, perché $[K : \mathbb{Q}(\alpha)] = [\mathbb{Q}(\xi) : \mathbb{Q}] = 4$ (Corollario 7.3.18). Allora i coniugati di ξ su $\mathbb{Q}(\alpha)$ sono le radici primitive ottave dell'unità, ovvero

$$\xi, \quad \xi^3, \quad \xi^5, \quad \xi^7$$

ed i $\mathbb{Q}(\alpha)$-automorfismi di K sono

$$\psi_i : K \longrightarrow K; \quad \alpha \mapsto \alpha, \, \xi \mapsto \xi^i,$$

per $i = 1, 3, 5, 7$. Perciò $\text{Gal}_{\mathbb{Q}(\alpha)}(K)$ è isomorfo al gruppo delle unità di $\mathbb{Z}_8$ ed è un gruppo di Klein.

In conclusione

$$\text{Gal}_{\mathbb{Q}}(K) = \text{Gal}_{\mathbb{Q}(\xi)}(K)\,\text{Gal}_{\mathbb{Q}(\alpha)}(K) = \{\varphi^j\psi_i \; ; \; j = 1, 2, 3, 4, \, i = 1, 3, 5, 7\}.$$

Notiamo che $\text{Gal}_{\mathbb{Q}(\alpha)}(K)$ non è normale in $\text{Gal}_{\mathbb{Q}}(K)$, perché l'ampliamento $\mathbb{Q} \subseteq \mathbb{Q}(\alpha)$ non è di Galois. Dunque $\text{Gal}_{\mathbb{Q}}(K)$ non è prodotto diretto dei suoi sottogruppi $\text{Gal}_{\mathbb{Q}(\xi)}(K)$ e $\text{Gal}_{\mathbb{Q}(\alpha)}(K)$.

(3) Consideriamo il polinomio $f(X) := X^p - a \in \mathbb{Q}[X]$, dove $p > 2$ è un numero primo e $\alpha := \sqrt[p]{a} \notin \mathbb{Q}$. Allora $f(X)$ è irriducibile su $\mathbb{Q}$ (Proposizione 4.4.14) ed il suo gruppo di Galois è isomorfo a un sottogruppo transitivo di $\mathbf{S}_p$.

Il campo di spezzamento di $f(X)$ su $\mathbb{Q}$ è $K := \mathbb{Q}(\alpha, \xi)$, ξ è una radice primitiva p-esima dell'unità. Osserviamo che α ha grado p su $\mathbb{Q}$ perché $f(X)$ per ipotesi è irriducibile, mentre ξ ha grado $p - 1$, perché il suo polinomio minimo su $\mathbb{Q}$ è il p-esimo polinomio ciclotomico $\Phi_p(X)$. Poiché $\text{MCD}(p, p - 1) = 1$, allora $\mathbb{Q}(\xi) \cap \mathbb{Q}(\alpha) = \mathbb{Q}$ e $[K : \mathbb{Q}] = p(p - 1)$ (Esempio 3.5.14 (2)). Ne segue che α ha grado p anche su $\mathbb{Q}(\xi)$, con polinomio minimo $f(X)$, e ξ ha grado $p - 1$ anche su $\mathbb{Q}(\alpha)$, con polinomio minimo $\Phi_p(X)$.

Per la Proposizione 9.1.4, $\text{Gal}_{\mathbb{Q}(\xi)}(K)$ è ciclico di ordine p ed è generato dall'automorfismo

$$\varphi : K \longrightarrow K; \quad \xi \mapsto \xi, \, \alpha \mapsto \alpha\xi.$$

Inoltre $\text{Gal}_{\mathbb{Q}(\alpha)}(K)$ è ciclico di ordine $p - 1$, generato dall'automorfismo

$$\psi : K \longrightarrow K; \quad \alpha \mapsto \alpha, \, \xi \mapsto \xi^k,$$

dove $\overline{k}$ è un fissato generatore di $\mathcal{U}(\mathbb{Z}_p)$ (Esempio 4.4.21). In conclusione,

$$\text{Gal}_{\mathbb{Q}}(K) = \text{Gal}_{\mathbb{Q}(\xi)}(K)\,\text{Gal}_{\mathbb{Q}(\alpha)}(K) = \langle\varphi, \psi\rangle$$
$$= \{\varphi^i\psi^j; i = 1, \dots, p, \, j = 1, \dots, p - 1\}$$

ha ordine $p(p - 1)$. Notiamo che $\text{Gal}_{\mathbb{Q}(\xi)}(K) = \langle\varphi\rangle$ è normale in $\text{Gal}_{\mathbb{Q}}(K)$, mentre $\text{Gal}_{\mathbb{Q}(\alpha)}(K) = \langle\psi\rangle$ non lo è.

Numerando le radici di $f(X)$ come

$$\alpha_1 := \alpha\xi, \quad \ldots, \quad \alpha_{p-1} := \alpha\xi^{p-1}, \quad \alpha_p := \alpha,$$

l'automorfismo φ di K si può identificare al p-ciclo $\gamma := (12\ldots p)$ di $\mathbf{S}_p$: infatti risulta $\varphi(\alpha_i) = \varphi(\alpha\xi^i) = \alpha\xi^{i+1}$, per $i = 1,\ldots,p$. Inoltre l'automorfismo ψ si può identificare al $(p-1)$-ciclo η di $\mathbf{S}_p$ definito da $\eta(i) \equiv ki \mod p$ per $i, \eta(i) = 1,\ldots,p-1$. Infatti risulta $\psi(\alpha_i) = \psi(\alpha\xi^i) = \alpha\xi^{ki}$, per $i = 1,\ldots,p$.

Perciò $\mathrm{Gal}_{\mathbb{Q}}(K)$ è isomorfo al sottogruppo M_p di $\mathbf{S}_p$ generato dai cicli γ ed η. Tale sottogruppo di $\mathbf{S}_p$ si chiama il *gruppo metaciclico di grado p* (vedi il successivo Paragrafo 9.5). Per $p := 3$, risulta $M_3 = \mathbf{S}_3$. Per $p := 5$, M_5 è il sottogruppo di $\mathbf{S}_5$ generato da $\gamma := (12345)$ ed $\eta := (1243)$.

9.2 Risolubilità per radicali

Nel linguaggio classico, un polinomio a coefficienti numerici si dice *risolubile per radicali* se le sue radici si possono esprimere come funzioni radicali dei coefficienti. Nella terminologia della Teoria dei Campi, questo significa dire che le radici del polinomio appartengono ad un ampliamento radicale del suo campo di definizione. Possiamo allora dare la seguente definizione.

Definizione 9.2.1 *In caratteristica zero, un polinomio $f(X) \in F[X]$ si dice risolubile per radicali se il suo campo di spezzamento in $\overline{F}$ è contenuto in un ampliamento radicale di F.*

Tuttavia in molte considerazioni utili per lo studio della risolubilità l'ipotesi di caratteristica zero non è strettamente necessaria.

Sia $F \subseteq K := F(\gamma_1,\ldots,\gamma_m)$ un ampliamento radicale realizzabile tramite la catena di ampliamenti radicali puri

$$F := F_0 \subseteq F_1 := F_0(\gamma_1) \subseteq \ldots$$
$$\subseteq F_i := F_{i-1}(\gamma_i) \subseteq \ldots \subseteq F_m := F_{m-1}(\gamma_m) = K$$

di successivi indici $n_i \geq 1$, $i = 1,\ldots,m$. Supponiamo che:

(1) L'ampliamento $F \subseteq K$ sia di Galois;
(2) La caratteristica di F non divida $[K : F]$ (in particolare F abbia caratteristica zero) e F contenga le radici n_i-esime dell'unità per tutti gli indici n_i, $i = 1,\ldots,m$.

Allora ogni ampliamento $F_i \subseteq K$ è di Galois (Proposizione 5.4.3). Inoltre, poiché F_i contiene tutte le radici n_i-esime dell'unità, $F_i := F_{i-1}(\gamma_i)$ è il campo di spezzamento del polinomio $X^{n_i} - a_i$, con $a_i := \gamma_i^{n_i} \in F_{i-1}$ (Proposizione 4.4.13). Ne segue che l'ampliamento $F_{i-1} \subseteq F_i$ è di Galois e dunque $H_i := \mathrm{Gal}_{F_i}(K)$ è un sottogruppo normale di $H_{i-1} := \mathrm{Gal}_{F_{i-1}}(K)$ (Proposizione 7.3.5). Inoltre, $\mathrm{Gal}_{F_{i-1}}(F_i) = H_{i-1}/H_i$ è ciclico (di ordine uguale ad un divisore positivo di n_i) per la Proposizione 9.1.4.

In conclusione, sotto le ipotesi (1) e (2), applicando la corrispondenza di Galois alla catena di campi:

$$F := F_0 \subseteq F_1 := F_0(\gamma_1) \subseteq \ldots$$
$$\subseteq F_i := F_{i-1}(\gamma_i) \subseteq \ldots \subseteq F_m := F_{m-1}(\gamma_m) = K,$$

si ottiene una catena finita di sottogruppi:

$$\mathrm{Gal}_F(K) := H_0 \supseteq H_1 \supseteq \ldots \supseteq H_{m-1} \supseteq H_m = \langle id_K \rangle$$

dove, per $i = 1, \ldots, m$,

(a) H_i è normale in H_{i-1};
(b) Il gruppo quoziente H_{i-1}/H_i è ciclico.

Una catena finita di sottogruppi di un gruppo G

$$G := H_0 \supseteq H_1 \supseteq \ldots \supseteq H_{m-1} \supseteq H_m = \langle e \rangle$$

che verifica le proprietà (a) e (b) si chiama una *serie normale ciclica* di G e un gruppo che ammette una serie normale ciclica si chiama un *gruppo risolubile* (Paragrafo 12.3).

Questa terminologia è giustificata dal fatto che, come ha dimostrato Galois, in caratteristica zero un polinomio è risolubile per radicali se e soltanto se il suo gruppo di Galois è un gruppo risolubile. Quanto abbiamo appena visto costituisce un primo passo per la dimostrazione di questo importante risultato: infatti può essere riformulato nel modo seguente.

Proposizione 9.2.2 *Sia $F \subseteq K$ un ampliamento di Galois radicale, realizzabile tramite la catena di ampliamenti radicali puri*

$$F := F_0 \subseteq F_1 := F_0(\gamma_1) \subseteq \ldots$$
$$\subseteq F_i := F_{i-1}(\gamma_i) \subseteq \ldots \subseteq F_m := F_{m-1}(\gamma_m) = K$$

di successivi indici $n_i \geq 1$, $i = 1, \ldots, m$. Se la caratteristica di F non divide $n := [K : F]$ (in particolare F ha caratteristica zero) ed F contiene tutte le radici n_i-sime dell'unità, il gruppo di Galois di K su F è un gruppo risolubile.

Per proseguire nello studio della risolubilità, mostriamo ora che le ipotesi della Proposizione 9.2.2 non sono restrittive.

Sia come prima $F \subseteq K := F(\gamma_1, \ldots, \gamma_m)$ un ampliamento radicale, realizzato tramite la catena di ampliamenti radicali puri:

$$F := F_0 \subseteq F_1 := F_0(\gamma_1) \subseteq \ldots$$
$$\subseteq F_i := F_{i-1}(\gamma_i) \subseteq \ldots \subseteq F_m := F_{m-1}(\gamma_m) = K$$

di successivi indici $n_i \geq 1$, $i = 1, \ldots, m$.

Se ξ è una radice primitiva n-sima dell'unità, per qualche $n \geq 1$ che non è diviso dalla caratteristica di F, allora l'ampliamento $F \subseteq K(\xi) =$

$F(\xi, \gamma_1, \ldots, \gamma_m)$ è ancora un ampliamento radicale di F; infatti $\xi^n = 1 \in F$. Inoltre K si può ottenere con la catena di ampliamenti radicali puri

$$F \subseteq L_0 := F(\xi) \subseteq L_1 := L_0(\gamma_1) \subseteq \ldots$$
$$\subseteq L_i := L_{i-1}(\gamma_i) \subseteq \ldots \subseteq L_m := L_{m-1}(\gamma_m) = K(\xi).$$

In questo modo, per ogni $i = 0, \ldots, m$, L_i contiene tutte le radici n-sime dell'unità

Proposizione 9.2.3 *Sia $n \geq 2$ e sia F un campo la cui caratteristica non divide n (in particolare un campo di caratteristica zero). Se $F \subseteq K$ è un ampliamento radicale, N è la chiusura normale di K in $\overline{F}$ e ξ è una radice n-sima dell'unità, l'ampliamento $F \subseteq N(\xi)$ è un ampliamento radicale normale.*

Dimostrazione. Se N è la chiusura normale di K su F, l'ampliamento $F \subseteq N$ è radicale per la Proposizione 9.1.2. Inoltre l'ampliamento $F \subseteq N(\xi)$, come visto sopra, resta radicale ed è normale perché, se N è un campo di spezzamento su F del polinomio $f(X)$, $N(\xi)$ è un campo di spezzamento su F del polinomio $f(X)(X^n - 1)$.

Possiamo ora caratterizzare la risolubilità per radicali attraverso i gruppi di Galois. Useremo la corrispondenza di Galois insieme alle seguenti proprietà dei gruppi risolubili, che dimostreremo nel Capitolo 12 (Proposizione 12.3.4).

Proposizione 9.2.4 *Sia G un gruppo finito. Allora:*

(a) *Se G è risolubile, ogni sottogruppo di G è risolubile.*

Sia inoltre N un sottogruppo normale di G. Allora:

(b) *Se G è risolubile, il gruppo quoziente G/N è risolubile;*
(c) *Se N e G/N sono risolubili, G è risolubile.*

Teorema 9.2.5 (E. Galois, 1830) *Se F è un campo di caratteristica zero, un polinomio $f(X) \in F[X]$ è risolubile per radicali se e soltanto se il suo gruppo di Galois su F è un gruppo risolubile.*

Dimostrazione. Sia $f(X) \in F[X]$ con campo di spezzamento L e sia $n := [L : F] = |\operatorname{Gal}_F(L)|$. Supponiamo che $\operatorname{Gal}_F(L)$ sia un gruppo risolubile. Vogliamo mostrare che, se ξ è una radice primitiva n-sima dell'unità, l'ampliamento $F \subseteq L(\xi)$ è radicale. Poiché $L(\xi)$ è un campo di spezzamento di $f(X)$ su $F(\xi)$, l'ampliamento $F(\xi) \subseteq L(\xi)$ è di Galois ed inoltre l'applicazione di restrizione

$$\operatorname{Gal}_{F(\xi)}(L(\xi)) \longrightarrow \operatorname{Gal}_F(L) ; \quad \varphi \mapsto \varphi_{|L}$$

è un omomorfismo iniettivo (Corollario 7.3.19). Ne segue che $G := \operatorname{Gal}_{F(\xi)}(L(\xi))$, essendo isomorfo a un sottogruppo di $\operatorname{Gal}_F(L)$, è risolubile (Proposizione 9.2.4 (a)). Dunque esiste una catena di sottogruppi

$$\mathrm{Gal}_{F(\xi)}\big(L(\xi)\big) = G := H_0 \supseteq H_1 \supseteq \ldots \supseteq H_{m-1} \supseteq H_m = \langle id_K \rangle,$$

dove H_i è normale in H_{i-1} ed il gruppo quoziente H_{i-1}/H_i è ciclico, per $i = 1, \ldots, m$. Per la corrispondenza di Galois, si ha allora una catena di sottocampi:

$$F_0 := F(\xi) \subseteq F_1 \subseteq \ldots \subseteq F_{i-1} \subseteq F_i \subseteq \ldots \subseteq F_m = L(\xi).$$

Poiché $H_i = \mathrm{Gal}_{F_i}(L(\xi))$ è un sottogruppo normale di $H_{i-1} = \mathrm{Gal}_{F_{i-1}}(L(\xi))$, l'ampliamento $F_{i-1} \subseteq F_i$ è di Galois e $\mathrm{Gal}_{F_{i-1}}(F_i) = H_{i-1}/H_i$ è ciclico. Osserviamo ora che, per ogni $i = 1, \ldots, m$, $[F_i : F_{i-1}] := n_i$ è un divisore di $[L : F] = n$ ed inoltre F_{i-1} contiene le radici n_i-esime dell'unità (perché contiene tutte le radici n-sime). Dunque, per la Proposizione 9.1.4 (a), F_i è un ampliamento radicale puro di indice n_i, ovvero $F_i := F_{i-1}(\gamma_i)$, con $\gamma_i^{n_i} \in F_{i-1}$. Ne segue che l'ampliamento $F \subseteq L(\xi) = F(\xi, \gamma_1, \ldots, \gamma_m)$ è un ampliamento radicale.

Viceversa, supponiamo che L sia contenuto in un ampliamento radicale K di F e mostriamo che $\mathrm{Gal}_F(L)$ è un gruppo risolubile. Sia $K := F(\gamma_1, \ldots, \gamma_m)$ e poniamo $F_0 := F$ e $F_i := F(\gamma_1, \ldots, \gamma_i)$ per $i = 2, \ldots m$. Sia poi $n_i \geq 1$ tale che $\gamma_i^{n_i} \in F_{i-1}$ e sia ξ una radice primitiva n-sima dell'unità, con $n := \mathrm{mcm}(n_1, \ldots, n_m)$. Se N è la chiusura normale di K su F, gli ampliamenti $F \subseteq N(\xi)$ e $F(\xi) \subseteq N(\xi)$ sono ampliamenti di Galois radicali (Proposizione 9.2.3). Poiché $F(\xi)$ contiene tutte le radici n_i-esime dell'unità per $i = 1, \ldots, m$, il gruppo di Galois di $N(\xi)$ su $F(\xi)$ è risolubile (Proposizione 9.2.2). Inoltre, poiché l'ampliamento $F \subseteq F(\xi)$ è di Galois, allora $\mathrm{Gal}_{F(\xi)}(N(\xi))$ è un sottogruppo normale di $\mathrm{Gal}_F(N(\xi))$ e il gruppo quoziente $\mathrm{Gal}_F(N(\xi))/\mathrm{Gal}_{F(\xi)}(N(\xi)) = \mathrm{Gal}_F(F(\xi))$ è pure risolubile, essendo un sottogruppo del gruppo delle unità di $\mathbb{Z}_n$ e perciò abeliano. Ne segue che $\mathrm{Gal}_F(N(\xi))$ è risolubile (Proposizione 9.2.4 (c)). Infine, poiché l'ampliamento $F \subseteq L$ è di Galois, allora $\mathrm{Gal}_L(N(\xi))$ è un sottogruppo normale di $\mathrm{Gal}_F(N(\xi))$ e risulta $\mathrm{Gal}_F(L) = \mathrm{Gal}_F(N(\xi))/\mathrm{Gal}_L(N(\xi))$. Poiché $\mathrm{Gal}_F(N(\xi))$ è risolubile, anche $\mathrm{Gal}_F(L)$ lo è (Proposizione 9.2.4 (b)).

Per estendere il teorema precedente in caratteristica prima p, bisogna tenere conto del Teorema di Artin-Schreier ed ammettere gli ampliamenti ciclici del tipo $F \subseteq F(\alpha)$ con $\alpha^p + \alpha \in F$ (Esempio 9.1.5 (2)). Procedendo come nella dimostrazione del Teorema 9.2.5, si ottiene allora il seguente risultato; per i dettagli della dimostrazione rimandiamo a [51, Paragrafo VIII, 7].

Teorema 9.2.6 *Sia $f(X) \in F[X]$ un polinomio separabile. Allora il gruppo di Galois di $f(X)$ su F è un gruppo risolubile se e soltanto se il campo di spezzamento di $f(X)$ su F è contenuto in un campo K realizzabile tramite una catena di ampliamenti*

$$K_0 := F \subseteq K_1 \subseteq \ldots \subseteq K_m := K,$$

dove, per $i = 1, \ldots, m$, K_i è ottenuto da K_{i-1} in uno dei seguenti modi:

1. *Aggiungendo una opportuna radice dell'unità;*
2. *Aggiungendo una radice di un polinomio del tipo $X^n - a$, $a \in K_{i-1}$, per qualche n che non è diviso dalla caratteristica di F;*
3. *Aggiungendo una radice di un polinomio del tipo $X^p - X - a$, $a \in K_{i-1}$, se F ha caratteristica p.*

I gruppi risolubili includono i gruppi abeliani, i gruppi diedrali e i p-gruppi finiti, cioè i gruppi di ordine p^n con p primo e $n \geq 1$. Un teorema classico di W. Burnside asserisce poi che tutti i gruppi di ordine $p^n q^m$, dove p e q sono due numeri primi distinti e n, $m \geq 1$, è risolubile ed un famoso teorema di W. Feit e J. G. Thompson (1963) mostra che ogni gruppo di ordine dispari è risolubile. Inoltre i gruppi di ordine strettamente minore di 60 sono tutti risolubili (Paragrafo 12.3).

Poiché il gruppo di Galois di un polinomio (irriducibile) è isomorfo a un gruppo (transitivo) di permutazioni (Paragrafo 8.1), è anche importante conoscere quali sono i gruppi (transitivi) di permutazioni che sono risolubili. In questo senso il risultato più significativo stabilisce che i gruppi simmetrici $\mathbf{S}_3$ e $\mathbf{S}_4$ (e tutti i loro sottogruppi) sono risolubili, mentre $\mathbf{S}_n$ non è risolubile per $n \geq 5$. Una dimostrazione verrà data nel Paragrafo 12.3 (Teorema 12.3.3).

Teorema 9.2.7 *I gruppi $\mathbf{S}_3$ ed $\mathbf{S}_4$ sono risolubili, mentre $\mathbf{S}_n$ non è risolubile per $n \geq 5$.*

Corollario 9.2.8 *In caratteristica zero, ogni polinomio di grado 2, 3 o 4 è risolubile per radicali.*

Dimostrazione. Il gruppo di Galois di un polinomio di grado n è isomorfo a un sottogruppo di $\mathbf{S}_n$ (Teorema 8.1.1), ma per $n = 2, 3, 4$ un tale gruppo è risolubile per il Teorema 9.2.7 e la Proposizione 9.2.4 (a). Quindi possiamo applicare il Teorema 9.2.5.

Corollario 9.2.9 (N. H. Abel, 1829) *In caratteristica zero, ogni polinomio con gruppo di Galois commutativo è risolubile per radicali.*

Dimostrazione. Segue dal Teorema 9.2.5, perché ogni gruppo commutativo è risolubile.

In seguito al risultato precedente, i gruppi commutativi vennero chiamati da L. Kronecker *gruppi abeliani.*

Teorema 9.2.10 (P. Ruffini - N. H. Abel) *In caratteristica zero, il polinomio generale di grado $n \geq 5$ non è risolubile per radicali.*

Dimostrazione. Il polinomio generale di grado n ha gruppo di Galois isomorfo a $\mathbf{S}_n$ (Paragrafo 8.1.1 (1)); ma $\mathbf{S}_n$ non è un gruppo risolubile per $n \geq 5$ (Teorema 9.2.7).

Esempi 9.2.11 **(1)** Per ogni $n \geq 2$, esistono polinomi irriducibili a coefficienti razionali il cui gruppo di Galois è isomorfo a $\mathbf{S}_n$ (Paragrafo 8.3.1). Dunque, per ogni $n \geq 5$, esistono polinomi di grado n irriducibili su $\mathbb{Q}$ che non sono risolubili per radicali.

(2) Polinomi di quinto grado a coefficienti razionali che non sono risolubili per radicali sono ad esempio $X^5 + 5X^4 - 5$ e $X^5 - X - 1$; infatti tali polinomi hanno gruppo di Galois isomorfo a $\mathbf{S}_5$ (Esempi 8.3.9 (2) e 8.2.6 (1)).

(3) Poiché gli ampliamenti ciclotomici sono radicali, tutte le radici complesse n-sime dell'unità possono essere espresse mediante radicali. Tuttavia in generale determinare esplicitamente queste espressioni non è semplice.

Come osservato nell'Esempio 9.1.3 (3), è sufficiente considerare il caso in cui $n = p$ sia un numero primo. De Moivre osservò che in questo caso il cambiamento di variabile $Y = X + \frac{1}{X}$ permette di trasformare il p-esimo polinomio ciclotomico $\Phi_p(X)$ in un polinomio $f(Y)$ di grado $(p-1)/2$. Poiché $X^2 - XY + 1 = 0$, una volta note le radici di $f(Y)$, le radici p-esime primitive si ottengono risolvendo le equazioni di secondo grado $X^2 - \alpha X + 1 = 0$, al variare di α tra le radici di $f(Y)$. Notiamo che, fissata una radice primitiva ξ, le radici di $f(Y)$ sono esattamente i numeri reali $\xi^k + \xi^{p-k} = 2\cos(2k\pi/p)$, per $k = 1, \ldots, (p-1)/2$ (Paragrafo 7.3.3 (4)).

Usiamo ora il metodo di De Moivre per calcolare le radici quinte. Metodi di calcolo differenti verranno poi illustrati nell'Esempio 9.4.2 (2) e nel Paragrafo 9.6.3.

Il quinto polinomio ciclotomico è $\Phi_5(X) := X^4 + X^3 + X^2 + X + 1$. Per risolvere l'equazione $\Phi_5(X) = 0$, dividiamo per X^2 e poniamo $Y := X + \frac{1}{X}$. Otteniamo in questo modo l'equazione $Y^2 + Y - 1 = 0$, le cui radici sono

$$\alpha := 2\cos(2\pi/5) = \frac{-1 + \sqrt{5}}{2}\,; \qquad \beta := 2\cos(4\pi/5) = \frac{-1 - \sqrt{5}}{2}.$$

Le radici primitive quinte dell'unità sono allora le radici delle due equazioni

$$X^2 - \alpha X + 1 = 0\,, \quad X^2 - \beta X + 1 = 0;$$

ovvero:

$$\xi = \frac{\alpha + \sqrt{\alpha^2 - 4}}{2} = \frac{-1 + \sqrt{5}}{4} + i\frac{\sqrt{10 + 2\sqrt{5}}}{4}\,;$$

$$\bar{\xi} = \xi^4 = \frac{\alpha - \sqrt{\alpha^2 - 4}}{2}\,; \quad \xi^2 = \frac{\beta + \sqrt{\beta^2 - 4}}{2}\,; \quad \overline{\xi^2} = \xi^3 = \frac{\beta - \sqrt{\beta^2 - 4}}{2}.$$

Per $p = 7$, con la traformazione $Y = X + \frac{1}{X}$, da $\Phi_7(X)$ si ottiene il polinomio di terzo grado

$$f(Y) := Y^3 + Y^2 - 2Y - 1$$

(Paragrafo 7.3.3 (4)). Espressioni radicali per le radici settime dell'unità possono allora essere determinate risolvendo prima l'equazione $f(Y) = 0$ e successivamente tre equazioni di secondo grado.

Per $p = 11$, si ottiene l'equazione di quinto grado

$$f(Y) := Y^5 + Y^4 - 4Y^3 - 3Y^2 + 3Y + 1,$$

che fu risolta per la prima volta da Vandermonde, nel 1770.

Il metodo di De Moivre fu poi generalizzato da Gauss, che illustrò nel suo libro *Disquisitiones Arithmeticae*, del 1801, un procedimento di risoluzione valido per ogni primo p [7, Paragrafi 20-26], [27, Paragrafo 10, C]. In particolare, Gauss calcolò esplicitamente le radici 17-sime dell'unità, dimostrando in questo modo che il poligono regolare con 17 lati è costruibile con riga e compasso (Paragrafo 11.5).

9.3 Equazioni di terzo grado

In questo paragrafo assumeremo tacitamente che il campio F abbia *caratteristica uguale a zero* ed esamineremo in particolare il caso in cui F sia un campo numerico.

Ricordiamo che, se il polinomio

$$f(X) := X^3 + aX^2 + bX + c \in F[X]$$

ha radici ρ, σ, τ, il discriminante di $f(X)$ è

$$D(f) := (\rho - \sigma)^2(\rho - \tau)^2(\sigma - \tau)^2$$
$$= a^2b^2 - 4b^3 - 4a^3c - 27c^2 + 18abc$$

(Esempio 2.7.18 (2)). Poiché poi un polinomio ha lo stesso campo di spezzamento e lo stesso discriminante della sua forma ridotta (Esempio 2.3.27 (1)), non è restrittivo ai fini della risolubilità considerare un polinomio di terzo grado del tipo

$$f(X) := X^3 + pX + q \in F[X],$$

il cui discriminante è $D(f) = -(4p^3 + 27q^2)$.

Proposizione 9.3.1 *In caratteristica zero, sia $f(X) \in F[X]$ un polinomio irriducibile di terzo grado. Allora il campo di spezzamento di $f(X)$ su F è $F(\rho, \delta)$, dove ρ è una qualsiasi radice di $f(X)$ e $\delta^2 = D(f)$.*

Dimostrazione. Siano ρ, σ, τ le radici di $f(X)$ e sia $K := F(\rho, \sigma, \tau)$ il campo di spezzamento di $f(X)$. Allora $\delta = \pm(\rho - \sigma)(\rho - \tau)(\sigma - \tau) \in K$. Perciò $L := F(\rho, \delta) \subseteq K$. Viceversa, poiché $\rho \in L$, in $L[X]$ risulta $f(X) = (X - \rho)g(X)$ con $g(X) = (X - \sigma)(X - \tau) = X^2 - (\sigma + \tau)X + \sigma\tau \in L[X]$. Calcolando in ρ, otteniamo che $g(\rho) = (\rho - \sigma)(\rho - \tau) \in L$. Dunque $(\sigma - \tau) = \pm\delta/g(\rho) \in L$. D'altra parte, anche $(\sigma + \tau) \in L$; perciò $\sigma = (\sigma - \tau)(\sigma + \tau)/2 \in L$ e di conseguenza anche $\tau \in L$. Dunque $K \subseteq F(\rho, \delta)$.

Corollario 9.3.2 *Sia F un campo reale e sia $f(X) \in F[X]$ un polinomio irriducibile di terzo grado con gruppo di Galois $G \subseteq \mathbf{S}_3$. Allora:*

(a) *Se $D(f) < 0$, $f(X)$ ha una sola radice reale. In questo caso, $G = \mathbf{S}_3$.*

(b) *Se $D(f) > 0$, $f(X)$ ha tre radici reali (necessariamente distinte). In questo caso, se $\delta := \sqrt{D(f)} \in F$, $G = \mathbf{A}_3$, se invece $\delta \notin F$, $G = \mathbf{S}_3$.*

Dimostrazione. Poiché $f(X)$ è irriducibile su F, il suo discriminante è non nullo (Paragrafo 2.7.3). Siano ρ, σ, τ le radici di $f(X)$, $\rho \in \mathbb{R}$. Se $D(f) > 0$, allora $\delta := \sqrt{D(f)} \in \mathbb{R}$. Perciò $K := F(\rho, \sigma, \tau) = F(\rho, \delta) \subseteq \mathbb{R}$ e dunque le radici di $f(X)$ sono reali. Se viceversa ρ, σ, τ sono reali, allora $\delta = \pm(\rho - \sigma)(\rho - \tau)(\sigma - \tau) \in \mathbb{R}$ e $D(f) = \delta^2 > 0$.

Inoltre, $G \subseteq \mathbf{S}_3$ e 3 divide l'ordine di G. Allora, per la Proposizione 8.1.6, $G = \mathbf{A}_3$ se e soltanto se $\delta \in F$, altrimenti $G = \mathbf{S}_3$ (e questo secondo caso si verifica in particolare se $D(f) < 0$).

Esempi 9.3.3 **(1)** Sia $f(X) = X^3 - X + 1 \in \mathbb{Q}[X]$. Allora $f(X)$ è irriducibile, non avendo radici razionali, e $D(f) = -23$. Dunque il campo di spezzamento di $f(X)$ su $\mathbb{Q}$ è $\mathbb{Q}(\rho, \sqrt{-23})$, dove ρ è l'unica radice reale di $f(X)$. Inoltre il gruppo di Galois di $f(X)$ su $\mathbb{Q}$ è $\mathbf{S}_3$.

(2) Sia $f(X) = X^3 - 3X + 1 \in \mathbb{Q}[X]$. Allora $f(X)$ è irriducibile, non avendo radici razionali, e $D(f) = 81$. Dunque $f(X)$ ha 3 radici reali (distinte). Inoltre, poiché $\sqrt{81} = 9 \in \mathbb{Q}$, il campo di spezzamento di $f(X)$ è $\mathbb{Q}(\rho)$, dove ρ è una qualsiasi radice, e il gruppo di Galois di $f(X)$ su $\mathbb{Q}$ è $\mathbf{A}_3$ (Esempio 4.2.8 (2)).

(3) Sia $f(X) = X^3 - 4X + 2 \in \mathbb{Q}[X]$. Allora $f(X)$ è irriducibile, perché non ha radici razionali, e $D(f) = 148$; dunque $f(X)$ ha 3 radici reali (distinte). Inoltre il campo di spezzamento di $f(X)$ è $\mathbb{Q}(\rho, \sqrt{148})$, dove ρ è una qualsiasi radice, e il gruppo di Galois di $f(X)$ su $\mathbb{Q}$ è $\mathbf{S}_3$, perché $\sqrt{148}$ è irrazionale,.

9.3.1 Le formule di Tartaglia-Cardano

Le formule risolutive di Tartaglia-Cardano si basano sull'identità algebrica

$$(u + v)^3 = u^3 + v^3 + 3uv(u + v),$$

che rispecchia la possibilità di scomporre geometricamente un cubo in due cubi più piccoli e tre parallelepipedi uguali.

Consideriamo l'equazione

$$f(X) := X^3 + pX + q = 0.$$

Ponendo $X = u + v$ si ottiene

$$(u + v)^3 + p(u + v) + q = (3uv + p)(u + v) + u^3 + v^3 + q = 0.$$

Osserviamo allora che certamente $u_0 + v_0$ è una radice di $f(X)$ se

$$3u_0v_0 + p = 0 \quad \text{e} \quad u_0^3 + v_0^3 + q = 0.$$

Per determinare u_0 e v_0 con queste proprietà, dobbiamo risolvere il sistema

$$uv = -\frac{p}{3}\ ; \quad u^3 + v^3 = -q,$$

da cui

$$u^3v^3 = -\frac{p^3}{27}\ ; \quad u^3 + v^3 = -q.$$

Queste ultime relazioni ci dicono che u^3 e v^3 debbono essere radici dell'equazione di secondo grado

$$r(Z) := Z^2 + qZ - \frac{p^3}{27} = 0,$$

detta *equazione risovente* dell'equazione cubica. Dunque, con il solito abuso di notazione, possiamo porre

$$u^3 = -\frac{q}{2} + \sqrt{\frac{q^2}{4} + \frac{p^3}{27}}\ ; \quad v^3 = -\frac{q}{2} - \sqrt{\frac{q^2}{4} + \frac{p^3}{27}}.$$

Notiamo che la quantità sotto radice è proporzionale al discriminante $D(f) = -(4p^3 + 27q^2)$ secondo un coefficiente intero negativo. Se ξ è una radice primitiva terza dell'unità su F e $u_0, v_0 \in \overline{F}$ sono tali che

$$u_0^3 = -\frac{q}{2} + \sqrt{\frac{q^2}{4} + \frac{p^3}{27}}\ ; \quad v_0^3 = -\frac{q}{2} - \sqrt{\frac{q^2}{4} + \frac{p^3}{27}},$$

allora u può assumere i valori $u_0, \xi u_0, \xi^2 u_0$ e v può assumere i valori $v_0, \xi v_0, \xi^2 v_0$. Infine, tenendo conto che deve risultare $uv = -\frac{p}{3}$, otteniamo che le radici del polinomio $f(X)$ sono

$$u_0 + v_0\ , \quad \xi u_0 + \xi^2 v_0\ , \quad \xi^2 u_0 + \xi v_0.$$

Vedremo nel Paragrafo 9.6.2 come queste formule si possano riottenere applicando i risultati dimostrati nei Paragrafi 9.1 e 9.2.

9.3.2 Il "casus irriducibilis"

Particolarmente interessante è il caso in cui il campo di definizione del polinomio $f(X) := X^3 + pX + q$ sia un campo numerico reale. In questo caso $f(X)$ ha tutte radici reali oppure una radice reale e due radici complesse coniugate e, come visto nel Corollario 9.3.2, il numero delle radici reali dipende dal segno del discriminante. Mostriamo ora come si può arrivare direttamente allo stesso risultato usando le formule di Tartaglia-Cardano

Ricordiamo che $D(f)$ è nullo se e soltanto se $f(X)$ ha radici multiple; inoltre si verifica subito che $f(X)$ ha una sola radice ρ di molteplicità 3, ovvero risulta $f(X) = (X - \rho)^3$, se e soltanto se $\rho = 0$, cioè $p = q = 0$. Supponiamo perciò che p e q non siano entrambi nulli e poniamo per comodità $q := -2a$ e $p := 3b$. Allora l'equazione di terzo grado diventa

$$f(X) := X^3 + 3bX - 2a = 0,$$

la cui risolvente è

$$r(Z) := Z^2 - 2aZ - b^3 = 0.$$

Il discriminante di $r(Z)$ è $D(r) = 4(a^2 + b^3) = -D(f)/27$ e le radici di $r(Z)$ sono

$$\alpha := a + \sqrt{a^2 + b^3}\,; \quad \beta := a - \sqrt{a^2 + b^3}$$

Se $D(f) = D(r) = 0$, allora risulta $\alpha = \beta = a \in \mathbb{R} \setminus \{0\}$ e le radici di $f(X)$ sono

$$\rho := \sqrt[3]{\alpha} + \sqrt[3]{\beta} = 2\sqrt[3]{a}\,; \quad \sigma = \tau := (\xi + \xi^2)\sqrt[3]{a} = -\sqrt[3]{a} = -\frac{\rho}{2}.$$

In particolare esse sono tutte reali (e due sono coincidenti).

Se $D(f) < 0$, allora $D(r) > 0$ e perciò α e β sono numeri reali. In questo caso $f(X)$ ha una radice reale e due radici non reali (complesse coniugate). Infatti tali radici sono:

$$\rho := \sqrt[3]{\alpha} + \sqrt[3]{\beta} \in \mathbb{R},$$

$$\sigma := \xi\sqrt[3]{\alpha} + \xi^2\sqrt[3]{\beta} = -\frac{1}{2}[(\sqrt[3]{\alpha} + \sqrt[3]{\beta}) + i\sqrt{3}(\sqrt[3]{\alpha} - \sqrt[3]{\beta})],$$

$$\tau := \xi^2\sqrt[3]{\alpha} + \xi\sqrt[3]{\beta} = -\frac{1}{2}[(\sqrt[3]{\alpha} + \sqrt[3]{\beta}) - i\sqrt{3}(\sqrt[3]{\alpha} - \sqrt[3]{\beta})].$$

Se $D(f) > 0$, allora $f(X)$ ha tre radici reali distinte. Infatti, in questo caso $D(r) < 0$ e perciò α e β non sono numeri reali; dunque non sono reali neanche le loro radici cubiche. Se $\alpha_0^3 = \alpha$ e $\beta_0^3 = \beta$, senza perdere generalità, possiamo supporre che $\rho := \alpha_0 + \beta_0$ sia una radice reale di $f(X)$. Poiché α_0 e β_0 hanno somma e prodotto reali ($\alpha_0\beta_0 = -\frac{p}{3}$), allora essi sono numeri complessi coniugati, come radici dell'equazione di secondo grado a coefficienti reali $Y^2 - \rho Y - \frac{p}{3} = 0$. Poiché anche ξ e ξ^2 sono numeri complessi coniugati, lo sono pure i numeri complessi $\xi\alpha_0$, $\xi^2\beta_0$ e rispettivamente $\xi^2\alpha_0$, $\xi\beta_0$. Ne segue che le radici di $f(X)$

$$\rho := \alpha_0 + \beta_0\,; \quad \sigma := \xi\alpha_0 + \xi^2\beta_0\,; \quad \tau := \xi^2\alpha_0 + \xi\beta_0$$

sono tutte reali.

In quest'ultimo caso tuttavia, come mostreremo tra poco, le formule di Tartaglia-Cardano forniscono un'espressione delle radici di $f(X)$ in cui compaiono necessariamente numeri complessi non reali. Per questo motivo, il caso in cui $D(f) > 0$ venne denominato *casus irriducibilis*.

Esempi 9.3.4 **(1)** Usando le formule di Tartaglia-Cardano, Bombelli risolve nel su libro *Algebra* (1572) l'equazione

$$X^3 = 15X + 4$$

trovando la soluzione

$$\sqrt[3]{2 + \sqrt{-121}} + \sqrt[3]{2 - \sqrt{-121}}.$$

Egli tuttavia osserva che l'equazione data non è "impossibile", avendo come soluzione il numero 4. Notiamo che questa equazione ha tre radici reali, precisamente 4, $-2 + \sqrt{3}$, $-2 - \sqrt{3}$, ma viene presa in considerazione soltanto la radice razionale: infatti i radicali venivano all'atto pratico approssimati con frazioni e nello stesso libro di Bombelli viene illustrato un metodo per approssimare i radicali quadratici con frazioni continue.

Tentando di dare significato all'espressione radicale trovata, Bombelli, usando ingegnosamente i metodi algebrici conosciuti a quel tempo, trova che

$$\sqrt[3]{2 + \sqrt{-121}} = 2 + \sqrt{-1} \; ; \quad \sqrt[3]{2 - \sqrt{-121}} = 2 - \sqrt{-1}$$

da cui finalmente ricava

$$\sqrt[3]{2 + \sqrt{-121}} + \sqrt[3]{2 - \sqrt{-121}} = (2 + \sqrt{-1}) - (2 + \sqrt{-1}) = 4$$

[42, pag. 60]. La quantità $\sqrt{-1}$ permetteva dunque di arrivare alla corretta soluzione dell'equazione, ma non era necessario attribuirle un significato proprio, perché essa non compariva più nel risultato finale. Fu necessario aspettare più di un secolo perché i numeri complessi fossero pienamente accettati dalla comunità matematica.

(2) Sia $f(X) := (X - 1)(X - 2)(X + 3) = X^3 - 7X + 6$. Le formule di Tartaglia-Cardano forniscono la soluzione

$$\sqrt[3]{\frac{1}{2}\left(-6 + \sqrt{\frac{-400}{27}}\right)} + \sqrt[3]{\frac{1}{2}\left(-6 - \sqrt{\frac{-400}{27}}\right)}$$

che deve evidentemente essere uguale a 1, 2, oppure -3.

Teorema 9.3.5 (Casus Irriducibilis) *Sia $f(X) := X^3 + pX + q \in \mathbb{R}[X]$ un polinomio irriducibile su $F := \mathbb{Q}(p, q)$ tale che $D(f) > 0$ e sia L un ampliamento radicale di F contenente il campo di spezzamento di $f(X)$. Allora L è un campo numerico che non è reale.*

Dimostrazione. Siano ρ, σ, τ le radici (tutte reali) di $f(X)$ e sia L un ampliamento radicale di F contenente $K := F(\rho, \sigma, \tau)$. Per quanto visto nel Paragrafo 9.1 possiamo supporre che ci sia una catena di campi distinti

$$F := F_0 \subseteq F_1 := F_0(\gamma_1) \subseteq \ldots$$
$$\subseteq F_i := F_{i-1}(\gamma_i) \subseteq \ldots \subseteq F_m := F_{m-1}(\gamma_m) = L,$$

dove $a_i := \gamma_i^{p_i} \in F_{i-1}$ per un opportuno numero primo $p_i \geq 1$, $i = 1, \ldots, m$.
Per la Proposizione 4.4.14, se il polinomio $X^{p_i} - a_i$ è riducibile su F_{i-1}, esso ha
una radice $\alpha_i \neq \gamma_i$ in F_{i-1}. Poiché $\alpha_i = \gamma_i \xi_i^{m_i}$, dove ξ è una radice primitiva
p_i-esima dell'unità, ne segue che $F_i := F_{i-1}(\gamma_i)$ contiene $\xi_i^{m_i}$. Dal momento
poi che $\xi_i^{m_i}$ non è reale se $p_i \geq 3$ e $\xi_i^{m_i} \neq 1$, possiamo ridurci al caso in cui
$X^{p_i} - a_i$ sia irriducibile su F_{i-1} per ogni $i = 1, \ldots, m$ e dunque $[F_i : F_{i-1}] = p_i$.
Poiché poi $\delta \in K \subseteq L$ e $[F(\delta) : F] \leq 2$, possiamo anche supporre che $\delta \in F_1$.

Dal momento che $f(X)$ è irriducibile su F ma riducibile su L, esiste un
indice $j \geq 1$ tale che $f(X)$ è irriducibile su F_{j-1} ma riducibile su F_j. Poiché
inoltre $f(X)$ è di terzo grado, ciò significa che $f(X)$ ha una radice ρ in $F_j \setminus$
F_{j-1}. Allora si ha che $F_{j-1} \subseteq F_{j-1}(\rho) \subseteq F_j$ ed inoltre $[F_{j-1}(\rho) : F_{j-1}] = 3$
divide $[F_j : F_{j-1}]$. Poiché d'altra parte $[F_j : F_{j-1}] = p_j$ è per ipotesi un
numero primo, ne segue che $p_j = 3$ e $F_j = F_{j-1}(\rho)$. Ricordando che abbiamo
supposto $\delta \in F_1 \subseteq F_j$, possiamo concludere che $F_j = F_{j-1}(\rho) = F_{j-1}(\delta, \rho)$
è il campo di spezzamento di $f(X)$ su F_{j-1} e dunque è normale su F_{j-1}.
Di conseguenza F_j è anche il campo di spezzamento su F_{j-1} del polinomio
$X^3 - a_j$ e come tale contiene le radici primitive terze dell'unità, che non sono
reali.

Esempi 9.3.6 Un teorema analogo al precedente vale anche per i polinomi
di ogni grado primo $p \geq 3$. Infatti se $f(X) \in \mathbb{Q}[X]$ è un polinomio irriducibile
che ha tutte radici reali ed una sua radice appartiene ad un ampliamento
radicale reale di $\mathbb{Q}$, allora $f(X)$ ha grado uguale ad una potenza di 2 (I.
Isaacs, *Solutions of polynomials by real radicals*, 1985).

9.3.3 Formule trigonometriche

Nel *casus irriducibilis* le radici del polinomio $f(X) := X^3 + pX + q \subseteq \mathbb{R}[X]$
possono essere espresse in forma reale usando formule risolutive di tipo
trigonometrico.

Le *Formule di F. Viéte* (1540-1603) pubblicate postume nel 1615, sono
basate sulle formule trigonometriche per la triplicazione dell'angolo:

$$\cos(3\lambda) = 4\cos^3(\lambda) - 3\cos(\lambda)$$

(Esercizio 9.21).

Se r è un arbitrario numero reale positivo, moltiplicando per $2r^3$ e ponendo

$$A := 2r\cos(\lambda) \; ; \quad B := 2r\cos(3\lambda),$$

tali formule diventano:

$$A^3 - 3r^2 A - r^2 B = 0,$$

da cui A è radice dell'equazione di terzo grado $X^3 - 3r^2X - r^2B = 0$, dove $|B| \leq 2r$.

Notiamo ora che, se il polinomio $f(X) := X^3 + pX + q$ (con $q \neq 0$, per evitare casi banali) ha discriminante positivo, allora p deve essere negativo. Infatti, se $D(f) = -4p^3 - 27q^2 > 0$, allora deve essere $-p^3 > \frac{27}{4}q^2 > 0$. Esiste pertanto un numero positivo r tale che $p = -3r^2$. A questo punto, se $|q| \leq 2r^3$, possiamo anche porre $q = -r^2B = -2r^3\cos(3\lambda)$. In questo modo, come visto sopra, una radice di $f(X)$ è $A := 2r\cos(\lambda)$.

Le relazioni

$$r = \sqrt{-\frac{p}{3}} \; ; \quad \cos(3\lambda) = -\frac{q}{2r^3}$$

ci permettono di determinare l'angolo 3λ e dunque le radici di $f(X)$, che sono:

$$\rho := A := \sqrt{\frac{-4p}{3}} \cos(\lambda) \; ;$$

$$\sigma := \sqrt{\frac{-4p}{3}} \cos\left(\lambda + \frac{2\pi}{3}\right) \; ;$$

$$\tau := \sqrt{\frac{-4p}{3}} \cos\left(\lambda + \frac{4\pi}{3}\right).$$

Esempi 9.3.7 Se $f(X) := X^3 - 3X + 1$, otteniamo $\cos(3\lambda) = -\frac{1}{2}$, da cui $3\lambda = \frac{2\pi}{3} + 2k\pi$ oppure $3\lambda = \frac{4\pi}{3} + 2k\pi$. Le radici di $f(X)$ sono perciò:

$$\rho := 2\cos\left(\frac{2\pi}{9}\right) = \xi + \xi^8 \; ;$$

$$\sigma := 2\cos\left(\frac{8\pi}{9}\right) = \xi^4 + \xi^5 \; ;$$

$$\tau := 2\cos\left(\frac{4\pi}{9}\right) = \xi^2 + \xi^7,$$

dove ξ è una radice primitiva nona dell'unità (Paragrafo 7.3.3 (4)).

9.4 Equazioni di quarto grado

Anche in questo paragrafo assumeremo tacitamente che il campo F abbia *caratteristica uguale a zero* e ci limiteremo a considerare polinomi di quarto grado in forma ridotta

$$f(X) := X^4 + aX^2 + bX + c.$$

9.4.1 Le formule di Ferrari

Fu Ludovico Ferrari, un discepolo di Cardano, a dimostrare per primo che l'equazione generale di quarto grado può essere risolta per mezzo di radici quadrate e cubiche; le sue formule risolutive furono pubblicate per la prima volta da Cardano nell'*Ars Magna*, 1545.

L'idea di Ferrari fu quella di usare la formula del quadrato del trinomio, che egli dimostrava geometricamente,

$$(u + v + z)^2 = (u + v)^2 + 2uz + 2vz + z^2.$$

Consideriamo l'equazione di quarto grado in forma ridotta a coefficienti nel campo F

$$f(X) := X^4 + aX^2 + bX + c = 0,$$

che possiamo scrivere come

$$\left(X^2 + \frac{a}{2}\right)^2 + bX + c - \frac{a^2}{4} = 0.$$

Introducendo una indeterminata ausiliaria t su F e usando l'uguaglianza

$$\left(X^2 + \frac{a}{2} + t\right)^2 = \left(X^2 + \frac{a}{2}\right)^2 + 2tX^2 + at + t^2,$$

otteniamo

$$\left(X^2 + \frac{a}{2} + t\right)^2 = 2tX^2 - bX + \left(\frac{a^2}{4} + at + t^2 - c\right).$$

Dando un opportuno valore a t, si può ora fare in modo che il secondo membro di questa uguaglianza sia anche esso un quadrato. Per determinare tale valore, basta imporre che sia nullo il discriminante del polinomio

$$g_t(X) := 2tX^2 - bX + \left(\frac{a^2}{4} + 2at + t^2 - c\right),$$

ovvero che sia

$$b^2 - 4(2t)\left(\frac{a^2}{4} + 2at + t^2 - c\right) = -\left(8t^3 - 8at^2 + (2a^2 - 8c)t - b^2\right) = 0.$$

L'equazione cubica ausiliaria

$$s(Y) := 8Y^3 + 8aY^2 + (2a^2 - 8c)Y - b^2 = 0$$

può essere risolta ponendola in forma ridotta ed usando le formule di Tartaglia-Cardano. Se t_0 è una sua soluzione, il polinomio $g_{t_0}(X)$ ha l'unica radice doppia $\frac{b}{4t_0}$ e perciò

$$g_{t_0}(X) = 2t_0 \left(X - \frac{b}{4t_0} \right)^2.$$

L'equazione $f(X) = 0$ allora diventa equivalente all'equazione

$$\left(X^2 + \frac{a}{2} + t_0 \right)^2 = 2t_0 \left(X - \frac{b}{4t_0} \right)^2,$$

ovvero alle due equazioni quadratiche

$$\left(X^2 + \frac{a}{2} + t_0 \right) = \pm\sqrt{2t_0} \left(X - \frac{b}{4t_0} \right).$$

Risolvendole, otteniamo in questo modo le quattro radici di $f(X)$.

Esempi 9.4.1 Per illustrare il metodo di Ferrari, Cardano risolve nell'*Ars Magna* l'equazione

$$X^4 + 6X^2 + 36 = 60X$$

[42, pag. 57]. Aggiungendo $6X^2$ a entrambi i membri, egli ottiene prima

$$(X^2 + 6)^2 = 6X^2 + 60X.$$

Poi, usando l'identità

$$(X^2 + 6 + t)^2 = (X^2 + 6)^2 + 2tX^2 + 12t + t^2,$$

ottiene

$$(X^2+6+t)^2 = (6X^2+60X)+(2tX^2+12t+t^2) = (2t+6)X^2+60X+(12t+t^2).$$

A questo punto, per ridurre il secondo membro ad un quadrato, egli impone

$$(2t + 6)(12t + t^2) = 30^2,$$

equivalentemente

$$t^3 + 15t^2 + 36t = 450.$$

Quest'ultima equazione si può risolvere usando le formule di Tartaglia-Cardano.

9.4.2 Le formule di Descartes

Illustriamo ora un altro modo per risolvere l'equazione di quarto grado, dovuto a R. Descartes.

Consideriamo l'equazione di quarto grado in forma ridotta

$$f(X) := X^4 + aX^2 + bX + c = 0$$

ed imponiamo che essa sia il prodotto di due equazioni di secondo grado. Poiché il coefficiente di X^3 è nullo, otteniamo

$$f(X) = (X^2 + kX + l)(X^2 - kX + m),$$

dove k, l, m sono indeterminate.

Uguagliando i coefficienti, si ha

$$a = l + m - k^2; \quad b = k(m - l); \quad c = lm.$$

Dalle prime due equazioni, ricaviamo

$$2m = k^2 + a + \frac{b}{k}; \quad 2l = k^2 + a - \frac{b}{k}$$

e, sostituendo nella terza,

$$k^6 + 2ak^4 + (a^2 - 4c)k^2 - b^2 = 0.$$

Da cui, ponendo $Z = k^2$

$$r(Z) := Z^3 + 2aZ^2 + (a^2 - 4c)Z - b^2 = 0.$$

Il polinomio $r(Z)$ si dice la *risolvente cubica* di $f(X)$. Osserviamo che, per $Z = 2Y$, $r(Z) = r(2Y) = s(Y)$ è l'equazione ausiliaria di Ferrari.

Le soluzioni di $r(Z)$ forniscono i possibili valori di k^2. Una volta noti questi valori è possibile determinare anche l e m. Le radici di $f(X)$ a questo punto si ottengono risolvendo le due equazioni di secondo grado

$$X^2 + kX + l = 0; \quad X^2 - kX + m = 0.$$

Notiamo che i tre valori possibili di k^2 sono determinati dai possibili modi di scomporre il polinomio di quarto grado $f(X)$ nel prodotto di due polinomi di secondo grado. Infatti, siano α_1, α_2, α_3, α_4 le radici di $f(X)$, allora due di esse saranno radici del polinomio $X^2 + kX + l$ e le altre due saranno radici del polinomio $X^2 - kX + m$. Supponiamo ad esempio che sia

$$X^2 + kX + l = (X - \alpha_1)(X - \alpha_2); \quad X^2 - kX + m = (X - \alpha_3)(X - \alpha_4).$$

In questo caso, si ha

$$-(\alpha_1 + \alpha_2) = k; \quad -(\alpha_3 + \alpha_4) = -k,$$

da cui

$$-(\alpha_1 + \alpha_2)(\alpha_3 + \alpha_4) = k^2.$$

Dunque una radice della risolvente cubica $r(Z)$ è

$$u := -(\alpha_1 + \alpha_2)(\alpha_3 + \alpha_4) = (\alpha_1 + \alpha_2)^2.$$

Osserviamo che lo stesso valore si ottiene supponendo che

$$X^2 + kX + l = (X - \alpha_3)(X - \alpha_4)\,; \quad X^2 - kX + m = (X - \alpha_1)(X - \alpha_2).$$

In modo analogo si vede che le altre due radici di $r(Z)$ sono

$$v := -(\alpha_1 + \alpha_3)(\alpha_2 + \alpha_4) = (\alpha_1 + \alpha_3)^2,$$
$$w := -(\alpha_1 + \alpha_4)(\alpha_2 + \alpha_3) = (\alpha_1 + \alpha_4)^2.$$

Dunque

$$r(Z) = (Z - u)(Z - v)(Z - w).$$

Dalle relazioni

$$u = (\alpha_1 + \alpha_2)^2\,; \quad v = (\alpha_1 + \alpha_3)^2\,; \quad w = (\alpha_1 + \alpha_4)^2\,; \quad \alpha_1 + \alpha_2 + \alpha_3 + \alpha_4 = 0,$$

indicando con $\sqrt{u}$, $\sqrt{v}$, $\sqrt{w}$ elementi di $\overline{F}$ i cui quadrati siano rispettivamente u, v, w, troviamo

$$(\alpha_1 + \alpha_2) = \sqrt{u} \quad = -(\alpha_3 + \alpha_4),$$
$$(\alpha_1 + \alpha_3) = \sqrt{v} \quad = -(\alpha_2 + \alpha_4),$$
$$(\alpha_1 + \alpha_4) = \sqrt{w} \quad = -(\alpha_2 + \alpha_3),$$

e finalmente

$$\alpha_1 = \frac{1}{2}\left(\sqrt{u} + \sqrt{v} - (\alpha_2 + \alpha_3)\right) = \frac{1}{2}\left(\sqrt{u} + \sqrt{v} + \sqrt{w}\right),$$
$$\alpha_2 = \frac{1}{2}\left(\sqrt{u} - \sqrt{w} - (\alpha_1 + \alpha_3)\right) = \frac{1}{2}\left(\sqrt{u} - \sqrt{v} - \sqrt{w}\right),$$
$$\alpha_3 = \frac{1}{2}\left(\sqrt{v} - \sqrt{u} - (\alpha_1 + \alpha_4)\right) = \frac{1}{2}\left(-\sqrt{u} + \sqrt{v} - \sqrt{w}\right),$$
$$\alpha_4 = \frac{1}{2}\left(\sqrt{w} - \sqrt{u} - (\alpha_1 + \alpha_3)\right) = \frac{1}{2}\left(-\sqrt{u} - \sqrt{v} + \sqrt{w}\right).$$

Esempi 9.4.2 (1) Sia $f(X) := X^4 - 2X^2 + 8X - 3$. La risolvente cubica di $f(X)$ è

$$r(Z) := Z^3 - 4Z^2 + 16Z - 64 = (Z - 4)(Z^2 + 16);$$

da cui si ottiene ad esempio $Z = k^2 = 4$ e $k = \pm 2$. Ne segue che

$$l + m = 2\,; \quad \pm 2(m - l) = 8;$$

perciò

$$k = 2\,,\ l = -1\,,\ m = 3 \quad \text{oppure} \quad k = -2\,,\ l = 3\,,\ m = -1\,.$$

Infine

$$f(X) = (X^2 + 2X - 1)(X^2 - 2X + 3).$$

(2) Le radici quinte dell'unità sono state determinate nell'Esempio 9.2.11 (3) con il metodo di De Moivre. Risolviamo ora il quinto polinomio ciclotomico $\Phi_5(X) := X^4 + X^3 + X^2 + X + 1$ con il metodo di Descartes.

Con la trasformazione di Viète $X = T - \frac{1}{4}$ (Esempio 2.3.27 (1)), otteniamo la forma ridotta di $\Phi_5(X)$:

$$f(T) := T^4 + \frac{5}{8}T^2 + \frac{5}{8}T + \frac{205}{256}.$$

Allora la risolvente cubica di $f(T)$ è

$$r(Z) := Z^3 + \frac{5}{4}Z^2 - \frac{45}{16}Z - \frac{25}{64},$$

ovvero, ponendo $Y := 4Z$,

$$r(Y) := Y^3 + 5Y^2 - 45Y - 25 = (Y - 5)(Y^2 + 10Y + 5).$$

Le radici di $r(Y)$ sono 5 e $-5 \pm 2\sqrt{5}$. Quindi le radici di $r(Z)$ sono

$$u := \frac{5}{4}; \quad v := \frac{-5 + 2\sqrt{5}}{4}; \quad w := \frac{-5 - 2\sqrt{5}}{4}$$

e le radici di $f(T)$ sono

$$\frac{1}{2}\left(\pm\sqrt{u} \pm \sqrt{v} \pm \sqrt{w}\right).$$

Finalmente, le radici di $\Phi_5(X)$ sono

$$\frac{1}{2}\left(\pm\sqrt{u} \pm \sqrt{v} \pm \sqrt{w}\right) - \frac{1}{4}.$$

Ad esempio

$$\frac{1}{2}\left(\sqrt{u} + \sqrt{v} + \sqrt{w}\right) - \frac{1}{4} = \frac{-1 + \sqrt{5}}{4} + i\frac{\sqrt{5 - 2\sqrt{5}} + \sqrt{5 + 2\sqrt{5}}}{4}$$

$$= \frac{-1 + \sqrt{5}}{4} + i\frac{\sqrt{10 + 2\sqrt{5}}}{4} = \xi_5.$$

Ricordando che il gruppo di Galois di $\Phi_5(X)$ è $\mathcal{U}(\mathbb{Z}_5)$, che è ciclico (Esempio 7.1.4 (6)), le altre radici si possono anche calcolare come potenze di ξ_5.

9.4.3 Il gruppo di Galois di un polinomio di quarto grado

Per calcolare i possibili gruppi di Galois del polinomio

$$f(X) := X^4 + aX^2 + bX + c \in F[X],$$

determiniamo prima un suo campo di spezzamento. Osserviamo intanto che il campo di definizione della risolvente cubica

$$r(Z) := Z^3 + 2aZ^2 + (a^2 - 4c)Z - b^2$$

di $f(X)$ è contenuto in F ed inoltre che $f(X)$ e $r(Z)$ hanno lo stesso discriminante. Siano infatti α_1, α_2, α_3, α_4 le radici di $f(X)$ e u, v, w le radici di $r(X)$. Usando le relazioni

$$u = (\alpha_1 + \alpha_2)^2 \, ; \quad v = (\alpha_1 + \alpha_3)^2 \, ; \quad w = (\alpha_1 + \alpha_4)^2 \, ; \quad \alpha_1 + \alpha_2 + \alpha_3 + \alpha_4 = 0$$

viste nel paragrafo precedente, si verifica facilmente che

$$(u - v) = -(\alpha_1 - \alpha_4)(\alpha_2 - \alpha_3),$$
$$(u - w) = -(\alpha_1 - \alpha_3)(\alpha_2 - \alpha_4),$$
$$(v - w) = -(\alpha_1 - \alpha_2)(\alpha_3 - \alpha_4).$$

Se $L := F(u, v, w)$ è il campo di spezzamento di $r(X)$ e $K := F(\alpha_1, \alpha_2, \alpha_3, \alpha_4)$ è il campo di spezzamento di $f(X)$, chiaramente $L \subseteq K$. Inoltre, per le formule di Descartes, abbiamo che

$$K = L\left(\sqrt{u}, \sqrt{v}, \sqrt{w}\right) = L\left(\sqrt{u}, \sqrt{v}\right).$$

Infatti il prodotto uvw delle radici di $r(Z)$ uguaglia l'opposto del termine noto. Dunque $uvw = b^2$ e $\sqrt{w} = \frac{b}{\sqrt{u}\sqrt{v}} \in L\left(\sqrt{u}, \sqrt{v}\right)$. D'altra parte, $\sqrt{u} = \alpha_1 + \alpha_2$, $\sqrt{v} = \alpha_1 + \alpha_3 \in K$.

Proposizione 9.4.3 *Sia $f(X) := X^4 + aX^2 + bX + c \in F[X]$ e sia $r(Z)$ la sua risolvente cubica. Allora il campo di spezzamento di $f(X)$ su F è $F(\delta, \rho, \alpha)$, dove $\delta^2 = D(r) = D(f)$, ρ è una qualsiasi radice di $r(Z)$ e α è una opportuna radice di $f(X)$.*

Dimostrazione. Per la Proposizione 9.3.1, il campo di spezzamento di $r(Z)$ su F è $L := F(\delta, \rho)$, dove $\delta^2 = D(r) = D(f)$ e ρ è una qualsiasi radice di $r(Z)$. Inoltre, con le notazioni precedenti, $K = L\left(\sqrt{u}, \sqrt{v}\right)$. Supponendo che $L \neq K$, allora $[K : L]$ è uguale a 2 oppure a 4. Se $f(X)$ è irriducibile su L, per ogni radice α di $f(X)$, risulta $[L(\alpha) : L] = 4 = [K : L]$ e necessariamente $K = L(\alpha)$. Altrimenti, $f(X)$ ha in $L[X]$ almeno un fattore irriducibile di secondo grado e quindi, come abbiamo visto precedentemente, in $L[X]$ risulta $f(X) = (X^2 + kX + l)(X^2 - kX + m)$, dove k^2 è una radice di $r(Z)$. A meno di riordinare le radici di $f(X)$, possiamo supporre che $k^2 = u$ e quindi che $\sqrt{u} = \pm k \in L$. Ne segue che $K = L(\sqrt{u}, \sqrt{v}) = L(\sqrt{v})$ ha grado 2 su L. Ma, tenendo conto che $\sqrt{v} = \alpha_1 + \alpha_3$, vediamo che $K \subseteq L(\alpha_1, \alpha_3)$. Quindi $K = L(\alpha_1)$ oppure $K = L(\alpha_3)$.

Mantenendo le stesse notazioni, consideriamo ora la catena di ampliamenti

$$F \subseteq F(\delta) \subseteq L \subseteq K,$$

dove K è il campo di spezzamento di $f(X)$, L è il campo di spezzamento della sua risolvente cubica $r(Z)$ e $\delta^2 = D(r) = D(f)$.

Identificando $\mathrm{Gal}_F(K) = \mathrm{Gal}_F(f(X))$ con un sottogruppo G di $\mathbf{S}_4$, il gruppo di Galois di $f(X)$ su $F(\delta)$ è $\mathbf{A}_4 \cap G$ (Proposizione 8.1.6). Per determinare il gruppo di Galois di $f(X)$ su L, notiamo che, se $K \neq L$, $K = L(\sqrt{u}, \sqrt{v})$ è un ampliamento quadratico o biquadratico di L; dunque in ogni caso, essendo

$$\mathrm{Gal}_L(f(X)) \subseteq \mathrm{Gal}_{F(\delta)}(f(X)) \subseteq \mathbf{A}_4,$$

risulta $\mathrm{Gal}_L(f(X)) = \mathbf{V}_4 \cap G$. La catena di sottogruppi data dalla corrispondenza di Galois è allora

$$G \supseteq \mathbf{A}_4 \cap G \supseteq \mathbf{V}_4 \cap G \supseteq (1).$$

Notiamo che, poiché L è un ampliamento normale di F, allora $\mathrm{Gal}_L(f(X)) = \mathbf{V}_4 \cap G$ è un sottogruppo normale di G ed inoltre $\mathrm{Gal}_F(L) = \mathrm{Gal}_F(r(Z))$ è isomorfo al gruppo quoziente

$$\frac{\mathrm{Gal}_F(f(X))}{\mathrm{Gal}_L(f(X))} = \frac{G}{\mathbf{V}_4 \cap G}.$$

Se $r(Z)$ è irriducibile su F, questo gruppo può essere isomorfo a $\mathbb{Z}_3$ (precisamente quando $\delta \in F$) oppure a $\mathbf{S}_3$ (quando $\delta \notin F$) (Esempio 8.1.7 (1)). Se invece $r(Z)$ è riducibile su F, allora $L = F$ oppure $[L : F] = 2$; in quest'ultimo caso $\mathrm{Gal}_F(L)$ è isomorfo a $\mathbb{Z}_2$.

A questo punto non è difficile determinare quale può essere il gruppo di Galois di un polinomio di quarto grado irriducibile su F.

Teorema 9.4.4 *Supponiamo che* $f(X) := X^4 + aX^2 + bX + c \in F[X]$ *sia irriducibile e denotiamo con* $G \subseteq \mathbf{S}_4$ *il suo gruppo di Galois su* F.

Se la risolvente cubica $r(Z)$ *è irriducibile su* F, *si hanno due casi:*

(a) *Se* $\mathrm{Gal}_F(r(Z)) = \mathbf{S}_3$, *allora* $G = \mathbf{S}_4$;
(b) *Se* $\mathrm{Gal}_F(r(Z)) = \mathbb{Z}_3$, *allora* $G = \mathbf{A}_4$.

Se la risolvente cubica $r(Z)$ *è riducibile su* F, *si hanno tre casi:*

(c) *Se* $\mathrm{Gal}_F(r(Z)) = \langle e \rangle$, *allora* $G = \mathbf{V}_4$;
(d) *Se* $\mathrm{Gal}_F(r(Z)) = \mathbb{Z}_2$ *e* $|\mathbf{V}_4 \cap G| = 2$, *allora* $G = \mathbb{Z}_4$;
(e) *Se* $\mathrm{Gal}_F(r(Z)) = \mathbb{Z}_2$ *e* $|\mathbf{V}_4 \cap G| = 4$, *allora* $G = \mathbf{D}_4$.

Dimostrazione. Poiché $f(X)$ è irriducibile su F, allora 4 divide l'ordine di G.

(a) Se $\mathrm{Gal}_F(r(Z)) = \frac{G}{\mathbf{V}_4 \cap G} = \mathbf{S}_3$, necessariamente $G = \mathbf{S}_4$. Infatti nessun sottogruppo proprio di $\mathbf{S}_4$ ha un quoziente isomorfo a $\mathbf{S}_3$.

(b) Se $\mathrm{Gal}_F(r(Z)) = \frac{G}{\mathbf{V}_4 \cap G} = \mathbb{Z}_3$, poiché 4 divide $|G|$, deve essere $|\mathbf{V}_4 \cap G| = 4$. Ne segue che $|G| = 12$ e perciò $G = \mathbf{A}_4$.

(c) Se $\mathrm{Gal}_F(r(Z)) = (1)$, allora $F = L$ e $G = \mathbf{V}_4 \cap G$. Poiché 4 divide $|G|$, risulta $G = \mathbf{V}_4$.

(d) Se $\mathrm{Gal}_F(r(Z)) = \frac{G}{\mathbf{V}_4 \cap G} = \mathbb{Z}_2$ e $|\mathbf{V}_4 \cap G| = 2$, allora $|G| = 4$ e (poiché $G \neq \mathbf{V}_4$) allora $G = \mathbb{Z}_4$.

(e) Se $\mathrm{Gal}_F(r(Z)) = \frac{G}{\mathbf{V}_4 \cap G} = \mathbb{Z}_2$ e $|\mathbf{V}_4 \cap G| = 4$, allora $|G| = 8$. Ma tutti i sottogruppi di ordine 8 di $\mathbf{S}_4$ sono isomorfi al gruppo diedrale $\mathbf{D}_4$ di grado 4.

Il risultato precedente è giustificato dal fatto che i soli sottogruppi propri transitivi di $\mathbf{S}_4$ sono $\mathbf{A}_4$, $\mathbf{V}_4$ e quelli isomorfi a $\mathbf{D}_4$ e $\mathbb{Z}_4$. Tutti questi casi si possono effettivamente verificare, come mostrano gli esempi successivi.

Esempi 9.4.5 (1) Se $f(X) := X^4 - 4X + 2$, la risolvente cubica $r(Z) = Z^3 - 8Z - 16$ è irriducibile su $\mathbb{Q}$ e $D(f) = D(r) = -4864 < 0$. Dunque $\mathrm{Gal}_\mathbb{Q}(r(Z)) = \mathbf{S}_3$ e perciò $\mathrm{Gal}_\mathbb{Q}(f(X)) = \mathbf{S}_4$.

(2) Se $f(X) := X^4 + 8X + 12$, la risolvente cubica $r(Z) = Z^3 - 48Z - 64$ è irriducibile su $\mathbb{Q}$ e $D(f) = D(r) = 2^{12}3^2$ è un quadrato in $\mathbb{Q}$. Perciò $\mathrm{Gal}_\mathbb{Q}(r(Z)) = \mathbb{Z}_3$ e $\mathrm{Gal}_\mathbb{Q}(f(X)) = \mathbf{A}_4$.

(3) Se $f(X) := X^4 + aX^2 + c \in F[X]$ è un polinomio biquadratico irriducibile, la sua risolvente cubica è

$$r(Z) = Z^3 + 2aZ^2 + (a^2 - 4c)Z = Z(Z^2 + 2aZ + (a^2 - 4c))$$

che è riducibile. Allora, in accordo con quanto visto nella Proposizione 8.1.12, G può essere isomorfo a $\mathbf{V}_4$, $\mathbb{Z}_4$ oppure $\mathbf{D}_4$.

Si ha $G = \mathbf{V}_4$ se e soltanto se $G \subseteq \mathbf{A}_4$ se e soltanto se $D(f) = D(r) = 16(a^2 - 4c)^2 c$ è un quadrato in F (Proposizione 8.1.6). Quindi $G = \mathbf{V}_4$, se e soltanto se $\sqrt{c} \in F$. Poiché $16c$ è il discriminante del polinomio $r(Z)/Z = Z^2 + 2aZ + (a^2 - 4c)$, vediamo che $\sqrt{c} \in F$ se e soltanto se $r(Z)$ si spezza linearmente su F.

Se c non è un quadrato in F, allora il campo di spezzamento di $r(Z)$ su F è $L := F(\delta) = F(\sqrt{c})$ ed ha grado 2 su F. In questo caso, $G = \mathbb{Z}_4$ se e soltanto se il campo di spezzamento di $f(X)$ ha grado 2 su L; altrimenti $G = \mathbf{D}_4$.

9.5 Equazioni di grado primo risolubili per radicali

Ricordiamo che un gruppo G agisce *transitivamente* su un insieme X, o che G è un gruppo *transitivo su* X, se gli elementi di X costituiscono un'unica orbita (Paragrafo 12.1). Abbiamo dimostrato nel Paragrafo 8.1 che il gruppo di Galois di un polinomio irriducibile può essere identificato con un gruppo di permutazioni transitivo. Vedremo in questo paragrafo come, in caratteristica zero, la risolubilità per radicali di un polinomio irriducibile di grado primo p può essere stabilita attraverso lo studio dei sottogruppi transitivi di $\mathbf{S}_p$.

Ogni gruppo G agisce per coniugio sull'insieme dei suoi sottogruppi. Se H è un sottogruppo di G, lo stabilizzatore di H rispetto a questa azione si chiama il *normalizzante* di H in G. Esso è il sottogruppo

$$N(H) := \{g \in G;\ gHg^{-1} = H\}$$

ed è il più grande sottogruppo di G in cui H è normale. È facile verificare che due elementi di G determinano lo stesso coniugato di H se e soltanto se essi appartengono allo stesso laterale sinistro di $N(H)$ (Paragrafo 12.1.1). Vogliamo ora determinare il normalizzante in $\mathbf{S}_p$ di un sottogruppo di ordine p. Poiché p^n non divide $|\mathbf{S}_p| = p!$ per $n \geq 2$, ogni tale sottogruppo è un *sottogruppo di Sylow*, o un *p-Sylow*, di G ed è ciclico generato da un p-ciclo.(Esempio 12.2.10 (3)).

Proposizione 9.5.1 *Sia $p \geq 2$ un numero primo e sia $\overline{k}$ un generatore del gruppo ciclico $\mathcal{U}(\mathbb{Z}_p)$ delle unità di $\mathbb{Z}_p$, $2 \leq k \leq p - 1$. Poniamo $\gamma := (a_1 a_2 \ldots a_p)$ e sia $\eta \in \mathbf{S}_p$ il $(p-1)$-ciclo definito da $\eta(a_i) = a_j$ con $j \equiv ik \mod p$, per ogni $1 \leq i, j \leq p$. Allora il normalizzante di $\Gamma := \langle \gamma \rangle$ in $\mathbf{S}_p$ è il sottogruppo*

$$N(\Gamma) = \langle \gamma, \eta \rangle = \{\gamma^s \eta^t \, ; \, 1 \leq s \leq p, \, 1 \leq t \leq p - 1\},$$

In particolare, $N(\Gamma)$ ha ordine $p(p-1)$.

Dimostrazione. Una permutazione $\theta \in \mathbf{S}_p$ appartiene a $N := N(\Gamma)$ se e soltanto se $\theta \gamma \theta^{-1}$ appartiene a Γ, cioè $\theta \gamma \theta^{-1} = (\theta(a_1) \ldots \theta(a_p)) = \gamma^j$ per un opportuno j, $1 \leq j < p$. Ma, poiché il p-ciclo $\gamma^j := (c_1 \ldots c_p) = (c_2 \ldots c_p c_1) = \cdots = (c_p c_{p-1} \ldots c_1)$ si può scrivere in p modi diversi, ci sono esattamente p permutazioni θ tali che $\theta \gamma \theta^{-1} = \gamma^j$. Quindi N ha ordine $p(p-1)$.

Si vede facilmente che $\eta \gamma \eta^{-1} = \gamma^k$; quindi $M := \langle \gamma, \eta \rangle \subseteq N$. Inoltre, poiché $\Gamma := \langle \gamma \rangle$ è normale in M e $\langle \gamma \rangle \cap \langle \eta \rangle = \{id\}$, risulta che $M = \langle \gamma \rangle \langle \eta \rangle$ è il prodotto semidiretto dei due sottogruppi $\langle \gamma \rangle$ e $\langle \eta \rangle$ (Esercizio 12.1). In particolare M ha $p(p-1)$ elementi e quindi $M = N$.

Secondo la terminologia classica, il normalizzante in $\mathbf{S}_p$ del p-Sylow generato dal ciclo $\gamma := (12 \ldots p)$ si chiama il *gruppo metaciclico di grado p* e verrà nel seguito denotato con M_p (Esempio 9.1.6 (3)). Come visto nella precedente Proposizione 9.5.1, se $\overline{k}$ è un generatore del gruppo $\mathcal{U}(\mathbb{Z}_p)$, M_p è generato dai cicli γ ed $\eta := (1kk^2 \ldots k^{p-1})$, dove gli indici sono considerati modulo p. Precisamente risulta

$$M_p = \{\gamma^s \eta^t \, ; \, 1 \leq s \leq p, \, 1 \leq t \leq p - 1\}.$$

Notiamo che

$$\gamma^s(i) \equiv i + s \mod p; \quad \eta^t(i) \equiv ik^t \mod p,$$

per ogni indice $i = 1, \ldots, p$. Quindi

$$\gamma^s \eta^t(i) \equiv \gamma^s(ik^t) \equiv ik^t + s \mod p$$

per ogni $i = 1, \ldots, p$. In conclusione, possiamo rappresentare ogni elemento $\sigma \in M_p$ con una congruenza lineare

$$\sigma(i) \equiv ai + b \mod p; \quad a = 1, \ldots, p-1, \, b = 1, \ldots, p.$$

Esempi 9.5.2 Per $p = 5$, un generatore del gruppo $\mathcal{U}(\mathbb{Z}_5)$ delle unità di $\mathbb{Z}_5$ è $\bar{2}$. Quindi M_5 è generato da $\gamma := (12345)$ ed $\eta := (1243)$, ma anche da γ e $\theta := (2354)$. Infatti $\theta\gamma\theta^{-1} = \gamma^2$.

Poiché tutti i p-Sylow di $\mathbf{S}_p$ sono coniugati, anche tutti i loro normalizzanti sono coniugati. Precisamente, se Γ è un p-Sylow e $\Lambda := \sigma\Gamma\sigma^{-1}$, con $\sigma \in \mathbf{S}_p$, si ha $N(\Lambda) = \sigma N(\Gamma)\sigma^{-1}$ (Paragrafo 12.1.1). Quindi un sottogruppo di $\mathbf{S}_p$ è il normalizzante di un p-Sylow se e soltanto se è coniugato al gruppo metaciclico M_p.

Proposizione 9.5.3 *Sia M_p il gruppo metaciclico di grado p. Allora:*

(a) *Ogni elemento di M_p diverso dall'identità fissa al più un indice $i \in \{1, \ldots, p\}$.*

(b) *Ogni sottogruppo transitivo di $\mathbf{S}_p$ i cui elementi diversi dall'identità fissano al più un indice è coniugato ad un sottogruppo di M_p.*

Dimostrazione. (a) Per quanto visto in precedenza, possiamo rappresentare ogni permutazione σ del gruppo metaciclico M_p con una congruenza lineare

$$\sigma(i) \equiv ai + b \mod p; \quad a = 1, \ldots, p-1, \quad b = 1, \ldots, p.$$

Se $\sigma(i) = i$ e $\sigma(j) = j$ con $1 \le i < j \le p$, allora

$$\sigma(i) = i \equiv ai + b \mod p; \quad \sigma(j) = j \equiv aj + b \mod p.$$

da cui $a(j - i) \equiv j - i \mod p$ e, poiché $1 \le j - i < p$, allora $a \equiv 1$ e $b \equiv 0$ $\mod p$. Ne segue che σ è l'identità.

(b) Sia G un sottogruppo transitivo di $\mathbf{S}_p$. Poiché gli ordini delle orbite dividono l'ordine del gruppo (Proposizione 12.1.4), p divide l'ordine di G e quindi G contiene un p-ciclo γ (Corollario 12.2.7). Facciamo vedere che se gli elementi di G diversi dall'identità fissano al più un indice, il sottogruppo $\Gamma := \langle\gamma\rangle$ è normale in G. Ne seguirà che G è contenuto nel normalizzante di Γ e quindi è coniugato ad un sottogruppo del gruppo metaciclico M_p.

Se $|G| = pm$, lo stabilizzatore in G di ogni $i \in \{1, 2, \ldots, p\}$ ha ordine m (Proposizione 12.1.4). Poiché per ipotesi due diversi stabilizzatori si intersecano soltanto nell'identità, in G ci sono $p(m - 1) + 1 = pm - (p-1)$ elementi che fissano qualche i. Ne segue che G ha $p - 1$ elementi che non fissano alcun i e questi sono necessariamente i p-cicli di Γ. Poiché per ogni θ in G l'elemento $\theta\gamma\theta^{-1}$ è un p-ciclo di G, tale elemento non fissa alcun i. Quindi $\theta\gamma\theta^{-1} \in \Gamma$ e Γ è normale in G.

Lemma 9.5.4 *Se $p \ge 2$ è un numero primo, ogni sottogruppo normale di un gruppo transitivo su p elementi è transitivo.*

Dimostrazione. Sia G transitivo su un insieme X con p elementi e sia H un sottogruppo normale di G. Fissato $a \in X$, sia $H(a) := \{a_1 := a, a_2, \ldots, a_n\}$ l'orbita di a sotto l'azione di H. Poiché G è transitivo, per ogni $b \in X$, esiste

$g \in G$ tale che $g(a) = b$. Ma poiché $gHg^{-1} = H$, l'orbita di b sotto l'azione di H è

$$H(b) = \{ghg^{-1}(b) \, ; h \in H\} = \{g(h(a)) \, ; h \in H\} = \{g(a_1), g(a_2), \ldots, g(a_n)\}.$$

Quindi tutte le orbite di X sotto l'azione di H hanno lo stesso numero di elementi e, poiché le orbite formano una partizione di X, tale numero n divide p. Allora $n = p$ e dunque gli elementi di X costituiscono un'unica orbita. Ne segue che H è transitivo.

Teorema 9.5.5 *In caratteristica zero, sia $f(X) \in F[X]$ un polinomio irriducibile di grado primo p e sia $G \subseteq \mathbf{S}_p$ il suo gruppo di Galois. Le seguenti condizioni sono equivalenti:*

(i) *$f(X)$ è risolubile per radicali;*
(ii) *G è contenuto nel normalizzante di un p-Sylow di $\mathbf{S}_p$;*
(iii) *G è coniugato ad un sottogruppo transitivo del gruppo metaciclico M_p di grado p.*

Dimostrazione. (i) $\Rightarrow$ (ii) Supponiamo che $f(X)$ sia risolubile per radicali, ovvero che G sia un gruppo risolubile (Teorema 9.2.5). Allora possiamo trovare una catena di sottogruppi di G:

$$G := H_0 \supseteq H_1 \supseteq \ldots \supseteq H_{m-1} \supseteq H_m = (e),$$

dove H_i è normale in H_{i-1} e il gruppo quoziente H_{i-1}/H_i è ciclico di ordine primo, per $i = 1, \ldots, m$. Perciò $\Gamma := H_{m-1}$ è ciclico di ordine primo. D'altra parte, poiché G è transitivo su p-elementi, applicando il Lemma 9.5.4 otteniamo per induzione su i che anche tutti i suoi sottogruppi H_i sono transitivi su p-elementi. Ne segue che Γ ha ordine p e quindi è un p-Sylow.

Mostriamo ora che Γ è normale in G. Sia N il normalizzante di Γ in $\mathbf{S}_p$. Poiché Γ è normale in H_{m-2}, allora H_{m-2} è contenuto in N e, poiché N ha $p(p-1)$ elementi (Proposizione 9.5.1), per i teoremi di Sylow Γ è l'unico sottogruppo di ordine p di N (Paragrafo 12.2). Dunque Γ è anche l'unico sottogruppo di ordine p di H_{m-2}. Sia $x \in H_{m-3}$. Allora, essendo H_{m-2} normale in H_{m-3}, risulta $x\Gamma x^{-1} \subseteq xH_{m-2}x^{-1} = H_{m-2}$ e dunque $x\Gamma x^{-1} = \Gamma$. Perció Γ è normale anche in H_{m-3}. Così proseguendo, otteniamo che Γ è normale in G. Ne segue che G è contenuto nel normalizzante di Γ.

(ii) $\Rightarrow$ (i) Supponiamo che G sia contenuto nel normalizzante N di un p-Sylow Γ. Poiché N/Γ è ciclico (Proposizione 9.5.1) allora N è un gruppo risolubile e quindi anche tutti i suoi sottogruppi lo sono (Proposizione 9.2.4). In particolare G è risolubile e dunque $f(X)$ è risolubile per radicali.

(ii) $\Leftrightarrow$ (iii) perché i normalizzanti dei p-Sylow di $\mathbf{S}_p$ sono isomorfi per coniugio al gruppo metaciclico di grado p.

Come conseguenza del teorema precedente otteniamo il seguente criterio di risolubilità, dimostrato da Galois nelle sue memorie. Come riconosciuto dallo stesso Galois, questo criterio è però di difficile applicazione pratica [9].

Teorema 9.5.6 (E. Galois, 1830) *In caratteristica zero, un polinomio irriducibile di grado primo p è risolubile per radicali se e soltanto se il suo campo di spezzamento è generato da due radici qualsiasi.*

Dimostrazione. Sia $f(X) \in F[X]$ un polinomio irriducibile di grado primo p con radici $\alpha_1, \ldots, \alpha_p \in \overline{F}$ e sia $G \subseteq \mathbf{S}_p$ il gruppo di Galois di $f(X)$. Poniamo $L := F(\alpha_i, \alpha_j)$, $1 \leq i < j \leq p$. Allora, per la corrispondenza di Galois, L è il campo di spezzamento di $f(X)$ se e soltanto se $\mathrm{Gal}_L(K) = \{id\}$, ovvero se e soltanto se ogni elemento di G che fissa due radici di $f(X)$ è l'identità. Poiché G è transitivo su p elementi, ciò equivale a dire che G è contenuto isomorficamente nel gruppo metaciclico di grado p (Proposizione 9.5.3 (b)), ovvero che $f(X)$ è risolubile per radicali (Teorema 9.5.5). $\quad\blacksquare$

Corollario 9.5.7 (L. Kronecker, 1856) *Sia $f(X) \in \mathbb{Q}[X]$ un polinomio irriducibile di grado primo p. Se $f(X)$ è risolubile per radicali, allora $f(X)$ ha una sola radice reale oppure tutte le sue radici sono reali.*

Esempi 9.5.8 (1) Un polinomio a coefficienti razionali irriducibile con gruppo di Galois ciclico di ordine primo p ha tutte radici reali. Infatti certamente $f(X)$ ha una radice reale α. Inoltre, se K è il campo di spezzamento di $f(X)$, si ha $[K : \mathbb{Q}] = |G| = p = [\mathbb{Q}(\alpha) : \mathbb{Q}]$. Quindi $K = \mathbb{Q}(\alpha) \subseteq \mathbb{R}$.

(2) Per il Corollario 9.5.7, se $p \geq 5$ e $f(X) \in \mathbb{Q}[X]$ ha esattamente due radici complesse non reali, allora $f(X)$ non è risolubile per radicali. D'altra parte abbiamo visto che il gruppo di Galois di un tale polinomio è $\mathbf{S}_p$ (Proposizione 8.3.8) e che $\mathbf{S}_p$ non è un gruppo risolubile (Proposizione 9.2.7).

9.5.1 Equazioni di quinto grado

Continuiamo a supporre che i campi considerati abbiano *caratteristica zero*. Sia $f(X) \in F[X]$ un polinomio irriducibile di quinto grado e sia $G \subseteq \mathbf{S}_5$ il suo gruppo di Galois. Poiché G è transitivo, esso è isomorfo a uno dei gruppi $\mathbb{Z}_5$ (gruppo ciclico di ordine 5), $\mathbf{D}_5$ (gruppo diedrale di grado 5), $M := M_5$ (gruppo metaciclico di grado 5), $\mathbf{A}_5$ (gruppo alterno di grado 5), $\mathbf{S}_5$. Per il Teorema 9.5.5, il polinomio $f(X)$ è risolubile per radicali se e soltanto se, ordinando opportunamente le radici, G è un sottogruppo transitivo di M. Posto $\gamma := (12345)$ ed $\eta := (2354)$, si ha $M = \langle \gamma, \eta \rangle$ (Esempio 9.5.2) ed i sottogruppi transitivi di M sono $\varGamma = \langle \gamma \rangle$ (isomorfo a $\mathbb{Z}_5$), $\varDelta := \langle \gamma, \eta^2 \rangle = M \cap \mathbf{A}_5$ (isomorfo a $\mathbf{D}_5$) ed M stesso. Ricordiamo poi che $G \subseteq \mathbf{A}_5$ se e soltanto se il discriminante di $f(X)$ è un quadrato in F (Proposizione 8.1.6). In questo caso G può essere uguale a $\varGamma$ o $\varDelta$ (se è risolubile) oppure ad $\mathbf{A}_5$ (se non è risolubile).

Un modo per stabilire se $f(X)$ è risolubile per radicali è quello di costruire una sua *risolvente sestica* nel seguente modo.

Se $K := F(\alpha_1, \ldots, \alpha_5)$ è un campo di spezzamento di $f(X)$, possiamo al solito far agire $\mathbf{S}_5$ su K permutando le radici, ovvero ponendo, per ogni

$\theta = \theta(\alpha_1, \ldots, \alpha_5) \in K$, $\sigma(\theta) = \theta(\alpha_{\sigma(1)}, \ldots, \alpha_{\sigma(5)})$. Supponiamo che il gruppo metaciclico M sia lo stabilizzatore di un certo elemento $\theta \in K$. Poiché le classi laterali sinistre di M in $\mathbf{S}_5$ sono

$$M, \quad (123)M, \quad (132)M, \quad (12)M, \quad (13)M, \quad (23)M,$$

l'orbita di θ ha 6 elementi (Proposizione 12.1.4), precisamente

$$\theta_1 := \theta, \qquad \theta_2 := (123)(\theta), \qquad \theta_3 := (132)(\theta),$$
$$\theta_4 := (12)(\theta), \quad \theta_5 := (13)(\theta), \qquad \theta_6 := (23)(\theta).$$

Consideriamo il polinomio

$$r(X) := (X - \theta_1)(X - \theta_2)(X - \theta_3)(X - \theta_4)(X - \theta_5)(X - \theta_6).$$

Poiché per costruzione, per ogni $\sigma \in \mathbf{S}_5$, risulta

$$r(X) = (X - \sigma(\theta_1))(X - \sigma(\theta_2))(X - \sigma(\theta_3))(X - \sigma(\theta_4))(X - \sigma(\theta_5))(X - \sigma(\theta_6)),$$

i coefficienti di $r(X)$ sono polinomi simmetrici nelle radici di $f(X)$. Quindi appartengono a F e possono essere calcolati in funzione dei coefficienti (Proposizione 2.7.14). Il polinomio di sesto grado $r(X)$ si chiama una *risolvente sestica* di $f(X)$.

Teorema 9.5.9 *In caratteristica zero, sia $f(X) \in F[X]$ un polinomio irriducibile di quinto grado e sia $r(X)$ una sua risolvente sestica. Allora $f(X)$ è risolubile per radicali se e soltanto se $r(X)$ ha una radice in F.*

Dimostrazione. Sia $G \subseteq \mathbf{S}_5$ il gruppo di Galois di $f(X)$. Per il Teorema 9.5.5, $f(X)$ è risolubile per radicali se e soltanto se, a meno di riordinare le radici, $G \subseteq M$. Con le notazioni precedenti, il campo fisso di $M \cap G$ è $F(\theta)$. Quindi $G \subseteq M$ se e soltanto se $M \cap G = G$ se e soltanto se, per la corrispondenza di Galois, $F(\theta) = F$, ovvero $\theta \in F$.

Con metodi classici, tramite trasformazioni di Tschirnhaus che implicano la risoluzione di equazioni al più di terzo grado (Esempio 2.3.27 (1)), un polinomio di quinto grado può essere sempre ridotto nella così detta *forma di Bring-Jerrand*

$$f(X) = X^5 + aX + b.$$

In questo caso, il discriminante di $f(X)$ è

$$D(f) = 4^4 a^5 + 5^5 b^4.$$

(Esempio 2.7.28 (3)). Inoltre, notando che M è lo stabilizzatore dell'elemento di K

$$\theta := \alpha_1^2 \alpha_2 \alpha_5 + \alpha_1^2 \alpha_3 \alpha_4 + \alpha_2^2 \alpha_1 \alpha_3 + \alpha_2^2 \alpha_4 \alpha_5 + \alpha_3^2 \alpha_1 \alpha_5$$
$$+ \alpha_3^2 \alpha_2 \alpha_4 + \alpha_4^2 \alpha_1 \alpha_2 + \alpha_4^2 \alpha_3 \alpha_5 + \alpha_5^2 \alpha_1 \alpha_4 + \alpha_5^2 \alpha_2 \alpha_3,$$

si ottiene che una risolvente sestica di $f(X)$ è

$$r(X) = X^6 + 8aX^5 + 40a^2X^4 + 160a^3X^3 + 400a^4X^2$$
$$+ (512a^5 - 3125b^4)X + (256a^6 - 9375ab^4)$$

(D. S. Dummit, *Solving solvable quintics*, 1991). Le radici di un'equazione di quinto grado nella forma di Bring-Jerrand che sia risolubile per radicali si possono calcolare in vari modi. Ad esempio, come in [23], con una variazione del metodo di Tartaglia-Cardano per le equazioni di terzo grado che abbiamo illustrato nel Paragrafo 9.3. Altri metodi per risolvere le equazioni di quinto grado sono descritti in [16].

Esempi 9.5.10 (1) Un polinomio di quinto grado irriducibile su $\mathbb{Q}$ con gruppo di Galois isomorfo a $\mathbb{Z}_5$ è il polinomio minimo su $\mathbb{Q}$ di $\alpha := \xi_{11} + \xi_{11}^{-1} = 2\cos\left(\frac{2\pi}{11}\right)$, ovvero $X^5 + X^4 - 4X^3 - 3X^2 + 3X + 1$. Questo polinomio ha tutte radici reali (Paragrafo 7.3.3 (4) ed Esempio 9.2.11 (3)).

(2) Mostriamo che $f(X) = X^5 - 5X + 12$ è un polinomio di quinto grado irriducibile su $\mathbb{Q}$ con gruppo di Galois isomorfo a $\mathbf{D}_5$ [6, Example 2].

Poiché $f(X - 2)$ soddisfa il criterio di Eisenstein per $p = 5$, $f(X)$ è irriducibile. Una risolvente sestica di $f(X)$ è

$$r(X) = X^6 - 40X^5 + 1000X^4 + 20000X^3 + 250000X^2 - 66400000X + 976000000$$

che ha radice $\theta = 40$. Quindi $f(X)$ è risolubile per radicali.

Poiché $D(f) = -4^4 5^5 + 5^5 12^4 = 5^6 2^{12}$ è un quadrato in $\mathbb{Q}$, il gruppo di Galois G di $f(X)$ è contenuto nel gruppo alterno $\mathbf{A}_5$. Dunque G è isomorfo a uno dei gruppi $\mathbb{Z}_5$ oppure $\mathbf{D}_5$.

Notiamo che, per la regola dei segni di Descartes, $f(X)$ ha al più due radici reali positive ed al più una radice reale negativa (Proposizione 2.4.6. D'altra parte, esso non può avere tre radici reali, perché altrimenti non sarebbe risolubile per radicali (Corollario 9.5.7). Dunque $f(X)$, avendo grado dispari ha una sola radice reale. Ne segue in particolare che G non può essere isomorfo a $\mathbb{Z}_5$ (Esempio 9.5.8 (1)) e quindi G è isomorfo a $\mathbf{D}_5$.

(3) Un polinomio di quinto grado irriducibile su $\mathbb{Q}$ con gruppo di Galois isomorfo a M è $X^5 - 2$ (Esempio 9.1.6 (3)). Questo polinomio ha una sola radice reale.

Un altro polinomio è $f(X) := X^5 + 15X + 12$ [6, Example 1]. In questo caso,

$$r(X) = X^6 + 120X^5 + 9000X^4 + 540000X^3 + 20250000X^2 + 324000000X$$

ha radice $\theta = 0$; quindi $f(X)$ è risolubile. Inoltre $D(f) = 2^{10}3^4 5^5$ non è un quadrato in $\mathbb{Q}$ e quindi $G \not\subseteq \mathbf{A}_5$. Questo basta a concludere che $G = M$.

(4) Mostriamo che $f(X) := X^5 + 20X + 16$ è un polinomio di quinto grado irriducibile su $\mathbb{Q}$ con gruppo di Galois isomorfo ad $\mathbf{A}_5$.

Poiché $f(X - 1)$ soddisfa il criterio di Eisenstein per $p = 5$, $f(X)$ è irriducibile su $\mathbb{Q}$. Il discriminante $D(f) = -4^4 20^5 + 5^5 16^4 = 2^{16} 5^6$ è un quadrato in $\mathbb{Q}$; dunque il gruppo di Galois G di $f(X)$ è contenuto nel gruppo alterno $\mathbf{A}_5$. Poiché $f(X)$ è riducibile su $\mathbb{F}_7$ e la sua decomposizione in fattori irriducibili su $\mathbb{F}_7$ è

$$f(X) = (X + 2)(X + 3)(X^3 + 2X^2 + 5X + 5),$$

G contiene un 3-ciclo (Corollario 8.2.5) e ne segue che $G = \mathbf{A}_5$.

Notiamo che, per la regola dei segni di Descartes, $f(X)$ ha al più una radice reale (negativa). Dunque esso ha esattamente una radice reale, ma non è risolubile per radicali.

(5) Un polinomio di quinto grado irriducibile su $\mathbb{Q}$ con gruppo di Galois isomorfo a $\mathbf{S}_5$ è $X^5 + 5X^4 - 5$. Tale polinomio ha esattamente 3 radici reali (Esempio 8.3.9 (2)).

9.6 Come risolvere un'equazione risolubile per radicali

I risultati dimostrati nei Paragrafi 9.1 e 9.2 ci permettono di dare un procedimento teorico per risolvere, in *caratteristica zero*, un'equazione $f(X) = 0$ risolubile per radicali quando sia noto il gruppo di Galois del polinomio $f(X)$.

Facciamo vedere che ci si può ridurre al caso in cui:

1. Il campo di definizione di $f(X)$ contiene le radici dell'unità opportune;
2. $f(X)$ è irriducibile con gruppo di Galois ciclico.

Per fare questo, basta seguire la dimostrazione del Teorema 9.2.5.

Sia $f(X) \in F[X]$ un polinomio risolubile per radicali con campo di spezzamento K e sia $G := \mathrm{Gal}_F(K)$. Poiché G è risolubile, possiamo trovare una catena di sottogruppi di G:

$$G := H_0 \supseteq H_1 \supseteq \ldots \supseteq H_{m-1} \supseteq H_m = \langle e \rangle,$$

dove, per $i = 1, \ldots, m$, H_i è normale in H_{i-1} e il gruppo quoziente H_{i-1}/H_i è ciclico.

Da questa catena di sottogruppi otteniamo, per la corrispondenza di Galois, la catena di sottocampi di K:

$$F := F_0 \subseteq F_1 \subseteq \ldots \subseteq F_{m-1} \subseteq F_m = K,$$

dove, per ogni $i = 1, \ldots, m$, F_i è il campo fisso di H_i. Inoltre, $F_{i-1} \subseteq F_i$ è un ampliamento di Galois, perché $H_i = \mathrm{Gal}_F(F_i)$ è normale in $H_{i-1} = \mathrm{Gal}_F(F_{i-1})$, ed inoltre $\mathrm{Gal}_{F_{i-1}}(F_i) = H_{i-1}/H_i$ è ciclico.

Sia $d := |G| = [K : F]$ e sia ξ una radice d-sima primitiva dell'unità. Aggiungendo ξ ad F, otteniamo la catena di campi:

$$F(\xi) := L_0 \subseteq L_1 := F_1(\xi) \subseteq \ldots \subseteq L_{m-1} := F_{m-1}(\xi) \subseteq L_m := F_m(\xi) = K(\xi),$$

in cui, per ogni $i = 1, \ldots, m$, l'ampliamento $L_{i-1} \subseteq L_i$ è ancora di Galois. e $\mathrm{Gal}_{L_{i-1}}(L_i)$ è un sottogruppo di $\mathrm{Gal}_{F_{i-1}}(F_i) = H_{i-1}/H_i$. Ne segue che $\mathrm{Gal}_{L_{i-1}}(L_i)$ è ancora ciclico.

Sia ora α una radice di $f(X)$. Poiché $F(\xi) := L_0$ è normale su F, se $\alpha \in L_0$ risulta $K = L_0$. Altrimenti, sia k il minimo intero positivo tale che $\alpha \in L_k \setminus L_{k-1}$. Allora per normalità, L_k contiene il campo di spezzamento del polinomio minimo di α su L_{k-1}. Tale polinomio è un fattore $p(X)$ di $f(X)$ irriducibile su L_{k-1} e il gruppo di Galois di $p(X)$ su L_{k-1}, essendo un quoziente del gruppo ciclico $\mathrm{Gal}_{L_{k-1}}(L_k)$, è ancora ciclico.

Ne segue che, per determinare α, si può supporre che F contenga tutte le radici d-sime dell'unità e che $f(X)$ sia irriducibile su F con gruppo di Galois ciclico. In questo caso, risulta anche $d := |G| = \deg f(X)$, come mostra il risultato seguente.

Proposizione 9.6.1 *Sia $f(X) \in F[X]$ un polinomio di grado n separabile e irriducibile su F. Se $\mathrm{Gal}_F(f(X))$ è commutativo, allora $\mathrm{Gal}_F(f(X))$ ha ordine n.*

Dimostrazione. Siano $\alpha := \alpha_1, \ldots, \alpha_n$ le radici di $f(X)$ e sia K il suo campo di spezzamento. Allora per ogni $i = 1, \ldots, n$ esiste un F-automorfismo φ_i di K tale che $\varphi_i(\alpha) = \alpha_i$. D'altra parte, ogni F-automorfismo φ di K ha la proprietà che $\varphi(\alpha) = \alpha_j$ per qualche j e dunque $\varphi_j^{-1}\varphi(\alpha) = \alpha$. Mostriamo che, se $\mathrm{Gal}_F(f(X))$ è commutativo e $\psi \in \mathrm{Gal}_F(f(X))$ fissa α, allora esso fissa tutte le radici di $f(X)$ e dunque è l'identità su K. Ne seguirà che $\varphi_j^{-1}\varphi = id$ e perciò $\varphi = \varphi_j$.

Per questo, basta osservare che, se $\psi(\alpha) = \alpha$, per ogni $i = 1, \ldots, n$, risulta

$$\psi(\alpha_i) = \varphi_i \psi \varphi_i^{-1}(\alpha_i) = \varphi_i \psi(\alpha) = \varphi_i(\alpha) = \alpha_i.$$

Esempi 9.6.2 Sia, in caratteristica zero, $f(X) \in F[X]$ con campo di spezzamento K. Supponiamo che $f(X)$ sia irriducibile di grado n su $F(\xi)$, dove ξ è una radice primitiva n-sima dell'unità, e supponiamo che $G := \mathrm{Gal}_{F(\xi)}(f(X))$ sia abeliano e quindi risolubile. Poiché $|G| = [K(\xi) : F(\xi)] = n$ (Proposizione 9.6.1), seguendo il procedimento precedentemente illustrato, se $n = p_1^{m_1} \ldots p_s^{m_s}$, dove i p_i sono numeri primi distinti e $m_i \geq 1$, per risolvere l'equazione $f(X) = 0$, basta risolvere al più m_i equazioni di grado primo p_i con gruppo di Galois ciclico, per $i = 1, \ldots, s$.

9.6.1 Equazioni cicliche

Continuiamo a supporre che F sia un campo di *caratteristica zero* e sia $f(X) \in F[X]$ un polinomio irriducibile di grado n, con campo di spezzamento K e gruppo di Galois G ciclico.

Se φ è un generatore di G, risulta $G = \{\varphi, \varphi^2, \ldots, \varphi^{n-1}\}$ e, data una radice α di $f(X)$, le radici di $f(X)$ sono:

$$\alpha_1 := \alpha, \quad \alpha_2 := \varphi(\alpha), \quad \alpha_3 := \varphi^2(\alpha), \quad \ldots, \quad \alpha_n := \varphi_{n-1}(\alpha).$$

Inoltre, per $i, j = 1, \ldots, n$, si ha:

$$\varphi^i(\alpha_j) = \varphi^i(\varphi^{j-1}(\alpha)) = \varphi^{i+j-1}(\alpha) = \alpha_k,$$

dove $1 \le k \le n$ e $k \equiv i + j \mod n$.

Supponendo poi che F contenga le radici n-sime dell'unità, sia $\xi \in F$ una radice primitiva n-sima e sia ζ una qualsiasi radice n-sima. Per il Lemma di Dedekind (Proposizione 3.1.5),

$$\psi_\zeta := id + \zeta\varphi + \zeta^2\varphi^2 + \cdots + \zeta^{n-1}\varphi^{n-1}$$

è una applicazione F-lineare non nulla di K in se stesso. Calcolando ψ_ζ nelle radici $\alpha_1 := \alpha, \alpha_2, \ldots, \alpha_n$ di $f(X)$, otteniamo:

$$\psi_\zeta(\alpha) = id(\alpha) + \zeta\varphi(\alpha) + \zeta^2\varphi^2(\alpha) + \cdots + \zeta^{n-1}\varphi^{n-1}(\alpha)$$
$$= \alpha_1 + \zeta\alpha_2 + \zeta^2\alpha_3 + \cdots + \zeta^{n-1}\alpha_n;$$
$$\psi_\zeta(\alpha_2) = \alpha_2 + \zeta\alpha_3 + \zeta^2\alpha_4 + \cdots + \zeta^{n-2}\alpha_n + \zeta^{n-1}\alpha_1 = \zeta^{n-1}\psi_\zeta(\alpha);$$
$$\psi_\zeta(\alpha_3) = \alpha_3 + \zeta\alpha_4 + \zeta^2\alpha_5 + \cdots + \zeta^{n-2}\alpha_1 + \zeta^{n-1}\alpha_2 = \zeta^{n-2}\psi_\zeta(\alpha);$$
$$\cdots\cdots\cdots$$
$$\psi_\zeta(\alpha_{n-1}) = \zeta^2\psi_\zeta(\alpha);$$
$$\psi_\zeta(\alpha_n) = \zeta\psi_\zeta(\alpha).$$

Notiamo che, per $i = 1, \ldots, n$, risulta

$$\psi_1(\alpha_i) = \alpha_1 + \alpha_2 + \alpha_3 + \cdots + \alpha_n = -a_{n-1} \in F.$$

Invece, se $\zeta \ne 1$, gli elementi $\psi_\zeta(\alpha_i)$ non appartengono a F e sono tutti non nulli. Infatti K è generato su F dalle radici $\alpha_1 := \alpha, \alpha_2, \ldots, \alpha_n$ di $f(X)$ e allora, poiché ψ_ζ è non nulla, almeno uno dei valori $\psi_\zeta(\alpha_j) = \zeta^{n-j+1}\psi_\zeta(\alpha)$ è non nullo. Ne segue che $\psi_\zeta(\alpha)$ è non nullo e perciò $\psi_\zeta(\alpha_i)$ è non nullo per ogni $i = 1, \ldots, n$.

Osserviamo ora che l'elemento $\theta(\zeta) := \psi_\zeta(\alpha)^n = \psi_\zeta(\alpha_i)^n \in K$ è fissato da φ. Infatti

$$\varphi(\psi_\zeta(\alpha)^n) = \varphi\psi_\zeta(\alpha)^n = \psi_\zeta\varphi(\alpha)^n = \psi_\zeta(\alpha_2)^n = \psi_\zeta(\alpha)^n.$$

Dunque $\theta(\zeta) \in F$ e gli elementi $\psi_\zeta(\alpha_i) \in K$, $i = 1, \ldots, n$, sono esattamente le sue radici n-sime.

Una volta determinati questi elementi $\psi_\zeta(\alpha_i)$, al variare di ζ tra le radici n-sime dell'unità $1, \xi, \ldots, \xi^{n-1}$, le radici $\alpha_1 := \alpha, \alpha_2, \ldots, \alpha_n$ di $f(X)$ si ottengono dalla formula radicale

$$\alpha_i = \frac{1}{n}\sum_\zeta \psi_\zeta(\alpha_i),$$

per $i = 1, \ldots, n$. Infatti, per ogni $k \geq 1$, si ha

$$\sum_\zeta \zeta^k = 1 + \xi^k + \xi^{2k} + \cdots + \xi^{(n-1)k} = 0$$

(perché ξ^k annulla il polinomio $1 + X + X^2 + \cdots + X^{n-1}$) e dunque, per ogni $i = 1, \ldots, n$, risulta:

$$\sum_\zeta \psi_\zeta(\alpha_i) = \sum_\zeta \left(\alpha_i + \zeta\alpha_{i+1} + \zeta^2\alpha_{i+2} + \cdots + \zeta^{n-1}\alpha_{i-1} \right)$$

$$= n\alpha_i + \sum_\zeta \zeta\alpha_{i+1} + \sum_\zeta \zeta^2\alpha_{i+2} + \cdots + \sum_\zeta \zeta^{n-1}\alpha_{i-1} = n\alpha_i.$$

9.6.2 Risolventi di Lagrange

Con le notazioni sopra introdotte, illustriamo ora il metodo usato da Lagrange (1770), per determinare l'elemento $\theta(\zeta)$ di F, e quindi le sue radici n-sime $\psi_\zeta(\alpha_i) \in K$. Poiché gli elementi $\psi_\zeta(\alpha_i)$ permettono di ricavare la radice α_i di $f(X)$, essi si chiamano le *risolventi di Lagrange* di $f(X)$ rispetto ad α_i.

Sia

$$\psi(X) := \alpha_1 + \alpha_2 X + \alpha_3 X^2 + \cdots + \alpha_n X^{n-1},$$

così che $\psi(\zeta) = \psi_\zeta(\alpha)$, e scriviamo formalmente

$$\theta(X) := \psi(X)^n = f_0(\alpha_1, \ldots, \alpha_n) + f_1(\alpha_1, \ldots, \alpha_n)X + \ldots$$
$$\cdots + f_m(\alpha_1, \ldots, \alpha_n)X^m.$$

Facendo agire $\mathbf{S}_n$ su $\{\alpha_1, \ldots, \alpha_n\}$, per ogni permutazione $\sigma \in \mathbf{S}_n$, consideriamo il polinomio

$$\varphi_\sigma(\theta(X)) := f_0(\alpha_{\sigma(1)}, \ldots, \alpha_{\sigma(n)}) + f_1(\alpha_{\sigma(1)}, \ldots, \alpha_{\sigma(n)})X + \ldots$$
$$\cdots + f_m(\alpha_{\sigma(1)}, \ldots, \alpha_{\sigma(n)})X^m.$$

Se $\theta_1(X) := \theta(X), \ldots, \theta_s(X)$ sono i polinomi distinti di $K[X]$ che abbiamo ottenuto al variare di $\sigma \in \mathbf{S}_n$, il polinomio:

$$g(X, Y) := (Y - \theta_1(X))(Y - \theta_2(X)) \ldots (Y - \theta_s(X)) \in K[X, Y]$$

rimane invariato permutando in un qualsiasi modo $\alpha_1, \ldots, \alpha_n$. Dunque i suoi coefficienti in K sono funzioni simmetriche delle radici $\alpha_1, \ldots, \alpha_n$ di $f(X)$ e in quanto tali possono essere determinati esplicitamente in funzione dei coefficienti di $f(X)$ (Proposizione 2.7.14); in particolare, $g(X, Y) \in F[X, Y]$. In questo modo otteniamo:

$$g(X, Y) = b_0(X) + b_1(X)Y + \cdots + b_s(X)Y^s,$$

con $b_i(X) \in F[X]$ per $i = 1, \ldots, n$. Per $X = \zeta$, il polinomio:

$$g(\zeta, Y) = b_0(\zeta) + b_1(\zeta)Y + \cdots + b_s(\zeta)Y^s \in F(\xi)[Y],$$

di cui conosciamo i coefficienti, ha radice $\theta(\zeta) \in F(\xi)$; dunque $\theta(\zeta)$ può essere determinato ad esempio fattorizzando $g(\zeta, Y)$ in polinomi irriducibili su $F(\xi)$.

A questo punto conviene ricordare che, nel caso numerico, se F è il campo di definizione di $f(X)$, $F(\xi)$ è un ampliamento finitamente generato di $\mathbb{Q}$ e ci sono molte procedure costruttive che permettono di determinare i fattori irriducibili di un polinomio a coefficienti in un tale ampliamento. Un metodo classico fa uso delle formule di interpolazione di Lagrange ed è una variazione del metodo di Kronecker illustrato nel Paragrafo 2.5.2.

Il metodo di Lagrange per le equazioni di terzo grado

Sempre in caratteristica zero, sia $f(X) := X^3 + pX + q \in F[X]$ un polinomio irriducibile di terzo grado. Se δ è tale che $\delta^2 = D(f)$, $f(X)$ è ancora irriducibile su $F(\delta)$, perché ogni radice di $f(X)$ ha grado 3 su F e $F(\delta)$, avendo al più grado 2 su F non può contenere elementi di ordine 3. Perciò il gruppo di Galois di $f(X)$ su $F(\delta)$ è $\mathbf{A}_3$, ovvero è ciclico di ordine 3 (Esempio 8.1.7 (1)).

Determiniamo con il metodo di Lagrange le radici di $f(X)$ considerato come un polinomio a coefficienti in $F(\delta)$ [27, Paragrafo 8, A]. Queste radici saranno esprimibili come somme di radicali cubici di elementi di $F(\xi, \delta)$, dove ξ è una radice primitiva terza dell'unità. Poiché poi δ ha al più grado 2 su F, le radici di $f(X)$, come visto nel Paragrafo 9.3, saranno ottenibili con una espressione in cui compaiono radicali quadratici e cubici.

Se α, β, γ sono le radici di $f(X)$, le risolventi di Lagrange di $f(X)$ rispetto ad α sono:

$$\psi_1(\alpha) = \alpha + \beta + \gamma = 0;$$

$$\psi_\xi(\alpha) = \alpha + \xi\beta + \xi^2\gamma := \rho_1;$$

$$\psi_{\xi^2}(\alpha) = \alpha + \xi^2\beta + \xi\gamma := \rho_2.$$

Le risolventi rispetto a β sono:

$$\psi_1(\beta) = \alpha + \beta + \gamma = 0;$$

$$\psi_\xi(\beta) = \beta + \xi\gamma + \xi^2\alpha = \xi^2\rho_1;$$

$$\psi_{\xi^2}(\beta) = \beta + \xi^2\gamma + \xi\alpha = \xi\rho_2.$$

Infine, quelle rispetto a γ sono:

$$\psi_1(\gamma) = \alpha + \beta + \gamma = 0;$$

$$\psi_\xi(\gamma) = \gamma + \xi\alpha + \xi^2\beta = \xi\rho_1;$$

$$\psi_{\xi^2}(\gamma) = \gamma + \xi^2\alpha + \xi\beta = \xi^2\rho_2.$$

Se K è il campo di spezzamento di $f(X)$, risulta $K(\xi) := F(\xi, \rho_1) = F(\xi, \rho_2)$ con $\rho_1^3, \rho_2^3 \in F(\xi)$. Inoltre, una volta note ρ_1 e ρ_2 e si ottiene

$$\alpha = \frac{1}{3}(\rho_1 + \rho_2), \quad \beta = \frac{1}{3}(\xi^2\rho_1 + \xi\rho_2); \quad \gamma = \frac{1}{3}(\xi\rho_1 + \xi^2\rho_2).$$

Per determinare ρ_1 e ρ_2, calcoliamo intanto ρ_1^3 e ρ_2^3. Otteniamo

$$\rho_1^3 = 3A\xi^2 + 3B\xi + C, \quad \rho_2^3 = 3B\xi^2 + 3A\xi + C;$$

dove

$$A := \alpha^2\gamma + \alpha\beta^2 + \beta\gamma^2;$$

$$B := \alpha\gamma^2 + \alpha^2\beta + \beta^2\gamma;$$

$$C := \alpha^3 + \beta^3 + \gamma^3 + 6\alpha\beta\gamma.$$

Posto $\sigma := (123)$, $\tau := (12)$, secondo l'azione di $\mathbf{S}_3$ su$\{\alpha, \beta, \gamma\}$, risulta

$$\varphi_\sigma(A) = A; \quad \varphi_\sigma(B) = B; \quad \varphi_\sigma(C) = C;$$

$$\varphi_\tau(A) = B; \quad \varphi_\tau(B) = A; \quad \varphi_\tau(C) = C.$$

Perciò

$$\varphi_\sigma(\rho_1^3) = \varphi_{\sigma^2}(\rho_1^3) = \rho_1^3.$$

Questo è in accordo con il fatto che $\rho_1^3 \in F(\xi)$ e gli elementi di $F(\xi)$ sono fissati da σ. Infatti $f(X)$ è ancora irriducibile su $F(\xi)$, essendo $[F(\xi) : F] = 2$, e allora $\mathrm{Gal}_{F(\xi)}(f(X)) = \mathrm{Gal}_F(f(X))$ è isomorfo al sottogruppo $\mathbf{A}_3$ di $\mathbf{S}_3$ generato da σ. Inoltre risulta anche

$$\varphi_\tau(\rho_1^3) = \varphi_{\sigma\tau}(\rho_1^3) = \varphi_{\sigma^2\tau}(\rho_1^3) = 3B\xi^2 + 3A\xi + C = \rho_2^3.$$

Consideriamo il polinomio

$$g(\xi, Y) = (Y - \rho_1^3)(Y - \rho_2^3) = Y^2 - (\rho_1^3 + \rho_2^3)Y + (\rho_1\rho_2)^3.$$

A conti fatti, vediamo che

$$\rho_1^3 + \rho_2^3 = -3(A + B) + 2C;$$

$$(\rho_1\rho_2)^3 = -3(A + B)C + 9(A + B)^2 - 27AB + C^2.$$

Poiché $A + B$, AB, C sono polinomi simmetrici nelle radici α, β, γ di $f(X)$, essi si possono determinare come polinomi su F nei coefficienti p e q di $f(X)$. In particolare $g(\xi, Y) \in F(\xi)[Y]$.

Usando il calcolo svolto nell'Esempio 2.7.9 (1) e le Formule di Newton (Esempio 2.7.9 (2)), indicando con s_i la i-sima funzione simmetrica elementare delle radici α, β, γ di $f(X)$, otteniamo

$$A + B = \alpha^2\gamma + \alpha\beta^2 + \beta\gamma^2 + \alpha\gamma^2 + \alpha^2\beta + \beta^2\gamma$$
$$= s_1 s_2 - 3s_3;$$

$$AB = \alpha\beta\gamma(\alpha^3 + \beta^3 + \gamma^3) + 3\alpha^2\beta^2\gamma^2 + (\alpha^3\beta^3 + \alpha^3\gamma^3 + \beta^3\gamma^3)$$
$$= 9s_3^3 + s_1^3 s_3 - 6s_1 s_2 s_3 + s_2^3;$$

$$C = \alpha^3 + \beta^3 + \gamma^3 + 6\alpha\beta\gamma$$
$$= 9s_3 + s_1^3 - 3s_1 s_2.$$

Da queste uguaglianze, ricordando che:

$$s_1 = \alpha + \beta + \gamma = 0; \quad s_2 = \alpha\beta + \alpha\gamma + \beta\gamma = p; \quad s_3 = \alpha\beta\gamma = -q$$

otteniamo

$$3(A + B) = -C = 9q; \quad AB = 9q^2 + p^3.$$

Infine

$$\rho_1^3 + \rho_2^3 = -3(A + B) + 2C = -27q;$$
$$(\rho_1\rho_2)^3 = -3(A + B)C + 9(A + B)^2 - 27AB + C^2 = -27p^3$$

e dunque

$$g(\xi, Y) = Y^2 - (\rho_1^3 + \rho_2^3)Y + (\rho_1\rho_2)^3 = Y^2 + 27qY - 27p^3.$$

Risolvendo, troviamo

$$\rho_1^3 = -27\left(\frac{q}{2} + \sqrt{\frac{q^2}{4} + \frac{p^3}{27}}\right), \quad \rho_2^3 = -27\left(\frac{q}{2} - \sqrt{\frac{q^2}{4} + \frac{p^3}{27}}\right)$$

da cui riotteniamo le formule di Tartaglia-Cardano per α, β e γ. Ad esempio:

$$\alpha = \frac{1}{3}(\rho_1 + \rho_2) = \sqrt[3]{-\frac{q}{2} + \sqrt{\frac{q^2}{4} + \frac{p^3}{27}}} + \sqrt[3]{-\frac{q}{2} - \sqrt{\frac{q^2}{4} + \frac{p^3}{27}}}.$$

9.6.3 Calcolo delle radici p-esime dell'unità

Usando il metodo di Lagrange, formule radicali per le radici complesse p-esime dell'unità, per $p \geq 2$ primo, possono essere determinate per induzione su p. Infatti il p-esimo polinomio ciclotomico $\Phi_p(X) := X^{p-1} + X^{p-2} + \cdots + X + 1$ ha gruppo di Galois ciclico di ordine $p - 1$, isomorfo al gruppo $\mathcal{U}(\mathbb{Z}_p)$ delle unità di $\mathbb{Z}_p$ (Esempio 4.4.21). Quindi le radici p-esime dell'unità possono essere determinate secondo il metodo di Lagrange se si conoscono le radici $(p-1)$-sime, ovvero le radici prime q-esime per ogni primo $q < p$.

A titolo di esempio, determiniamo le radici quinte dell'unità [27, Paragrafo 10, D], già calcolate in altro modo negli Esempi 9.2.11 (3) e 9.4.2 (2).

Sia $\xi := \cos\left(\frac{2\pi}{5}\right) + i\sin\left(\frac{2\pi}{5}\right)$. Poiché $\mathcal{U}(\mathbb{Z}_5)$ è generato da $\bar{2}$, il gruppo di Galois di $\mathbb{Q}(\xi)$ è generato dall'automorfismo $\varphi : \xi \mapsto \xi^2$. Quindi possiamo numerare le radici di $\Phi_5(X)$ come

$$\xi_1 := \xi, \quad \xi_2 := \varphi(\xi) = \xi^2, \quad \xi_3 := \varphi^2(\xi) = \xi^4, \quad \xi_4 := \varphi^3(\xi) = \xi^3.$$

Poiché un generatore per il gruppo delle radici quarte è i, le risolventi di Lagrange rispetto a ξ sono:

$$\psi_1(\xi) = \xi_1 + \xi_2 + \xi_3 + \xi_4 \quad = \xi + \xi^2 + \xi^4 + \xi^3 = -1$$
$$\psi_i(\xi) = \xi_1 + i\xi_2 - \xi_3 - i\xi_4 \quad = \xi + i\xi^2 - \xi^4 - i\xi^3$$
$$\psi_{-1}(\xi) = \xi_1 - \xi_2 + \xi_3 - \xi_4 \quad = \xi - \xi^2 + \xi^4 - \xi^3$$
$$\psi_{-i}(\xi) = \xi_1 - i\xi_2 - \xi_3 + i\xi_4 \quad = \xi - i\xi^2 - \xi^4 + i\xi^3$$

Notiamo che

$$\psi_{-1}(\xi) = (\xi + \xi^4) - (\xi^2 + \xi^3) = 2\cos\left(\frac{2\pi}{5}\right) - 2\cos\left(\frac{4\pi}{5}\right) > 0$$

e che, svolgendo i calcoli,

$$\psi_{-1}(\xi)^2 = 5; \quad \psi_i(\xi)^2 = -(1+2i)\psi_{-1}(\xi); \quad \psi_{-i}(\xi)^2 = -(1-2i)\psi_{-1}(\xi).$$

Da cui

$$\psi_{-1}(\xi) = \sqrt{5}; \quad \psi_i(\xi)^2 = -(1+2i)\sqrt{5}; \quad \psi_{-i}(\xi)^2 = -(1-2i)\sqrt{5}.$$

Poiché

$$\xi = \frac{1}{4}(\psi_1(\xi) + \psi_i(\xi) + \psi_{-1}(\xi) + \psi_{-i}(\xi)),$$

basta allora calcolare $\psi_i(\xi) + \psi_{-i}(\xi)$. A questo scopo, notiamo che

$$\psi_i(\xi)^2 \psi_{-i}(\xi)^2 = -5(1+2i)(1-2i) = -25.$$

da cui $\psi_i(\xi)\psi_{-i}(\xi) = -5$. Allora

$$(\psi_i(\xi) + \psi_{-i}(\xi))^2 = -(1+2i)\psi_{-1}(\xi) - (1-2i)\psi_{-1}(\xi) - 10 = -2\sqrt{5} - 10.$$

Finalmente $\psi_i(\xi) + \psi_{-i}(\xi) = i\sqrt{10 + 2\sqrt{5}}$ e otteniamo

$$\xi = \frac{1}{4}\left(-1 + \sqrt{5} + i\sqrt{10 + 2\sqrt{5}}\right).$$

Elevando a potenza, ricaviamo le altre radici quinte.

9.7 Esercizi

9.1 (Teorema 90 di Hilbert, 1897). Sia $F \subseteq K$ un ampliamento di Galois ciclico con gruppo di Galois $G := \langle \varphi \rangle$. Mostrare che un elemento $\alpha \in K$ ha norma uguale ad 1 se e soltanto se esiste $\beta \in K$ tale che $\alpha = \beta/\varphi(\beta)$.

Soluzione: Poiché la norma è moltiplicativa ed elementi coniugati hanno la stessa norma (Paragrafo 5.3.6), se $\alpha = \beta/\varphi(\beta)$, risulta $N(\alpha) = N(\beta)/N(\varphi(\beta)) = 1$.

Viceversa, supponiamo che G abbia ordine n e sia $N(\alpha) = 1$. Poniamo $\lambda_i = \alpha\varphi(\alpha)\varphi^2(\alpha)\ldots\varphi^{i-1}(\alpha)$, per $i = 1, \ldots, n-1$. Per il lemma di Dedekind (Proposizione 3.1.5), l'applicazione lineare

$$\psi := id + \lambda_1\varphi + \lambda_2\varphi^2 + \cdots + \lambda_{n-1}\varphi^{n-1}$$

è non nulla; quindi esiste $\gamma \in K$ tale che

$$\beta := \psi(\gamma) = \gamma + \lambda_1\varphi(\gamma) + \lambda_2\varphi^2(\gamma) + \cdots + \lambda_{n-1}\varphi^{n-1}(\gamma) \neq 0.$$

Consideriamo

$$\varphi(\beta) = \varphi(\gamma) + \varphi(\lambda_1)\varphi^2(\gamma) + \cdots + \varphi(\lambda_{n-2})\varphi^{n-1}(\gamma) + \varphi(\lambda_{n-1})\gamma.$$

Poiché $\alpha\varphi(\lambda_i) = \lambda_{i+1}$ per $i = 1, \ldots, n-2$ e

$$\alpha\varphi(\lambda_{n-1}) = \alpha\varphi(\alpha)\ldots\varphi^{n-1}(\alpha) = N(\alpha) = 1,$$

si ha

$$\alpha\varphi(\beta) = \lambda_1\varphi(\gamma) + \lambda_2\varphi^2(\gamma) + \cdots + \lambda_{n-1}\varphi^{n-1}(\gamma) + \gamma = \beta,$$

ed infine $\alpha = \beta/\varphi(\beta)$.

9.2. Determinare esplicitamente tutti gli automorfismi del campo di spezzamento in $\mathbb{C}$ di uno dei seguenti polinomi:

$$X^5 - 1; \quad X^6 + 3; \quad X^8 - 2.$$

9.3. Sia $M \subseteq \mathbf{S}_5$ il gruppo metaciclico di grado 5, cioè il sottogruppo generato dai cicli $\gamma := (12345)$ ed $\eta := (2354)$. Determinare tutti gli elementi di M ed il reticolo dei suoi sottogruppi.

9.4. Verificare che il gruppo di Galois su $\mathbb{Q}$ del polinomio $X^5 - 2$ è isomorfo al gruppo metaciclico di grado 5.

9.5. Sia N la chiusura normale in $\mathbb{C}$ di $\mathbb{Q}(\sqrt[5]{3})$. Mostrare che $\mathrm{Gal}_{\mathbb{Q}}(N)$ ha un sottogruppo normale ciclico di ordine 5 e determinare il suo campo fisso.

9.6. Determinare esplicitamente il gruppo di Galois su $\mathbb{Q}$ del polinomio $f(X) := X^7 - 3 \in \mathbb{Q}[X]$ ed un sottogruppo di $\mathbf{S}_7$ ad esso isomorfo.

9.7. Sia $n > 2$ e $f(X) := X^n - 2$. Mostrare che, se $\mathrm{MCD}(n, \varphi(n)) = 1$, allora il gruppo di Galois di $f(X)$ su $\mathbb{Q}$ ha ordine $n\varphi(n)$.

9.8. Calcolare il gruppo di Galois su $\mathbb{Q}$ del polinomio $X^{pq} - 2$, dove p, q sono numeri primi dispari distinti.

9.9. Siano p un numero primo, F un campo numerico contenente tutte le radici p-esime dell'unità e $f(X) := X^p - a \in F[X]$. Mostrare che, se $f(X)$ è riducibile su F, allora F è il campo di spezzamento di $f(X)$.

9.10. Sia p un numero primo e sia F un campo numerico contenente tutte le radici p-esime dell'unità. Mostrare che, se $K := F(\alpha)$ è tale che $\alpha^p \in F$, allora K è un ampliamento di Galois di F e, se $K \neq F$, il suo gruppo di Galois è ciclico di ordine p.

9.11. Mostrare che un polinomio su $\mathbb{Q}$ reciproco di grado $n \leq 8$ è risolubile per radicali.

Suggerimento Effettuare la sostituzione $Y = X \pm \frac{1}{X}$.

9.12. Sia $f(X) := X^3 + pX + q \in \mathbb{Q}[X]$ e siano ρ, σ, τ le radici di $f(X)$. Usando le formule di Tartaglia-Cardano, mostrare direttamente che

$$D(f) := (\rho - \sigma)^2(\rho - \tau)^2(\sigma - \tau)^2 = -(4p^3 + 27q^2).$$

Suggerimento: Usare il fatto che, se ξ è una radice primitiva terza dell'unità, allora $\xi(1 - \xi^2)(1 - \xi)^2 = 3i\sqrt{3}$.

9.13. Mostrare che se $f(X) \in \mathbb{Q}[X]$ ha tutte radici reali, allora il suo discriminante è non negativo.

9.14. Mostrare direttamente che, se $f(X)$ è un polinomio di terzo grado su $\mathbb{Q}$ con una sola radice reale, allora $D(f) < 0$.

9.15. Calcolare le radici razionali dei seguenti polinomi su $\mathbb{Q}$ usando le formule di Tartaglia-Cardano:

$$X^3 + 9X - 10 ; \quad X^3 + 6X - 20 ; \quad X^3 + 6X - 7.$$

9.16. Calcolare il discriminante dei seguenti polinomi di terzo grado e stabilire qual è il loro gruppo di Galois su $\mathbb{Q}$:

$$X^3 - 2 ; \quad X^3 + 27X - 4 ;$$
$$X^3 - 21X + 17 ; \quad X^3 + X^2 - 2X - 1 ; \quad X^3 + X^2 - 2X + 1.$$

9.17. Sia $f(X) := X^3 + aX + 2 \in \mathbb{Q}[X]$. Mostrare che $f(X)$ ha 3 radici reali se e soltanto se $a \leq -3$.

9.18. Sia p un numero primo e sia $f(X) := X^3 - 2pX + p$. Mostrare che $f(X)$ è irriducibile su $\mathbb{Q}$ ed ha tre radici reali. Calcolare inoltre le sue radici usando le formule di Tartaglia-Cardano.

9.19. Sia $f(X)$ un polinomio di terzo grado irriducibile su $\mathbb{Q}$ tale che $D(f) < 0$ e sia ρ una sua qualsiasi radice. Mostrare che $\mathbb{Q}(\rho)$ non ha automorfismi diversi dall'identità.

9.20. Esprimere $\cos\left(\frac{2\pi}{7}\right)$ in forma radicale.

Suggerimento: Notare che $2\cos\left(\frac{2\pi}{7}\right)$ è una radice del polinomio $X^3 + X^2 - 2X - 1$ (Esempio 8.3.13 (1)).

9.21. Dimostrare le formule trigonometriche per la triplicazione dell'angolo

$$\cos(3\alpha) = 4\cos^3(\alpha) - 3\cos(\alpha).$$

Suggerimento: Usare le formule di De Moivre per la potenza di un numero complesso espresso in forma trigonometrica.

9.22. Usando le formule di L. Ferrari, risolvere l'equazione di quarto grado $X^4 + 2X^2 - 2X - 1 = 0$.

9.23. Verificare che un polinomio di quarto grado in forma ridotta e la sua risolvente cubica hanno lo stesso discriminante.

9.24. Risolvere l'equazione $f(X) := X^4 - 3 = 0$ usando il metodo di Descartes.
Verificare che il campo di spezzamento di $f(X)$ su $\mathbb{Q}$ è ottenuto aggiungendo una radice di $f(X)$ al campo di spezzamento della risolvente.

9.25. Determinare tutti i sottogruppi di $\mathbf{S}_4$. Stabilire poi quali tra essi sono sottogruppi normali e in caso affermativo determinare i corrispondenti gruppi quozienti di $\mathbf{S}_4$.

9.26. Sia $f(X)$ un polinomio di quarto grado. Mostrare direttamente che una permutazione $\sigma \in \mathbf{S}_4$ fissa le radici u, v, w della risolvente cubica $r(Z)$ di $f(X)$ se e soltanto se $\sigma \in \mathbf{V}_4$.

9.27. Sia $f(X) \in \mathbb{R}[X]$ un polinomio di quarto grado. Mostrare che:
   (a) se $D(f) > 0$, allora le radici di $f(X)$ sono tutte reali o tutte non reali;
   (b) se $D(f) < 0$, allora le radici di $f(X)$ sono due reali e due non reali.

9.28. Sia $f(X) \in \mathbb{R}[X]$ un polinomio di quarto grado e sia $r(Z)$ la sua risolvente cubica. Mostrare che $f(X)$ ha esattamente due radici non reali se e soltanto se $r(Z)$ ha la stessa proprietà.

9.29. Sia $f(X) \in \mathbb{Q}[X]$ un polinomio irriducibile di quarto grado. Stabilire quale può essere il gruppo di Galois di $f(X)$ su $\mathbb{Q}$ quando il discriminante $D(f)$ di $f(X)$ è un quadrato in $\mathbb{Q}$.

   Soluzione: Sia $G \subseteq \mathbf{A}_4$ il gruppo di Galois du $f(X)$. Per la Proposizione 8.1.6, $D(f)$ è un quadrato in $\mathbb{Q} \Leftrightarrow G \subseteq \mathbf{A}_4$.

   Poiché $f(X)$ è irriducibile, l'ordine di G è diviso da 4. Allora, se $D(f)$ è un quadrato in $\mathbb{Q}$, i possibili gruppi di Galois di $f(X)$ su $\mathbb{Q}$ sono i sottogruppi di $\mathbf{A}_4$ il cui ordine è diviso da 4, cioè $\mathbf{A}_4$ e $\mathbf{V}_4$.

   ($G = \mathbf{A}_4$ se la risolvente cubica di $f(X)$ è irriducibile e $G = \mathbf{V}_4$ se è riducibile).

9.30. Sia $f(X) \in \mathbb{Q}[X]$ un polinomio irriducibile di quarto grado. Stabilire quali possono essere i gruppi di Galois di $f(X)$ quando il discriminante di $f(X)$ non è un quadrato in $\mathbb{Q}$.

   Suggerimento: Usare il Teorema 9.4.4 e l'esercizio precedente.

9.31. Sia $f(X)$ un polinomio di quarto grado a coefficienti reali che sia irriducibile sul suo campo di definizione F. Stabilire quale può essere il gruppo di Galois di $f(X)$ su F quando $D(f) < 0$.

9.32. Sia $f(X) \in \mathbb{R}[X]$ un polinomio irriducibile di quarto grado che abbia esattamente due radici reali. Mostrare che il gruppo di Galois di $f(X)$ sul suo campo di definizione F è $\mathbf{S}_4$ oppure $\mathbf{D}_4$.

   Suggerimento: Stabilire quante sono le radici reali della risolvente cubica $r(Z)$.

9.33. Determinare i gruppi di Galois su $\mathbb{Q}$ dei seguenti polinomi di quarto grado:

$$X^4 + 4X^2 + 2; \quad X^4 + 2X^2 + 4;$$
$$X^4 + 4X^2 - 5; \quad X^4 + X + 1; \quad X^4 + X^2 + 4.$$

9.34. Mostrare che il polinomio di quinto grado $X^5 - 5X + \frac{5}{2}$ non è risolubile per radicali.

9.35. Mostrare che il polinomio $f(X) := X^5 - 4X + 2$ è irriducibile su $\mathbb{Q}$ ed ha tre radici reali. Dedurne che il gruppo di Galois di $f(X)$ su $\mathbb{Q}$ è $\mathbf{S_5}$.

9.36. Stabilire se i seguenti polinomi di quinto grado sono risolubili per radicali:

$$2X^5 - X^3 + 2X^2 - X - 2; \quad 2X^5 - 5X^4 + 5; \quad X^5 + 2X^3 - 3X^2 - 6.$$

9.37. Sia $f(X)$ un polinomio di grado dispari irriducibile su $\mathbb{Q}$. Mostrare che, se $f(X)$ ha gruppo di Galois abeliano, allora $f(X)$ ha tutte radici reali.

Suggerimento: Usare la Proposizione 9.6.1.

9.38. Risolvere l'equazione ciclica $X^3 - 3X + 1$ con il metodo di Lagrange.

9.39. Determinare le radici settime dell'unità con il metodo di Lagrange.

10

Il teorema fondamentale dell'algebra

Il *Teorema Fondamentale dell'Algebra* afferma che il campo $\mathbb{C}$ dei numeri complessi è algebricamente chiuso. Già nel 1629 A. Girard aveva affermato ciò che con linguaggio attuale si può esprimere dicendo che ogni polinomio di grado $n \geq 1$ a coefficienti reali ha sempre n radici in qualche ampliamento di $\mathbb{R}$ (*L'invention en algébre*). Successivamente L. Euler, dando per scontato che tali radici esistessero, aveva sostenuto che esse sono sempre numeri complessi (*Recherches sur les racines imaginaires des équations*, 1749). La dimostrazione di Euler era corretta per $n \leq 6$, ma lacunosa in generale: alcuni punti di questa dimostrazione furono poi corretti da J. L. Lagrange, che usò a questo scopo i suoi risultati sui gruppi delle permutazioni delle radici di un polinomio (*Sur la forme des racines imaginaires des équations*, 1772). Un'altra dimostrazione, basata sulle proprietà del discriminante, fu successivamente data da P. S. de Laplace (1795).

Il primo ad osservare che era necessario dimostrare l'*esistenza* delle radici di un polinomio reale nel campo complesso fu C. F. Gauss. Egli diede quattro dimostrazioni di questo fatto, la prima delle quali fu inclusa nella sua Tesi di Dottorato (*Demonstratio nova theorematis omnem functionem algebraicam rationalem integram unius variabilis in factores reales primi vel secundi gradus resolvi posso*), ottenuta nel 1797 e pubblicata nel 1799. In seguito sono state date moltissime altre dimostrazioni del Teorema Fondamentale dell'Algebra, con l'impiego delle tecniche più diverse: la più elementare è forse quella di R. Argand (*Réflexions sur la nouvelle théorie d'analyse*, 1814), poi perfezionata da A. L. Cauchy (*Sur les racines imaginaires des équations*, 1820), che fa uso del così detto *Teorema del Minimo*. Nell'ultima dimostrazione, del 1849, Gauss considerò poi più generalmente polinomi a coefficienti complessi.

Una versione della dimostrazione originale di Gauss è riportata, insieme ad altre dimostrazioni più recenti, in [36]. Maggiori approfondimenti sulla storia del Teorema Fondamentale dell'Algebra si possono trovare anche in [49, Chapter 3].

La dimostrazione che illustreremo in questo paragrafo è di tipo algebrico ed è basata sulla corrispondenza di Galois; ma, come in tutte le altre dimostrazioni, in essa non si può fare a meno di alcune proprietà analitiche dei numeri reali. Precisamente, si fa uso dei seguenti fatti

1. I numeri reali costituiscono un campo ordinato,
2. Ogni numero reale positivo ha una radice quadrata,
3. Un polinomio di grado dispari a coefficienti reali ha sempre una radice reale.

Nel Paragrafo 2.4.1 abbiamo dimostrato che un polinomio di grado dispari a coefficienti reali ha sempre una radice reale come *conseguenza* del Teorema Fondamentale dell'Algebra (Corollario 2.4.5); ma questo risultato si può dimostrare indipendentemente, usando le proprietà analitiche delle funzioni polinomiali su $\mathbb{R}$.

Lemma 10.0.1 *Ogni ampliamento finito del campo reale $\mathbb{R}$ ha grado 2^h, per un opportuno $h \geq 0$.*

Dimostrazione. Sia K un ampliamento finito di $\mathbb{R}$, di grado $n > 1$, e sia $\alpha \in K \setminus \mathbb{R}$. Il polinomio minimo di α su $\mathbb{R}$, essendo irriducibile, deve avere grado pari, perché altrimenti avrebbe una radice in $\mathbb{R}$. Dunque il grado di α su $\mathbb{R}$ è pari e, poiché tale grado divide n, anche n è pari.

Sia N la chiusura normale di K, e sia $[N : \mathbb{R}] = 2^k m$, con m dispari. Notiamo che $k \geq 1$, perché n divide $[N : \mathbb{R}]$. Poiché $|\operatorname{Gal}_{\mathbb{R}}(N)| = [N : \mathbb{R}] = 2^k m$, per il Primo Teorema di Sylow $\operatorname{Gal}_{\mathbb{R}}(N)$ ha un sottogruppo di ordine 2^k (Teorema 12.2.5) e allora, per la corrispondenza di Galois (Teorema 7.3.7), N ha un sottocampo L di grado m su $\mathbb{R}$. Poiché L è algebrico su $\mathbb{R}$, per quanto osservato prima, questo è impossibile se $m > 1$. Perció $m = 1$ e $[N : \mathbb{R}] = 2^k$. Ne segue che anche $[K : \mathbb{R}]$, dividendo $[N : \mathbb{R}]$ è uguale a una potenza di 2.

Lemma 10.0.2 *Ogni numero complesso ha una radice quadrata in $\mathbb{C}$, ovvero il campo complesso $\mathbb{C}$ non ha ampliamenti di grado 2.*

Dimostrazione. Sia $z := a + bi \in \mathbb{C}$ e $|z| := \sqrt{a^2 + b^2}$ il suo modulo. Poiché $|z| \pm a \geq 0$, si ha $\sqrt{|z| \pm a} \in \mathbb{R}$. Allora, posto $\alpha := \sqrt{\frac{|z|+a}{2}} + \epsilon i \sqrt{\frac{|z|-a}{2}}$, dove $\epsilon \in \{1, -1\}$ è tale che $b = \epsilon |b|$, si verifica subito che risulta $\alpha^2 = z$.

Teorema 10.0.3 (Teorema Fondamentale dell'Algebra) *Il campo $\mathbb{C}$ dei numeri complessi è algebricamente chiuso.*

Dimostrazione. Sia K un ampliamento finito proprio di $\mathbb{C}$ e sia N la sua chiusura normale. Poiché $\mathbb{C}$ ha grado 2 su $\mathbb{R}$, N è finito su $\mathbb{R}$ e dunque per il Lemma 10.0.1, si ha $[N : \mathbb{R}] = 2^h$, con $h \geq 2$ (vedi anche il successivo Esercizio 11.7). Di conseguenza $|\operatorname{Gal}_{\mathbb{C}}(N)| = [N : \mathbb{C}] = 2^k$, con $k \geq 1$. Allora $\operatorname{Gal}_{\mathbb{C}}(N)$, essendo un 2-gruppo, ha un sottogruppo di ordine 2^{k-1} (Proposizione 12.2.3), al quale corrisponde un sottocampo L di N di grado 2 su $\mathbb{C}$. Questo contraddice il Lemma 10.0.2, dunque $\mathbb{C}$ non ha ampliamenti algebrici propri.

11

Costruzioni con riga e compasso

Il problema di costruire figure geometriche piane con il solo uso della riga (non marcata) e del compasso trae la sua origine dal tentativo di risolvere i tre famosi problemi classici dell'antichità: la *trisezione dell'angolo*, la *duplicazione del cubo* e la *quadratura del cerchio*. Sembra che l'uso esclusivo di riga e compasso sia dovuto al fatto che la retta e il cerchio fossero considerati dai matematici greci le figure geometriche più attinenti al mondo platonico delle idee. I tre problemi classici di costruzione nacquero nel V secolo A. C. nell'ambito della scuola sofistica ateniese e furono molto fecondi per lo sviluppo della matematica ellenistica, che fiorì ad Alessandria nel IV secolo A. C. Essi furono definitivamente risolti, in negativo, soltanto nel secolo XIX.

Segnaliamo che il matematico danese G. Mohr (*Euclides danicus*, 1672) e indipendentemente l'italiano L. Mascheroni (*La geometria del compasso*, 1797) hanno mostrato che ogni figura costruibile con riga e compasso è costruibile con l'uso del solo compasso: una dimostrazione di questo fatto si può trovare in [35, Problem 33] oppure [12]. Invece le circonferenze non sono costruibili con la sola riga. Tuttavia, risolvendo una congettura di J.-V. Poncelet, J. Steiner ha dimostrato che tutte le figure piane costruibili con riga e compasso si possono costruire con la sola riga una volta che sia assegnata una circonferenza ausiliaria di centro fissato (*Die geometrischen Konstruktionen ausgeführt mittels der geraden Linie und Eines festen Kreises*, 1833) [35, Problem 34].

11.1 Punti costruibili

Intuitivamente un punto del piano è costruibile con riga e compasso se si può ottenere come intersezione di rette o/e circonferenze.formalizziamo questo concetto.

Se P e Q sono due punti del piano ordinario, diremo che la retta passante per P e Q, indicata con $\mathcal{R}_{PQ}$, e la circonferenza di centro P e passante per Q, indicata con $\mathcal{C}_{PQ}$, sono *determinate* dai due punti P e Q.

I punti del piano *costruibili (con riga e compasso)* possono essere definiti con un procedimento ricorsivo nel seguente modo. Poiché per tracciare una retta o una conferenza abbiamo comunque bisogno di due punti, assumiamo che due punti fissati O ed U siano costruibili. Inoltre, posto $S_0 := \{O, U\}$, diciamo che un punto P del piano è costruibile se esiste una successione finita di punti distinti $P_1, \ldots, P_n := P$ tali che, per ogni $i = 1, \ldots, n$, P_i sia ottenibile come intersezione di due rette, o di due circonferenze, oppure di una retta e una circonferenza determinate da due punti dell'insieme $S_{i-1} := \{O, U, P_1, \ldots, P_{i-1}\}$.

Se P e Q sono due punti costruibili, diremo anche che il segmento $\overline{PQ}$ di estremi P e Q, la retta $\mathcal{R}_{PQ}$ e la circonferenza $\mathcal{C}_{PQ}$ sono costruibili. Un punto costruibile è allora intersezione di rette o/e circonferenze costruibili.

11.1.1 Alcune costruzioni geometriche

Nelle costruzioni geometriche con riga e compasso, si assume che i punti di partenza siano costruibili.

1. Il punto medio di un segmento

Dati due punti P e Q, il punto medio M del segmento $\overline{PQ}$ è un punto costruibile e la retta per M perpendicolare alla retta $\mathcal{R}_{PQ}$ è costruibile.

Infatti, siano H e K i due punti che sono ottenuti intersecando le circonferenze $\mathcal{C}_{PQ}$ e $\mathcal{C}_{QP}$. Allora la retta $\mathcal{R}_{HK}$ interseca la retta $\mathcal{R}_{PQ}$ in M ed è perpendicolare a questa.

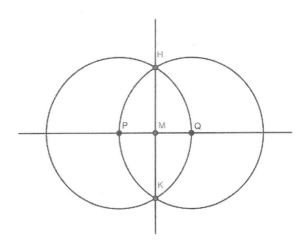

Figura 11.1. M è il punto medio del segmento $\overline{PQ}$

2. Costruzione di un riferimento cartesiano

Dati due punti O ed U del piano ordinario, possiamo costruire nel seguente modo un riferimento cartesiano ortogonale in cui O sia l'origine e U sia il punto unitario dell'asse delle ascisse.

Sia $\mathcal{R}_{OU}$ la retta delle ascisse. Intersecando questa retta con la circonferenza $\mathcal{C}_{OU}$, otteniamo un punto $P \neq U$. Allora O è il punto medio del segmento $\overline{PU}$ e la retta delle ordinate, che è la retta per O perpendicolare alla retta $\mathcal{R}_{OU}$, è costruibile come visto nell'esempio precedente.

Fissato questo riferimento, intersecando rette e circonferenze costruibili con l'asse delle ascisse o con quello delle ordinate, si ottengono ancora punti costruibili. In particolare, il punto $P \equiv (x, 0)$ è costruibile se e soltanto se lo è il punto $Q \equiv (0, x)$: infatti ad esempio Q è l'intersezione della circonferenza $\mathcal{C}_{OP}$ con l'asse delle ordinate.

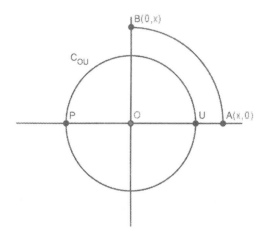

Figura 11.2. Costruzione di un riferimento cartesiano

3. Punti simmetrici

Dati una retta $\mathcal{R}$ e un punto P, il punto P' simmetrico a P rispetto ad $\mathcal{R}$ è costruibile.

Infatti, sia Q un punto appartenente a $\mathcal{R}$ e sia S uno dei due punti intersezione della circonferenza $\mathcal{C}_{QP}$ con la retta $\mathcal{R}$. Allora le circonferenze $\mathcal{C}_{QP}$ e $\mathcal{C}_{SP}$ sono costruibili e si intersecano in P e P'.

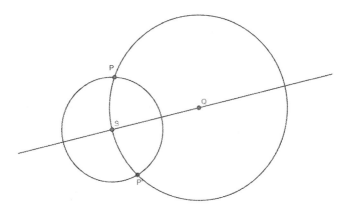

Figura 11.3. Il punto P' è simmetrico a P rispetto alla retta $\mathcal{R}$

4. Rette perpendicolari

Dati una retta $\mathcal{R}$ e un punto P, la retta per P perpendicolare a $\mathcal{R}$ è costruibile.

Infatti, se P non appartiene alla retta $\mathcal{R}$, tale perpendicolare è la retta passante per P e per il suo simmetrico P' rispetto ad $\mathcal{R}$, che è un punto costruibile come visto nell'esempio precedente. Se invece P appartiene alla retta $\mathcal{R}$, sia Q un punto costruibile di $\mathcal{R}$ e sia S il punto diverso da P ottenuto come intersezione della retta $\mathcal{R}$ con la circonferenza $\mathcal{C}_{PQ}$. Allora P è il punto medio del segmento $\overline{QS}$ e la perpendicolare cercata è costruibile, come visto nella Costruzione (1).

5. Rette parallele

Dati una retta $\mathcal{R}$ e un punto P, la retta per P parallela a $\mathcal{R}$ è costruibile.

Infatti, se P non appartiene a $\mathcal{R}$, tale parallela è la perpendicolare per P alla perpendicolare per P a $\mathcal{R}$; quindi è costruibile per la costruzione precedente.

6. Costruzione del quadrato

Dati due punti P, Q, per costruire il quadrato di lato $\overline{PQ}$, si costruisce prima la retta per Q perpendicolare alla retta $\mathcal{R}_{PQ}$. Su questa si considera il punto S intersezione con la circonferenza $\mathcal{C}_{QP}$, che sarà un terzo vertice del quadrato. Infine il quarto vertice T sarà l'intersezione delle due circonferenze $\mathcal{C}_{PQ}$ e $\mathcal{C}_{SQ}$.

7. La sezione aurea di un segmento

Dato un segmento orientato $\overline{PQ}$, la sua *sezione aurea* è il segmento $\overline{PA}$, dove A è il punto interno a $\overline{PQ}$, definito dalla proporzione geometrica

$$\overline{PQ} : \overline{PA} = \overline{PA} : \overline{AQ}.$$

Alla sezione aurea il matematico del rinascimento Luca Pacioli ha dedicato il trattato *De divina proportione* (1509).

La lunghezza della sezione aurea del segmento unitario è data dalla soluzione positiva dell'equazione $X^2 + X - 1$, che è uguale ad

$$a := \frac{\sqrt{5}-1}{2} = 0,61803398\ldots$$

Il rapporto tra le lunghezze dei segmenti $\overline{PQ}$ e $\overline{PA}$ è allora il numero

$$\tau := \frac{1}{a} = a + 1 = \frac{\sqrt{5}+1}{2} = 1,61803398\ldots$$

che si chiama il *numero aureo* (Esercizio 11.3).

La seguente costruzione della sezione aurea si trova negli *Elementi* di Euclide. Dati i due punti P e Q, sia M il punto medio del segmento $\overline{PQ}$ e sia $\mathcal{R}$ la retta per il punto Q perpendicolare alla retta $\mathcal{R}_{PQ}$. Sia poi S il punto intersezione della retta $\mathcal{R}$ con la circonferenza $\mathcal{S}_{QM}$ e sia X il punto intersezione della retta $\mathcal{R}_{PS}$ con la circonferenza $\mathcal{C}_{SQ}$. Se A è il punto intersezione della retta $\mathcal{R}_{PQ}$ con la circonferenza $\mathcal{C}_{PX}$, il segmento $\overline{PA}$ è la sezione aurea di $\overline{PQ}$.

Viceversa, dato un segmento $\overline{PA}$, si può costruire il segmento $\overline{PQ}$ di cui $\overline{PA}$ è la sezione aurea con il seguente procedimento, dovuto a Leon Battista Alberti. Si parte da un quadrato di lato $\overline{PA}$ con vertici ordinati P, A, S, T (Costruzione (6)). Se M è il punto medio del segmento $\overline{PA}$, sia Q il punto

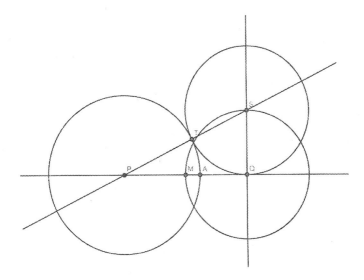

Figura 11.4. $\overline{PA}$ è la sezione aurea di $\overline{PQ}$

intersezione della circonferenza $\mathcal{C}_{MS}$ con la retta $\mathcal{R}_{PA}$. Allora $\overline{PQ}$ è la sezione aurea del segmento $\overline{PQ}$.

Un rettangolo il cui lato minore è uguale alla sezione aurea del lato maggiore si chiama un *rettangolo aureo*. Un rettangolo aureo si può costruire con i metodi precedenti.

11.2 Caratterizzazione algebrica dei punti costruibili

D'ora in poi assumeremo che nel piano ordinario sia definito un sistema di riferimento cartesiano ortogonale in cui l'origine, il punto $U \equiv (1,0)$ e gli assi coordinati siano costruibili: come visto nel Paragrafo 11.1.1 (2), questa ipotesi non è restrittiva .

Proposizione 11.2.1 *Il punto* $P \equiv (x,y)$ *è costruibile se e soltanto se lo sono i punti* $P_x \equiv (x,0)$ *e* $P_y \equiv (y,0)$.

Dimostrazione. Il punto $O \equiv (0,0)$ è costruibile per ipotesi. Inoltre, come osservato nel Paragrafo 11.1.1 (2), il punto $Q_y \equiv (0,y)$ è costruibile se e soltanto se lo è il punto $P_y \equiv (y,0)$. Possiamo allora supporre che x e y siano entrambi non nulli, cioè che il punto P non sia su uno degli assi coordinati, e mostrare che P è costruibile se e soltanto se lo sono i punti $P_x \equiv (x,0)$ e $Q_y \equiv (0,y)$.

Per questo basta osservare che rette per punti costruibili perpendicolari agli assi sono costruibili, come visto nel Paragrafo 11.1.1 (4).

Sia ora $\mathfrak{C}$ l'insieme delle coordinate di tutti i punti costruibili, ovvero $\mathfrak{C} := \{x \in \mathbb{R}$ tali che $P \equiv (x,0)$ è costruibile$\}$ (Proposizione 11.2.1).

Proposizione 11.2.2 *L'insieme* $\mathfrak{C}$ *è un campo numerico reale. Inoltre, se* $x \in \mathfrak{C}$ *e* $x \geq 0$, *allora* $\sqrt{x} \in \mathfrak{C}$.

Dimostrazione. Siano $x,y \in \mathfrak{C}$ (ovvero siano $P \equiv (x,0)$ e $Q \equiv (y,0)$ punti costruibili). Per mostrare che $\mathfrak{C}$ è un campo, facciamo vedere che $x - y \in \mathfrak{C}$ (ovvero che il punto $R \equiv (x-y,0)$ è costruibile) e che, se $y \neq 0$, $xy^{-1} \in \mathfrak{C}$ (ovvero che il punto $S \equiv (xy^{-1},0)$ è costruibile). Il punto $H \equiv (-y,0)$ è costruibile, essendo l'intersezione dell'asse delle ascisse con la circonferenza $\mathcal{C}_{OQ}$. Dunque il punto medio del segmento $\overline{PH}$ è costruibile: esso è il punto $M \equiv (\frac{x-y}{2},0)$. Ne segue che il punto $R \equiv (x-y,0)$ è costruibile, perché intersezione della circonferenza $\mathcal{C}_{MO}$ con l'asse delle ascisse.

Per quanto appena dimostrato, possiamo supporre che x e y siano positivi. Sia $\mathcal{R}$ la retta passante per i punti $Q \equiv (y,0)$ e $V \equiv (0,1)$. Come visto nel Paragrafo 11.1.1 (5), la retta $\mathcal{R}'$ passante per $P \equiv (x,0)$ e parallela a $\mathcal{R}$ è costruibile; dunque il punto $Z \equiv (0,z)$ ottenuto come intersezione di $\mathcal{R}'$ con l'asse delle ordinate è costruibile. Ma, per la similitudine dei triangoli di vertici V,O,Q e Z,O,P, risulta $z = xy^{-1}$.

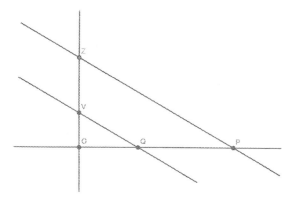

Figura 11.5. Costruzione dell'inverso: $\overline{OV} : \overline{OZ} = \overline{OQ} : \overline{OP}$

Sia ora $x > 0$ e $x \in \mathfrak{C}$, cioè sia $P \equiv (x, 0)$ costruibile. Poiché il punto $W \equiv (-1, 0)$ è costruibile, il punto medio N del segmento $\overline{WP}$ è costruibile. Sia $T \equiv (0, t)$ il punto intersezione della circonferenza $\mathcal{C}_{NP}$ con il semiasse positivo delle ordinate. Il segmento $\overline{OT}$ è l'altezza relativa all'ipotenusa del triangolo rettangolo di vertici W, T, P; dunque la sua lunghezza è il medio proporzionale tra le lunghezze dei segmenti $\overline{WO}$ e $\overline{OP}$. Ne segue che $t^2 = x$ e, poiché T è costruibile, allora $t = \sqrt{x} \in \mathfrak{C}$.

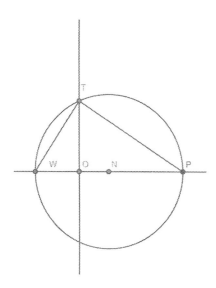

Figura 11.6. Costruzione della radice quadrata: $\overline{WO} : \overline{OT} = \overline{OT} : \overline{OP}$

Corollario 11.2.3 *Tutti i punti con coordinate razionali sono punti costruibili. Inoltre, sia F un sottocampo di $\mathfrak{C}$ e sia K un campo tale che $F \subseteq K \subseteq \mathbb{R}$. Allora:*

(a) *Se $[K : F] \leq 2$, si ha $K \subseteq \mathfrak{C}$.*
(b) *Se K è un ampliamento normale di F e $[K : F] = 2^h$, per un opportuno $h \geq 0$, si ha $K \subseteq \mathfrak{C}$.*

Dimostrazione. Per la Proposizione 11.2.2, $\mathfrak{C}$ è un campo numerico (reale), perciò $\mathbb{Q} \subseteq \mathfrak{C}$. Ne segue che tutti i punti a coordinate razionali sono punti costruibili.

(a) Sia $F \subseteq \mathfrak{C}$ e sia K un campo numerico reale tale che $[K : F] \leq 2$. Se $[K : F] = 1$, allora $K = F \subseteq \mathfrak{C}$. Se invece $[K : F] = 2$, risulta $K = F(\alpha)$, con $\alpha^2 \in F$ (Paragrafo 3.5.1). Ma, poiché K è un campo reale e $\alpha^2 > 0$, allora $\alpha \in \mathfrak{C}$ (Proposizione 11.2.2).

(b) Supponiamo ora che K sia un ampliamento normale, ovvero di Galois, di F e che $[K : F] = 2^h$. Mostriamo, per induzione su h, che $K \subseteq \mathfrak{C}$. Se $h = 0$, allora $K = F \subseteq \mathfrak{C}$. Supponiamo $h \geq 1$. Se G è il gruppo di Galois di K su F, si ha $|G| = 2^h$. Allora G ha un sottogruppo di indice 2 (Proposizione 12.2.3) e ad esso corrisponde, nella corrispondenza di Galois, un sottocampo L di grado 2 su F (Teorema 7.3.7). Tale campo L è contenuto in $\mathfrak{C}$ per il punto (a). Poiché K è un ampliamento normale anche di L e $[K : L] = 2^{h-1}$, per l'ipotesi induttiva concludiamo che $K \subseteq \mathfrak{C}$.

Siamo ora in grado di caratterizzare i punti costruibili in termini di ampliamenti di campi.

Teorema 11.2.4 *Il punto $P \equiv (x, y)$ è costruibile se e soltanto se esiste una catena finita di campi numerici reali*

$$\mathbb{Q} =: K_0 \subseteq K_1 \subseteq \ldots \subseteq K_n = K$$

tali che $x, y \in K$ e $[K_i : K_{i-1}] \leq 2$ per $i = 1, \ldots, n$.

Dimostrazione. Supponiamo che P sia costruibile. Allora esiste una successione finita di punti $P_1, \ldots, P_n := P$ tali che, per ogni $i = 1, \ldots, n$, P_i è ottenibile come intersezione di due rette, due circonferenze, oppure di una retta e una circonferenza definite da due punti dell'insieme $S_{i-1} := \{O, U, P_1, \ldots, P_{i-1}\}$. Se $P_i \equiv (x_i, y_i)$, poniamo $K_0 = \mathbb{Q}$ e $K_i := K_{i-1}(x_i, y_i)$, per $i = 1, \ldots, n$. Osserviamo ora che le equazioni di rette e circonferenze definite da due punti di S_{i-1} hanno coefficienti in K_{i-1}. Inoltre, se P_i è intersezione di due rette definite da punti di S_{i-1}, la coppia delle sue coordinate è soluzione di un sistema lineare di due equazioni in due indeterminate a coefficienti in K_{i-1}; dunque le coordinate di P_i appartengono ancora a K_{i-1} e risulta $[K_i : K_{i-1}] = 1$. Se invece P_i è intersezione di una retta e una circonferenza oppure di due circonferenze definite da punti di S_{i-1}, la coppia delle sue coordinate è soluzione di un sistema composto da una equazione lineare e da una equazione di secondo grado in due indeterminate a coefficienti in K_{i-1}. Dunque, in questo caso, una delle due coordinate si ottiene risolvendo una equazione di secondo grado a coefficienti in K_{i-1} e l'altra come funzione lineare di questa. Ne segue che $[K_i : K_{i-1}] \leq 2$.

Viceversa, supponiamo che esista una catena di campi

$$\mathbb{Q} =: K_0 \subseteq K_1 \subseteq \ldots \subseteq K_n = K$$

tali che $x, y \in K$ e $[K_i : K_{i-1}] \leq 2$ per $i = 1, \ldots, n$. Per mostrare che P è costruibile, basta far vedere che $K \subseteq \mathfrak{C}$. Procediamo per induzione su n, usando il Corollario 11.2.3. Per $n = 0$, certamente $\mathbb{Q} \subseteq \mathfrak{C}$. Inoltre, per $i = 1, \ldots, n$, se $K_{i-1} \subseteq \mathfrak{C}$, poiché $[K_i : K_{i-1}] \leq 2$ allora $K_i \subseteq \mathfrak{C}$.

Poiché ogni ampliamento di grado 2 di un campo numerico F è del tipo $F(\sqrt{d})$ con $d \in F$ (Paragrafo 3.5.1), il teorema precedente asserisce che il punto $P \equiv (x, y)$ è costruibile se e soltanto se è possibile determinare una catena di campi reali

$$\mathbb{Q} =: K_0 \subseteq K_1 \subseteq \ldots \subseteq K_n = K$$

tali che $x, y \in K$ e $K_i = K_{i-1}(\sqrt{d_i})$, con $d_i \in K_{i-1}$ per $i = 1, \ldots, n$. Questo significa che P è costruibile se e soltanto se le sue coordinate si possono esprimere in termini di radicali quadratici successivi.

Inoltre, poiché, come visto nella dimostrazione del Teorema 11.2.4, tutti i punti le cui coordinate appartengono a $K_i = K_{i-1}(\sqrt{d_i})$ si possono costruire intersecando rette o/e circonferenze definite da punti le cui coordinate appartengono a K_{i-1}, allora P sarà geometricamente costruibile attraverso una successione di punti $P_i \equiv (x_i, y_i)$, con $x_i, y_i \in K_i$, per $i = 1, \ldots, n$.

Corollario 11.2.5 (a) (**P. Wantzel, 1837**) *Se il punto $P \equiv (x, y)$ è costruibile, allora $[\mathbb{Q}(x, y) : \mathbb{Q}] = 2^h$, $h \geq 0$.*

(b) *Se $\mathbb{Q}(x, y)$ è un ampliamento normale di $\mathbb{Q}$ e $[\mathbb{Q}(x, y) : \mathbb{Q}] = 2^h$, $h \geq 0$, allora il punto $P \equiv (x, y)$ è costruibile.*

Dimostrazione. (a) Per il Teorema 11.2.4, se $P \equiv (x, y)$ è costruibile, esiste una catena finita di campi

$$\mathbb{Q} =: K_0 \subseteq K_1 \subseteq \ldots \subseteq K_n = K$$

tali che $x, y \in K$ e $[K_i : K_{i-1}] \leq 2$ per $i = 1, \ldots, n$. Poiché $\mathbb{Q} \subseteq \mathbb{Q}(x, y) \subseteq K$ e il grado di K su $\mathbb{Q}$ è uguale a una potenza di 2, anche il grado di $\mathbb{Q}(x, y)$ su $\mathbb{Q}$ deve essere uguale a una potenza di 2.

(b) Se $\mathbb{Q}(x, y)$ è un ampliamento normale di $\mathbb{Q}$ e $[\mathbb{Q}(x, y) : \mathbb{Q}] = 2^h$, per un opportuno $h \geq 0$, allora $\mathbb{Q}(x, y) \subseteq \mathfrak{C}$ per il Corollario 11.2.3 e perciò il punto $P \equiv (x, y)$ è costruibile.

Esempi 11.2.6 Quando $[\mathbb{Q}(x,y) : \mathbb{Q}]$ è uguale a una potenza di 2, la condizione che $\mathbb{Q} \subseteq \mathbb{Q}(x,y)$ sia un ampliamento normale è sufficiente ma non necessaria per la costruibilità del punto $P \equiv (x,y)$. Ad esempio il punto $P \equiv (\sqrt[4]{3}, 0)$ è costruibile, perché $\sqrt[4]{3} \in \mathfrak{C}$ (Proposizione 11.2.2), ma l'ampliamento $\mathbb{Q}(\sqrt[4]{3})$ non è normale; infatti la sua chiusura normale è $\mathbb{Q}(\sqrt[4]{3}, \mathrm{i})$ (Esempio 5.2.12 (2)). D'altra parte, se $\mathbb{Q}(x,y)$ non è un ampliamento normale di $\mathbb{Q}$, non è detto che il punto $P \equiv (x,y)$ sia costruibile, come vedremo nei successivi Esempi 11.3.4.

11.3 Numeri complessi costruibili

Nel seguito sarà utile lavorare nel piano di Gauss anziché nel piano reale ordinario, identificando il punto $P \equiv (x,y)$ con il numero complesso $x + y\mathrm{i}$. Diremo che il numero complesso $x + y\mathrm{i}$ è *costruibile* se lo è il punto $P \equiv (x,y)$, ovvero se $x, y \in \mathfrak{C}$. I risultati dimostrati finora per i punti costruibili possono essere riformulati in termini di numeri costruibili.

Indichiamo con $\overline{\mathfrak{C}}$ l'insieme dei numeri complessi costruibili. Poiché i numeri reali costruibili sono esattamente gli elementi del campo $\mathfrak{C}$, è chiaro che $\overline{\mathfrak{C}} \cap \mathbb{R} = \mathfrak{C}$.

Proposizione 11.3.1 *Sia $\overline{\mathfrak{C}}$ l'insieme dei numeri complessi costruibili. Allora:*

(a) *$\overline{\mathfrak{C}}$ è un campo.*
(b) *Se $\alpha \in \overline{\mathfrak{C}}$, anche $\overline{\alpha} \in \overline{\mathfrak{C}}$ (dove $\overline{\alpha}$ indica il complesso coniugato di α).*
(b) *Se F è un sottocampo di $\overline{\mathfrak{C}}$ e $K \subseteq \mathbb{C}$ è tale che $[K : F] = 2$, risulta $K \subseteq \overline{\mathfrak{C}}$.*

Dimostrazione. (a) Siano $\alpha := x + y\mathrm{i}$, $\beta := u + v\mathrm{i}$. Per definizione $\alpha, \beta \in \overline{\mathfrak{C}}$ se e soltanto se $x, y, u, v \in \mathfrak{C}$. Usando il fatto che $\mathfrak{C}$ è un campo reale (Proposizione 11.2.2), si verifica facilmente che, se $\alpha, \beta \in \overline{\mathfrak{C}}$, allora $\alpha - \beta \in \overline{\mathfrak{C}}$ e che, se $\beta \neq 0$, anche $\alpha\beta^{-1} \in \overline{\mathfrak{C}}$.

(b) segue da (a).

(c) Sia F un sottocampo di $\overline{\mathfrak{C}}$. Se $[K : F] = 2$, allora $K = F(\gamma)$, con $\gamma^2 \in F$. Se γ è reale, poiché $\gamma^2 \in F \cap \mathbb{R} \subseteq \mathfrak{C}$, allora $\gamma \in \mathfrak{C}$ per la Proposizione 11.2.2. Supponiamo perciò che sia $\gamma := x + y\mathrm{i}$, con $y \neq 0$. Poiché $\gamma^2 = (x^2 - y^2) + (2xy)\mathrm{i} \in \overline{\mathfrak{C}}$, allora $a := x^2 - y^2$, $b := 2xy \in \mathfrak{C}$. Ne segue, ancora per la Proposizione 11.2.2, che $y^2 = \frac{-a + \sqrt{a^2 + b^2}}{2} \in \mathfrak{C}$ e perciò anche y, $x = \frac{1}{2}by^{-1} \in \mathfrak{C}$. Dunque $\gamma \in \overline{\mathfrak{C}}$ e finalmente $K = F(\gamma) \subseteq \overline{\mathfrak{C}}$.

Teorema 11.3.2 *Il numero complesso α è costruibile se e soltanto se esiste una catena finita di campi numerici*

$$\mathbb{Q} =: K_0 \subseteq K_1 \subseteq \ldots \subseteq K_n = K$$

tali che $\alpha \in K$ e $[K_i : K_{i-1}] \leq 2$ per $i = 1, \ldots, n$.

Dimostrazione. Se $\alpha := x + yi$ è costruibile, il punto $P \equiv (x, y)$ è costruibile. Quindi esiste una catena finita di campi

$$\mathbb{Q} =: K_0 \subseteq K_1 \subseteq \ldots \subseteq K_m$$

tali che $x, y \in K_m$ e $[K_i : K_{i-1}] \leq 2$ per $i = 1, \ldots, m$ (Teorema 11.2.4). Posto $K := K_m(i)$, allora $[K : K_m] = 2$ e $\alpha \in K$.

Viceversa, sia

$$\mathbb{Q} =: K_0 \subseteq K_1 \subseteq \ldots \subseteq K_n = K$$

una catena di campi tali che $\alpha \in K$ e $[K_i : K_{i-1}] \leq 2$ per $i = 1, \ldots, n$. Usando la Proposizione 11.3.1 (c), per induzione su n otteniamo che $K \subseteq \overline{\mathfrak{C}}$ e dunque che α è costruibile.

Corollario 11.3.3 *Sia $\alpha \in \mathbb{C}$. Allora:*

(a) *Se α è costruibile, $[\mathbb{Q}(\alpha) : \mathbb{Q}] = 2^h$, per un opportuno $h \geq 0$.*

(b) *Se $\mathbb{Q}(\alpha)$ è un ampliamento normale di $\mathbb{Q}$ e $[\mathbb{Q}(\alpha) : \mathbb{Q}] = 2^h$, per un opportuno $h \geq 0$, α è costruibile.*

Dimostrazione. (a) Per il Teorema 11.3.2, se α è costruibile, esiste un campo K contenente α che ha grado su $\mathbb{Q}$ uguale a una potenza di 2. Allora anche α deve avere grado su $\mathbb{Q}$ uguale a una potenza di 2.

(b) Sia $K := \mathbb{Q}(\alpha)$ un ampliamento normale, ovvero di Galois, di $\mathbb{Q}$ e sia $[K : \mathbb{Q}] = 2^h$, per un opportuno $h \geq 0$. Se G è il gruppo di Galois di K su $\mathbb{Q}$, si ha $|G| = 2^h$. Allora G ha una catena di sottogruppi

$$G_0 := G \supseteq G_1 \supseteq \cdots \supseteq G_h = \langle id \rangle$$

ciascuno di indice 2 nel precedente (Proposizione 12.2.3). A questa corrisponde, nella corrispondenza di Galois, una catena di sottocampi di K

$$K_0 := \mathbb{Q} \subseteq K_1 \subseteq \ldots \subseteq K_h := K = \mathbb{Q}(\alpha)$$

ciascuno di grado 2 sul precedente. Dal Teorema 11.3.2, segue che α è costruibile.

Esempi 11.3.4 **(1)** Per ogni $h \geq 2$ esiste un numero complesso α di grado 2^h su $\mathbb{Q}$ che non è costruibile.

Sia $f(X) \in \mathbb{Q}[X]$ un polinomio di grado $n := 2^h$ con gruppo di Galois isomorfo a $\mathbf{S}_n$ (Paragrafo 8.3.1) e sia $K \subseteq \mathbb{C}$ il suo campo di spezzamento. Allora $[K : \mathbb{Q}] = |\mathbf{S}_n| = n!$, ed inoltre, per il Teorema dell'Elemento Primitivo (Teorema 5.3.13), esiste un elemento $\gamma \in K$ di grado $n!$ su $\mathbb{Q}$. Se tutte le radici di $f(X)$ fossero costruibili, lo sarebbero tutti gli elementi di K, perché tutti questi elementi sono esprimibili razionalmente in funzione delle radici di $f(X)$; in particolare γ sarebbe costruibile. Allora, per il Corollario 11.3.3, $n!$ dovrebbe essere una potenza di 2; ma 3 divide $n!$, perché $n \geq 4$. Ne segue che almeno una radice α di $f(X)$, che è un numero complesso di grado $n := 2^h$ su $\mathbb{Q}$, non è costruibile.

(2) Sia $f(X) \in \mathbb{Q}[X]$ un polinomio irriducibile di quarto grado il cui gruppo di Galois G su $\mathbb{Q}$ sia il gruppo alterno $\mathbf{A}_4$, oppure il gruppo simmetrico $\mathbf{S}_4$ (Esempi 9.4.5 (1) e (2)). Se α è una radice di $f(X)$, allora α non è costruibile, pur avendo grado su $\mathbb{Q}$ uguale a 4.

Infatti se $\alpha := x + yi$ fosse costruibile, esisterebbe una catena finita di campi numerici

$$\mathbb{Q} =: K_0 \subseteq K_1 \subseteq \ldots \subseteq K_n = K$$

tali che $\alpha \in K$ e $[K_i : K_{i-1}] \leq 2$ per $i = 1, \ldots, n$ (Teorema 11.3.2). Poiché il campo di spezzamento L di $f(X)$ in $\mathbb{C}$ è la chiusura normale di $\mathbb{Q}(\alpha)$ su $\mathbb{Q}$ (Esempio 5.2.12 (2)), L sarebbe contenuto nella chiusura normale N di K. Ma questo non è possibile. Infatti N ha grado su $\mathbb{Q}$ uguale a una potenza di 2 (Esercizio 11.7), mentre 3 divide $|G| = [L : \mathbb{Q}]$ e quindi dividerebbe $[N : \mathbb{Q}] = 2^h$.

11.4 Costruzioni impossibili

I risultati dimostrati nel paragrafo precedente ci permettono di affermare che i tre problemi classici dell'antichità non sono risolubili usando soltanto la riga e il compasso. Tuttavia è noto che essi si possono risolvere con l'aiuto di certe curve appositamente definite.

Ad esempio i problemi della trisezione dell'angolo e della duplicazione del cubo si possono risolvere usando, anziché la sola circonferenza, anche altre sezioni coniche. Le *sezioni coniche* sono le curve ottenibili intersecando un cono a due falde con un piano. La scoperta di queste curve, che è forse la più importante tra quelle della scuola platonica, è attribuita da Eratostene a Menecmo, allievo di Eudosso (IV secolo A. C.) e maestro di Alessandro Magno. Lo studio delle sezioni coniche fu in seguito sistematizzato da Apollonio di Perga (c. 262-190 A. C.) al quale sono anche dovuti i termini *ellisse, iperbole* e *parabola*. Si può dimostrare che un numero è costruibile con l'uso della riga e delle coniche se e soltanto se esso appartiene ad un ampliamento radicale di $\mathbb{Q}$ ottenibile con una successione di ampliamenti radicali puri di indici al più uguali a 3 [29].

1. Trisezione dell'angolo

Assumendo che l'angolo assegnato abbia per lati la semiretta positiva delle ascisse e la retta $\mathcal{R}_{OP}$, dove il punto $P \equiv (\cos(3\alpha), \sin(3\alpha))$ si suppone costruibile, il problema della trisezione consiste nel costruire il punto $T \equiv (\cos(\alpha), \sin(\alpha))$, ovvero il numero $\cos(\alpha)$ (perché $\cos^2(\alpha) + \sin^2(\alpha) = 1$). Questo non è sempre possibile. Infatti, usando la formula trigonometrica

$$\cos(3\alpha) = 4\cos^3(\alpha) - 3\cos(\alpha)$$

(Esercizio 9.21) e posto $r := \cos(3\alpha) \in \mathbb{R}$, si vede che $\cos(\alpha)$ è radice del polinomio

$$4X^3 - 3X - r.$$

Se questo polinomio è irriducibile su $\mathbb{Q}(r)$, $\cos(\alpha)$ ha grado 3 su $\mathbb{Q}(r)$ e quindi, per il Corollario 11.2.5, non è costruibile con riga e compasso (benché sia costruibile con le coniche).

Sia ad esempio $3\alpha := \frac{\pi}{3}$. Allora $\cos(3\alpha) = \frac{1}{2}$ e $\cos(\alpha)$ è radice del polinomio

$$8X^3 - 6X - 1$$

che è irriducibile su $\mathbb{Q}$, non avendo radici razionali. Quindi $\cos(\alpha) := \cos\left(\frac{\pi}{9}\right)$ ha grado 3 su $\mathbb{Q}$ e non è un numero costruibile.

Notiamo che invece l'angolo di ampiezza uguale a $\frac{\pi}{3}$ è costruibile, perché lo è $\cos\left(\frac{\pi}{3}\right) = \frac{1}{2}$.

Per risolvere il problema della trisezione dell'angolo, Ippia di Elide, nato nel 460 A. C., definì meccanicamente una curva che viene oggi chiamata *trisettrice*. Altre soluzioni furono date tra gli altri da Archimede (III secolo A. C.), con l'uso della riga marcata e del compasso [35, Problem 36], e da Nicomede (II sec. A. C.), con l'uso di una curva appositamente costruita chiamata *concoide*.

2. Duplicazione del cubo

Questo problema consiste nel costruire un cubo il cui volume sia uguale al doppio di quello di un cubo assegnato. Esso è una naturale estensione del problema della duplicazione del quadrato, che è facilmente risolubile usando il teorema di Pitagora. Infatti un quadrato che abbia area uguale al doppio di quella di un quadrato assegnato ha per lato la diagonale di quest'ultimo.

La leggenda, riferita da Eratostene (III secolo A. C.), narra che il problema della duplicazione del cubo fu posto dall'oracolo di Apollo di Delo, al quale gli abitanti della città si erano rivolti per far cessare una terribile pestilenza. L'oracolo rispose che il dio avrebbe esaudito la richiesta se gli fosse stato eretto un altare di *misura doppia* di quello esistente, che aveva forma cubica.

Supponendo che il lato del cubo assegnato abbia lunghezza uguale ad 1, per risolvere il problema della duplicazione bisogna costruire il numero $\sqrt[3]{2}$. Ma poiché tale numero ha grado 3 su $\mathbb{Q}$, esso non è costruibile per Corollario 11.3.3.

Il problema della duplicazione del cubo può essere però risolto con l'impiego delle sezioni coniche. Ulteriori soluzioni si possono trovare usando altre curve, ad esempio la *cissoide* di Diocle (II secolo A.C.).

3. Quadratura del cerchio

Questo problema consiste nel costruire un quadrato che abbia area uguale a quella di un cerchio assegnato. Esso è la naturale estensione del problema più semplice in quella classe di problemi pitagorici noti come *applicazione delle aree*: costruire un poligono avente area uguale a quella di un poligono assegnato e che sia simile ad un altro poligono dato.

Mentre quadrare un poligono, cioè costruire un quadrato di area uguale a quella di un qualsiasi poligono assegnato, è sempre possibile, non si può quadrare il cerchio. Infatti supponendo che il cerchio assegnato abbia raggio di lunghezza uguale ad 1, ovvero che abbia area uguale a π, per risolvere il problema, bisogna costruire il numero $\sqrt{\pi}$. Ma, poiché π è trascendente su $\mathbb{Q}$, anche $\sqrt{\pi}$ lo è e dunque non è un numero costruibile per il Corollario 11.3.3.

Il problema della quadratura del cerchio fu risolto da Dinostrato, fratello di Menecmo e come lui allievo di Eudosso, usando la trisettrice di Ippia. Per questo motivo, tale curva viene anche chiamata *quadratrice*.

Anche Archimede (217-212 A.C.), come gli altri grandi matematici dell'antichità, si interessò ai tre problemi classici di costruzione. Egli riuscì a trisecare l'angolo ed a quadrare il cerchio con l'aiuto della sua famosa *spirale*. Questa curva si può definire meccanicamente come la traiettoria di un punto che si muove uniformemente lungo una semiretta che ruota, pure uniformemente, attorno alla sua origine. Sempre nell'ambito dei suoi studi sulla quadratura del cerchio, Archimede determinò una notevole approssimazione di π, quella che oggi si esprime attraverso la disuguaglianza

$$3\frac{10}{71} < \pi < 3\frac{10}{70}$$

[35, Problem 38]. Segnaliamo infine che lo studio del problema della quadratura del cerchio portò Ippocrate di Chio (V secolo A. C.) a considerare l'interessante problema di calcolare le aree delle *lunule*, cioè di quelle sezioni piane delimitate da due archi di cerchio aventi stessi estremi.

Il problema della quadratura del cerchio è equivalente al problema della *rettificazione della circonferenza*, che consiste nel costruire un segmento che abbia lunghezza uguale a quella di una circonferenza assegnata. Neanche il problema della rettificazione della circonferenza si può dunque risolvere con riga e compasso.

11.5 Costruibilità dei poligoni regolari

Fin dall'antichità era noto come costruire con riga e compasso, un poligono regolare con 3, 5 e 15 lati. Inoltre, come conseguenza della possibilità di bisecare l'angolo, era noto che, se si poteva costruire un poligono regolare con m lati, si potevano anche costruire i poligoni regolari con $2^k m$ lati, per $k \geq 1$. Il problema della costruibilità dei poligoni regolari tornò attuale quando F. Gauss costruì nel 1796 un poligono regolare con 17 lati. Successivamente, nell'ultima parte del suo libro *Disquisitiones arithmeticae* (1801), egli affermò correttamente che è possibile costruire un poligono regolare con un numero dispari n di lati se e soltanto se n è prodotto di numeri primi di Fermat distinti (vedi il successivo Teorema 11.5.5). Tuttavia Gauss dimostrò soltanto la sufficienza di questa condizione, come conseguenza dello studio della p-esima equazione ciclotomica $X^p - 1 = 0$, $p \geq 3$ primo.

Indichiamo con $\mathcal{P}_n$ il poligono regolare di $n \geq 3$ lati con centro nell'origine e con un vertice nel punto $U \equiv (1,0)$ ed indichiamo con $P_{n,k}$, $k = 0, \ldots, n-1$, i suoi vertici, numerati in senso antiorario in modo tale che $P_{n,0} = U$ e $P_{n,k} \equiv \left(\cos\left(\frac{2k\pi}{n}\right), \sin\left(\frac{2k\pi}{n}\right) \right)$, per $k = 1, \ldots, n-1$. Costruire il poligono $\mathcal{P}_n$ equivale allora a costruire tutti i punti $P_{n,k}$, che nel piano di Gauss corrispondono alle radici n-sime dell'unità. Ma poiché le radici n-sime dell'unità formano un gruppo ciclico, generato da una radice primitiva, il poligono $\mathcal{P}_n$ è costruibile se e soltanto se lo è la radice primitiva n-sima $\xi_n := \cos\left(\frac{2\pi}{n}\right) + i\sin\left(\frac{2\pi}{n}\right)$.

Proposizione 11.5.1 *Il poligono regolare con $n \geq 3$ lati è costruibile se e soltanto se $\varphi(n)$ è uguale a una potenza di 2.*

Dimostrazione. Per la discussione precedente, il poligono regolare $\mathcal{P}_n$ è costruibile se e soltanto se lo è il numero ξ_n, $n \geq 3$. Ma poiché l'n-simo ampliamento ciclotomico $\mathbb{Q}(\xi_n)$ è un ampliamento normale di $\mathbb{Q}$ di grado $\varphi(n)$, ξ_n è costruibile se e soltanto se $\varphi(n)$ è uguale a una potenza di 2 (Corollario 11.3.3). $\blacksquare$

Nel caso in cui n sia potenza di un numero primo, otteniamo subito il seguente risultato.

Teorema 11.5.2 *Sia $p \geq 3$ un numero primo e $m \geq 1$. Un poligono regolare con p^m lati è costruibile se e soltanto se $m = 1$ e $p = 2^{2^k} + 1$, con $k \geq 0$.*

Dimostrazione. Per la Proposizione 11.5.1, un poligono regolare con p^m lati è costruibile se e soltanto se $\varphi(p^m) = p^{m-1}(p - 1) = 2^h$ per un opportuno $h \geq 1$, ovvero se e soltanto se $m = 1$ e $p = 2^h + 1$. Basta ora osservare che, se h è diviso da un primo dispari q, il numero $2^h + 1$ non è primo. Infatti, se $h = qm$, allora $2^h + 1 = (2^m)^q + 1$ è diviso da $2^m + 1$. Quindi necessariamente h deve essere una potenza di 2. $\blacksquare$

I numeri del tipo $F_k := 2^{2^k} + 1$, con $k \geq 0$, si chiamano *numeri di Fermat*. Il teorema precedente afferma in particolare che, se $p \geq 3$ è un numero primo, il poligono regolare di p lati è costruibile con riga e compasso se e soltanto se p è un primo di Fermat.

P. Fermat congetturò nel 1634 che tutti i numeri interi della forma F_k fossero primi. Tuttavia, mentre si verifica facilmente che i numeri

$$F_0 := 3, \quad F_1 := 5, \quad F_2 := 17, \quad F_3 := 257, \quad F_4 = 65.537$$

sono effettivamente primi, L. Euler stabilì nel 1732 che

$$F_5 := 4.294.976.297 = 641 \cdot 6.700.417$$

non lo è, mostrando così la falsità della congettura di Fermat. A tutt'oggi i soli primi di Fermat conosciuti sono quelli sopra elencati: non è neanche noto se i primi di Fermat siano in numero finito o infinito.

Esempi 11.5.3 (1) Secondo quanto visto nel Teorema 11.2.4, per costruire il numero complesso $a+bi$ è necessario esprimere a e b tramite radicali quadratici successivi. Per costruire geometricamente il poligono regolare di n lati bisogna quindi determinare una tale espressione per le coordinate di ξ_n e da questa ricavare una costruzione geometrica. Notiamo che a questo scopo è sufficiente considerare soltanto una coordinata, ad esempio $\cos\left(\frac{2\pi}{n}\right)$, essendo $\cos(x)^2 + \sin(x)^2 = 1$.

(2) Per costruire geometricamente $\xi_3 = -\frac{1}{2} + \frac{\sqrt{3}}{2}i$, basta tracciare nel piano di Gauss la perpendicolare all'asse reale per il punto $-\frac{1}{2}$ ed intersecarla con la circonferenza unitaria.

(3) Abbiamo visto che $\xi_5 = \frac{-1+\sqrt{5}}{4} + i\frac{\sqrt{10+2\sqrt{5}}}{4}$ (Esempio 9.2.11 (3)). Ora osserviamo che $2\cos\left(\frac{2\pi}{5}\right) = \frac{-1+\sqrt{5}}{2}$ è la lunghezza della sezione aurea del segmento unitario (Paragrafo 11.1.1 (7)). Quindi, nel piano di Gauss, se $\overline{OA}$ è la sezione aurea del segmento unitario $\overline{OU}$ e M è il suo punto medio, ξ_5 è l'intersezione della retta per M perpendicolare all'asse reale con la circonferenza unitaria.

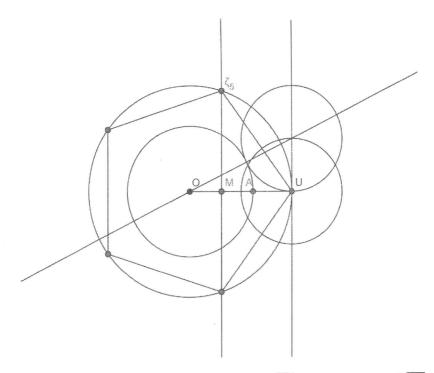

Figura 11.7. Costruzione del pentagono regolare: $\overline{OA}$ è la sezione aurea di $\overline{OU}$

Per costruire un pentagono regolare di lato assegnato, si può anche osservare che il lato di questo pentagono è uguale alla sezione aurea della diagonale (Esercizio 11.5).

(4) Una costruzione del poligono regolare di 17 lati è stata data da Gauss nel 1796, all'età di 18 anni. Egli ha dimostrato che

$$16\cos\left(\frac{2\pi}{17}\right) = -1 + \sqrt{17} + \sqrt{34 - 2\sqrt{17}}$$

$$+ \sqrt{68 + 12\sqrt{17} - 16\sqrt{34 + 2\sqrt{17}} - 2(1 - \sqrt{17})\sqrt{34 - 2\sqrt{17}}}.$$

Il poligono regolare di 257 lati è stato costruito da F. J. Richelot sul Crelle's Journal nel 1832. Un'altra costruzione è stata trovata con l'aiuto del calcolatore da C. Gottlieb nel 1999 [10].

Nessuna costruzione del poligono regolare di 65.537 lati è ancora nota.

(5) Poiché i numeri 7, 11, 13 non sono primi di Fermat, allora i poligoni regolari di 7, 11, 13 lati non sono costruibili con riga e compasso.

Per studiare il caso generale, abbiamo bisogno delle seguenti osservazioni.

Lemma 11.5.4 *Per $n \geq 3$, indichiamo con $\mathcal{P}_n$ il poligono regolare di n lati con centro nell'origine e con un vertice nel punto $U \equiv (1,0)$.*

(a) *Se $\mathcal{P}_n$ è costruibile e m divide n, allora $\mathcal{P}_m$ è costruibile.*
(b) *Se $\mathcal{P}_m$ e $\mathcal{P}_n$ sono costruibili e MCD$(m,n) = 1$, allora $\mathcal{P}_{mn}$ è costruibile.*
(c) *Se $\mathcal{P}_n$ è costruibile, allora $\mathcal{P}_{2n}$ è costruibile.*
(d) *$\mathcal{P}_{2^k}$ è costruibile per $k \geq 2$.*

Dimostrazione. Poniamo, per ogni $n \geq 3$, $P_n := P_{n,1} \equiv \left(\cos\left(\frac{2\pi}{n}\right), \sin\left(\frac{2\pi}{n}\right)\right)$.

(a) Basta osservare che, se $n = mk$, allora $\xi_m = \xi_n^k$. Quindi il punto P_m è un vertice del poligono $\mathcal{P}_n$.

(b) Se $\varphi(n)$ e $\varphi(m)$ sono uguali ad una potenza di 2 e MCD$(m,n) = 1$, si ha che $\varphi(mn) = \varphi(m)\varphi(n)$ è ancora uguale ad una potenza di 2. Allora possiamo applicare la Proposizione 11.5.1.

(c) Se $\mathcal{P}_n$ è costruibile, lo è anche il punto medio M del segmento $\overline{UP_n}$ (Paragrafo 11.1.1 (1)). Poiché il punto P_{2n} si ottiene intersecando la circonferenza $\mathcal{C}_{OU}$ con la retta $\mathcal{R}_{OM}$, anche P_{2n} è costruibile.

(d) Si dimostra per induzione su k, usando il punto (c) e tenendo conto del fatto che un quadrato è costruibile, perché $P_4 \equiv (0,1)$ (Paragrafo 11.1.1 (6)).

Teorema 11.5.5 (F. Gauss, 1801) *Un poligono regolare con n lati è costruibile se e soltanto se $n = 2^k$ oppure $n = 2^k p_1 \ldots p_m$, dove $k \geq 0$ e $p_1, \ldots, p_m$ sono primi di Fermat.*

Dimostrazione. Se $n = 2^k$ oppure $n = 2^k p_1 \ldots p_m$ con $p_1, \ldots, p_m$ primi di Fermat, il poligono regolare con n lati è costruibile per il Teorema 11.5.2 ed i punti (b) e (d) del Lemma 11.5.4.

Viceversa, supponiamo che il poligono regolare con n lati sia costruibile. Usando il Lemma 11.5.4 (a) e (d), basta osservare che se n è dispari e $n = q_1^{k_1} \ldots q_m^{k_m}$ è la fattorizzazione di n in numeri primi, si deve avere $k_i = 1$ per $i = 1, \ldots, m$ ed i primi $q_1, \ldots, q_m$ devono essere primi di Fermat per il Teorema 11.5.2.

Esempi 11.5.6 In relazione al Lemma 11.5.4 (b), sia $\mathrm{MCD}(m, n) = 1$ e sia $am + bn = 1$ una identità di Bezout. Allora risulta $\frac{\pi}{mn} = a\frac{\pi}{n} + b\frac{\pi}{m}$. Questo dà un modo per costruire il punto P_{mn} a partire dai punti P_m e P_n.

Ad esempio, poiché $\mathrm{MCD}(3, 5) = 1$ e il triangolo e il pentagono regolare sono costruibili con riga e compasso, allora anche il poligono regolare di 15 lati è costruibile. Inoltre, essendo $2 \cdot 3 - 5 = 1$, allora $\frac{\pi}{15} = 2\frac{\pi}{5} - \frac{\pi}{3}$.

11.6 Esercizi

11.1. Costruire con riga e compasso un triangolo regolare ed un esagono regolare di lato assegnato.

11.2. Mostrare che è sempre possibile bisecare un angolo con riga e compasso.

11.3. Mostrare che il numero aureo τ soddisfa le relazioni $\tau^2 = \tau + 1$ e $\tau = 1 + \frac{1}{\tau}$.

11.4. Con metodi di geometria piana elementare, mostrare che le costruzioni illustrate nell' Paragrafo 11.1.1 (7) producono effettivamente la sezione aurea di un segmento.

11.5. Mostrare che in un triangolo isoscele, se gli angoli alla base misurano 72 gradi, la base è uguale alla sezione aurea del lato ed invece, se gli angoli alla base misurano 36 gradi, il lato è uguale alla sezione aurea della base. Dedurne che tale triangoli sono costruibili con riga e compasso ed illustrare un metodo di costruzione.

11.6. Mostrare che le radici di un polinomio biquadratico a coefficienti in $\mathbb{Q}$ sono numeri costruibili.

11.7. In caratteristica diversa da 2, sia $F := F_0 \subseteq F_1 := F_0(\gamma_1) \subseteq \ldots \subseteq F_m := F_{m-1}(\gamma_m) = K$, una catena di ampliamenti radicali puri di indice 2. Mostrare che la chiusura normale di K su F ha grado uguale a una potenza di 2.

Soluzione: Poiché N è il composto dei campi coniugati di K (Proposizione 5.2.10), se $\varphi_1 := id, \varphi_2, \ldots, \varphi_m$ sono gli isomorfismi di K in $\overline{F}$, risulta $N =$

$\varphi_1(K)\ldots\varphi_m(K)$. Posto $L_0 := F$, $L_s := \varphi_1(K)\ldots\varphi_s(K)$, per $s = 1,\ldots, m$, otteniamo una catena di campi

$$L_0 := F \subseteq L_1 = K \subseteq L_2 \subseteq \ldots \subseteq L_m = N.$$

Mostriamo che $[L_s : L_{s-1}]$ è uguale a una potenza di 2, per $s = 1,\ldots, m$. Poiché ogni ampliamento di grado 2 di F è radicale, si ha $K = F(\gamma_1,\ldots,\gamma_n)$, con $\gamma_i^2 \in F_{i-1}$ per ogni $i = 1,\ldots,n$. Ne segue che $L_s = L_{s-1}\varphi_s(K) = L_{s-1}(\varphi_s(\gamma_1),\ldots,\varphi_s(\gamma_n))$, dove $\varphi_s(\gamma_i)^2 = \varphi_s(\gamma_i^2) \in \varphi_s(F_{i-1})$ per ogni $i = 1,\ldots,n$. Poiché $\varphi_s(F) = F \subseteq L_{s-1}$ e

$$\varphi_s(F_{i-1}) = F(\varphi_s(\gamma_1),\ldots,\varphi_s(\gamma_{i-1})) \subseteq L_{s-1}(\varphi_s(\gamma_1),\ldots,\varphi_s(\gamma_{i-1}))$$

per $i = 2,\ldots,n$, otteniamo una catena di ampliamenti di grado al più uguale a 2

$$L_{s-1} \subseteq L_{s-1}(\varphi_s(\gamma_1)) \subseteq \ldots \subseteq L_{s-1}(\varphi_s(\gamma_1))\ldots,\varphi_s(\gamma_n)) = L_s.$$

In conclusione, $[L_s : L_{s-1}]$ è uguale a una potenza di 2 per $s = 1,\ldots,m$ e anche $[N : F]$ è uguale a una potenza di 2.

11.8. Mostrare che le radici complesse del polinomio $4X^4 - 4X + 3$ hanno grado 4 su $\mathbb{Q}$ ma non sono numeri costruibili.

Suggerimento: Procedere come nell'Esempio 11.3.4 (2).

11.9. Mostrare che il numero complesso $\alpha := x + y\mathrm{i}$ è costruibile se e soltanto se lo sono i numeri reali $\alpha + \overline{\alpha}$ e $\alpha\overline{\alpha}$.

11.10. Sia $\alpha \in \mathbb{C}$. Mostare che, se $\mathbb{Q}(\alpha + \overline{\alpha}, \alpha\overline{\alpha})$ è un ampliamento normale di $\mathbb{Q}$ di grado uguale a una potenza di 2, allora il numero α è costruibile. Mostrare inoltre con un esempio che, se $\mathbb{Q}(\alpha)$ è un ampliamento normale di $\mathbb{Q}$ di grado uguale a una potenza di 2, $\mathbb{Q}(\alpha + \overline{\alpha}, \alpha\overline{\alpha})$ può non essere normale su $\mathbb{Q}$, dunque α può essere costruibile senza che $\mathbb{Q}(\alpha + \overline{\alpha}, \alpha\overline{\alpha})$ sia normale.

Suggerimento: Considerare un elemento α tale che $\mathbb{Q}(\alpha) = \mathbb{Q}(\sqrt[4]{3}, \mathrm{i})$. L'ampliamento $\mathbb{Q}(\alpha)$ è normale, essendo il campo di spezzamento del polinomio $X^4 - 3$, e $\mathbb{Q}(\alpha + \overline{\alpha}, \alpha\overline{\alpha})$ è il campo fisso del coniugio (Esercizio 7.4). Allora risulta $\mathbb{Q}(\alpha + \overline{\alpha}, \alpha\overline{\alpha}) = \mathbb{Q}(\sqrt[4]{3})$.

11.11. Dimostrare che per n dispari il numero $\sqrt[n]{2}$ non è costruibile.

11.12. Stabilire se l'angolo di ampiezza $\frac{\pi}{5}$ è costruibile con riga e compasso.

11.13. Stabilire se gli angoli di ampiezza uguale a 10 e 24 gradi sono costruibili con riga e compasso.

11.14. Determinare per quali valori di $n \leq 30$ il poligono regolare di n lati è costruibile con riga e compasso.

11.15. Dimostrare che il poligono regolare di n lati è costruibile se e soltanto se $\cos\left(\frac{2\pi}{n}\right)$ è un numero costruibile.

11.16. Dimostrare che il poligono regolare di n lati è costruibile se e soltanto se $\cos\left(\frac{2\pi}{n}\right)$ ha grado su $\mathbb{Q}$ uguale a una potenza di 2

Suggerimento: Mostrare che $\mathbb{Q}\left(\cos\left(\frac{2\pi}{n}\right)\right)$ è un ampliamento normale di $\mathbb{Q}$ ed usare poi l'esercizio precedente e il Corollario 11.2.5.

11.17. Dimostrare analiticamente che il lato del pentagono regolare è l'ipotenusa di un triangolo rettangolo in cui i cateti sono uno la sezione aurea dell'altro ed usare questo fatto per iscrivere con riga e compasso il pentagono regolare in una circonferenza.

Parte V

APPENDICI

12

Complementi di teoria dei gruppi

In questo capitolo ricorderemo brevemente alcuni risultati di Teoria dei Gruppi che abbiamo usato nel testo; in particolare richiameremo il concetto di *azione* di un gruppo su un insieme e dimostreremo alcune proprietà dei *gruppi risolubili*. Per le nozioni di base e per approfondimenti si può consultare [53] oppure [55].

12.1 Azioni di gruppi

Se G è un gruppo moltiplicativo con elemento neutro e e X è un insieme, un'*azione* di G su X è un'applicazione

$$\mathfrak{a} : G \times X \longrightarrow X ; \quad (g, x) \mapsto g(x)$$

tale che $e(x) = x$ e $gh(x) = g(h(x))$, per ogni $x \in X$ e $g, h \in G$.

Se G agisce su X, anche ogni sottogruppo H di G agisce su X per *restrizione*.

Il gruppo $T(X)$ delle applicazioni biunivoche di X in sé (o *trasformazioni* di X) agisce in modo naturale su X, tramite l'azione

$$T(X) \times X \longrightarrow X ; \quad (f, x) \mapsto f(x),$$

per ogni $f \in T(X)$, $x \in X$. In particolare il gruppo delle permutazioni $\mathbf{S}_n$ agisce naturalmente su un insieme con n elementi e, se A è una struttura algebrica, ogni gruppo di automorfismi di A agisce in modo naturale su A.

Il prossimo risultato mostra che se G agisce su X, G individua un sottogruppo di $T(X)$.

Proposizione 12.1.1 *Sia G un gruppo che agisce sull'insieme X. Allora:*

(a) *Per ogni $g \in G$, la corrispondenza*

$$\varphi_g : X \longrightarrow X ; \quad x \mapsto g(x)$$

è biunivoca.

(b) *L'applicazione*

$$\psi : G \longrightarrow T(X); \quad g \mapsto \varphi_g$$

è un omomorfismo di gruppi.

Dimostrazione. (a) basta osservare che $\varphi_{g^{-1}}$ è l'applicazione inversa di φ_g.
(b) Segue dal fatto che $\varphi_{gh}(x) = gh(x) = g(h(x)) = \varphi_g\varphi_h(x)$, per ogni g, $h \in G$ e $x \in X$.

Se G agisce su X, per ogni elemento $x \in X$, l'insieme $S(x) := \{g \in G \, ; \, g(x) = x\}$ si chiama lo *stabilizzatore* di x. Si vede facilmente che $S(x)$ è un sottogruppo di G. Se poi Y è un sottoinsieme di X, poniamo $S(Y) := \bigcap_{y \in Y} S(y)$ e diciamo che $S(Y)$ è lo stabilizzatore di Y.

Il nucleo dell'omomorfismo ψ definito nella Proposizione 12.1.1 (b) è dato dagli elementi $g \in G$ tali che $g(x) = x$, per ogni $x \in X$; quindi è lo stabilizzatore di X. Questo sottogruppo di G si chiama il *nucleo dell'azione*.

Si dice che l'azione di G su X è *fedele*, o che G *agisce fedelmente* su G, se il suo nucleo è banale, cioè se G è isomorfo ad un sottogruppo di $T(X)$. Allora il gruppo quoziente $G/S(X)$ agisce fedelmente su X con l'azione definita da

$$\frac{G}{S(X)} \longrightarrow X; \quad (gS(X), x) \mapsto g(x).$$

Dato $x \in X$, l'azione di G su X definisce anche l'insieme $G(x) := \{g(x); \, g \in G\}$. Questo sottoinsieme di X si chiama l'*orbita* di x.

Si dice che l'azione di G è *transitiva*, o che G *agisce transitivamente* o ancora che G è *transitivo* su X, se $G(x) = X$ per ogni $x \in X$, cioè se esiste un'unica orbita. In altre parole, G è transitivo su X se comunque scelti x, $y \in X$, esiste $g \in G$ tale che $g(x) = y$.

Proposizione 12.1.2 *Se G è un gruppo che agisce sull'insieme X, la famiglia delle orbite degli elementi di X costituisce una partizione di X.*

Dimostrazione. Poiché $e(x) = x$, $x \in G(x)$. Quindi le orbite ricoprono X. Se poi $x \in G(y) \cap G(z)$, allora $h(y) = x = g(z)$ per qualche h, $g \in G$. Da cui $y = h^{-1}g(z) \in G(z)$ e $z = g^{-1}h(y) \in G(y)$. Perciò $G(y) = G(z)$.

Esempi 12.1.3 (1) Se $\sigma \in \mathbf{S}_n$, il sottogruppo $G := \langle \sigma \rangle$ di $\mathbf{S}_n$ agisce in modo naturale su $X := \{1, \ldots, n\}$ e l'orbita di $x \in X$ è $G(x) = \{\sigma(x), \ldots, \sigma^m(x) = x\}$, dove m è l'ordine di σ. Quindi le orbite degli elementi di X corrispondono ai cicli disgiunti di σ.

(2) Ogni gruppo G agisce transitivamente su se stesso per moltiplicazione sinistra

$$G \times G \longrightarrow G; \quad (g, x) \mapsto gx.$$

Allora, per il Teorema 12.1.1 (b), G è isomorfo ad un sottogruppo di $T(G)$. Questa proprietà è stata dimostrata da A. Caylay, nel 1854.

(3) Se F è un campo, il gruppo $\mathbf{S}_n$ agisce sull'anello dei polinomi in $n \geq 2$ indeterminate $F[\mathbf{X}] := F[X_1, \ldots, X_n]$ (e sul campo delle funzioni razionali $F(\mathbf{X})$) ponendo

$$\mathbf{S}_n \times F[\mathbf{X}] \longrightarrow F[\mathbf{X}]\,; \quad (\sigma, f(\mathbf{X})) \mapsto f^{\sigma}(\mathbf{X}) := f(X_{\sigma(1)}, \ldots, X_{\sigma(n)}).$$

In questo caso, l'applicazione

$$\varphi_{\sigma} : F[\mathbf{X}] \longrightarrow F[\mathbf{X}]\,, \quad f(\mathbf{X}) \mapsto f^{\sigma}(\mathbf{X})$$

è un automorfismo e l'applicazione

$$\psi : \mathbf{S}_n \longrightarrow \mathrm{Aut}(F[\mathbf{X}])\,; \quad \sigma \mapsto \varphi_{\sigma}$$

è iniettiva (Proposizioni 2.7.1 e 2.7.10). Quindi $\mathbf{S}_n$ agisce fedelmente (ma non transitivamente) su $F[\mathbf{X}]$.

(4) Se $f(X) \in F[X]$ è un polinomio separabile, il gruppo di Galois di $f(X)$ su F agisce fedelmente sull'insieme delle radici di $f(X)$. Inoltre tale azione è transitiva se e soltanto se $f(X)$ è irriducibile su F (Paragrafo 8.1).

Proposizione 12.1.4 *Sia G un gruppo che agisce sull'insieme X. Allora, per ogni $x \in X$, l'applicazione definita da*

$$gS(x) \mapsto g(x)$$

è un'applicazione biiettiva tra l'insieme delle classi laterali sinistre dello stabilizzatore $S(x)$ e l'orbita $G(x)$ di x.

In particolare, se G è finito, si ha $|G(x)| = [G : S(x)]$ e

$$|G| = |G(x)||S(x)|.$$

Dimostrazione. Basta osservare che $g(x) = h(x)$ se e soltanto se $g^{-1}h(x) = x$, cioè $g^{-1}h \in S(x)$.

Il seguente corollario è immediato.

Corollario 12.1.5 *Se G agisce su X e $Y \subseteq X$, $g(y) = h(y)$ per ogni $y \in Y$ se e soltanto se $gS(Y) = hS(Y)$.*

12.1.1 Il coniugio e l'equazione delle classi

Ogni gruppo G agisce su se stesso per *coniugio* ponendo

$$G \times G \longrightarrow G\,; \quad (g, x) \mapsto g(x) := gxg^{-1}.$$

L'elemento gxg^{-1} si chiama il *coniugato* di x rispetto a g. L'orbita di $x \in G$ sotto questa azione si chiama la *classe di coniugio* di x e verrà indicata con $cl(x)$. Dunque le classi di coniugio formano una partizione di G (Proposizione

12.1.2). Lo stabilizzatore di x in G si chiama il *centralizzante* di x e si indica con $C(x)$:

$$C(x) := \{g \in G \,;\, gxg^{-1} = x\} = \{g \in G \,;\, gx = xg\}.$$

Si verifica facilmente che l'applicazione

$$\gamma_g : G \longrightarrow G \,;\quad x \mapsto gxg^{-1}$$

è un automorfismo di G: esso si chiama l'*automorfismo interno definito da g*. Quindi, per la Proposizione 12.1.1, si ha un'omomorfismo di gruppi

$$\psi : G \longrightarrow \mathrm{Aut}(G) \,;\quad g \mapsto \gamma_g$$

il cui nucleo è l'intersezione di tutti i centralizzanti. Il nucleo di ψ si indica con $Z(G)$ e si chiama il *centro* di G:

$$Z(G) := \{g \in G \,;\, gx = xg, \text{ per ogni } x \in G\}.$$

L'immagine di ψ, ovvero il sottogruppo di $\mathrm{Aut}(G)$ formato da tutti gli automorfismi interni di G, si denota con $\mathrm{Int}(G)$. Allora $\mathrm{Int}(G)$ è canonicamente isomorfo al gruppo quoziente $G/Z(G)$ ed agisce fedelmente su G ponendo

$$\mathrm{Int}(G) \times G \longrightarrow G \,;\quad (\gamma_g, x) \mapsto \gamma_g(x) = gxg^{-1}.$$

Notiamo che G è abeliano se e soltanto se $G = Z(G)$. Inoltre

$$cl(x) = \{x\} \quad \Leftrightarrow \quad G = C(x) \quad \Leftrightarrow \quad x \in Z(G).$$

Allora, se G è un gruppo finito e Λ è un sistema completo di rappresentanti delle classi di coniugio, si ha

$$\sum_{x \in \Lambda \cap Z(G)} |cl(x)| = |Z(G)|.$$

Da cui,

$$|G| = \sum_{x \in \Lambda} |cl(x)| = |Z(G)| + \sum_{x \in \Lambda \setminus Z(G)} |cl(x)|$$

ed usando la Proposizione 12.1.4

$$|G| = |Z(G)| + \sum_{x \in \Lambda \setminus Z(G)} [G : C(x)].$$

Quest'ultima espressione viene chiamata l'*Equazione delle Classi* di G.

Esempi 12.1.6 (1) Se $\sigma := (a_1, \ldots, a_m) \in \mathbf{S}_n$ è un m-ciclo, risulta $\tau\sigma\tau^{-1} = (\tau(a_1), \ldots, \tau(a_m))$. Quindi due permutazioni sono coniugate se e soltanto se hanno la stessa struttura ciclica [53, Paragrafo 2.3.1].

(2) Verifichiamo l'equazione delle classi per il gruppo $\mathbf{A}_5$. Notiamo che i 5-cicli di $\mathbf{S}_5$ si ripartiscono in due classi di coniugio in $\mathbf{A}_5$. Infatti essi sono tutti coniugati in $\mathbf{S}_5$ ed il loro numero è $5!/5 = 24$. Quindi il centralizzante in $\mathbf{S}_5$ di un 5-ciclo σ, avendo ordine 5, è $C(\sigma) = \langle\sigma\rangle$. Poiché $C(\sigma) \subseteq \mathbf{A}_5$ ed ha indice 12 in $\mathbf{A}_5$, i coniugati di σ in $\mathbf{A}_5$ sono 12. I 3-cicli di $\mathbf{S}_5$ sono $5!/3 = 20$ e sono tutti coniugati in $\mathbf{S}_5$. Quindi il centralizzante in $\mathbf{S}_5$ di un 3-ciclo γ è un sottogruppo $C(\gamma)$ di ordine 6, necessariamente isomorfo a $\mathbf{S}_3$. Ne segue che il centralizzante di γ in $\mathbf{A}_5$ è $C(\gamma) \cap \mathbf{A}_5 = \langle\gamma\rangle$. Poiché $\langle\gamma\rangle$ ha indice 20 in $\mathbf{A}_5$, i 3-cicli sono tutti coniugati in $\mathbf{A}_5$. In modo analogo si vede che gli elementi di $\mathbf{A}_5$ del tipo $(ab)(cd)$, che sono 15, sono tutti coniugati in $\mathbf{A}_5$. Infine l'identità è autoconiugata. In definitiva, l'equazione delle classi per $\mathbf{A}_5$ dice che

$$60 = |\mathbf{A}_5| = 12 + 12 + 20 + 15 + 1.$$

Ricordiamo che il gruppo alterno $\mathbf{A}_5$ è isomorfo al gruppo delle isometrie dell'icosaedro (o *gruppo icosaedrale*). L'icosaedro ha 20 facce triangolari, 30 spigoli e 12 vertici: ai 24 5-cicli di $\mathbf{A}_5$ corrispondono le rotazioni dell'icosaedro il cui asse passa per un vertice, ai 20 3-cicli le rotazioni il cui asse passa per il centro di una faccia ed infine agli elementi di tipo $(ab)(cd)$ le rotazioni il cui asse passa per il punto medio di uno spigolo. Inoltre, per dualità, $\mathbf{A}_5$ è anche isomorfo al gruppo delle isometrie del dodecaedro.

Un gruppo G agisce per coniugio anche sull'insieme dei suoi sottogruppi, ponendo

$$g(H) := \gamma_g(H) = gHg^{-1} := \{ghg^{-1} \,;\, h \in H\},$$

per ogni sottogruppo $H \subseteq G$. Lo stabilizzatore di H si chiama il *normalizzante* di H in G, esso è il sottogruppo

$$N(H) := \{g \in G \,;\, gHg^{-1} = H\}.$$

Un sottogruppo H di G si dice *normale* in G se $gHg^{-1} = H$, per ogni $g \in G$, cioè se $N(H) = G$. In generale $N(H)$ è il più grande sottogruppo di G in cui H è normale (Esercizio 12.8). Dalla Proposizione 12.1.4 otteniamo che il numero dei sottogruppi di G coniugati ad H è uguale all'indice del normalizzante in G.

Per finire mostriamo che, data una qualsiasi azione di G su X, gli stabilizzatori di due elementi che appartengono alla stessa orbita sono coniugati.

Proposizione 12.1.7 *Sia G un gruppo che agisce sull'insieme X. Allora, per ogni $g \in G$ e $x \in X$, si ha*

$$S(gx) = gS(x)g^{-1}.$$

Dimostrazione. Sia $h \in S(x)$. Allora $ghg^{-1}(g(x)) = g(x)$; quindi $gS(x)g^{-1} \subseteq S(gx)$. Viceversa, se $s(g(x)) = sg(x) = g(x)$, si ha $g^{-1}sg \in S(x)$ e quindi $s \in gS(x)g^{-1}$.

Esempi 12.1.8 (1) Se $N(H)$ è il normalizzante di H di G, per ogni $g \in G$, risulta $N(gHg^{-1}) = gN(H)g^{-1}$.

(2) Se $L \subseteq K$ è un ampliamento di campi, il gruppo di Galois di K su L è lo stabilizzatore di L sotto l'azione naturale di $\mathrm{Aut}(K)$. Allora, dati φ, $\psi \in \mathrm{Aut}(K)$, dal Corollario 12.1.5 otteniamo che $\varphi_{|L} = \psi_{|L}$ se e soltanto se $\varphi \, \mathrm{Gal}_L(K) = \psi \, \mathrm{Gal}_L(K)$ (Proposizione 7.3.5). Inoltre, per la Proposizione 12.1.7, $\mathrm{Gal}_{\varphi(L)}(K) = \varphi \, \mathrm{Gal}_L(K)\varphi^{-1}$ (Proposizione 7.3.4).

12.1.2 p-gruppi finiti

Se $p \geq 2$ è un numero primo, un gruppo di ordine uguale ad una potenza di p si chiama un *p-gruppo finito*. Usando l'Equazione delle Classi, possiamo ottenere utili informazioni su questi gruppi.

Proposizione 12.1.9 *Un p-gruppo finito ha centro non banale.*

Dimostrazione. Sia G un p-gruppo finito. Se G è abeliano, allora $G = Z(G)$. Se no, esistono rappresentanti delle classi di coniugio che non appartengono a $Z(G)$. Per tali elementi g, l'indice del centralizzante $[G : C(g)]$ è diverso da 1 e quindi è diviso da p. Consideriamo l'equazione delle classi di G:

$$|G| = |Z(G)| + \sum_{g \in \Lambda \setminus Z(G)} [G : C(g)],$$

dove al solito Λ è un sistema completo di rappresentanti per le classi di coniugio di G. Poiché p divide $|G|$ e divide anche tutti gli addendi $[G : C(g)]$ in cui $g \in \Lambda \setminus Z(G)$, allora p divide $|Z(G)|$, cioè $Z(G) \neq \langle e \rangle$.

Corollario 12.1.10 *Un p-gruppo di ordine p^2 è abeliano.*

Dimostrazione. Per la Proposizione 12.1.9, $Z(G) \neq \langle e \rangle$. Se $Z(G) \neq G$, allora $|Z(G)| = p$. D'altra parte, dato $g \in G \setminus Z(G)$, si ha $G \supsetneq C(g)$ e dunque anche $|C(g)| = p$. Questo è impossibile perché $C(g) \supsetneq Z(G)$.

12.2 I teoremi di Sylow

Il Teorema di Lagrange per i gruppi finiti asserisce che l'ordine di ogni sottogruppo divide l'ordine del gruppo. Ma, se d è un divisore positivo dell'ordine, il gruppo non ha necessariamente sottogruppi di ordine d.

Esempi 12.2.1 Il gruppo alterno $\mathbf{A}_4$ ha ordine 12 ma non ha sottogruppi di ordine 6. Infatti, si osservi che $\mathbf{A}_4$ contiene tutti i 3-cicli di $\mathbf{S}_4$, che sono 8. Dunque un eventuale suo sottogruppo H di ordine 6 non può contenere tutti i 3-cicli. D'altra parte H, avendo indice 2, è normale in $\mathbf{A}_4$. Allora si può scrivere $\mathbf{A}_4/H = \{H, aH\}$, dove a è un 3-ciclo che non sta in H. Poiché la classe aH ha ordine 2, si ha che $(aH)^2 = a^2 H = H$. Dunque $a^2 = a^{-1} \in H$. Poiché H è un gruppo e $a \notin H$, questo è impossibile.

Nel seguito di questo paragrafo daremo alcune condizioni di sufficienza affinché un gruppo finito abbia un sottogruppo di un certo ordine ammissibile. In particolare mostreremo che ogni gruppo finito ha un p-sottogruppo massimale per ogni divisore primo p del suo ordine. Questo risultato, che è fondamentale nella Teoria dei Gruppi finiti, è stato dimostrato da L. Sylow nel 1872. Nel 1845, A. L. Cauchy aveva precedentemente dimostrato che, se p divide l'ordine di G, allora G ha almeno un elemento, e quindi un sottogruppo, di ordine p.

Teorema 12.2.2 (Teorema di Cauchy per i gruppi abeliani) *Sia G un gruppo abeliano finito di ordine $n \geq 2$. Se p è un primo che divide n, allora G ha un elemento, e quindi un sottogruppo, di ordine p.*

Dimostrazione. Procediamo per induzione sull'ordine di G. Se $|G| = 2$, la proposizione è trivialmente vera. Sia ora $|G| = n > 2$. Se G ha un elemento g di ordine pk, allora g^k ha ordine p. Supponiamo perciò che nessun elemento di G abbia ordine divisibile per p e, per ipotesi induttiva, che la proposizione sia vera per ogni gruppo abeliano di ordine strettamente minore di n.

Fissiamo $g \in G$, $g \neq e$, e consideriamo il sottogruppo $H := \langle g \rangle$. Il gruppo quoziente G/H è abeliano e ha ordine strettamente minore di n. Inoltre, p divide tale ordine. Infatti, sia m l'ordine di g. Allora p divide $|G| = |G/H||H| = |G/H|m$ e p non divide m. Dunque, per l'ipotesi induttiva, G/H ha un elemento xH di ordine p. Poiché $(xH)^p = x^pH = H$, allora $x^p \in H$ e perciò $x^p = g^r$ per qualche $r \leq m$. Ora g^r ha ordine m/d, dove $d = \text{MCD}(m,r)$. Allora $x^{m/d} \neq e$; altrimenti si avrebbe $(xH)^{m/d} = x^{m/d}H = eH = H$ e p dividerebbe m/d, mentre p non divide m. Poiché $(x^{m/d})^p = (x^p)^{m/d} = (g^r)^{m/d} = e$, allora $x^{m/d}$ è un elemento di G di ordine p.

Usando il teorema precedente, possiamo subito dimostrare che i p-gruppi finiti e i gruppi abeliani finiti hanno un sottogruppo di ogni ordine ammissibile.

Proposizione 12.2.3 *Un p-gruppo G di ordine p^n, $n \geq 1$, ha un sottogruppo G_k di ordine p^k per $k = 0, \ldots, n$. Inoltre G_k è normale in G_{k+1} per $0 \leq k < n$.*

Dimostrazione. Procediamo per induzione su k. Se $k = 1$, allora il sottogruppo cercato è $H := \langle e \rangle$. Sia allora $k > 1$ e supponiamo che l'asserzione sia vera per i gruppi di ordine p^{k-1}.

Per la Proposizione 12.1.9, il centro $Z(G)$ è non banale; dunque $Z(G) \neq \langle e \rangle$ ha ordine p^s con $1 \leq s \leq k - 1$. Poiché il centro è abeliano, per il Teorema 12.2.2, esso ha un sottogruppo N di ordine p e questo è un sottogruppo normale di G (perché $gn = ng$ per ogni $g \in G$ e $n \in N \subseteq Z(G)$). Consideriamo il gruppo quoziente G/N. Questo gruppo ha ordine p^{k-1}, perciò ha un sottogruppo normale di ordine p^{k-2} per l'ipotesi induttiva. Tale sottogruppo è della forma H/N, dove H è un sottogruppo normale di G ed inoltre $|H| = |H/N||N| = p^{k-2}p = p^{k-1}$. Dunque H è il sottogruppo cercato.

Proposizione 12.2.4 *Sia G un gruppo abeliano finito di ordine n ≥ 2. Se m è un divisore positivo di n, allora G ha un sottogruppo di ordine m.*

Dimostrazione. Procediamo per induzione sull'ordine di G. Se $|G| = 2$, il teorema è trivialmente vero. Sia dunque $|G| > 2$ e supponiamo che il teorema sia vero per ogni gruppo abeliano di ordine strettamente minore di $|G|$. Consideriamo un divisore primo p di m. Allora p divide $|G|$ e, per il Teorema 12.2.2, G ha un sottogruppo H di ordine p. Il gruppo quoziente G/H è abeliano e ha ordine strettamente minore di $|G|$. Inoltre m/p divide tale ordine. Perciò, per l'ipotesi induttiva, G/H ha un sottogruppo di ordine m/p. Questo sottogruppo è della forma K/H, dove K è un sottogruppo di G e, poiché $|K| = |K/H||H| = (m/p)p = m$, K è il sottogruppo cercato.

Affrontiamo ora il Primo Teorema di Sylow.

Teorema 12.2.5 (Primo Teorema di Sylow, 1872) *Sia G un gruppo finito di ordine $p^m s$, dove $m ≥ 1$ e p è un primo che non divide s. Allora G ha un sottogruppo di ordine p^m.*

Dimostrazione. Procediamo per induzione sull'ordine di G. Poiché, per ipotesi, p divide l'ordine di G, il minimo ordine possibile per G è p. In questo caso il teorema è trivialmente vero. Sia dunque $|G| = n = p^m s$ come nelle ipotesi e supponiamo che il teorema sia vero per ogni gruppo il cui ordine è diviso da p ed è strettamente minore di n. Consideriamo l'equazione delle classi di G:

$$|G| = |Z(G)| + \sum_{g \in \Lambda \setminus Z(G)} [G : C(g)],$$

dove al solito Λ indica un sistema completo di rappresentanti per le classi di coniugio di G. Se p non divide uno degli addendi $[G : C(g)]$, con $g \notin Z(G)$, allora p^m divide $|C(g)|$ ed è la massima potenza di p con questa proprietà (perché $p^m s = |G| = [G : C(g)]|C(g)|$). Poiché $g \notin Z(G)$, allora $C(g)$ ha ordine strettamente minore di n e dunque, per l'ipotesi induttiva, ha un sottogruppo di ordine p^m. Questo sottogruppo è chiaramente anche un sottogruppo di G.

Se p divide tutti i fattori $[G : C(g)]$, con $g \notin Z(G)$, allora p divide $|Z(G)|$. Poiché $Z(G)$ è abeliano, per il Teorema 12.2.2, esso ha un sottogruppo N di ordine p ed N è normale in G. Consideriamo il gruppo quoziente G/N. Questo gruppo ha ordine $p^{m-1} s$ e p non divide s. Per l'ipotesi induttiva, allora G/N ha un sottogruppo di ordine p^{m-1}. Tale sottogruppo è della forma H/N, dove H è un sottogruppo di G ed inoltre $|H| = |H/N||N| = p^{m-1}p = p^m$. Dunque H è il sottogruppo cercato.

Corollario 12.2.6 *Sia G un gruppo finito. Se p è primo e p^k divide l'ordine di G, $1 ≤ k$, G ha un sottogruppo di ordine p^k.*

Dimostrazione. Segue dal Primo Teorema di Sylow (Teorema 12.2.5) e la Proposizione 12.2.3.

Corollario 12.2.7 (L. Cauchy, 1845) *Sia G un gruppo finito. Se p è un primo che divide l'ordine di G, allora G ha un sottogruppo, ovvero un elemento, di ordine p.*

Se $|G| = p^m s$, dove p è un primo che non divide s e $m \geq 1$, un sottogruppo di G di ordine p^m, esistente per il Teorema 12.2.4, si chiama un *p-sottogruppo di Sylow*, o semplicemente un *p-Sylow* di G.

Sylow dimostrò importanti proprietà di questi sottogruppi, utili ad esempio per studiare la classificazione e la struttura dei gruppi finiti. Per completezza enunciamo quelli che vanno sotto il nome di Secondo e Terzo Teorema di Sylow; per la dimostrazione si può vedere [53, Teorema 3.28].

Teorema 12.2.8 (Secondo Teorema di Sylow) *Sia G un gruppo finito. Allora*

(a) *Ogni p-sottogruppo di G è contenuto in un p-sottogruppo di Sylow;*
(b) *Tutti i p-sottogruppi di Sylow di G sono coniugati.*

Teorema 12.2.9 (Terzo Teorema di Sylow) *Sia G un gruppo finito di ordine $p^m s$, dove $m \geq 1$ e p è un primo che non divide s. Allora il numero dei p-sottogruppi di Sylow di G divide s ed è congruo a 1 modulo p.*

Esempi 12.2.10 (1) Poiché tutti i p-Sylow di un gruppo G sono coniugati, il loro numero uguaglia l'indice del normalizzante di uno qualsisi di essi (Proposizione 12.1.4).

(2) Il gruppo $\mathbf{S}_4$ ha ordine $24 = 2^3 3$. Esso ha perciò 4 3-Sylow, ciclici di ordine 3, e 3 2-Sylow, diedrali di ordine 8. Il normalizzante del 3-Sylow $\langle (abc) \rangle$ ha ordine 6, quindi è il sottogruppo $\langle (abc), (ab) \rangle$, isomorfo ad $\mathbf{S}_3$. Il normalizzante di un 2-Sylow H ha ordine 8 e quindi coincide con H.

(3) I p-Sylow di $\mathbf{S}_p$ sono tutti e soli i sottogruppi di ordine p. Poiché il normalizzante di un p-Sylow di $\mathbf{S}_p$ ha ordine $p(p-1)$ (Proposizione 9.5.1), il numero dei p-Sylow di $\mathbf{S}_p$ è $(p-2)!$.

Notiamo che questi p-Sylow sono ciclici e tutti tra loro coniugati (Secondo Teorema di Sylow). Poiché un p-ciclo genera un p-Sylow, ogni elemento di ordine p di $\mathbf{S}_p$ è un p-ciclo.

(4) Un gruppo abeliano ha un unico p-Sylow, per ogni divisore primo p del suo ordine. Infatti tutti i sottogruppi di un gruppo abeliano sono normali e quindi autoconiugati.

12.3 Gruppi risolubili

Una catena finita di sottogruppi di un gruppo G

$$G := N_0 \supsetneq N_1 \supsetneq \cdots \supsetneq N_{m-1} \supsetneq N_m = \langle e \rangle$$

si chiama una *serie normale* di G se N_i è un sottogruppo normale di N_{i-1}, per $i = 1, \dots, m$. L'intero m si chiama la *lunghezza della serie* e i gruppi quozienti N_{i-1}/N_i si chiamano i *fattori* della serie.

Una *serie normale abeliana* (rispettivamente *ciclica*) di G è una serie normale i cui fattori N_{i-1}/N_i sono tutti abeliani (rispettivamente ciclici). Un gruppo G si dice *risolubile* se è non banale ed ha una serie normale abeliana.

Una classe importante di gruppi risolubili è data dai p-gruppi finiti.

Corollario 12.3.1 *Un p-gruppo finito è risolubile.*

Dimostrazione. Per la Proposizione 12.2.3, un gruppo G di ordine p^n, $n \geq 1$, ha una catena di sottogruppi

$$G = G_n \supsetneq G_{n-1} \supsetneq \cdots \supsetneq G_1 \supsetneq G_0 = \langle e \rangle,$$

dove G_k ha ordine p^k ed è normale in G_{k+1} per $k = 0, \cdots, n-1$. Poiché i gruppi quozienti G_{k+1}/G_k hanno ordine p, essi sono ciclici. Ne segue che G è risolubile.

Esempi 12.3.2 (1) Dalla definizione segue subito che ogni gruppo abeliano non banale è risolubile. Infatti una sua serie normale abeliana è ad esempio $G \supsetneq \langle e \rangle$.

(2) Tutti i gruppi diedrali sono risolubili. Ricordiamo che, per $n \geq 3$, il *gruppo diedrale di grado n*, che indichiamo con $\mathbf{D}_n$, è il gruppo delle isometrie del poligono regolare di n lati. $\mathbf{D}_n$ ha ordine $2n$ ed è generato dalla rotazione ρ di angolo $2\pi/n$ attorno al centro del poligono e da una riflessione rispetto ad un asse.

Il sottogruppo $N := \langle \rho \rangle$ ha indice 2 in $\mathbf{D}_n$ e dunque è normale. Il quoziente $\mathbf{D}_n/N$, avendo due elementi, è abeliano. Inoltre N è abeliano. in conclusione, una serie normale abeliana per $\mathbf{D}_n$ è

$$\mathbf{D}_n \supsetneq N = \langle \rho \rangle \supsetneq \langle id \rangle.$$

(3) I gruppi di permutazioni $\mathbf{S}_3$ e $\mathbf{S}_4$ sono risolubili. Una serie normale abeliana per $\mathbf{S}_3$ è:

$$\mathbf{S}_3 \supsetneq \mathbf{A}_3 \supsetneq \langle (1) \rangle;$$

infatti $\mathbf{S}_3/\mathbf{A}_3 \cong \mathbb{Z}_2$ e $\mathbf{A}_3$ è ciclico di ordine 3.

Una serie normale abeliana per $\mathbf{S}_4$ è:

$$\mathbf{S}_4 \supsetneq \mathbf{A}_4 \supsetneq \mathbf{V}_4 \supsetneq \langle (1) \rangle,$$

dove $\mathbf{V}_4 := \{(1), (12)(34), (13)(24), (14)(23)\}$. Infatti $\mathbf{S}_4/\mathbf{A}_4 \cong \mathbb{Z}_2$ e $\mathbf{A}_4/\mathbf{V}_4 \cong \mathbb{Z}_3$ sono abeliani.

(4) W. Burnside ha dimostrato che tutti i gruppi di ordine $p^n q^m$, dove p e q sono due primi distinti e $n, m \geq 1$, sono risolubili (1904) ed ha congetturato che tutti i gruppi finiti di ordine dispari fossero risolubili. Questa congettura di Burnside è stata poi risolta in positivo da W. Feit - J. G. Thompson (*Solvability of groups of odd order*, 1963).

(5) Si può dimostrare che i gruppi di ordine strettamente minore di 60 sono tutti risolubili.

Dimostriamo ora, come in [1, Paragrafo III, B], la non risolubilità di S_n e A_n per $n \geq 5$.

Teorema 12.3.3 *I gruppi* S_n *ed* A_n *non sono risolubili per* $n \geq 5$.

Dimostrazione. Sia $n \geq 5$. Supponiamo che $G := S_n$ oppure $G := A_n$ e consideriamo una qualsiasi catena di sottogruppi di G:

$$G := H_0 \supseteq H_1 \supseteq \ldots \supseteq H_{m-1} \supseteq H_m \supseteq \ldots$$

dove, per ogni $i \geq 1$, H_i è normale in H_{i-1} e il gruppo quoziente H_{i-1}/H_i è ciclico. Mostriamo, per induzione su i, che ogni H_i contiene tutti i 3-cicli di S_n e perciò la catena non può essere finita.

Se $i = 0$ l'asserzione è banalmente vera. Supponiamo che H_{i-1} contenga tutti i 3-cicli e consideriamo $x := (abc)$, $y := (cde) \in H_{i-1}$, dove $\{a, b, c, d, e\} = \{1, 2, 3, 4, 5\}$. Sia $\pi : H_{i-1} \longrightarrow H_{i-1}/H_i$ la proiezione canonica. Poiché il gruppo H_{i-1}/H_i è commutativo, si ha

$$\pi(x^{-1}y^{-1}xy) = \pi(x)^{-1}\pi(y)^{-1}\pi(x)\pi(y) = (1).$$

Allora $x^{-1}y^{-1}xy = (cba)(edc)(abc)(cde) = (cbe) \in H_i$ per ogni $c, b, e \in \{1, 2, 3, 4, 5\}$.

La proposizione seguente fornisce utili criteri per stabilire se un gruppo è risolubile.

Proposizione 12.3.4 *Sia* G *un gruppo finito.*

(a) *Se* G *è risolubile, ogni sottogruppo di* G *è risolubile.*

Inoltre, sia N *un sottogruppo normale proprio di* G.

(b) *Se* G *è risolubile, il gruppo quoziente* G/N *è risolubile;*
(c) *Se* N *e* G/N *sono risolubili,* G *è risolubile.*

Dimostrazione. (a) Sia G risolubile e $G = N_0 \supsetneq N_1 \supsetneq \cdots \supsetneq N_{r-1} \supsetneq N_r = \langle e \rangle$ una serie normale abeliana di G. Sia H un sottogruppo di G. Consideriamo la catena di sottogruppi:

$$H \supseteq N_1 \cap H \supseteq \cdots \supseteq N_{r-1} \cap H \supseteq N_r \cap H = \langle e \rangle.$$

Poniamo $H_i := N_i \cap H$, $i = 1, \ldots, r$. Allora H_i è normale in H_{i-1}, perché N_i normale in N_{i-1}. Mostriamo ora che i quozienti H_{i-1}/H_i sono abeliani. Osserviamo che $H_i = N_i \cap (N_{i-1} \cap H) = N_i \cap H_{i-1}$ e dunque

$$H_{i-1}/H_i = H_{i-1}/(N_i \cap H_{i-1}) \cong (H_{i-1}N_i)/N_i \subseteq N_{i-1}/N_i.$$

Poiché N_{i-1}/N_i è abeliano, allora anche H_{i-1}/H_i lo è. In conclusione H ha una serie normale abeliana di lunghezza al più uguale a r.

(b) Sia G risolubile e $G = N_0 \supsetneq N_1 \supsetneq \cdots \supsetneq N_{r-1} \supsetneq N_r = \langle e \rangle$ una serie normale abeliana di G. Sia N un sottogruppo normale di G, $\pi : G \longrightarrow G/N$ la proiezione canonica, e consideriamo la catena

$$\pi(G) = G/N \supseteq \pi(N_1) \supseteq \cdots \supseteq \pi(N_{r-1}) \supseteq \pi(N_r) = \{N\}$$

(dove $\pi(N_i) = (NN_i)/N$). Poiché N_i è normale in N_{i-1}, $\pi(N_i)$ è normale in $\pi(N_{i-1})$, $i = 1, \ldots, r$. Per mostrare che i quozienti $\pi(N_{i-1})/\pi(N_i)$ sono abeliani, consideriamo l'applicazione

$$f : N_{i-1}/N_i \longrightarrow \pi(N_{i-1})/\pi(N_i) ; \quad xN_i \longrightarrow \pi(x)\pi(N_i).$$

Si verifica subito che f è un omomorfismo suriettivo di gruppi. Dunque $\pi(N_{i-1})/\pi(N_i)$ è un quoziente del gruppo abeliano N_{i-1}/N_i e, in quanto tale, è anche esso abeliano. Ne segue che G/N ha una serie normale abeliana di lunghezza al più uguale a r.

(c) Sia N un sottogruppo normale di G. Se N e G/N sono risolubili, esistono due serie normali abeliane

$$N = H_0 \supsetneq H_1 \supsetneq \cdots \supsetneq H_{r-1} \supsetneq H_r = \langle e \rangle$$

e

$$G/N \supsetneq K_1/N \supsetneq \cdots \supsetneq K_{s-1}/N \supsetneq K_s/N = \langle N \rangle.$$

Consideriamo la catena

$$G \supsetneq K_1 \supsetneq \cdots \supsetneq K_{s-1} \supsetneq K_s = N = H_0 \supsetneq H_1 \supsetneq \cdots \supsetneq H_{r-1} \supsetneq H_r = \langle e \rangle.$$

Poiché K_i/N è normale in K_{i-1}/N, allora K_i è normale in K_{i-1}, per $i = 1, \cdots, s$. Inoltre i quozienti $K_{i-1}/K_i \cong (K_{i-1}/N)/K_i/N$ sono abeliani per $i = 1, \cdots, s$. Dunque G è risolubile.

Corollario 12.3.5 *Il prodotto diretto di un numero finito di gruppi risolubili è risolubile.*

Dimostrazione. Se $G = H \times K$, H è normale in G e $G/H \cong K$. Quindi se H e K sono risolubili, anche G lo è per la Proposizione 12.3.4 (c). Poi si può concludere per induzione sul numero dei fattori.

12.3.1 Gruppi semplici

Lo studio dei gruppi risolubili è strettamente collegato con lo studio dei gruppi semplici. Un gruppo si dice *semplice* se è non banale e non ha sottogruppi normali propri. Segue subito dalle definizioni che un gruppo semplice che non è abeliano non può essere risolubile.

Proposizione 12.3.6 *Le seguenti condizioni sono equivalenti per un gruppo finito G:*

(i) *G è abeliano e semplice;*
(ii) *G è ciclico di ordine primo.*

Dimostrazione. (i) $\Rightarrow$ (ii) Poiché ogni sottogruppo di un gruppo abeliano è normale, un gruppo abeliano semplice G è privo di sottogruppi propri. Allora G deve essere generato da ogni suo elemento diverso dall'elemento neutro e perciò è ciclico. Se poi il suo ordine non fosse primo, esso avrebbe sottogruppi propri e allora non sarebbe semplice. (ii) $\Rightarrow$ (i) segue dal Teorema di Lagrange.

Esempi 12.3.7 (1) Ogni gruppo non abeliano di ordine strettamente minore di 60 non è semplice (infatti si può mostrare che esso è risolubile).

(2) Il gruppo alterno $\mathbf{A}_5$ è semplice (Esercizio12.13) ed inoltre è l'unico gruppo semplice di ordine 60, a meno di isomorfismi [53, Esempio 3.40 (3)]. Dalla semplicità di $\mathbf{A}_5$ segue, per per la Proposizione 12.3.4 (a), la non risolubilità di $\mathbf{S}_5$ e più in generale di $\mathbf{S}_n$ per $n \geq 5$.

(3) Tra i gruppi infiniti, un esempio di gruppo semplice è il gruppo quoziente $SL_2(\mathbb{R})/Z$, dove $SL_2(\mathbb{R})$ è il gruppo speciale lineare di grado 2 (cioè il gruppo delle matrici 2×2 invertibili con determinante uguale a 1) e Z è il suo centro (che è costituito dalla matrice unitaria $\mathbf{I}_2$ e dalla sua opposta $-\mathbf{I}_2$) [55, Chapter 8].

Una serie normale di un gruppo G i cui fattori sono tutti gruppi semplici si dice una *serie di composizione* di G. Una tale serie (se esiste) ha lunghezza massimale tra tutte le serie normali di G ed è essenzialmente unica per i Teoremi di C. Jordan (1868) e O. Hölder (1889), nel senso che due serie di composizione di G hanno stessa lunghezza e i corrispondenti fattori sono gruppi isomorfi [53, Teorema 2.62].

Poiché, come vedremo subito, ogni gruppo finito non banale ha sempre una serie di composizione, i gruppi semplici possono considerarsi come le componenti essenziali dei gruppi finiti. La classificazione dei gruppi semplici finiti è stata completata soltanto all'inizio di questo secolo, dopo aver impegnato i matematici per più di cento anni.

Proposizione 12.3.8 *Sia G un gruppo finito non banale. Allora*

(a) *G ha una serie di composizione;*
(b) *Se G è risolubile, ogni sua serie normale abeliana si può raffinare a una serie di composizione.*

Dimostrazione. (a) Se G è semplice, una sua serie di composizione è $G \supsetneq \langle e \rangle$. Procediamo per induzione sull'ordine di G. Se $|G| = 2$, G è semplice. Supponiamo $|G| \geq 3$. Se G non è semplice, esso ha un sottogruppo normale proprio N, che possiamo scegliere di ordine massimale. Per l'ipotesi induttiva, N ha una serie di composizione

$$N \supsetneq N_1 \supsetneq \cdots \supsetneq N_m = \langle e \rangle.$$

Inoltre G/N è semplice per la massimalità di N. Quindi

$$G \supsetneq N \supsetneq \cdots \supsetneq N_m = \langle e \rangle$$

è una serie di composizione per G.

(b) Sia

$$G := N_0 \supsetneq N_1 \supsetneq \cdots \supsetneq N_{m-1} \supsetneq N_m = \langle e \rangle$$

una serie normale abeliana di G. Poiché N_{i-1}/N_i è abeliano, per $i = 0, \ldots, m$, ogni sottogruppo proprio H' di N_{i-1}/N_i è abeliano e normale. Ponendo $H' := H/N_i$, con H un sottogruppo di G contenente N_i, si ottiene che $N_{i-1} \supsetneq H \supsetneq N_i$, H è normale in N_{i-1} e N_i è normale in H. Inoltre i quozienti $N_{i-1}/H \cong (N_{i-1}/N_i)/H'$ e $H/N_i =: H'$ sono abeliani. Poiché G è finito, dopo un numero finito di passi si ottiene una catena

$$G = H_0 \supsetneq H_1 \supsetneq \cdots \supsetneq H_{r-1} \supsetneq H_r = \langle e \rangle$$

di sottogruppi tali che H_i sia normale in H_{i-1} e i gruppi quoziente H_{i-1}/H_i non abbiano sottogruppi propri, cioè siano semplici.

Proposizione 12.3.9 *Un gruppo finito è risolubile se e soltanto se ha una serie normale ciclica i cui fattori hanno tutti ordine primo.*

Dimostrazione. Se il gruppo G è risolubile ogni sua serie normale abeliana si può raffinare a una serie di composizione (Proposizione 12.3.8). I fattori di questa serie, essendo semplici e abeliani sono ciclici di ordine primo (Proposizione 12.3.6). Il viceversa è ovvio.

12.4 Gruppi abeliani finiti

Vogliamo mostrare in questo paragrafo che ogni gruppo abeliano finito è prodotto diretto di p-gruppi ciclici, il cui ordine è univocamente determinato.

Proposizione 12.4.1 *Ogni p-gruppo abeliano finito è un prodotto diretto di sottogruppi ciclici.*

Dimostrazione. Sia G un p-gruppo abeliano finito e sia $g \in G$ un elemento di ordine massimo $n := p^m$. Se G non è ciclico, $G \neq C := \langle g \rangle$. Sia $H \subseteq G$ un sottogruppo del massimo ordine possibile tale che $C \cap H = \{e\}$. Poiché G è abeliano, HC è un sottogruppo di G isomorfo al prodotto diretto $H \times C$. Mostriamo che $G = HC$. Poiché H è un p-gruppo di ordine inferiore a quello di G, potremo poi concludere per induzione sull'ordine.

Supponiamo che $HC \neq G$ e sia $x \in G \setminus HC$. Poiché l'ordine di x è uguale ad una potenza di p al più uguale ad $n := p^m$, si ha $x^n = e \in HC$. Allora esiste $s \leq m$ tale che $x^{p^s} \in HC$ e $y := x^{p^{s-1}} \notin HC$. Poiché $y^p \in HC$, possiamo scrivere $y^p = hg^t$, con $h \in H$ e $t \in \mathbb{Z}$. Notando che $y^n = (hg^t)^{n/p} = e$, vediamo che $g^{tn/p} \in C \cap H = \{e\}$. Da cui otteniamo che p divide t (perché g ha ordine $n := p^m$) e, scrivendo $t = pk$, che $y^p = hg^{pk}$. Allora $(yg^{m-k})^p = h \in H$ ma, dal momento che $y \notin HC$, $z := yg^{m-k} \notin H$. Ne segue che $H \subsetneq \langle H, z \rangle$ e, per la massimalità di H, $C \cap \langle H, z \rangle \neq \{e\}$. Sia $g^a \in \langle H, z \rangle$, $g^a \neq e$, e scriviamo $g^a = uz^b = uy^b g^{b(n-k)}$, con $u \in H$ e a, $b \in \mathbb{Z}$. Ora $y^b = u^{-1} g^{a+bk} \in HC$ e $y^p \in HC$. Inoltre p non divide b, altrimenti $z^b = (yg^{m-k})^{pc} = h^c \in H$, da cui $g^a \in H$ e $g^a = e$. In conclusione, scrivendo $1 = b\alpha + p\beta$, otteniamo $y = y^{b\alpha} y^{p\beta} \in HC$, in contraddizione con la scelta $y \notin HC$.

La decomposizione di un p-gruppo finito nel prodotto diretto di sottogruppi ciclici non è unica, ad esempio un gruppo di Klein è prodotto diretto di due qualsiasi suoi sottogruppi propri. Mostriamo che tuttavia gli ordini delle componenti sono univocamente determinati.

Proposizione 12.4.2 *Sia G un p-gruppo abeliano finito. Se G è prodotto diretto di gruppi ciclici di ordine $p^{a_1}, \ldots, p^{a_k}$, con $a_1 \geq a_2 \geq \cdots \geq a_k \geq 1$, la succesione di interi $(a_1, \ldots, a_k)$ è univocamente determinata.*

Dimostrazione. Supponiamo che G abbia ordine p^n e procediamo per induzione sull'ordine di G. Poiché G è abeliano, l'insieme $G^p := \{g^p \; ; \; g \in G\}$ è un sottogruppo proprio di G ed inoltre, se H è un sottogruppo ciclico di G di ordine p^a, H^p è un sottogruppo cilico di H di ordine p^{a-1}. Supponiamo che G si possa scrivere in due modi diversi come prodotto di p-gruppi ciclici e siano

$$(a_1, \ldots, a_k), \quad (b_1, \ldots, b_h)$$

le relative successioni di interi, con $a_1 \geq \cdots \geq a_k \geq 1$, $b_1 \geq \cdots \geq b_h \geq 1$ e $a_1 + \cdots + a_k = n = b_1 + \cdots + b_h$. Allora anche G^p si può scrivere in due modi diversi come prodotto di p gruppi ciclici le cui successioni di interi relative sono

$$(a_1 - 1, \ldots, a_r - 1), \quad (b_1 - 1, \ldots, b_s - 1)$$

dove $r \leq h$, $s \leq k$ e $a_i = p = b_j$ per $r < i \leq h$, $s < j \leq k$. Poiché l'ordine di G^p è strettamente minore di quello di G, per l'ipotesi induttiva, otteniamo $r = s$ e $a_i = b_i$ per $1 \leq i \leq r$. Dunque

$$a_1 + \cdots + a_r + (k - r)p = n = a_1 + \cdots + a_r + (h - r)p$$

da cui $h = k$ e $a_i = b_i$ per $1 \leq i \leq h$.

Un p-gruppo G di ordine p^n che è isomorfo al prodotto diretto di gruppi ciclici di ordine $p^{a_1}, \ldots, p^{a_k}$ con $a_1 \geq \cdots \geq a_k$, si dice *di tipo* $(p^{a_1}, \ldots, p^{a_k})$ e le potenze $p^{a_1}, \ldots, p^{a_k}$ si chiamano i *divisori elementari* di G.

Una succesione di interi $(a_1, \ldots, a_k)$ tale che $a_1 \geq \cdots \geq a_k$ e $a_1 + \cdots + a_k = n$ si chiama una *partizione di n*.

Corollario 12.4.3 *Il numero delle classi di isomorfismo dei p-gruppi abeliani finiti di ordine p^n è uguale al numero delle partizioni di n.*

Esempi 12.4.4 Ogni p-gruppo di ordine p^2 è abeliano (Corollario 12.1.10), quindi è ciclico oppure è isomorfo a $\mathbb{Z}_p \times \mathbb{Z}_p$.

Un gruppo abeliano di ordine $2^3 = 8$ è isomorfo ad uno dei gruppi $\mathbb{Z}_8$, $\mathbb{Z}_2 \times \mathbb{Z}_4$, $\mathbb{Z}_2 \times \mathbb{Z}_2 \times \mathbb{Z}_2$.

Ogni gruppo abeliano finito ha un unico p-sottogruppo di Sylow, per ogni divisore p del suo ordine (Esempio 12.2.10 (4)). Questo sottogruppo è un p-gruppo abeliano, che è costituito da tutti gli elementi di G di ordine uguale ad una potenza di p e che si chiama la p-*esima componente* del gruppo. Mostriamo che un gruppo abeliano finito è prodotto diretto delle sue p-esime componenti.

Lemma 12.4.5 *Sia G un gruppo abeliano di ordine $n = ab$, con $\mathrm{MCD}(a,b) = 1$. Allora G è prodotto diretto di due sottogruppi di ordine a e b rispettivamente. Inoltre G è ciclico se e soltanto se questi due sottogruppi sono ciclici.*

Dimostrazione. Siano H e K due sottogruppi di G di ordine a e b rispettivamente, esistenti per la Proposizione 12.2.4. Se $\mathrm{MCD}(a,b) = 1$, si ha che $H \cap K = \{e\}$ e quindi che il sottogruppo HK di G ha ordine $ab = n$. Perciò $G = HK$ è prodotto diretto di H e K.

Se H e K sono ciclici, generati da x e y rispettivamente, il prodotto xy ha ordine ab (perché $xy = yx$) e genera $G = HK$. Viceversa, se G è ciclico, anche tutti i suoi sottogruppi lo sono.

Proposizione 12.4.6 *Ogni gruppo abeliano finito è il prodotto diretto delle sue p-esime componenti.*

Dimostrazione. Sia $n = p_1^{e_1} \ldots p_m^{e_m}$ l'ordine di G, dove $p_1, \ldots, p_m$ sono numeri primi distinti. Indichiamo con P_i la p_i-esima componente di G, $i = 1, \ldots, m$. Poiché P_1 ha ordine $p_1^{e_1}$ e $\mathrm{MCD}(n/p_1^{e_1}, p_1^{e_1}) = 1$, per il Lemma 12.4.5, G è prodotto diretto di P_1 ed un sottogruppo H_1 di ordine $n_1 := n/p_1^{e_1}$. Dal momento che $P_2 \subseteq H_1$ è anche la p_2-esima componente di H_1 e $\mathrm{MCD}(n_1/p_2^{e_2}, p_2^{e_2}) = 1$, proseguendo in questo modo si ottiene che G è prodotto diretto dei suoi sottogruppi P_i.

Corollario 12.4.7 *Ogni gruppo abeliano il cui ordine è un prodotto di numeri primi distinti è ciclico.*

Dimostrazione. Le p-esime componenti di G hanno ordine primo e perciò sono gruppi ciclici. Allora G, come prodotto diretto di gruppi ciclici di ordini coprimi è ciclico (Lemma 12.4.5 e Proposizione 12.4.6).

Possiamo finalmente enunciare il teorema di classificazione dei gruppi abeliani finiti.

Teorema 12.4.8 (Teorema di struttura dei gruppi abeliani finiti) *Sia G un gruppo abeliano di ordine $n = p_1^{e_1} \ldots p_m^{e_m}$, dove $p_1, \ldots, p_m$ sono numeri primi distinti. Allora G è prodotto diretto di p_i-sottogruppi ciclici, di ordine univocamente determinato.*

Dimostrazione. G è prodotto diretto delle sue p-esime componenti, che sono p_i-gruppi abeliani univocamente determinati (Proposizione 12.4.6). A loro volta, le p_i-esime componenti di G sono prodotto diretto di p_i-gruppi ciclici, i cui ordini sono i loro divisori elementari e quindi sono univocamente determinati (Proposizioni 12.4.1 e 12.4.2).

12.4.1 Il gruppo delle unità di $\mathbb{Z}_n$

Per $n \geq 2$, indichiamo con $\mathcal{U}(\mathbb{Z}_n)$ l'insieme degli elementi invertibili dell'anello $\mathbb{Z}_n$ delle classi resto modulo n. Questo insieme è un gruppo moltiplicativo di ordine $\varphi(n)$, dove $\varphi : \mathbb{N} \longrightarrow \mathbb{N}$ è la funzione di Eulero (Esempio 1.2.1).

Per il Teorema Cinese dei Resti, se $n = p_1^{e_1} \dots p_m^{e_m}$ è la fattorizzazione di n in numeri primi distinti, $\mathbb{Z}_n$ è isomorfo al prodotto diretto di anelli $\mathbb{Z}_{p_1^{e_1}} \times \cdots \times \mathbb{Z}_{p_m^{e_m}}$ e quindi $\mathcal{U}(\mathbb{Z}_n)$ è isomorfo al prodotto diretto di gruppi moltiplicativi $\mathcal{U}(\mathbb{Z}_{p_1^{e_1}}) \times \cdots \times \mathcal{U}(\mathbb{Z}_{p_m^{e_m}})$ (Esempio 1.3.9 (2)). Quindi per determinare la struttura di $\mathcal{U}(\mathbb{Z}_n)$ basta considerare il caso in cui n sia potenza di un numero primo p.

Teorema 12.4.9 (a) $\mathcal{U}(\mathbb{Z}_{p^m})$ *è un gruppo ciclico di ordine* $p^{m-1}(p-1)$, *per ogni primo* $p \neq 2$ *e* $m \geq 1$.
(b) $\mathcal{U}(\mathbb{Z}_{2^m}) = \langle \overline{-1}, \overline{5} \rangle \cong \mathbb{Z}_2 \times \mathbb{Z}_{2^{m-2}}$, *per ogni* $m \geq 3$,
(c) $\mathcal{U}(\mathbb{Z}_4) = \{\overline{1}, \overline{3}\} \cong \mathbb{Z}_2$.

Dimostrazione. (a) Sia $p \neq 2$ e $G := \mathcal{U}(\mathbb{Z}_{p^m})$. Se $m = 1$, $G := \mathcal{U}(\mathbb{Z}_p) = \mathbb{F}_p^*$ è ciclico di ordine $p - 1$ (Proposizione 4.3.5). Se $m \geq 2$, G ha ordine $\varphi(p^m) = p^{m-1}(p-1)$. Poiché $\mathrm{MCD}(p^{m-1}, p-1) = 1$, G è prodotto diretto di un sottogruppo P di ordine p^{m-1} (la sua p-esima componente) e di un sottogruppo H di ordine $p-1$. Basterà allora mostrare che P e H sono gruppi ciclici (Lemma 12.4.5).

Notiamo che H è costituito esattamente dagli elementi di G il cui ordine divide $p - 1$, perché $G = PH$ e $P \cap H = \{e\}$. Se $a \in \mathbb{Z}$ è tale che $a \equiv 1$ mod p^m, allora $a \equiv 1$ mod p. Perciò, se la classe di a modulo p genera il gruppo $\mathcal{U}(\mathbb{Z}_p)$, anche la classe di a modulo p^m ha ordine $p - 1$ in G e quindi genera H.

Mostriamo ora che la classe di $b := 1 + p$ modulo p^m ha ordine p^{m-1} e quindi genera P. Per questo, basterà verificare che $b^{p^{m-2}} \not\equiv 1$ mod p^m. Infatti, per induzione su $n \geq 0$, applicando la formula del binomio si vede che

$$b^{p^n} := (1+p)^{p^n} \equiv 1 + p^{n+1} \quad \mathrm{mod}\ p^{n+2}.$$

(b) Il gruppo $\mathcal{U}(\mathbb{Z}_{2^m})$ ha ordine $\varphi(2^m) = 2^{m-1}$, quindi è un 2-gruppo. Per induzione su $m \geq 3$, applicando la formula del binomio, si ha

$$5^{2^{m-3}} = (1+4)^{2^{m-3}} \equiv 1 + 2^{m-1} \quad \mathrm{mod}\ 2^m.$$

Poiché $5^{2^{m-3}} \equiv 2^{m-1} + 1 \not\equiv 1$ mod 2^m, allora $\overline{5}$ ha ordine 2^s per $m - 2 \leq s \leq m - 1$. Inoltre $\overline{-1}$ ha ordine 2. Mostriamo che $\langle \overline{-1} \rangle \cap \langle \overline{5} \rangle = \overline{1}$. Supponiamo che $\overline{5}^t \in \langle \overline{-1} \rangle \cap \langle \overline{5} \rangle$, ovvero $5^t \equiv -1 \mod 2^m$. Poiché $m \geq 3$, allora $5^t \equiv -1 \mod 4$, ma questo è impossibile perché $5 \equiv 1 \mod 4$. Allora $\langle \overline{-1}, \overline{5} \rangle \cong \mathbb{Z}_2 \times \mathbb{Z}_{2^{m-2}}$ è un sottogruppo di $\mathcal{U}(\mathbb{Z}_{2^m})$ di ordine uguale almeno a 2^{m-1} e quindi coincide con tutto $\mathcal{U}(\mathbb{Z}_{2^m})$.

(c) è immediato.

12.5 Esercizi

12.1. Sia G un gruppo e siano H, K sottogruppi di G. Mostrare che:

(a) Se G è finito e $\mathrm{MCD}(|H|, |K|) = 1$, $H \cap K = \{e\}$;

(b) $HK := \{hk \, ; \, h \in H, k \in K\}$ è un sottogruppo di G se e soltanto se $HK = KH$;

(c) Se H è normale in G, allora $HK = \langle H \cup K \rangle$ è un sottogruppo di G;

(d) Se H e K sono normali in G, allora HK è un sottogruppo normale di G;

(e) Se H e K sono normali in G e $H \cap K = \{e\}$, allora $hk = kh$, comunque scelti $h \in H$ e $k \in K$.

12.2. Mostrare direttamente che il centro di un gruppo G è un sottogruppo normale di G.

12.3. Determinare il centro del gruppo $GL_2(F)$ delle matrici quadrate 2×2 a coefficienti nel campo F.

12.4. Sia Z il centro del gruppo G. Mostrare che, se il gruppo quoziente G/Z è ciclico, allora G è abeliano.

12.5. Determinare i centralizzanti degli elementi di $\mathbf{S}_4$.

12.6. Dopo avere identificato il gruppo diedrale $\mathbf{D}_4$ delle isometrie del quadrato con un sottogruppo di $\mathbf{S}_4$, determinare due elementi di $\mathbf{D}_4$ che sono coniugati in $\mathbf{S}_4$ ma non in $\mathbf{D}_4$.

12.7. Sia G un gruppo e sia $C(x)$ il centralizzante dell'elemento $x \in G$. Mostrare che

(a) $C(x) = C(\varphi(x))$, per ogni $\varphi \in \mathrm{Aut}(G)$:

(b) $C(x)$ è normale in G se e soltanto se $C(x) = C(gxg^{-1})$, per ogni $g \in G$.

12.8. Siano G un gruppo, H un sottogruppo di G e sia $N := N(H) := \{g \in G; gHg^{-1} = H\}$ il *normalizzante* di H in G.

Mostrare direttamente che:

(a) N è un sottogruppo di G;

(b) H è un sottogruppo normale di N;

(c) Se K è un sottogruppo di G e H è normale in K, allora $K \subseteq N$;

(d) H è normale in G se e soltanto se $N = G$.

12.9. Mostrare che:

(a) Se $H := \{(1),(12),(34),(12)(34)\} \subseteq \mathbf{S}_4$, allora il normalizzante di H in $\mathbf{S}_4$ è il sottogruppo di ordine 8 generato da $(34),(1324)$.

(b) Se $H := \mathbf{V}_4 := \{(1),(12)(34),(13)(24),(14)(23)\} \subseteq \mathbf{S}_4$, allora il normalizzante di H in $\mathbf{S}_4$ è $\mathbf{S}_4$ stesso.

(c) Se $H := \langle(123)\rangle \subseteq \mathbf{A}_4 \subseteq \mathbf{S}_4$, allora il normalizzante di H in $\mathbf{A}_4$ è H stesso, mentre il normalizzante di H in $\mathbf{S}_4$ è il sottogruppo $N := \langle(123),(12)\rangle$.

12.10. Mostrare che, se γ è un n-ciclo di $\mathbf{S}_n$, il normalizzante del sottogruppo $\langle\gamma\rangle$ ha $n\varphi(n)$ elementi.

12.11. Determinare tutti i sottogruppi transitivi di $\mathbf{S}_4$ e $\mathbf{S}_5$.

12.12. Mostrare che i 3-cicli di $\mathbf{S}_4$ si ripartiscono in due classi di coniugio in $\mathbf{A}_4$, mentre, se $n \geq 5$, i 3-cicli di $\mathbf{S}_n$ formano un'unica classe di coniugio in $\mathbf{A}_n$.

12.13. (a) Mostrare che un sottogruppo normale di un gruppo G è unione di classi di coniugio di G.

(b) Determinare le classi di coniugio di $\mathbf{A}_5$.

(c) Usando (a), mostrare che $\mathbf{A}_5$ è semplice, cioè non ha sottogruppi normali propri.

Suggerimento: Per (b), usare l'Esempio 12.1.6 (2).

12.14. Verificare l'equazione delle classi per il gruppo $\mathbf{D}_4$ delle isometrie del quadrato.

12.15. Verificare l'equazione delle classi per il gruppo

$$\mathbb{H} := \{\mathbf{1}, \mathbf{i}, \mathbf{j}, \mathbf{k}, -\mathbf{1}, -\mathbf{i}, -\mathbf{j}, -\mathbf{k}\}$$

delle *unità dei quaternioni* (Esercizio 1.9).

12.16. Mostrare che un gruppo di ordine 6 è ciclico oppure isomorfo a $\mathbf{S}_3$

12.17. Sia G un gruppo finito di ordine qp^n, dove p e q sono due primi tali che $q < p$ e $n \geq 1$. Mostrare che G ha un unico p-sottogruppo di Sylow e dedurne che esso è normale in G.

Suggerimento: Usare il Terzo Teorema di Sylow.

12.18. Mostrare che ogni gruppo di ordine qp^n, con p e q due primi distinti tali che $q < p$ e $n \geq 1$, è risolubile.

Suggerimento: Usare il precedente Esercizio 12.17, la risolubilità dei p-gruppi finiti (Proposizione 12.3.1) e la Proposizione 12.3.4 (3).

12.19. Mostrare che ogni gruppo di ordine pq, dove p e q sono due primi tali che $q < p$ e q non divide $p-1$, è un gruppo ciclico.

12.20. Determinare tutte le serie normali abeliane di $\mathbf{S}_3$, $\mathbb{H}$, $\mathbf{D}_4$. Stabilire inoltre quale tra esse è la serie di composizione.

12.21. Determinare la serie di composizione del gruppo diedrale $\mathbf{D}_5$ delle isometrie del pentagono regolare.

12.22. Sia G un gruppo, comunque scelti $a, b \in G$, poniamo

$$[a, b] := a^{-1}b^{-1}ab.$$

L'elemento $[a, b]$ si chiama il *commutatore* di a e b ed il sottogruppo G' di G generato da tutti i commutatori, si chiama il *sottogruppo derivato* di G. Mostrare che:

(a) $G' = \{e\}$ se e soltanto se G è abeliano;

(b) G' è un sottogruppo caratteristico (e quindi normale) di G;

(c) G/G' è abeliano;

(d) Se N è un sottogruppo normale di G e G/N è abeliano, allora $G' \subseteq N$;

(e) Se H è un sottogruppo di G tale che $G' \subseteq H$, allora H è normale.

12.23. Sia G un gruppo. Poniamo $G_{(0)} := G$ e, per ogni $k \geq 1$, indichiamo con $G_{(k)}$ il derivato di $G_{(k-1)}$. La catena di sottogruppi di G

$$G_{(0)} := G \supseteq G_{(1)} := G' \supseteq \ldots \supseteq G_{(k)} \supseteq \ldots$$

si chiama la *serie derivata* di G.

(a) Usando l'esercizio precedente, mostrare che G è risolubile se e soltanto se la sua serie derivata ha lunghezza finita.

(b) Determinare la serie derivata dei gruppi

$$\mathbf{D}_4 \; ; \quad \mathbf{D}_5 \; ; \quad \mathbf{S}_3; \quad \mathbf{S}_4; \quad \mathbf{H}.$$

12.24. Sia $Z := Z(G)$ il centro del gruppo G e sia $\{a_i : i \in I\}$ un sistema completo di rappresentanti delle classi laterali di Z in G. Mostrare che il derivato G' è generato dai commutatori $\{[a_i, a_j] : i, j \in I\}$.

12.25. Sia H un sottogruppo di G di indice 2. Mostrare che G è risolubile se e soltanto se lo è H.

12.26. Sia G un gruppo finito i cui elementi abbiano tutti ordine 2. Mostrare che G è abeliano ed è isomorfo ad un prodotto diretto di copie di $\mathbb{Z}_2$.

12.27. Esprimere $\mathcal{U}(\mathbb{Z}_{72})$ come prodotto diretto di suoi sottogruppi ciclici.

13

La cardinalità di un insieme

La teoria della cardinalità di Cantor è alla base della moderna teoria degli insiemi. Tuttavia i metodi usati da Cantor suscitarono molti dubbi nei matematici suoi contemporanei e furono fortemente contestati, perché giudicati totalmente non costruttivi. Uno dei più accaniti avversari di Cantor fu il suo maestro L. Kronecker, il quale riteneva che gli unici processi validi in matematica fossero quelli che si concludevano dopo un numero finito di passi e per questo negava l'esistenza degli insiemi infiniti.

Se X è un insieme finito, il numero dei suoi elementi si indica con $|X|$. In questo caso evidentemente $|X| = |Y|$ se e soltanto se l'insieme Y ha tanti elementi quanti ne ha X, cioè quando X e Y possono essere messi in corrispondenza biunivoca. Per estendere questo concetto al caso infinito, si dice che due insiemi X e Y sono *equipotenti* se esiste una corrispondenza biunivoca tra X e Y; in questo caso scriveremo ancora $|X| = |Y|$. Il fatto che, come si verifica facilmente, la relazione di equipotenza tra insiemi si comporta come una relazione di equivalenza ci permette di definire il concetto di *cardinalità di un insieme*. Precisamente, diremo che $|X|$ è la *cardinalità* di un qualsiasi insieme equipotente a X. I numeri naturali sono le cardinalità degli insiemi finiti.

Nel caso finito, un insieme non può mai avere lo stesso numero di elementi di un suo sottoinsieme proprio. Nel caso infinito tuttavia, come già osservato da G. Galilei, può accadere che un insieme ed un suo sottoinsieme proprio abbiano la stessa cardinalità. Basta ad esempio notare che la corrispondenza

$$\mathbb{Z} \longrightarrow 2\mathbb{Z} \subsetneq \mathbb{Z}; \quad x \mapsto 2x$$

è biunivoca. In realtà la proprietà *paradossale* di essere equipotenti ad un sottoinsieme proprio caratterizza gli insiemi infiniti (R. Dedekind, 1888).

Se X è equipotente ad un sottoinsieme di Y, scriveremo $|X| \leq |Y|$. Scriveremo inoltre $|X| < |Y|$ per indicare che $|X| \leq |Y|$ e $|X| \neq |Y|$. La scelta di usare il simbolo di ordinamento non è casuale, infatti le cardinalità possono essere totalmente ordinate.

Gabelli S: Teoria delle Equazioni e Teoria di Galois. © Springer-Verlag Italia, Milano 2008

Teorema 13.0.1 *Comunque scelti X, Y e Z, valgono le seguenti proprietà:*

(a) (Proprietà riflessiva) $|X| \leq |X|$;

(b) (Proprietà antisimmetrica) *Se* $|X| \leq |Y|$ *e* $|Y| \leq |X|$, *allora* $|X| = |Y|$;

(c) (Proprietà transitiva) *Se* $|X| \leq |Y|$ *e* $|Y| \leq |Z|$, *allora* $|X| \leq |Z|$;

(d) (Tricotomia) *Si verifica uno e soltanto uno dei seguenti casi:* $|X| < |Y|$, $|X| = |Y|$, *oppure* $|Y| < |X|$.

Una dimostrazione del teorema precedente si può trovare ad esempio in [57] o [46]. Le proprietà riflessiva e transitiva sono di facile verifica. La validità della proprietà antisimmetrica è stata congetturata da G. Cantor, ma è stata dimostrata nel 1897 da E. Schröder e F. Bernstein indipendentemente. La proprietà di tricotomia, che asserisce che la relazione $|X| \leq |Y|$ tra cardinalità è un ordinamento totale, è stata considerata vera da Cantor, ma è stata dimostrata per la prima volta da E. Zermelo, nel 1904, come conseguenza dell'*Assioma della Scelta*. Essa è in realtà una delle formulazioni equivalenti di tale assioma.

Teorema 13.0.2 *Le seguenti affermazioni sono equivalenti:*

(a) (Assioma della Scelta) *Sia* $\{S_\lambda\}_{\lambda \in \Lambda}$ *una famiglia non vuota di insiemi non vuoti. Allora esiste una famiglia di elementi* $\{x_\lambda\}_{\lambda \in \Lambda}$ *tale che* $x_\lambda \in S_\lambda$, *per ogni* $\lambda \in \Lambda$;

(b) (Teorema di Zermelo) *Ogni insieme non vuoto A può essere bene ordinato (cioè è possibile definire su A un ordinamento, necessariamente totale, secondo il quale ogni sottoinsieme non vuoto di A ha un minimo);*

(c) (Lemma di Zorn) *Se A è un insieme ordinato non vuoto in cui ogni catena (cioè ogni sottoinsieme non vuoto di A totalmente ordinato) ha un maggiorante, allora A ha (almeno) un elemento massimale;*

(d) (Lemma di Kuratowsky) *Se A è un insieme ordinato non vuoto, ogni catena di A è contenuta in una catena massimale;*

(e) (Tricotomia) *La relazione* $|X| \leq |Y|$ *tra cardinalità è un ordinamento totale.*

Alcune linee di dimostrazione di questo teorema e le indicazioni bibliografiche relative si possono trovare in [57] o [46].

L'Assioma della Scelta, sul quale sono basati molti risultati fondamentali della matematica moderna, non è sostenuto da alcun procedimento costruttivo; ad esempio non è ancora noto alcun buon ordinamento del campo reale. Benché fosse stato già largamente usato, questo assioma fu introdotto formalmente da E. Zermelo nel 1904. Nel 1939, K. Gödel ha dimostrato che esso è consistente (cioè non è in contraddizione) con gli assiomi della Teoria degli Insiemi assunti correntemente (se essi sono consistenti) e, nel 1962, il suo allievo P. Cohn ha dimostrato che esso è indipendente dagli altri assiomi (se essi sono consistenti). Quindi l'Assioma della Scelta non può essere dimostrato o confutato sulla base degli altri assiomi della Teoria degli Insiemi e può essere accettato o meno.

In associazione al Teorema di Zermelo viene spesso usato il *Principio di Induzione Transfinita*, che estende a tutti gli insiemi bene ordinati il Principio di Induzione valido per l'insieme dei numeri naturali.

Teorema 13.0.3 (Principio di Induzione Transfinita) *Sia X un insieme non vuoto bene ordinato con primo elemento x_0 e sia S un suo sottoinsieme. Supponiamo che:*

1. $x_0 \in S$;
2. *Se $x \in S$ per ogni $x < y$, anche $y \in S$.*

Allora $S = X$.

13.1 La cardinalità del numerabile

La cardinalità dell'insieme $\mathbb{N}$ dei numeri naturali si chiama la *cardinalità del numerabile* e si dice che X è un *insieme numerabile* se $|X| = |\mathbb{N}|$. Questo significa che tutti gli elementi di X possono essere ordinati in una successione, ovvero $X = \{x_0, x_1, \ldots, x_n, \ldots\}$.

I due risultati successivi mostrano che la cardinalità del numerabile è la più piccola cardinalità infinita.

Proposizione 13.1.1 *Ogni sottoinsieme non vuoto di un insieme numerabile è finito o numerabile.*

Dimostrazione. Sia $X = \{x_0, x_1, \ldots, x_n, \ldots\}$ un insieme numerabile e sia $Y \subseteq X$ un sottoinsieme non vuoto. Per il principio del Buon Ordinamento, esiste un minimo indice i_0 tale che $x_{i_0} \in Y$. Posto $Y_1 := Y \setminus \{x_{i_0}\}$, se $Y_1 \neq \emptyset$, esiste analogamente un minimo indice i_1 tale che $x_{i_1} \in Y_1$. Così proseguendo, per ricorsione, si ottiene che Y è finito oppure che $Y = \{x_{i_0}, x_{i_1}, \ldots, x_{i_n}, \ldots\}$ è numerabile.

Proposizione 13.1.2 *Ogni insieme infinito ha un sottoinsieme numerabile.*

Dimostrazione. Sia X un insieme infinito e x_0 un suo elemento (qui si usa l'Assioma della Scelta). Allora l'insieme $X_1 := X \setminus \{x_0\}$ è non vuoto. Scelto $x_1 \in X_1$, l'insieme $X_2 := X \setminus \{x_0, x_1\}$ è ancora non vuoto. Poiché X è infinito, per ricorsione possiamo costruire una successione $x_0, x_1, \ldots, x_n, \ldots$ di elementi di X.

L'unione di due insiemi finiti X e Y è un insieme finito per il *Principio di Inclusione-Esclusione*:

$$|X \cup Y| = |X| + |Y| - |X \cap Y|.$$

Quindi, per induzione, l'unione di n insiemi finiti è un insieme finito, per ogni $n \geq 2$. Un risultato analogo vale per gli insiemi numerabili.

Teorema 13.1.3 (Primo procedimento diagonale di Cantor) *L'unione di una famiglia numerabile di insiemi numerabili è un insieme numerabile.*

Dimostrazione. Sia $\{X_i\}_{i\geq 0}$ una famiglia numerabile di insiemi numerabili e sia $X := \bigcup_{i\geq 0} X_i$. Posto $X_i := \{x_{i0}, x_{i1}, \ldots, x_{in}, \ldots\}$, gli elementi di X possono essere disposti in una tabella infinita:

$$
\begin{array}{llllllll}
X_0 & x_{00} & x_{01} & x_{02} & x_{03} & x_{04} & \cdots & x_{0n} & \cdots \\
X_1 & x_{10} & x_{11} & x_{12} & x_{13} & x_{14} & \cdots & x_{1n} & \cdots \\
X_2 & x_{20} & x_{21} & x_{22} & x_{23} & x_{24} & \cdots & x_{2n} & \cdots \\
X_3 & x_{30} & x_{31} & x_{32} & x_{33} & x_{34} & \cdots & x_{3n} & \cdots \\
\cdots & \cdots & \cdots & \cdots & \cdots & \cdots & \cdots & \cdots \\
X_i & x_{i0} & x_{i1} & x_{i2} & x_{i3} & x_{i4} & \cdots & x_{in} & \cdots \\
\cdots & \cdots & \cdots & \cdots & \cdots & \cdots & \cdots & \cdots
\end{array}
$$

e quindi possono essere *contati in diagonale*:

$$X = \{x_{00}, x_{10}, x_{01}, x_{20}, x_{11}, x_{02}, x_{30}, x_{21}, \ldots\}.$$

Precisamente, per ogni fissato $i \geq 0$, sia

$$D_i = \{x_{i-k,k}\,; k = 0, \ldots, i\} = \{x_{i0}, x_{i-1,1}, x_{i-2,2}, \ldots, x_{0,i}\}$$

la *i-sima diagonale*. Notiamo che $|D_i| = i + 1$. Poiché ogni elemento $x_{ij} \in X$ appartiene ad una e una sola diagonale, precisamente quella di indice $k = i+j$, allora a x_{ij} possiamo far corrispondere il numero intero

$$d_{ij} = |D_0| + |D_1| + |D_2| + \cdots + |D_{i+j-1}| + (j+1) = 1 + 2 + 3 + \cdots + (i+j) + (j+1).$$

In questo modo resta definita una corrispondenza biunivoca

$$X \longrightarrow \mathbb{N}\,; \quad x_{ij} \mapsto d_{ij}.$$

Corollario 13.1.4 *L'unione di una famiglia numerabile di insiemi finiti o numerabili è un insieme numerabile.*

Dimostrazione. Per il Teorema 13.1.3, la cardinalità dell'unione di una famiglia numerabile di insiemi finiti o numerabili è al più numerabile. Inoltre, avendo cardinalità infinita, per la Proposizione 13.1.2 è almeno numerabile.

Corollario 13.1.5 *Se X è un insieme finito o numerabile e Y è infinito, allora $|X \cup Y| = |Y|$.*

Dimostrazione. Poiché $X' := X \setminus (X \cap Y)$ è un sottoinsieme di X, per la Proposizione 13.1.1, X' è ancora finito o numerabile e si ha $X \cup Y = X' \cup Y$. Sostituendo X con X', possiamo quindi supporre che $X \cap Y = \emptyset$.
   Sia Z un sottoinsieme numerabile di Y (Proposizione 13.1.2). Allora $X \cup Z$ è numerabile (Teorema 13.1.3) e quindi esiste una corrispondenza biunivoca

$f : X \cup Z \longrightarrow Z$. Notando che $X \cup Y = (X \cup Z) \cup (Y \setminus Z)$ e $(X \cup Z) \cap (Y \setminus Z) = X \cap Y = \emptyset$, la biiezione f si può allora estendere ad una biiezione

$$g : X \cup Y \longrightarrow Y ; \quad t \mapsto \begin{cases} f(t) \text{ se } t \in X \cup Z \\ t \text{ se } t \in Y \setminus Z \end{cases}.$$

Corollario 13.1.6 *Sia Y un insieme infinito e sia X un suo sottoinsieme finito o numerabile. Se $Y \setminus X$ è infinito, allora $|Y| = |Y \setminus X|$.*

Dimostrazione. Segue dal Corollario 13.1.5, osservando che $Y = (Y \setminus X) \cup X$.

Corollario 13.1.7 *Se X è un insieme finito o numerabile e Y è numerabile, il prodotto diretto $X \times Y$ è numerabile. In particolare, gli insiemi numerici $\mathbb{Z}$ e $\mathbb{Q}$ sono numerabili.*

Dimostrazione. Per ogni $x \in X$, l'insieme $\{x\} \times Y$ è equipotente a Y, attraverso la corrispondenza biunivoca

$$\{x\} \times Y \longrightarrow Y ; \quad (x, y) \mapsto y.$$

Allora $X \times Y = \bigcup_{x \in X} \{\{x\} \times Y\}$ è una unione finita o numerabile di insiemi numerabili e pertanto è numerabile per il Teorema 13.1.3.

Osserviamo ora che la corrispondenza

$$\mathbb{Z} \longrightarrow \{1, -1\} \times \mathbb{N}, \quad z \mapsto \begin{cases} (-1, |z|) \text{ se } z < 0 \\ (1, |z|) \text{ se } z \geq 0 \end{cases}$$

è biiettiva. Poiché per quanto appena visto l'insieme $\{1, -1\} \times \mathbb{N}$ è numerabile, anche $\mathbb{Z}$ è numerabile.

Infine, rappresentando un numero razionale con una frazione $\frac{a}{b}$ con $\text{MCD}(a, b) = 1$, l'applicazione

$$\mathbb{Q} \longrightarrow \mathbb{Z} \times \mathbb{Z}, \quad \frac{a}{b} \mapsto (a, b)$$

è iniettiva. Quindi, procedendo come sopra, otteniamo che $\mathbb{Q}$ è numerabile (Proposizione 13.1.1).

Per induzione, dal corollario precedente segue che, per ogni $n \geq 1$, il prodotto diretto di n copie di un insieme numerabile è ancora numerabile.

Corollario 13.1.8 *Se A è un dominio numerabile, l'anello $A[X]$ dei polinomi in una indeterminata a coefficienti in A è numerabile. In particolare gli anelli $\mathbb{Z}[X]$ e $\mathbb{Q}[X]$ sono numerabili.*

Dimostrazione. Per ogni $d \geq 0$, indichiamo con P_d l'insieme dei polinomi di grado d. Per il principio di identità dei polinomi, la corrispondenza che associa ad ogni polinomio di grado d la $(d+1)$-pla dei suoi coefficienti è una corrispondenza biunivoca tra P_d e il prodotto diretto di $d+1$ copie di A. Quindi, poiché A è numerabile, anche P_d è numerabile (Corollario 13.1.7). Per finire, notiamo che $A[X] = (\bigcup_{d \geq 0} P_d) \cup \{0\}$. Quindi $A[X]$ è numerabile per il Teorema 13.1.3. L'ultima affermazione segue dal Corollario 13.1.7.

Per induzione su $n \geq 1$, dal Corollario 13.1.8 si ottiene che, se A è numerabile, anche l'anello dei polinomi in n indeterminate su A è numerabile.

Corollario 13.1.9 (G. Cantor, 1874) *L'insieme $\mathcal{A}$ di tutti i numeri algebrici è numerabile.*

Dimostrazione. Ogni numero algebrico è radice di un polinomio non nullo a coefficienti razionali ed ogni polinomio $f(X)$ di grado $n \geq 1$ ha al più n radici distinte. Indicando con R_f l'insieme delle radici di $f(X)$, risulta allora

$$\mathcal{A} = \bigcup \{ R_f \, ; f(X) \in \mathbb{Q}[X] \, , f(X) \neq 0 \}.$$

Poiché $\mathbb{Q}[X]$ è numerabile (Corollario 13.1.8), $\mathcal{A}$ è numerabile per il Teorema 13.1.3.

13.2 La cardinalità del continuo

In questo paragrafo mostreremo che il campo reale $\mathbb{R}$ non è numerabile, cioè che $|\mathbb{N}| < |\mathbb{R}|$. Poiché, come abbiamo appena visto, l'insieme dei numeri algebrici ha la cardinalità del numerabile, ne seguirà che i numeri trascendenti non solo esistono, ma sono infinitamente più numerosi dei numeri algebrici. Questa dimostrazione dell'esistenza dei numeri trascendenti è stata data da G. Cantor nel 1974; una discussione sulla sua costruttività si trova in [47].

Cominciamo osservando che ogni intervallo reale è equipotente ad $\mathbb{R}$. Dati $a, b \in \mathbb{R}$, $a \leq b$, poniamo con la notazione usuale:

$[a,b] := \{ x \in \mathbb{R}; a \leq x \leq b \}$ *(intervallo chiuso di estremi a e b)*;

$(a,b] := \{ x \in \mathbb{R}; a < x \leq b \}$ *(intervallo aperto a sinistra)*;

$[a,b) := \{ x \in \mathbb{R}; a \leq x < b \}$ *(intervallo aperto a destra)*;

$(a,b) := \{ x \in \mathbb{R}; a < x < b \}$ *(intervallo aperto)*.

Proposizione 13.2.1 (B. Bolzano, 1917) *Ogni intervallo reale è equipotente ad $\mathbb{R}$. In particolare, l'intervallo $(0,1]$ è equipotente ad $\mathbb{R}$.*

Dimostrazione. Tutti gli intervalli (aperti o chiusi) di estremi fissati a e b sono tra loro equipotenti per il Corollario 13.1.6. Inoltre, l'applicazione

$$(0,1) \longrightarrow (a,b); \quad x \mapsto a + (b-a)x$$

è biunivoca. Quindi, per transitività, tutti gli intervalli reali sono tra loro equipotenti. Infine, l'intervallo aperto $(-1,1)$ è equipotente ad $\mathbb{R}$ attraverso l'applicazione biunivoca

$$(1,-1) \longrightarrow \mathbb{R}; \quad x \mapsto x/\sqrt{1-x^2},$$

con inversa $y \mapsto y/\sqrt{1+y^2}$.

Geometricamente, una corrispondenza biunivoca tra un qualsiasi segmento aperto di estremi A e B e la retta reale si può ottenere considerando la semicirconferenza di diametro uguale alla lunghezza del segmento AB e tangente alla retta nel punto medio del segmento. La proiezione ortogonale della semicirconferenza sulla retta fornisce una corrispondenza biunivoca tra la semicirconferenza ed il segmento chiuso AB, mentre la proiezione stereografica della semicirconferenza sulla retta fornisce una corrispondenza biunivoca tra la semicirconferenza privata degli estremi e la retta stessa.

La cardinalità di $\mathbb{R}$ si chiama la *cardinalità del continuo*.

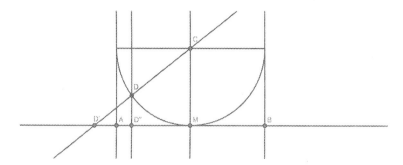

Figura 13.1. Proiezione stereografica: i punti D' e D'' si corrispondono

Teorema 13.2.2 (Secondo procedimento diagonale di Cantor, 1891)
La cardinalità del continuo è strettamente maggiore della cardinalità del numerabile.

Dimostrazione. Poiché la cardinalità del numerabile è la minima cardinalità infinita, basta dimostrare che $\mathbb{R}$ non è numerabile, ovvero che l'intervallo $(0, 1]$ non è numerabile (Proposizione 13.2.1). Sia X l'insieme delle successioni a valori nell'insieme $\{0, 1, \ldots, 9\}$ che non sono quasi ovunque nulle. Dal momento che ogni numero reale ha una ed una sola rappresentazione decimale non finita, possiamo stabilire una corrispondenza biunivoca tra l'intervallo $(0, 1]$ ed X, associando ad ogni numero reale dell'intervallo la successione non quasi ovunque nulla delle sue cifre decimali.

Supponiamo per assurdo che X sia numerabile, e quindi che

$$X = \{x_1, x_2, \ldots, x_n, \ldots\},$$

dove $x_i := (x_{ij})_{j \geq 0}$ per ogni $i \geq 0$, e consideriamo la successione

$$y = (y_i) \quad \text{definita da} \quad y_i = \begin{cases} 2 \text{ se } x_{ii} = 1 \\ 1 \text{ se } x_{ii} \neq 1 \end{cases}$$

per ogni $i \geq 0$. Questa successione y non è quasi ovunque nulla (addirittura $y_i \neq 0$ per ogni $i \geq 0$), ma è differente da ogni successione $x_i \in X$ nell'elemento di posto i. Quindi si ottiene una contraddizione e X non è numerabile.

Notiamo che, ordinando le successioni di X come

$$x_0 := (x_{00}, x_{01}, x_{02}, x_{03}, \dots)$$
$$x_1 := (x_{10}, x_{11}, x_{12}, x_{13}, \dots)$$
$$x_2 := (x_{20}, x_{21}, x_{22}, x_{23}, \dots)$$
$$x_3 := (x_{30}, x_{31}, x_{32}, x_{33}, \dots)$$
$$\dots\dots\dots\dots$$
$$x_i := (x_{i0}, x_{i1}, x_{i2}, x_{i3}, \dots, x_{ii}, \dots)$$
$$\dots\dots\dots\dots$$

la successione y si ottiene cambiando il valore degli elementi *sulla diagonale*.

Corollario 13.2.3 (G. Cantor, 1874) *L'insieme dei numeri reali trascendenti ha la cardinalità del continuo.*

Dimostrazione. Poiché l'insieme $\mathcal{A}$ di tutti i numeri algebrici è numerabile (Corollario 13.1.9) e il campo reale $\mathbb{R}$ ha cardinalità strettamente maggiore (Teorema 13.2.2), scrivendo $\mathbb{R} = (\mathbb{R} \setminus \mathcal{A}) \cup (\mathbb{R} \cap \mathcal{A})$, vediamo che l'insieme $\mathbb{R} \setminus \mathcal{A}$ dei numeri reali trascendenti è infinito ed ha la stessa cardinalità di $\mathbb{R}$ per il Corollario 13.1.5.

Ricordiamo che la corrispondenza che associa ad ogni sottoinsieme A di un insieme X la sua *funzione caratteristica*

$$\chi_A : X \longrightarrow 2 := \{0, 1\}\,; \quad x \mapsto \begin{cases} 1 \text{ se } x \in A \\ 0 \text{ se } x \notin A \end{cases}$$

è una corrispondenza biunivoca tra l'insieme $\mathcal{P}(X)$ delle parti di X e l'insieme 2^X delle funzioni su X a valori in $2 := \{0, 1\}$. In particolare l'insieme $2^{\mathbb{N}}$ delle successioni a valori in 2 è equipotente all'insieme $\mathcal{P}(\mathbb{N})$ delle parti di $\mathbb{N}$.

Proposizione 13.2.4 *L'insieme $\mathcal{P}(\mathbb{N})$ delle parti di $\mathbb{N}$ ha la cardinalità del continuo.*

Dimostrazione. Tenuto conto che $|\mathcal{P}(\mathbb{N})| = |2^{\mathbb{N}}|$, mostriamo che l'insieme $2^{\mathbb{N}}$ delle successioni a valori in $2 := \{0, 1\}$ ha la cardinalità del continuo. Scriviamo $2^{\mathbb{N}} = X \cup Y$, dove X è il sottoinsieme delle successioni che non sono quasi ovunque nulle e Y è il sottoinsieme delle successioni quasi ovunque nulle. Poiché ogni numero reale ha una ed una sola rappresentazione non finita in una qualsiasi base, associando ad ogni numero reale dell'intervallo $(0, 1]$ la successione non quasi ovunque nulla delle sue cifre in base 2, otteniamo che X è equipotente all'intervallo $(0, 1]$. Quindi X ha la cardinalità del continuo (Proposizione 13.2.1). Basta allora mostrare che l'insieme Y ha la cardinalità del numerabile (Corollario 13.1.5). Sia Y_n l'insieme delle successioni $(a_i)_{i \geq 0}$ a valori in 2 tali che $a_i = 0$ per $i \geq n$. Allora la corrispondenza

$$Y_n \longrightarrow 2^n \, ; \quad (a_i)_{i \geq 0} \mapsto (a_0, a_1, \ldots, a_{n-1})$$

è biunivoca. Quindi Y_n ha 2^n elementi e $Y = \bigcup_{n \geq 0} Y_n$ è numerabile per il Corollario 13.1.4.

Il fatto che $|\mathbb{N}| < |\mathcal{P}(\mathbb{N})|$ (Teorema 13.2.2) è conseguenza di un teorema più generale.

Teorema 13.2.5 (G. Cantor, 1890) *La cardinalità dell'insieme delle parti di un insieme X è strettamente maggiore di quella di X.*

Dimostrazione. L'applicazione iniettiva

$$X \longrightarrow \mathcal{P}(X), \quad x \mapsto \{x\}$$

ci permette di affermare che $|X| \leq |\mathcal{P}(X)|$.

D'altra parte, nessuna applicazione $\varphi : X \longrightarrow \mathcal{P}(X)$ può essere suriettiva e quindi $|X| < |\mathcal{P}(X)|$. Infatti, sia $\varphi : X \longrightarrow \mathcal{P}(X)$ una qualsiasi applicazione, così che $\varphi(x) \in \mathcal{P}(X)$ è il sottoinsieme di X corrispondente all'elemento $x \in X$. Consideriamo l'insieme $Z := \{x \in X \, ; x \notin \varphi(x)\}$. Se $Z = \varphi(z)$, allora per definizione

$$z \in Z \Leftrightarrow z \notin \varphi(z) \Leftrightarrow z \notin Z.$$

Questa contraddizione mostra che $Z \neq \varphi(z)$, per ogni $z \in X$. Quindi l'applicazione φ non è suriettiva.

Abbiamo visto nel Paragrafo 6.5 che il gruppo degli automorfismi di $\mathbb{C}$ ha la cardinalità delle parti di $\mathbb{R}$, quindi ha cardinalità strettamente maggiore della cardinalità del continuo. D'altra parte, per il teorema precedente è possibile costruire una catena di insiemi

$$\mathbb{N} \subsetneq \mathcal{P}(\mathbb{N}) \subsetneq \mathcal{P}(\mathcal{P}(\mathbb{N})) \subsetneq \mathcal{P}(\mathcal{P}(\mathcal{P}(\mathbb{N}))) \subsetneq \ldots$$

di cardinalità strettamente crescente. Una famosa congettura, formulata da Cantor nel 1878, afferma che non esistono insiemi la cui cardinalità è strettamente compresa tra la cardinalità di $\mathbb{N}$ (cardinalità del numerabile) e quella di $\mathcal{P}(\mathbb{N})$ (cardinalità del continuo). Questa congettura va sotto il nome di *Ipotesi del Continuo*. L'*Ipotesi Generalizzata del Continuo* afferma poi che, dato un quasiasi insieme X, non esiste alcun insieme Y di cardinalità strettamente compresa tra la cardinalità di X e quella dell'insieme delle parti $\mathcal{P}(X)$. Quindi, secondo questa congettura, le uniche cardinalità transfinite possibili sarebbero

$$|\mathbb{N}| < |\mathcal{P}(\mathbb{N})| = |\mathbb{R}| < |\mathcal{P}(\mathcal{P}(\mathbb{N}))| = |\mathcal{P}(\mathbb{R})| < |\mathcal{P}(\mathcal{P}(\mathcal{P}(\mathbb{N})))| < \ldots.$$

Il primo dei *23 problemi di Hilbert* chiedeva di dimostrare l'Ipotesi del Continuo. K. Gödel ha dimostrato nel 1938 che l'Ipotesi del Continuo è consistente con la teoria assiomatica degli insiemi (se tale teoria è consistente), compreso l'Assioma della Scelta. Mentre P. Cohen ha dimostrato nel 1963 che essa è indipendente. Quindi l'Ipotesi del Continuo, come l'Assioma della Scelta, non può essere dimostrata o confutata usando gli altri assiomi della teoria degli insiemi. In realtà era opinione di Gödel che tale congettura fosse *indecidibile*.

13.3 Operazioni tra cardinalità

Le cardinalità si possono sommare e moltiplicare. Precisamente, denotando con $A \uplus B$ l'*unione disgiunta* dei due insiemi A e B e con A^B l'insieme delle funzioni $f : B \longrightarrow A$, si può (ben) definire

$$|A| + |B| := |A \uplus B| \; ; \quad |A| \cdot |B| := |A \times B| \; ; \quad |A|^{|B|} := |A^B|.$$

Con le notazioni sopra introdotte, poiché l'insieme $\mathcal{P}(A)$ delle parti di A è equipotente all'insieme 2^A delle funzioni su A a valori nell'insieme $2 := \{0, 1\}$, si usa denotare la cardinalità di $\mathcal{P}(A)$ con $2^{|A|}$.

Queste operazioni tra cardinalità coincidono nel caso delle cardinalità finite con le usuali operazioni tra numeri naturali ed hanno praticamente tutte le proprietà delle operazioni tra numeri. Tuttavia, nel caso infinito esse non producono insiemi di cardinalità superiore.

Teorema 13.3.1 *Siano A, B due insiemi infiniti. Allora*

$$|A| + |B| = \max\{|A|, |B|\} \; ; \quad |A \times B| = \max\{|A|, |B|\}.$$

In particolare $|A^n| = |A|$, *per ogni* $n \geq 1$.

Questo teorema si basa sull'Assioma della Scelta ed una sua dimostrazione di si può trovare in [57, Paragrafi 1.8 e 2.9]. Nel caso numerabile, ne derivano i Corollari 13.1.5 e 13.1.7.

Diamo di seguito la dimostrazione di Cantor del fatto che i punti di un quadrato sono tanti quanti quelli di un suo lato; poiché ogni intervallo reale è equipotente ad $\mathbb{R}$ (Proposizione 13.2.1), questo significa che $|\mathbb{R}^2| = |\mathbb{R}|$. Comunicando questo suo risultato a R. Dedekind, Cantor scrisse *Je le vois, mais je ne le crois pas!* (*Lo vedo, ma non ci credo!*).

Teorema 13.3.2 (G. Cantor, 1877) *Esiste una corrispondenza biunivoca tra l'insieme dei punti di un quadrato e l'insieme dei punti di un suo lato. Quindi* $|\mathbb{R}^n| = |\mathbb{R}|$.

Dimostrazione. Poiché tutti gli intervalli hanno la cardinalità del continuo (Proposizione 13.2.1), fissato nel piano ordinario un riferimento cartesiano, basta considerare il quadrato costruito sul segmento OU, dove $O \equiv (0, 0)$ è l'origine e $U \equiv (0, 1)$. Allora i punti del quadrato sono in corrispondenza biunivoca con le coppie di numeri reali (x, y), con $x, y \in [0, 1]$. Sempre per la Proposizione 13.2.1, possiamo anche supporre che $x, y \neq 0$. Poiché ogni numero reale x si rappresenta in modo unico come un numero decimale non finito, usando questa rappresentazione, se $x = 0, x_1 x_2 x_3 \dots$ e $y = 0, y_1 y_2 y_3 \cdots \in (0, 1]$, alla coppia (x, y) possiamo far corrispondere il ben definito numero reale $z := 0, x_1 y_1 x_2 y_2 x_3 y_3 \cdots \in (0, 1]$. In questo modo si ottiene una corrispondenza biunivoca

$$(0, 1] \times (0, 1] \longrightarrow (0, 1].$$

Ne segue che $|\mathbb{R}^2| = |\mathbb{R}|$ e, per induzione su $n \geq 2$, anche che $|\mathbb{R}^n| = |\mathbb{R}|$.

Corollario 13.3.3 *Il campo* $\mathbb{C}$ *dei numeri complessi ha la cardinalità del continuo.*

Dimostrazione. Basta notare che $\mathbb{C}$ è uno spazio vettoriale di dimensione 2 su $\mathbb{R}$ ed è quindi equipotente a $\mathbb{R}^2$.

Il Teorema 13.3.1 ha alcune conseguenze molto utili per le applicazioni alla Teoria dei Campi. Il prossimo risultato generalizza il primo procedimento diagonale di Cantor (Teorema 13.1.3).

Proposizione 13.3.4 *Sia A un insieme infinito. Se* $\{A_\lambda\}_{\lambda \in \Lambda}$ *è una famiglia di insiemi tali che* $|A_\lambda| = |A|$, *allora*

$$|\bigcup_{\lambda \in \Lambda} A_\lambda| = \max\{|A|, |\Lambda|\}.$$

In particolare, se Λ *è finito o numerabile, allora* $|\bigcup_{\lambda \in \Lambda} A_\lambda| = |A|$.

Dimostrazione. Posto $B := \bigcup_{\lambda \in \Lambda} A_\lambda$, per l'Assioma della Scelta, esistono applicazioni iniettive $\Lambda \longrightarrow B$ e $A \longrightarrow B$. Quindi $|A|, |\Lambda| \leq |B|$. Inversamente,

$$|B| \leq |\biguplus_{\lambda \in \Lambda} A_\lambda| = \sum_{\lambda \in \Lambda} |A_\lambda| = \sum_{\lambda \in \Lambda} |A| = |\Lambda||A| = |\Lambda \times A| = \max\{|A|, |\Lambda|\}$$

(Teorema 13.3.1).

Nonostante Cantor abbia dimostrato che la cardinalità dell'insieme delle parti di un insieme A è sempre strettamente superiore a quella di A (Teorema 13.2.5), possiamo ora mostrare che l'insieme delle parti finite di un insieme infinito A è equipotente ad A.

Corollario 13.3.5 *Sia A un insieme infinito e sia* $\mathcal{P}_{\text{fin}}(A)$ *l'insieme dei sottoinsiemi finiti di A. Allora* $|\mathcal{P}_{\text{fin}}(A)| = |A|$

Dimostrazione. Ogni sottoinsieme di A con $m \geq 1$ elementi si può considerare come una m-pla (non ordinata) di elementi di A e quindi l'insieme $\mathcal{P}_m(A)$ dei sottoinsiemi di A con m elementi si può considerare come un sottoinsieme di A^m. Allora $|A| \leq |\mathcal{P}_m(A)| \leq |A^m|$ e, poiché $|A| = |A^m|$ (Corollario 13.3.4), $\mathcal{P}_m(A)$ ha la cardinalità di A per ogni $m \geq 1$. Applicando la Proposizione 13.3.4, ne segue che $\mathcal{P}_{\text{fin}}(A) = \bigcup_{m \geq 1} \mathcal{P}_m(A)$ ha ancora la cardinalità di A.

Corollario 13.3.6 *Sia A un dominio con infiniti elementi e campo delle frazioni F e sia* $\mathbf{X} := \{X_\lambda\}_{\lambda \in \Lambda}$ *un insieme di indeterminate indipendenti su A. Allora*

$$|A[\mathbf{X}]| = |F[\mathbf{X}]| = |F(\mathbf{X})| = \max(|A|, |\Lambda|).$$

Dimostrazione. Mostriamo prima che $|A[\mathbf{X}]| = \max(|A|, |\Lambda|)$. Per $|\Lambda| = 1$, procedendo come nel caso numerabile (Corollario 13.1.8), si ha che l'insieme $P_d \subseteq A[X]$ dei polinomi su A di fissato grado $d \geq 0$ è equipotente ad A^{d+1} e quindi ad A (Teorema 13.3.1). Poiché $A[X] = \bigcup_{d \geq 0} P_d \cup \{0\}$, applicando la Proposizione 13.3.4 si ottiene che $|A[X]| = |A|$ e, per induzione su $n \geq 1$, anche che $|A[X_1, \ldots, X_n]| = |A|$.

Supponiamo ora che Λ sia un insieme infinito. Allora l'insieme $\mathcal{P}_{\text{fin}}(\Lambda)$ delle parti finite di Λ è equipotente a Λ (Corollario 13.3.5). D'altra parte

$$A[\mathbf{X}] = \{f(X_{\lambda_1}, \ldots, X_{\lambda_n}) ; X_{\lambda_i} \in \mathbf{X}\} = \bigcup_{\lambda_1, \ldots, \lambda_n \in \Lambda} A[X_{\lambda_1}, \ldots, X_{\lambda_n}]$$

(Paragrafo 2.8) e, poiché come visto sopra $|A[X_{\lambda_1}, \ldots, X_{\lambda_n}]| = |A|$, applicando la Proposizione 13.3.4, si conclude che $|A[\mathbf{X}]| = \max\{|\mathcal{P}_{\text{fin}}(\Lambda)|, |A|\} = \max\{|\Lambda|, |A|\}$.

Notiamo poi che ogni dominio A è equipotente al suo campo delle frazioni F. Infatti la scelta, per ogni elemento di $a/b \in F$, di un rappresentante $(a, b) \in A \times A^*$ (Paragrafo 1.5) identifica F ad un sottoinsieme di $A \times A = A^2$. Quindi, essendo $|A| = |A^2|$ (Teorema 13.3.1), si ha $|A| = |F| = |A^2|$. Ne segue che $|A[\mathbf{X}]| = |F[\mathbf{X}]| = |F(\mathbf{X})|$.

Riferimenti bibliografici

La letteratura sulla Teoria di Galois è molto vasta. Segnalo soltanto alcuni testi ed articoli che mi sono stati utili per la stesura di questo libro.

Teoria di Galois

1. E. Artin, *Galois Theory*, Notre Dame Mathematical Lectures 2, 1942.
2. L. Bianchi, *Lezioni sulla Teoria dei Gruppi di Sostituzioni e delle Equazioni Algebriche secondo Galois*, E. Spoerri, Pisa, 1900.
3. E. R. Berlekamp, Factoring polynomials over finite fields, *Bell System Tech. J.*, 46 (1967), 1853-1859.
4. P.-J. Cahen, J.-L. Chabert, *Integer Valued Polynomials*, Math. Surveys and Monographs 48, AMS, 1997.
5. R. A. Dean, A rational polynomial whose group is the quaternions, *Amer. Math. Monthly*, Gennaio 1981.
6. D. S. Dummit, Solving solvable quintics, *Comp. Math.*, 57 (1991), 387-401.
7. H. M. Edwards, *Galois Theory*, GTM 101, Springer, 1984.
8. M. H. Fenrick, *Introduction to the Galois Correspondence*, Birkhäuser, 1992.
9. E. Galois, *Scritti Matematici*, a cura di L. Toti Rigatelli, Bollati Boringhieri, Torino, 2000.
10. C. Gottlieb, The simple and straightforward construction of the regular 257-gon, *Math. Intelligencer*, 21 (1999), 31-37.
11. C. R. Hadlock, *Field Theory and its Classical Problems*, Carus Math. Monographs, MAA, 1978.
12. M. Hungerbühler, A short elementary proof of the Mohr-Mascheroni theorem, *Amer. Math. Monthly*, 101 (1994), 784-787.
13. I. M. Isaacs, Solutions of polynomials by real radicals, *Amer. Math. Monthly*, 92 (1985), 571-575.
14. C. U. Jensen, A. Ledet, N. Yui, *Generic Polynomials, Constructive Aspects of the Inverse Galois Problem*, Cambridge University Press, 2002.
15. M-c. Kang, Cubic fields and radical extensions, *Amer. Math. Monthly*, 107 (2000), 254-256.

16. R. B. King, *Beyond the quartic equation*, Birkhäuser, 1996.

17. G. Malle, B. H. Matzat, *Inverse Galois Theory*, SMM, Springer 1999.

18. O. Nicoletti, *Funzioni razionali in una o più variabili*, Enciclopedia delle Matematiche Elementari, a cura di L. Berzolari, G. Vivanti, D. Gigli, Vol. I, Parte II, Cap. XII, Hoepli, 1932.

19. O. Nicoletti, *Proprietà generali delle equazioni algbriche*, Enciclopedia delle Matematiche Elementari, a cura di L. Berzolari, G. Vivanti, D. Gigli, Vol. I, Parte II, Cap. XIV, Hoepli, 1932.

20. V. V. Prasolov, *Polynomials* (traduzione inglese), ACM 11, Springer, 2004

21. C. Procesi, *Elementi di Teoria di Galois*, Decibel Zanichelli, Padova, 1977.

22. J. Rotman, *Galois Theory*, UTX, Springer, 1998.

23. B. K. Spearman and K. S. Williams, Characterization of solvable quintics $X^5 + aX + b$, *Amer. Math. Monthly*, 101 (1994), 986-992.

24. I. Stewart, *Galois Theory*, Chapman and Hall, 2004.

25. J. Suzuki, On coefficients of cyclotomic polynomials, *Proc. Japan Acad.*, A63 (1987), 279-280.

26. J. Swallow, *Exploratory Galois Theory*, Cambridge University Press, 2004.

27. J.-P. Tignol, *Leçons sur la théorie des équations*, Publications de l'Institut de Mathématique Pure et Applique, Université Catholique de Louvain, 1980.

28. E. G. Togliatti, *Equazioni di 2°, 3°, 4° grado ed altre equazioni algebriche particolari; sistemi di equazioni algebriche di tipo elementare*, Enciclopedia delle Matematiche Elementari, a cura di L. Berzolari, G. Vivanti, D. Gigli, Vol. I, Parte II, Cap. XV, Hoepli, 1932.

29. C. Videla, On points constructible from conics, *Math. Intelligencer*, 19 (1997), 53-57.

30. P. B. Yale, Automorphisms of the complex numbers, *Math. Mag.*, 39 (1966), 135-141.

Storia della matematica

31. R. Ayoub, Paolo Ruffini's Contributions to the Quintic, *Arch. Hist. Exact Sciences*, 23 (1980), 253-277.

32. M. Bartolozzi, R. Franci, La regola dei segni dall'enunciato di R. Descartes (1637) alla dimostrazione di F. Gauss (1828), *Arch. Hist. Exact Sciences*, 45 (1993), 335-374.

33. U. Bottazzini, *Storia della Matematica Moderna e Contemporanea*, UTET, Torino, 1990.

34. C. B. Boyer, *Storia della matematica* (traduzione italiana), OS 76, Mondadori, Milano, 1980.

35. H. Dörrie, *100 Great Problems of Elementary Mathematics, their history and solutions*, Dover, 1965.

36. B. Fine, G. Rosenberg, *The Fundamental Theorem of Algebra*, UTM, Springer, 1997.

37. B. M. Kiernan, The development of Galois Theory from Lagrange to Artin, *Arch. Hist. Exact Sciences*, 8 (1971), 40-154.

38. M. Kline, *Storia del pensiero matematico* (traduzione italiana), Einaudi, 1991.

39. M. I. Rosen, Niels Hendrik Abel and the Equations of the Fifth Degree, *Amer. Math. Montly*, 102 (1995), 495-505.

40. P. Pagli, L. Toti Rigatelli, *Évariste Galois*, Archinto, Milano, 2007.
41. V. S. Varadarajan, *Algebra in ancient and modern times*, Math. World, vol. 12, AMS, 1998.
42. B. L. Van der Waerden, *A History of Algebra*, Springer, 1985.

Strutture Algebriche

43. M. Artin, *Algebra* (traduzione italiana), Bollati Boringhieri, Torino, 1991.
44. S. Bosch, *Algebra* (traduzione italiana), Unitext, Springer Italia, Milano, 2003.
45. L. Childs, *A Concrete Introduction to Higher Algebra*, UTM, Springer, 1979.
46. M. Fontana, S. Gabelli, *Insiemi, numeri e polinomi*, CISU, Roma, 1989.
47. R. Gray, George Cantor and transcendental numbers, *Amer. Math. Montly*, 101 (1994), 819-831.
48. R. Hartshorne, *Algebraic Geometry*, GTM 72, Springer, 1977.
49. H.-D. Hebbinghaus, H. Hermes, F. Hirzebruch, M. Koecher, K. Mainzer, J. Neukirch, A. Prestel, R. Remmert, *Numbers*, GTM 123, Springer, 1990.
50. I. N. Herstein, *Algebra* (traduzione italiana), Editori Riuniti, Roma, 2003.
51. S. Lang, *Algebra*, Addison-Wesley, 1965.
52. J. Lipman, *Transcendental Numbers*, Queen's Papers in Pure and Appl. Mat. 7, 1969.
53. A. Machì, *Gruppi*, Unitext 30, Springer Italia, Milano, 2007.
54. M. Nagata, *Theory of Commutative Fields*, Translations of Mathematical Monographs, 125, AMS, 1993.
55. J. Rotman, *An introduction to the Theory of Groups*, GTM 148, Springer, 1995.
56. R. Y. Sharp, *Steps in Commutative Algebra*, LMSST 51, Cambridge University Press, 2000.
57. A. Shen, N. K. Vereshchagin, *Basic Set Theory*, Student Math. Library 17, AMS, 2002.
58. B. L. van der Waerden, *Modern Algebra*, F. Ungar Publishing Co., New York, 1940.

Indice analitico

Collana Unitext - La Matematica per il 3+2

a cura di

F. Brezzi (Editor-in-Chief)
P. Biscari
C. Ciliberto
A. Quarteroni
G. Rinaldi
W.J. Runggaldier

Volumi pubblicati. A partire dal 2004, i volumi della serie sono contrassegnati da un numero di identificazione. I volumi indicati in grigio si riferiscono a edizioni non più in commercio

A. Bernasconi, B. Codenotti
Introduzione alla complessità computazionale
1998, X+260 pp. ISBN 88-470-0020-3

A. Bernasconi, B. Codenotti, G. Resta
Metodi matematici in complessità computazionale
1999, X+364 pp, ISBN 88-470-0060-2

E. Salinelli, F. Tomarelli
Modelli dinamici discreti
2002, XII+354 pp, ISBN 88-470-0187-0

S. Bosch
Algebra
2003, VIII+380 pp, ISBN 88-470-0221-4

S. Graffi, M. Degli Esposti
Fisica matematica discreta
2003, X+248 pp, ISBN 88-470-0212-5

S. Margarita, E. Salinelli
MultiMath - Matematica Multimediale per l'Università
2004, XX+270 pp, ISBN 88-470-0228-1

A. Quarteroni, R. Sacco, F. Saleri
Matematica numerica (2a Ed.)
2000, XIV+448 pp, ISBN 88-470-0077-7
2002, 2004 ristampa riveduta e corretta
(1a edizione 1998, ISBN 88-470-0010-6)

13. A. Quarteroni, F. Saleri
    Introduzione al Calcolo Scientifico (2a Ed.)
    2004, X+262 pp, ISBN 88-470-0256-7
    (1a edizione 2002, ISBN 88-470-0149-8)

14. S. Salsa
    Equazioni a derivate parziali – Metodi, modelli e applicazioni
    2004, XII+426 pp, ISBN 88-470-0259-1

15. G. Riccardi
    Calcolo differenziale ed integrale
    2004, XII+314 pp, ISBN 88-470-0285-0

16. M. Impedovo
    Matematica generale con il calcolatore
    2005, X+526 pp, ISBN 88-470-0258-3

17. L. Formaggia, F. Saleri, A. Veneziani
    Applicazioni ed esercizi di modellistica numerica
    per problemi differenziali
    2005, VIII+396 pp, ISBN 88-470-0257-5

18. S. Salsa, G. Verzini
    Equazioni a derivate parziali - Complementi ed esercizi
    2005, VIII+406 pp, ISBN 88-470-0260-5
    2007, ristampa con modifiche

19. C. Canuto, A. Tabacco
    Analisi Matematica I (2a Ed.)
    2005, XII+448 pp, ISBN 88-470-0337-7
    (1a edizione, 2003, XII+376 pp, ISBN 88-470-0220-6)

20. F. Biagini, M. Campanino
    Elementi di Probabilità e Statistica
    2006, XII+236 pp, ISBN 88-470-0330-X

21. S. Leonesi, C. Toffalori
Numeri e Crittografia
2006, VIII+178 pp, ISBN 88-470-0331-8

22. A. Quarteroni, F. Saleri
Introduzione al Calcolo Scientifico (3a Ed.)
2006, X+306 pp, ISBN 88-470-0480-2

23. S. Leonesi, C. Toffalori
Un invito all'Algebra
2006, XVII+432 pp, ISBN 88-470-0313-X

24. W.M. Baldoni, C. Ciliberto, G.M. Piacentini Cattaneo
Aritmetica, Crittografia e Codici
2006, XVI+518 pp, ISBN 88-470-0455-1

25. A. Quarteroni
Modellistica numerica per problemi differenziali (3a Ed.)
2006, XIV+452 pp, ISBN 88-470-0493-4
(1a edizione 2000, ISBN 88-470-0108-0)
(2a edizione 2003, ISBN 88-470-0203-6)

26. M. Abate, F. Tovena
Curve e superfici
2006, XIV+394 pp, ISBN 88-470-0535-3

27. L. Giuzzi
Codici correttori
2006, XVI+402 pp, ISBN 88-470-0539-6

28. L. Robbiano
Algebra lineare
2007, XVI+210 pp, ISBN 88-470-0446-2

29. E. Rosazza Gianin, C. Sgarra
Esercizi di finanza matematica
2007, X+184 pp, ISBN 978-88-470-0610-2

30. A. Machì
Gruppi -Una introduzione a idee e metodi della Teoria dei Gruppi
2007, XII+349 pp, ISBN 978-88-470-0622-5

31. Y. Biollay, A. Chaabouni, J. Stubbe
    Matematica si parte!
    A cura di A. Quarteroni
    2007, XII+196 pp, ISBN 978-88-470-0675-1

32. M. Manetti
    Topologia
    2008, XII+298 pp, ISBN 978-88-470-0756-7

33. A. Pascucci
    Calcolo stocastico per la finanza
    2008, XVI+518 pp. ISBN 979-38-470-0600-3

34. A. Quarteroni, R. Sacco, F. Saleri
    Matematica numerica, 3a ed.
    2008, XVI+510 pp. ISBN 979-38-470-0782-6

35. P. Cannarsa, T. D'Aprile
    Introduzione alla teoria della misura e all'analisi funzionale
    2008, XII+268 pp. ISBN 979-38-470-0701-7

36. A. Quarteroni, F. Saleri
    Calcolo scientifico, 4a Ed.
    2008, XIV+358 pp. ISBN 978-88-470-0837-3

37. C. Canuto, A. Tabacco
    Analisi Matematica I, 3a Ed.
    2008, XIV+452 pp, ISBN 978-88-470-0871-7

38. S. Gabelli
    Teoria delle Equazioni e Teoria di Galois
    2008, XVI+410 pp, ISBN 978-88-470-0618-8